全国工程专业学位研究生教育国家级规划教材

神经工程学

（下册）

明　东　主编

科 学 出 版 社

北　京

内 容 简 介

本书内容涵盖神经工程的各个方面，较为全面系统地介绍了这门交叉学科所涉及的重要内容。本书分上、下册，共20章，重点介绍神经工程的应用以及研究方向，如脑-机接口、功能性电刺激、神经成像等的基本理论知识及应用。本书遵循从微观到宏观，从基础到应用，再到未来展望的顺序进行编排。全书的材料来源于各个领域权威的书籍资料以及近年来神经工程学的新知识、新理论、新发展和新概念。适当引入国际神经工程学知识的新进展，并将基础知识与前沿成果有机融合，以适应培养高素质人才的要求。

本书主要适用于生物医学工程、计算机科学与技术、自动化、机器人、神经科学与临床等专业本科生、研究生课程的教学，也可作为从事该领域研究人员的参考书以及对该领域感兴趣的初学者的入门教材。

图书在版编目（CIP）数据

神经工程学. 下册 / 明东主编. 一北京：科学出版社，2019.2

全国工程专业学位研究生教育国家级规划教材

ISBN 978-7-03-059599-7

Ⅰ. ①神… Ⅱ. ①明… Ⅲ. ①人工神经网络－研究生－教材 Ⅳ. ①TP183

中国版本图书馆 CIP 数据核字（2018）第 261742 号

责任编辑：赵艳春 王晓丽 / 责任校对：王 瑞
责任印制：吴兆东 / 封面设计：迷底书装

科学出版社出版
北京东黄城根北街16号
邮政编码：100717
http://www.sciencep.com
北京厚诚则铭印刷科技有限公司印刷
科学出版社发行 各地新华书店经销
*
2019年2月第 一 版 开本：787×1092 1/16
2024年7月第三次印刷 印张：26
字数：570 000

定价：158.00 元

（如有印装质量问题，我社负责调换）

前 言

神经工程学作为生物医学工程学科的重要主干分支，致力于融会贯通神经科学知识与工程学方法，用以揭示大脑中枢与周边神经系统感知、认知机理，剖析神经生理、心理和病理及相关功能变化机理，研究开发可实现认识、修复、增强或替代神经系统功能的最新方法与尖端技术。其研究范畴包括神经动力学、神经成像、神经网络、神经接口、神经假体、神经调控、神经增强、神经修复与再生及神经机器人等众多前沿热点方向。神经工程学作为新型交叉学科，其神经科学基础与实验神经科学、临床神经科学、计算神经科学等领域同频共振，其神经工程技术则同电子信息工程、计算机科学与技术、材料科学与工程、生物化学与组织工程、医学科学与工程等学科交织交融。神经工程学研究的目标是建立功能齐全、效用理想的人造神经系统，以便与人类自身神经系统完美对接，进而实现信息融合与功能协同，达到改善、补充乃至替代人类神经系统固有功能的应用效果。

自 2003 年电气和电子工程师协会（Institute of Electrical and Electronics Engineers，IEEE）主办首次国际神经工程会议以来，神经工程学发展迅速。特别是近年来在脑科学、计算机科学、人工智能等众多新兴学科的发展带动下，神经工程学得以迅猛发展，相关研究成果丰硕，并已应用于神经科学研究、智能工程革新、临床神经康复等重要领域，部分神经工程新技术已实现产业化并初具市场规模，展现出广阔前景。国内外开设生物医学工程专业的知名高等院校和资深科研院所几乎都设有神经工程教学或科研方向，并且随着脑科学的发展受到更多关注。

正如诺贝尔奖获得者沃森所言：21 世纪是脑的世纪。自 1997 年启动以美国为首，英、德、法、日等 19 个国家参与的人类脑计划以来，美、欧、日陆续推出了各自的“脑科学计划”，脑科学已经成为世界各国抢占未来科技制高点的重要战略性研究开发领域。学界已有共识：唯有对大脑运作机制有更深刻的理解，才能推动各个相关学科的深入发展。脑科学的兴起深刻影响并推动了神经工程学的发展，神经工程学又催生出认识脑、保护脑的新型科学方法与工程技术，为脑科学研究开辟模拟脑、创造脑的转化应用新途径。近年来，融合脑科学前沿创新知识与人工智能颠覆技术的人机交互研发领域已经引起了国内外投资者的关注，美国 Facebook 和 Neuralink 等高科技公司纷纷在神经调控、脑-机接口等典型神经工程学研究方向开展战略性布局。

当前，我国正处于承前启后、继往开来，在新的历史条件下实现中华民族伟大复兴的重要时期。人民怀着对身心健康的期待和科技强国的梦想，作为与脑科学密切相关的学科领域，神经工程学将在改善民生和推动科技发展中发挥举足轻重的作用。从民族复兴、国家富强的角度看，抢占未来科技的制高点是我国科研战略的重中之重。近年来，我国已经在战略层面做了系列布局，陆续推出《“健康中国 2030”规划纲要》、《新一代人工智能发展规划》等，中国版“脑科学重大计划”正蓄势待发，对神经系统的全面、深入研究是实现这些计划的重要基础。神经工程学作为连接大脑与工程技术的桥梁，未来将在脑科学、人工智能、健康产业等领域发挥关键性纽带联合与引领催化作用。

但相对而言，神经工程学仍是一门年轻的学科。一方面因其发展史尚短，学科知识体系有待完善；另一方面人类对大脑仍所知甚少，限制了神经工程技术的发展和应用。神经工程学的发展仍任重而道远，其中传播学科知识体系和培养专业素质人才是发展学科的必由之路。编写出版本书正是基于这一思考，期望对我国神经工程学的发展尽绵薄之力。

本书力求全面涵盖目前神经工程学的重要内容，尽量把握该领域的最新发展动态，按照从微观到宏观，从基础到应用，进而展望未来的逻辑进行编排。本书将读者定位于生物医学工程、计算机科学与技术、神经科学与临床、医学工程与转化医学、自动化、机器人、人工智能等专业本科生、研究生以及所有对该领域感兴趣并有学习需求的科研与工程技术人员，将为他们提供入门的系统基础知识。

本书分上、下两册，共 20 章。上册共 8 章，分为神经工程学基础和神经传感与成像两部分，以介绍神经工程学入门必须了解的基本知识、理论和方法为主。下册共 12 章，分为神经接口与康复、神经刺激与调控、神经模拟与仿生、神经再生与修复和神经工程前沿技术及新应用五部分，以介绍神经工程学各具体研究方向的基本知识、理论、应用和最新发展动态为主。第一部分神经工程学基础共 4 章，包括绪论、神经生理与病理学基础、神经心理学和神经工效学基础，主要介绍神经工程发展历程、研究背景、研究内容，以及从事神经工程领域研究开发所必须了解的神经生理和心理学基础知识。第二部分神经传感与成像共 4 章，主要介绍神经模型与计算、神经电生理信号检测、神经电信号分析基础、神经成像与图像处理等神经工程研究中的基本方法。第三部分神经接口与康复共 3 章，主要介绍神经工程的重要应用——脑-机接口、植入式神经接口，以及神经接口应用于运动康复的重要理论依据——神经肌骨动力学。第四部分神经刺激与调控共 4 章，主要介绍功能性电刺激、经颅电、磁、声刺激与光遗传技术等神经系统调控技术及应用。第五部分神经模拟与仿生共 3 章，主要介绍人工神经网络、神经假体和神经机器人技术。第六部分神经再生与修复共 1 章，主要介绍神经再生的最新技术及其在神经损伤中的临床应用。第七部分神经工程前沿技术及新应用共 1 章，主要介绍近年来发展起来的典型神经工程技术及其在新学科领域中的应用和与传统领域结合而发展的新应用领域。

作者期望本书能帮助读者较深入地了解有关神经工程学方面的基本原理、概念、理论、方法及其前沿研究进展。限于作者水平，本书难免有不足之处，恳请读者批评指正，以求再版时予以修正和补充。

致　谢

本书是由全国工程专业学位研究生教育指导委员会组织编写，全国生物医学工程专业学位研究生教育协作组与教育部高等学校生物医学工程类专业教学指导委员会联合推荐的全国工程专业学位研究生教育国家级规划教材。本书的编写和出版受到了全国工程专业学位研究生教育重点研究课题、天津市自然科学学术著作出版资助项目、天津大学研究生创新人才培养项目等的共同支持，相关研究内容也得到了国家重点研发计划、国家自然科学基金、天津市科技支撑计划重点项目等多方帮助，特此致谢。

本书的编写得到了中国工程院顾晓松院士的大力支持，指导、参与本书编写工作的有：天津大学神经工程团队万柏坤、张力新、何峰、綦宏志、周鹏、赵欣、安兴伟、许敏鹏、杨佳佳、柯余峰、徐瑞、刘爽、韩莹等，江苏省神经再生重点实验室孙华林及南通大学附属医院倪隽、朱振杰、刘苏、孙丽、何林飞等，天津医科大学张希等。此外，天津大学神经工程团队的博士研究生汤佳贝、陈龙、陈元园、王坤、王仲朋、顾斌、肖晓琳、邱爽、奕伟波、尤佳、蒋晟龙、孟佳圆、马真、王玲、于海情等在本书编写过程中承担了大量的文献搜集与编辑工作，在此对以上同志的辛苦工作深表感谢。

明　东

2018 年 1 月

目　录

第四部分　神经刺激与调控

第五部分　神经模拟与仿生

第三部分　神经接口与康复

第9章　脑-机接口

9.1　脑-机接口概述

脑-机接口（brain-computer interface，BCI）是一种基于神经科学与工程技术的新型人机交互方式，大脑可以无须依赖任何常规人体外周神经肌肉系统作用而自由实现其意念思维信息与外界机器设备的交互，使“思想”直接变为“行动”。BCI现已成为脑科学研究、大脑认知机制解密与人工智能等前沿科技发展的新窗口，自其诞生之日起就吸引着全球巨大科研投入，促进了相关科技革新与转化，BCI作为其中引领新兴学科交叉的翘楚亦得到了空前发展与实际应用。其中，BCI的脑神经疾病治疗与运动功能康复临床功效令人瞩目，突显其特有的人机信息交互优势，并随着神经科学、工程学、心理学、计算机科学和康复医学等学科的飞速发展，BCI技术应用已广泛涉及康复医疗、生活娱乐、交通运输、工业控制与军事航天等领域。

9.1.1　脑-机接口定义

1999年，首个国际脑-机接口学术会议在美国纽约州召开，会议第一次提出了BCI的基本定义：Brain-computer interfaces（BCI's）give their users communication and control channels that do not depend on the brain's normal output channels of peripheral nerves and muscles，即“脑-机接口赋予其用户（对外）交流与控制渠道（而）无须依赖于脑的常规外周神经和肌肉输出通路”。可见BCI作为一种非依赖常规神经肌肉软硬件结合的全新对外信息交互方式，能在大脑与计算机或其他外部电子设备之间建立直接信息交流和控制通道，不仅可帮助部分或完全丧失神经肌肉运动功能的残障患者凭主观意愿操控辅助治疗器械进行康复训练，达到完全主动功能康复理想疗效；还能为肢体运动功能健全的正常人提供大脑靠意念思维直接与外部设备进行信息交流和操作控制的全新渠道，对人类在特定任务环境（如航空航天）下拓展其对外操控能力和全面革新现有生产生活方式皆有深远的重要影响及科学意义。

2012年美国Wadsworth研究中心的Wolpaw等在其出版的专著*Brain-Computer Interfaces，Principles and Practice*中进一步完善了脑-机接口的定义：A BCI is a system that measures CNS activity and converts it into artificial output that replaces，restores，enhances，supplements，or improves natural CNS output and thereby changes the ongoing interactions between the CNS and its external or internal environment，即“脑-机接口是一个检测中枢神经系统（central nervous system，CNS）活动并将其转化为人工输出来替代、修复、增强、补充或改善自然态CNS输出并由此改变CNS与其内外环境之间持续交互作用的系统”。

该定义从神经工程技术角度突出了 BCI 替代、修复、增强、补充或改善自然态中枢神经系统功能的关键作用，如图 9-1 所示，更强调了 BCI 在改变 CNS 传统对外交互机制、创造新型人机交互模式方面的重要意义。

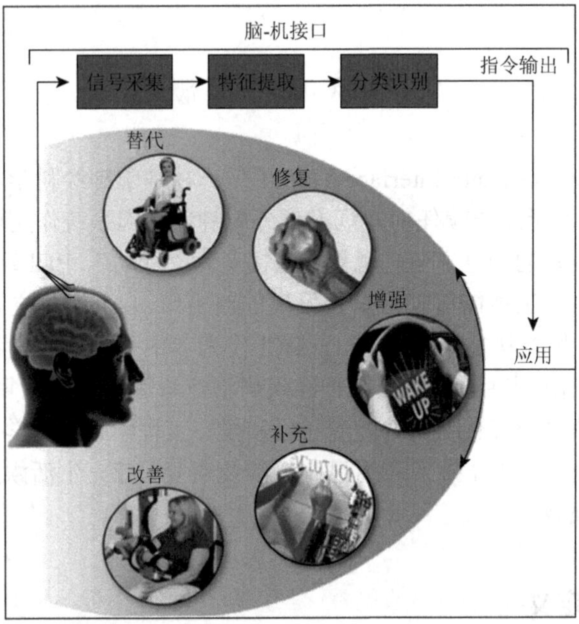

图 9-1 BCI 系统设计及五种应用类型

（图片来源：Wolpaw J R. 2014. The BCI endeavor and the mission of this new journal. Brain-Computer Interfaces，1（1）：2-4）

如本书上册第 2 章神经生理与病理学基础 2.1 节所述，中枢神经系统包括大脑和脊髓；它区别于周围神经系统（周围神经包括各类神经节、神经干、神经丛及终端感觉接收器）。中枢神经活动包括发生在本系统中的电生理活动（如神经动作电位、突触电位）、神经化学反应（如神经递质释放）、新陈代谢现象（如氧代谢活动）等。这些活动可以通过放置在头皮、颅内皮层表面或皮层内传感器检测到的电场或磁场、氧合血红蛋白或其他参数来进行量化表达。BCI 系统通过记录这些大脑中枢神经活动信号，从中提取与脑意念思维相关的具体信息特征，并将这些特征转换成可与外界环境进行信息交流或操控外部设备的指令输出。图 9-1 显示了 BCI 输出控制的五种应用类型。

替代（replace）和修复（restore）因伤病而丧失的人体正常输出通路是当前大多数 BCI 系统研究和发展的目标，其应用对象大多是有疾病损伤的人群（在后续章节中会详细介绍这两类应用的实例）。随着 BCI 系统应用的不断优化发展，增强（enhance）、补充（supplement）和改善（improve）正常中枢神经系统输出也越来越受到 BCI 研究者的关注。

中枢神经系统与外界环境及人体自身持续地相互作用，这些相互作用包括人体对外界环境的动态输出和外界环境对人体的感觉输入。BCI 系统通过测量中枢系统活动并将其转化为影响外界环境的人工输出，不仅会改变中枢系统的输出方式，而且可改变来自外界环境的感觉反馈（feedback）输入方式。图 9-2 示意了 BCI 输出与应用设备连接之间的信息反馈。

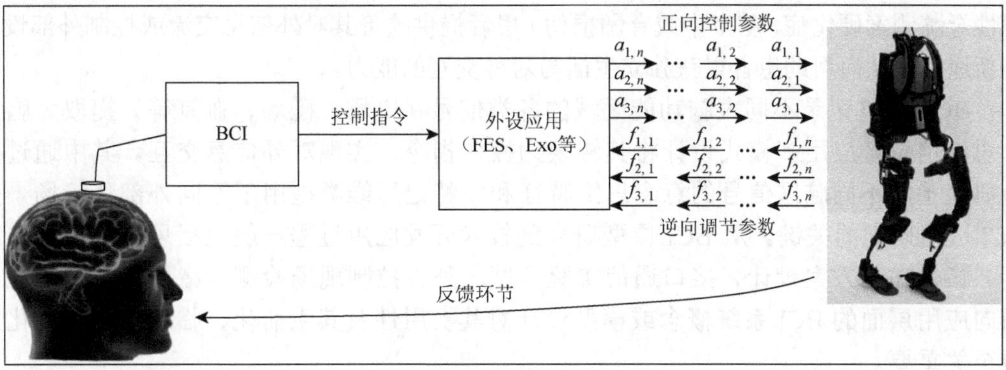

图 9-2　BCI 输出与应用设备连接及反馈示意图

（图片来源：Wolpaw J R，Wolpaw E W，Allison B Z，et al. 2012. Brain-Computer Interfaces，Principles and Practice. London：Oxford University Press）

1. 脑-机接口——大脑对外交流的新途径

对外交流是人类生活中的一项基本活动。然而，一些人由于意外事故或疾病因素导致正常神经通路输出受限，不能正常通过视听感官或肢体动作与外界沟通，以致其行为意图无法得到有效表达。例如，肌萎缩性脊髓侧索硬化症（amyotrophic lateral sclerosis，ALS，也称为葛雷克氏症）、脊髓损伤（spinal cord injury，SCI）、脑卒中（stroke）等几种常见的造成对外信息交流功能障碍的疾病，严重时会使人体完全丧失思维表达或行为控制能力，该类患者因失去与外界进行信息交流沟通的能力，极易成为自我封闭的个体。因此，修复或改善该类患者的信息交流及运动功能，帮助其与外界环境进行有效信息沟通，或探索研究能替代大脑常规依赖外周神经与肌肉系统对外人机交互新模式，具有显见重要意义与价值。

目前主要存在三种修复或替代大脑常规对外信息交流能力的可行途径。第一种，利用功能尚存的神经通路与动作肌群等取代已受损神经通路或失能肌群（如患者可以通过眼动、手势或肢体动作与外界进行交流对话），但该途径只能用于有限场合；第二种，通过检测受损神经或肌肉部位的残存活动功能来制定具体的外部设备替代方案（如 Freehand 公司的神经假手可替代脊髓损伤患者的残疾手），但其功能恢复状况受限于残存肢体功能；第三种，为大脑提供无须依赖常规外周神经与肌肉系统的全新对外交流通道，即脑-机接口。

大脑思维活动提供了反映心理或行为特征的可检测神经生理信号（可经头皮电极、皮层表面电极或皮层内部植入电极等多种传感方式）。BCI 通过解码上述神经生理信号特征获得大脑思维意图信息，再由工程技术手段将其转换成可用于控制外部设备工作的指令信号，从而实现无须常规外周神经与肌肉系统参与、按大脑思维意图运作进行对外信息交流与互动。因此，BCI 技术的出现与发展不仅为上述患者带来了全新的功能康复希望，而且开启了前所未有的智能人机交互新时代。

2. 脑-机接口的研究背景及意义

至今大多数 BCI 系统研究目标主要为严重伤残、瘫痪或闭锁神经肌肉疾病（如肌萎缩性脊髓侧索硬化症、脑卒中或脊髓损伤）患者提供改善其对外信息交流或控制外部设备的新途径，从而帮助患者重获独立生活与对外交互的能力。

BCI 通过记录不同大脑功能区域的各类信号（电场、磁场、血氧等）提取大脑意念思维信息，应用多模式设计将其转换为操作指令，实现对外信息交互。其中通过实验研究了解不同脑区信号的意念思维特征和将特定思维类型用于不同外部环境场景是 BCI 应用研究的关键。从 BCI 原型研究到技术开发应用过程一般包括思维解码策略制定、指令序列方案设计、接口通信实验调试、外设控制现场检测等诸多环节。因此，面向应用层面的 BCI 系统概念或模型设计对其实用性及其生活化、临床化、产业化发展至关重要。

与其他现有人机交互和控制接口类似，BCI 系统可以通过人工硬件设备模拟或仿真产生所需的离散人机交互控制信号，如基于脑电检测的 BCI 必须检测特定关注脑区的脑电信号（避免肌电动作、运动伪迹等非大脑思维活动信号的干扰），并适当利用其时域、空域、频域或时空频联合等特征进行信号滤波与优选分类，以灵活实现多种形式的对外接口控制。因此，BCI 最为成功的就是可实现目标的选择和进程控制，即通过分配 BCI 与不同应用设备间的控制连接形式可以逼近或仿真中枢神经系统的控制功能。

基于上述背景，当前 BCI 研究的重要科学意义在于：首先，思维正常但存在运动功能障碍的患者可以利用 BCI 技术寻求一种新型的辅助运动控制方式和对外信息交流手段。BCI 技术的研究、开发和应用将会显著拓宽康复医学的学术领域，并促进其向更高科学层次和更深技术层次发展。其次，BCI 技术将大大扩展人们与外界交流信息的能力，可能引发传统人类对外交流和控制方式或途径的革命，甚至为人们展现一个全新的“让思想变成行动”的世界。最后，BCI 技术更为重要的科学意义和学术价值在于其研究和开发过程将有助于对大脑认知模式、信息流程和控制方式的深入理解，为解读大脑思维模型和意识形成机制开辟崭新的研究渠道与方法。BCI 技术成果将为脑认知科学和神经信息学研究等开启全新视窗。

9.1.2 早期脑-机接口

BCI 技术形成于 20 世纪 70 年代，是一门集生理学、心理学、工程学、计算机科学、康复医学等多个学科研究于一身，并涉及信号检测、特征提取、模式识别等多领域的新兴交叉技术。

1965 年，Sutton 发现并提出 P300 信号（指潜伏期为 300ms 左右、呈正向峰值的事件相关电位。它反映了大脑对稀少事件的认知，相关事件出现概率越小，所引起的 P300 越显著），发表在当年的 *Science* 上，成为研究大脑信号机制的一个里程碑事件，同时基于 P300 信号的 Oddball 实验范式也成为经典的 BCI 实验范式，为后期研究开发基于事件相关电位（event-related potential，ERP）的 BCI 系统奠定了重要的前期实验基础。

美国加利福尼亚大学洛杉矶分校的 Vidal 等于 1970 年设计了一个早期 BCI 系统，该套系统可实现用户通过思维控制屏幕光标在二维平面上的移动，被认为是第一个较为完整的 BCI 系统模型。首篇脑-机接口的研究论文于 1973 年发表，Vidal 等首次使用 brain-computer interface 一词来表述脑与外界的直接信息传输通路，并提出了 BCI 的系统框架雏形；然而，受限于信号处理理论与方法、生物信号采集放大硬件技术、计算机性能等因素，该系统明显比较庞大笨重，BCI 技术直到 20 世纪末才真正开始快速发展。

1978 年，视觉 BCI 方面的先驱 Dobelle 研究了基于皮层视觉 BCI 以用于后天失明的患者。他在一位男性盲人的视觉皮层植入了 68 个电极阵列，并成功制造了光幻视（phosphene）BCI。该 BCI 系统包括摄像机、信号处理装置和受驱动的皮层刺激电极；植入后，患者可以在有限视野内看到灰度调制的低分辨率、低刷新率点阵图像。1992 年，Suter 设计的一个脑反应接口，通过显示器上 8×8 的符号矩阵进行伪随机红/绿交替闪烁，实现了受试者对所注视目标符号的选择，为语言障碍人群提供了一种可能的交流手段。

研究表明，对特定神经元系统及其连接特性的改善可帮助受损运动神经的可塑性康复，进而有效恢复肢体运动功能，这已成为目前 BCI 应用的一个重要方向。神经元系统运行机制的相关研究可以追溯到 20 世纪 70 年代，当时 Schmidt 等领导的科研小组证实了猴子可以在闭环操作条件（closed-loop operant conditioning）下快速学会自由地控制初级运动皮层中单个神经元的放电频率，这为之后的人体运动皮层控制机制研究提供了重要依据。20 世纪 80 年代，约翰·霍普金斯大学的 Apostolos 找到了猕猴上肢运动方向和运动皮层中单个神经元放电模式的关系，同时他发现，一组分散的神经元能够编码肢体运动，从微观角度解释了神经元放电机制与编码肢体运动的相关性。

20 世纪 90 年代中期以来，面向运动机制的研究及其 BCI 应用开发得到了迅速发展。若干研究小组已经能够使用神经元集群信号记录技术实时捕捉运动皮层中的复杂神经信号，用于控制外部设备，其中主要包括 Andersen、Donoghue、Kennedy、Nicolelis 和 Schwartz 等研究小组。杜克大学的 Nicolelis 是支持用覆盖大脑皮层区域的电极来提取神经信号、驱动 BCI 及其外设的代表，这项技术的优点在于能够克服单个电极或少量电极采集神经信号受限的瓶颈（不稳定性和随机性），Nicolelis 在 20 世纪 90 年代完成对大鼠的初步研究后，成功通过提取猴子运动皮层神经元的信号来控制机器人手臂。

在过去的 20 年里，随着人们对神经系统功能研究的不断深入和计算机技术的蓬勃发展，BCI 技术的研究热度呈明显上升趋势，特别是 1999 年和 2002 年两次脑-机接口国际会议的召开为 BCI 技术的发展指明了方向。之后 BCI 技术受到国际上众多学科工作者的普遍关注，成为生物医学工程、计算机技术、通信工程等学科领域的研究热点。按照系统应用的脑信号类型，早期的典型 BCI 研究可分为以下四个方面。

（1）基于节律脑电的 BCI 研究。例如，2000 年，Wadsworth 研究中心的 Wolpaw 等训练受试者通过 μ、β 节律能量信号控制屏幕上的光标移动；2003 年，Hinterberger 等设计的思维转换设备（thought translation device，TTD）利用经训练后受试者的慢皮层（slow cortical potentials，SCP）幅值特征对屏幕上分两部分显示的字符进行选择，该 BCI 系统实现了一种二元拼字（每次只能进行二选一操作）模式，可以将字母表连续对半分，直到选出目标字母，分类精度可达 70%～80%，拼字速率为每两分钟一个字母；奥地利格拉茨技术大学研究团队采用两个脑电检测电极上不同运动想象模式产生的 α 和 β 节律，设计了虚拟键盘进行字符拼写，测试表明可以实现平均每分钟 4.24 个字符的拼写速率。

（2）基于特定频率刺激产生视觉诱发电位（visual evoked potential，VEP）的 BCI 研究。研究表明，基于稳态视觉诱发电位（steady-state visual evoked potential，SSVEP）的 BCI 系统具有实用潜力，其特点是仅需要很少的信号记录电极，并且训练周期很短，只需适应视觉刺激信号即可。2000 年，Middendorf 等通过显示不同频率闪烁的虚拟按钮，分析受试者在注视其中某一按钮时的 SSVEP 信号，与固定频率模板进行匹配，进而判断受试者的选择目标；2002 年，清华大学的高小榕等建立了利用 SSVEP 信号控制电话拨号的 BCI 系统。

（3）基于事件相关电位（event-related potential，ERP），如基于 ERP 中 P300 电位的 BCI 研究。研究表明，P300 在运动失常甚至是脑干损伤的情况下性能也相对稳定，自从 Farwell 和 Donchin 首先将 P300 成功用于 BCI 设计中，该 BCI 范式成为脑控系统开发与理论研究的焦点。2000 年，Donchin 等利用 P300 设计了一个虚拟打字机，在行列随机闪烁的 6×6 字符矩阵中，受试者只需关注想要拼写的字符，该 BCI 系统便可确定诱发 P300 出现的行列位置，从而识别目标字符；2010 年，Rebsamen 等利用 P300 实现了智能轮椅在已知环境下的自主导航，该方案必须在已知环境下做好路径规划，设计基本 P300 诱发界面，智能轮椅系统通过分析用户关注的目标位置，可以按照预先规划好的路径自动行驶到达用户目标位置。此外，研究者还开发了诸如屏幕光标移动、思维控制游戏和大脑画家（brain painter）等 BCI 装置。

（4）基于心理任务的 BCI 研究。特定心理任务会使颅顶骨中央区脑电节律响应发生规律性变化，可通过表面拉普拉斯（surface Laplacian，SL）算法优化头皮电位分布特征，应用线性或非线性分类器对其进行模式识别即可区分不同心理任务模式。2002 年，Cincotti 等研究了以想象上肢运动为心理任务的 BCI 系统，并发现采用 C3、C4 导联头皮脑电信号结合线性分类器，可实现较高的识别正确率；Garrett 等设计的 BCI 系统能够对受试者在五种心理任务状态（放松、造句、心算乘法、计数、旋转三维物体）下所产生的自发脑电信号实现较高精度分类。

早期 BCI 研究多数局限于实验室发展阶段，只有少数研究小组开发的 BCI 系统投入实际应用。德国图宾根大学开发的 BCI 系统 TTD，在大量晚期 ALS 患者中进行了测试，并已证明该系统具备基本通信功能；Kennedy 等将两个锥形电极植入三个具有运动功能障碍的患者大脑中，其中两个患者学会了在计算机屏幕上移动光标到某个按钮或字母的位置，通信速率可达每分钟 3 个字母，信息传输率约 25bit/min；奥地利格拉茨技术大学研究小组开发的远程医疗 BCI 系统，通过 ISDN（integrated services digital network）电话线远程控制系统，在实验室就可实现指导、监控远程医疗操作，并可实现分类算法的在线升级，最成功的实例是应用该 BCI 控制功能性电刺激（functional electrical stimulation，FES）系统使一位高位脊柱损伤患者通过右手与脚的运动想象实现了用假手抓取水杯完成喝水等日常生活功能。

9.1.3 脑-机接口分类

随着 BCI 技术的不断发展和广受关注，诸多脑信息检测技术已应用于 BCI 系统开发中，包括功能磁共振成像（functional magnetic resonance imaging，fMRI）、近红外光谱（near-infrared spectroscopy，NIRS）、脑电图（electroencephalography，EEG）和脑磁图（magnetoencephalography，MEG）等。在信号检测技术中，fMRI 和 MEG 设备不仅价格昂贵，而且体积庞大，因此很难推广到日常生活中使用（但最近，MEG 检测技术在减小设备体积，向轻量化、可穿戴方面取得了突破性进展）。此外，fMRI 和 NIRS 由于不能直接测量到神经电活动信息，其时间分辨率较低。考虑到 EEG 信号能够直接反映大脑电生理活动信息且设备价格相对较低，基于脑电生理采集的 BCI 研究开发易于开展，已是当今 BCI 技术的主流。为此，根据其输入信号性质、传感安置方式、思维信息提取方法以及 BCI 实验范式中受试者大脑活动主观响应模式等特征可将 BCI 分为下述不同类型。

1. 基于自发和诱发脑电信号的脑-机接口

首届脑-机接口国际会议上根据输入脑电信号的性质把 BCI 分为两大类：基于自发脑电信号的 BCI 系统和基于诱发脑电信号的 BCI 系统。

基于自发脑电信号的 BCI 系统是将自发脑电信号作为系统输入并提取其信号特征用以控制输出指令。该类 BCI 用户一般无须接受固定模式的刺激，但需经过训练之后才能自主控制脑电特征变化，进而控制外部输出设备；而其局限性是受试者通常需要进行较大量训练，且系统性能容易受用户身体状况、情绪、病情等各种因素影响。所用到的脑电特征信号类型包括：α/μ 节律、慢皮层电位等（详见 9.2 节）。

基于诱发脑电信号的 BCI 系统则是利用外部感觉刺激诱发大脑皮层产生相应神经电活动变化作为特征信号。该 BCI 系统一般不需要对受试者进行过多的训练，其突出特点是仅需要一种能反复实施感官刺激的固定模式（如视觉序列刺激）即可令脑电活动出现特定时间（刺激时刻）响应或具备特定频率特征，且相关特征明显并易于测量，能简化将脑电表征的大脑思维活动转化为控制外部仪器的任务过程。但其局限性在于需要特定的环境刺激（如排成矩阵的视觉闪烁刺激），指令集和用户交互模式受限，不利于系统的推广和应用。该类 BCI 用到的脑电信号类型包括：ERP 中的 P300、短时视觉诱发电位（short-latency visual evoked potential，SLVEP）、稳态视觉诱发电位等。

在 BCI 系统输出模式方面，前者基于自发脑电的 BCI 能使操作者把特征指针移到任意二维或多维位置，而后者基于诱发脑电的 BCI 只允许操作者在系统所列有限选项中做选择，即在指令输出形式方面前者更灵活，但训练周期明显比后者长。

2. 侵入式和非侵入式脑-机接口

按照检测信号传感器的安置方式，BCI 可以分为侵入式和非侵入式 BCI。

侵入式 BCI 主要用于重建特定感觉（如视觉）或残障患者所丧失的运动功能。为准确获得特定感觉与重建高质量大脑思维控制指令，侵入式 BCI 技术通常需要通过外科手术将脑电信号检测电极直接植入大脑皮层，以高保真地采集中枢神经系统电活动信息，并尽可能避免信号传递过程中引起的衰减；皮层电极长期放置以保持信号检测稳定，同时避免肌电等伪迹干扰，从而具有很高的信噪比和良好的时间、空间及频率分辨率，对 BCI 应用而言优势显著。然而，需外科手术植入皮层电极亦是侵入式 BCI 的明显缺点，不仅对脑组织有损伤，还要保持长期的良好生物相容性，技术难度很大。因此，除非是严重瘫痪的重症患者亟须又无法选择其他无创 BCI 手段替代，一般不会轻易采用侵入式 BCI。

非侵入式 BCI 系统设计通常首选头皮电极采集脑电信号以避免引起大脑损伤。但由于颅内脑组织的容积导体效应，大脑皮层神经电活动所产生的源信号在穿过颅骨等组织层到达头皮表面后被大大削弱，损失了大量有关大脑皮层神经电活动信号源的时空分布信息，极不利于从脑电信号提取大脑的思维信息特征和模式识别，从而增加了非侵入式 BCI 的技术难度。

侵入式和非侵入式 BCI 现皆已成功在人体上进行了各种应用测试，并具备成功应用实例。尽管非侵入式 BCI 系统有突出的实用性优势——系统装置方便佩戴于人体，但如上所述，由于颅骨对信号的衰减作用及其对神经元信息的分散和模糊效应，记录到信号的分辨率并不高。因此，非侵入式 BCI 系统的研究开发尚有待进一步突破。

3. 依赖型和独立型脑-机接口

根据思维信息的载体方式不同，可以将 BCI 分为依赖型 BCI（dependent BCI）和独立型 BCI（independent BCI）。

依赖型 BCI 不使用正常的大脑输出通路（外周神经和肌肉组织）来携带信息，但需要脑电信号中的固有频率或时间信息用以对外交互。它虽然没有产生独立于传统信息交流的新渠道，但仍然不失为具有良好实用价值的新型人机交互手段。该类 BCI 用到的思维信息载体信号有短时视觉诱发电位、稳态视觉诱发电位、自发 α 波等。

独立型 BCI 则既不需要任何通常的大脑信息输出通道携带操作信息，也不需要借助通路活动产生特定的脑电信号，而受大脑主观思维模式的调制，为大脑提供全新的信息输出途径，具有更深远的科学意义和实用价值，引起了广泛的研究和开发兴趣，特别是对于那些丧失了神经肌肉控制功能的患者而言，具有相当重大的临床意义。该类 BCI 用到的思维信息载体信号有事件相关电位 P300、事件相关去同步/同步（event-related desynchronization/synchronization，ERD/ERS）信号、慢皮层电位等。

4. 主动式、反应式和被动式脑-机接口

根据脑-机交互过程中大脑的主观心理活动所起的作用，可以将 BCI 划分为主动式、反应式和被动式 BCI 三大类。

主动式 BCI 是直接解码大脑思维意图的人机交互技术。其最典型的实现方式是通过想象身体某部位运动（如想象左右手、腿或舌动）诱发大脑产生不同模式的脑电信号，通过对脑电信号的检测和识别，将人的运动意图转化为相应的输出工作指令以控制外部机电设备，实现预期运动功能，可用于康复训练、智能假肢和机械外骨骼控制等场合。目前，

主动式 BCI 系统中最常用的生理信号是事件相关去同步/同步信号，它能够反映大脑的运动意图，此外，还有慢皮层电位信号。

区别于主动式 BCI 解码脑电信号直接读取大脑意图，反应式 BCI 则是解码脑电信号间接读取大脑的工作意图，其通常以特定方式刺激人的感觉（视觉、听觉、触觉等）通道，诱发大脑产生不同的脑电信号响应，通过检测、分析与识别后将不同的响应转化为相应的指令输出，以实现字符拼写、鼠标操作等功能。目前，反应式 BCI 的主要编码方式有时分多址、频分多址、码分多址、空分多址以及混合模式。无论采用哪种编码方式，都需要以某种特定类型的刺激物作用于人体的感觉通道。典型的反应式 BCI 系统主要有 SSVEP-BCI 系统和 P300-BCI 系统。

被动式 BCI 通过检测脑电信号解读人的情绪、疲劳、脑力负荷等心理、生理状态，以便在人与智能系统之间实现更友好、更舒适、更安全的人机交互，既让外部设备更好地实时适应操控人的身心精神状态，又可更人性化地高效益地施展其人工智能。被动式 BCI 的典型应用是在人操控机器（如驾驶飞机、汽车）的工作过程中，实时监测人的工作疲劳、脑力负荷等状态，以保证工作安全、高效。因此，被动式 BCI 是传统交互方式的一种加强和辅助方式，其应用范围也不再局限于为特殊人群提供新的交流途径。

当然，基于不同的科学依据，还可以将 BCI 系统划分为其他不同的类别，而且随着该技术的不断发展，更加细化、具体的类别划分将会不断出现。2002 年，Wolpaw 等根据第二届脑-机接口国际会议成果及当时 BCI 研究的主流方向在其综述性论文中按照脑电生理信号类型将脑-机接口分为 5 类：基于视觉诱发电位，基于慢皮层电位，基于 P300 诱发电位，基于感觉运动皮层 μ、β 波等节律信号，基于神经细胞活动的 BCI 系统。

9.1.4　脑-机接口组成

BCI 技术作为脑-机交互的重要技术手段之一，已成为脑科学研究领域的新宠儿。因此，规范 BCI 技术发展，建立统一的 BCI 应用开发环境，拓展不同应用领域的 BCI 系统模型兼容性显得尤为重要。BCI 硬件系统保证了大脑信号的采集、数字化、存储和分析，并为后续指令控制提供可用接口。BCI 硬件的一般结构设计包括检测大脑活动的传感器、带有模数转换功能的放大器、进行数据处理的计算机、将这些设备依次连接起来的线缆及其软件开发系统平台等。本节将逐一进行介绍。

1. 脑-机接口硬件系统组成

BCI 从最原始的脑思维信号获取到最终的外设控制指令产生必然会经过一系列复杂的信息处理过程：原始数据采集、信号预处理（或增强）、脑思维特征信息提取、分类和输出接口指令生成与控制等。如前所述，这一系列复杂过程都需要特定的硬件系统作为载体，才可完成面向 BCI 特定应用需求的系统构建，BCI 硬件系统一般包括：信号采集传感器、预处理放大与数模转换器、思维模式分类与输出指令控制接口等。

1）电传感器原理与组成

BCI 系统中的传感器用来检测生理信号并将其转化为可量化信息，通过信号放大和数字化提供有用的特征解码源。大多数 BCI 系统利用电生理传感器（如 EEG 电极，包括微型、针型或线电极）来测量电生理信号，部分 BCI 系统也用到传感器测量脑磁（MEG）信号、血氧水平（NIRS、MRI）等代谢信号。当前 BCI 技术利用的主要是电生理信号。

所有的电生理技术都需要电传感器来检测神经活动的电学信号，并把信号传递给放大单元。不同的电传感器在实现该功能时遵循相同的操作原理，但它们的具体设计（如形状、大小、材料）通常要考虑测量位置（如头皮、皮层表面或脑皮层内）和具体应用需求等。图 9-3（a）和图 9-3（b）分别显示了几类脑电传感器的摆放位置、外形及物理参数。EEG 信号的采集电极通常放置在头皮上，不与导电组织发生直接电学接触，因此需要在电极与皮肤之间涂抹导电凝胶（亦称导电膏）；另外，干电极（不需要导电膏）相关研究正在不断优化改进。其他传感器，如皮层脑电（electrocorticogram，ECoG）电极或微电极，是直接与待检测组织发生电学接触的，通常不需要导电膏。关于 EEG、ECoG 及微电极信号检测技术详见上册第 6 章。

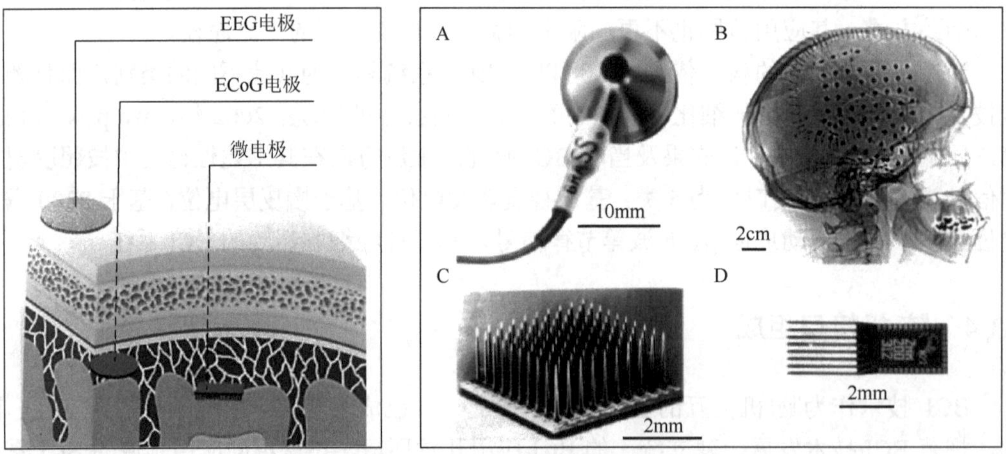

(a) 不同信号检测传感器摆放位置　(b) 几类脑电传感器的外形与物理参数

图 9-3　脑电信号传感器设计

（图片来源：Wolpaw J R，Wolpaw E W，Allison B Z，et al. 2012. Brain-computer Interfaces，Principles and Practice. London：Oxford University Press）

2）放大器设计与组成

脑电生理信号一般具有相对较小的幅值（如 EEG 信号幅值在 10～20μV 范围内，ECoG 幅值在 50～100μV 范围内，而诱发电位幅值仅为 1μV 左右）。计算机将其转化为有用输出信号之前，必须先对其进行放大和数字化处理。信号放大器必须满足两方面的需求：不失真地放大源信号和尽可能地抑制噪声干扰以提高信噪比；任何一种应用于人体信号检测的放大器都必须保证其安全性及人体适应性。

用于神经活动记录的生物信号放大器是一类特殊的信号处理器件，它具有较高的输入阻抗和共模抑制比（common-mode rejection ratio，CMRR）。CMRR 的大小表征放大器对两个输入端共模输入信号的抑制能力，CMRR 值越大，放大器抑制共模干扰能力越强，对提取的差模信号放大效果就越好。放大器的每个通道由一对电极组成，放大器测量的是这一对电极之间的电位差。理想状态下，放大器应该是仅测量两个输入电极之间的信号差，而衰减或消除这两个信号的共模成分。CMRR 一般在 60～110dB（差模信号占 99.9%～99.9997%）。个别电极连接前置放大器和其他滤波器，会引入共模输入而降低放大器整体的共模抑制比。

在大多数情况下，EEG 放大器也可以用于 ECoG 信号记录。ECoG 有着与 EEG 信号类似的特征，如频带宽度、幅值和阻抗（与 EEG 信号在同一个数量级上）。一些关键性的区别在于：用于 BCI 系统中的 ECoG 信号包含高频成分（70～250Hz），而 EEG 信号有用频段通常在 70Hz 以下，因此 ECoG 信号放大器滤波必须允许高频段信号通过。另外，抗混叠滤波器是一个低通滤波器，用以在输出电平中把混叠频率分量降低至极微弱的程度，主要作用是：让有用信号尽可能无衰减地通过，对无用信号尽可能大地衰减。要求必须有更高的低通截止频率，且采样率必须足够高以记录高频信号（详见上册第 6 章）。

2. 脑-机接口软件开发平台

在 BCI 系统设计与测试中，通常需要模拟现实场景或建立特定的刺激模型来诱发所需的大脑思维信号，用于后续思维模式分析与外部设备控制。这也是评价 BCI 系统性能，考察其实用性、有效性不可或缺的环节。该过程既要与相应的硬件（如前面介绍的 BCI 硬件系统）建立连接，也需要一些软件进行诱发刺激序列的编码。有三款软件是围绕实时 BCI 设计的必要功能而开发的：BioSig、BCI 2000 和 BCI++。

BioSig 是一款开源软件，用于生物医学信号的处理和特定的 BCI 系统研究，也是 Octive 和 MATLAB 的一个工具箱，提供了一些数据管理模块、数据输入/输出、人工处理、性能控制、特征提取算法和分类方法等功能。而 MATLAB/Simulink 平台提供了带有 rtsBCI 工具包的在线实时 BCI 快速设计模型。

BCI 2000 是一个针对 BCI 研究的通用系统。这款软件虽非完全开源，但是它的资源和可执行文件可用于非营利性研究和教育机构。BCI 2000 是一款基于 C++环境的软件，主要可分为四个模块：源模块，用于数据采集和存储；信号处理模块，包括大脑活动信号的预处理、特征提取和分类；用户应用模块，实现与用户的交互；操作员接口，用于数据可视化和系统分配，且 BCI 2000 还提供了数据离线分析工具。

BCI++是一款 C/C++框架下用于 BCI 系统设计与实验的软件。BCI++还包含一些 BCI 反馈的 2D/3D 特征。该平台也不是完全开源的。

除了这三款针对 BCI 系统设计开发的软件之外，还有其他一些通用软件平台，如 Openvibe、pyFF、E-prime、MATLAB、VC/C++等。在最早的 BCI 系统研究中，所有的研究实验室都要根据具体处理的 BCI 应用需求编写自己的软件。因此，一个研究团队的软件开发成果对其他研究团队而言，通用性很小。当时的基本软件程序多采用最基本的 C 语言或基础汇编语言进行编辑。即使发展到现在，VC/C++也是编码 BCI 刺激序列的选择之一，本身这类编码方式就有着稳定性强、定时准确等优势，因此，在 BCI 系统研究领域有着不可替代的作用。

但是出于系统可移植性和更快推进 BCI 进步与普及的目的，开发能够执行不同 BCI 设计的通用软件平台具有十分重大的意义。该类软件平台应该能够利用各类大脑信号，并融合多种处理方式、输出类型、硬件系统、操作系统，从而使 BCI 系统研究更为便利，避免额外的程序重组。目前这样的通用 BCI 软件平台已经很多，介绍以下几种。

（1）基于 MATLAB/Simulink 系统，最近被商品化为 g.BCIsys（http://gtec.at/products/g.BCIsys/bci.htm）和 intendiX（http://www.intendix.com）。

（2）Bayliss，一种操作灵活的 BCI 软件平台。

（3）BF++框架（http://www.brainterface.com）。

（4）xBCI（http://xbci.sourceforge.net）。

（5）rtsBCI，一款基于 MATLAB/Simulink 系统设计，作为 BioSig 工具包的一部分（http://biosig.sf.net）。

（6）pyFF，一个独立平台框架，Python 中用于开发 BCI 反馈应用。

（7）实时信息构架（real-time messaging architecture，RTMA）。

（8）Openvibe。

（9）BCI 2000。

其中，Openvibe 和 BCI 2000 作为目前两款通用且应用广泛的 BCI 软件平台代表，也可以应用到其他大脑数据采集、刺激编码和大脑监测等方面。两个软件平台都是基于模块式设计，基于 C++环境执行的。

9.1.5　脑-机接口系统性能评价指标

系统从开发到最终应用通常要经历一个漫长的过程，而 BCI 系统作为面向人类未来应用的一个重要方向，其系统性能、普适性及用户体验等因素不容忽视。当然系统性能不是由某项指标来决定的，而是由它的系统结构、指令系统、硬件组成、软件配置等多方面的因素综合决定的。下面是几个较常用的评价 BCI 系统性能的标准。

1）信息传输速率

信息传输速率（information transfer rate，ITR）指单位时间内系统传输信息量的大小，单位一般为 bit/min 或 bit/s，是评价脑-机接口系统性能的一个重要指标，它能有效地评价系统与外界的交流能力和控制能力。目前评价 BCI 系统性能常用的信息传输速率公式如下

$$I = \log_2 N + p\log_2(p) + (1-p)\log_2[(1-p)/(N-1)] \tag{9-1}$$

$$\mathrm{ITR} = I/T \tag{9-2}$$

式中，N 是所有可能目标任务的个数，即指令集的个数；p 是选对目标的概率，即正确率；T 指完成一个目标任务所用的时间。

2）分类正确率

一般来讲，分类正确率（classification accuracy）是评价一个分类器性能优劣的重要

标准，表示不同类别样本分类正确数占整体样本数的百分比。而 BCI 系统开发研究前期必须考虑的一个重要环节就是特征指令的分类识别，且只有达到一定的分类正确率要求，才能进一步实现系统的在线开发。因此，分类正确率是体现 BCI 系统性能一个重要指标。

3）鲁棒性

鲁棒性（robustness）原是统计学中的一个专业术语，20 世纪 70 年代初开始在控制理论研究中流行起来，用以表征控制系统对特性或参数受扰动的不敏感性。

在实际问题中，系统特性或参数的受扰动常常是不可避免的。产生扰动的原因主要有两方面：一方面，测量的不精确使特性或参数的实际值会偏离它的设计值（标称值）；另一方面，系统运行过程中受环境因素的影响而引起特性或参数的缓慢漂移。因此，鲁棒性已成为控制理论中的一个重要研究课题，也是一切类型控制系统设计中所必须考虑的一个基本问题。对鲁棒性的研究主要限于线性定常控制系统，所涉及的领域包括稳定性、无静差性、适应控制等。而 BCI 系统作为融合工程技术与神经科学的人机交互控制系统，鲁棒性无疑是其性能评价的一个重要指标。

4）在线实时性

BCI 系统步入最终应用前所要经历的必要阶段就是在线实时性测试。在线实时性表征了 BCI 系统实现并完成特定人机交互控制功能任务的实时性。

一直以来，任何 BCI 系统投入使用所强调的就是其在线实时性能的优劣，该性能标准直接关系到 BCI 用户的体验感受，是系统产品得到推广应用的基本要求，因此，在线实时性也是 BCI 系统性能评价的一个重要指标。

以上列出的是目前评价 BCI 系统性能几个经典的重要评价标准，对应每个评价标准还会有很多参数指标对其进行具体约束，这里不再详述。感兴趣的读者可查阅相关资料进行具体了解、学习。

9.2　典型的脑-机接口范式

BCI 使用的脑神经电生理信号根据诱发状态情况可以分为三类：第一类是在大脑思维意识过程中自发产生的 EEG 特定频率成分，如 α 波（8～12Hz）、μ 节律等；第二类是由特定事件刺激感官进而产生特定的脑活动变化，如诱发电位（evoked potential，EP）、事件相关电位；第三类是将检测电极植入大脑皮层特定区域，直接获取神经元集群的电活动信号。自发脑电的优点是与外部刺激或诱发事件无关，更接近于大脑日常思维意识过程，便于直接使用。诱发脑电响应的优点是信号特征（如潜伏期、峰值幅度等）简单，便于识别和提取反映大脑意图的信号波形，其缺点是需要刺激模板，且大都必须进行叠加平均才能得到信噪比较高的 EP 或 ERP 信号。使用植入电极可以深入大脑皮层特定功能区，获得与操作目标最接近且信噪比最佳的控制信号，实现更高效的信息交流，进而达到最佳的接口匹配效果，但此类信号获取多以侵入损伤为代价。表 9-1 简单归纳了 BCI 应用的不同脑电特征信号类型。

表 9-1　不同脑电特征信号类型

信号名称	信号特征
α/μ 节律	α 波是 8～12Hz 的自发脑电，其在安静闭目时活跃，呈梭形；睁眼、思考或受其他刺激时消失，一般见于全部头皮导联，但以枕、顶区为著。μ 节律通常指 8～12Hz 自发脑电的中位频率（10Hz），与感觉运动皮层的神经电活动有关，这些脑电的幅度都可以通过生物反馈训练来调节
事件相关去同步/同步	ERD/ERS 是与运动相关的出现在特定频带的信号，其信号幅值随事件相关程度同步增加或同步减少，主要产生于感觉运动皮层，并且当大脑以想象运动代替真实动作，即预运动时也存在 ERD/ERS 现象，其幅度也可以通过生物反馈学习来调节
慢皮层电位	SCP 持续 300ms 到几分钟，具有较大正负电位差异的低频脑电信号。可通过生物反馈训练来产生或增强该信号
事件相关电位	ERP 是与认知功能有关的内源性诱发电位，主要位于中央皮层区域。P300 指事件相关刺激后潜伏期为 300ms 左右的正电位波，其大小与相关事件出现概率成反比，通常不需要训练
短时视觉诱发电位	对应于短时视觉刺激所产生的诱发电位，主要在枕部显著，属于内部响应，不需要训练
稳态视觉诱发电位	对应于特定频率调制的视觉刺激响应，其特征是脑电活动随刺激频率的稳态出现而增强，属外源性刺激诱发电位，一般不需要训练
单个神经元放电现象	通过植入电极获得来自局部区域神经元电活动响应。受试者经训练可使用神经元放电信息来实现对外部设备的控制

（表格来源：万柏坤，高扬，赵丽，等. 2005. 脑-机接口：大脑对外信息交流的新途径. 国际生物医学工程杂志，28（1）：4-9）

9.2.1　基于 ERP 中 P300 电位的脑-机接口

事件相关电位（ERP）信号需从表征头皮上检测所得 EEG 背景中提取由特定事件触发或与事件处理过程相关的大脑神经活动信息。构成 ERP 的信号成分隐含在头皮记录的 EEG 背景活动之中，但通常它与持续的 EEG 信号关联性很小。由于 ERP 具有高度的事件锁时性，在一个持续的时间进程中，可以通过平均诱发事件的多个试次将其提取出来，得到一系列正负电压偏移，即 ERP 的组成成分。连续 ERP 成分之间在刺激频率、幅值、地形图和与大脑信息处理活动的相关性等方面各有不同，典型 ERP 波形见图 9-4。在事件发

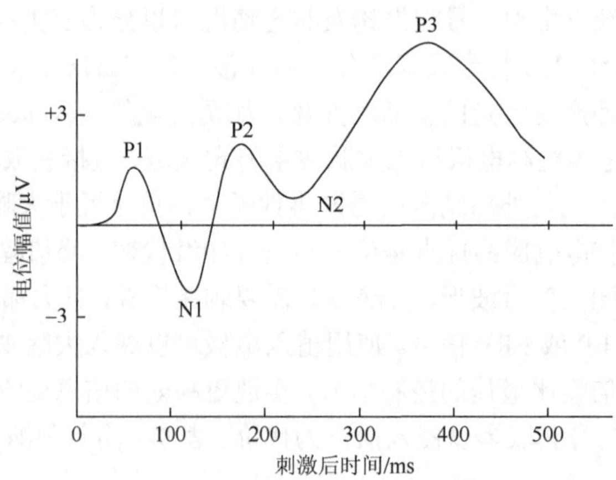

图 9-4　典型 ERP 波形示意图

生的后 150ms 左右就会有 ERP 成分被记录下来，反映了前感觉系统的活动情况。并且它们的波形和在头皮上的分布随着刺激诱发模式而变化，即 ERP 中的外源成分。而潜伏期更长的 ERP 成分则反映了大脑自然认知的信息处理活动，并且与刺激模式相关性不大，而主要依赖于被试者执行任务中诱发事件的重要性，即 ERP 中的内源性成分。

ERP 外源及内源性成分都已用作 BCI 的特征控制信号，但两者用于构建 BCI 系统时的设计准则和应用功能皆有所不同。P300 是在特定刺激发生后头皮记录 EEG 信号中的正向电位成分，最早由 Sutton 等于 1965 年发现并提出，且在此后广泛用于探索皮层神经功能机制。P300 的潜伏期是 300ms 左右，可能在 250～750ms 范围内变化。潜伏期的变化说明该信号与大脑决策信息相关，而非必要的意识控制。目标小概率事件发生后，潜伏期会随决策时间的变化而改变。P300 电位在头皮顶中叶信号最强，且幅值会随着 ERP 检测电极与该皮层区域的距离增大而衰减。

1988 年，P300 首次被应用到 BCI 系统设计当中。此后，P300 相关的 BCI 应用及其研究团队数量都呈现上升趋势。例如，基于 P300 的字符选择 BCI 系统就相当于一个计算机键盘，视觉刺激拼写目标字符。该 BCI 系统是非侵入式的，硬件设备更具有便携、价格低、稳定性高的优势，因此这也是一类可以应用到实验室之外，为残障患者日常生活（语音交流或设备控制等）服务的 BCI 系统。P300 刺激范式众多，很多不同的实验室或研究团队正在不断探索基于 P300 的 BCI 系统的新功能、新用途。

1）经典 Oddball 范式

目前，比较经典且应用广泛的 P300 刺激范式是著名的 Oddball 范式，该范式有三个重要的属性。

（1）有一系列事件呈现在被试者面前，且所有事件属于二分类事件。

（2）其中一类事件呈现的频率要低于另一类事件。

（3）要求被试者完成对事件的分类任务。

小概率的一类事件（Oddball 事件）是诱发 P300 电位的目标事件。只要一个实验设计满足上述三个 Oddball 范式的重要属性，理论上任何刺激和分类任务都可以诱发 P300。

需要注意的是，Sutton 等于 1967 年的研究表明，刺激缺失的事件同样可以诱发 P300，只要缺失刺激满足 Oddball 范式的条件。也就是说，P300 是不受被试者意愿控制的小概率事件诱发的。大多数 P300 研究已经应用到视觉、听觉及触觉等多类刺激模式。

2）基于 P300 的 BCI 系统

基于 P300 的 BCI 系统的基本优势在于其非侵入性，且几乎不需要用户训练便可以在短时间内通过改变特征参数适应新用户，适用于 90%的人群（皆能进行刺激实验并完成分类任务）。该 BCI 范式可提供基础的交流和控制功能，系统相对稳定。也正因为具有这些优势，在目前的 BCI 系统中，基于 P300 的 BCI 系统是残障患者长期家用辅助设备的最佳选择。系统设计方面具有三个关键属性来满足交流和控制要求。

（1）代表可能出现的 BCI 系统输出指令必须是由随机刺激所产生的。

（2）代表系统输出的命令属于小概率事件（具有一般小于 30%的 $1/N$ 概率，N 代表可能出现的全部指令数）。

（3）BCI 用户所关注的刺激代表他们自己的意念思维目标输出（靶刺激）。

具有这三个属性的 BCI 协议，代表 BCI 目标输出的刺激即成为 Oddball 刺激并可以诱发产生 P300 电位。

3）基于 P300 的 BCI 系统设计

1988 年，Farwell 和 Donchin 描述了一个称为智能假体的 P300 字符输入 BCI 系统应用，希望能够帮助残障患者完成简单的信息交流。在其首次设计中，字母表中的字符在屏幕上每次只随机地闪烁一个。用户需关注想要拼写的字符（目标字符）。实验中，P300 电位确实被诱发，然而由于字符出现的频率是每秒一个，而且需要每个字符多次显示进行平均以准确可靠地识别目标，导致数分钟仅能选出一个字符，于是需要进一步调整闪烁方式和时间。Farwell 和 Donchin 于 1988 年首先提出了一种采用矩阵行列闪烁范式诱发 P300 的 BCI 拼写系统。在他们的新设计中，刺激界面为 6×6 的字符矩阵（包含 26 个英文字母和其他的一些字符）形式，刺激事件为每次随机一行或一列字符闪烁，各行/列将按随机顺序进行闪烁（加强亮度和减暗亮度）；被试者要求保持注视所想拼写的字符并在心里默数其闪烁的次数，这时目标字符的闪烁过程即形成一个 Oddball 范式（强调 BCI 系统满足 Oddball 范式的要求和利用其特性是十分重要的）。图 9-5 举例示意了 P300 拼写实验的一个闪烁时序。

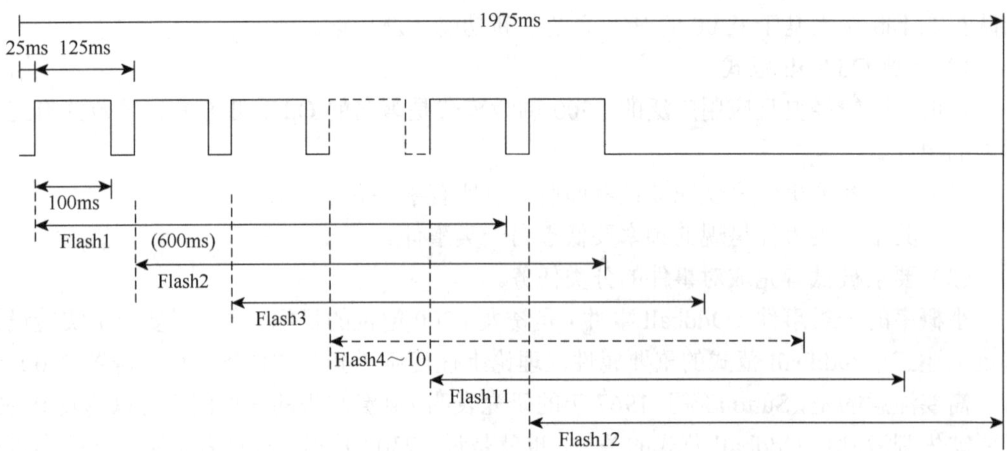

图 9-5　P300 拼写实验中刺激闪烁时序举例

在算法方面，1988 年，Farwell 和 Donchin 比较了四种分类算法：逐步线性判别分析（stepwise linear discriminant analysis，SWLDA），200～400ms 间隔峰值提取，等间隔的曲线下面积分析，单试次数据和模板的协方差分析。其中，SWLDA 算法早在 20 世纪 60 年代就被用于单试次检测 P300 电位。在首次基于 P300 的 BCI 系统研究中，Farwell 和 Donchin 发现 SWLDA 和峰值提取算法识别目标刺激的正确率最高。80%的正确率需要每个目标选择时间为 20.9s，95%的正确率需要每个目标选择时间为 26.0s。这两种情况下相当于每分钟可以输出 3.0 和 2.3 个字符。

1988 年的这项研究证明了基于 P300 电位的交流系统设计的可行性，它也成为很多基于 P300 的 BCI 系统研究的第一基准。

4）基于P300的BCI应用举例

基于视觉诱发P300的BCI是利用视觉Oddball呈现范式使被试者EEG中诱发P300事件相关成分，并采用相应的信号处理技术将诱发P300的目标刺激准确地检测出来，从而判断当前的被试者所希望执行的目标指令，实现对外部设备的控制与通信。

基于P300的BCI研究中常用的视觉诱发范式包括：矩阵闪烁范式、Hex-o-Spell范式、中心闪烁拼写（center speller）和快速序列视觉呈现（rapid serial visual presentation，RSVP）范式等。根据P300的诱发原理，只有包含被试者所注视字母的行/列闪烁才会诱发P300，而其他行/列的闪烁是不会诱发P300的，通过信号处理和模式识别技术检测诱发出最强P300的行和列，即可判定当前被试者所想拼写的字母，从而实现智能拼写的功能。在过去20多年里，研究者不断尝试改进传统的矩阵闪烁范式（图9-6（a）），提出了多种更为有效的刺激范式，例如，金晶等引入排列组合思想来优化传统矩阵范式的闪烁形式，使其有效避免了连续双闪烁（double-flash）和邻近刺激闪烁的负面影响。Blankertz等提出了一种名为Hex-o-Spell的Oddball诱发范式（图9-6（b）），该范式通过修改刺激呈现形式有效地降低了实验过程中对被试者注意力的要求，同时诱发出了更强的P300，从而改善了基于P300的BCI系统目标检测精度。最近，Acqualagna等引入一种更适合于眼睛无法移动的残障被试者使用的P300刺激范式，即RSVP（图9-6（c））。不同于矩阵刺激界面，在RSVP范式中，各刺激事件以随机顺序始终出现于屏幕中央。因此，该刺激范式不要求被试者有任何眼睛移动，被试者只需注意并默数目标刺激出现的次数。通过检测诱发最大P300的目标刺激所对应的事件标签，即可判定其为当前被试者所要执行的目标指令，从而实现被试者对外部设备的控制和通信。

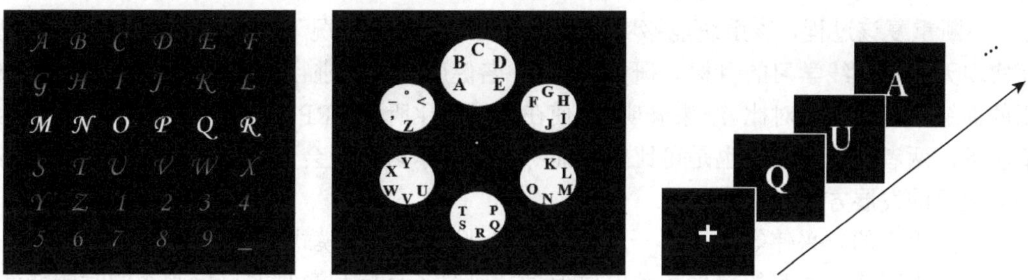

(a) 传统的矩阵行列闪烁范式　(b)“Hex-o-Spell”范式　(c) RSVP范式

图9-6　基于P300的BCI研究中常用视觉诱发范式

（图片来源：Reza F R，Brendan Z A，Christoph G，et al. 2012. P300 brain computer interface: current challenges and emerging trends. Neuroengineering，5（7）：1-14）

华南理工大学的黄育娇等设计的基于P300交互式字符输入BCI系统给出了一种交互式方案。依据P300波峰会随刺激增强而幅值上升的原理，根据被试者脑电信号特征改变字符闪烁的亮度，同时反馈实时信息给被试者，缩小字符闪烁范围，提高了P300字符输入的系统性能。

天津大学的孙长城等提出一种新型三维编码范式，可完成4×4×4或5×5×5三维字符矩阵闪烁序列的拼写任务，该研究对整个系统实验数据预处理、特征提取和模式识别及分类正确率等方面与传统 P300-Speller 系统进行了比较分析，结果证明该系统在信息传输率方面明显优于传统 P300-Speller 系统。

河北工业大学的高海娟、徐桂芝等设计了基于双耳分听范式的 BCI 系统，在被试者左右耳朵同时播放两个不同的音频刺激序列，每个声音序列中都包含靶刺激和非靶刺激，受试者通过关注靶刺激来判别相应方向的声音序列。通过判断靶刺激诱发 P300 出现的时间来确定被试者关注声音序列的方向。最终达到能够与视觉 BCI 相比拟的 80%以上的目标识别正确率，为二分类的 BCI 系统提供了新的输出方式。

因基于 ERP 的 BCI 一般都需要进行离线实验，从而建立针对个体的数据模板，但对严重肢体残疾或损伤患者来说适用性有限。因此，该方向最新的 BCI 技术正在探索如何简化离线训练或学习过程，甚至建立完全的零训练在线学习模式。

Wadsworth 中心的 Hill 等利用听觉刺激研究了仅包含是非选择的 BCI 范式。实验分两种声音刺激，一种是简单的蜂鸣刺激，一种是单词语音刺激。他们对 14 名健康被试者进行了实验，同时收集了两名高度 ALS 患者的初始数据。结果表明：单词语音刺激比单纯的蜂鸣刺激，ERP 成分中的 N1、N2、P3 诱发变化更明显，且在区分靶刺激和非靶刺激的响应能力方面前者比后者更强，即正确率相对更高。两名 ALS 患者的正确率表现也是一致的。因此，既然单词语音刺激正确率比单纯的蜂鸣刺激效果好，系统刺激使用前者会更有效、更直观。同时该发现为今后的听觉刺激 BCI 系统设计提供了重要依据。

比利时根特大学的 Kindermans 等在听觉 ERP 范式下建立了一种无监督训练的在线学习模式。首先，由于没有足够的初始数据，所以应用随机初始化的无监督训练分类器可能会出现错误解码。其次，经过对先前拼写过程数据的训练学习，初始的错误解码就会被校正。不断重复该过程，该系统能够实现在线数据积累足够情况下建立更为可靠的模板，从而实现无监督在线学习的目标。研究者对 10 名健康被试者进行了该系统与标准有监督校正的训练系统的性能对比。结果表明，即使在低信噪比听觉 ERP 范式的有限试次（30 trials）情况下，两者的系统性能也是可比的。显然，在线学习系统会更适应未来 BCI 系统实际场景应用的发展方向。

天津大学的安兴伟等引入了一种新型的视-听联合刺激模式替代传统的单一通道模式以诱发产生跨感觉通路的事件相关电位信号，研究了目标刺激与非目标刺激的时频特性，并探讨了这种跨感觉通道刺激范式在提高识别效率方面的可行性。结果表明，基于视-听联合刺激诱发事件相关电位的 BCI 系统是一种新型可行的 BCI 范式，为开发多感觉通路 BCI 系统提供了重要的理论依据。

为努力提高基于 P300 的 BCI 系统性能，首先应该认识到评价的核心是 BCI 系统改善残障患者生活质量的程度。在此前提下，BCI 系统修复独立交流的检测要比单纯地提高其正确率或传输率更为重要，如何实现准确的单次试验 P300 分类是该领域研究中一个极具挑战性的问题。当前临床应用的 BCI 系统传输率相对较低，这意味着只有在用户排除了其他传统辅助技术干扰，专注于 BCI 系统的情况下才有可能实现较好的辅助控制。进一步探索鲁棒性高、传输性能优良的系统设计方法才可能提高基于 P300 的 BCI 系统应用价值，从而拓展交互应用范围以及用户的人群基数。

9.2.2　基于 SMR 的脑-机接口

多年来，基于感觉运动节律（sensorimotor rhythms，SMR）的 BCI 系统是 BCI 研究和发展历程中的热点。研究表明，肢体动作的想象和执行都可以通过感觉运动皮层的节律响应进行有效表征，这类节律活动改变可以通过大脑信号描记方式（如 EEG、MEG 或 ECoG）检测到。

1）感觉运动节律简介

SMR 是感觉运动皮层（后额叶和顶叶前区）记录的脑电响应信号。典型的 SMR 可以分为三个主要频带：α/μ（8～12Hz）、β（18～30Hz）、γ（30～200Hz 及以上）。EEG 记录局限于 α/μ、β、低频 γ 节律的频带，ECoG 和 MEG 可以检测高频活动。目前，SMR 方面的 BCI 技术研究主要是使用 EEG 记录方式，即主要对 α/μ、β 节律的应用进行讨论研究。

20 世纪 30 年代，Berger 等的早期研究已经证明 SMR 会随着运动行为发生变化。Chatrian 等后来较为详细地描述了运动过程中 μ 节律的减弱或去同步现象。随后的很多研究同样证明了 SMR 在运动行为中的减弱现象，这种减弱现象被称为事件相关去同步（ERD），包括与内部或外部节奏事件（如自发运动）相关的节律活动的降低，ERD 也称为节律阻断，可以看作激活皮层网络相关性的表征。

SMR 也可能在感觉运动相关事件中增强，这种现象称为事件相关同步（ERS）。目前的研究成果表明，ERS 可能与非激活或抑制脑网络具有相关性。图 9-7 显示的是实际或想象手脚运动过程中，ERD 和 ERS 的脑地形图及时频特征。SMR 中 ERD 和 ERS 可采用局部脑皮层（或头皮）地形图和频率特异性来可视化表征，并可通过时间曲线、时频图或地形图对这些现象进行分析研究。在脑皮层中 SMR 的代表性记录区域包括皮质层和皮层下结构。在深部电极的信号记录可以揭示丘脑、丘脑下核以及脑桥区域的 μ 和 β 节律活动。这些区域之间的相关性是十分复杂的，例如，伴随着运动的产生，μ 节律 ERD 发生在运动皮层，而 μ 节律 ERS 发生在丘脑下核区，β 节律活动均匀分布在运动皮层、丘脑和丘脑下核区。

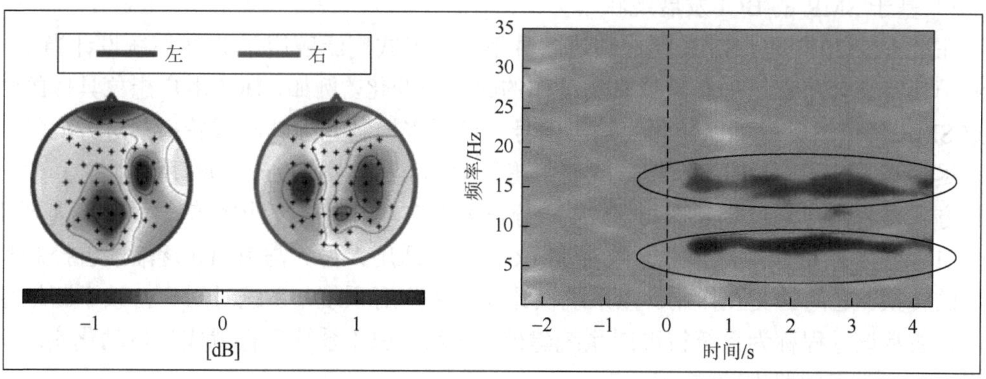

图 9-7　实际或想象手脚运动过程中，ERD 和 ERS 的脑地形图及典型时频特征图

（图片来源：Blankertz B，Tomioka R，Lemm S，et al. 2007. Optimizing spatial filters for robust EEG single-trial analysis. Signal Processing Magazine IEEE，25（1）：41-56）

2）将 SMR 活动转换成设备控制信号

早期基于 SMR 的 BCI 系统应用通常使用线性回归算法，将 SMR 幅值转化为光标移动的信号，进而用于复杂真实外界设备（轮椅、虚拟键盘、机械臂等）的实时控制。利用回归算法的优势（支持利用一个函数模型取多个不同目标）很容易拓宽其不同的目标特征数量。例如，考虑到当前视频桌面上的显示图标和用户接口会随着具体环境的不同改变其含义，而任何数量的图标都可以用两个回归函数来描述。但是，很多基于 SMR 的 BCI 应用已经使用到分类算法，对于任意目标的改变都可以驱动一个新的分类参数，从而输出特定的指令信息。根据 α/μ 波阻断现象可以设计一种利用 α/μ 波幅值变化来控制外部设备的 BCI 开关装置。根据不同的用户自适应更新转换应用算法是 BCI 系统的理想形态。而近年来的 BCI 研究也向此方向发展，可以实现多参数控制用户信号特征的选择，例如，自适应估计将 EEG 信号转化为光标移动信号方程的斜率和截距。很多特征选择算法通常考虑信号特征之间的协方差矩阵，近些年多项研究表明使用自适应算法的基于 SMR 的 BCI 具有更优的系统性能。

交流是一种需要用户不断监测处理过程和改正错误的交互过程。控制应用需要用户能够确定当前控制状态（如光标位置）并在系统运行过程中做必要的修正，从而令 BCI 设备能够进行实时交流与控制并为用户提供实时的必要反馈。早期的一些基于 SMR 的 BCI 研究描述了一些实时操作结果，然而之后的很多 BCI 系统研究都转到了记录数据的离线分析上。在 Lotte 等关于 BCI 分类算法的综述里讲到，大多数 BCI 系统研究使用的是离线分析方法。

尽管离线分析方便有效，并且通常可以指导之后的在线研究，但是离线结果难以概括所有可能的在线性能。在线 BCI 系统的稳定运行要求大脑信号与 BCI 解码这些信号及产生的输出信号之间进行实时交互。因此，特定转换算法产生的输出才有可能影响到之后的大脑信号，同时反馈信号允许用户不断调整修正系统误差，优化系统性能。然而，上述交互作用在离线分析中很难做到，因为离线使用特定算法获得的数据会直接输入下一阶段处理，该特定算法的评估只能通过在线检测来完成，一旦算法出现问题要重复整个过程。因此，相对来讲，在线分析对于未来 BCI 发展更有应用前景。

3）基于 SMR 的 BCI 发展现状

在过去的 20 年里，SMR 已经通过各种不同的形式广泛应用于 BCI 系统设计当中，主要源于其特征会随着运动想象或真实动作的改变而变化。例如，BCI 用户想象具体的动作导致 SMR 幅值改变就可以转化为输出信号，可用来控制光标移动或轮椅前进方向等。

尽管基于 SMR 的 BCI 系统一般使用想象动作，具体实现方式却有所不同。其中一种设计方式是将用户通过想象获得 SMR 成分作为 BCI 输出的初始控制信号。在此基础上，该 BCI 系统不断适应用户（逐渐改善 SMR 控制的适用人群）与 BCI（逐渐改善控制与输出间的转换）之间的交互作用。该系统设计基于用户对系统，系统对用户持续不断地相互适应，通常该过程称为系统校准或系统建模。之后，BCI 系统运行就成为自动化实现，就像经过优化学习的肌肉动作一样。

另一种设计方式是基于具体想象或精神任务（如手动加脚动、心算加随机目标循环等）的 BCI 系统设计，定义每一个任务对应的 SMR 特征，并持续依赖这些关系用于之后的

BCI 操作。该方式假设 SMR 模式与被选任务是相关的，而与重复的 BCI 使用无关，任何微妙的变化都很容易适应重新校准的结果，也就是说不会通过用户大脑的自适应来改善 BCI 操作。

交流应用方面，拼写系统是一种允许用户选择字母或其他目标组成词语或语句来表达自己意愿的交流辅助手段。Neuper 和 Kübler 等帮助 ALS 患者学习使用 SMR 来操作拼写设备。Wolpaw 等早期开发的一种基于 SMR 的 BCI 拼写应用是将整个字母表分为四部分，用户每拼写一个字母要经历一系列三次连续选择。利用 EEG 模式结合想象动作（左手动、右手动与双足）和立方体旋转，平均拼写速率是每分钟 3 个字母左右。Müller 等提出一种有趣的 BCI 应用（Hex-O-Spell），拼写区域被分为六种可能选择，如图 9-8 所示，一系列两个连续的选择阶段产生一个目标字母输出。

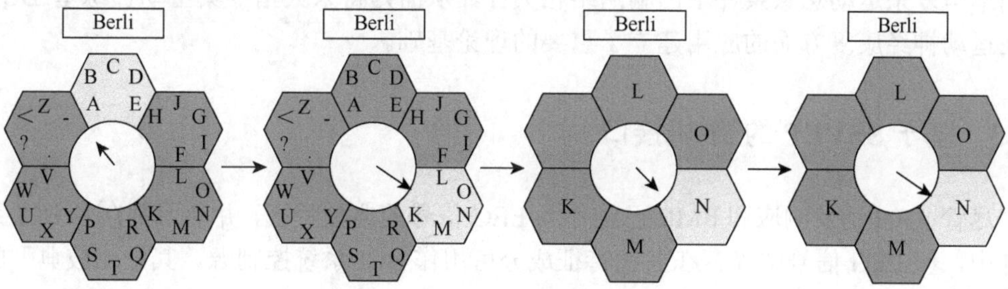

图 9-8　一系列字符选择流程

（图片来源：Müller K R，Tangermann M，Dornhege G，et al. 2008. Machine learning for real-time single-trial EEG-analysis：From brain-computer interfacing to mental state monitoring. Journal of Neuroscience Methods，167（1)：82）

辅助控制应用方面，最早一种基于 SMR 的 BCI 系统用来修复遭受脊髓损伤后的手抓握能力。该类 BCI 后来与一种植入式 FES 的神经假体——freehand 相结合来修复手抓握能力，使用这种 BCI/FES 系统，肢体残障患者可以通过想象脚部动作来调控 SMR 刺激特定肌肉区完成手部抓握动作。

在临床康复方面，基于运动想象（motor imagery，MI）的脑卒中康复研究长期以来都是其研究的热点问题。基于头皮脑电信号的 MI-BCI 技术是通过直接采集中枢神经系统的功能活动信息构成脑-机反馈环路，利用 BCI 技术不仅可以使患者重获对运动障碍患肢的控制能力，从而提供了主动式闭环刺激的条件。更重要的是，BCI 技术通过对中枢神经系统功能活动的测量和反馈使患者大脑参与康复训练的过程变得可观察。这带来了两方面的优势：第一，传统运动康复方式中患者的主动参与性几乎是不可观察且难以控制的，这是困扰临床医生治疗的一大问题，利用 BCI 技术可以很好地监控患者的主动参与度；第二，由于大量代偿训练行为的产生，患者极易采用一些不当的动作执行或动作想象来完成康复任务，导致康复效果严重降低，因此患者康复过程中需要临床医师严密控制和及时矫正，而 BCI 技术则提供了一种很好的靶向任务调控手段。

基于 SMR 的 BCI 系统目标是系统速度、正确率和稳定性方面具有广泛的应用场景或用户适用性，用户与 BCI 之间的相互适应即用户体验是尤为重要的。因此，长期以来，该类 BCI 系统因具有最接近于人体正常输出通路模式的优点，备受研究者的青睐。

格拉茨技术大学的 Gernot 等针对低认知能力人群，利用 ERD/ERS 特征设计了一个被动式和想象动作融合控制的单开关式 BCI 系统，对 10 名健康被试者进行了分两个阶段的实验，其中 4 名被试者完成了第二阶段的实验，可达到 90%的正确率，为低意识患者对外交互提供了新的途径；同为该团队的 Faller 等设计了一种有限自适应训练范式的 BCI 系统，主要针对的是严重运动损伤患者。该系统是一类基于 ERD 的有限自适应 BCI，补充了现有的方法，它支持在无控制状态下，时间参数配置很小，不需要专家或工作者在线监护，仅需要两个检测电极来完成系统运作。该系统呈现了一个提示引导，自校准和在线自校准的有限自适应 BCI 界面，也为严重运动损伤患者提供了一种新型有效的交互与控制手段；天津大学的奕伟波等在简单与复合想象动作分类方面进行了深入研究，最高识别正确率达到 84%，为多模态 BCI 范式的建立提供了重要依据，并从脑信号机制方面揭示了简单与复杂运动想象条件下的脑网络相关性，从而为将来大指令集主动训练型 BCI 系统在运动神经康复方面的应用建立了重要的理论基础。

9.2.3 基于 SSVEP 的脑-机接口

尽管 P300 诱发响应和 SMR 已经作为 EEG 信号的典型特征，并应用到众多 BCI 系统设计中，但 EEG 信号中尚存在其他特征成分可用作 BCI 系统控制源。其中比较典型的有稳态视觉诱发电位（SSVEP）和慢皮层电位（slow cortical potentials，SCP）。尤其是 SSVEP，对 BCI 技术发展一直起到引领与推动作用。

1）稳态视觉诱发电位简介

EEG 诱发电位（evoked potential，EP）是指当人体感觉器官（视觉、听觉、触觉）受外界物理刺激（光、声、电、力等）时引发大脑皮层神经电活动所产生的 EEG 模式变化。EP 隐含在 EEG 背景下，表现为由具体感觉或事件引起的特殊电位偏移响应（其代表特征为与刺激强度、时间密切相关的正负波峰幅值、潜伏期），具有锁时性。由于 EP 信号相对于 EEG 十分微弱，但有很好的锁时性，故可采用以刺激时刻为基准的多次叠加平均方法从 EEG 背景中提取 EP 信号。视觉、听觉、触觉物理刺激所产生的诱发电位分别为视觉诱发电位（visual evoked potential，VEP）、听觉诱发电位（auditory evoked potential，AEP）和体感诱发电位（somatosensory evoked potential，SEP）。视觉诱发电位由视觉刺激（如亮光闪烁、图像或场景更替、色彩或光线变化等）突然诱发产生。VEP 的典型特征成分为 N70 和 P100，即发生在视觉刺激时刻后延迟 70ms 和 100ms 出现的负向（N）和正向（P）峰值电位波动，可以在诱发脑区或接近初级视觉皮层（主要在头皮枕区）监测得到。

2）基于 SSVEP 的 BCI 刺激范式

SSVEP 是由稳定周期性重复呈现的视觉刺激（如周期性点亮的发光二极管（light emitting diode，LED）或某种模式图形、影像以一定重复规律（频闪、翻转、跳圈等）呈现于计算机屏幕）所诱发产生的稳定振荡响应的视觉诱发电位。连续的刺激可以诱发相似的响应，叠加之后产生稳定的正弦振荡波形。SSVEP 可以利用传统叠加平均或频谱分析方法进行研究，正常情况下，频谱分析结果会在刺激频率处产生一个波峰。

根据 SSVEP 的频率特性，可以设计出一种通过信号处理技术识别 EEG 中主导频率成分，从而检测当前目标刺激的 BCI 系统，即基于 SSVEP 的 BCI 系统。该类 BCI 系统利用不同闪烁频率的刺激光源来编码不同的指令，只需注视相应的刺激光源即可通过 BCI 识别输出其所想要执行的指令，并传输给外部设备实现对外交互通信。

在标准 SSVEP-BCI 范式中，刺激源按照特定频率在用户视野区域进行重复刺激。每个刺激都是以区别于其他刺激频率的形式出现的，代表一个具体的 BCI 指令输出（如键入具体字符，向一个方向驱动轮椅等）。用户要做的就是根据自己的表达意愿注视其中相应的某个目标刺激源。如图 9-9 所示，BCI 系统处理采集到的 EEG 信号，识别特定频率下的 SSVEP 波形，从而输出用户目标。

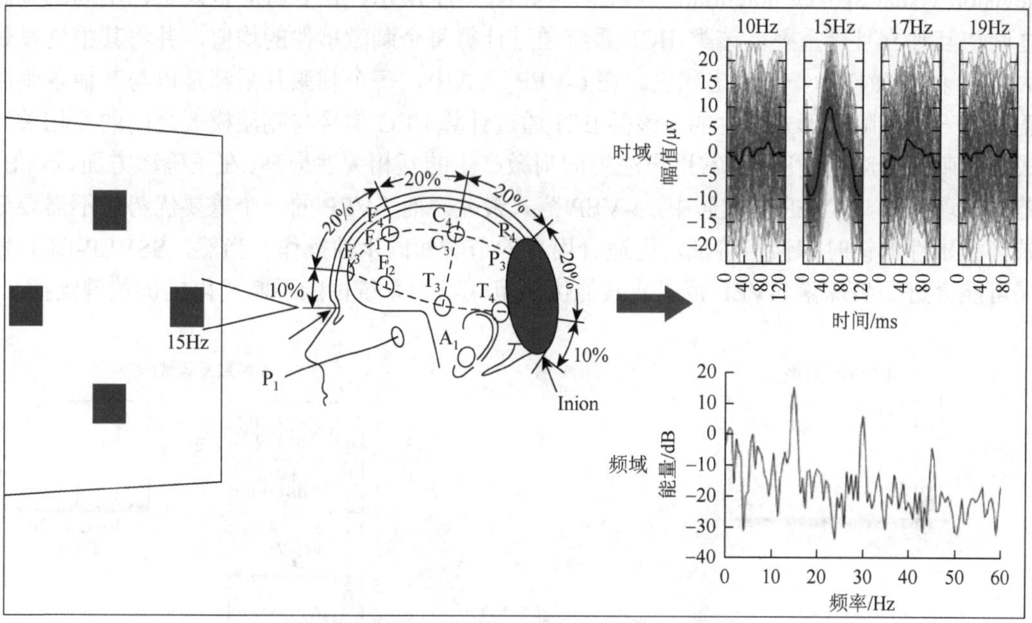

图 9-9　BCI 系统处理 EEG 信号得到 SSVEP 时频域特征

基于 SSVEP 的 BCI 中常用的三种刺激光源为发光二极管、呈现于计算机屏幕的模式翻转刺激（西洋跳棋棋盘形式）和单一方块频闪刺激，如图 9-10 所示，LED 诱发 SSVEP

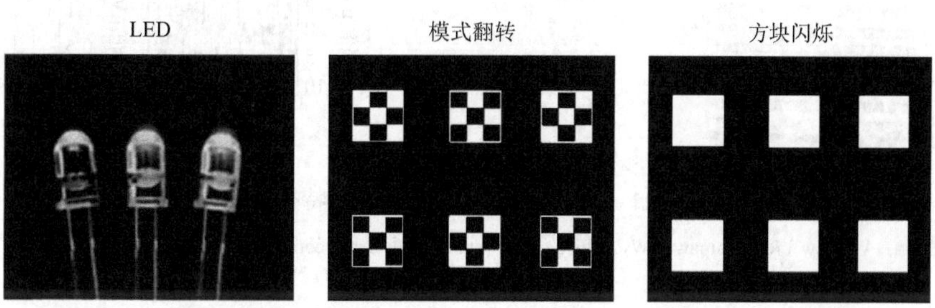

图 9-10　三种诱发 SSVEP 的视觉刺激序列

（图片来源：Akcakaya M，Peters B，Moghadamfalahi M，et al. 2014. Noninvasive brain-computer interfaces for augmentative and alternative communication. IEEE Reviews in Biomedical Engineering，7（7）：31-49）

可有效避免显示器刷新率的限制，可以满足多指令 BCI 系统，但其闪烁控制程序通常需要利用单片机来实现，对硬件要求相对较高。基于计算机屏幕的诱发 SSVEP 模式翻转和方块闪烁程序无硬件要求，可直接在计算机上执行和修改，且与外部控制设备的通信程序更容易实现，但诱发频率受到显示器刷新率的影响，可用刺激频率相对有限，仅可满足较少指令 BCI 系统。

特定频率下的重复性刺激模式称为频率调节视觉诱发电位（frequency-modulated visual evoked potential，f-VEP）BCI 范式。此外还有两种无节律的重复刺激范式也已应用到 BCI 系统设计中，即按时间编码重复刺激模式所产生的视觉诱发电位（time division visual evoked potential，t-VEP）和按码率编码的重复刺激模式所产生的视觉诱发电位（code devision visual evoked potential，c-VEP）。如图 9-11 所示，在 t-VEP 范式中，不同的刺激之间相互独立且无重叠。该类 BCI 系统通过计算每个刺激事件的均值，并将其中诱发最大 VEP 的刺激作为一个输出代表。在 c-VEP 范式中，每个刺激几乎都是以与其他各刺激正交的一种伪随机形式发生的。该类 BCI 通过计算 EEG 信号与刺激模板之间的互相关生成相应刺激对应的输出，通常用户注视的刺激产生的互相关性最高。在正确率方面，c-VEP 范式表现最好，f-VEP 范式居中，t-VEP 范式最差。而 f-VEP 的一个重要优势是不需要记录刺激事件的锁时和锁相特征，更适合用户的节奏和同步性操作。当然，SSVEP-BCI 发展可能会进一步探索 c-VEP 范式或其他优化范式，为系统性能不断优化提供关键支撑。

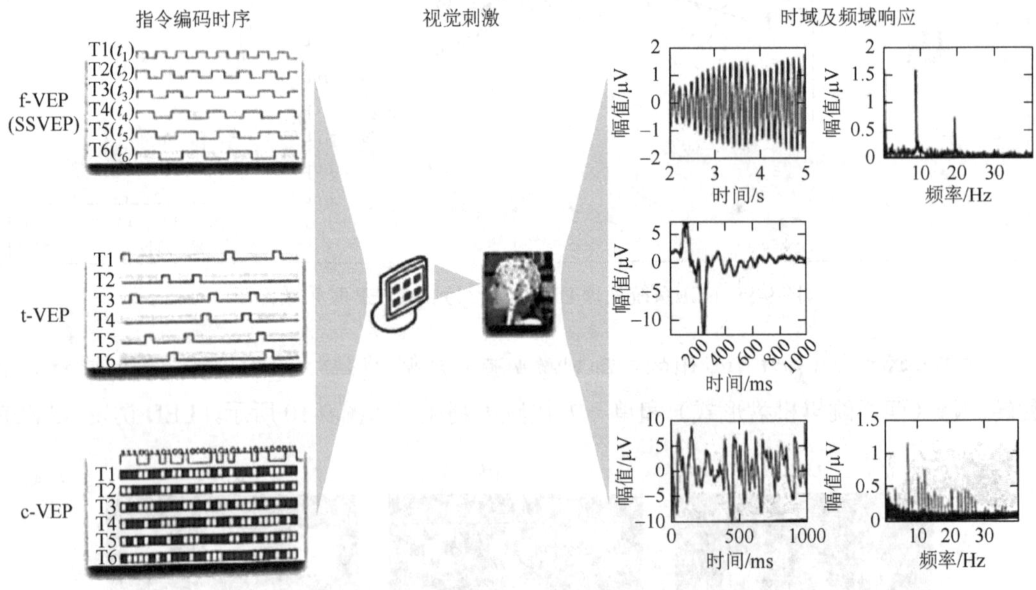

图 9-11　三类刺激范式下 SSVEP 特征波形

（图片来源：Wolpaw J R，Wolpaw E W，Allison B Z，et al. 2012. Brain-computer Interfaces，Principles and Practice. London：Oxford University Press）

3）基于 SSVEP 的 BCI 系统发展

SSVEP-BCI 系统有着十分广泛的发展前景，不需要用户进行特别的训练，适用于大多数人群，且具有比较高的信息传输率。罗马大学的 Tidoni 等利用视听反馈改善行程控制人形机器人的 BCI 系统性能，在实现用户视觉控制机器人行程的同时将人体脚步声音作为一个反馈来同步控制，完成机器人拾取动作任务。结果表明，脚步声音和机器人真实行走动作之间的试听同步可以有效提高 BCI 用户的动作决策和控制的感觉。该研究成果为通过多感觉反馈提高机器人控制的可能性指明了道路。

Bakardjian 等提出了基于情感图片刺激的 SSVEP 实验范式。将带有情感色彩的图片作为刺激源，结果表明可以令 SSVEP 的响应强度显著增强，而且该系统通过具有 8 个刺激模块的对比试验，使得情感刺激编码下的系统信息传输率提高到 64bit/min，为 SSVEP-BCI 技术研究开辟了新的方法途径，促进了 SSVEP 实验研究向更丰富的人性化方向发展。

清华大学的高小榕课题组利用混合频率和相位编码方式和改进的典型相关分析算法对 SSVEP 刺激范式呈现及其识别进行了研究，大大提高了基于 SSVEP 的 Speller 系统运行速度，最高信息传输速率可达 240bit/min，在其最新研究成果中最高信息传输速率甚至超过了 300bit/min，成为迄今最快的 BCI 系统，为该方向 BCI 的进一步研究奠定了坚实基础。

此外，一些人群缺乏必要的视觉能力而不能使用基于 SSVEP 的 BCI 系统。于是研究者开始探索研发有关稳态触觉和稳态听觉的刺激范式，基于此开辟新的稳态刺激诱发信号下的 BCI 研究道路。Müller 等描述了一种使用稳态体感诱发电位（steady-state somatosensory evoked potentials，SSSEP）实现注意力驱动幅值调节的 BCI 系统，用来区分两种不同重复的触觉刺激。该系统以不同的频率刺激用户的手指。频率识别和 SSVEP 中使用的方法类似，通过关注左边或右边手指，结合左右刺激，用户可以提高频谱峰值，从而形成了与用户所关注目标刺激相匹配的特定输出。2011 年，Kim 等提出了基于听觉稳态诱发电位（auditory steady-state evoked potentials，ASSEP）的 BCI 系统。被试者听两个不同频率的声源刺激（一个 37Hz，另一个 43Hz），ASSEP 的频谱同样与用户的目标刺激相对应。尽管这两种基于非视觉稳态诱发电位的 BCI 系统在正确率和速度方面比其他大多数 BCI 系统低，但它们代表了 BCI 系统研发新的努力方向和可能，也为伴有视觉障碍的人群，甚至是正常人，提供了新的交流与控制方式。

9.2.4　基于 SCP 的脑-机接口

SMR 记录感觉运动皮层活动，受实际动作或想象动作的影响，是 EEG 信号特征频域分析的结果，主要反映脑电信号的频域特征。然而，实际动作或想象动作引起的电位变化是相对缓慢的，于是，在感觉运动皮层采集到并反映时域特征响应的 EEG 电位变化信号称为慢皮层电位（slow cortical potentials，SCP）。SCP 与具体感觉动作事件有锁时和锁相的特点。SCP 由实际或想象动作和认知任务产生的负电位成分组成，被认为是动作准备前的皮层特异性激活现象。

SCP 活动可能受到很多认知活动的调节作用，如演示计算任务。SCP-BCI 用户需要长时间训练以产生稳定的 SCP 特征变化，从而令 BCI 能够检测该特征变化并用于对外控制。训练需要不断重复几个星期或几个月，因此，对一些人群是不适用的。

在典型的基于 SCP 的 BCI 系统中，用户需要通过一系列的重复试验实现对外交流。在各试次中都要提供一个可能的选择，而且分两个时间区间：基线区间和活动控制区间。在基线区间内，用户休息，在活动控制区间，用户或产生 SCP（通过想象具体的精神任务）来决定选择，或不产生 SCP（继续休息）来忽略当前的选择。例如，拼写一个字母，首先呈现一半字母表给用户，用户通过上述过程决定选择与否，然后对决定选择的一半字母表划分重复上面的过程，直至选出最终的一个目标字母。

当然，目前 SCP-BCI 系统速度慢，主要是负电位信号微弱，记录区域在感觉动作或额叶皮层区。通过长期训练控制 SCP 特征，用户可完成对拼写程序或其他应用设备的操作。尽管过去基于 SCP 的 BCI 系统已经得到成功应用，但是该类 BCI 模式却鲜受关注，主要是由于其系统速度太慢，而且只允许一维控制，需要长期训练，出错率也比较高。基于 SCP 的 BCI 范式将来可能作为神经反馈工具或其他 BCI 和传统控制模态的调节系统。

9.2.5 其他脑-机接口范式

ERP（尤其是 P300）、SMR、SSVEP 及 SCP 是比较经典且目前应用广泛的基于脑电检测的 BCI 范式，除此之外，一些大脑信号检测方式在 BCI 系统设计上也不断有新应用和突出的成果，其中包括 fMRI-BCI、fNIRS-BCI 及 hBCI 等，各有其特色。

1. 功能磁共振脑-机接口

1946 年，美国科学家布洛赫和珀塞尔发现，将具有核磁矩的原子核置于一个恒定磁场中并施加与恒定磁场方向垂直的特定频率射频场，当射频场频率与核磁矩在恒定磁场中做拉莫尔进动的固有频率相等时，会发生原子核强烈吸收射频场能量的核磁共振现象。两位科学家也因此获得了 1952 年的诺贝尔物理学奖。核磁共振（nuclear magnetic resonance，NMR）简称磁共振（magnetic resonance，MR），是处于静磁场中的原子核在另一交变电磁场作用下发生的物理现象。自然界某些原子核自旋会产生磁矩，当核磁矩处于静止的外磁场中时，产生拉莫尔进动和能级分裂。在交变磁场的作用下，自旋核会吸收特定频率的电磁波，从一个较低能级跃迁到另一个较高能级。

MRI 的基本原理是：将人体置于特殊的磁场中，用适当频率的射频脉冲激发人体内的氢原子核，会引起氢核磁矩共振，并吸收能量。在停止射频脉冲之后，被激发的氢原子核会在弛豫过程中按特定规律将吸收的能量释放，同时发出射电信号，该信号被体外的射频天线接收，经计算机处理后获得图像（详见上册第 8 章）。磁共振成像是继 CT 后医学影像学的又一重大进步。自 20 世纪 80 年代应用以来，它以极快的速度得到发展，磁场强度和信噪比不断提高。磁共振应用在临床诊断和科研上具有极大的优越性：它可以灵活选择横断面、冠状面、矢状面和多种角度斜面的体层成像方式。对 BCI 研究而言，fMRI 时间分辨率比 ERP 高，空间分辨率可以达到毫米级的高精度，这也是其一个突出优势。目前，fMRI 的显著缺点是价格昂贵，运营成本高，被试者体内不能够有金属异物使之与脑电等电生理检测连用时存在一定技术困难。因此，尚未见 fMRI-BCI 的实际应用。

fMRI 具有平衡的空间分辨率和时间分辨率，因此大量被应用在人类生命检测与认知科学研究中。尽管目前 fMRI-BCI 还没有实质性的应用，但基于其在脑认知检测方面的众多优势，尤其在人体视图解码应用方面取得了一些突破性进展：Kendrick 等利用 fMRI 体素建立感受野（receptive-field）量化模型，识别可分性较大的简单图片（120 张）正确率最高达 90%；Radoslaw 等融合脑磁和 fMRI 时-空特征，建立了多元模式分类器，视觉刺激后百毫秒内即可实现对较复杂视图信息（92 张图片，包括人脸表情、动物、水果、生活工具等）的有效识别（max＞70%）；Nishimoto 等引入 fMRI 体素优选策略，对复杂视图信息进行重建（100 个视频信息，包括人体和其他动物运动、物体移动、图标变换等），重建效果远高于随机水平。可见，磁共振成像的发展为实现新型非侵入式脑-机接口带来了希望。

2. 功能近红外脑-机接口

目前主流的 BCI 系统都是基于脑电的，自从 1977 年 Jobsis 发现了可以通过光学手段来检测深层脑活动，为 BCI 设计提供了新的思路。由于功能近红外光谱（functional near-infrared spectroscopy，fNIRS）技术可以安全、便携、经济以及非侵入式地检测脑活动信息，fNIRS 在脑-机接口的应用中显示出良好的发展前景。由于 fNIRS 技术在时间、空间分辨率上介于其他成像方法之间，时间分辨率较高，同时有较好的空间分辨率，故其在脑-机接口中具有特殊优势。图 9-12 显示了 fNIRS 的基本结构及其信号检测、处理流程。

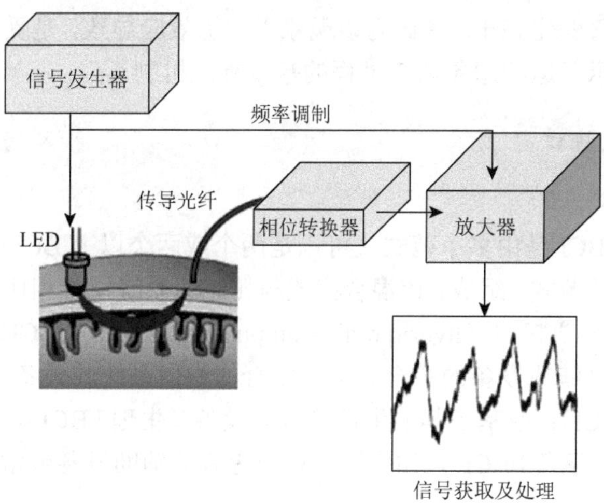

图 9-12　fNIRS 基本结构和信号检测、处理流程

（图片来源：刘宝根，周兢，李菲菲. 2011. 脑功能成像的新方法——功能性近红外光谱技术（fNIRS）. 心理科学，34（4）：943-949）

大脑组织活动中，血氧水平不仅会影响其磁性变化，还会影响其光学特性。生理组织对光有两种反应：吸收和散射。血液的主要成分（水、氧合血红蛋白和脱氧血红蛋白）对 600～900nm 的近红外光具有良好的散射特性。因此，该波段的近红外光也被称为光谱窗

(spectral window)。且在该光谱窗内，760nm 和 850nm 左右的近红外光对氧合血红蛋白和脱氧血红蛋白的敏感性各不相同，前者对脱氧状态敏感，后者对氧合状态更为敏感。由于头部不同皮层内散射强度不会因神经活动而变化，皮层组织散射导致的衰减被认为是恒定的。因此，认知活动中测量到的衰减变化就被认为是由吸收变化引起的，而该变化又是大脑活动组织中氧合血红蛋白和脱氧血红蛋白的变化所致。因而通过测定大脑活动区域脑皮层散射近红外光的强度，可推知该区域血氧和血容量的变化。进而得到在进行认知活动时脑内氧合血红蛋白和脱氧血红蛋白的相对浓度变化，推测认知活动相关的脑区及各脑区之间的相互关系。因此，研究者可以采用功能性近红外光谱技术获得大脑活动时血氧水平的变化，研究认知活动过程的神经机制。

fNIRS 已经在 BCI 应用层面进行了诸多研究。例如，Sitaram 等使用支持向量机和隐马尔可夫模型（hidden Markov model，HMM）来区分左侧和右侧运动想象所产生大脑的血流运动，并指出在未来的拼写界面中，用户可以通过左侧和右侧的动作想象分别将光标移动到左边或右边来选择目标字母。韩国釜山国立大学的 Naseer 和 Hong 提出了应用 fNIRS 在人进行心理计数过程中测量大脑活动，并区分大脑的静息和活动状态，在实验中，健康受试者被要求在测试期间进行心理计数，并采用连续波成像系统采集前额叶皮层的信号，使用线性判别分析对心理计数和静息状态进行区分，可以达到平均 80.6%的精确度。奥地利格拉茨技术大学的 Kaiser 等设计了融合 EEG、fNIRS 信号的 BCI 系统，通过在线控制精度将受试者分为两组（＞70%及≤70%），fNIRS 评价分析表明，后者在运动想象期即出现明显血氧响应变化，且峰值更高；EEG 信号分析表明，后者 β 频带 ERD 现象不同组别间也发生了显著变化。研究者认为该现象由训练效应导致，是受试者想象模式逐渐趋于稳定的过程，揭示了运动想象训练过程的基本神经机制。

3. 混合式脑-机接口

1）混合式 BCI 定义

典型的混合式 BCI 是由多个范式（可以是两个或两个以上 BCI 范式或者一个 BCI 范式与其他信号控制的范式）组成，该混合模式与传统的系统模式相比能更好地完成特定的目标任务。混合式脑-机接口（hybrid brain-computer interface，hBCI）是一个脑-机接口与至少一个其他通信系统或设备的联合。其中联合的通信系统或设备可以是：另一个脑-机接口设备（纯粹 hBCI）；或基于其他生理信号的设备（生理 hBCI），如肌电、眼电和心率等；其他通信设备（混杂 hBCI），如应用于残障患者的辅助设备或常见的输入设备（键盘和鼠标等）。

2）混合式脑-机接口分类

目前，常见混合式脑-机接口一般是两种模式的混合，混合的模式中至少有一种是脑-机接口的感觉模式，另一种新模式可以是脑-机接口的另一种范式，也可以是诸如基于眼电、肌电、心率和近红外光谱信号的控制方式。混合式脑-机接口的研究和发展只有短短的几年时间，还没有较为明确的分类，目前公认的只有一种分类方式。混合式脑-机接口按照不同模式的匹配方式分为串行和并行系统，图 9-13 列举了一些常见的混合式脑-机接口，其中图 9-13（a）～图 9-13（e）属于串行混合，图 9-13（f）和图 9-13（g）于并行混合。

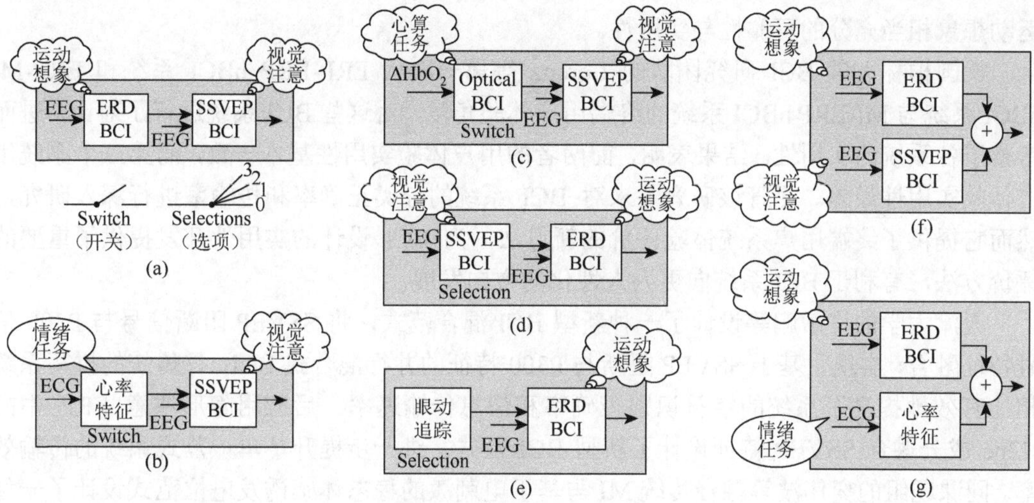

图9-13　常见的混合式脑-机接口示意

（图片来源：Pfurtscheller G，Allison B Z，Brunner C，et al. 2010. The hybrid BCI. Frontiers in Neuroscience，4（30）：30）

串行混合式脑-机接口中，混合的两种或几种不同的感觉模式按先后顺序进行控制，各种模式完成的功能各异，但任务一致，即利用多种混合的感觉模式协同控制并完成同一项任务。各种感觉模式间使用不同的信号特征拓展了整个系统有效特征的维度，亦提升了系统控制精度。另外，对于串行混合式脑-机接口而言，其中的某些模式可以控制另外的模式，从而顺序完成任务：二分类的感觉模式可以作为“生物开关”，而多分类的感觉模式可以提供选择项（图9-13（f）和图9-13（g）），控制并指导分级任务的执行，因此，串行混合式脑-机接口还可以有效降低系统的假阳性率。与串行混合式相反，并行混合式脑-机接口中两种或几种不同的感觉模式协同进行控制，不同功能的模式间控制特征进行融合从而衍生出更多的控制量，即增加了系统可识别的任务数，提高了系统的性能。

3）混合式脑-机接口的研究现状

hBCI的出现是基于增加BCI输出通道，更多地实现对外输出控制的一种全新的BCI设计思路。近年来，hBCI备受BCI技术工作者的青睐，成果丰富。

奥地利格拉茨技术大学是最早开展混合式BCI研究工作的机构之一。其实验室在混合式脑-机接口上进行了多种尝试，分别实现了基于不同脑电信号的混合式脑-机接口、脑电信号和其他电生理信号混合的脑-机接口、脑电信号和其他设备混合的脑-机接口。其中包括并行的事件ERD与SSVEP融合的混合式脑-机接口，串行的事件ERS作为大脑开关控制SSVEP-BCI的混合式脑-机接口，近红外光谱（NIRS）BCI与SSVEP校正控制融合的混合式脑-机接口，心率改变作为开关控制SSVEP-BCI的混合式脑-机接口，引入眼动选择控制ERD-BCI的混合式脑-机接口以及手柄操作与脑电BCI融合的混合式脑-机接口。

韩国浦项科技大学的Koo等设计了一种新型混合式BCI，结合NIRS和EEG系统实现在线BCI的自节律运动想象，提出唯一的传感框架来同步记录两种信号。基于该混合系统，使用了全新的方法进行分析。结果表明，在线实验真阳性率达到了88%左右，伪阳性率约7%，平均响应时间为10.36s。据此，该混合系统表现出了基于BCI系统自节律运动想象相当充分的可靠性与实用性。

德国柏林大学 BCI 研究团队的 Lorenz 等第一次从 ERP-ERP hBCI 系统和 ERP-MI hBCI 系统与 MI-ERP hBCI 系统的终端用户体验角度，对这些 BCI 系统进行了对比，进而考察了各系统的实用性。结果表明，前两者的用户体验实用性基本一致，而第三个系统用户体验实用性最差。尽管该研究并未对 BCI 系统的分类正确率和传输率进行深入研究，然而它提供了终端用户系统体验评价的新方法，为 BCI 设计的实用性开发提供了重要的评价方法，有利于 BCI 系统向更为人性化的方向发展。

天津大学的许敏鹏等设计了一种新型 BCI 混合范式，将 SSVEP 阻断信号与 P300 信号特征融合，实现了基于 SSVEP 阻断与 P300 特征的并行混合式 BCI，与传统的拼写系统相比有效地提高了系统的字符识别正确率和信息传输速率。后应用隐形注意 ERP 中的 N2pc 成分融合 SSVEP 特征设计了新型 BCI 范式，进一步提升了单一范式系统的传输效率。同课题组的奕伟波等融合传统 MI 与基于电刺激的稳态体感诱发电位范式设计了一种新型主动式 BCI 系统概念，将主动式 MI-BCI 系统识别精度平均提升 10%左右，为大指令集、高解码效率 BCI 应用开发提供了关键技术依据。清华大学的高上凯等设计了能够进行页面操作的混合式脑-机接口系统，利用想象动作和运动起始时刻视觉诱发电位（motion-onset visual evoked potential，mVEP）来分别完成开关界面、字符拼写功能。华南理工大学开发了一套二维空间控制光标移动的混合式 BCI 系统，分别通过想象动作和 P300 感觉模式来进行光标的移动（上、下、左、右）控制，并应用于网页浏览和发送邮件的场景。利用该系统控制方向和速度可实现虚拟或现实场景中轮椅的移动。

就混合式脑-机接口的研究现状来看，混合式在线 BCI 研究主要集中在概念范式的探讨上，鲜有实用化场景的尝试。混合式的设计方式（单一范式选择与组合方式）尚未有针对具体应用任务的优化设计。因此，今后的混合式 BCI 技术将在多生理信息融合及多指令集化方向做进一步突破。可以想象，在更大指令集、更多范式控制的基础上衍生出的 BCI 应用将更具有商业价值、研究价值和实用价值。

9.3 脑-机接口应用及发展现状

BCI 技术成为研究热点之后，成果层出不穷，同时与之相关的各项竞赛类别也越来越多，大到全球性质的国际 BCI 大赛，小至某个地区城市的 BCI 作品选拔。总目的就是互相交流各自 BCI 研究的技术成果，从而不断推进该新兴科技向前发展，使之更好更快地造福全人类。

我国早在十余年前就在国家自然科学基金委员会的支持下由清华大学在国内率先开展了 BCI 研究，并取得了多项国际认可的创新成果。近年来，随着全球 BCI 研究的迅速升温，国内开展 BCI 技术研究的单位也越来越多，并在诸多方面取得了显著成果。

9.3.1 国内外脑-机接口大赛

在 BCI 技术研究的不同阶段，全球范围内也组织过多次 BCI 竞赛。在 BCI 研究的起步阶段，研究者的注意力主要集中在对思维脑电信号的解读方面。为了提升脑电信号分析及特征提取水平，欧美一些著名的 BCI 研究小组曾经在 2001～2008 年组织了四次国际脑-机接口数据竞赛（BCI Data Competition Ⅰ～Ⅳ），参赛者需要完成对离线数据的分析。以清华大学为代表的国内多所高校参与了上述竞赛，并取得了优异的成绩。之后，为推动 BCI 技术实用化的进程，2010 年由奥地利著名的脑电设备生产商 g.tec 公司组织了年度脑-机接口研究奖（Annual BCI-Research Award 2010）赛事，与先前以离线数据分析为主的竞赛不同，此项赛事要求参赛者提交自己在 BCI 研究中最具创新性的系统设计，其中，清华大学的三项 BCI 研究系统设计进入了全球前十名。

多届国际 BCI 大赛（BCI CompetitionⅡ（2002）、BCI Competition Ⅲ（2004）、BCI Competition Ⅳ（2008））举办以来，研究者大都关注验证或改进 BCI 信号处理和分类的方法，参与者要根据给定的数据及相应的要求提升 BCI 解码效率，希望能够为其应用发展带来有意义的成果。其中，美国麻省理工学院的 Mensh 等、中国清华大学庆国伟等、新加坡信息通信研究学会的 Zhang 等分别在三届大赛中脱颖而出，为众多 BCI 研究及应用开发提供了方法学基础。直至 2015 年 BCI 国际竞赛（BCI Challenge @ NER 2015），与往届赛事不同，旨在开发脑-机接口字符拼写条件下错误诱发信号（error potentials）的解码方法，以曲线下面积（area under the curve，AUC）值为评判标准，以进一步提高该类 BCI 系统拼写效率。其中，Barachant 等利用黎曼几何框架下的黎曼度量方法进行导联筛选与分类学习，从而建立优化的集成分类器，最终实现了 0.8 以上的 AUC 值。

我国在 BCI 竞赛举办方面起步较晚，2010 年，首届中国脑-机接口比赛的目的是交流与展示我国近年来在脑-机接口研究领域取得的重要成果，并以此推动我国在本领域研究及 BCI 实用化的进一步发展。比赛设立了“开关量控制”、“字符输入”和“自动车控制”三项测试角逐，清华大学、同济大学、天津大学都在各自的参赛项目中取得了优异的成绩。2015 年，第二届中国脑-机接口比赛旨在交流与展示国内近年来在 BCI 研究领域取得的重要成果，并以此推动本领域研究的进一步发展，从辅助控制、康复治疗、人机交互等多个方面推进了国内该领域研究的实用化进程。大赛设置了视频演示、机器人控制、字符拼写三个项目，清华大学、西安交通大学、华南理工大学等分别在三个项目中取得了优异的成绩。

以上国内外脑-机接口大赛对整个 BCI 技术领域发展，使之更好更快地造福全人类起到了巨大的推动作用。

9.3.2　脑-机接口应用领域

为比较全面地介绍 BCI 技术的应用，首先对其总体信号处理过程进行简单说明，以便实现与应用层面的对接。BCI 系统是一个人工智能系统，它可以识别特定的大脑思维信号模式，一般包括连续的五个阶段：信号采集、预处理（或信号增强）、特征提取、分类和接口控制。信号采集阶段捕捉到大脑思维信号并进行信号降噪和硬件处理。预处理阶段为后续处理准备适当形式的信号，去除无关信息。特征提取阶段是标识被提取出来的大脑思维信息，映射到一个包含有效判别功能的特征向量，信息的提取是一项非常具有挑战性的任务。此外，为了降低特征提取阶段的复杂性，必须尽量降低特征向量的维度，但同时要保证重要信息没有损失。分类阶段是对特征向量进行识别，为了解码用户的思维意图，选择易于区分的特征是实现有效分类识别的关键。接口控制阶段是将分类的信号转换为控制指令至所连接设备，如轮椅、计算机、机械臂等，即对接到 BCI 的应用层面。

在科幻书籍或电影中所描述的理想 BCI 应用场景：人类在虚拟环境中生存，增强或超越人类能力极限或变身机器人的控制体；在一些文献中，甚至将这些作为 BCI 未来应用的终极目标。然而过去几十年里，BCI 系统应用的主流设计仍是将大脑信号作为控制源实现人机交互控制。

1. 脑-机接口在辅助技术中的应用

目前 BCI 技术已成功应用于重大肢体残障患者的辅助控制中，即在辅助技术（assistive technology，AT）领域的应用，如通过 BCI 技术控制机械臂完成简单的抓取动作，控制电动轮椅完成身体移动，控制计算机进行对外语音交流等。一般辅助技术仅仅是通过固定外部设备为重大肢体损伤患者提供一种完成特定任务的方法。BCI 技术的引入将会改变这一现状，并为不能通过当前辅助设备满足需求的人群提高用户体验，这一切依赖于对中枢神经系统与肌肉运动之间控制关系研究的进一步发展。目前，传统辅助技术（如基于肌肉控制的辅助技术）的应用与基于 BCI 的辅助技术开发是同等重要的，且两者之间联系极为密切，即形成了 BCI 研究的一个重大应用方向——BCI/AT 设备或系统。事实上，BCI/AT 设备或系统要实现 BCI 技术在辅助交流和控制领域的应用。

辅助技术是一种仪器设备或程序，能够在残障患者的肢体或认知能力与他们所要表达的某种功能意愿之间搭建虚拟桥梁。例如，一个轮椅可以为不能方便外出或不能靠自己交流的人提供移动通信的能力；语音词汇发声设备能够使那些语音障碍患者实现与他人的自由沟通，可以是面对面的交流，也可以通过电话进行交谈。辅助技术比较有代表性的应用是利用人体尚存的功能代替已经失去的功能，如一个手动轮椅就是利用人体手臂功能代替已失去的腿部功能；而头部运动控制鼠标移动是代替人体手部控制鼠标。针对有严重肢体运动障碍的而非认知障碍的患者，BCI 技术由于并不要求肢体运动，如脑控电动轮椅、脑控语音系统、脑控鼠标移动等，具有广泛的辅助应用前景。目前已有诸多研究团队尝试发展 BCI/AT 融合技术，即融合用户主动意图控制与传统辅助技术满足特定的应用场景需求。可以想象，BCI 在辅助技术方面的应用会向着更加细化、更为全面的方向不断发展。

2. 脑-机接口在治疗学中的应用

虽然 BCI 技术在辅助交互方面的应用潜力已经被广泛认可，但其在辅助或诱导功能恢复方面的应用并未得到广泛的研究和关注，对于运动、认知或情绪功能恢复的 BCI 技术探索仅仅处于初始阶段。传统的脑卒中康复方法大多在医师指导下以药物、物理治疗为主，无法充分调动自身中枢神经系统的能动可塑性，难以实现自我调节康复机制下大脑皮层与外周神经的同步耦合，而 BCI 技术的引入改变了这一现状。

尽管 BCI 技术在治疗学中的应用目标与其在辅助交流和控制领域有所不同，但基本系统模型一致：采集用户的大脑信号，将其转化为可立即反馈到用户的可用输出指令，即在用户与 BCI 系统之间建立了一个实时、闭环的相互作用通路。而 BCI 技术在治疗学中应用的独特之处在于该反馈设计是为调节持续的大脑活动，诱发或指导大脑长期的可塑性，以改善相应运动或认知功能。BCI 技术在治疗学中的研究焦点主要集中于非侵入式信号检测手段，如 EEG、MEG 和 fMRI，针对的治疗方向包括：中止或避免癫痫发作、改善脑卒中后的运动恢复状况、改善注意力表现、情绪反应和其他认知过程以及疼痛控制等。

BCI 在治疗学中的应用是多方面的。首先基于 BCI 技术的生物反馈可作为一种治疗工具。此处的生物反馈是一种康复训练手段，能够使个体获得一些在正常生理过程中的控制元素，这些生理过程参数通常是不受意志控制的，如血压、心率、自发大脑活动等。生物反馈建立在通过有效学习训练产生理想反应的基础上。训练过程需要具体说明复杂的想法或动作是否产生了特定生理反应，这会作为一种干预方式来指导个体调节自己的生理过程，从而改善相应功能。例如，脑卒中患者可以通过学习调节麻痹肌肉的肌电信号，引导一些自发肌肉激活恢复；心率和其他信号调节可以用来使紧张的个体放松；一些生理信号可以用来减轻疼痛等。

其次是基于脑电信号的 BCI 技术在治疗学中的应用范例。脑电信号早在 1929 年就已经被应用到大脑功能的临床诊断和治疗中，目前其应用包括以下几个重要方面。

（1）在过去几十年里，脑电信号可用来诊断癫痫，同时是睡眠分期中的重要指标，其中有两种脑电特征模式研究已经取得了实质性的研究成果：感觉运动节律（sensorimotor rhythms，SMR）的调节和慢皮层电位（SCP）的调节。

（2）进入 21 世纪以来，脑电反馈和训练被用于注意力缺陷（attention-deficit hyperactivity disorder，ADHD）和认知功能障碍的诊断治疗。研究表明，脑电信号的一些特征信息与中老年人群的年龄及认知表现相关，如训练之后脑电信号的频率特性能反映出个体所处的警觉度状态，而且脑电信号的不同频段特性对其认知过程表现有比较明显的影响，说明脑电反馈训练对注意力和认知行为研究有积极作用，可以作为治疗干预的有效手段。

（3）基于脑电信号的 BCI 训练也可用于改善或恢复运动功能。传统治疗运动损伤的手段是仅对脑卒中等中枢神经系统创伤或疾病患者进行单纯的被动式四肢运动训练。而基于 BCI 的训练则提供了一种不同的运动功能恢复方式，如通过常规大脑训练改善运动功能，练习过程中刺激产生常规运动行为。相关的主要技术有功能性电刺激、神经反馈训练机器人、近红外光谱等。

另外，BCI 技术可以用于监测大脑活动的代谢信息。例如，磁共振成像（MRI）是一种脑成像方式，功能磁共振成像（fMRI）则通过 MRI 分辨不同脑区在不同运动和认知状态下的不同功能活动表现。近年来，随着功能检测技术的进步，基于 fMRI 的 BCI 技术已经取得了一些成果。研究表明，利用 fMRI 反馈进行大脑活动的自我调节训练，并结合具体的感觉过程，可恢复或强化运动、认知和情绪功能。

3. 面向普通人群的脑-机接口应用

BCI 技术致力于恢复神经肌肉损伤患者的交流与控制功能。因此，其在辅助技术及近年来比较受关注的神经康复与治疗学方面的应用研究占据重要地位。然而，随着保健事业及人们物质生活的不断进步，针对正常人群的 BCI 应用也得到了越来越多研究者的青睐，称为非医学应用。

BCI 技术的非医学应用可以分为三个主要类别。

第一类包括改善、稳定或调整传统神经系统功能。例如，基于脑电信号的 BCI 注意力监测系统可用来适时触发目标刺激，激发用户的注意力。第二类是增强传统神经肌肉原有性能，超越其本身的能力。例如，基于 BCI 技术的脑电信号检测用于辅助视觉监测任务（如高密度人群区域的安保），提高检测速度和准确率。第三类是拓宽或丰富生活经历，如基于 BCI 技术的网络浏览器、电子游戏、娱乐应用或应用于艺术表达，如音乐、绘画等。另外，BCI 技术的应用发展方向还可以扩展到诸如神经营销学等学科领域。实现上述三类 BCI 应用目标需从以下几方面工作入手。

（1）优化传统人机交互系统性能。尽管神经肌肉刺激或生理监测设备的产生与发展令警觉度检测及行为控制等成为可能。然而，在不同工作记忆任务或负荷状态下，需要多类工作绩效的差异性监测与识别，而此间的不确定因素会时刻影响交互控制效果。因此，寻求一种有效的交互监测方式，减小这种可变性，保证系统性能稳定是极其重要的。BCI 技术作为一种建立在大脑信号检测识别基础上的实时交互方式，必然是其中的理想选择。例如，基于 BCI 技术的词汇增强训练器可自适应调节系统参数以适应用户当前记忆编码或精神状态，提供适当的记忆词汇，为有效改善心理、生理学实验范式设计提供了可用参考，并且能够找到很多相应的实际应用场景。此外，该类方法可以减少或避免注意力分散、疲劳或情绪波动等不利影响，在实现工业操作一致性和机动车驾驶安全性等方面皆有用武之地。

直到现在，有关精神状态评价的结果仍主要通过问卷调查、视频录像或量表等方式进行离线分析获取。该方法对设计行为任务或优化工作环境具有帮助，但是并不适用于系统实时性能监测与性能在线优化场景。而 BCI 技术的引入却能够实现实时精神状态评估，根据检测结果产生及时反馈从而改善系统性能。伴随眨眼、心率、呼吸等生理信息监测应用到注意力、情绪、负荷等精神状态检测当中，人机交互控制性能将进一步优化。

在情绪调控方面，情绪状态（如生气、失意和沮丧等）已经被证明会影响具体刺激下的 ERP，且会反映在脑节律变化上，集中体现在前额叶皮层的神经活动。利用 EEG 信号分析改善或稳定系统控制性能，在检测到有害情绪状态的情况下干预调整任务或情绪状态已成为研究热点。例如，在失意或压抑的时候，可以将任务延迟或简化；通过基于 BCI 技术的用户自主调节训练方法，避免产生影响系统控制性能的情绪状态；探讨听音乐状态下情绪状态的可分性等。

（2）增强传统人机交互系统性能。BCI 技术中的一些方法途径能够协助保证人们在其能力最高水平执行具体的任务，甚至使一些人群在神经响应速度或正确率方面超过了他们的正常表现。

研究证明，基于 EEG 解码方法在事件判断或决策方面优于常规语言行为输出方式，通过计算机结合包含针对复杂目标对象的脑电解码信息，用户对目标任务就可能做出更快的反应，进而识别出目标图像信息，即利用计算机“看”，比从复杂场景中直接找到目标对象的识别率更高。大脑信号可作为肌肉行动反应之前的检测识别信息，甚至作为在肌肉没有任何动作反应时输出的特异性认知信号，由此可以有效地提高正确识别率和响应速度，该类 BCI 系统亦可准确检测预先的动作电位，令目标动作反应比正常的肌肉收缩动作更快，从而提高了反应动作的时间效率，如用于辅助机动车驾驶员更好地应对紧急情况等场景。

（3）BCI 技术可以拓宽或丰富生活经验。尽管 BCI 应用的初衷是帮助严重残障患者，但并非局限于此，它在正常人群的能力拓展方面同样具有很大的应用潜力，如可应用于社交、创造性尝试、娱乐消遣等。

无论健康人还是残障患者都会参与各种社会传媒活动，如网页浏览、分享视频和图片、上网聊天等。而目前媒体相关活动的 BCI 应用开发受限于当前系统命令输出的速度、正确率和复杂性等。基于 BCI 技术的传媒活动必将依赖于人机接口的进步，以及相关设备接口模型的更新完善。Kübler 等在 2008 年设计了一种基于 BCI 技术的大脑绘画应用，利用 P300 诱发响应来实现视觉目标选择，通过在简单绘画工具的矩阵中选中目标项（如颜色、形状等），用户可以在数字画布上放置形状，并为它上色。到目前为止，该类应用已经被大量 ALS 患者和正常的艺术家所使用。尽管它的一些工具和形状放置还不够严格，但可以使艺术表达不再受限于神经肌肉的活动功能。

综上，无论健康人还是残障患者，人类的很多活动未来都会受到 BCI 应用的影响，它将改变或优化重要或要求苛刻的任务完成方式，稳定甚至增强任务完成的效果，并有望不断丰富不同人群社交及娱乐模式。

9.3.3　脑-机接口应用的发展现状

2013 年 6 月，第五届脑-机接口国际会议在美国加利福尼亚州太平洋丛林市的 Asilomar 会议中心成功召开，来自 29 个国家 165 个研究团队的 301 位 BCI 专家参加了该届 BCI 国际会议。

与前四届 BCI 国际会议一样，会议主题延续了之前的广谱性，涉及的研究领域包括神经科学、工程学、应用数学、计算机科学、心理学和康复工程。另外，该届 BCI 国际会议有两个重大改革。其一，一些伴有严重残疾的 BCI 用户参加了会议，为大会展示其使用相关 BCI 设备的体会以及对未来 BCI 研究的一些重要需求与愿望。他们的积极参与对新方法和系统目标的选择、优化有着重要的意义，为 BCI 未来的性能改进和实用性发展指明了方向。其二，大会第一次强调了关于 BCI 发展和使用的伦理性问题，并进行了相关 BCI 功能问题的讨论。该现象反映了随着 BCI 系统性能的加强和应用范围的扩大，必须将社会广泛关注的伦理问题进行系统地分析讨论，建立该方面所必须遵守的准则。

第五届 BCI 国际会议的主题是 Defining the Future，旨在解决如何将各 BCI 相关研究成果转化到临床应用当中，为患者的康复治疗及其辅助技术研究赢得更广泛的社会和学术界关注，从而定义 BCI 技术的未来，指明其服务人类的终极目标。

1. 脑-机接口的神经康复与辅助控制应用

BCI 研究最初的想法是为残障患者提供一种与外界进行交流的通信方式，让他们通过这样的系统用自己的思维操控轮椅、假肢等。但随着 BCI 技术的日益成熟，以及不断取得重大的突破性成果进展，社会对智能机器人的需求逐渐增加，BCI 机器人的概念应运而生，多种技术融合是其重要特征之一，图 9-14 所示为 BCI 技术与机器人技术或机械外骨骼（exoskeleton，Exo）融合的应用范例。

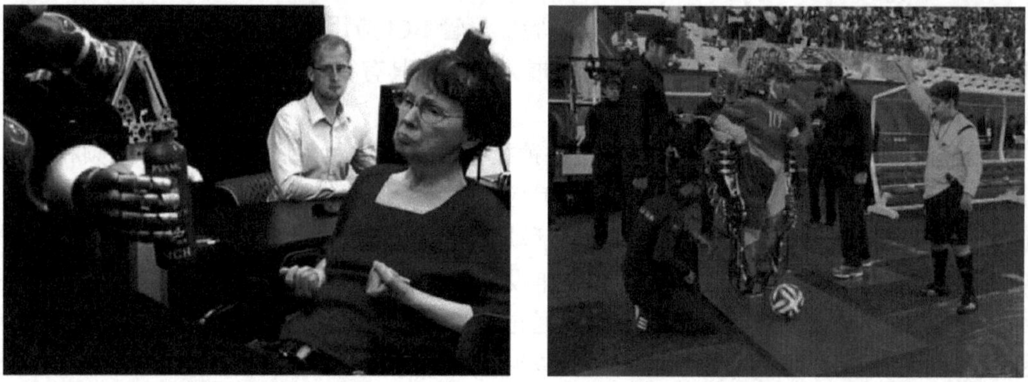

(a) BCI融合机器人技术辅助患者完成喝水动作　　(b) 利用BCI-Exo融合技术，瘫痪少年为2014年巴西世界杯开球

图 9-14　基于 BCI 的神经康复与接口控制应用举例

（图片来源：Hochberg L R，Bacher D，Jarosiewicz B，et al. 2013. Reach and grasp by people with tetraplegia using a neurally controlled robotic arm. Nature，485（7398）：372；Smith S. 2014. Mind-controlled exoskeleton kicks off world cup. New Scientist，6（13）：2973）

BCI 机器人采用人机交互方式，由人的思维控制机器人从事各种工作。它不仅在残障患者康复、老年人护理方面具有显著优势，而且在航天工程、军事、人工智能、交通运输、生活娱乐等方面也具有广阔的应用前景。

在神经康复或辅助医学领域，脑-机接口机器人可以帮助肢体运动障碍患者提高他们的生活质量，例如：①与周围环境进行交流，BCI 机器人可以帮助残障患者使用计算机、拨打电话等；②控制周围环境，BCI 机器人可以帮助残障患者或老年人控制轮椅、家庭电器开关等；③运动神经康复，BCI 康复机器人可以帮助残障患者或失去运动能力的患者或老年人进行主动康复训练，BCI 护理机器人可以从事基本护理工作，提高残障患者或老年人的生活质量。

目前 BCI 机器人的研究主要应用于医学领域，特别是为残障患者与老年人提供帮助，尤以基于 BCI 的多感官训练系统备受关注。该系统是一个提供视觉、听觉、触觉、本体感觉、前庭平衡等多种感官刺激的特定空间环境，广泛应用于智力障碍、孤独症、学习障碍以及感觉障碍者的临床康复治疗。对于脑卒中后认知或运动功能恢复，该系统通过反复训练患者相关受损功能，建立具有针对性的人工治疗方案，开展不同时程的康复训练任务。它通过控制一个或多个设备器材，如视觉刺激设备、听觉刺激设备、触觉刺激设备等，可提供给患者单一或多个感官通路的有效训练，器材之间具有连贯性，既可以单独使用，也可以组合在一起使用。值得一提的是，2014 年，天津大学神经工程团队研发了全球首台适用于脑卒中康复训练的人工神经机器人系统——“神工一号”，通过 BCI 结合 FES 能够真正实现大脑皮层与肌肉活动的同步耦合，做到“身随意动，思行合一”，其基本原理及产品结构示意图如图 9-15 所示，“神工一号”的研发成功为基于训练型 BCI 的康复机器人发展提供了重要技术支撑与原理依据。此外，在植入术 BCI 康复应用方面，近年来也成果显著。例如，荷兰一名渐冻症女患者成为装配新型大脑植入体的人，让不能说话移动的患者完全使用自己的思想与外界交流；通过大脑植入技术使无线信号绕过受损的神经，科学家让因脊椎受伤而瘫痪的猴子再次学会了行走，这是首次使用植入技术令瘫痪的灵长类动物恢复行动能力的案例，为脊髓损伤类患者的治愈带来了新希望；美国研究人员利用植入式 BCI 技术成功地让猴子仅通过意念就可以操控机械轮椅，这项技术未来有望造福残障患者。

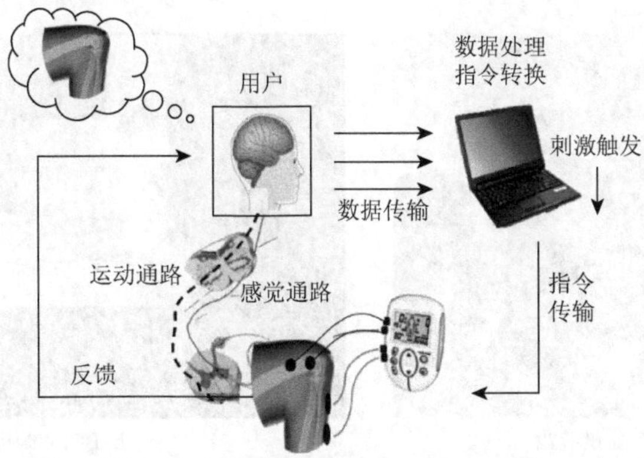

图 9-15　“神工一号”基本原理及结构示意图

2. 脑-机接口的军事航天、生活娱乐应用

当然，BCI 机器人的用途绝不仅限于医学领域，在其他诸多领域都可以得到广泛应用：①特殊环境作业，BCI 特种机器人可以在危险或不适宜人工操作的环境中工作；②无人驾驶汽车或飞机，BCI 机器人可以帮助我们实现无人驾驶汽车与飞机的梦想，这不仅在军事领域意义重大，而且为残障患者开辟了更广阔的活动空间；③为电子游戏增加娱乐功能，用“思想”控制电子游戏是传统鼠标、键盘控制电子游戏的有益补充，可以增加游戏的娱乐效应。脑-机接口机器人是智能机器人的有力补充，有效的人机交互方式会提高智能机器人的智能化与灵活性。随着人类精神需求的不断提高，BCI 技术作为一种神奇的脑控交互手段，已经逐渐在娱乐生活方面崭露头角，如从 BCI 到 BCI 游戏已经有相当多的成果。

天津大学神经工程团队与中国航天员科研训练中心合作，针对航天员在轨多种作业任务与复杂环境条件，采用生理信息融合的跨模特征检测与筛选建模方法，分析包括脑力负荷、情绪、注意力等在内的神经信息指标，提升识别模型的鲁棒性与适用性，确保航天员实施重大空间操作任务的工作绩效，在人机协作中最大限度地发挥人的主动作用。值得一提的是，天津大学神经工程团队开发了航天员脑力负荷等神经工效测试技术及装置并在“天宫二号”空间站试验任务中实现了应用，成功完成太空脑-机交互适用性测试实验，为我国载人航天工程的新一代医学与人因保障系统提供了关键技术支撑。

Finke 等利用 P300-Speller 系统实现了新的游戏功能，即将目标字符和非目标字符进行移动分类到目标区域，为该类 BCI 的娱乐性应用奠定了基础；Kaplan 等整合 P300-BCI 控制 6-DOF 机械臂进行国际象棋游戏（图 9-16（a）），实现了娱乐性 BCI 机器人的成功示范，之前他们还应用 P300 范式切换控制 BCI 输出指令，开发了一种拼图游戏(图 9-16(b))。游戏期间刺激范式会根据游戏状态发生改变，以适应当前指令集需求，该成果是一次比较成功的 BCI 娱乐应用；Neurosky 公司用他们的芯片推出名叫 Star Wars Force Trainer 的玩具，是成功的 BCI 营销案例，此后还推出了智能脑电玩具 Mindflex、情绪猫耳 Necomimi 等；佛罗里达大学开展的脑控无人机相关技术研发工作为电子竞技行业添加了全新概念；华盛顿大学首次验证了通过直接脑刺激玩简单的二维计算机游戏，而不必依赖视觉、听觉和触觉，向脑刺激与虚拟现实交互领域迈出了重要一步。

(a) BCI控制国际象棋游戏　　(b) BCI控制拼图游戏

图 9-16　基于 BCI 的生活娱乐应用实例

（图片来源：Kaplan A Y，Shishkin S L，Ganin I P，et al. 2013. Adapting the P300-based brain-computer interface for gaming：A review. Computational Intelligence & AI in Games，5（2）：141-149）

近年来在生活娱乐及模拟增强训练领域出现了一种新的 BCI 应用模式——将 BCI 技术与虚拟现实（virtual reality，VR）相结合，构成基于虚拟现实的脑-机接口（BCI-VR）新形式。实现 BCI 与 VR 相结合的最简单方式是设计一个可为用户提供身临其境的 3D 虚拟现实环境和可现场传感反馈以便实时使用的 BCI 系统。BCI-VR 新技术一出现即在两个层面上显示出意外情景效果和诱人应用前景。一方面，BCI 作为 BCI-VR 系统的输入设备，革新了传统 VR 系统输入方式，可能彻底改变与虚拟环境（virtual environments，VE）互相影响的方式；同时，BCI 比传统 VR 系统输入方式更直观，可视为类似触觉传感与 VE 进行交互与控制。另一方面，VR 技术在 BCI 系统中成为非常有用的信息反馈工具。与 BCI 的传统简单反馈模式（屏幕显示伸缩变化的 2D 色条以反映大脑思维信息输出）相比，VE 能为 BCI 用户提供更积极主动、更丰富多彩、更具激励性的情境反馈（与大脑思维信息输出密切关联）模式。

以上这些范例预示着未来将会有更多人性化、实用化、安全化的 BCI 应用成果步入人们的日常生活。

3. 前沿科技中的脑-机接口应用

除 9.2 节介绍的 BCI 经典范式下的诸多近期成果外，BCI 技术中涉及的脑控信号类型包括神经元集群响应与单个神经元电位信号。因此，该技术不仅在宏观神经科学方面有很多应用，还是研究微观神经元整体动力学的有力工具。然而，在任何实际接口中，能得到的信号记录位点数量都是有限的，而研究人员想希望到来自每个位点的尽可能多且完全的信号，以建立更好的 BCI 系统架构。

BCI 系统应用在神经机制研究及有效性评价方面具有显著优势，主要在于 BCI 对神经功能活动的测量和反馈，使人脑运作过程变得可观察。为此，国外纷纷开展面向人脑信息解读与调控相关基础研究或技术产品研发。例如，美国加利福尼亚大学伯克利分校利用双光子成像技术记录钙生理指标信号，能记录到 150μm×150μm 区域内的每个细胞，用与峰值有关的钙信号训练小鼠操控声音光标，结果小鼠只用几天就学会了此任务，且表现越来越好，该成果发表在 *Nature Neuroscience* 杂志上；Radoslaw 等融合了 MEG 和 fMRI 时-空特征，建立多元模式分类器，实现了视觉刺激后百毫秒内即对较复杂视图信息（92 张图片，包括人脸表情、动物、水果、生活工具等）的有效识别；2017 年 4 月 Facebook 创始人兼首席执行官 Zuckerberg 在年度开发者大会上曝出了其秘密在 B8 计划中开展的 BCI 研究，预期在 18 个月内研制出可每分钟输入 100 个字的脑控拼写器原型系统，最终力图实现意识控制一切；素有科学狂人之称的 Musk 在 2017 年初也宣布创办全新的 Neuralink 公司，预期将在 4 年内开发出首个用于治疗脑部疾病的 BCI 产品，未来将开发高生物相容性的植入神经接口，以实现人工智能植入人脑，取代人类的自然语言交流，实现颠覆性的智能人机接口技术。

相比于欧、美等发达国家和地区，我国在 BCI 方面的研究虽起步稍晚，但得益于国家的大力支持，近些年来发展势头良好、速度迅猛，也取得了长足的进步，无论在民用还是国防领域都显示出不俗的研究潜力，尤其在航天、康复等领域，我国 BCI 研究涌现出了一批突出的技术成果。例如，实现了目前世界上最快的视觉诱发 BCI 技术，创造了平均超过 300bit/min 的最高信息传输速率纪录；实现了国际最大指令集的复合运动想象 BCI 技术并率先应用于脑卒中患者的临床康复；开展了国际首例航天在轨 BCI 的空间适用性测试及应用研究。包括清华大学、华南理工大学、国防科技大学、电子科技大学、浙江大学、华东理工大学、上海交通大学、西南交通大学、北京师范大学以及天津大学等在内的很多国内高校和研究机构的 BCI 团队均在基础技术和应用研究中有优秀的成果。从总体上看，我国的 BCI 技术已与国际保持同步发展，部分领域甚至处于国际领先地位。

9.4　脑-机接口未来的发展趋势

近十几年来，脑-机接口快速拓展其应用领域，已在众多方面显示出广阔的应用前景。在军事、航天等特殊环境场合，脑-机接口能够发挥其不可替代的优势作用，这也是美国国防高级研究计划局（Defense Advanced Research Projects Agency，DARPA）等机构大力支持发展 BCI 技术的重要原因，以 DARPA 为代表的军事技术研究机构在 BCI 领域的投入持续增加，如前所述，其热度尤其在各国“脑计划”陆续启动之后更为明显。尽管 BCI 在临床康复与辅助控制应用领域已具备显著优势，但距离产业化推广应用阶段尚有不少亟待解决的技术难题。

当前 BCI 技术从信息传输或系统性能角度来看所面临的挑战可归纳为以下几方面。

（1）系统信息传输效率较低。常用 BCI 采集头皮脑电以提取大脑思维信息，而原始信号本身信噪比低，且采集过程中夹杂着不少干扰成分，进而导致思维信息识别率低，分析处理程序复杂，所付时间代价也大，难以实际推广应用，尽管目前最快的 SSVEP-BCI

系统传输速率达到 300bit/min 以上，每分钟大概拼写 40 个字母，但依然存在被试者依赖或场景依赖问题。

（2）系统校准训练时间较长。BCI 必须准确识别大脑思维信息才能控制外部设备以精准辅助患者进行正确的康复运动，为此需先对 BCI 做学习训练以建立实际可行的系统模型。但当前大多数 BCI 系统模型尚未经过足量的学习训练。因此 BCI 使用时为达到一定识别精度要求，往往无法完全脱离系统校准的模型训练阶段，进而使患者在接受康复治疗的过程中不得不投入过多精力于模型训练，易产生疲惫感甚至抵触情绪。尤其一些特殊患者根本无法接受这种疲劳康复训练“治疗”。

（3）反馈监测信息单一。当前大多数 BCI 系统通过视觉界面提供用户反馈信息，涉及其他感官通路反馈较少，造成用户体验性不高，如何达到大脑信息与机器反馈信息的有效匹配，使整个脑控过程变得可观察、可调节，仍然是当前 BCI 系统开发所面临的关键挑战之一。

（4）系统模型通用性问题。当前 BCI 系统模型跨个体（cross individual）识别和单一个体（single individual）识别仍难以兼容，如何兼顾个体特殊性和跨个体普适性要求是一大挑战。针对未来系统普适性的要求，实现跨个体识别是 BCI 模型的必然发展趋势，然而又需要其仍适用于特殊个体，即要求在二者之间的博弈中建立最佳的 BCI 系统模型。

（5）尽管 BCI 技术为神经科学与工程技术结合的产物，学科交叉特性为其发展提供了广阔的应用前景，然而现阶段尚难以对 BCI 性能进行系统的科学评价，制定科学统一的 BCI 性能评价标准以推进 BCI 在临床康复与辅助控制中的实际应用仍是当前的重要任务。

上述仅是几个比较具体的挑战，若要实现真正的实用、有效、快速、精准的 BCI 系统设计，还必须从软硬件开发、信息解码技术优化及系统范式设计可靠性测试等诸多方面着手。

9.4.1 脑-机接口传感器系统开发

无论非侵入式还是侵入式 BCI 系统均有赖于传感器等硬件系统完成大脑信号的采集。未来 BCI 技术应用转化的关键是这些硬件系统的完善与改进，且关联到诸多科学技术的发展与革新。

1）非侵入式传感检测技术

非侵入式传感检测技术针对基于 EEG 的 BCI 系统以及长期要存在于实验室或临床环境下的仪器设备。而非侵入式 BCI 理想的传感器要求如下：无须皮肤磨损和导电膏（如新型干电极）；轻小且充分便携；配件舒适、方便、美观；容易搭建、初始化和监测；长时间无须维护；在所有环境下性能良好，没有重大的信号伪迹；可远程操作，无须大量连接线；与 BCI 应用交互简单可靠。

为此，柔性干电极传感技术及其可穿戴式采集系统研究成为 BCI 技术发展的关键，必须解决现有脑电采集系统稳定性低、适体性差的问题，提高脑-机交互的便携性、可靠性和舒适性，从而确保脑-机信息传输的稳定性与有效性。当前，已有诸多干电极传感技术进入产业化，如 g.tec、OpenBCI 等公司均推出了各自的新型传感器应用。此外，开展全新的基于柔性电极的多通道脑电、高密度肌电等生理信息的可穿戴式检测设备也已初见成效，图 9-17 列举了几款当前市场较为流行的干电极及柔性高密度传感产品。

上述非侵入式传感技术的产生及发展有望实现稳定可靠的多元生理信息读取，推动整个 BCI 应用领域的产业化、临床化、生活化。

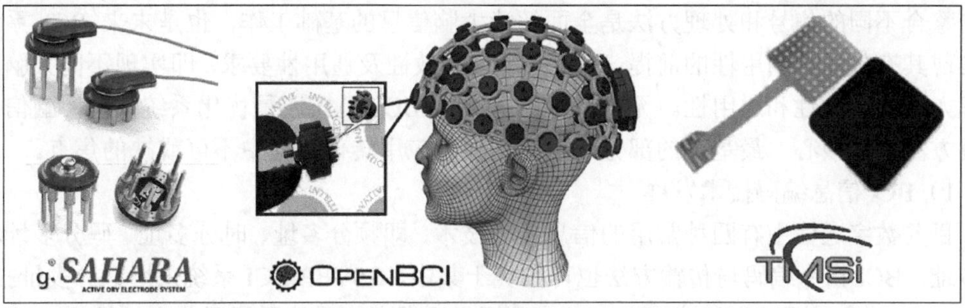

图 9-17　几款干电极及柔性高密度传感产品

（图片来源：Krachunov S，Casson A J. 2016. 3D printed dry EEG electrodes. Sensors，16（10）：E1635）

2）侵入式传感检测技术

侵入式 BCI 系统应用需要进行外科手术植入电极，不仅具有损伤，还要保持长期的生物相容性，存在技术难度。但相对非侵入式 BCI 传感系统，其在避免信号传递过程衰减、信号检测稳定性、避免伪迹干扰、信噪比及时间和空间分辨率等方面优势显著。因此，对侵入式 BCI 传感监测技术的研究备受关注，但其要求也相对更为严格，包括：安全；长时间保持功能完整性和可靠性；很多年内记录信号稳定；远程收集记录信号；可以利用无线能源或其他方式补充能量；有鲁棒性好、舒适、方便、美观的外接单元；交互简单、高效。

当前大多数侵入式 BCI 多为典型案例或动物实验研究，尽管其产业化、临床化进程仍处于机遇与挑战并存阶段，仍有赖生物材料、工艺设计、临床植入等相关技术领域的进步与突破。但可以预见，侵入式 BCI 技术的任何突破性进展都将对整个人机智能交互领域的进步产生巨大的推动作用。如图 9-18 所示为一款植入式传感器的外观设计。

图 9-18　植入式传感器的外观设计

（图片来源：Maynard E M，Nordhausen C T，Normann R A. 1997. The Utah intracortical electrode array：A recording structure for potential brain-computer interfaces. Electroencephalography & Clinical Neurophysiology，102（3）：228-239）

9.4.2　脑-机接口信息编解码技术发展

整合不同的信号和处理方法是全面解读大脑信息的基础工作，也是未来 BCI 系统设计实现其有效性和通用性的前提。BCI 系统的有效性及通用性要求，即实现不同大脑信号处理方法的有效性和通用性。无论设计不同类的 BCI 范式还是优化系统性能，脑信息编解码方法是最核心、最基础的部分，也是其技术应用转化过程中不可或缺的焦点。

1）BCI 信息编码技术发展

目前数字通信中有四种常用的信息传输技术，即频分多址、时分多址、码分多址和空分多址，BCI 指令编码与传输方法也可归类于其中，SSVEP-BCI 系统采用频分多址技术，P300-BCI 系统采用时分多址技术，M 序列视觉诱发电位系统采用码分多址技术，MI-BCI 系统采用空分多址技术。

按照通信技术发展历程，未来 BCI 技术发展也可遵循其发展规律。为此，在信息时代背景下，BCI 技术的信号指令编码与传输模式亦从单一组分、低维度指令编码扩展至更复杂、更自然交互所需信息多组分、高维度编码，如前所述，混合式 BCI（P300 融合 SSVEP 阻断、运动想象融合 SSVEP、ERP 融合运动想象等）的发展则是该趋势下的重要应用实例。此外，随着 BCI 解码算法的不断革新与发展，未来将有望对大脑视图、记忆、语言等高级思维信息进行高效编码。其中，被动式 BCI 可通过检测脑信息解读人的情绪、疲劳、脑力负荷等心理、生理状态，以便在人与智能系统之间实现更友好、更舒适、更安全的人机交互，即让外部设备更好地实时适应操控人的身心精神状态，将是该趋势下 BCI 技术实现自适应自动化人机状态监测的研究重点。

综上，发展更加实用化、生活化、贴近自然交互的 BCI 信号模式，构建“人工眼”、“记忆芯片”、“人工语音”等智能交互系统模型将成为 BCI 研究的新宠。

2）BCI 信息解码技术发展

大脑信息存在个体差异性大、非稳态、信噪比低的特点，因此长期以来，如何构建面向不同个体、时间、场景的 BCI 通用系统模型成为该领域的研究重点。而实现这一目标的关键在于信息解码技术的不断优化与改进，以实现 BCI 系统跨个体、跨时间、跨场景的理想通用性，其中，深度学习（deep learning）及迁移学习（transfer learning）、类脑计算等数据处理与信号解析方法已在 BCI 应用开发中发挥着越来越重要的作用。

其中，深度学习的出现是机器学习的一次重要革命，是人工智能发展的巨大推力，发展到 2013 年其位列十大突破性科技之首，乃至 2016 年 Alpha-Go 打败围棋大师，已有十几年的发展，尤其在图像、文本处理、语音识别、机器人智能系统开发等诸多领域广泛应用并取得显著实际效果。深度学习隶属于人工神经网络体系，也是基于统计的机器学习方法。传统的神经网络是一种浅层机器学习，深度学习是传统神经网络发展的新一代神经网络，通过建立、模拟人脑的信息处理神经结构来实现对外部输入的数据进行从低级到高级的特征提取，从而能够使机器理解学习数据，获得信息。目前其流应用还是以监督学习（supervised learning）为主，但可以预想，BCI 技术未来应用于实际场景，实现通用性要求，深度学习相关算法的引入是必然趋势，且无标签数据占主体，所以更应该应用可以发现事物内在关系的无监督学习（unsupervised learning），即对无标记的数据进行训练，通过期望最大化等方法将数据进行聚类，进而建立数据计算模型，但当前无监督学习尚未取得突破性成果，未来还有更广阔的发展空间。

9.4.3　新型脑-机接口范式设计

长期以来，经典范式占据 BCI 技术的发展主导，然而如前所述，仍面临着系统信息传输效率较低、系统校准时间长、跨个体识别和单一个体识别难以兼容等诸多挑战。为此，新型 BCI 范式设计与开发成为其发展的又一重点，下面列举几类较为前沿的 BCI 范式。

1）弱隐刺激 BCI

传统视觉 BCI 刺激都是出现在受试者的中央视野，容易使其产生视觉疲劳，且占据了受试者大部分的视觉信息输入通道，因此不利于用户的长时间操作与多任务操作，且传统的视觉 BCI 利用对称性刺激诱发脑电，使得脑电特征容易受共模噪声的影响，不利于特征信号的提取。

为了解决现有反应式 BCI 系统的强刺激依赖问题，提高脑-机交互的灵活性、可靠性、多任务操作性以及舒适性，采用周围视野呈现弱隐性视觉刺激的新型诱发范式（图 9-19），开发远离中央视野、刺激面积小、刺激强度低的诱发方式，是一种全新的脑控指令编解码方法，该 BCI 范式利用大脑对视觉刺激响应的空间不对称特性对指令进行码分多址与空分多址混合编码，与传统视觉 BCI 系统相比，能够减轻受试者的视觉疲劳感，同时提高 BCI 系统的信息传输效率，有望实现一套指令集大、速度快、可靠性高、交互性友好的弱刺激型脑-机接口系统。

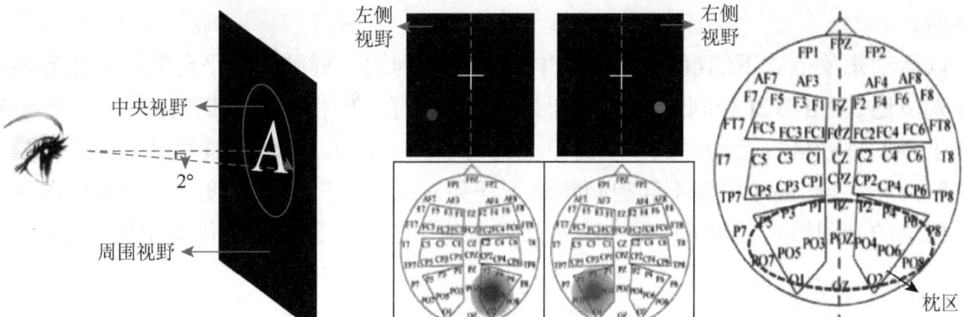

(a) 中央视野与周围视野　　(b) 视觉诱发电位在空间上的对侧占优趋势

图 9-19　周围视野弱隐刺激 BCI 设计

2）视图信息编解码 BCI

人体接收的外界信息大都来自视觉，而当前 BCI 解码视觉信息大多依赖于典型事件（时间、频率、空间位置等）刺激，无法解码视觉图像，即交互信息解析维度受限。尽管如前所述，在 fMRI 检测工具下可对视图信息进行简单重建，但距离实际应用仍相去甚远。

为此，以采用频相闪烁像素编码方法为例，可设计离散视觉图像指令，建立频相闪烁视图脑电解码模型，如图 9-20 所示，基于视觉诱发电位特征建立视图解码系统是较为理想的选择，为每个像素设定不同刺激参数（频率、相位等），进而结合诱发脑电识别解析技术（该过程可能涉及深度学习、迁移学习、仿脑计算等诸多大脑信息解析算法），最终有望构建可靠性较高的视图编解码 BCI 系统，实现理想的“人工眼”功能。

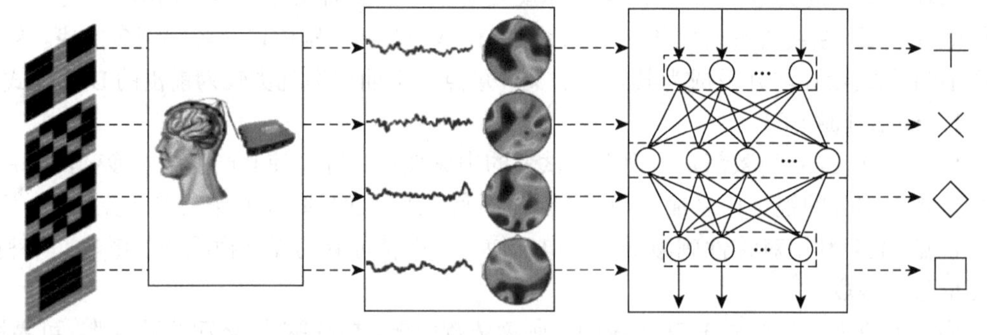

图 9-20　四指令视图解码系统示意图

3）群脑协同 BCI

传统 BCI 系统设计大都基于单一个体、单一范式下执行，个体信息及执行状态依赖性强，进而导致系统性能受限。因此，近年来一些研究尝试开展基于多个体的群脑协同 BCI 研究，其主要目的是探究协同 BCI 相对于传统的单用户 BCI 能否提高脑-机接口的整体性能。

以运动想象范式下的群脑协同 BCI 系统设计为例，群脑协同平台的作业任务为两名操作人员通过 MI-BCI 控制二维平面内十字目标进行方向性运动，其各自控制一个维度（X 轴或 Y 轴）进行目标运动并共享实时平面信息（图 9-21），显然该过程融合了多源脑电信息的解码与决策，必须根据不同控制策略下任务复杂度与信息冗余度的变化规律深度解析控制信息的判别模式，进而实现快速解析想象动作的特征参数并转化为控制指令，完成多

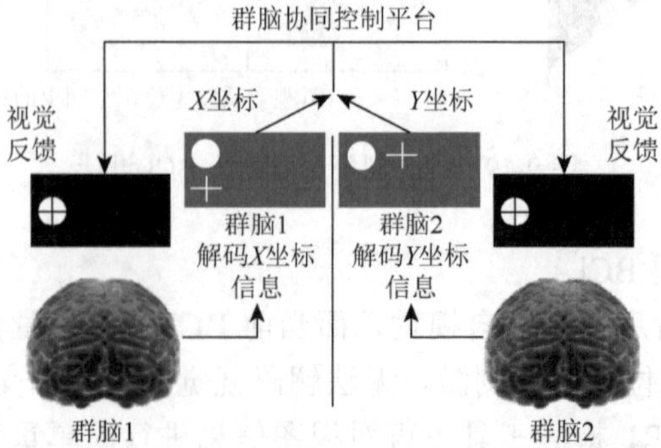

图 9-21　群脑协同 BCI 控制示意图

人协同控制虚拟目标平面运动。该系统模型的产生与发展有望实现多任务多个体的动态调控策略下的高效脑-机通信。

9.4.4　脑-机接口发展的未来

虽然目前主流的 BCI 研究主要运用非侵入式脑电技术开展，基于有创侵入式的皮层脑电或神经元集群记录等技术也逐渐受到研究者的关注。非侵入式 BCI 距离形成稳定可靠的应用产品依然存在一定距离，以最接近实用阶段的脑电为例，可满足其应用需求的高性能科研级设备成本较高、体积较大，不利于大规模普及；脑电设备佩戴的操作较复杂，往往需要专业人员参与，佩戴的舒适性以及长时间记录的可靠性还有待提高。侵入式 BCI 有望在不久的将来真正服务于重度运动障碍患者群体，通过长期或永久植入的脑神经信号传感器解读他们的思维活动意图，帮助他们与外界进行有效交流。因此，传感系统将走向便携化、可穿戴化，其各项操作也在逐步减少对专业人员的依赖；信号解码方法或系统模型策略也正在走向智能化，并逐渐向特种应用（军事、航天等）领域发展；基于特异性的脑神经活动机制构建脑-机信息传输通路，应用多信息融合范式设计的 BCI 系统模型也将成为各行业及研究者关注的焦点。

总之，从近中期和长远发展两方面来看：未来近中期 BCI 将主要围绕解决其现有技术瓶颈和提高解码信息维度两个方向发展，而长远发展趋势则是从目前脑-机单向接口进化为双向交互并最终智能融合。即近中期需攻克刺激范式依赖性难题，摆脱现有强视听觉刺激调制弊端（被动式、易疲劳），改用感觉意念（主动式、自然放松）、多模态（肌电、心率、血氧等多生理信号组合）诱发范式实现高准确性、大指令集、快速无创的 BCI 技术；提高解码信息维度，即从现有低维度离散信息（一维或二维视听）解码扩展至更复杂（多组分、高维度）、更自然交互所需信息（视图、记忆、语言等高级思维）编解码的 BCI 技术。除努力改进无创脑电信号采集、处理技术之外，植入式 BCI（将检测电极埋入大脑皮层组织内）因其所得皮层脑电信源优质而将是一个重要发展方向，有赖于植入电极模式取得突破性改进。

从长远发展来看，现有 BCI 技术主要是单向解读大脑信息，尚难以顾及其将来必须建立人脑智能与人工智能、生物智能与机器智能之间有机交互融合的最终目标。因此，BCI 技术最重要的长远发展趋势将是从目前脑机单向接口（interface）进化为脑机双向交互（interaction），并最终实现脑机智能融合（intelligence），将生物智能的模糊决策、纠错和快速学习能力与人工智能的快速、高精度计算及大规模、快速、准确的记忆与检索能力结合，从而发展出更先进的人工智能技术，并组建由人脑与人脑及与智能机器之间交互连接构成的新型生物人工智能网络，必将彻底改变现有人类与智能机器之间的关系，为人类创造前所未有的智能信息时代新生活。

伴随着虚拟现实、机械外骨骼、经颅电磁刺激等外设技术的产生与发展，BCI 具备了更多应用可能，凸显了人机智能交互的优越前景，且将 BCI 技术植入人们日常随身携带的智能手机、可穿戴设备内是必然发展趋势。彼时，BCI 技术将如同现在的手机一样成为我们日常生活必不可少的随身工具。

9.5 本章小结

本章首先概述了 BCI 的基本定义、研究背景及意义、早期的发展历程，并针对当前 BCI 主流发展给出了其诸多分类标准、系统基本结构；其次列举了 BCI 的几类重要且典型的系统范式（P300、SSVEP、SMR、混合范式等）及其应用情况；然后从 BCI 不同应用领域（辅助、医疗、日常生活等）角度叙述了其几个重要方面（神经康复、军事航天、前沿技术等）的应用研究与发展现状；最后从传感器开发、信息编解码技术、系统范式设计等方面总结了 BCI 的未来发展趋势。

BCI 系统利用很多不同的大脑神经信号、记录方法和数据处理方式来控制各种各样的外接设备，从光标移动到计算机屏幕上的形象化符号拼写输入，从电视机到轮椅，从简单机械臂到运动神经假体等。无论正常人还是残障患者都能够使用，而且一些 BCI 应用已经进入人们的日常生活。随着信号采集硬件系统的便携化改进、科学临床的不断验证、通用模型的有效应用及系统可靠性的提高，将继续受到研究开发者的高度重视，有着令人期待的光明未来。

思考题

1. 请举实例说明为什么说脑-机接口是大脑对外交流的新途径。

2. 请按个人理解谈一谈目前脑科学研究发展现状和当代人类认知及改变世界的需求与脑-机接口的产生有何必然联系。

3. 结合当前科学前沿成果，你认为基于信噪比较低的脑电用于脑-机接口系统在实际应用中可以从哪些方面实现突破?

4. 请举例说明 EEG-BCI 系统的软硬件之间主要是如何相互配合以实现良好的接口控制的。

5. 尽管 fMRI 及 fNIRS 技术已经比较成熟，但是当前脑-机接口系统仍然主要基于脑电生理信号，从系统应用角度思考其中的原因。

6. 从脑-机接口典型范式出发，你认为各范式或混合范式系统将来可以在哪些具体方面有应用前景。

7. 结合脑-机接口技术控制外部康复设备（如 FES），实现神经损伤（如脑卒中）修复相对于传统单纯的物理康复疗法有哪些科学原理优势?

8. 请举实例说明近些年来脑-机接口有何前沿技术突破或最新研究成果。结合你所知科幻小说或电影内容谈一谈未来脑-机接口技术将从哪些方面如何服务人类。

9. 脑-机接口所涉及的伦理问题一直未被学术界所关注强调，请按个人理解谈一谈你认为其未来可能存在的伦理问题。

参考文献

李勃. 2013. 脑机接口技术研究综述. 数字通信, 40(4): 5-8.

刘宝根, 周兢, 李菲菲. 2011. 脑功能成像的新方法——功能性近红外光谱技术 (fNIRS). 心理科学, 34(4): 943-949.

刘小燮, 毕胜, 高小榕, 等. 2013. 基于运动想象的脑机交互康复训练新技术对脑卒中大脑可塑性影响. 中国康复医学杂志, 28(2): 97-102.

Akcakaya M, Peters B, Moghadamfalahi M, et al. 2014. Noninvasive brain-computer interfaces for augmentative and alternative communication. IEEE Reviews in Biomedical Engineering, 7(7): 31-49.

An X, Höhne J, Ming D, et al. 2014. Exploring combinations of auditory and visual stimuli for gaze-independent brain-computer interfaces. PLOS ONE, 9(10): e111070.

Blankertz B, Tomioka R, Lemm S, et al. 2007. Optimizing spatial filters for robust EEG single-trial analysis. Signal Processing Magazine IEEE, 25(1): 41-56.

Chen X, Wang Y, Nakanishi M, et al. 2015. High-speed spelling with a noninvasive brain-computer interface. National Academy of Sciences of the United States of America, 112(44): E6058-E6067.

Farwell L A, Donchin E. 1988. Talking off the top of your head: Toward a mental prosthesis utilizing event-related brain potentials. Electroencephalography & Clinical Neurophysiology, 70(6): 510-523.

Hochberg L R, Bacher D, Jarosiewicz B, et al. 2013. Reach and grasp by people with tetraplegia using a neurally controlled robotic arm. Nature, 485(7398): 372.

Huggins J E, Wolpaw J R. 2014. Papers from the fifth international brain-computer interface meeting. Journal of Neural Engineering, 11(3): 030301.

Kaiser V, Bauernfeind G, Kreilinger A, et al. 2014. Cortical effects of user training in a motor imagery based brain-computer interface measured by fNIRS and EEG. NeuroImage, 85(1): 432-444.

Kaplan A Y, Shishkin S L, Ganin I P, et al. 2013. Adapting the P300-based brain-computer interface for gaming: A review. Computational Intelligence & AI in Games, 5(2): 141-149.

Kindermans P J, Schreuder M, Schrauwen B, et al. 2014. True zero-training brain-computer interfacing：An online study. PLOS ONE, 9(7): e102504.

Kindermans P J, Tangermann M, Müller K R, et al. 2014. Integrating dynamic stopping, transfer learning and language models in an adaptive zero-training ERP speller. Journal of Neural Engineering, 11(3): 035005.

Koo B, Lee H G, Nam Y, et al. 2015. A hybrid NIRS-EEG system for self-paced brain computer interface with online motor imagery. Journal of Neuroscience Methods, 244: 26-32.

Krachunov S, Casson A J. 2016. 3D printed dry EEG electrodes. Sensors, 16(10): E1635.

Mcfarland D J, Sarnacki W A, Wolpaw J R. 2010. Electroencephalographic (EEG) control of three-dimensional movement. Journal of Neural Engineering, 7(3): 036007.

Mcfarland D J, Wolpaw J R. 2011. Brain-computer interfaces for communication and control. Communications of the ACM, 54(5): 60-66.

Müller-Putz G R, Pokorny C, Klobassa D S, et al. 2013. A single-switch BCI based on passive and imagined movements: Toward restoring communication in minimally conscious patients. International Journal of Neural Systems, 23(2): 1250037.

Nakanishi M, Wang Y, Wang Y T, et al. 2014. A high-speed brain speller using steady-state visual evoked potentials. International Journal of Neural Systems, 24(6): 1450019.

Pfurtscheller G, Allison B Z, Brunner C, et al. 2010. The hybrid BCI. Frontiers in Neuroscience, 4(30): 30.

Pfurtscheller G, Muller-Putz G R, Schlogl A, et al. 2006. 15 years of BCI research at Graz university of technology: Current projects. IEEE Transactions on Neural Systems & Rehabilitation Engineering, 14(2): 205-210.

Poo M M, Du J L, Ip N, et al. 2016. China brain project: Basic neuroscience, brain diseases, and brain-inspired computing. Neuron, 92(3): 591-596.

Vansteensel M J, Pels E G, Bleichner M G, et al. 2016. Fully implanted brain-computer interface in a locked-in patient with ALS. New England Journal of Medicine, 375(21): 2060.

Vidal J J. 1973. Toward direct brain-computer communication. Annual Review of Biophysics & Bioengineering, 2(1): 157.

Wolpaw J R, Birbaumer N, Heetderks W J, et al. 2002. Brain-computer interface technology: A review of the first international meeting. IEEE Transactions on Rehabilitation Engineering, 8(2): 164-173.

Wolpaw J R, Mcfarland D J. 2004. Control of a two-dimensional movement signal by a noninvasive brain-computer interface in humans. National Academy of Sciences of the United State of America, 101(51): 17849-17854.

Wolpaw J R, Wolpaw E W. 2012. Brain-Computer Interfaces: Principles and Practice. London: Oxford University Press.

Xu M, Chen L, Zhang L, et al. 2014. A visual parallel-BCI speller based on the time-frequency coding strategy. Journal of Neural Engineering, 11(2): 026014.

Xu M, Wang Y, Nakanishi M, et al. 2016. Fast detection of covert visuospatial attention using hybrid N2pc and SSVEP features. Journal of Neural Engineering, 13(6): 066003.

Yi W, Qiu S, Wang K, et al. 2017. Enhancing performance of a motor imagery based brain-computer interface by incorporating electrical stimulation-induced SSSEP. Journal of Neural Engineering, 14(2): 026002.

Yi W, Shuang Q, Qi H, et al. 2013. EEG feature comparison and classification of simple and compound limb motor imagery. Journal of NeuroEngineering and Rehabilitation, 10(1): 106.

第10章 植入神经接口与微系统

众所周知，人体是一个由大脑控制的复杂高级有机系统。正常情况下，大脑通过感官获取外界信息，并由中枢神经系统经外周神经控制各组织或器官做出适当反应。但若神经系统受损或神经传导通路完整性受到破坏，则无法及时、准确地接收外来感觉信息或身体无法做出适当反应。神经科医学临床一般会采取药物或手术治疗，或修复受损或已坏神经。而当神经传导通路完全损毁、无法修补时，则要考虑手术重建或再造神经接口及其通路了。针对这个问题，神经科学家与微电子工程技术人员共同提出了一个新的技术方案：通过某种类似计算机接口的微电子工程方法使缺失或断开的神经信息通路再度连接并正常工作，利用植入神经接口和微系统技术，以功能替代和重建的方式帮助神经功能受损患者。

10.1 概　　述

人体必须通过复杂的神经系统及其接口与外部环境进行信息交互，维持生命延续、开展社会交往和劳动创造世界。其中神经接口作用不可或缺。对于神经系统损伤患者，人工植入神经接口和微系统技术将为人脑与外界之间建立一条直接的通信与控制途径。外部设备可以通过它向神经系统发送电刺激，达到控制或修复神经通路的目的；同时，人工神经接口获取神经元发放的电信号，并对其进行解码、分类，进而编码生成各种外部设备控制命令以对外交往。而采取植入方式获得和传递的神经电信号，由于植入微系统与目标神经元集群紧密接触，可保证其信号的高质量和不易受噪声干扰，但系统布置的技术难度亦随之上升。显然，植入神经接口与微系统技术需交叉融合生物、医学、电子信息和工程材料等多个学科领域知识，其发展已受到世界各国高度重视，正成为脑科学、神经工程与康复医学、人工智能和健康产业等研究开发新领域的前沿热点。

植入式神经接口与微系统（以下简称植入神经微系统）与一般神经接口技术的主要区别在于植入方式不同，其采取侵入皮肤和组织、直接与神经系统接触的植入式神经电极，进行神经电活动信号测量或者刺激反馈，甚至直接将整个微电子系统长时间稳定放置在人体内。其工作方式为利用植入系统从外界环境中接收控制信号，然后向大脑传入感觉信息。它通常是利用电子设备产生特定电信号或者模拟特定的神经学功能来刺激神经组织，即通过特定模式的电信号刺激指定区域的神经元集群，向大脑传送某种感觉信息（如视觉、听觉或触觉等）。神经电信号经过神经网络的传递和作用后实现各种感觉信息的替代或模拟特定的神经学功能，从而帮助患者恢复或重建受损的神经功能，系统的基本结构如图10-1所示。至今已有大量各类神经功能障碍患者受益于植入神经微系统，例如，帕金森病患者借助深部脑刺激器缓解症状，视觉障碍者依靠人工视网膜重见光明，听觉障碍者凭植入人工耳蜗再度聆听世界，以上都是植入神经微系统技术的重要应用。虽然这些描述看似神奇，但随着神经科学、计算机科学、信息处理与人工智能等技术的高速发展，实现大脑与计算机或其他机电设备间的通信和控制正逐渐成为现实。由于其突出的作用，植入神经微系统技术已成为生物医学工程学科中一个极为重要的组成部分，亦是神经工程学的典型前沿内容之一。植入神经微系统主要有以下几类：植入式监护测量系统、植入式功能性电刺激器、植入式人工器官及辅助装置等。到目前为止，该系统已从头部到四肢在人体中得到了广泛应用。

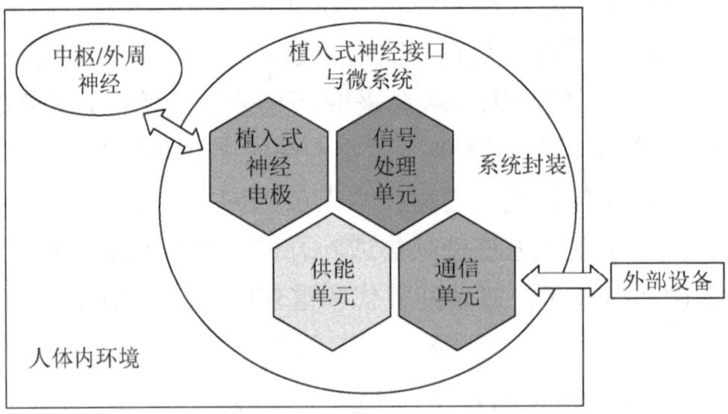

图 10-1　植入式神经接口与微系统的基本结构

采用植入神经微系统主要具有以下特点。

（1）系统植入对象后，对神经电生理信号可以进行长时间连续的实时测量及用于设备控制。

（2）采用植入式方法测量神经电生理信号，排除了骨骼、皮肤、肌肉等组织的阻隔和干扰，可大大减少各种干扰因素，信噪比大幅提高，且能更完整地捕获高频神经信号，因此可得到更为精确的数据。

（3）通过中枢或外周神经系统电信号的中继传递或刺激编码生成，实现神经电生理信号的桥接或模拟，直接对组织进行调控，能获得理想的刺激和控制响应，有效地帮助脑卒中、瘫痪等患者实现运动机能替代和康复，有利于神经损伤功能的重建和疾病的治疗。

但是，由于植入神经微系统在植入人体后，需要长时间在体内复杂的生理环境下工作，耐受细胞和组织液的侵蚀，并且不会阻碍组织的正常生理活动。因此，植入神经微系统必须具有低功耗、小体积、耐腐蚀和高生物相容性等技术特点。

10.2　硬件系统构成

植入神经微系统与日常使用的电子设备在硬件系统组成结构上大体一致，通常含有信号采集模块、处理模块、通信单元、电源设备及保护性外壳。但为有效采集和发送神经信号及能长效稳定地在身体内工作，相关技术性能要求指标必须大幅提高。首先，神经电极质量要求很高，以保证能高密度地精确采集神经信号且其植入方式与技术必须先进使之稳定可靠；其次，需利用大倍率高保真的信号放大电路增强神经信号；再通过有线或无线通信方式与外部控制指令设备进行准确交互；同时，设备还需长期稳定供电或无线充电；最后，系统整体设备因长期处于人体内环境中，需要能抵御组织液的侵蚀，更不能对人体产生生物毒性，因此对系统的整体封装技术要求也极高。

10.2.1　植入式高密度神经信号采集

人体具有功能多样且数量庞大的神经元个体，仅中枢神经系统就数以百亿计。各神经元之间跨膜离子流改变而产生的动作电位是信息交互的重要途径之一。神经系统的控制指令通常由一定量神经元相连接构成神经元集群的一致性电活动所表达产生，构成了人的日常各项行为学表现。植入神经微系统利用植入式多通道高密度电极，在记录一定数量单个神经元电活动的基础上，分析其组成的神经元集群活动的时空序列信号，以提取其中蕴含的丰富信息，亦以一定节律对神经元集群活动进行激励或抑制，或向中枢神经系统输入信息。植入式神经电极在神经组织和外围医疗仪器之间建立接口，对神经电生理实验研究和神经疾病临床康复具有重要的科学意义和应用价值；该技术已成为神经科学研究与神经康复治疗的重要手段。如何设计选用合适的植入神经电极是其关键。

植入式神经电极一般需满足以下技术要求：①具有合适的几何尺寸、机械强度和柔韧性，植入时可以准确定位，不易损坏且制造成本经济；②具有二维或三维结构，可以满足多点的神经信号同时采集或刺激，植入占用体积小，对周围组织的破坏性小；③具有稳定可靠的生物相容性，植入后化学性能稳定、耐腐蚀且不会产生化学毒性引发组织的不良反应。

由于神经细胞体的空间尺寸非常小（其直径通常为 10～50μm），故利用常规电极探测神经活动非常困难，需经特殊加工才能制作出符合神经细胞空间尺度要求的微米级微型电极，而利用普通传统制造方法难以大批量生产此类微型电极。随着微电子技术和微加工手段的进步，微电子机械系统（micro electro-mechanical systems，MEMS）开始引进至植入式神经电极制造领域以克服上述困难。通过 MEMS 技术可以制造出尺寸与神经细胞相当的神经电极，从而使电极仅与单个或少数神经元细胞作用，以获得更精准可靠的刺激效果和记录数据。

按照制造工艺和材料可将植入式神经电极的发展分为三代。第一代电极以手工制造为标志。卡肤（Cuff）型、书本型和板状是这代电极的常见形式。目前临床中大量使用的神经电极仍以第一代手工制造为主，其制造过程对技术经验要求较高、耗时长、成品率低、体积偏大且可用性受限较多。第二代电极的制作工艺已开始采用 MEMS 技术，即利用集成电路等精密制造方法将微传感器、微处理器、微执行器等多个功能模块集成到单一芯片上。故第二代植入式神经电极体积明显小于第一代手工制作的器件且性能稳定可靠。第二代电极一般采用硅基底或柔性聚合物基底作为神经电极阵列的机械电路或集成电路芯片的重要部分。目前，已经成功加工出具有三维结构的植入式神经电极。第三代电极在第二代技术的基础上，注重提高其生物活性特征，电极表面经过修饰后具有一定的生物活性，植入后可以与组织、细胞进行生物学反应。这些反应可以用于增强生物相容性，从而改善神经组织和植入式神经电极的结合程度，以大大延长植入式神经电极的使用寿命和效果。

高生物相容性、基于 MEMS 技术制造和具有三维多导联结构的植入式神经电极技术，以更高的空间与时间分辨率和高频响应能力，为深入微观组织层面收集和反馈神经信息提供了极其重要的研究数据，是植入神经微系统有效工作的基本保障。

10.2.2　信号处理

植入式神经电极采集到的神经电活动信号幅值通常小于 100mV，虽然已经高于体外所采集到的神经电信号 1～2 个数量级，但信号强度依旧十分微弱，非常容易被噪声或者尾迹信号所湮没。所以，有效地控制神经元活动信噪比水平是获得良好神经细胞电活动信号的保证。另外，植入式神经电极探测所得电信号可能是周围多个神经元电活动的集体效应，但通常只有离电极尖端最近的神经元放电才能被记录到，因此每个电极触点记录到的电信号通常只限于最邻近 2～4 个神经元。得益于现代信号处理技术的快速发展，除传统滤波方法外，独立成分分析（independent component analysis，ICA）、主成分分析（principal component analysis，PCA）等方法可以将植入式神经电极记录所得混杂的原始信号分解成相互独立的细胞动作电位或单独提取出所需研究的信号分量，提高信噪比。而鉴别不同神经元则基本上靠分析甄别动作电位的波形特征，包括信号的波幅、宽度、上升或下降坡度等。神经元的动作电位通常持续时间很短，为几毫秒。如果信号的采样频率不足，在进行数据分析时只能将其视为一个个较为离散的事件点，不利于后期信号处理与信息提取。综合来说，植入式神经微系统在满足多导联高频采样的前提下，将信号通过滤波、独立分解等方法拆分为不同成分的信号加以分析，提取特定信号的幅值、频域能量等特征进行信号模式的识别，以用于下一步对植入神经微系统的控制部分进行操作。

10.2.3　外界通信

植入神经微系统在植入人体后对空间占用要求比较严格，通常仅选择将最关键核心的部分置于体内，而将空间占比高的非核心部分置于体外，相对更为实用。而某些类型的植入神经微系统的信息源则只能在体外，如人工耳蜗和视觉假体，但是其关键的感觉输入部分位于体内。同时，在神经微系统植入人体之后，需要对其整个工作过程进行监控和大数据量存储。如此，植入神经微系统往往必须分成体外和体内两部分进行联合工作。而为避免体内外两部分的信号传递对患者日常活动的限制影响，则一般会采用无线信号传输。

目前，植入神经微系统中体内外部分的信号传递与控制主要是利用无线通信技术来实现。其中相当一部分是基于无线射频技术，其是 20 世纪 90 年代兴起的一种非接触式的自动识别技术。其原理是利用发射和接收线圈间的电磁耦合实现无线射频识别通信（radio frequency identification，RFID）。类似的技术还有红外数据传输（infrared date，IrDa）、ZigBee、蓝牙（bluetooth）、短距通信（near field communication，NFC）、无线局域网 802.11（WiFi）和基于蜂窝的窄带物联网（narrow band internet of things，NB-IoT）等。从价格来说，RFID 单价最便宜，WiFi 最贵。使用上，无线射频技术的有效通信距离约为 25m。ZigBee 的点对点通信距离为 1000～3000m，可以通过加中继的形式中转数据包，从而组成 Mesh 网扩大通信距离。WiFi 的通信距离为 100～300m，不可中转，但能传送图像或音频等大数据，并能通过无线接入点来访问底层模块，同时适合多设备联合组网。NB-IoT 是近年来飞速发展的通信标准技术，充分兼顾了低功耗和广覆盖的特点，是未来智能医疗通信技术发展的重点方向之一。近年来，国家大力布局建设的 5G 网络技术也将可能引进到植入神经微系统中。就目前而言，无线射频的应用性价比最高，应用也最为广泛。

10.2.4　设备供能

任何电子设备均需要对其提供能量方能有效持久地工作，植入神经微系统也不例外。而且，由于植入式系统的所在空间狭小，既要提供足够的电源能量又要满足所占空间体积小的要求，使之技术难度增加。植入神经微系统的供能问题也是影响系统长期有效工作的因素之一。当前，植入神经微系统的供能方式主要有植入式电池供电和体外无线供电两种方式。

植入神经微系统采用的充电电池类型有镍镉（Ni-Cd）电池、镍氢（Ni-Hi）电池和锂聚合物电池等。最初，植入式系统采用镍镉充电电池作为电源，但这种电池的电压较低，使用寿命较短。镍氢充电电池相对镍镉电池的记忆效应更小且容量更大，现在应用依旧十分广泛。锂聚合物电池具有能量密度高、可靠性好、自放电低等特点，其重量比镍氢电池轻 30%～40%，容量高出镍氢电池 60%以上。目前，锂聚合物电池能量密度可达到 200kW/kg 以上，明显高于其他电池。在这些电池中，锂聚合物电池以其高工作电压、高循环寿命和高能量密度等优异性能而备受世人青睐，被认为是目前综合性能最好的电池。但是，锂聚合物电池一般在人体内的工作寿命为 2～3 年，距离理想目标仍然有一定差距，研究人员正在寻求性能更为卓越的电池产品。

当前，即使采用现在能量密度较高的锂聚合物电池，其所占的体积依然较大，一般可能占用整个系统体积的一半甚至更多，明显增加了植入神经微系统的体积。另外，电池中包含的物质一般存在生物毒性，一旦电池外壳受组织液侵蚀而出现泄漏，将严重危害人体健康。随着无线输电技术的发展，利用近场电感耦合效应，由体外设备向体内植入系统进行电能传输，对植入神经微系统的电池进行充电甚至直接供能将是更好的选择。无线射频供电是比较容易实现的无线供能技术之一，植入式系统的接收线圈通过电磁感应效应，将外部接收到的射频能量转化为射频电压，射频电压经整流、滤波、稳压后产生稳定的直流电压，对植入式系统的电池充电或直接为系统提供电能。无线供能方式为进一步缩小植入神经微系统的体积提供了可能，从而便于将系统植入空间更为狭小的位置。除以上介绍的无线射频供能方式外，还有超声换能、温差发电、生物质供能等方式，但对于植入神经微系统的应用尚不够成熟，多处在实验研究阶段。

10.2.5　系统封装

封装技术在植入神经微系统的研发过程中处于技术末端，但仍有着举足轻重的作用。如果不能有效封装，则无法保障植入式系统在人体内安全稳定地运行。由于神经微系统植入后长时间工作在充满组织液的环境中，选用的封装材料需要与生物体内组织和血液具有良好的生物相容性。其材料不但需要能耐受组织液的侵蚀，绝无生物降解现象，还必须不会对组织器官产生毒副作用。而普通集成电路的封装方法无法满足植入人体内环境的需求，这主要是由于普通封装材料（碳化硅、环氧树脂等）在生物体内环境下易出现不稳定或相容性差等负面影响，所以对植入体内的表面封装材料必须进行特殊考虑。所选用的封装材料应当具有抗挤压损害、防水性、防离子渗透性、电气绝缘性、无生物毒性等特性。

常用的封装材料有：①金属材料，具有良好的耐腐蚀性、密封性、稳定性和机械强度的钛合金、铂合金等；②非金属材料，具有良好的防水气渗透能力、电气绝缘性能和生物组织相容性的氮化硅和二氧化硅等；③高分子材料，具有良好的防渗透能力、抗吸水性和绝缘性能，如硅橡胶、环氧树脂、聚酞亚胺等。其中，硅橡胶作为植入体内的表面封装材料应用最为广泛。

10.3 神经信号解码与反馈

神经系统内信息靠神经元兴奋传导：神经突触间的传递靠神经递质，而神经纤维进行长距离信息传递则要靠动作电位。动作电位是神经元接收、分析和传递信号的载体，其在快速传导神经信息的过程中，保持幅度和形状沿神经轴突方向不变。正是因为动作电位具有这种特性，故其可以在神经元之间通过若干动作电位组成的放电序列进行信息通信。通过检测神经元放电序列，解码获得神经元集群活动信息，再反馈编码神经信号所传递的信息和正确刺激桥连的神经元集群以产生所需的动作电位是植入神经微系统有效工作的基础。随着植入式高密度神经电极制造技术的提升，较长时间观测和记录神经系统活动信息成为可能，从而国内外应用植入式神经接口技术，在学习、记忆、感觉运动整合、视觉和听觉等多方面开展了神经元集群信息的编解码机制研究。

10.3.1 神经信息的编解码

神经信息编解码是指神经系统通过神经元集群电活动进行外界信息（刺激）表达和内在信息传递的机制或所采用的系列规则，在神经科学相关领域用以描绘刺激与单个神经元或神经元集群电活动之间的协同关系。揭示神经元发放编码（神经信息编码）规律对研究大脑功能机制有着十分重要的价值。神经元集群信息编解码活动规律的研究对揭示人类神经行为学特征具有重要意义。

对神经信息编解码可以从刺激和响应两个相反的角度来研究。神经编码的过程是一个从刺激到响应的信息表达和传递过程，主要关注点在于理解神经元如何回应多种多样的刺激，尝试建立模型去传递或还原刺激信息。神经解码的过程则相反，主要关注点在于如何解读所受刺激的内涵信息，尝试建立模型从刺激引起的神经元兴奋序列去分析受到了何种刺激。

对于神经信息的准确编解码是植入神经微系统达到真正意义上人机融合的重要基础和途径。根据机器学习方法识别神经信号模式的基本流程，需要大批量同步记录和分析行为学匹配的神经信号特征进行分类器训练，在识别正确率达到一定标准后方可用于在线实时系统的分类识别和控制。这些信号可以是神经对力、声、光等外界物理刺激的响应，也可以是主动意图的自发反应。相对而言，后者由于发生时刻的不确定性，识别难度大于前者。对于外界物理刺激响应机制的规律性研究，可帮助我们利用一定序列的电刺激方式刺激特定的中枢神经区域或者外周感觉神经束，再生感觉信息输入；同时，可以根据自发神经信号特征的分类识别实现运动控制指令的执行，从而为运动功能障碍患者完成运动功能的替代辅助。

10.3.2　神经元集群信息分析方法

高密度神经电极记录所得神经元集群电活动是由来自多个神经元的不同频率、幅值和相位的电信号叠加构成的。根据各类行为学的神经信号匹配响应，通过独立或集群的神经元活动特征进行信号筛选和特征增强，以准确提取和利用这些信号，帮助植入神经微系统有效运作。早期该类研究受植入式神经电极技术的制约，主要是基于单神经元区域信号特征的提取。得益于神经电极技术的快速发展，当前高密度植入式神经电极可以同步记录近百个相邻神经元的电活动信号，从而能更好地分析单神经元和神经元集群如何参与大脑功能的分配和特定功能区的工作机制。

神经信息分析的本质是利用数学理论和信息学方法，对单神经元或神经元集群在接受外界刺激时的脉冲发放模式进行研究，它对人类感觉运动系统工作机制研究的意义显著。其一般分为编码和解码两方面。对编码而言，这主要是对神经元的规律性刺激，再现一项感觉或控制肢体实现一项运动。解码正好相反，根据神经元一定规律的兴奋发放活动，判断其所表达的感觉或运动信息。美国杜克大学利用放置于恒河猴大脑感觉运动皮层的植入式神经电极，对猴子手臂运动指令进行了中枢神经信号解码建模，能成功训练其控制一个机械臂抓取香蕉进食。

神经元集群信息分析基于神经元的“稳态假设”（stationary assumption），即神经元对相同刺激的响应不随时间改变。将提取所得神经元集群信号分解到时域和频域，通过协方差分析神经元电活动时域信号的同步性。神经元之间的响应虽然有时间上的不同步，但信号的时域幅值特征仍高度相似。同时，拆分神经元电信号的不同频率成分，可有效分辨不同神经元的活动。从系统上来说，神经元活动的分类方法主要基于时域的最大似然（most likelihood）原则和频域原则，包括相关或回归分析。

最大似然原则以应用范围广泛、分析框架清晰等优点，服务于模型拟合优度评价和置信区间构造与假设检验，是统计学研究领域的重要工具之一，也是神经科学研究过程中数据分析和模型优化的重要手段之一。根据模型未知或参数自由的实验样本分布建立参数估计模型，使获得某组特定数据的概率最大。如果最大似然估计结果与预期建模过程相匹配，则依据此参数做进一步优化。利用最大似然原则对神经元集群建模相当于多元点过程建模方法，其难点在于如何精确还原神经元集群活动和拟合模型参数。

频域原则充分根据神经元的“稳态假设”，对于神经元集群活动共同产生的电信号可以通过傅里叶变换将时域信号转换到频域区间，从而将来自不同神经元的信号进行分解，再计算神经元对之间相关性的互谱。相对于时域分析方法，频域分析不是一种仅限于神经元对的分析方法，还可以跨神经元对进行分析。同时，频域原则还可对大数量的神经元集群进行信号互谱计算，估计分类结果的错误假设和置信区间。对于感觉运动信号的解码可以利用反向相关方法，其根据神经元集群信号的线性回归求解神经元活动中的隐性相关，研究感觉运动系统中的神经元集群特征，再现感觉信息或者控制神经假体。这使利用离散神经元活动信息重构连续变量的感觉或运动成为可能，有效降低了建模和优化的难度。

对神经元集群信号进行分析过程中的一个重要难点是由测得离散信号到连续信号的转换。例如，高密度神经电极测到某些神经元同步发放动作电位，所代表的一项动作不可能只是有和无的差别，存在一个线性或者局部线性的控制过程。根据傅里叶变换的频域分析，将神经元活动的相关性划分为无相关（no correlation）、局部相关（local correlation）、短程相关（short-range correlation）、广泛相关（wide-range correlation）和特定相关（uniform correlation），从而将离散的神经元活动特征表示为一组连续变化的参数。

10.3.3 感觉信息再生

人类感觉系统是我们感知外部世界、保持警觉度和运动规划的重要途径。感觉受体与外界信息进行交互时，各神经元产生一系列动作电位并传递至大脑，这是一种神经元集群共同作用的表现。感觉信息在中枢神经的处理过程中是分阶段的，其在脊髓、脑干、丘脑、脑皮层之间连续中继传递，每个阶段都将各类信息汇总，并对关键信息进行强调，以做出快速反应。人类所有认知行为学特征都是基于我们所见、所听、所闻、所尝和所触，一旦丧失了某种感觉能力，生活必然受到极大阻碍。感觉信息的再生是诸多神经假体系统所关注的重点。对于智能假肢技术，如果能对假肢佩戴者进行触觉反馈，则可以更好地如原有肢体一般实现抓握控制，这将使假肢的操作更加自如和便捷。智能假腿也可利用该方法向佩戴者输入压力分布带来的平衡感，从而帮助提升站立行走的稳定性。本节主要以感觉的神经编码机制为例阐述神经微系统信号再生部分的工作原理。

人类感觉的基础是生理机制，根据不同感觉做出的行为学反应来自于我们的经验和认知。当我们感受到不同频率的光波时认为它们是红色、绿色或蓝色，听到不同频率幅值的声波认为它们是音乐或噪声，触摸到不同压力分布的物体则认为它们是尖锐、粗糙或光滑的。这些是我们从降生到这个世界时就所具有的生理本质，而对于这些感受所做出的一系列反应则是依据后天的经验所获得的，这是可以进行训练的。

当我们以一定规律的电脉冲刺激身体特定的感觉神经时，可获得光幻视、幻听或者幻触。而进一步模仿真正感受信息的神经信号传递模式则可有效再生感觉信号的输入，以帮助患者重建感觉能力。所有的感觉系统所传递的信息主要包含以下几个特征：刺激的形式、位置、强度和发生时刻。人体不同的感受器负责感受不同类型的刺激，但即使不同的感受器所传递的信息，其基本信号组成模式也是大致相似的。

感觉形式主要包括以下几种。

（1）特殊感觉：视觉、听觉、嗅觉、味觉和平衡觉。

（2）一般感觉（有时特指躯体感觉），包括①躯体感觉：a. 浅感觉，包括触-压觉、温度觉和痛觉；b. 深感觉（本体感觉），包括位置觉、运动觉和振动觉；c. 复合感觉（皮质感觉），包括定位觉、两点辨别觉、图形觉、实体觉。②内脏感觉：主要为痛觉。

感觉神经系统由基本的感受器、外周神经和中枢神经所构成，感受器在接受刺激时将刺激能量转化为神经兴奋动作电位，经过外周神经向中枢神经传递，其中任何一环受损均会影响感觉的产生。感受器所受到的刺激强度越大，则神经突触的钙离子通道开放的数量越多且开放的时间越长，进而产生的动作电位幅值越大。虽然我们的刺激形式多种多样，但是单一类型的感受器所能感受到的信息范围是非常狭窄的，例如，色盲的产生是由于患者视网膜缺乏某种色觉细胞而无法有效感知某种颜色。这也就决定了感觉信息同样是由多神经元构成的神经元集群共同表达的结果。利用植入神经微系统对感觉信息准确再生需要多种时域和频域信号的叠加组成，也需要多通道的共同传递。

感受不同位置的刺激来源于人体不同部位分布的感受器，同时对于特定中枢神经的空间分布位置也不尽相同。这就是诸如脑卒中之类的中枢神经病变所影响的躯体感觉运动功能随发病位置的不同而有差异的原因。因此，对于特定肢体或器官的感觉功能重建需要对特定区域的神经进行相应刺激。

同时，人体的感觉能力伴随感受器的密度差异而不同，人类手指的感觉能力明显高于手臂。这好比我们观察一幅图像，高像素的图像可以很好地捕捉图像所包含的各项信息，而低像素的图像只能看到模糊的大致轮廓。前面提到了神经信息编码是由神经元集群编码进行传递的，对于感觉信息的传递过程同样基于大量感觉神经元细胞不同的兴奋电位发放模式，这包括脉冲的发放频率、时长和兴奋神经元的数量。在视觉假体中，其图像 CMOS 传感器能够很好地捕获机器的视觉图像，但是佩戴的盲人只能感受最基本的图像轮廓，对于颜色等信息尚难以有效满足，这主要受制于神经刺激的通道数量和刺激信息的编码能力。

总体而言，准确有效地感觉信息再生主要依赖于精准的神经刺激位置、大量的刺激通道、不同频率和幅值的刺激波形，以及依据外界刺激信息所建立的神经集群电活动信号有效模型。

10.4　植入式神经接口系统的应用范例

10.4.1　植入式感觉神经假体

1. 人工耳蜗

近年来，人们在神经组织电刺激研究中逐渐开始探索如何利用电子机械装置来代替某段已损坏的信号传入通路。在外周神经系统中，这方面的研究已取得显著成果。

人工耳蜗是最早成功应用的神经接口，它是一种植入式听觉辅助设备，由体外言语处理器将声音转换为一定编码形式的电信号，通过植入体内的电极系统直接刺激听神经来帮助内耳创伤、疾病或其他原因引起听觉神经受损导致的耳聋患者获得听觉康复，其结构如

图 10-2 所示。人工耳蜗可绕过内耳的损伤部分，将声音信号转换为不同频率的电刺激信号，通过植入电极阵列直接刺激耳蜗基膜听觉神经，使患者重获听力。

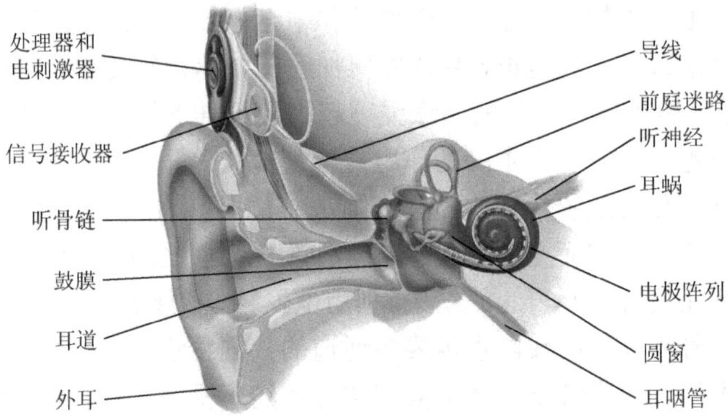

图 10-2　人工耳蜗结构组成

（图片来源：http://bestlab.shal.ac.cn/cochlear_implant.jsp）

人工耳蜗的发展可追溯到 19 世纪，Volta 在实验中发现电刺激作用于正常耳会产生听觉感受。二十世纪六七十年代各国科学家陆续进行实验，将电极植入全聋患者耳蜗中并施以电刺激，使患者重新获得有限的音感。至 2010 年初，全世界已有十几万人借助人工耳蜗恢复听力，其中半数以上是儿童。但是，对于听觉神经损坏的患者，要使其恢复听力，必须考虑向大脑直接植入设备。研究者正在进行两方面的探索：一是向耳蜗核植入电极，其在正常情况下负责接收从听觉神经细胞输入的神经信号；二是向听觉大脑皮层植入电极。针对大脑听觉功能区的植入设备研究目前还处于实验验证阶段。

2. 视觉神经假体

大多数盲人的视觉通路往往只是一部分受到损害或病变，而其余部分神经组织结构和功能尚且完好。在此前提下，可采用视觉神经假体这种人工装置进行视觉修复。它采集外界图像信息并进行编码处理，通过电刺激器植入神经电极阵列，将编码的电脉冲作用于视觉神经系统，从而在视觉中枢产生幻视，实现视觉功能修复。视觉神经假体正是通过对视觉通路完好的部位施以特定人工刺激来使神经细胞兴奋，模拟自然光刺激的效果，使盲人产生视觉感受。根据植入电极位置不同，视觉神经假体主要分为视皮层假体、视网膜假体、视神经假体三大类，其中视网膜假体又包括视网膜下假体和视网膜上假体。

1）视皮层假体

这是最早开展研究的假体技术，其方法是采用植入式神经电极阵列直接刺激枕叶皮层来帮助盲人恢复视觉。

2）视网膜假体

视网膜下假体的工作机制是将微型光电二极管阵列和刺激电极植入视网膜内的感光细胞层后，刺激视网膜内功能尚存的双极神经元。当光电二极管检测到入射光时会将光信号转换为一定参数的电信号，刺激相邻的视网膜神经细胞，利用原有的视网膜视觉传导通路，直接将外界光线通过信号传输至视神经及视皮层，从而诱发植入者产生光幻视，获得光感。

视网膜上假体是将神经电极阵列植入玻璃体腔和视网膜神经节细胞之间。视网膜上假体的结构与视觉假体架构类似，主要包括图像采集器、图像信息处理器、微型电刺激器和神经电极阵列等。其以外置图像传感器获得外界视觉图像，再通过植入神经电极阵列直接刺激邻近的视神经节细胞，使患者产生光感。

3）视神经假体

视神经假体一般包括微型摄像头、处理器、电刺激器、神经电极阵列等，其将刺激电极阵列植入视神经，电刺激作用于视神经的轴突，从而引起轴突产生冲动使植入者视皮层产生光感，如图 10-3 所示。

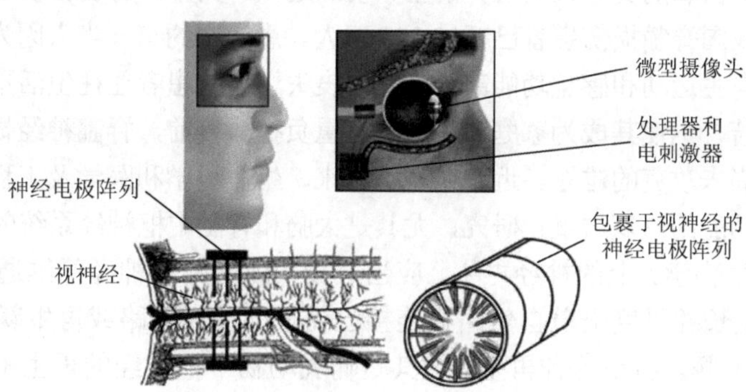

图 10-3　视神经刺激式视觉神经假体

（图片来源：吴开杰，柴新禹，李丽明，等. 2007. 基于视神经的视觉假体研究与设计. 中国科学，37（B10）：146-152）

3. 触觉刺激器

假肢的发明可以帮助截肢患者重新找回抓握或步行能力，但他们依旧没有触觉。这就导致他们在利用假肢拿取物品时要时刻关注身上机械臂的运动状态。为此，科学家正在不断地尝试给假肢提供触觉反馈，让截肢患者获得更好的真实操作体验。

目前，已有研究利用猴子进行临床实验，在猴子的初级体感皮层（S1）植入神经电极，采用 5～50Hz 的电脉冲刺激产生触觉。实验时对猴子进行电刺激或在其手指尖加机械振动刺激，并在猴子正确识别被触碰手指的情况下给予奖励。结果表明电刺激能产生可记忆、可辨别的触觉，效果相当于相同频率的机械振动刺激。因为人和猴子的机械振动感觉阈值接近，由此可以推想类似的电刺激方法，可能使人产生触觉。通过假肢接触物体时的微小力学应变获得触觉传感信息，再利用电刺激方式向患者神经系统施加反馈。假肢触觉反馈可以帮助患者更好地控制假肢的抓握力量和获取控制物体的平衡感，以稳定抓握不同类型的物体。

美国国防高级研究计划局（DARPA）所提出的革命性感觉重建假肢计划（revolutionizing prosthetics program）旨在帮助中枢神经损伤造成物理感觉功能丧失的恢复。一名 28 岁因脊髓损伤瘫痪的青年作为首批志愿受试者参与了此项研究，通过植入大脑感觉区的神经电极系统传输假手所接收到的触觉信号，使得传统假肢获得了自然完整的闭环控制。受试者可以近乎百分之百地准确判断所触碰的假肢手指。未来具有触觉反馈功能的植入神经微系统可以更好地帮助中枢神经损伤或截肢患者恢复感觉运动功能。

更多类型的神经假体技术，如运动神经假体以及包括记忆神经假体在内的中枢神经假体将在其他章节介绍，本章不再阐述。

10.4.2 植入式微电子神经桥

1. 植入式微电子神经桥的概念

神经功能的损伤和病变是人类遭受的重大伤病之一。其中，脊髓损伤更是最具破坏性的伤害。据估计，我国脊髓损伤患者已超过 200 万人。患者中约有一半人因为脊髓完全损伤导致该部位以下的自主运动和感觉功能部分或完全丧失。这些患者往往生活不能自理，这既给患者本人带来痛苦，也使其成为家庭和社会的沉重负担。目前，脊髓神经损伤后的功能康复与重建仍是世界尚未攻克的难题。近几个世纪以来，生命科学和医学及工程技术等各界专家一直致力于神经功能的修复与重建研究，尤其是大脑和脊髓中枢神经系统的康复与再生。

真正意义（生物学）上的神经再生，应当是受损或中断的神经纤维通过神经细胞重新分裂增殖、自行生长并再度沿着自然路径连接已受损的神经通路或再生新的神经通道而使其信息传递再次通畅。但是这种再生，尤其是哺乳动物中枢神经的再生（这也是人们最为关心的）有很大的困难，迄今没有突破性进展。

近十年来，科学家引入干细胞作为连接受损神经的“桥”，取得了一些进展。2005 年 9 月，美国加利福尼亚大学欧文分校 Anderson 教授领导的研究小组宣布在利用人类神经干细胞修复小鼠脊髓神经损伤方面取得了进展，但是该实验存在免疫抑制等需要克服的难题。其他实验还表明，干细胞修复方法对损伤 6 个月以上的神经束无效。然而，现实中 90%以上的截瘫患者具有超过 6 个月的病史。并且，即使采用干细胞方法修复新近脊髓神经损伤能够成功，要实现截瘫患者康复还需经过相当艰难的历程。2011 年 11 月 15 日，美国 Geron 生物医药公司宣布，中止自 2010 年开始的首个利用人类胚胎干细胞来治疗瘫痪的试验，这也进一步印证了干细胞治疗脊髓神经损伤的困难处境。

除了干细胞之外，英国伦敦大学学院的 Raisman 教授于 1985 年发现具有持续生长能力的鼻内嗅鞘细胞可以用于脊髓受损动物细胞移植治疗。北京市西山医院暨北京康复中心神经外科黄红云主任医师 2001 年将嗅鞘细胞移植方法用于脑卒中后遗症和脊髓损伤治疗的临床试验，并在 2009 年发表的论文中报告了对 2001 年 11 月～2008 年 1 月治疗的国内外 7 例脑卒中后遗症和 120 例脊髓损伤患者的随访结果。其中，对 1 例发病 6 个月和 1 例发病 24 个月的脑卒中后遗症患者的术前和术后日常生活能力量表评分结果显示，从移植手术前的 58.33±31.89 分增加到手术后的 64.17±33.23 分；根据健康人分值为 100 的标准，这两例脑卒中患者经过嗅鞘细胞移植的治疗和康复训练后，仍有超过 35%的功能需要进一步康复重建。而对 120 例脊髓损伤患者按美国脊髓损伤学会标准评价，国外患者组和国内康复训练良好患者组的运动功能分别由 39.82±20.25 分和 40.52±20.80 分提高至 44.55±18.99 分和 46.45±20.35 分；同样根据健康人分值为 100 的标准，脊髓损伤患者经过嗅鞘细胞移植的治疗和康复训练后，仍有超过 40%的功能需要进一步康复重建。除了上述利用细胞移植实现神经再生的方法外，利用仪器技术实现神经信号的中继传递也是一种重要手段。

植入式微电子神经桥（microelectronic neural bridge，MENB）的概念，由东南大学的王志功教授、吕晓迎教授与南通大学的顾晓松教授针对脊髓损伤患者于 2005 年在国际上率先提出。其基本思想是利用传感、通信和控制原理与技术，将神经信号上下行信道通过有源桥接实现信号再生传递。根据通信原理，脊髓可以被理解为传递神经信号的双向通道，其作用与包含众多光纤的光缆相似。脊髓损伤的后果犹如光缆中断，使原本一体的系统变成了两个分立的单元。生物学的神经再生犹如光纤的直接对接，而微电子神经桥则类似于光纤通信的电中继系统。与电中继系统中的光-电转换功能对应的是由离子穿越神经细胞膜产生动作电位到植入神经电极捕捉、识别出电生理信号，这实质上是对神经电生理信号的传感。而与电-光转换功能对应的则是植入式神经电极的电刺激信号施加到神经细胞膜上引起内外离子通透运动、产生动作电位的功能，其本质上是一种生物控制。

植入式微电子神经桥的基本技术途径是采用可植入体内、与中断脊髓神经接口的微电子系统，实现受损神经信道的有源（具有信号放大和处理的）桥接、神经信号的中继再生和瘫痪肢体的功能重建。该中枢神经信道桥接功能如图 10-4 所示。由该图可见，采用一

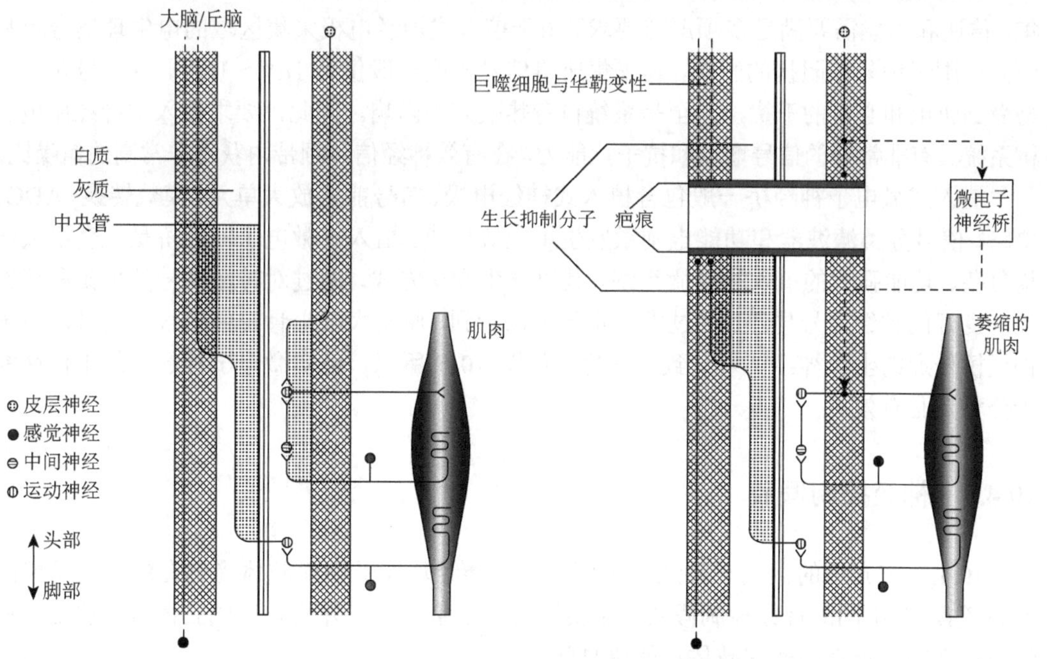

图 10-4　植入式微电子神经桥功能示意图

（图片来源：Huang Z H，Wang Z G，Lu X Y，et al. 2016. The principle of the micro-electronic neural bridge and a prototype system design. IEEE Transactions on Neural Systems & Rehabilitation Engineering，24（1）：180-191）

组神经电极自受损脊髓神经束近（脑）端（由上神经通道）检测出来自大脑的运动控制信号送入微电子系统。进行处理后再通过另一组神经电极（由下神经通道）激励远端神经束，实现下行神经信道桥接和运动信号再生。同理利用两组神经电极，一组接远端感觉神经束，另一组接近端感觉神经束，中间接微电子系统，实现上行神经信道桥接即感觉信号再生。四组电极结合两套功能相同的微电子系统，有望实现脊髓神经受损引起肢体瘫痪的患者康复。该系统的显著优势在于功能性电刺激的脉冲信号不再由人工编码生成，而是由受大脑意识控制健康肢体运动所产生的神经电信号再生而成。

2010 年 1 月 20 日，东南大学与中国康复研究中心合作，利用“微电子神经桥”和 3G 无线互联网传输技术实现了千里之外（北京—南京）两只蟾蜍的坐骨神经的远程桥接。即两只蟾蜍左腿在醋酸刺激下同步产生缩腿动作，验证了“无线远程异体神经功能重建”的设想。这一成功实验受到国内外媒体的广泛关注，所投会议论文被当年在美国圣地亚哥召开、有近 4 万人参加的 Neuroscience 2010（2010 神经科学大会）选定为会议报告之一。该研究成果在 2011 年 5 月在美国召开的国际身体传感网（Body Network System）大会上报告，更被国际权威专家评述为“一个非常有趣且具有多种应用前景的奇思妙想”、“演示引人注目，可以列入吉尼斯世界纪录”。最终成为大会“奇思妙想”专场仅有的两篇特色报告之一。

2. 系统组成结构

神经电生理信号十分微弱，通过植入式微电子神经桥系统来完成受损神经信号的采集、传递和重建需要满足多项严苛要求。由于植入式神经电极采集区域的电生理信号容易受到周围组织外围阻抗的影响，其采集所得信号幅度一般仅有 1μV～1mV，且信号非常容易受到肌电和心电的干扰，甚至是系统自身热噪声的影响。因此，要求植入式神经微电子桥系统具有非常好的信号增益和抗干扰能力，在有效神经信号频带内获得非常高的信噪比。

植入式微电子神经桥一般包含植入式神经电极、信号前置放大单元、模数转换（ADC）电路、信号分类滤波器和功能电刺激发生单元等模块。植入式微电子神经桥是一套组成结构复杂、功能强大的植入神经微系统。其以非生物学方式，通过对神经信号的采集和还原实现良好的神经信号传递。通过大鼠实验可以看到，原始大鼠坐骨神经信号和通过微电子神经桥传递的坐骨神经信号一致性很好，如图 10-5 所示，证实微电子神经桥的工作性能十分稳定且有效。

10.4.3 神经控制假肢

10.4.2 节介绍的微电子神经桥主要用于仅神经功能受损而肢体尚健在的运动功能障碍患者。与此不同的神经控制假肢则主要针对由于事故等意外伤害造成肢体残缺但部分神经传导功能尚正常的残缺肢体功能康复问题。

人的肢体是一套十分复杂而精巧的动力学系统，在设计神经控制假肢的过程中需要充分考虑结构和控制仿生的问题。自 1948 年德国的 Reiter 成功研发了世界上第一例肌电控制神经假肢以来，神经控制假肢的研究逐渐走上了应用发展的道路，为广大患者带来了福音。

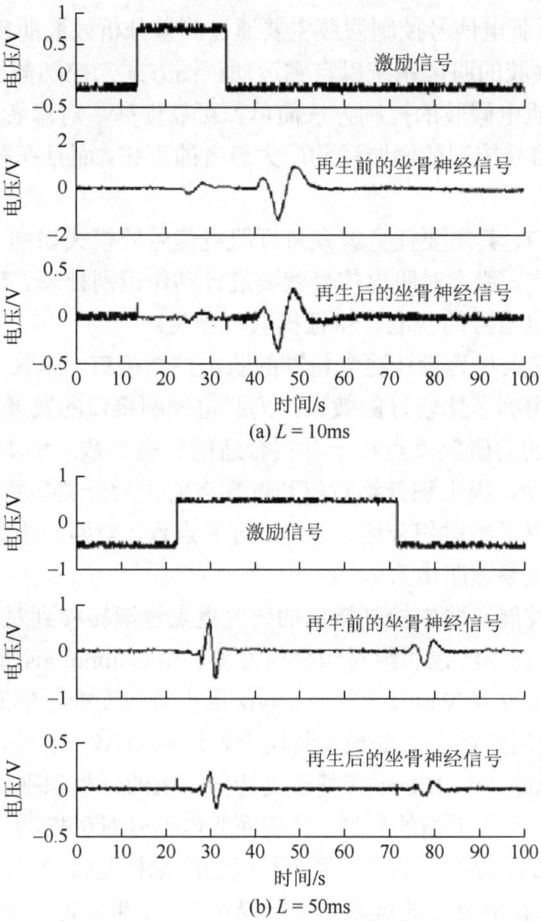

图 10-5　大鼠的微电子神经桥实验结果

（图片来源：沈晓燕，王志功，吕晓迎，等. 2012. 基于微电子神经桥实现大鼠运动功能重建的实验研究. 东南大学学报（自然科学版），42（5）：843-847）

由于神经控制假肢的控制信号源主要通过表面肌电（surface electromyography，sEMG）、脑电（electroencephalogram，EEG）或者运动姿态参数等信号来控制假肢的运动，而基于 EEG 的神经控制假肢则又需选取想象动作（motor imagery，MI）、P300 和 SSVEP 等信号控制手段。这说明神经控制假肢技术在实际应用中需要考虑诸多关键问题，以下将逐一进行介绍。

1. 神经控制假肢信号分类

1）表面肌电信号控制

肌肉是人体运动系统的重要组成部分。肌肉群的协同运动能够带动骨骼完成肢体的各种精细运动。而大脑在控制肌肉进行运动的过程中，会对肌肉纤维施加一定的电信号刺激。sEMG 是一种复杂的表皮下肌肉电生理活动在皮肤表面处的时间和空间综合反映。它可以利用表面电极进行采集，从而避免电极植入肌肉带来的创伤以及可能给患者带来的痛苦和交叉感染的危险。表面肌电信号控制假肢主要通过测量分析残肢肌肉发放动作电位产生的 sEMG 信号，再利用残肢的肌肉系统以自主运动意图方式来控制假肢的运动，具有比较好的有效性和实时性。肌电假肢的控制方法简单，可靠性高，对患者的训练要求相对较低。因此，利用表面肌电信号控制的假肢受到广大患者的青睐，而且在智能假肢的实际应用中占相当的数量优势。

作为肌电控制接口，其重要任务就是进行肌电信号的模式识别。如果肌电控制的外部设备用于完成肢体动作，那么对肌电信号就要进行动作识别处理。基于肌电的动作识别主要包括三个步骤：肌电信号的获取、特征提取与分类。

近几十年来，研究人员为设计更为精准的肌电控制接口，提取了不同的肌电参数，尝试了很多分类方法，得到了比较好的效果，为肌电控制接口的发展奠定了基础。

肌电控制接口最初的研究重点在于寻找合适的分类参数。例如，1983 年 Saridis 和 Gootee 为分类上肢运动，提出积分绝对值和过零点值作为分类参数。1995 年 Zardoshti 等从上肢肌电信号中提取了绝对积分值、方差、过零点数、自回归模型参数等特征，并提出适用于手部动作的分类参数肌电直方图。

随着分类算法的发展，肌电控制接口的研究重点逐渐转移到对不同分类算法的尝试：1994 年 Chang 等用修正小波包和绝对积分值方差、Mahalonobius 距离来识别 4 种抓取动作，正确率达 90%；1999 年 Wellig 和 Moschytz 用小波包变换分解肌电信号，降低了误分类率；1999 年 Liyu 等用六层小波变换分解两个通道的 sEMG 信号，并用神经网络进行前臂的 4 个动作分类；2006 年，Bitzer 等基于支持向量机的分类识别原理研制出由肌电控制的机器手，控制机器手四个手指的屈伸。其表面肌电信号对手指动作的控制可以独立于手臂的位置，因而具有很好的识别能力。复杂精确的肌电控制接口，在获取肌电信号的过程中需要克服很多难点，其中最大的难题是去除噪声干扰。其主要干扰来自于外部电磁场（以 50Hz 工频电源为主）、电极与皮肤接触处的阻抗变化、电极滑动与电缆移动等。

为去除外界电磁场的干扰，采用差分放大器采集肌电信号，抑制作为噪声的共模部分，放大有用信号。为克服电极与皮肤之间阻抗以及导线移动带来的干扰，可以选用距离电极较近的高输入阻抗前置放大器。其中需利用硬件滤波手段尽可能地去除信号中掺杂的噪声。对于后期肌电信号特征提取阶段，则只能利用软件对信号进行去噪处理。去噪是特征提取的基础和前提，这两个步骤中都要尽量减小噪声对有用信号的影响。特征提取的目标是选取一个或几个最能区别不同动作的肌电信号特征参数，达到动作识别的目的。也就是说，对于不同的动作，这些参数要表现出明显的差异性。

由特征提取得到的多个参数组成特征向量，再利用分类算法将不同特征向量进行分类，每一类对应一种特定动作。肌电控制接口对肌电信号的分类主要用于动作的预测。从这一角度出发，需要假设此刻的运动状态与之前的运动状态有关。如此，才可能根据已知肌电信号对运动进行预测。

对于执行动作的肌电假肢控制系统而言，其利用残肢肌肉的 sEMG 对假肢佩戴者的动作意图进行预测，从而驱动假肢执行特定的动作指令，在执行动作指令的同时根据肌肉活动强度控制活动的范围。电极的空间密度对识别单一肢体动作的复杂程度有着重要影响，这主要是由于人类肌肉骨骼系统的复杂性，任何一项动作都是由多块肌肉协作完成的。

同时，肌电模型的优劣也会对识别速度和准确度产生显著影响。总体而言，传统 sEMG 控制假肢技术由于采样通道数少、采样空间分辨率较低而相对动作指令简单。当前，新型的高密度 sEMG 电极技术（通常在十余平方厘米范围内布置数十个导联）可以实现近 30 种手势动作的分类识别。

2）植入式肌肉神经电极信号控制

在一些情况下，检测所得 sEMG 信号常因皮肤、脂肪等组织的隔离作用而使其空间分辨率较植入式测量得到的肌电信号低许多，如此对假肢运动的精细控制识别能力十分有限。因而现阶段的研究中多改用植入式神经电极直接采集运动神经束对肌肉群的控制信号，这种方法可以更精确地反映肌肉的运动趋势。植入式神经电极的信号识别精度相对高于表面电极。而且神经纤维间的阻抗较高，神经在传递兴奋信号时不易相互干扰，信号质量更好。同时，植入式电极的体积相对表面电极具有明显优势。它可以在神经纤维之间布置多个电极信号采集触点，有利于实现信号的多通道采集，进而实现复杂的、具有多自由度的神经假肢控制。但是，植入式神经电极的植入过程需要考虑诸多问题，具体使用过程中也需要注意保护电极；同时，当电极失效时需要再次进行手术更换或移除电极，即使不更换，电极在长时间使用后也容易出现信号衰减或损坏的问题。随着植入式神经电极制造技术的发展，植入式电极将更适应人体内长时间的稳定工作。

3）EEG 信号控制

EEG 又称脑电图或者头皮脑电，通常为按国际 10-20 导联布局方法规定的头皮电极测量所得头皮电位变化分布图。它是进行大脑功能研究和临床医疗诊断的主要工具之一。若进行脑电检测时，大脑正进行自主想象或身体感官受到外部事件刺激，则头皮电极测量所得诱发信号是大脑皮层根据自主想象或外部事件刺激所产生的电位变化，这些脑电信号都可以用来控制神经假肢。而通过头皮电极采集脑电具有无创性，因而也易于患者接受和广泛应用。采用 EEG 控制神经假肢不需要肢体神经或肌肉参与控制，即使最严重的肢体残障患者也能够使用。随着基于脑电信号的脑-机接口技术的发展，利用脑电信号控制神经假肢也形成了多种方法体系。其中有基于自身运动想象诱发脑电的运动相关电位、想象动作特征、基于外界视觉刺激诱发脑电的 P300 电位和稳态视觉诱发电位等。

（1）运动相关电位。

大脑在进行运动规划和执行的过程中，运动相关功能区会产生一系列特定的慢皮层电位，其称为运动相关皮层电位（movement related cortex potentials，MRCP）。其主要包括产生于动作发生之前的运动准备电位（bereitschafts potentials，BP）、产生于 BP 电位之后动作发生之前即动作规划后期的运动电位（motor potentials，MP）和贯穿整个实际动作执行过程的运动监控电位（movement monitoring potentials，MMP）。但是通过头皮脑电提取该电活动特征的信噪比相对较低，应用相对不够成熟。

（2）想象动作特征。

奥地利格拉茨技术大学 Pfurtscheller 教授等研究指出，当人体做单边的肢体运动或想象运动时大脑对应肢体功能区会产生特定的节律性活动幅度降低现象，称为事件相关去同步特征，而相对应的节律性活动幅度提高则称为事件相关同步特征，其以 μ 节律（8～12Hz）和 β 节律（13～30Hz）的表现最为显著。根据 ERD 与 ERS 电位的测量和对患者想象动作进行分类训练，患者可以学会自主产生稳定且可控的想象动作模式脑电信号，从而脑-机接口设备能根据想象动作脑电模式发出不同的神经假肢动作控制指令。

（3）P300 电位。

事件相关电位与前面提到的想象动作自发脑电不同，其是外界刺激诱发的大脑电位。它是指当人们对某刺激进行认知加工时，从头颅表面记录到的脑电位，反映了认知过程中大脑的神经电生理变化，也称为认知电位。其中 P300 是在事件相关刺激后 300～400ms 出现的诱发脑电正电位信号（记录时，刺激无须太多叠加次数，甚至 1 次就可以获得清晰波形），主要位于中央皮层区域，为一种与认知相关的内源性成分。因其属于内部响应，不需要训练，故具有重要研究意义与应用价值。

（4）稳态视觉诱发电位控制。

SSVEP 是视网膜接受刺激后经视觉神经通路传导至大脑皮层枕叶区而引起的神经元集群活动电位变化，代表大脑初级视觉皮层对外界周期性视觉刺激产生的响应。它与 P300 电位同属于诱发脑电范畴，无须训练。

基于 SSVEP 控制神经假肢需在用户界面上显示一系列与既定假肢动作指令对应并以不同频率闪烁的视觉刺激信号。当被试者注视不同的刺激信号时，就会在大脑初级视觉皮层诱发相应的 SSVEP，然后经陷波（50Hz）和带通滤波（4～35Hz）及快速傅里叶变换（fast Fourier transformation，FFT）在线处理后作为神经假肢动作的控制信号。

（5）脑磁（MEG）信号控制。

由于人体头盖骨具有很高的电阻抗，易对头皮脑电信号产生衰减并导致较大检测误差，并且信号的空间分辨率有限。头骨磁阻抗却很小，故头皮检测所得脑磁信号则无此问题。且 MEG 检测既无须电极参考点也不用与头皮紧密接触，不会引入附加干扰误差。另外，MEG 能直接反映脑内场源的活动状态，它记录的是神经元集群电活动时突触后电位所产生电流形成的磁场信号。单位面积脑皮层的数千个锥体细胞几乎同步发放的神经冲动能够形成足够的集合电流并产生与电流方向呈正切的脑磁场；此时将头颅近似为球形导体，在颅外与之呈正切方向均能通过感应线圈检测到脑磁场信号。由于人体活动皆由神经系统发放的神经兴奋信号所控制，不同肢体运动对应于大脑的不同神经兴奋区域，同时在相应区域形成磁场。因此，利用脑磁信号控制神经假肢方法与基于脑电控制相似。但在 MEG 信号采集上仍有其特殊难题。由于 MEG 信号非常微弱，大约只有地球磁场强度的万分之一。在采集 MEG 的过程中需要十分可靠的电磁屏蔽措施，故离不开工作于超低温下的超导量子干涉场强计和对磁场有超高敏感性的诱导线圈等器件与装置。因此，至今基于 MEG 的 BCI 技术尚处于起步阶段，其技术虽然可以应用于神经控制假肢的信号控制，但仍需一段漫长的研发历程。

总之，以上用以控制神经假肢的信号多有以下优势：采集比较方便，信号标准、相对稳定且具有较为丰富的指令集以提高假肢运动的精细程度，对环境噪声的抗干扰能力较强以避免假肢的误操作。

2. 神经控制假肢的交互控制

1）假肢的动作区分

为了更贴近实际人体肢体运动特性，神经控制假肢需满足多自由度协同运动要求。因此，首先应对多种通道的信号进行分类，以区分实际动作要求。同时，为了更大程度地提高动作准确性，不仅应对单一信号类别，还需对多种信号类别做多通道采集，以更好地满足神经控制假肢实际佩戴过程中对动作精细程度和降低误操作率的要求。

常见区分假肢动作的信号识别方法包括时域统计法、参数模型法、时频分析法、人工神经网络法和混沌分析法等。目前，对于自发脑电信号控控制的神经假肢需要进行大量的信号分类训练，以获得较好的动作区分度，其中应用最为广泛的是参数模型法和人工神经网络法。而对于诱发脑电信号控制的神经控制假肢，佩戴者只负责发出动作指令，更多的是由神经控制假肢自身的处理系统执行实际动作，因此患者基本不需要进行训练就可使用假肢。

2）假肢的速度控制

早期设计的神经控制假肢主要是实现患者的简单、缓慢动作，而随着假肢控制技术的快速发展，出现了高速动力型神经控制假肢。高速动力型神经控制假肢可以有效地帮助患者满足快速抓取物体、快速步行、自如上下楼梯等快速而复杂的运动需求。这需要神经假肢在工作过程中不仅仅拥有单一速度而是瞬时可变的速度。根据实际运行需求，利用神经控制假肢自身的传感器系统或人体信息反馈对假肢运动速度进行闭环控制。

3）假肢的力量控制

神经控制假肢中，无论手部假肢还是脚部假肢均需要通过假肢系统的传感器对其运动过程中的力量进行调控，例如，手部假肢在抓取物体时的抓握力控制或脚部假肢在行走过程中的蹬踏力量控制。具有力量反馈系统的神经控制假肢将力量感觉信息反馈至假肢的信号处理系统，可以极大地提高假肢运动过程的准确性和稳定性。德国 Ottobock 公司生产了具有抓握力量感觉器的手部假肢，通过对假肢抓握物体滑移运动的监测来调整手部的抓握力量，防止物体从手中滑落。脚部的踝关节和膝关节假肢主要是对行走或上下楼梯的关节阻尼力矩进行监测，让假肢以更加自然的方式配合人体的肢体运动。对神经控制假肢的力量反馈控制最终希望能与人体自身感受器功能完美结合，并兼顾其他感受功能，但是在技术上尚需要克服诸多障碍。

4）假肢感觉反馈

美国军方研究机构 DARPA 近年来在脑-机接口和假肢技术方面投入颇多，计划为神经工程系统设计（neural engineering system design）项目投入 6500 万美元，致力于开发可植入神经接口，在人脑和数字世界之间提供信号解析以及数据传输带宽，并将大脑使用的电化学语言翻译为计算机能够识别的二进制语言，同时帮助战争中受伤而肢体残缺的士兵重建更加完美的假肢系统以及记忆等功能。2015 年，DARPA 发布了与美国约翰·霍普金斯大学（John Hopkins University）的联合研究成果，该技术已经可以实现直接向大脑发送假肢传感器所采集到的触觉信息，这是假肢技术诞生以来一项重要的飞跃（图 10-6）。未来的研究可能尝试重建更精确的触觉和联合温度等刺激的感觉联合输入。

神经控制假肢已经成为神经工程和医疗器械领域研究的前沿热点。为了更好地帮助假肢佩戴者恢复原本的运动能力，假肢系统需要尽可能贴近患者肢体所拥有的运动自由度和复杂动作执行能力。这对神经假肢与人体神经的协同工作能力和自身反馈控制精细程度均提出了更高的要求。因此，神经控制假肢技术的发展任重而道远，但相信随着科学技术的发展，神经控制假肢一定能更加接近甚至超越人体原有肢体的运动能力。

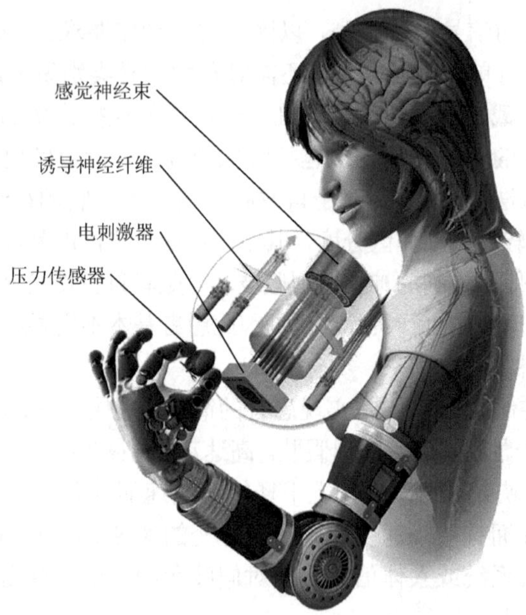

图 10-6　带有感觉反馈功能的假肢系统

（图片来源：https://blogs.scientificamerican.com/observations/robotic-limbs-get-a-sense-of-touch）

3. 应用实例

针对神经控制假肢的动物实验开始较早，特别是采取侵入方式的植入式神经电极在动物体已经开展了较多验证性实验。国外已有研究者利用植入式神经电极记录大脑皮层运动区神经元集群中多个神经元细胞的电生理活动，然后对不同运动情况下的神经元细胞兴奋反应进行分类。通过相关检验、同态滤波和时频分析等方法获取了运动方向、速度与肌力等信息。例如，美国杜克大学的 Wayt 等通过植入神经电极采集大脑皮层运动区的信号，成功地在猴子运动之前预测了其运动情况。美国纽约州立大学的 Chapin 等利用植入老鼠运动皮层神经电极记录得到的神经信号实现了简单控制机械手臂为老鼠提供食物。美国杜克大学的 Wessberg 等通过植入神经电极记录了猴子大脑活动信号，再通过互联网技术将信号发送至 1000km 以外的机器臂，操纵其运动并成功完成了拿取食物的动作。

为设计制造出更能满足假肢佩戴者实际生活需求的神经控制假肢，国内外对该技术的研究与开发从未停歇。1945 年德国的 Reiter 提出了根据肌电信号控制假肢运动的相关理论，并于 1948 年成功研制了第一个单自由度的肌电控制手部假肢，可以完成手部假肢开合动作的控制。1965 年，德国 Ottobock 公司成功推出了第一款商用化的神经控制手部假肢，并在之后的产品中采用比例控制，根据肌电信号的强弱来控制手指运动，且增加了手部抓握力量的自反馈系统，既可以有效地抓握又可以避免捏碎易碎物品。神经控制假肢技术研发过程中运用了多项机器人控制技术，因此多家神经控制假肢研究机构选择与机器人研发公司合作开发神经控制假肢。目前商业应用比较成功的有：英国 Touch Bionics 公司的 i-LIMB 手部假肢，它有 5 根手指，分别使用 5 个电机驱动，每根手指有两个关节，这两个关节是耦合的，不能独立运动，共有 10 个关节 5 个自由度，能完成开锁、开易拉罐等精细动作，是第一个推向市场的多指多自由度神经控制手部假肢；日本 Nabco 公司的 NI-C111T 智能膝关节，它装有力量和位移传感器，可以感受步行时的速度和力量；冰岛 Ossur 公司的 Power Knee 动力膝关节假肢，可以感知地面状况，配合运动进行调整，并支持对患者肌肉的刺激调控。神经控制假肢目前主要采用肌电信号进行控制，但当出现患者残肢过短、肌肉萎缩等现象时，肌电控制假肢的实际使用则会受到限制。许多科研机构也正积极研发利用其他运动相关的神经信号控制假肢运动，主要实现方式有脑-机接口、周围神经接口（peripheral nerve interface，PNI）及目标肌肉神经重建（targeted muscle reinnervation，TMR）等几种。

国内对神经控制假肢技术的研究也取得了诸多成果，除传统的肌电控制假肢外，还探索了许多利用其他神经信号控制的假肢系统，如哈尔滨工业大学和德国航空航天中心联合研发的类人形机器人五指灵巧手 HIT/DLR HandⅡ，其包括一个独立的手掌，5 根模块化的手指，每根手指具有 3 个自由度、4 个关节。清华大学利用稳态视觉诱发电位的脑-机接口技术可控制多自由度神经假肢完成倒水的动作。上海交通大学和复旦大学附属医院将卡肤电极植入残肢的周围神经，采集多个神经束的信号以协同控制多自由度假肢的动作。以下列举几个较为成功的神经控制假肢实例。

1）多指多自由度仿生假手

人体的手部运动占日常生活中肢体运动的很大部分，手指、手腕等关节的协同运动也较为复杂。因此，手部神经控制假肢对假肢佩戴者生活质量的改善作用巨大，而手部假肢运动能力的提升可以使手部假肢更好地贴近真实的人体手部。手部神经控制假肢随控制技术的发展也由原有的单一自由度发展为多自由度，信号控制方式也由单一信号采集控制发展为多种信号协同控制。哈尔滨工业大学和德国航空航天中心联合开发的 HIT/DLR HandⅡ灵巧手，其所有机械和电子零部件都集成在手掌或手指之中，是目前集成度最高的机器人灵巧手，如图 10-7 所示。

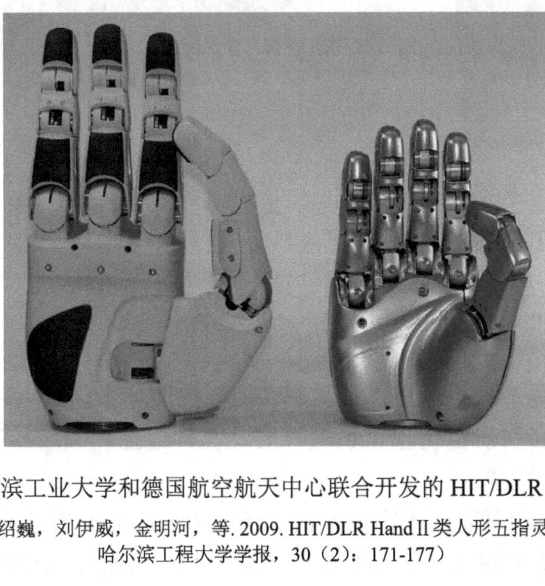

图 10-7　哈尔滨工业大学和德国航空航天中心联合开发的 HIT/DLR HandⅡ灵巧手

（图片来源：樊绍巍，刘伊威，金明河，等. 2009. HIT/DLR HandⅡ类人形五指灵巧手机构的研究. 哈尔滨工程大学学报，30（2）：171-177）

在设计具有多指多自由度的神经控制手部假肢的过程中，首先需要保证假肢具有较好的动作灵活程度，既有较多的运动自由度和运动协调能力，又有较高的动作精细程度，以更好地接近人手自然的工作状态。同时，为了方便假肢的实际佩戴与使用，要求其重量上最大限度地接近甚至低于真实人手。而且，为了方便日常使用，一般要求将机电控制系统内置于假肢内部，并具备一定的环境防护性能，不易被水或其他物质损坏。

2）智能膝关节动力假肢

膝关节在人体正常行走过程中不仅需要对人体起有效支撑作用，还对行走过程的步态姿势维持起到关键作用。因此，膝关节动力假肢在佩戴者运动过程中需要采集其他肢体的运动信号，以起到与其他肢体的良好协同作用。

目前，应用比较成功的膝关节动力假肢有：德国 Ottobock 公司生产的智能仿生膝关节 C-LEG、英国 Blatch Ford 公司生产的 Adoptive Knee、美国麻省理工学院研制的 Rheo Knee 以及美国 Ossur 公司与 Victhom Human Bionics 公司联合研制的 Power Knee，如图 10-8 所示。智能膝关节动力假肢一般装有力量和位移传感器，通过对行走速度和路面平整度等状态的监测，自动调整膝关节的运动速度和摆动力矩，以更好地模拟正常肢体的运动状态。更为先进的智能膝关节动力假肢在满足一般步行运动的基础上还能提供伸膝的主动力矩和屈膝的阻尼力矩，满足上下楼梯时的假肢支撑作用。

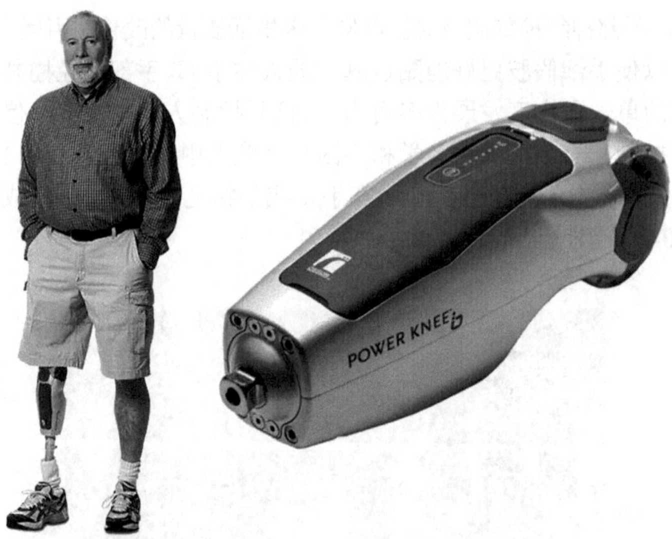

图 10-8　Power Knee 智能膝关节动力假肢

（图片来源：https://www.ossur.com/prosthetic-solutions/products/dynamic-solutions/power-knee）

除国外对智能膝关节动力假肢的研究外，国内的清华大学、河北工业大学、国家康复辅具研究中心等高校和科研机构也正积极开展此类神经控制假肢的研究工作。

3）植入式骨整合假肢

20 世纪 50 年代，瑞典应用生物技术研究所的 Branemark 教授在实验中发现将钛柱植入兔子的大腿骨后，除非将其周围的骨组织全部破坏，否则无法将钛柱再取出来。根据这个实验现象，Branemark 教授于 20 世纪 60 年代提出了“骨整合”的概念，将种植体与具有活性的骨组织产生持久性的骨性接触。植入式骨整合假肢概念的提出很大程度上借鉴了种植牙和人工关节植入技术。骨整合假肢将生物相容材料作为植入体植入残肢端骨内腔，通过其体外伸出部分直接将假肢连接于残肢骨骼上，如图 10-9 所示。植入式骨整合假肢没有传统假肢用于传递运动和动力的残肢接受腔，而是直接通过骨内腔植入体完成与人体骨骼的力量传递，更加符合人体的生物力学规律。一般假肢的残肢接受腔内的环境透气性差，且活动范围受限，容易因残肢与接受腔的摩擦而引起残肢感染。而骨整合假肢由于没有接受腔，可以从根本上避免这个问题，并有效地提高佩戴舒适性。同时，由于植入体是与骨骼直接连接的，可以通过假肢与骨骼的硬连接向人体骨骼反馈外部信息，即骨感知。但是，随之也会产生骨整合假肢的骨内腔植入体的经皮密封和工作强度问题，且植入体的外科手术植入方法也存在一定的风险。因此，植入式骨整合假肢的应用推广尚处于起步阶段。

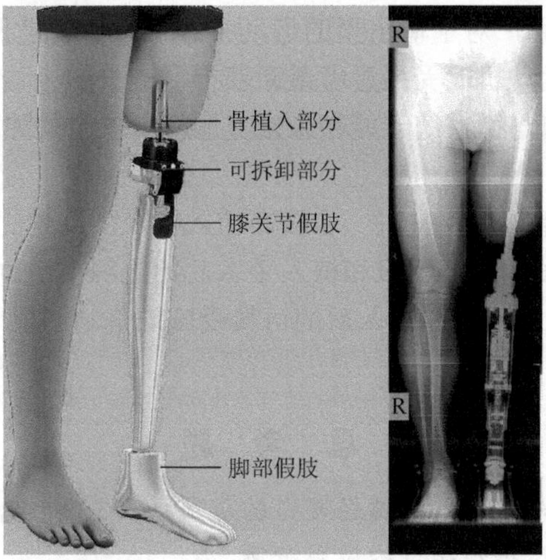

图 10-9　植入式骨整合假肢

（图片来源：http://www.weareastepahead.com/see-what-we-do/osseointegration）

植入式骨整合假肢的信号控制方法可以采用常见的肌电信号或者是脑电信号，其在控制手段上与其他类型的神经控制假肢大体类似。并且，由于其采用骨植入体的方法使残肢较短的患者也可以使用，在一定程度上拓展了神经控制假肢的应用范围。目前比较著名的应用实例有：美国西北大学研制的意识控制的智能手臂，它通过神经外科手术将截肢者控制手臂运动的神经束迁移到胸肌上。由胸肌处的表面电极提取截肢者大脑发出的控制手臂运动的肌电信号，通过该信号控制假肢的各类动作。国内的四川大学和清华大学也正在努力开展植入式骨整合假肢的相关研究工作。

10.5　本 章 小 结

人体是一个以大脑为核心的中枢神经系统控制的复杂而有机联系的系统。大脑通过感官获取外界信息并由中枢神经和外周神经系统的传导通路控制人体各个器官做出合理反应。但是，神经系统受损患者完整的神经传导通路受到破坏，无法接收外界信息或者无法发出控制指令。通过神经接口技术重新构建神经传导通路作为一种重要的技术途径一直是学术界关注的重点，也是世界各国大力研究开发的新技术。

植入式神经接口技术与非侵入式神经接口方法相比，神经信号检测与控制信号输入均不易受身体组织器官的阻隔影响，信号质量明显提高，信号传递更为方便快捷。因此，更容易应用于复杂的输入型和输出型神经接口系统，也便于研究神经元之间的信息交互机制，解析神经元集群信号编码策略，从而充分利用它解码神经元信息和对神经元进行反馈，为直接接入神经信息通路的微电子系统奠定了重要基础。并且，随着植入式神经电极技术的发展，提取神经元信息的通道数明显增加，新型的植入式电极安全性更高，其安全放置于人体的时间大大延长，有效地拓展了植入式神经电极和植入神经微系统的应用范畴。融合了大量先进技术的植入神经微系统是 MEMS 技术发展的重要代表，除了对输入型的植入式神经假体的成功应用，对于输出型的运动神经假体和智能假肢的应用成果也十分显著，有效地帮助了各类运动机能受损患者重新获得已丧失的运动能力。随着神经接口技术的发展，植入式神经接口与微系统若能在未来克服植入安全的障碍，则必将获得更广泛的应用价值。

该领域目前的研究重点主要是进一步提高植入神经微系统的长期稳定性和安全性，特别是植入式神经电极诱发的免疫反应和植入手术后的组织损伤愈合可能导致的信号衰减，进而使系统功能失效，植入过程和植入后的可接受度均是制约植入式神经接口与微系统技术发展的瓶颈。

思考题

1. 植入式神经接口与非植入式神经接口的应用场景有哪些差异？
2. 请列举一些输出型神经接口的应用范例。
3. 高密度神经信号采样有何意义？
4. 请简述植入式微电子系统的关键组成部分及其功能。
5. 植入式神经电极技术应用场景狭窄的主要制约因素是什么？
6. 请阐述神经控制假肢工作方式的差异性和神经控制假肢相对传统假肢的技术优势。
7. 请列举脑控智能假肢系统的主要控制范式，并说明其各自的优缺点。
8. 未来是否可能出现复杂的人工器官代替患者损伤器官？现有技术瓶颈有哪些？

参考文献

何庆华. 2007. 神经接口技术研究进展. 生物医学工程学杂志, 24(6): 1398-1401.

胡晓, 王人成. 2005. 植入式骨整合假肢的研究进展. 中国康复医学杂志, 20(7): 496-498.

Anderson C W, Stolz E A, Shamsunder S. 1998. Multivariate autoregressive models for classification of spontaneous electroencephalographic signals during mental tasks. IEEE Transactions on Biomedical Engineering, 45(3): 277-286.

Birbaumer N, Ghanayim N, Hinterberger T, et al. 1999. A spelling device for the paralysed. Nature, 398(6725): 297-298.

Brown E N, Kass R E, Mitra P P. 2004. Multiple neural spike train data analysis: State-of-the-art and future challenges. Nature Neuroscience, 7(5): 456.

Burmeister J J, Pomerleau F, Palmer M, et al. 2002. Improved ceramic-based multisite microelectrode for rapid measurements of L-glutamate in the CNS. Journal of Neuroscience Methods, 119(2): 163-171.

Butts D A, Weng C, Jin J, et al. 2007. Temporal precision in the neural code and the timescales of natural vision. Nature, 449(7158): 92-95.

Carleton A, Accolla R, Simon S A. 2010. Coding in the mammalian gustatory system. Trends in Neurosciences, 33(7): 326-334.

Chen G, Wang L P, Tsien J Z. 2009. Neural population-level memory traces in the mouse hippocampus. PLOS ONE, 4(12): e8256.

Cummings B J, Uchida N, Tamaki S J, et al. 2005. Human neural stem cells differentiate and promote locomotor recovery in spinal cord-injured mice. Proceedings of the National Academy of Sciences of the United States of America, 102(39): 14069-14074.

Dayan P, Abbott L. 2002. Theoretical Neuroscience: Computational and Mathematical Modeling of Neural Systems (Computational Neuroscience). Boston: The MIT Press.

Fries P, Nikoliä D, Singer W. 2007. The gamma cycle. Trends in Neurosciences, 30(7): 309-316.

Gilles W, Michèle T, Khashayar P. 2010. Intrinsic variability of latency to first-spike. Biological Cybernetics, 103(1): 43.

Gollisch T, Meister M. 2008. Rapid neural coding in the retina with relative spike latencies. Science, 319(5866): 1108-1111.

Hallock R M, Di L P. 2006. Temporal coding in the gustatory system. Neuroscience & Biobehavioral Reviews, 30(8): 1145-1160.

Han X, Qian X, Stern P, et al. 2009. Informational lesions: Optical perturbation of spike timing and neural synchrony via microbial opsin gene fusions. Frontiers in Molecular Neuroscience, 2: 12.

Havenith M N, Yu S, Biederlack J, et al. 2011. Synchrony makes neurons fire in sequence and stimulus properties determine who is ahead. Journal of Neuroscience, 31(23): 8570.

Hemmen J L V. 2006. 23 Problems in Systems Neuroscience. London: Oxford University Press.

Huang Z H, Wang Z G, Lu X Y, et al. 2016. The principle of the micro-electronic neural bridge and a prototype system design. IEEE Transactions on Neural Systems & Rehabilitation Engineering, 24(1): 180.

Margalit E, Maia M, Weiland J D, et al. 2002. Retinal prosthesis for the blind. Survey of Ophthalmology, 47(4): 335-356.

Montemurro M A, Rasch M J, Murayama Y, et al. 2008. Phase-of-firing coding of natural visual stimuli in primary visual cortex. Current Biology, 18(5): 375-380.

Onken A, Grünewälder S, Munk M H J, et al. 2009. Analyzing short-term noise dependencies of spike-counts in macaque prefrontal cortex using copulas and the flashlight transformation. PLOS Computational Biology, 5(11): e1000577.

Rehn M, Sommer F T. 2007. A network that uses few active neurones to code visual input predicts the diverse shapes of cortical receptive fields. Journal of Computational Neuroscience, 22(2): 135-146.

Schneidman E, Nd B M, Segev R, et al. 2005. Weak pairwise correlations imply strongly correlated network states in a neural population. Nature, 440(7087): 1007-1012.

Stein R B, Gossen E R, Jones K E. 2005. Neuronal variability: Noise or part of the signal? Nature Reviews Neuroscience, 6(5): 389-397.

Takeuchi S, Suzuki T, Mabuchi K, et al. 2004. 3D flexible multichannel neural probe array. Journal of

Micromechanics & Microengineering, 14(1): 104-107.

Victor J D. 2005. Spike train metrics. Current Opinion in Neurobiology, 15(5): 585-592.

Wang Z G, Lü X Y, Pan H, et al. 2011. Signal regeneration and function rebuilding using microelectronic neural bridge between two far-separated nervous systems. International Conference on Body Sensor Networks, Dalles: 25-28.

Wessberg J, Stambaugh C R, Kralik J D, et al. 2000. Real-time prediction of hand trajectory by ensembles of cortical neurons in primates. Nature, 408(6810): 361-365.

Wu S, Amari S, Nakahara H. 2002. Population coding and decoding in a neural field: A computational study. Neural Computation, 14(5): 999-1026.

第11章　神经肌骨动力学

本章主要介绍神经肌骨动力学的研究内容，包括步态分析、肌电信号和肌骨模型等。其中，以步态分析为代表的运动学分析是神经肌骨动力学分析的基础；肌电信号是联系神经系统和肌骨系统的纽带；而肌骨模型则是神经肌骨动力学研究的主要工具，亦为目前公认最准确的肌肉收缩力估算方法。本章目的是阐明神经肌骨动力学涵盖的内容及其在科学研究中的价值，并详细介绍肌骨模型的原理和计算方法。

11.1　神经肌骨动力学概述

11.1.1　神经肌骨动力学定义

神经肌骨动力学（neuromusculoskeletal dynamics）是研究神经系统调控下肌骨系统（包括骨与骨之间、肌肉与骨骼之间）所涉及力和运动及其动力学关系的科学。简言之，其研究如何建立神经调控信号与肌骨系统运动信息以及肌肉收缩力、关节负载之间的因果量化关系，并由此把人体运动的复杂过程简化成相应的数学模型，计算出肌骨系统中涉及的运动和力。神经肌骨动力学的研究有利于人们理解神经系统对运动系统控制的本质机制，有助于神经工程学在运动康复领域的应用，包括对骨科或神经系统疾病的诊断和治疗，以及康复辅具的研究与开发。

11.1.2　研究内容、发展和分类

1. *神经肌骨动力学的提出和发展*

估算关节周围肌肉、韧带和骨骼表面力的分布是理解关节功能、评估关节损伤和疾病的基础。为满足运动功能障碍患者的临床诊断和治疗需求，早在1973年，Seireg和Arvikar就建立了下肢肌骨系统的数学模型，估算了肌肉的收缩力和关节内部骨骼之间的作用力。在医学和运动康复领域，该模型可以用于评估人体姿态和肌肉功能，可为肌骨系统损伤患者设计运动康复辅具提供理论支持。1985年，Pierrynowski和Morrison把融合了生理学参数的肌骨模型分为三层：底层是解剖模型，用来定义肌骨系统的结构，包括肌肉和骨骼的解剖结构及肌肉的位置、长度、收缩速度等；中间层是肌肉模型，定义了肌肉收缩力与肌肉长度、收缩速度和激活度之间的关系；最上层是控制模型，基于前两层模型给出肌肉收缩力的最优解。至此，比较完整系统的神经肌骨模型的雏形已经形成。随后，研究学者不断拓展模型的应用，出现了包括踝关节、膝关节、肩关节甚至多个关节组合（如整个下肢）

的肌骨模型；而且建模方法不断改进，尝试从不同角度解决现有的问题——求解肌肉收缩力和关节负载。

适用于健康人的肌骨模型建模方法已基本完善，但某些康复手段（如功能性电刺激）在神经中枢受损（如脑卒中）所引发运动功能障碍疾病治疗中的肌骨系统建模是现阶段神经肌骨动力学发展的难点，也是神经肌骨动力学研究的一个重要方向。

2. 神经肌骨动力学研究分类

目前，神经肌骨动力学的研究方法分为两种：正向动力学方法和反向动力学方法。正向动力学方法的输入是表征肌肉激活程度的神经电生理信号——肌电（electromyogram, EMG）（图 11-1），结合肌肉的生理解剖参数计算肌肉的收缩力，进而获得肌骨系统的运动状态。反向动力学的研究从测量人体的位置和所受外力入手，获得人体运动的速度、加速度、力和关节力矩，再结合肌骨系统的几何信息预测肌肉收缩力（图 11-2）。

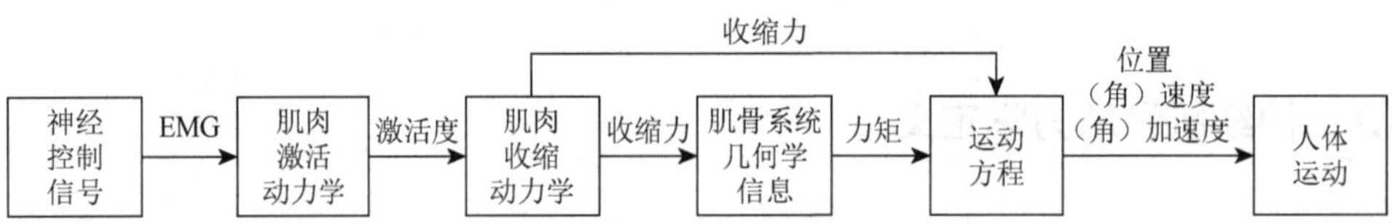

图 11-1　正向动力学过程

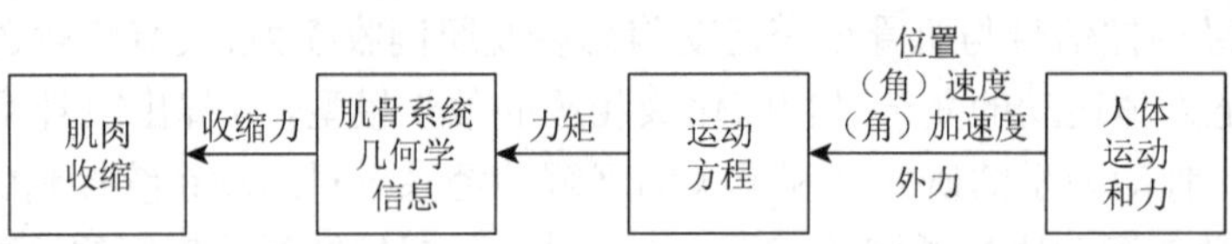

图 11-2　反向动力学过程

11.1.3　研究方法——神经肌骨模型

1. 神经肌骨模型简介

神经肌骨模型（neuromusculoskeletal model）是描述人体肌骨系统中肌肉与骨骼的位置和运动以及肌肉收缩力及关节内部骨与骨之间接触力的数学模型，简言之，即一系列求解肌骨系统运动和力的数学公式。该模型可用于研究神经系统如何控制肌骨系统完成运动，以及不同运动状态下肌骨系统内部力的相互作用。具体来说，神经肌骨模型可以分析肌肉的收缩和协调能力，辅助设计神经假体和肌电控制假肢，分析手术重建和康复治疗的生物力学结果，以及检测特定肌肉在动作执行过程中的作用等。

利用生物力学和人体运动测量技术对人体运动进行建模，分析人体运动协调规律及神经控制肌肉运动的机理，是应用于康复医学、体育科学中的重要研究手段。神经肌骨模型不仅描述了肌肉与骨骼之间的相对位置，还能仿真神经控制肌肉的生理功能。因此，它能较为真实全面地模拟人体肌骨系统。

2. 神经肌骨模型的分类

根据建模方法不同，神经肌骨模型分为正向肌骨模型和反向肌骨模型，其主要包括肌电协助的肌骨模型和基于静态优化的肌骨模型。

1）肌电协助（EMG-assisted）的肌骨模型

以肌电信号作为神经控制信号的肌骨模型称为肌电协助（或驱动）的肌骨模型（详见 11.4.1 节）。这是一种常见且应用比较广泛的神经肌骨模型，它能够获取肌肉收缩的生理信息，从而准确估计肌肉产生的肌力。

1993 年，Granata 和 Marras 首次提出了肌电协助的动态腰椎模型。该模型考虑了肌肉动态收缩过程中的生理信息与运动对肌肉收缩的影响，提高了预测的准确率。

2003 年，Lloyd 等在动态任务下，建立了膝关节的肌电驱动（EMG-driven）肌骨模型，并系统地将模型分为四个子系统：解剖模型、肌电-激活度模型、Hill 肌肉模型及模型的标定。

此后，肌电协助的肌骨模型主体框架基本确定。在这种肌骨模型中，肌电作为神经控制信号作用于肌肉使之产生收缩并执行特定的动作。该模型在估计肌肉收缩力的过程中，充分考虑了肌肉的生理状态和激活程度，但这也导致模型的计算复杂度高，且无法进行实时计算。

2）基于静态优化的肌骨模型

运动方程可以用来描述人体肢体运动的规律，基于静态优化的肌骨模型建模过程就是建立肌骨系统的运动方程及其求解过程。由于此类模型的建立仅需利用人体标记点和所受外力的信息，并不依赖原理复杂、干扰较强的肌电信号，且计算简单。因此，这种方法受到了很多研究学者的青睐。

反向动力学（详见 11.4.2 节）是基于静态优化肌骨模型的建模基础，而静态优化过程是该模型的核心部分。早在 1981 年，美国的 Crowninshield 等学者通过肌肉耐久度公式推算出正常活动下模型优化的目标函数。它也是现在应用最为广泛的目标函数之一。随着建模过程的逐渐成熟规范，建模流程大致固定下来，而为了提升肌骨模型计算的准确性，建模细节优化是现阶段发展的一个重要方向。例如，2004 年，加拿大学者 Dumas 等在反向动力学计算过程中引入四元数，简化了反向动力学的计算过程。2016 年，英国帝国理工大学的 Bull 教授团队利用磁共振成像所提取个性化人体肌肉信息，提高了肌骨模型中肌肉位置估计的准确度。

基于静态优化的肌骨模型用数学优化方法代替了复杂的肌肉模型（由肌电信号计算肌肉收缩力），节省了计算量。同时其静态优化过程中每一帧计算皆独立，更适于实时计算。但该模型的局限性在于肌肉收缩力计算过程中完全依赖数学优化方法，没有考虑肌肉的生理激活信息，其准确性难免受到影响。

11.1.4　常用设备介绍

1）运动捕捉系统

神经肌骨动力学相关领域研究中最常见的设备是运动捕捉系统。该系统采集的是运动过程中的运动学信息，根据系统工作原理不同，可以分为机械式、声学式、电磁式、光学式和基于视频的运动捕捉系统。其中精度最高、最常用的是光学式运动捕捉系统，主要由标记点、摄像机和数据处理设备组成。根据标记点的发光方式，该系统又可进一步分为主动发光式系统和反光式系统。主动发光式系统的标记点能够主动发出红外光，而反光式系统的标记点采用特殊强反光性材料制成，系统摄像头自带红外发射功能。借助这些运动捕捉设备，可以直接获得人体关键点的空间位置变化，从而得到运动过程中的多种参数，如人体和体段的速度、加速度以及关节角度等。

2）测力系统

神经肌骨动力学分析离不开力的测量。常用测力系统主要有三维测力板、测力鞋垫等传感设备，它们都可以连续获得人体在运动过程中作用于地面的地反作用力（ground reaction force，GRF）。

一套标准的三维测力板系统主要由以下部分组成：测力板、放大器、信号采集系统、安装硬件和连接电缆。其中，测力板中含有压力传感器，能够测量施加在其表面的三维力和力矩，是步态、运动等方面研究必不可少的设备，为神经肌骨模型提供了准确的动力学输入。

3）肌电采集系统

肌肉的动态收缩信息主要由肌电信号提供。因此，肌电采集系统也是神经肌骨动力学研究中不可或缺的设备。其中，采用植入电极的有创肌电采集系统应用受到很大限制，所以研究中一般使用表面肌电采集系统。该系统能够检测人体表层肌肉的电活动，且使用方便。由于传统肌电电极导线的晃动会给信号带来很大的干扰，连接线更是限制了人体的活动，所以近年来用于运动动力学研究的肌电采集多为无线采集系统。

11.2 步态分析

神经肌骨动力学研究的基础是步态分析（gait analysis），它是测量人体行走姿态的运动、肢体力学和肌肉活动参数及评价其步行质量的一类研究。千里之行始于足下，双脚不仅是支撑人类步态的重要器官，而且含有可反映身体疾病的诸多信息，如外翻、跖骨痛、足底筋膜炎等。除了双脚，人体（尤其是下肢）的行走姿态也受到诸如骨关节炎、脑卒中等疾病的影响。这些疾病仅依靠药物治疗很难康复。为此，需要对运动姿态进行分析，查找疾病发生的原因及其解决办法。步态分析首先有助于增进人们对自身步态的理解，在此基础上，该技术也可以直接用于患者的康复治疗。

11.2.1 步态分析简介及发展

步态（gait）是人类步行的行为特征体现。行走是人类生存的基础，是人类与其他动物区别的关键特征之一。虽然正常行走似乎不需要思考，好像是一种自然而然的运动，但实际上行走的控制十分复杂，它涉及全身肌肉和关节的协同运动，任何参与器官或组织的失调都可能影响步态的稳定。

步态分析是对动物尤其是人类运动系统的研究，旨在通过生物力学和运动学手段揭示步态异常的关键体段及影响因素，有助于临床诊断、疗效评估及机理研究等。同样，在生物力学领域，这种分析也用于指导运动员训练。

科学的步态分析有着很长的历史可追溯。早在公元前 5 世纪，亚里士多德就对动物步态进行过探究。17 世纪 80 年代 Borelli 同样进行了动物步态的研究分析。在 19 世纪 90 年代，德国解剖学家 Braune 和 Fischer 发表了一系列有关人体负重与不负重状态下生物力学的论文。

19 世纪末期，摄影技术和电影艺术的发展，使得捕捉肉眼观察不到的人类或动物运动的细节变成了可能。Muybridge 和 Marey 是 20 世纪早期研究这些技术的先驱，他们及后人的努力使得定量步态分析得到发展。

尽管许多早期的步态研究是利用电影摄影镜头完成的，但是，直到 20 世纪 70 年代，利用摄影技术提供患者（如脑瘫、帕金森病和神经肌肉疾病）细节信息的步态分析才得到广泛应用，而到 20 世纪 80 年代以后逐渐转向三维运动学研究，三维步态分析系统得到了广泛应用。

运用摄像头和标识物的步态采集方式，是步态分析数据采集方法的一种。利用视频摄像头也能获取人体的步态信息，但一般信息量庞大，计算相对复杂。除此之外，还有学者采用热释电传感器，采集人体释放的红外能量，借此对运动的步态特征进行提取；另外，肌电分析也可以作为步态分析的一种补充方式。

在临床上，步态分析多用于运动功能障碍患者异常步态的诊断和康复疗效的评价，在偏瘫步态、马蹄足、扁平足的矫正以及截瘫患者的行走功能重建过程中都提供了精确的科学依据。步态识别是在步态分析的基础上延伸出来的另一种技术。该技术具有无创、非接触的优点，因此有很大的应用价值。但步态特征容易受到路面状况、疲劳程度、服饰遮挡、观察角度等因素的影响，在应用上还有待调整和完善。此外，步态分析对于假肢的控制及机器人步态具有指导意义，结合步态特征和生物力学分析，融入仿生理念，在稳定性和自由度之间寻求平衡。步态分析在体育科学领域也有大量应用，例如，它可以指导体育训练，保证训练的安全性和高效性。

11.2.2　基本步态特征表征

1. 步态周期划分

步态周期（gait cycle）的正确划分是准确步态分析的前提。步态周期指一侧下肢完成从足落地到再次落地的时间过程，如图 11-3 所示。

对同一侧足而言，两个邻近足跟着地点（heel strike）之间有一个足尖离地点，足跟着地点与足尖离地点之间的过程为支撑期（或支撑相），足尖离地点距离下一个足跟着地点之间的过程为摆动期（或摆动相）。支撑期是观测腿与地面接触、支撑身体、保持平衡以及提供行走动力的过程，包括足跟着地、足尖着地、支撑中期、足跟离地和足尖离地五个阶段。

支撑相（stance phase）占步行周期的 60%，它是指下肢接触地面及承受重力的时间。

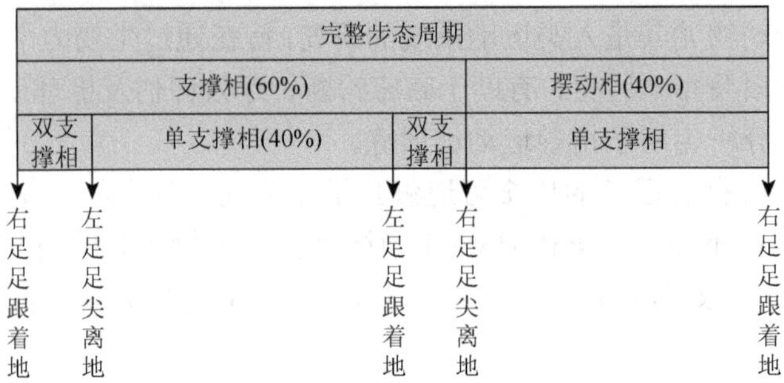

图 11-3　步态周期示意图

其中，双足支撑的时期称为双支撑相，单足支撑的时期称为单支撑相。双支撑相的时间与步行速度成反比。当人跑步时，双支撑相减小为零，这是区别跑步与行走的一个重要特征。步行障碍时往往首先表现为双支撑相时间延长，以增加步行的稳定性。摆动相是指脚离开地面向前摆动的过程，包括足上提、平足摆动、足下落三个过程，摆动相占步行周期的 40%。对于正常健康成年人，如果以足跟着地作为步态周期的划分，双支撑相一般出现在步态周期的 0～10%以及 50%～60%，其余作为单支撑相，且单支撑相对应另一侧腿的摆动相。

步态周期划分最为准确的方法是利用测力板确定足触地和离地时刻，从而确定步态周期及支撑相、摆动相时长。在没有测力设备的情况下，通常根据足跟反光标记点运动轨迹划分步态周期，足跟反光标记点在垂直轴方向上的位移坐标局部极小值确定为足跟着地点。正常被试者的运动轨迹较规则，根据足跟着地点局部极小值即可正确划分，而患者由于患病程度不同，运动轨迹往往是不规律的，在通过足跟着地点局部极小值划分步态周期之后，还需手动修正。

2. 步长、步宽、步速等步态基本参数

基本步态特征主要包括步长、步宽、步态周期、步速等，从时间和空间两方面对步行模式进行定量描述，亦是其他步态分析方法的基础。

（1）步长与步幅。步长指一侧足跟着地到对侧足跟着地的距离，步幅是指同侧足连续两次着地点之间的距离，两个参数均反映了身体位移在前进方向上的变化情况，如图 11-4 所示。

（2）步宽。步宽指一侧足跟着地点到对侧两个邻近足跟着地点连线的距离，它反映了身体侧向的位移变化情况，如图 11-4 所示。

（3）步态周期。步态周期指一侧足跟着地到该侧足跟再次着地所经过的时间。

（4）步速。步速指单位时间内在行进方向上整体移动的直线距离，等于步长除以步态时间周期。

（5）足偏角。足偏角指足参考线（足中线）与行进方向的夹角，如图 11-4 所示。

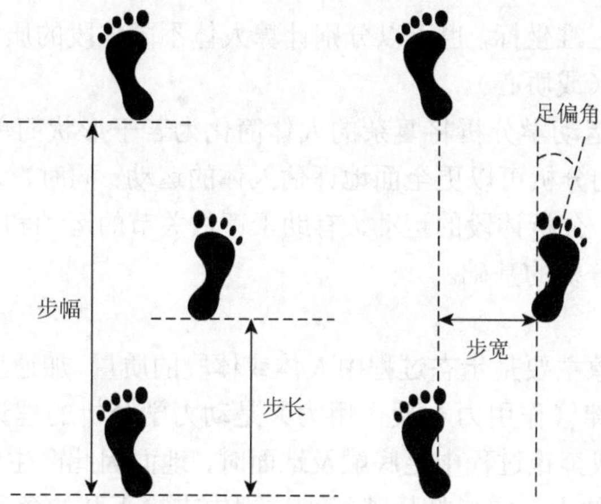

图 11-4　步长、步幅、步宽与足偏角

11.2.3　步态分析方法

1. 步态观察

步态观察指一种通过目测观察步态过程的定性步态分析方法。在临床中，医生将观察步态与正常步态进行比较，按照一定的观察项目逐项评价得出结果，并结合以往的临床经验给出步态分析结论。步态观察操作简便，不需要昂贵的设备，因此，该方法是目前临床上最常用的手段。但不可否认的是，步态观察不适用于高速运动下的步态分析，并且只能对步态中的运动学特征进行观察，而无法得到力学信息。除此以外，步态观察结果的可信度和准确度很大程度上依赖观察者的技能和经验。

2. 步态测量

随着步态分析技术的发展，定量的步态分析方法能够提供更加丰富准确的步态信息。步态测量是一种通过器械或专门设备获得客观数据，进而对步态进行分析的方法。该方法已被逐渐应用于国内的临床与科研，为客观评定步态特征提供了一种精确而有效的手段。常用的步态测量分析方法包括运动学分析、动力学分析和肌电分析等。

1）运动学分析

运动学分析是研究步行时肢体运动时空变化规律的科学方法，主要包括步态时空参数测量、人体重心分析及人体体段运动测定等。

步态的时空参数是最常见的步态参数，主要包括步长、步幅、步速、步频、足偏角、步态周期、左右下肢站立相和摆动相时间、单支撑相和双支撑相等。部分参数的具体含义和测量方法见 11.2.2 节。

人体重心分析指的是对人体重心运动学参数（如位置和速度）的分析。解剖学姿势下，人体重心一般位于正中矢状面上第三骶椎上缘前方 7cm 处。但重心的位置会随着人体的运动和姿势不断变化，甚至有时会移动到人体以外。例如，当人双腿直立，弯腰触及脚趾时，其重心大约在身体之外、大腿前方。人体重心的测量，可以利用运动捕捉设备追踪人体上固定的某个点的三维坐标，也可以分别计算人体不同体段的质量和质心位置，从而推算出整个人体的重心（或质心）。

基于人体体段的运动学分析将复杂的人体简化为若干形状简单、质量分布均匀的刚体。通过对体段运动的分析可以更全面地评估人体的运动；同时，人体关节可以看作两个体段直接的连接部位，分析体段的运动，有助于评估关节的运动和功能。另外，体段的运动也是关节生物力学分析的基础。

2）动力学分析

动力学分析的对象主要是步态过程中人体或体段的质量、加速度及其所受的力和力矩等信息。牛顿第三定律（作用力 = 反作用力）是动力学分析的理论基础。地面反作用力是指人在站立、行走或奔跑过程中足底触及地面时，地面因此产生的一个大小相等、方向相反的作用在人体上的力。它包括反映行走过程中支撑下肢的负重和离地能力的垂直分力，反映支撑腿的驱动与制动能力的前后水平分力；反映侧方负重能力与稳定性的侧向水平分力。力矩是一个关节转动的动力，是肌肉、韧带和骨骼接触力共同作用的最终结果。地面反作用力、骨骼接触力和关节力矩都可以作为动力学分析的特征。

3）肌电分析

肌电是肌肉收缩时电活动的一种测量参数，它反映了运动过程中肌肉的激活程度。由于肌电是一种电活动而不是机械运动的表征参数，它无法用于区分肌肉的收缩形式，如向心收缩、离心收缩或等长收缩等。同时，肌电与肌肉收缩力的关系非常复杂。尽管如此，肌电分析依然可以用于揭示肌肉活动与步态的关系，它也是临床步态分析必不可少的环节。

步态异常既可以是原发性神经肌肉功能障碍的结果，也可能由于肌骨系统功能的损伤导致继发性肌肉活动异常。因此，肌电分析对这些问题的鉴别起关键作用。

4）能量消耗测定

能量消耗参数用来衡量步行效率。从理论上说，能量消耗测定应该在一个隔热的密闭环境中进行，测量人体散发出的全部热量，但这种理论方法的实际可操作性较差。因此，能量消耗主要通过人体耗氧量来估计。另外，心率也能用于能量消耗的粗略估算。

11.2.4 步态分析在临床中的应用

随着测量分析技术的飞速发展，步态分析的侧重点不再限于获取高质量的步态数据，而其发展面临的主要问题是如何将日渐成熟的分析技术应用到临床中，造福患者。

步行是神经和肌骨系统共同作用的结果，因此步态异常的原因往往非常复杂。在临床中，有许多导致步态异常的神经或肌骨系统疾病，其中常见的包括脑瘫、帕金森病、肌肉萎缩、骨关节炎、脑卒中、脊髓损伤、多发性硬化等。临床步态分析将为明确此类疾病患者步态异常的关键因素提供有力的依据，从而协助临床医生进行诊断和治疗。步态分析在临床中的具体应用包括：鉴定步态异常程度，评价康复治疗效果，协助制定手术方案等。

在临床工作中，对人体行走方式进行客观记录并对步行功能进行系统评价，是康复评定的重要组成部分。现实中有很多疾病会引起步态变化，即产生走路姿态异常。为此可通过对步行规律的研究分析人体骨骼、关节的三维空间定位以及生物力学特性，准确评价人体各部位在运动过程中的动态变化，从而揭示步态异常的病理原因。步态评价也是神经病学、风湿病学、矫形学和康复医学在日常临床实践中的重要方面。对患有神经系统或肌骨系统疾病而可能影响行走能力的患者需要进行步态分析，以评估患者是否存在异常步态以及步态异常的性质和程度，从而为分析异常步态原因和矫正异常步态、制定治疗方案提供必要的依据。步态分析还可以用于康复辅具的设计和效果评价。步态分析技术能够深入探索不同康复辅具的功能差异，评价其康复效果。在临床应用中，依靠步态分析技术得到的运动学信息和肌肉力矩信息是辅具设计的重要指标。

除此之外，步态矫正（gait modification）还是临床膝关节骨关节炎的一种常用保守治疗方法。它可以无创地减小膝关节内侧的关节受力和膝关节外部内收力矩，多用于轻度到中度骨关节炎患者的治疗。步态矫正治疗膝内侧骨关节炎的原理是，通过改变患者的步态（如增大足偏角、降低步速、使用登山杖、使用外侧楔形鞋垫等），将膝内侧关节面的受力部分转移到外侧，从而减小膝关节内侧的负载，减缓膝内侧骨关节炎的恶化。

11.2.5　步态识别

1. 步态识别简介

步态识别是生物特征识别技术的一个新兴领域，它旨在根据人的行走方式进行身份识别或生理、病理及心理特征检测。

步态识别作为一种生物识别技术，具有其他生物认证技术所缺乏的独特优势，即可在远距离或低分辨率情况下完成识别，尤其在低照度或黑夜环境，使用红外步态识别技术更能发挥其作用。根据步态识别使用传感器不同，步态识别可以分为三种：基于触/力觉传感器、基于可穿戴传感器和基于视频的步态识别。其中，基于触/力觉传感器的步态识别利用放置在地面上的测力设备，采集人体步态中的力学信息变化；基于可穿戴传感器的步态识别利用人体关键位置的惯性传感器，获取人体步态中的运动学信息；而基于视频的步态识别是最常见的步态识别技术。相比其他生物识别方法，步态识别有明显的优势：①步态识别是一种无干扰的识别技术，它不需要被监测人的配合；②步态识别技术的识别范围广，可以对远距离的行人进行身份识别；③人的步态特征相对稳定，难以伪造和模仿。

鉴于这些优势，融合了计算机视觉、模式识别与视频/图像序列处理的步态识别技术具有广阔的应用前景，因此引起了国内外许多研究者的浓厚兴趣，成为近年来生物医学信息检测领域备受关注的前沿方向。

2. 原理及方法

从生物力学的角度看，人的步态包含身体上百种肌肉和关节的综合运动。由于个体之间的形态结构存在差异，步态也不尽相同，这些差异取决于整个肌肉和骨架（身体重量、肢体长度、骨骼结构等）的形态和运动。因此，步态信息为人的身份识别提供了独特线索。

基于步态识别的远距离身份认证系统所涉及的关键技术包括视频处理、图像处理、模式识别等。步态识别主要针对含有人的运动图像序列进行分析处理，通常包括人体信息检测、步态特征提取以及身份识别，其识别过程如图 11-5 所示。首先检测视频中出现的人体运动图像，然后提取图像的轮廓，根据轮廓（简化的人体信息）提取人体结构（单帧）和运动（连续帧）特征。最后与先前存储的特征样本数据库进行对比，从而实现步态的分类与身份识别。其中，步态识别的关键是寻找合适的特征及分类器。

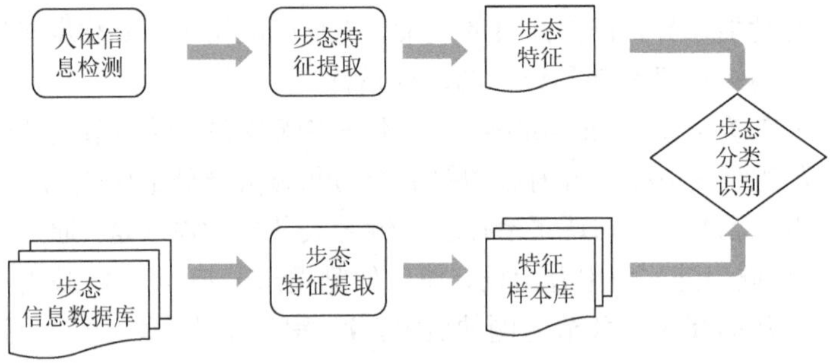

图 11-5　步态识别过程示意图

随着人工智能、机器视觉等技术的发展，步态识别的准确度和应用潜力有了很大的提升。2000 年，美国国防高级研究计划局（DARPA）提出了远距离身份识别（human identification at a distance，HID）计划，旨在发展远距离生物识别技术，增强国防安全，降低犯罪率。

另外，步态识别属于运动学分析的范畴，因而步态识别问题的研究成果有可能扩展应用于解决计算机视觉领域的其他问题，如区分不同的运动（走路、跑步、打网球的击球动作）、手语的解释等。

11.3　肌骨系统中的神经控制信号——肌电信号

人体运动的产生离不开神经系统和肌骨系统的共同作用。神经系统发出神经冲动调控肌肉的收缩，而肌肉收缩是人体活动产生的动力来源，例如，皮层的感觉运动区发出指令，控制骨骼肌收缩，从而完成躯体的运动。

在神经肌骨系统中，骨骼肌是产生运动最直接的“执行官”。它由大量成束的肌纤维组成，每一条肌纤维就是一个肌细胞。骨骼肌细胞在结构上最突出的特点是它们含有大量的肌原纤维和高度发达的肌管系统，这些排列规则有序的结构是肌肉进行机械活动、耗能做功的基础。

在骨骼肌收缩过程中，会产生反映肌肉状态的生物电活动，即肌电活动。肌电信号是生理和生物力学领域研究的重要内容。它既可以反映运动过程中肌肉生理、生化等方面的变化，也可以用于运动功能的诊断评价以及运动神经假体的控制等。

11.3.1　运动控制原理

人可以自主地控制自身肌肉的收缩，完成一系列高度协调的动作。在这个过程中，从运动皮层发出的运动指令向下传输到 α 运动神经元，然后才产生了肌肉收缩。当中枢的指令到达 α 运动神经元池的时候，不同大小的运动单位被有序激活：体积小的运动神经元优先被激活。运动神经元的放电频率升高，同时伴随肌肉收缩力增大。这是运动控制过程中神经控制信号的传递过程。

尽管人类的运动控制过程还有很多无法解释的地方，但不可否认它是进化过程中的一项杰出成就。在大脑精妙的控制下，多个自由度的完美配合完成了高效省力的动作。即使是一个简单的动作，也需要数十块不同的肌肉以不同的收缩强度和时间在特定关节处产生合适的力矩。

在人体运动控制中，神经系统无法直接改变运动的结果，但它可以通过控制肌肉收缩间接改变关节的旋转，从而控制动作产生的结果。要完成一个期望动作，需要神经系统设计相关体段运动的预期路径（如伸手取物时手的运动路径），将这个运动目标转化成合适的肌肉激活模式，同时要考虑其他体段的运动情况，监测运动的过程并进行矫正，此外，还要综合评估影响动作目标的外部因素。整个过程都属于运动控制的范畴。

运动控制的原理尚未明确，很多学者只能根据现象来推测运动控制的本质，提出运动控制假说。长久以来，运动控制中一个非常基本的问题是皮层运动区域控制的是单个肌肉还是整个肌肉群。但由于没有任何一个人体动作可以只由一块肌肉的收缩完成，任何动作都是多块肌肉协同收缩的结果，所以这个基本问题便转化成肌肉的协同收缩是由一个固定的神经驱动引起的，还是由一组神经元分别控制每块肌肉综合产生的。人体运动控制的内在机理尚未明晰，但普遍为人所接受的一个假说是：中枢神经系统通过一个层级的模块化结构简化对动作的控制；在底层的控制中，一些功能单元控制肌肉的募集，借此减小控制模块的维度；运动控制中的高阶层结构负责募集并组合这些控制模块，从而产生多样的动作。

运动控制假说利用一个符合逻辑的模型，将神经系统（运动系统中的高阶层结构）和肌肉联系起来。在人体内，这种联系是通过人体中的神经电生理信号建立起来的。大脑中的神经元被激活，产生动作电位。脑电便是所有神经元动作电位的综合表现。大脑神经元产生的动作电位向下传导，经脊髓运动神经元到达肌骨系统中的神经肌肉接头，引起肌肉纤维产生动作电位，并伴随肌肉收缩。而所有肌肉纤维动作电位的总和即为肌电。由此可见，脑电和肌电是信息从大脑到肌肉传递的伴随产物。而肌电既含有神经控制信息，又反映了肌肉的激活状态。

11.3.2 肌电与肌肉收缩力

1. 影响肌肉收缩力的因素

1）生理横断面积

肌肉的生理横断面积是指所有肌肉纤维在与其垂直横断面上的面积总和。肌肉的生理横断面积取决于肌肉纤维的数量和横径。肌肉纤维数目越多，横径越大，肌肉的生理横断面积就越大。因此，肌肉的生理横断面积反映了肌肉的收缩能力。一般来说，粗大的肌肉能产生更大的肌肉收缩力。

2）收缩速度

Hill 通过对青蛙肌肉的离体刺激实验发现，肌肉收缩产生的力受到其收缩速度的影响：在向心收缩时，肌肉的收缩力随着肌肉收缩速度的增加而减小；而在离心收缩时，肌肉对抗外界牵拉的力量会随着速度的加快而升高，其幅度甚至可以达到等长收缩时的两倍。

3）长度

肌肉收缩力与其长度有密切关系。在伸长同样长度时，肌肉处于主动状态和被动状态下所产生的肌肉收缩力是不同的，分别称为主动张力和被动张力。在肌肉处于无拉伸状态时，主动收缩的主动张力随肌肉长度的增加而增大，并且在肌肉即将被拉伸时，主动张力达到最大；而随着肌肉被拉长，其组织被拉伸的被动张力逐渐增大，肌肉收缩力是被动张力与主动张力的叠加，因此在离心收缩时，肌肉表现出更强的力量。

概括地说，肌肉的生理横断面积反映了肌肉收缩的能力，也就是最大肌肉收缩力。而肌肉的收缩速度和长度与瞬时肌肉收缩力紧密相关，且两者与肌肉力的关系不是互相独立的，而是相互影响与制约的。因此，在分析肌肉收缩力，尤其是活体肌肉收缩力时，必须同时考虑肌肉工作的长度与肌肉收缩速度对肌肉收缩力的影响。

2. 肌肉模型

肌肉模型是一个用于描述肌肉收缩特性的数学模型。一个理想肌肉模型的有效输入应该包含运动神经元驱动能力的评估参数。但在实际操作中，运动神经元的活动常难以捕捉和估计。因此，现阶段的肌肉模型一般以肌电信号作为神经驱动信号，为肌肉模型提供肌肉激活信息。肌电是所有肌肉纤维细胞膜上动作电位的综合表现，而肌肉纤维收缩时必然伴随着肌肉电活动。因此，肌肉收缩与肌电有很强的相关性。

一个完整的肌肉模型通常由四部分组成：收缩单元、模拟肌肉黏性的线性阻尼单元、表征肌肉弹性的线性弹性单元以及肌肉质量单元。其中，线性阻尼单元与线性弹性单元的输出力分别与肌肉收缩速度和长度有关。每个参与收缩的肌肉纤维都会产生动作电位，而且较大的肌肉纤维会产生较大的动作电位，因此，表面肌电信号的绝对值是所有参与收缩肌肉纤维活动强度的总体估计，可以用来表征肌肉模型收缩单元产生的力。

肌肉模型综合考虑了肌肉的生理解剖信息与电生理信息，全面刻画了肌肉的收缩特性，建立了已知参数与肌肉收缩力之间的复杂关系，从而成为肌肉收缩力预测的有效方法之一。因此，肌肉模型的发展对肌骨系统生物力学的计算有重要作用。

11.3.3 肌电与肌肉疲劳

1. 疲劳研究的背景及意义

1880 年，Mosso 在用测功计研究屈指肌的工作时发现：手指拉重物至力竭时，改用电刺激屈指肌，能继续拉起重物；当再运动至力竭时，持续的电刺激也无法使手指拉起重物。据此，他提出了疲劳可能发生的部位，一是中枢神经系统，二是外周神经-肌肉系统。之后一段时期的研究都集中在疲劳相关现象的解释与假说。

2004 年，Merletti 和 Parker 在著作 *Electromyography*：*Physiology*，*Engineering*，*and Noninvasive Applications* 中指出，根据产生的位点和原因不同，神经肌肉疲劳可分为肌肉疲劳、神经-肌接头疲劳、中枢疲劳。因此，肌肉疲劳只是疲劳研究的一部分内容，它的关注点在于肌肉，而非其他结构。

Barry 和 Enoka 在 2006 年发表文章，总结了近三十年来肌肉疲劳定义的变化：1981 年 Edwards 定义肌肉疲劳为肌肉无法维持要求或期望力时的一种状态；1983 年，Bigland-Ritchie 等认为肌肉疲劳是在持续活动中，神经肌肉系统执行能力降低的一种现象；1992 年，Enoka 和 Stuart 将其定义为施加期望力所需要的感知能力的增加以及最终无法完成这种力的一种急性损伤；近几年普遍为大家所接受的定义是，肌肉经过反复多次收缩之后，由于能量消耗与代谢产物（如乳酸）积聚过多，而出现的收缩力降低、收缩强度减弱、收缩速度减慢，从开始收缩至收缩顶点所需时间延长的现象。

肌肉疲劳往往会引起肌肉生理生化层面特性的改变，如代谢物浓度的升高、肌肉纤维传导速度和募集运动单位数目的改变。肌肉的这些生理生化参数的变化是肌疲劳表征和监测的依据。在肌疲劳的研究中，可以通过血样分析或肌肉活体组织化验得到代谢物浓度，而肌肉纤维的传导速度、运动单位的募集数量和放电频率的改变都可以通过肌电分析来测量。

2. 基于表面肌电信号的疲劳研究

对于肌肉疲劳的研究，现在普遍流行的是利用表面肌电信号（surface electromyogram，sEMG）评价疲劳的程度。早在 1912 年，德国生理学教授 Piper 就发现了等长收缩过程中表面肌电信号变化减缓的现象。随后，1923 年，又有学者指出在等长收缩过程中，肌电信号幅值的增加是疲劳的一种指征。但这些发现仅仅停留在实验室阶段，没有得到推广和重视。直到 1951 年第一篇通过表面肌电信号幅值来检测肌肉疲劳的文章发表，相关领域的学者才开始系统地尝试不同参数和方法来评价肌肉疲劳程度。2010 年，González-Izal 等研究了在高度疲劳的动态任务中，评价肌肉疲劳的不同肌电参数区别。这些疲劳参数包括瞬时平均频率、瞬时频率方差、频率方差的平均值、中值频率、Dimitrov 谱系数。在各种疲劳参数得到了肯定，又出现了各种局限之后，研究人员把目光放在了各种复杂的算法上。近年来，较为认可的方法是时频分析方法。2000 年，Karlsson 等为了分析动态收缩时的肌电信号，评价随时间变化的谱距，比较了短时傅里叶变换、Wigner-Ville 分布、Choi-Williams 分布以及连续小波变换的方法，结果显示，连续小波变换的结果最优。2016 年，Karthick 和 Ramakrishnan 发现基于时频变换的修正 B 分布方法能够有效估计肌肉疲劳程度，并且在低频带表现出非常小的个体差异。

利用表面肌电信号研究肌肉疲劳的主要任务就是利用不同的方法提取表面肌电信号的特征参数，借此描述肌肉疲劳程度。随着表面肌电信号处理方法的发展，有关肌疲劳的研究逐渐丰富。下面将简单介绍利用不同表面肌电信号处理方法得到的肌肉疲劳参数。

1）时域参数

反映肌肉疲劳的时域参数主要包括平均整流值（averaged rectified value，ARV）和均方根值（root mean squared value，RMS）。其计算公式如下

$$\mathrm{ARV} = \frac{1}{n}\sum_{i=1}^{n}|x(i)| \tag{11-1}$$

$$\mathrm{RMS} = \sqrt{\frac{1}{n}\sum_{i=1}^{n}x^2(i)} \tag{11-2}$$

式中，x 是表面肌电信号；n 是信号的长度。

平均整流值和均方根值分别与表面肌电信号幅值绝对值的平均值以及在一给定时间窗内信号的平均功率有关。它们都描述了幅度变化，称为幅度变量。

表面肌电信号的幅值大小受到许多肌肉生理参数的影响，如激活运动单位的数量和放电频率以及膜内动作电位的形状和传导速度等。因此，单独使用表面肌电信号的幅值信息表征肌肉疲劳的可靠性很低，时域的幅值参数通常与频谱分析结合，提供更全面的肌肉疲劳信息。

2）频域参数

在频域里，肌肉疲劳通常表现为表面肌电信号频谱向低频的压缩，因而，本书中所列的频率参数均能反映这一频移变化。

常见的用于监测传导速度的频率参数是基于傅里叶变换的中值频率（median frequency，MDF）和平均频率（mean frequency，MNF）。其中，中值频率指的是将功率谱分成相等的两部分频率值。两个参数的计算公式如下

$$\int_{f_1}^{\mathrm{MDF}}\mathrm{PS}(f)\cdot \mathrm{d}f = \int_{\mathrm{MDF}}^{f_2}\mathrm{PS}(f)\cdot \mathrm{d}f \tag{11-3}$$

$$\mathrm{MNF} = \frac{\int_{f_1}^{f_2} f\cdot \mathrm{PS}(f)\cdot \mathrm{d}f}{\int_{f_1}^{f_2}\mathrm{PS}(f)\cdot \mathrm{d}f} \tag{11-4}$$

式中，f_1 和 f_2 是表面肌电信号带宽的最低频值和最高频值；$\mathrm{PS}(f)$是利用傅里叶变换得到的功率谱密度。

目前，在肌电信号的研究中一般使用中值频率，这是由于中值频率相比平均频率对噪声不敏感，但对频谱变化更敏感。中值频率和平均频率值随着肌肉疲劳都有下降趋势。结合表面肌电信号时域的幅值特性，可以更准确地分析表面肌电信号的变化原因：①肌肉收缩力增大——表面肌电信号的幅值增大，频谱右移；②肌肉收缩力减小——表面肌电信号的幅值减小，频谱左移；③肌肉疲劳——表面肌电信号的幅值增大，频谱左移；④肌肉疲劳恢复——表面肌电信号的幅值减小，频谱右移。

为了提高肌肉疲劳监测的灵敏度，Dimitrov 等在 2006 年提出了一种新的频域参数——Dimitrov 谱系数（式（11-5））。相比于传统的频域参数，该谱系数具有更高的灵敏度

$$\mathrm{FInsmk} = \frac{\int_{f_1}^{f_2} f^{-1}\cdot \mathrm{PS}(f)\cdot \mathrm{d}f}{\int_{f_1}^{f_2} f^{k}\cdot \mathrm{PS}(f)\cdot \mathrm{d}f},\quad k=2,3,4,5 \tag{11-5}$$

在 Dimitrov 谱系数的计算公式中，分子部分−1 阶的频率距强调了肌电信号低频以及超低频成分的增加，而分母中的 k 阶频率距则放大了肌电高频成分能量降低的影响。因此，随着肌疲劳程度的加深，Dimitrov 谱系数逐渐增大。

以上参数计算均是基于经典功率谱估计方法。该方法有如下缺点：由加窗引起的频率泄漏，由于信号区段不够长引起的频率分辨率低，处理随机信号时的方差较大等。现代谱估计方法主要解决了分辨率低和方差性能不好的问题。参数模型法是现代谱估计的主要内容，其中自回归（autoregressive，AR）模型已被用于表面肌电信号分析。

自回归参数模型是一种从最小均方误差拟合角度对随机信号进行分析的方法。该方法在截取数据时，不受窗函数的影响，因而对短数据序列能给出更为精确的估计。实际上，当信号长度不能再增加时，不同的算法可以给出不同的分辨率。现代谱估计方法一般要优于经典谱估计方法，这是因为其中一些算法隐含了对信号长度的扩展，从而提高了分辨率。

3）时频参数

当肌肉进行动态收缩时，肌肉所产生的肌电信号不再认为是一个平稳过程。一般而言，影响肌电信号的平稳性因素主要有：①检测电极与活动肌肉纤维相对位置的稳定性，它们之间的相对运动将影响运动单位动作电位的幅度；②运动单位激活模式的稳定性。在等长收缩下，检测电极与肌肉纤维的相对位置可以认为是恒定不变的，从而消除了第一个因素对信号稳定性的影响。因此，人们对等长收缩条件下肌肉疲劳的肌电表征研究得比较多，但与动态收缩相比，这种收缩样式在日常活动中并不常见。在康复、职业医学和运动医学等领域，肌肉动态收缩作为日常生活中的一种普遍活动，引起了研究人员的广泛关注。实际上，肌肉疲劳状态下的肌电信号是时变的：由于肌肉收缩力输出的波动，特定运动单位在收缩期间的募集与否并不确定；即使在恒力、等长收缩时，这种波动也难免会发生。所以，用经典谱分析方法得出肌电信号频谱变化的估计有其局限性。为了研究动态收缩条件下的肌电信号，必须采用适合于分析非平稳过程的频谱估计技术。时频参数可以弥补单纯的时域或频域参数的局限性，提高肌疲劳评估的灵敏度和准确度。

瞬时中值频率（instantaneous median frequency，IMDF）和瞬时平均频率（instantaneous mean frequency，IMNF）是两种简单的时频参数。它们的基本计算方法与中值频率和平均频率相同，因此这两种参数与中值频率和平均频率表征的疲劳下的生理变化一致。

但是，瞬时中值频率和瞬时平均频率的估计比在平稳过程中相应参数的估计更困难。首先，这一估计量必须对信噪比的瞬时变化不敏感。事实上，当肌肉用力增大时，相应的信噪比增加。另外，诸如肌力、肌纤维长度及电极相对于活动肌肉纤维的位置等变化，都可引起肌电信号频率的突然变化。故目前研究最多的动态收缩是周期性动态收缩。一方面是在日常活动中周期性收缩很常见。另一方面，肌纤维长度、肌肉收缩力和电极位置变化引起表面肌电信号的非平稳性在每一个周期的同一阶段可以认为是恒定的，因而周期性的动态收缩可以排除这些恒定干扰的影响。

肌电信号的功率谱是随时间变化的，因而其变化不能简单地利用传统傅里叶变换表示出来，因为肌电信号无法满足傅里叶变换的平稳要求，经过傅里叶变换后的信号丢失了时间信息。但是在较短的时间内，非平稳的肌电信号也可以当作平稳信号来处理。基于这种思想，对传统傅里叶变换加时间窗即得到短时傅里叶变换（short-time Fourier transform，STFT）。

将计算机模拟的肌电信号和实际的肌电信号进行比较研究，证实了短时傅里叶变换方法能够跟踪动态收缩条件下的肌肉疲劳。通过短时傅里叶变换，信号能量的分布被表示在一个时频平面上，即该时频图描绘了每一个时间点功率谱变化的情况。尽管利用短时傅里叶变换得到的功率谱适用于非平稳信号，但由于信号的非平稳性以及海森堡不确定性原理等，短时傅里叶变换也有其无法克服的缺点。例如，对于一个非平稳信号，在每一时刻具有不同的功率谱，而短时傅里叶变换并不能描述瞬时功率谱的特性；长时间窗可以得到高的频率分辨率，但时间分辨率较低，短时间窗的时间分辨率高，但频率分辨率较低。对于短时傅里叶变换来说，时间分辨率和频率分辨率是一对不可调和的矛盾，很难找到一个用于短时傅里叶变换的最佳时间窗。

不能同时得到较好的时间分辨率和较好的频率分辨率是短时傅里叶变换不能回避的缺陷。为解决时间分辨率和频率分辨率不可兼得的问题，可以：①选择不同窗函数的短时傅里叶变换；②选择可变时频分辨率的变换方法，确保在高频段有很好的时间分辨率，在低频段有很好的频率分辨率。小波变换（wavelet transform，WT）就是这类工具的代表。

在肌肉疲劳的量化方面，小波变换可以给出仅用中值频率不能获得的疲劳时变频率信息。Karlsson 等对动态收缩期间的肌电信号进行了时频分析的比较研究，他们发现，与其他如短时傅里叶变换、Choi-Williams 分布等时频方法相比，小波变换在准确性和精确度方面要更好一些，显示出了更好的统计性能。在最大自主收缩、斜坡收缩和重复的等动力收缩实验中，用小波变换方法得出的瞬时平均频率值要比用其他时频方法得出的平均频率值更为平滑。Karlsson 等对小波变换用于处理非平稳信号进行了肯定，并指出对于时频分析方法，需要在计算复杂度、存储空间和处理效果之间做好权衡。

4）非线性参数

尽管时域、频域以及时频域的肌肉疲劳参数在不同任务中有着广泛应用，但相比于随机信号，非线性动力系统的输出能更好地模拟肌电信号特性。因此，非线性参数更适用于表面肌电信号的特征提取。

非线性动力学的发展对生命科学领域研究产生了深远影响。信息论知识指出复杂性反映了时间序列随其长度增长出现新模式的速率，表现了序列接近随机的程度，为研究肌肉疲劳过程中神经系统控制肌肉运动单位活动的模式提供了新启示。熵是一种信号复杂度的非线性测量方法，其表征参数有很多种。Pincus 在 1991 年提出了近似熵（approximate entropy，ApEn）的计算方法，该方法的计算公式如下

$$\text{ApEn} \cong -\frac{1}{N-m}\sum_{i=1}^{N-m}\ln\left(\frac{n_i^m}{n_i^{m+1}}\right) \tag{11-6}$$

式中，数据长度或样本量为 N；m 是做比较的序列长度；n_i^m 指的是在容忍度为 r 的条件下，数据中 m 个连续点组成的序列与以第 i 个点为起点的 m 长度序列相似的序列数。

近似熵的计算对数据长度的依赖性很强，因此它不适于短数据熵的估计。为克服这一局限，2000 年，Richman 和 Moorman 提出了样本熵（sample entropy，SampEn）的计算方法。该方法排除了序列的自我比较，降低了算法对数据长度的依赖。

熵作为特征量随肌肉疲劳程度增加而产生的变化具有特定的生理意义，它与神经肌肉系统随疲劳程度增加而发生的内在动态演化过程紧密相关。已有研究证明，与中值频率近似，表面肌电信号的熵也随着疲劳程度的加深而减小；但似乎熵能够更灵敏地捕捉到肌肉

疲劳状态下的性别差异。有研究将频率分析和表征系统复杂度的熵结合起来对动态收缩时的表面肌电信号进行分析，提出以基于频带分解的功率谱熵和小波包熵作为系统复杂度的度量，进而衡量肌肉的疲劳程度。

除此以外，表面肌电信号的非线性分析方法还包括分形分析（fractal analysis，FA）和递归定量分析（recurrence quantification analysis，RQA）等，其计算方法与数学原理较为复杂，本章不再赘述。

总体说来，分析动态收缩条件下肌肉疲劳的方法目前仍处于探索阶段，客观评价肌肉疲劳的程度对工效学、康复医学和运动医学研究将产生深远影响。

11.3.4 肌电与脑电的相干性

随着人类对大脑研究的逐步深入，越来越多的科学家趋于认同，揭示人类大脑的奥秘是 21 世纪人类面临的最大挑战。然而近些年来，人类不仅仅停留在对大脑世界的解读层面，脑电信号与其他生理电信号的联系也愈发成为科学界关注的新焦点。

脑电活动由垂直方向的锥体神经细胞与其顶树突的突触后电位产生。其主要组分可依据频率划分为 Delta（δ，0.5～3Hz）、Theta（θ，4～6Hz）、Alpha（α，8～12Hz）和 Beta（β，13～30Hz）等，各组分具有突出的节律特性。通常在频域内按节律来划分 EEG 的类型，不同的节律反映了各类 EEG 信号各自的生理生化形成机制，即与大脑皮层的运动、感觉功能区域密切相关。关于 EEG 各频段的神经功能在前面章节已经介绍过，此处不再赘述。

肌电是骨骼肌的肌纤维收缩时，动作电位传导扩散的结果。骨骼肌是人体运动系统的主要组成部分，人在生活和劳动过程中所进行的各种形式的躯体运动都是以骨骼肌的活动为基础的。躯体的运动需要完整的神经系统和骨骼肌功能，骨骼肌纤维是运动单位的最终效应器，它具有兴奋性和收缩性，在大脑中枢神经系统的调控下，各块骨骼肌相互协作将兴奋（收缩）作用于骨骼，产生了人体各部分的协调运动，同时肌肉细胞膜上会产生电位变化，即肌电信号，具体过程如下。

在肌肉自主收缩的过程中，首先是运动电位从大脑运动皮层发出，沿着脊髓神经通路向下传导，到达位于脊髓前角中的运动神经元。募集阈值低于该运动电位幅值的运动神经元被激活（这些运动神经元所在运动单位被激活或称被募集），产生相应的运动神经元动作电位，并沿被激活的运动神经元轴突传导到每一个末梢分支的神经肌肉接头，使神经与肌肉接头释放化学物质乙酰胆碱。乙酰胆碱使运动终板的离子通透性发生变化产生终板电位，此终板电位又使肌细胞膜达到去极化阈值电位，产生肌纤维的动作电位，并从运动终板起沿着肌纤维向两边传播，引起了肌纤维内的一系列变化，从而产生了肌纤维的收缩。大量肌纤维收缩产生了肌肉力。与此同时，在肌纤维中传导的动作电位通过肌肉、脂肪和皮肤向四周辐射，在人体软组织中引起电流场，并在检测电极间表现出电位差，即肌电信号。

为了更好地探知神经活动同步性对运动系统的影响，完善肌骨动力学的内容，需要了解脑电与肌电之间的内在联系。脑电-肌电的相干分析有助于揭示皮质节律的功能性意义；发展临床新疗法；丰富有关运动系统神经重构的知识；有助于理解大脑怎样控制肌肉，并能在一定程度上反映运动障碍的状况；在持续的自主收缩过程中，脑电和肌电的一致性可以作为神经协调的一种标志；另外，脑电和肌电的相干性也可以作为疲劳评价的一种方法。

近些年的研究表明，脑电-肌电的关系反映了大脑皮层与肌肉运动的功能性联系，能够使人们了解大脑神经活动如何控制肌肉运动，并且对脑卒中、帕金森病、皮质肌阵挛、上肢肌张力障碍等疾病的诊断和康复有着重要参考价值。

1995 年思克莱德大学的 Conway 等提供了直接证据，说明了局部有节律的皮质活动和相关的运动单位活动之间的关系，发现了主导半球的脑磁信号，与经过全波整流的同侧第一背侧骨间肌的肌电之间无明显相干性，却与对侧第一背侧骨间肌的肌电有着明显相干性，间接反映了大脑对侧控制占优的现象。2008 年，弗莱堡大学主要研究了不同的握力大小下产生的脑电-肌电相干性，表明在低水平力的范围内，随着力的增大，脑电-肌电相干性增大。同年，克利夫兰州立大学和克利夫兰医院展开了对单次任务下脑电-肌电相干性的研究，揭示了由肌疲劳所导致的功能性表皮肌肉耦合性能的逐渐降低现象，说明了脑电-肌电相干性能够在一定程度上反映肌肉疲劳。

以上总结主要是基于国外一些大学与机构进行的研究，我国目前阶段对此方面的研究尚且有限。天津大学神经工程与康复实验室重点研究了不同动作模式（想象动作、自主动作和刺激动作）下脑电-肌电相干性的特点，发现刺激动作下 β 频段的脑电-肌电相干性显著增强。最近，燕山大学的学者对脑卒中患者的脑电-肌电相干性做了研究，发现这些患者的患侧脑电-肌电相干性在 γ 频段存在明显缺失；但随着运动功能的康复，患侧与健侧的脑电-肌电相干性差异减小。

以上这些工作，在研究脑电-肌电相干性方面有一定的贡献。但总体来说，在脑电-肌电相干性的研究中，动作模式较为单一，并且大多研究局限在静态力的动作范式下，对动态力动作范式的研究比较少。

总之，加强脑电-肌电协同性的研究，了解肢体神经肌肉系统与中枢神经系统的关系，建立量化康复训练评估系统，已成为康复理疗训练领域亟待解决的共性问题，也是康复训练设备发展亟须突破的瓶颈。

11.4 肌骨动力学模型

肌骨动力学模型（简称肌骨模型）的主要作用是预测运动时肌肉的收缩力和关节负载。因此，它在运动康复学领域应用广泛。根据建模方法不同，肌骨动力学模型可分为正向动力学模型和反向动力学模型。

11.4.1 正向动力学模型——肌电协助的肌骨模型

1. 概述

人体动作的产生需要经历这样一个过程：神经冲动由大脑到达肌肉，对不同的肌肉产生不同程度的募集作用，从而产生不同的肌肉收缩力。对于某个关节来说，所有作用在该关节上的肌肉收缩力产生了随时间变化的力矩。而这个力矩改变了相邻体段的加速度，并最终引起了体段的位移。与人体动作产生过程一致的运动分析方法，即由力产生运动的分析，称为正向动力学分析。

肌电协助的肌骨模型是正向动力学模型的一种，它充分考虑了肌电信号中的肌肉收缩信息。近年来发展较为成熟的一种肌电协助的肌骨模型称为肌电驱动的肌骨模型。它利用肌电信号估计肌肉的激活度，再结合肌肉的生理参数计算出肌肉的收缩力。模型的输入是肌电信号、关节运动学信息，在计算出肌肉收缩力之后，进而可以得到关节力矩。肌电驱动的肌骨模型主要由解剖模型、肌电-激活度模型、肌肉模型和校准模型四部分组成。

2. 解剖模型

解剖模型以人体解剖结构为基础，根据现有的临床解剖学数据，建立肌肉与骨骼的相对位置关系。该模型的输入是人体关节的运动学数据，输出是每块肌肉的肌腱长度、收缩速度以及每块肌肉产生的收缩力作用于关节中心的力臂等。

这一模型可以利用 SIMM 软件简单实现，之后也有学者对包括关节的方向、肌肉参数以及位置参数的解剖数据库进行了完善。这种基于人体解剖的数据库是建立更为准确解剖模型的基础。对解剖模型而言，只要输入体段的形态学和运动学参数就能得到肌腱长度、肌腱速度和力臂的信息。

3. 肌电-激活度模型

肌电-激活度模型描述了肌肉激活的动力学转化过程，用于估计肌肉的激活程度。此模型的功能是将肌电信号转化为一个神经控制的评价参数——肌肉激活度 a。肌肉激活度 a 是一个随时间变化的参数，其变化范围是 0～1。未处理的原始肌电信号通过高通滤波滤除低频运动干扰等噪声信号后经全波整流只保留肌电信号的幅值，再利用低通滤波提取肌电信号幅值的变化轮廓信息等，得到处理后的肌电信号 $u(t)$。最大自主收缩时的肌电做相同处理，用 $u(t)$除以处理后的最大自主收缩时肌电值，即得到归一化后的肌电值 $u'(t)$。此时的肌电信号才可以用来向肌肉激活度转化。

由于肌肉收缩力的变化与肌电信号之间存在指数关系，肌肉激活度的转化公式如下

$$a(t)=\frac{e^{Au'(t)}-1}{e^{A}-1} \tag{11-7}$$

式中，A 是非线性形状参数，$-3<A<0$，当 $A=0$ 时，为线性关系。

4. 肌肉模型

将肌肉激活度转化为肌力的常用模型有基于 Hill 研究工作的现象学模型（Hill 模型），以及更为复杂的生物物理学模型（Huxley 模型）。其中，Hill 模型是比较经典的肌肉模型，它是肌电驱动的肌骨模型组成部分之一，由肌肉形态信息和肌肉激活度得到肌肉收缩力的关键部分。Hill 模型可以表示成一个函数

$$F^{mt}=f(a,l^{mt},v^{mt},F_o^m,l_o^m,l_s^t,\varphi_o) \tag{11-8}$$

由式（11-8）可知，Hill 模型的输入为肌肉激活度 a，肌肉肌腱长度 l^{mt}，肌肉肌腱收

缩速度 v^{mt}，最大等长肌力 F_o^m，最佳肌纤维长度 l_o^m，肌腱松弛长度 l_s^t，以及最佳肌纤维长度下的羽化角 φ_o；输出为肌肉肌腱收缩力 F^{mt}。Hill 模型的具体原理在很多文献中都有详细介绍，这里不再赘述。

5. 校准模型

在肌电驱动的肌骨模型中，已知肌肉模型预测出的肌肉收缩力，再结合运动学数据，就可以得到关节力矩。与此同时，根据实验采集的运动学数据和外力（如地反作用力）数据，通过反向动力学的方法也可以估测出关节力矩。通过这两种方法得到的关节力矩比较，修正肌电驱动的肌骨模型参数，最终得到更为准确的模型预测结果。

11.4.2　反向动力学模型——基于静态优化的肌骨模型

1. 概述

反向动力学模型通过测量运动学参数和外力，如地面反作用力，估计体段运动的速度、加速度、角速度、角加速度以及关节内部体段间的作用力和力矩。再由静态优化方法将体段间的力分配给关节处肌肉和骨骼，从而确定肌肉的收缩力。

基于静态优化的肌骨模型是反向动力学研究的基本方法。与正向动力学模型不同的是，它不依赖于神经肌骨控制信号（如肌电信号），而是通过严谨力学推导、数学优化，以人体与外部环境的互相作用为基础得到人体内部的肌肉收缩力和关节负载。一个完整的反向动力学模型主要由人体测量学参数模型、反向动力学模型、肌肉参数模型和负载分担模型四部分组成。

2. 人体测量学参数模型

人体测量学（anthropometry）是人类学的一个主要分支，它是以确定个性化特征为目的，研究人体物理测量参数的一门学科。人体运动量化的生物力学分析通常需要估计人体体段的测量学参数。这些参数包括体段质量、质心位置、旋转的主要半径等，其中，根据质量与旋转半径可以得到体段的惯性矩阵。在仅知道被试者体重和身高的情况下，通过尸体测量得到平均人体体段惯性参数成为估计被试者惯性参数的主要方法。表 11-1 是美国印第安纳大学的 de Leva 在 1996 年得到的人体下肢惯性参数。

表 11-1　平均人体下肢体段惯性参数

体段	性别	体段长度/身高	体段质量/身体质量	体段质心位置/体段长度	径向旋转半径/体段长度	横向旋转半径/体段长度	纵向旋转半径/体段长度
足	女	0.132	0.0129	0.401	0.299	0.279	0.139
	男	0.148	0.0137	0.442	0.257	0.245	0.124
小腿	女	0.249	0.0481	0.442	0.271	0.267	0.093
	男	0.249	0.0433	0.446	0.255	0.249	0.103

续表

体段	性别	体段长度/身高	体段质量/身体质量	体段质心位置/体段长度	径向旋转半径/体段长度	横向旋转半径/体段长度	纵向旋转半径/体段长度
大腿	女	0.212	0.1478	0.361	0.369	0.364	0.162
	男	0.243	0.1416	0.410	0.329	0.329	0.149
髋部	女	0.105	0.1247	0.492	0.433	0.402	0.444
	男	0.084	0.1117	0.612	0.615	0.551	0.587

3. 反向动力学模型

反向动力学模型是基于静态优化肌骨模型的基础。它将人体所受外力按照动力学原理分布到人体各个关节，是外力转化成内力的枢纽。

模型的输入包括体段的运动学信息，即标记点（marker）的三维空间坐标，被试者所受外力（及力矩）以及人体测量学参数。标记点的坐标可以由运动捕捉系统直接采集得到，而外力则来自一个或多个测力板的输出。人体测量学参数需由人体测量学参数模型计算得到，包括体段（如脚、小腿、大腿等）的质量、长度以及惯性矩阵。

模型的输出是外力和力矩在各个关节的分布，即体段间相互作用力（intersegmental force，ISF）和体段间相互作用力矩（intersegmental moment，ISM）。

下面以下肢模型为例进行介绍。

下肢模型一般包括大腿、小腿和脚三部分，并且为了简化计算，每个部分都看成一个刚体，如图 11-6 所示。

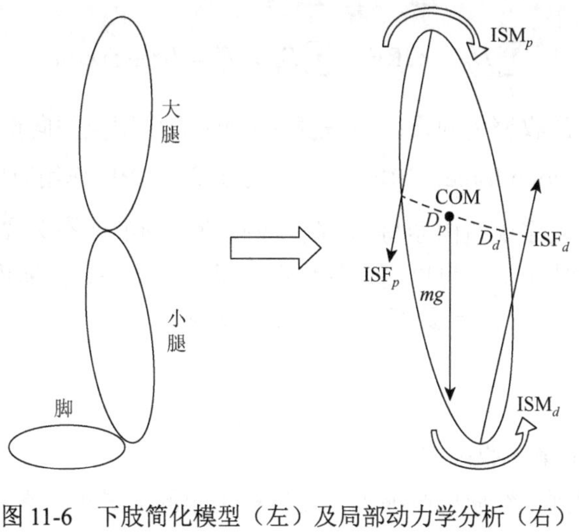

图 11-6　下肢简化模型（左）及局部动力学分析（右）

对于每一体段（如小腿），近端体段间相互作用力（ISF$_p$）和力矩（ISM$_p$）以及远端体段间相互作用力（ISF$_d$）和力矩（ISM$_d$）是模型计算的主要参数。其中，ISF$_d$ 和 ISM$_d$

为已知量，其与上一个（较远端）体段（脚）的近端作用力和力矩大小相同，方向相反；ISF_p 和 ISM_p 是未知量。利用牛顿-欧拉公式可以得到

$$\mathrm{ISF}_p + \mathrm{ISF}_d + mg = ma \tag{11-9}$$

$$\mathrm{ISM}_p + \mathrm{ISM}_d + \mathrm{ISF}_p \cdot D_p + \mathrm{ISF}_d \cdot D_d = I \cdot \alpha + \omega \times I \cdot \omega \tag{11-10}$$

式中，g 是重力加速度；m 是小腿的质量；D_p 是 ISF_p 到质心 COM 的距离；D_d 是 ISF_d 到质心的距离；I 是小腿的转动惯量；α 是小腿转动的角加速度；ω 是转动的角速度。

通过求解牛顿-欧拉方程便可得到体段近心端的力和力矩。按此方法依次可得到踝关节、膝关节和髋关节处体段间的力和力矩。

4. 肌肉参数模型

肌肉参数模型的主要作用是，根据已知的解剖学参数估计肌肉相对于骨骼的位置，包括肌肉在骨骼上的附着点，从而可以计算出肌肉收缩力的方向以及肌肉收缩力到关节旋转中心的距离（力臂大小）。

传统的肌肉参数模型建立在单个或多个尸体解剖数据的基础上。但解剖数据与被研究对象在身材、年龄、性别等方面的差异，导致利用解剖数据估计被研究对象的肌肉参数准确性较低。因此，一些研究机构，如英国帝国理工大学生物工程系、美国弗吉尼亚大学机械与宇航工程系等，开始使用磁共振成像技术建立被研究者个性化的肌肉参数模型，获得了更准确的肌肉几何解剖参数。

5. 负载分担模型

根据牛顿-欧拉公式，每个体段都存在这样两个平衡

$$\sum_j \mathrm{JRF}_j + \sum_i f_m^i + mg = ma \tag{11-11}$$

$$\sum_j D_{\mathrm{JRF}_j} \times \mathrm{JRF}_j + \sum_i D_m^i \times f_m^i = I\alpha + \omega \times I\omega \tag{11-12}$$

式中，f_m^i 代表肌肉 i 的收缩力向量；D_m^i 是质心到肌力作用点的向量；JRF_j 是关节 j 的关节反作用力（joint reaction force，JRF）；D_{JRF_j} 是质心到 JRF_j 作用点的向量。

每个体段的活动由多块肌肉参与，因此，仅依靠上面的两个公式无法确定每块肌肉收缩力的大小。在这种情况下，可以通过优化算法寻找满足条件的肌肉收缩力。

在优化过程中，肌力 f_m^i 既要满足式（11-11）和式（11-12），又应该在合理的范围内，即

$$0 < |f_m^i| < F_{\max}^i \tag{11-13}$$

式中，$F_{\max}^i$ 是肌肉 i 的最大收缩力。

优化的目标是找到一组肌肉收缩力，使目标函数的值最小。常用的目标函数有

$$\varphi(x) = \sum_i \left(\frac{|f_m^i|}{F_{\max}^i} \right)^3 \tag{11-14}$$

或者

$$\varphi(x)=\sum_i\left(\frac{|f_m^i|}{\mathrm{PCSA}}\right)^3 \tag{11-15}$$

式中，PCSA（physiological cross-sectional area）是肌肉生理横断面积。一般最大肌力是根据与 PCSA 的简单线性关系估算出来的。所以，以上两个目标函数具有相似的作用。

11.4.3　实验方法

1. 标记点位置的确定

根据不同研究目的，标记点位置的选择也有所不同，但标记点位置选择的原则是一致的，主要有以下几点。

（1）实验被试者应穿着紧身衣，以保证实验过程中标记点的位置几乎不变，也不会被衣物遮挡。

（2）标记点要尽量贴近骨骼，以保证标记点在运动过程中的稳定性。

（3）为帮助系统识别人体的左右，一些非关键位置的标记点应避免对称。

2. 肌电电极位置的确定

肌电电极的放置对测得肌电信号的质量至关重要。针对不同的肌肉，肌电电极位置的确定方法也不尽相同。SENIAM 是欧洲一个针对表面肌电信号测量和使用的项目，其网站（www.seniam.org）详细说明了人体 30 块肌肉表面肌电电极的粘贴位置。现列举部分下肢肌肉的肌电测量方法如下。

一般来说，下肢肌肉肌电信号采集的参考电极在踝关节处或者 C7 棘突处。

1）股直肌

初始姿态：被试者坐在平台上，膝关节微屈，上身轻微后倾。

电极放置位置：髂前上棘与髌骨上缘连线的中点。

电极放置方向：髂前上棘和髌骨上端连线的方向。

2）股内侧肌

初始姿态：被试者坐在平台上，膝关节微屈，上身轻微后倾。

电极放置位置：髂前上棘与内侧副韧带前缘前方膝间隙连线的 80%处。

电极放置方向：垂直于髂前上棘与内侧副韧带前缘前方膝间隙的连线。

3）股外侧肌

初始姿态：被试者坐在平台上，膝关节微屈，上身轻微后倾。

电极放置位置：髂前上棘与髌骨外侧连线的 2/3 处。

电极放置方向：肌肉纤维的方向。

11.5　神经肌骨动力学的应用

神经肌骨动力学的主要应用包括：肌电控制接口（第 10 章）和机械外骨骼的设

计，神经系统或运动系统疾病（如骨关节炎、前交叉韧带损伤和脑卒中等）的诊断和治疗等。

11.5.1 机械外骨骼

人类受到生物外骨骼的启发，开始了机械外骨骼技术的仿生研究。机械外骨骼类似昆虫的外骨骼，能穿在人身上，给人提供保护、额外的动力或能力，增强人体机能，如使残障患者自主行走，让士兵健步如飞等。总体来讲，机械外骨骼主要针对军事和医疗两大应用领域。

机械外骨骼实际上是一种用于增强肢体功能的可穿戴设备。历史上第一套动力外骨骼系统出现在 20 世纪 60 年代。它是由通用电气公司（General Electric）与美国武装部队共同研制的。2007 年，Berkeley Bionics 公司生产的 HULC（human universal load carrier）机械外骨骼增强了人的负重能力，表现出了巨大的军事应用潜力。

机械外骨骼在军事领域的作用主要是提高单兵作战能力，而在医疗领域，其主要任务是帮助运动功能损伤患者恢复其运动能力。

1997 年，日本机器人专家筑波大学的 Sankai 教授推出了下肢机械外骨骼 HAL（hybrid assistive limb）的原型。后来，HAL 逐渐发展为全身机械外骨骼。HAL 外骨骼系统的设计基于人体的运动控制原理，根据采集到的表面肌电信号，支持或放大使用者的运动。在 2013 年，HAL 机械外骨骼成为第一个通过全球安全认证的动力外骨骼系统。随后，HAL 系统获得了欧盟临床应用的许可，成为世界上第一个非手术型医疗机器人。

另外一款著名的机械外骨骼是由美国 Ekso Bionics 公司生产的 Ekso。2011 年，Ekso 最初的版本重 20kg，最大行进速度为 3.2km/h，它能帮助使用者完成行走、站起、坐下和站立动作。在 2016 年，新一代机械外骨骼系统 Ekso GT 通过了美国食品药品监督管理局（Food and Drug Administration，FDA）的许可，该系统可供脑卒中和脊髓损伤患者使用。

神经肌骨动力学的研究，一方面为机械外骨骼的设计提供了可参考的人体生物力学和运动学规律，优化外骨骼的运动功能；另一方面为机械外骨骼的智能控制提供了方法依据。例如，2014 年，昆士兰大学的 Farris 等利用肌肉动力学模型和肌骨模型研究了双足跳跃任务下弹性踝关节外骨骼的使用对跖屈肌（内外侧腓肠肌和比目鱼肌）动力学的影响，结果发现机械外骨骼无法显著减少能量消耗的原因在于其增大了跖屈肌的收缩速度，减小了肌纤维长度。

11.5.2 骨关节炎

骨关节炎又称退行性骨关节病，是最常见的一种关节炎。它是由关节软骨损伤引起的慢性疾病。关节软骨是骨骼末端的一层保护组织，它可以减少关节运动中的摩擦，缓冲运动时的冲击，从而起到保护骨骼以及周围软组织的作用。一旦关节软骨损伤就会出现关节僵硬、疼痛等症状，严重的可导致关节功能丧失。

骨关节炎的发病过程如下：随着年龄的增长以及关节运动摩擦量的累积，关节软骨磨损退化，暴露的骨骼末端互相接触摩擦，导致关节疼痛、肿胀、活动受限。关节处骨骼逐渐失去正常的形状，边缘开始出现骨刺。脱落的骨骼或软骨的细小碎片在关节腔内流动，加剧了关节的疼痛和损伤。

骨关节炎的发病与年龄、性别、遗传等内在因素有关。除此以外，从生物力学的角度分析，长期过度负重和关节损伤也是骨关节炎的诱发因素。一般来说，骨关节炎患者中老年人居多。对于中青年，骨关节炎的诱因多为关节损伤。

根据胫骨和股骨接触面的形态结构，膝关节的骨关节炎分为外侧骨关节炎和内侧骨关节炎。由于膝关节的内侧接触面为主要承重面，膝内侧骨关节炎的发病率约为膝外侧骨关节炎发病率的 10 倍。

关节负载与骨关节炎的恶化息息相关。因此，分析骨关节炎患者的关节负载有助于了解骨关节炎恶化的过程，找出恶化原因，并且对骨关节炎的治疗有一定的指导作用。但是，直接测量关节负载的方法只能通过植入关节内部的力学传感器实现。这种有创测量方法限制了它的广泛应用。肌骨模型作为一种间接的测量方法，可以无创估计运动中的关节负载。

2012 年，Kumar 等学者为一名膝关节骨关节炎患者和一名健康被试者建立了肌电驱动的肌骨模型。根据影像学数据，胫骨-股骨关节的相对位置信息由胫骨和股骨所成的角度确定。模型的输入还包括运动学数据、地面反作用力以及 10 块肌肉的表面肌电信号。正向模型预测的膝关节力矩与反向动力学计算得到的膝关节力矩相符，证明了该肌电驱动模型预测的准确性。随后，由得到的膝关节力矩和胫骨、股骨的形状分布，计算得到膝关节内侧和外侧的负载。通过患者和健康被试者结果的对比得出结论：骨关节炎患者的内侧负载高于健康被试者。

此外，肌骨模型可以估计步态矫正过程中患者膝关节负载的内外侧分布，据此评价步态矫正方法的有效性。例如，Pollo 等学者通过简单地分析模型验证了外翻支具能够显著减小膝内侧负载；Shelburn 等学者利用基于静态优化的肌骨模型，更为准确地分析了外侧楔形鞋垫和外翻支具对减小膝关节内侧负载的作用。

11.5.3　前十字韧带损伤

膝关节是肱骨、胫骨和髌骨的连接处，骨与骨之间由韧带相连。在膝关节有四条主要的韧带，分别是内、外侧副韧带和前、后十字韧带。十字韧带在膝关节的内部，交叉呈“X”形状，它主要负责膝关节的前后活动。前十字韧带可以防止胫骨向前滑脱，同时保证膝关节在运动过程中的平稳性。

前十字韧带扭伤或撕裂是最常见的膝关节损伤之一。当膝关节受到强烈撞击或者过度伸展时，会发生前十字韧带损伤。即使是日常生活活动，如跑步时骤停并转身，从高处跳落，都可能造成前十字韧带撕裂。

肌骨模型可以用来探究前十字韧带损伤后患者的膝关节生物力学特征。例如，2004 年，美国 Shelburn 等学者建立了三维肌骨模型，预测出前十字韧带损伤患者在一个完整步态周期内的膝关节剪切力和韧带负载。通过比较预测患者前十字韧带负载和健康人的结果发现，对于前十字韧带损伤的患者来说，内侧副韧带在阻止胫骨前移的过程中发挥了主要作用。2014 年，美国田纳西大学 Morgan 等利用开源肌骨模型 Opensim 研究了容易引起前十字韧带损伤的单腿跳跃着地动作。他们借助模型仿真估计出下肢股四头肌、腓肠肌和腘绳肌的收缩力变化，这些发现为预防前十字韧带损伤的肌肉训练干预提供了理论依据。

11.5.4 脑卒中

大脑组织供血不足是脑卒中发病的直接因素。造成大脑缺血的情况主要有两种：一种是给大脑供血的血管堵塞；另一种是大脑内部出血。血液中含有大脑必需的营养和氧气，一旦大脑组织缺血，就可能造成大脑损伤。脑卒中的发病位置不固定，因此它不仅会影响肢体的运动功能，还可能影响人的思维、感觉和交流。

根据 2004 年美国国立神经病与卒中研究所发布的数据，脑卒中已经成为成年人长期瘫痪的首要因素。由于脑卒中影响了肌肉的互相协调，患者往往无法独立行走或者进行其他日常活动。因此，对于脑卒中患者的康复，很重要的一项内容就是运动功能的恢复。

异常的运动模式与脑卒中后遗瘫痪有关，而分析人体内部动力学对发展新的康复技术非常重要。然而，活体肌肉收缩力的直接测量会对患者身体造成一定损伤，所以不适于推广。神经肌骨模型能够无创估测肌肉的收缩力，很好地弥补了有创测量的缺点。

2006 年，美国学者 Higginson 等建立了正向神经肌骨模型，用来探究脑卒中患者肌肉的协调模式，通过比较脑卒中患者与健康人肌肉协调方式的差异，帮助康复治疗师制定相应的个性化肌肉康复方案。

2014 年，英国索尔福德大学的 Forghany 建立了多体段的足踝模型，第一次对脑卒中患者足踝关节做了深入的生物力学分析。这项研究可以帮助临床医生为脑卒中患者选择最合适的足踝矫形器，提升患者治疗和康复的效果。

11.6 面临挑战与发展趋势

肌骨模型被广泛应用于膝关节、腕关节等多个关节不同肌肉收缩力的估测，它的发展面临着以下几个问题。

首先，在反向动力学分析过程中，人体体段的惯性和质量通常是通过解剖学数据按比例估测得到的，其准确性无法得到保证。肌肉参数通常来自尸体研究，个体差异性直接影响了肌肉收缩力方向及其在关节处力臂估测的准确性。

其次，在正向模型计算过程中，需要估计肌肉激活度，但是肌电信号的不稳定性使激活度估测变得非常困难。除此以外，肌肉激活度引起肌肉收缩的过程尚未清楚，在估测出肌肉激活度之后，并不能准确地将其转化成肌肉收缩力。另外，正向模型中采用的是动态优化过程，肌电分析需要考虑一段时间内（一般是整个支撑相或步态周期）肌电信号的变化，因此，计算量大，且不适合实时计算。

最后，在反向模型计算中，反向动力学得到的关节力矩是所有肌肉收缩力共同作用的一个表现，因而，满足这一合力的肌肉收缩力组合有很多种可能。常用的解决方案是，选择一个合适的目标函数（通常是最小化肌肉单位横截面积上的肌力），利用优化算法估计每块肌肉的肌肉收缩力（静态优化）。然而，这种方法没有考虑肌肉收缩的生理信息，很难反映肌肉的激活模式，因此，模型结果的准确性较低。

从研究方法层面，神经肌骨动力学研究发展的一个趋势是优化建模方法和细节，提高模型预测的准确性。为了提高模型对肌肉定位的准确性，个性化的肌肉参数模型通常建立在被试者磁共振成像数据的基础上。在此类影像设备的协助下，可以“看到”皮肤之下的肌肉，从而确定肌肉在骨骼上附着点的位置。故利用磁共振成像等方法获得准确的肌肉参数是肌骨模型计算发展的必然趋势。另外，在建模过程中，引入肌电信号的静态优化弥补了原有优化方法没有考虑肌肉收缩生理信息的不足，同时保证了较高的计算速度，但如何确定肌电信号引入方法及其有效参数，保证模型估计结果的精准度是这一方向发展的重点。

在应用领域方面，神经肌骨动力学应更多地贴近临床实践，更好地指导神经肌骨系统疾病的诊断、治疗和康复。相比于健康状态，病理状态（如脑卒中、肌肉萎缩、截肢等）下的肌骨模型有助于深入了解疾病的发生和发展，具有更广泛的临床意义，但因疾病的种类与患病程度等诸多因素影响，病理状态的肌骨模型尤为复杂。因此，病理状态下的神经肌骨动力学研究是该领域发展的一个重要方面。

11.7　本 章 小 结

本章主要介绍了神经肌骨动力学研究所涵盖的基本内容，从基本步态分析方法到常用神经控制信号，以及结合肌电、运动学、动力学分析的神经肌骨动力学模型。步态分析是研究肌骨动力学的基础，步态分析中的加速度、角加速度等参数是肌骨模型计算的中间参数，它们决定了肌骨模型的输出——肌肉收缩力和关节负载。神经控制信号是了解神经系统控制肌骨系统运动的主要入口，在神经肌骨动力学研究中，主要的神经控制信号是肌电信号，其与肌肉收缩力紧密相关，常用于肌肉激活度估计或模型准确度评价。

神经肌骨动力学领域的研究实现了肌肉收缩力和关节负载的无创测量，在运动系统疾病的预防、诊断、治疗康复过程中发挥了重要作用。

思　考　题

1. 脑电-肌电相干性如何与临床诊断结合用于准确评定康复治疗效果的客观指标？

2. 机械外骨骼的功能替代如何向功能重建方向发展，使其也能实现康复训练、功能恢复的治疗作用？

3. 在使用标记点采集运动学信息（标记点位置）的过程中，如何克服运动过程中贴于皮肤上的标记点相对于体内骨骼的运动？

4. 正向与反向动力学的本质区别是什么？它们各有什么优劣势？

5. 肌骨模型除有助于更深刻地理解肌骨系统发病原因和治疗方法外，还可以应用于哪些领域？解决哪些问题？

参 考 文 献

金德闻, 张济川. 2011. 康复工程与生物机械学. 北京: 清华大学出版社.

励建安, 孟殿怀. 2006. 步态分析的临床应用. 中华物理医学与康复杂志, 28 (7): 500-503.

吕洋, 曲娴, 王朝辉. 2007. 神经生理学. 吉林: 吉林大学出版社.

王珏. 2008. 康复工程基础——辅助技术. 西安: 西安交通大学出版社.

向泽锐, 支锦亦, 徐伯初, 等. 2013. 运动捕捉技术及其应用研究综述. 计算机应用研究, 30 (8): 2241-2245.

Akay M. 2007. Handbook of Neural Engineering. New York: John Wiley & Sons, Inc.

Bizzi E, Cheung V C, D'avella A, et al. 2008. Combining modules for movement. Brain Research Reviews, 57 (1): 125-133.

Buchanan T S, Lloyd D G, Manal K, et al. 2004. Neuromusculoskeletal modeling: Estimation of muscle forces and joint moments and movements from measurements of neural command. Journal of Applied Biomechanics, 20 (4): 367-395.

Cifrek M, Medved V, Tonkovic S, et al. 2009. Surface EMG based muscle fatigue evaluation in biomechanics. Clinical Biomechanics, 24 (4): 327-340.

de Leva P. 1996. Adjustments to Zatsiorsky-Seluyanov's segment inertia parameters. Journal of Biomechanics, 29 (9): 1223-1230.

Delp S L, Anderson F C, Arnold A S, et al. 2007. OpenSim: Open-source software to create and analyze dynamic simulations of movement. IEEE Transactions on Biomedical Engineering, 54 (11): 1940-1950.

Dimitrov G V, Arabadzhiev T I, Mileva K N, et al. 2006. Muscle fatigue during dynamic contractions assessed by new spectral indices. Medicine & Science in Sports & Exercise, 38 (11): 1971-1979.

Dumas R, Aissaoui R, de Guise J A. 2004. A 3D generic inverse dynamic method using wrench notation and quaternion algebra. Computer Methods in Biomechanics and Biomedical Engineering, 7 (3): 159-166.

Englund M. 2010. The role of biomechanics in the initiation and progression of OA of the knee. Best Practice & Research Clinical Rheumatology, 24 (1): 39-46.

Farris D J, Hicks J L, Delp S L, et al. 2014. Musculoskeletal modelling deconstructs the paradoxical effects of elastic ankle exoskeletons on plantar-flexor mechanics and energetics during hopping. Journal of Experimental Biology, 217 (22): 4018-4028.

Forghany S, Nester C J, Tyson S F, et al. 2014. The effect of stroke on foot kinematics and the functional consequences. Gait & Posture, 39 (4): 1051-1056.

Gagnon D, Arjmand N, Plamondon A, et al. 2011. An improved multi-joint EMG-assisted optimization approach to estimate joint and muscle forces in a musculoskeletal model of the lumbar spine. Journal of Biomechanics, 44 (8): 1521-1529.

Gonzalez-Izal M, Malanda A, Gorostiaga E, et al. 2012. Electromyographic models to assess muscle fatigue. Journal of Electromyography & Kinesiology, 22 (4): 501-512.

Gonzalez-Izal M, Malanda A, Navarro-Amezqueta I, et al. 2010. EMG spectral indices and muscle power fatigue during dynamic contractions. Journal of Electromyography & Kinesiology, 20 (2): 233-240.

Karthick P A, Ramakrishnan S. 2016. Surface electromyography based muscle fatigue progression analysis using modified B distribution time-frequency features. Biomedical Signal Processing and Control, 26: 42-51.

Kumar D, Rudolph K S, Manal K T. 2011. EMG-driven modeling approach to muscle force and joint load estimations: Case study in knee osteoarthritis. Journal of Orthopaedic Research, 30 (3): 377-383.

Lattari E, Velasques B, Paes F, et al. 2010. Corticomuscular coherence behavior in fine motor control of force: A critical review. Revista De Neurologia, 51 (10): 610-623.

Lewinson R T, Collins K H, Vallerand I A, et al. 2014. Reduced knee joint loading with lateral and medial wedge insoles for management of knee osteoarthritis: A protocol for a randomized controlled trial. BMC Musculoskeletal Disorders, 15 (1): 1-9.

Lloyd D G, Besier T F. 2003. An EMG-driven musculoskeletal model to estimate muscle forces and knee joint moments in vivo. Journal of Biomechanics, 36 (3): 765-776.

Mazzoni P, Shabbott B, Cortes J C. 2012. Motor control abnormalities in Parkinson's disease. Cold Spring Harbor Perspectives Medicine, 2 (6): a009282.

Morgan K D, Donnelly C J, Reinbolt J A. 2014. Elevated gastrocnemius forces compensate for decreased hamstrings forces during the weight-acceptance phase of single-leg jump landing: Implications for anterior cruciate ligament injury risk. Journal of Biomechanics, 47 (13): 3295-3302.

Omlor W, Patino L, Hepp-Reymond M C, et al. 2007. Gamma-range corticomuscular coherence during dynamic force output. NeuroImage, 34 (3): 1191-1198.

Rozand V, Grospretre S, Stapley P J, et al. 2015. Assessment of neuromuscular function using percutaneous electrical nerve stimulation. Journal of Visualized Experiments, 2015 (103): e52974.

Winter D A. 2004. Biomechanics and Motor Control of Human Movement. 4th ed. Waterloo: John Wiley & Sons, Inc.

Wolczowski A, Kurzynski M. 2010. Human-machine interface in bioprosthesis control using EMG signal classification. Expert Systems, 27 (1): 53-70.

第四部分　神经刺激与调控

第 12 章　功能性电刺激

由于神经组织的再生能力十分有限，因神经系统损伤导致的肢体瘫痪或功能性障碍一直是临床治疗中的一项难题。目前，在脊髓损伤和脑卒中等神经康复领域，功能性电刺激（functional electrical stimulation，FES）作为一种效果显著、实施方便、安全度高的理疗技术被广大医师和患者认可与接受。FES 属于神经肌肉电刺激（neuromuscular electrical stimulation，NMES）类物理疗法，是通过预先设计的低频序列脉冲电流以特定的波形、强度和重复频率，按照既定程序刺激一组或多组肌肉，诱发肌肉模拟正常自主运动或依据治疗方案完成特定动作。不仅如此，大量的最新研究表明 FES 在促进神经系统康复和改善患者体质方面具有十分积极的作用，患者有望通过数个疗程的治疗并同步辅助其他康复手段，逐步实现功能替代或功能重建的目标。

12.1　功能性电刺激概述

有关功能性电刺激的研究始于 1944 年，Guttmanns 等用直流电刺激兔子身体中已失去神经支配的肌肉，发现能够显著缓解其肌肉萎缩。随后 Nix 等发现用低频电刺激能够延长失神经肌肉的收缩和舒张时间，使其收缩和舒张状态更接近于正常肌肉组织。Liberson 等在 1961 年发明了利用低频电流刺激失神经控制肌肉使之收缩，以替代或矫正器官与肢体已丧失功能的技术，研究通过控制腓神经刺激电流来支配肌肉收缩，产生踝关节背屈，成功地矫正了偏瘫患者的足下垂步态，帮助患者实现行走功能。在此之后，使用神经肌肉电刺激重建瘫痪患者肢体运动功能的技术才开始引入康复工程中。1962 年这种技术被正式定名为功能性电刺激。

1986 年 Petrofsky 等设计了与步态矫形器配合使用的 FES 系统，该系统能提高患者的行走效率和速度，减少能量消耗。1987 年 Peckham 等成功设计了多达 26 通道的 FES 系统，可基本实现人体下肢的所有运动控制。该系统有较高程控化水平，能使患者完成上下楼梯的动作。Cooper 等在 1988 年发明了声控型 FES 系统，将上肢运动程序输入计算机，通过训练计算机识别 10～25 个对应于控制上肢运动不同指令的单词发音，实现语音控制 FES 刺激患者产生既定动作；参与实验的患者为 C5～C6 脊髓损伤的四肢瘫痪患者，经过训练，患者能较好地完成手部抓握、放松等动作。1991 年，由克利夫兰 VA 医学中心、凯斯西储大学和克利夫兰 MetroHealth 医学中心共同组建了克利夫兰功能性电刺激研究中心，这是目前世界上最系统的 FES 研究平台。该平台的建立使 FES 的研究和应用向更深入、更广泛的领域发展。该平台研究如何将 FES 用于截瘫患者功能恢复的临床康复治疗，以帮助截瘫患者实现手部抓取、手臂运动、躯体控制、站立与走路等功能。除了肢体运动功能恢复与重建外，Gustafson 等还研究了对膀胱进行功能性电刺激来治疗小便失禁；

Kilgore 等尝试利用电流脉冲抑制疼痛。该中心的目标康复人群不只是截瘫患者，还包括脑卒中患者等。例如，Knutson 等利用对侧运动信息控制 FES 帮助脑卒中患者完成运动受阻一侧的踝关节运动训练，以达到康复的目的；Daly 等利用脑-机接口技术控制 FES 来帮助脑卒中患者恢复运动功能。

经过几十年的发展，FES 的研究和应用已遍布世界各地。以欧洲为例，英国国家 FES 临床研究中心、格拉斯哥大学、丹麦的奥尔堡大学和位于苏黎世的瑞士 FES 工作组都针对各种运动功能障碍患者开展了 FES 研究。

利用 FES 防止肌肉萎缩的临床应用在我国也较广泛地被采用，但相关的神经工程康复研究则在近些年才逐渐开展。其中的代表性研究机构包括香港大学玛丽医院的骨科康复中心和香港理工大学康复治疗科学系等。这些机构开展了电刺激帮助脑卒中患者康复足下垂和截瘫患者康复行走训练等研究。在中国大陆，天津大学与哈尔滨工业大学是开展 FES 研究较早的高校，其中哈尔滨工业大学姜洪源等利用反馈控制算法控制 FES 帮助截瘫患者完成了骑脚踏车的任务，天津大学神经工程与康复实验室受国家高技术研究发展计划资助，开展了助行人工神经机器人的研究，帮助截瘫患者完成站立和行走等功能。

综上，FES 的早期应用目标是辅助瘫痪患者移动肢体，防止肌肉萎缩。但随着近年来神经可塑性理论的提出，功能性电刺激因能迫使肌肉（群）按治疗方案反复训练并帮助患者产生一定的神经功能恢复，引起了越来越多的研究与应用。

12.2 FES 的分类

根据治疗目标不同，基于功能性电刺激的康复用途可分为功能重建和功能替代两个类型。其中，功能替代是指借助基于 FES 的辅助康复设备（如神经假体）使患者重新恢复运动的能力，但本身并不对患者机体产生治疗作用；功能重建则是通过对神经类疾病患者进行针对性功能电刺激，配合其他方式实施康复训练，使其逐步恢复自身缺失的运动功能，从而产生根本性疗效。本节从 FES 的功能出发分别介绍用于功能重建和功能替代的 FES 技术，并简要介绍植入式和非植入式 FES。

12.2.1 FES 的功能重建作用

在神经系统疾病的功能重建方面，FES 主要用于瘫痪肌肉的康复刺激治疗。随着 FES 研究的深入与应用范围的拓展，其在刺激失神经支配肌肉使之重获运动能力方面与治疗性电刺激（therapeutic electrical stimulation，TES）具有相似的概念。FES 针对失神经支配肌肉病症系中枢神经或外周神经受损的病况，通常采用增加萎缩肌肉纤维供血量的方式来改善组织受损状况，并借助增强刺激的方法促使其恢复神经支配，提升肌纤维的募集能力与收缩能力。加拿大多伦多 Magee 临床研究中心的 Pape 医生进行了这项技术研究，他将 FES 与物理治疗相结合，有效地加强了肌肉力量，改善了患者的运动功能。

这里需要明确失神经支配肌肉和瘫痪肌肉是两个不同范围的概念。瘫痪肌肉是指由于中枢或周围神经病变而引起运动功能衰退或完全丧失的肌肉，即由于中枢神经系统损伤或者外周神经损害，瘫痪肌肉不能按照主观意愿收缩；如果只有中枢神经系统受损，而肌肉的外周神经仍完整，则定义为受神经支配的瘫痪肌肉；倘若不仅中枢神经系统受损而且外周神经也受到伤害，则称为失神经支配的瘫痪肌肉。因此，受神经支配的瘫痪肌肉可使用与健康肌肉几乎同样的刺激模式进行康复刺激治疗，此时被刺激的运动神经将会引起相应的肌肉收缩。而瘫痪且失去神经控制的肌肉已无运动神经控制肌纤维的功能，只能够依靠直接激活肌肉纤维才能引起肌肉收缩。

肌肉只丧失了部分运动功能，仍存留一部分自主功能收缩的能力，称为轻度瘫痪。轻度瘫痪病因可分为两种情况：由中枢或外周神经的损伤引起。仅中枢神经受损时，肌肉中的肌纤维仍可受神经支配；外周神经损伤造成肌肉轻度瘫痪时，肌肉所含肌纤维则分为失神经支配和受神经支配两部分。

对于因外周神经损伤而引起的肌肉轻度瘫痪病症，在采用神经刺激模式治疗时，仅受神经支配的肌纤维被激活；而采用 FES 模式治疗时，则失神经支配的肌纤维被激活。需要特别关注的是，虽然临床结果显示用 FES 刺激受神经支配的肌肉对其康复有显著疗效，并被广泛采用，但这项技术若用于失神经支配肌肉的康复刺激治疗恐难以见效。

目前还没有研究表明单一电刺激可以使部分和完全失神经支配的瘫痪肌肉康复。但若在其可能存在的神经恢复时期，对失神经支配的肌纤维进行电刺激，可以在一定程度上抑制肌纤维的营养流失，并减少纤维硬化情况的发生。患者经过几个月的治疗和康复，肌肉可基本恢复神经支配功能，但也常伴随出现肌肉纤维硬化和萎缩。若在治疗和康复期对患者配合辅助康复技术，虽然难以使失神经支配肌肉重新获得神经支配功能，但能抑制肌肉萎缩和组织硬化的发生。

电刺激模式的选择取决于肌肉是处于完全失神经支配状态还是部分失神经支配状态。因此，在对失神经支配的肌肉实施任何电刺激之前，需要明确两个问题：①肌肉是否处于可以恢复到受神经支配状态的时期；②肌肉是完全失神经支配还是部分失神经支配。

（1）判断肌肉是否处于可以恢复到受神经支配的时期。

为了回答这个问题，需清楚了解：神经损伤发生时间、神经损伤程度和神经纤维再生概率这三个关键信息。首先，确定损伤时间和位置。其次，受损神经的再生率大约为 1mm/天、3cm/月。最后，通过下面的计算公式得出肌肉恢复受神经支配的时间：神经纤维损伤位置与失神经支配肌肉运动点之间的距离/受损神经再生率 = 恢复神经支配所需时间。

（2）判断肌肉是完全失神经支配还是部分失神经支配。

可以采用一种简单可重复的方法检测肌肉失神经支配程度。其原理是：一个双边方波脉冲（脉宽 0.15～0.35ms）刺激只能够使神经兴奋而不能使失神经支配的肌纤维兴奋。故可以此方波脉冲作为肌肉失神经支配的有效检测探针。具体为：当显著增加方波脉冲电流强度时，仍无法看到明显的肌肉反应，可以认为该肌肉是完全失神经支配状态；即使是很低的脉冲电流强度，仍然可见有一定的肌肉收缩，则认为肌肉是部分失神经支配。

在明确了上述两个基本问题后，可根据以下不同情况采取处理对策或康复手段。

情况一：在重新恢复受神经支配康复时期之外出现的完全失神经支配。由于该失神经支配的肌肉没有任何受神经支配纤维，终将肌肉萎缩和肌肉硬化，这种情况下施以电刺激是无意义的。

情况二：在重新恢复受神经支配康复时期之外出现的部分失神经支配。此时，失神经支配的部分肌纤维将会不可避免地萎缩和硬化，即使采用 FES 对失神经支配肌纤维施治也无意义，因此，只能对受神经支配肌纤维采用辅助治疗，争取康复补偿这部分肌纤维的功能。

情况三：在重新恢复受神经支配康复时期之内出现的完全失神经支配。由于该肌肉有可能会恢复受神经支配的状态，尽可能地避免其肌纤维萎缩和硬化至关重要。此时采用辅助康复手段进行训练是有可能恢复其受神经支配功能的最佳肌肉康复训练模式。

情况四：在重新恢复受神经支配康复时期之内出现的部分失神经支配。这时，肌肉的情况比较复杂，一般需要采用 TES 和辅助技术两种施治模式。利用 TES 刺激失神经支配的肌纤维以尽可能地抑制肌肉萎缩和纤维硬化；同时依据肌肉不完全失神经支配的情况，也可配合使用辅助康复训练受神经支配的肌纤维来增强肌肉收缩力的输出。

12.2.2 FES 的功能替代作用

当瘫痪患者因神经损伤而造成相应肌肉组织完全失去神经支配时，单一的 FES 难以重塑神经支配能力。除此之外，一些神经系统疾病患者（如脊髓损伤）在术后也难以完全康复。因此，有必要采用辅助技术帮助此类患者进行术后康复训练。神经假体是一类帮助神经损伤后恢复功能的辅助设备，用人工电刺激的方法来代替大脑发出的神经冲动，达到控制肌肉收缩的目的。由于本书第 16 章专门叙述神经假体的相关内容，本节只针对基于 FES 的运动神经假体进行简单介绍。

人体动作系统扮演着与外在环境互动的角色。人们在日常生活中，多由动作系统执行或输出经大脑处理后所计划产生的功能性运动。当动作神经系统发生问题时，可能导致上肢手部动作功能不足，无法取物或操作手部活动；或是下肢无法产生足够的力量，造成承重或行走功能障碍。此时可通过辅助基于 FES 的运动神经假体帮助患者依其所愿地完成相应动作，代替已丧失的运动功能，这是选择或设计神经假体所需考量的重要因素。运动神经假体的设计可分为两类：一类是依托机械的固有模式，通过 FES 设定的时序被动激活人体靶向肌肉，使得患者可在系统的协助下驱动肢体产生功能性运动，与环境互动完成所需动作；另一类则是采集人体主动性生理信号，如脑电、肌电等，通过信号分析与识别表达患者主观控制意图，并融合机器控制系统，主动性地控制 FES 产生相应功能性刺激，完成肢体动作。研究及应用证明，这两类 FES 神经假体机理均可有效应用于人体运动能力的改善与代偿。

12.2.3 植入式和非植入式 FES

随着科技的发展，电子元器件的小型化为植入式设备的出现奠定了基础，也促进了植入式功能性电刺激技术的发展。现有功能性电刺激主要分为在体表进行刺激的非植入式功能性电刺激和植入体内的植入式功能性电刺激两种。其中，非植入式功能性电刺激习惯上称为无创式功能性电刺激。

植入式 FES 的优点是定位精准、可控性好，并且功耗低、稳定、占用空间小，有较好的刺激效果。但这种方式是有创的，需要患者通过手术植入，还要考虑生物相容性的问题，因此造价较高。通过长时间的发展，植入式 FES 已经形成了固定的应用领域，其通常应用于体内比较精细而重要的器官，如心脏、耳蜗、膀胱等。最典型的应用就是心脏起搏器。

无创式 FES 主要的商业化产品有上肢运动功能康复训练系统、下肢运动功能康复训练系统以及其他缓解肌肉疲劳、增强肌力的保健系统。通过电刺激控制肌肉的神经达到使目标肌肉收缩的目的。经过长时间的发展，现在这种系统已具备多输出通道、参数可固化、可调节、可自适应等多种模式设定的功能。

12.3　FES 作用机理

12.3.1　FES 的工作原理

在介绍 FES 基本工作原理之前，需先了解骨骼肌收缩机理，相关内容在上册第 6 章的 6.3.1 节有详细介绍。简单地说，由中枢神经系统发出神经信息指令，以动作电位的形式沿躯体运动神经传递给肌细胞；随后肌细胞膜表面的动作电位传至肌细胞内部，将信息传递给肌浆内调节蛋白；最后肌浆中的高浓度 Ca^{2+}通过肌浆内调节蛋白触发收缩蛋白的结合，使肌肉收缩。

当中枢神经系统受到损伤，神经冲动无法顺利传递到肌肉细胞时，便无法引起肌肉有效收缩。那么，人为的电流刺激是否可以达到相同的效果呢？FES 的工作原理是以人为的低电流刺激代替由中枢神经细胞产生的电兴奋。通过外电流的作用，神经细胞能产生一个与自然激发引起的动作电位几乎一致的神经冲动，使受其支配的肌肉纤维产生收缩，形成同样的兴奋-收缩偶联，完成弥补运动功能。

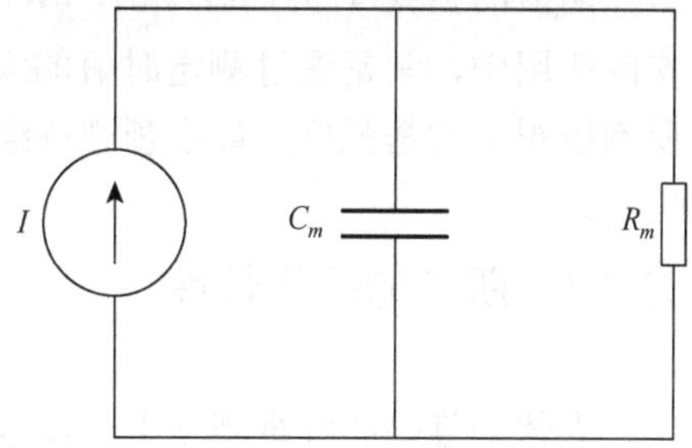

图 12-1　阈值下刺激时的细胞模型

（图片来源：蓝宁，汪家琮. 1997. 功能性电刺激的原理、设计与应用（一）. 中国康复理论与实践，3（4）：151-154）

神经细胞对电刺激的响应不仅与电刺激强度有关，而且与其自身的跨膜电位阈值有关。若电刺激强度在阈值之下，则细胞膜会产生去极化作用；若电刺激强度在阈值之上，则会激发细胞膜产生一个双向传播的动作电位。当刺激在阈值之下时，细胞膜可视为一个电阻-电容等效电路，如图 12-1 所示为一个无源电路，刺激电流是等效电路的外加电源。

以 V_t 代表细胞膜的跨膜电位阈值，则达到阈值电位所需刺激电流强度为

$$I_t = \frac{V_t / R_m}{1 - e^{-1/(R_m \cdot C_m)}} \tag{12-1}$$

式中，R_m 是细胞膜的跨膜电阻；C_m 是细胞膜的跨膜电容。式（12-1）代表了刺激电流强度与作用时间的关系，称为阈值的强度-时间关系，这是 FES 的一个基本关系。

FES 电刺激阈值的强度-时间关系曲线如图 12-2 所示。电刺激的特点是刺激时间越短，达到阈值所需的电流强度就越大；反之，所需电流强度越小。但是，电流强度不能低于一个最小值，称为基强度。当刺激较强时，只需较短的刺激时间就可引起兴奋；当刺激强度较弱时，需较长的刺激时间才能引起组织兴奋。但当刺激强度低于基强度时，无论刺激时间如何延长，也不能引起组织兴奋；同样，当刺激时间短于某值时，无论如何加大刺激强度，也不能引起组织兴奋。

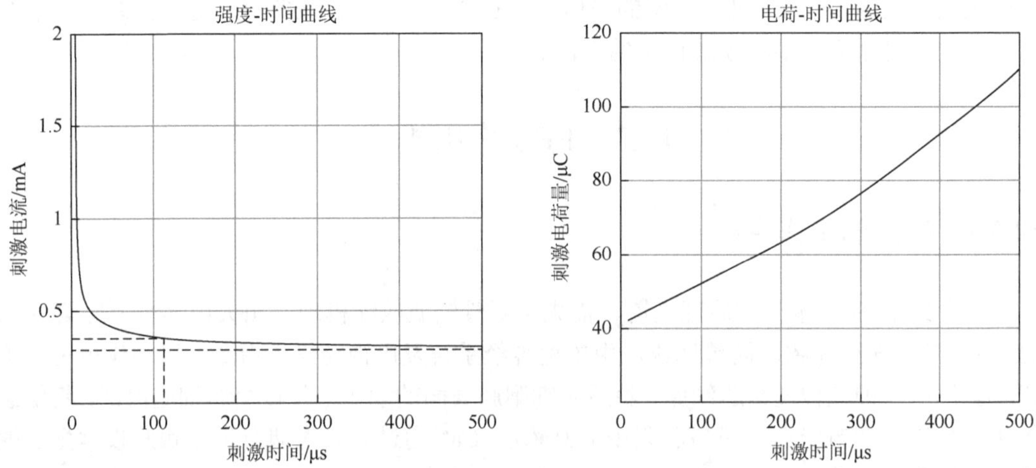

图 12-2　电刺激阈值的强度-时间和电荷-时间关系曲线

（图片来源：蓝宁，汪家琮. 1997. 功能性电刺激的原理、设计与应用（一）. 中国康复理论与实践，3（4）：151-154）

阈值的强度-时间曲线中另一个特征参数是基强度刺激时间的 2 倍，称为时值 τ_e。在实际应用中，常常通过测定时值的大小来初步确定强度-时间关系。不同组织（如神经与肌肉组织）的基强度、最小刺激持续时间（脉冲宽度）不同。

12.3.2　肌肉的募集特性

人体的骨骼肌纤维基本上可以分为红肌纤维和白肌纤维。红肌纤维又叫慢肌纤维或Ⅰ型纤维，收缩速度慢、力量小，但持续时间较长且不易疲劳。白肌纤维又叫快肌纤维或Ⅱ型纤维，收缩速度快、力量大，但持续时间较短且易疲劳。在整体情况下，骨骼肌都以一个运动神经元及其轴突分支所支配的全部肌纤维所构成的运动单元为基本单位进行收缩，其叠加效应通常是参与同步收缩的运动单位数目的增加，故又称为多运动单元总和。运动单位有大小之分，且大小相差很大。在完成肌肉收缩与舒张时，运动单元的募集顺序与大小有关。较小的运动神经元支配直径较小的慢肌纤维，较大的运动神经元支配直径较大的快肌纤维，如图 12-3 所示。

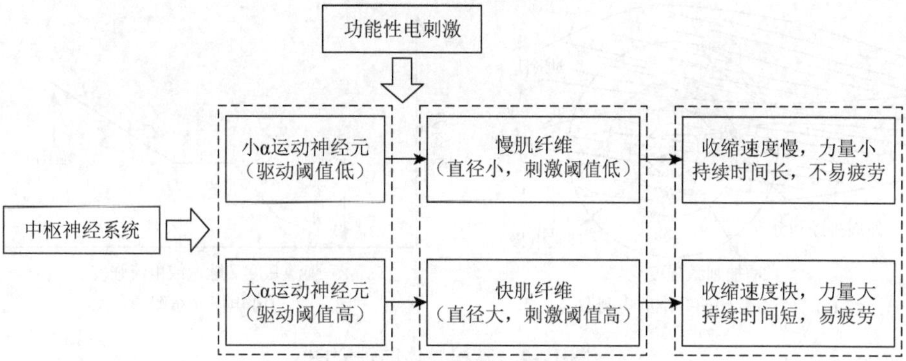

图 12-3　肌肉刺激示意图

较小的 α 运动神经元驱动阈值较低，当收缩较弱时，仅有少量较小的运动单位发生收缩，随着收缩的增强，有越来越多较大的运动单位参与收缩，产生的收缩力也越来越大，即先募集慢肌纤维，再募集快肌纤维；当舒张时，较大的运动单位先停止收缩，较小的运动单位后停止收缩。骨骼肌的这种调节收缩强度的方式称为大小原则（size principle）。这种方式能有效调控肌肉收缩强度，且收缩强度较弱时参与收缩的运动单元较少且较小，因此有利于精细活动的调节。

FES 是利用外部刺激替代了来自中枢神经系统的命令，当刺激强度达到阈值时，会激发一个双向传播的动作电位。一个传到神经纤维，一个反向传回神经元胞体。由于神经刺激阈值与神经元的直径成反比，所以 FES 下神经纤维的募集模式遵循“反向募集顺序”原则，先募集直径较大的快肌纤维。图 12-4（a）展示了两个肌肉和它们的神经系统，以及当刺激电极作用于其中一个肌肉时的电场强度与位置关系，在电极周围的同心圆表明随着刺激强度的增加，通过电极传导能够使神经组织兴奋的电流也增加。刺激强度与肌肉收缩力（位移）的关系通常称为募集曲线（recruitment curve），如图 12-4（b）所示。在肌肉电刺激中，这一关系又常用刺激脉宽与等长肌张力之间的关系来描述。募集曲线通常是非线性的，在刺激量很小时有一段“死区”，当刺激达到一定阈值后，随着刺激量的增加，肌肉收缩力增大，到一定程度后，又出现“饱和”状态。当刺激强度较小时，即没有达到神经元的激活阈值，则不会有收缩发生，这个关系指的是图 12-4（b）中阈值左边的区域。对于稍微大点的刺激强度（A），在肌肉 1 中，只有一个单独的神经分支能够被激活，随着强度的增大，这个神经上将有越来越多的神经元发生募集机制，力量也在平缓增加。当刺激强度到达 B 标示的水平时，肌肉 1 的第二个神经分支达到阈值，募集曲线的斜度增大，此时在两个神经分支上都能带来募集。对于更高的刺激强度，两个神经分支上的所有神经元都被募集，持续增加强度不会产生更大的力，到达了一个平台期。如果继续增加刺激强度，则肌肉 1 中的第三个分支被募集，肌力又开始上升（区域 C）。当刺激强度继续增加时，电极到达区域的大小足够激活肌肉 2 中的神经元，在目标肌肉的神经元被全部募集之前，会发生刺激效应满溢到另一个肌肉中。虽然募集曲线表明了最普遍的一种募集过程，但是一个真实肌肉根据它的大小、神经的分支部分以及所用电极的类型会表现出不同形状的募集曲线。平缓的募集能够在所有的刺激强度下得到，而这一过程中会出现一个或者更多平台期，满溢现象则发生在从极低至极高刺激的过程中。

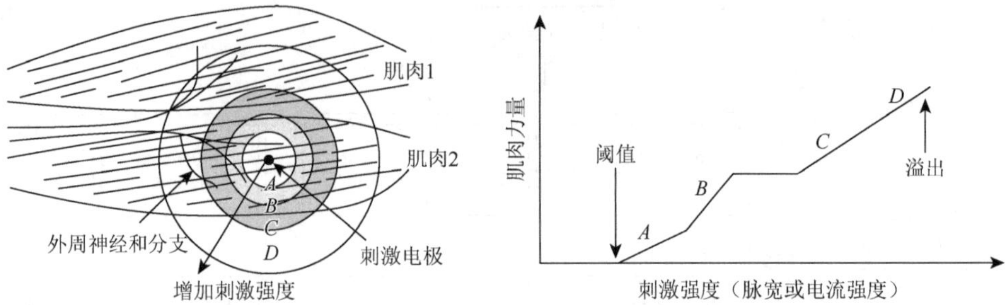

(a) 一个有髓鞘的纤维的电刺激　　(b) 电压分布图

图 12-4　容积导体的轴突图

（图片来源：He B. 2005. Neural engineering. Annals of Biomedical Engineering，25（1）：S-40）

FES 的逆反募集顺序导致快肌纤维总是首先被调动起来使用，而慢肌纤维总是最后被激活，以致电刺激的肌肉很快疲劳。当肌肉疲劳时，即使应用常规电极和波形，此时的募集过程也有所不同。它改变了神经元活性和肌肉力量的关系，因此也影响了募集特性。

募集特性对电刺激的功能表现有很大影响，最大肌力等级会被满溢现象限制，而募集特性的非线性变化会影响肌力的平缓增长。并且由于募集曲线与肌肉状态、病种、病情及疲劳状况均有很大关系，直接进行实验有相当大的困难。目前除了进行动物实验，还采用建立肌骨动力学模型的方法以期得到科学的结果，用以指导研究开发更先进的功能电刺激系统。

12.4　FES 的系统构成

12.4.1　FES 系统结构

FES 系统主要可分为电刺激器和电极两部分。其中，电刺激器包含微处理器、按键控制电路、D/A 转换器、功率放大器以及人机交互界面（液晶显示和按键）等部分，电刺激器系统结构如图 12-5 所示。

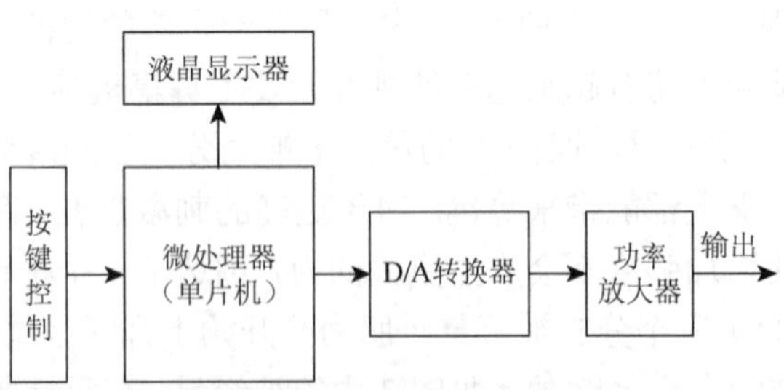

图 12-5　电刺激器系统结构

1. FES 电刺激器

FES 电刺激器是提供合适电刺激脉冲序列的装置，有恒定电流输出型和恒定电压输出型两种，也有二者混合型，通过开关切换模式。通常，FES 电刺激器具有调节脉冲宽度、幅度、频率等功能。其输出通道数量以 2 通道、4 通道、8 通道和 16 通道最为常见。通道数越多，能够同时刺激的肌肉越多。特别是使用经皮电极，往往需要在一块肌肉上放置多对电极。因此通道数多，刺激可更精准，指导动作可更复杂，肢体运动也更趋近自然状态。目前，刺激脉冲的控制和调节已从模拟电路的手动控制发展到以计算机编程实现的自动控制，更智能、快捷、准确，保证了电刺激的稳定性和可靠性。

2. FES 电极

电极是电路与身体直接接触的部分，其功能是将电流转化成组织中的离子流，但是必须保证在组织与电极接口处没有有毒离子产生，并且没有肌肉组织内 pH 过度变化的情况发生。电极的作用在于刺激目标肌肉组织形成刺激电流，同时避免其他组织兴奋。例如，只有纵向构成的电流才能刺激神经纤维，所以与肌肉组织等同的容积导体上施加电流，其方向是一个关键性变量。

一般需要两个电极才可构成一个电流回路，一个电极放置于可兴奋组织的附近，另一个电极放置于刺激处远端，这种放置方法称为单极型。如果两个电极很接近，则称为双极型，双极型电刺激会产生更好的电流传导。单通道刺激只需安放少量电极，而多通道刺激需要安放更多电极，以保持相同的电极通路。在 FES 领域，尤其当使用表面电极时，较少的电极往往会有更好的效果。

12.4.2　电极特性与电极-组织接口

1. 电极-组织接口的电化学特性

对肌肉组织施加电刺激，特别需注意电极材料及其特性。因为电极与组织接口直接接触时极有可能会发生金属电极中的电荷载体替代组织中电子的现象，此类电化学反应与电极材料和形状的选择密切相关。

电极与组织的等效电路是由电阻和电容共同组成的。电容代表电荷所产生的金属电解质界面的双电层结构，等效电容较高。对于低强度电流主要采用电路中的电容来等效，电容上一般有极少或几乎没有电流通过。但一旦施加超出电容通道特性的高强度电流，将会发生不可逆的化学反应导致大幅度降低阻抗，产生强烈的化学反应，这对人体组织或者电极都十分有害，应当特别注意避免。

同时必须保证电极工作在其线性（电容式）可允许的范围内，才不会引起组织损伤或电极溶解。为此，要求电极尽可能接近目标神经（此时所需最大电流最小），并选择具有高电容量（其他条件相同时）材料制作电极。此外，实际电刺激通常需要使用双相脉冲以实现电荷平衡，避免体内电荷积累造成不良后果。

2. 组织损伤

虽然临床上使用肌肉电刺激很少出现组织损伤问题，但是随着电刺激设备的广泛使用，我们仍需要对组织损伤的机制有必要的了解，避免产生危害。从总体上看，组织损伤可分为主动和被动两种。主动损伤指的是在组织和电极接口处产生电化学反应产物以及伴随神经兴奋产生的物理变化。被动损伤指的是手术外伤或由于植入设备所带来的化学或机械生物不相容性造成的损害。

电流导通造成的主动组织损伤通常是由电极与组织接口处产生的电化学反应或是由神经和产生神经兴奋的周围组织物理变化所导致的。1979 年和 1990 年先后有多位科学家证实，在周围神经系统和中枢神经系统中，电荷和电荷密度是影响电刺激导致损伤的共同因素，所以电化学机制和物理机制都会引起神经损伤。激活的神经元数量和空间范围与每个刺激脉冲的注入电荷有关，电荷密度则和在电极与组织接口处发生的电化学反应类型及比率有关。

在电极制造和植入过程中，生物材料的不相容和植入物的污染都会导致慢性炎症，通过巨噬细胞不断破坏健康组织。目前，经过严格清洗程序的优良金属导线和医药性绝缘体能确保组织损伤处于最低水平，保证这些材料能够适应人体复杂的生理环境。除此之外，组织损伤也可能产生于手术实施过程中，如神经过度拉伸或者电极硬性植入导致的局部水肿或其他机械性损伤。

3. 电极材料及形状

在一些特殊情况下，例如，靶目标肌肉位于人体内部或经皮刺激所需电流强度较高（易导致局部组织损伤），FES 电极往往需要被植入人体内部，此时电极材料基本上仅限于惰性化学物质（如铂、铂-铱、不锈钢等）。在电极尺寸的选择方面，通常认为电极灵活性越高，其产生创伤的可能性越小，因此小直径导线是优选的。一般不会使用直导线的弯曲结构，而会采用盘绕成螺旋结构的形式，从而减小应力。

12.4.3 FES 刺激参数

功能性电刺激在临床使用过程中通常需根据患者的病情、治疗方案、身体状态等实际因素设定不同的刺激参数，包括刺激的频率与模式、脉冲宽度、幅值/强度和波形等，本节将结合治疗机理与康复实例，详细阐述参数调节中需要注意的关键事项及可能产生的不良影响。

1. 刺激频率与模式

刺激频率定义为刺激过程中每秒产生的脉冲数，单位是 Hz。FES 刺激频率需要根据不同康复任务或目标而进行不同的设置，临床应用中通常设定在 10～50Hz 范围内，属于一种低频电疗法。为了避免疲劳和不适感，通常采用频率恒定的电刺激脉冲，这可以引起在较低力学水平上的平稳收缩。理想的上肢刺激频率为 12～16Hz，下肢为 18～25Hz。经使用不同频率的比较研究发现，应用 16Hz 的 FES 刺激股四头肌无法引起足够肌肉收缩去产生 40°膝关节变化。较低的刺激频率（10～30Hz）将会长时间影响被刺激肌肉的力学输出，这种现象称为“低频疲劳”。调节刺激频率的机制是通过改变肌浆网内 Ca^{2+}的释放和重吸收来调整肌肉收缩强度。当刺激频率增加到一定程度时，肌浆网 Ca^{2+}重吸收达到最大值时，肌纤维横桥周期产生最快运转，肌纤维产生的力矩达到最大值，此时肌力将不会继续增大。过高频率或长时间的刺激会导致肌肉疲劳和肌力降低。电刺激的频率选择有多种方式，常用的有恒定频率模式（constant frequency type stimulation，CFTs）和变频刺激模式（variable frequency type stimulation，VFTs），两者各有利弊。与传统的 CFTs 相比，VFTs 可以产生更强的肌肉收缩，但同时带来了更大的肌肉疲劳。其作用机制是通过高频脉冲刺激肌细胞，增加肌浆网 Ca^{2+}的释放。然而细胞内 Ca^{2+}浓度的持续增高又与肌肉疲劳有关，这是由于长时间刺激引发负反馈调节机制使肌浆网 Ca^{2+}的释放反应性减少。研究表明，两种模式的组合可能会达到优化的效果，首先应用 CFTs 以避免初始使用 VFTs 产生的严重肌肉疲劳，当 CFTs 刺激一段时间肌肉处于疲劳状态时可改用 VFTs，因为 VFTs 在肌肉疲劳状态下可以产生更强的肌肉收缩。刺激频率在较低水平时会产生“低频疲劳”，因此需要逐步增加刺激频率以避免这一效应。Kebaetse 等的实验结果显示，在电刺激过程中，刺激频率从较低水平开始逐步增高，将会产生长时间理想的肌肉收缩，这样的刺激方式比单纯恒定频率的刺激效果更好。

2. 刺激脉冲宽度

不同波形的波宽计算方法有所不同。对脉冲序列来说，波宽也称脉冲宽度（pulse duration）；对双相波来说，波宽由正负相位宽度组成。对于脉冲群，每个脉冲群持续的时间即其脉冲群宽度。波宽是一个非常重要的参数。要引起组织兴奋，脉冲电流必须达到一定的宽度。神经组织和肌肉组织所需的最小脉冲宽度不一样，神经组织可以对 0.03ms（有研究认为是 0.01ms）宽度的电流刺激有反应，而肌肉组织兴奋则必须有更宽的脉冲和更强的刺激电流，理想的脉冲宽度为 200～400μs。由于较粗的神经纤维更容易被激活，当脉冲宽度较小时，直径较大的神经纤维首先被激活，随着脉冲宽度的增加，直径较小、具有较高刺激阈值的神经纤维也被激活。因此随着脉冲宽度的增加，被激活神经纤维直径的平均值减小，而被激活神经纤维的总数目增多。脉冲宽度达到一定值时，将不会有更多的神经纤维被激活。较小的脉冲宽度对于所刺激的不同直径神经纤维选择方面，可以提供更大的空间选择性。当脉冲宽度在临床允许范围（50～500μs）内变动时，被激活神经纤维的直径范围仅有约 1μm 的变化，说明神经纤维的选择性激活还需要其他参数的共同调节来实现。被激活神经纤维直径范围最显著的变化发生在脉冲宽度为 10～100μs 时。当脉冲宽度大于 500μs 时会激活感觉神经纤维，此时患者会感觉疼痛。脉冲宽度与刺激频率的改变成反比，因此 Chizeck 等认为整合调节这两个参数可以达到理想的刺激效果。

3. 幅值/强度

FES 刺激信号的幅值（pulse amplitude，PA）是指所施加刺激的最大电压值，它直接影响刺激的强度。FES 刺激信号的强度是指刺激信号的波形对时间的积分。通过改变刺激信号脉冲的宽度（pulse width，PW）和脉冲的幅值这两个参数值就可以实现对功能性电刺激强度的实时调整。由 FES 刺激信号强度的定义可知，无论对 PW 和 PA 做何调整，只要信号波形对时间的积分不变（在坐标系中表现为脉冲面积相等），即可认为刺激强度相等。然而，在实际应用中脉冲的幅值需要大于一定的阈值才能够对目标肌肉形成有效的刺激进而引起其收缩。不同的被试者以及不同的肌肉所对应的阈值也不同，因此幅值不适合作为主要调整参数。但在脉冲幅值大于阈值的前提下，幅值和脉宽的调整对诱发肌肉收缩的效果是一致的。调整脉冲幅值的实现电路复杂且时间长、实时性差；调整脉冲宽度的实现电路相对简单，利用脉宽调制（pulse width modulation，PWM）原理即可进行精确、实时、有效的调整。

4. 波形分类

电刺激设备所产生的电脉冲，其波形模式经常由几何形状代表，如三角波、方波、梯形波、正弦波、阶梯波、指数波等，同时按电流方向分为单相和双相脉冲波。双相脉冲波又根据其两侧波形、大小分为对称双相波、平衡不对称双相波和不平衡不对称双相波。目前，尚无研究表明何种为最优波形，认为只要可以达到刺激效果且不造成不适感和组织损伤的波形均可选择。

目前，FES 中广泛采用的电刺激序列由一连串极短的脉冲组成。其特征是脉冲的宽度非常窄，通常是数十到数百微秒，但是两个脉冲的间隔时间非常长，刺激频率并不高，因此每一个单独的刺激脉冲只要强度足够大，都能使组织中的神经纤维有足够的时间反应产生去极化动作电位，达到刺激的效果。

12.4.4 反馈控制算法

在 FES 研究中，如何精密控制脉冲电流强度和触发时序，以保证电刺激作用效果能准确完成预定的功能动作是 FES 技术的关键。早期的 FES 系统采用开环控制，凭经验预先设置刺激强度和触发时序。可是由于肌肉、神经组织生理特性对刺激响应的随时变化以及受试者之间的个体差异，开环控制的 FES 系统虽然可以在一定程度上恢复肌肉的活性，但在准确性和稳定性上还远远不能够满足实际应用需求。因此，为了提高 FES 系统的稳定性，使之更具康复训练实效，FES 系统引入反馈机制，依据作用效果与预定动作的偏差，使用闭环控制来自动调整 FES 刺激强度和时序参数，可以降低由模型参数改变而引起的误差。同时可部分降低系统对医生的依赖程度，提供专业的康复训练，提升康复水平。

常用的几种反馈控制算法如下。

（1）比例微积分反馈控制（proportional integral differential，PID）。PID 是一种非常实用的反馈控制算法。它根据系统检测或操作偏差，利用比例、积分、微分运算获得所需调节量以对系统进行反馈控制，因其操作方便而广泛应用于工程实践。尤其当被控系统特性参数不明确或难以及时在线测定时，稳妥的闭环控制即可采用 PID 参数整定算法。面对肌肉的复杂性和时变性操作环境，由于 PID 的稳定性好、工作可靠，目前在功能性电刺激领域得到了广泛应用。

（2）人工神经网络控制。人工神经网络控制系统能够在线自适应调整控制参数，实现系统的较精确控制。该方式的最大优点在于控制精度高。然而由于神经网络的网络收敛特性和速度不能保证等问题，在控制过程中同样存在一定弊端，而且运用人工神经网络系统进行控制，其运算量比较大。

（3）模糊控制。模糊控制是一种利用模糊数学基本思想和理论实现控制的方法。在传统控制领域，控制系统动态模式的精确与否是影响控制优劣的最主要因素，系统的动态信息越详细，越能达到精确控制的目标。然而，对于复杂系统，由于变量太多，往往难以完全正确地描述系统的动态，传统的控制理论对于明确的系统具有强有力的控制能力，但对于过于复杂或难以精确描述的系统，则显得无能为力，因此便尝试着以模糊数学来处理这些控制问题。

由于神经网络具有很好的非线性表达能力，如果将人工神经网络与 PID 系统相结合，通过神经网络的自学习、加权系数的自调整来优化比例系数、微分系数和积分系数，继而控制功能性电刺激系统的电流脉冲强度，刺激肌肉来完成相应的动作，应该可以实现良好的控制效果。

图 12-6 是神经网络整定 PID 参数控制器结构，控制器由两部分组成：①经典 PID 控制器，直接对被控对象进行闭环控制，并且三个参数 K_p、K_i、K_d 为在线可调方式；②神经网络，根据系统运行状态调节 PID 控制器的参数，以期达到某种性能指标的最优化目标，使输出层神经元的输出状态对应于 PID 控制器的三个可调参数 K_p、K_i、K_d，通过神经网络自学习、加权系数调整，使神经网络输出为某种最优控制律下的参数。

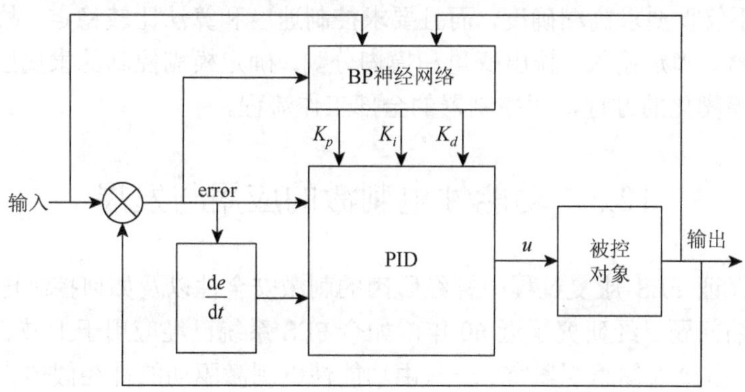

图 12-6　神经网络整定 PID 参数控制器结构

此外，采用遗传和蚁群融合的仿生算法对 PID 参数进行整定，确定自适应控制算法，可高效提高系统的控制精度和可靠性，该融合算法已在工业控制领域广泛应用。部分研究学者也将灰度控制思想和 PID 控制进行结合，吸收二者的优点：首先，它是一种事前控制，通过灰度模型的数学算法可以根据系统的采样预测出下一次将会出现的值；其次，它具有常规 PID 控制器结构简单、鲁棒性强、可靠性高、为设计人员所熟悉的优点。正是这两大优势，使得基于灰度控制的 PID 控制成为一种较为理想的控制策略。

利用 FES 刺激肌肉使其完成相应的动作时，电流不能过大而应快速使肌肉完成动作，如果电流过大至超过人的阈值，受试者会感觉到疼痛，甚至难以忍受，且会引起肌肉疲劳。所以快速整定模糊控制器的相关参数尤其重要。故利用遗传算法和蚁群算法优势互补，提高优化效率，快速整定模糊控制器的相关参数，其结构框图如图 12-7 所示。利用遗传蚁群模糊控制器即利用遗传蚁群融合算法整定模糊控制的量化因子、比例因子以及模糊规则中隶属函数的分布等参数。

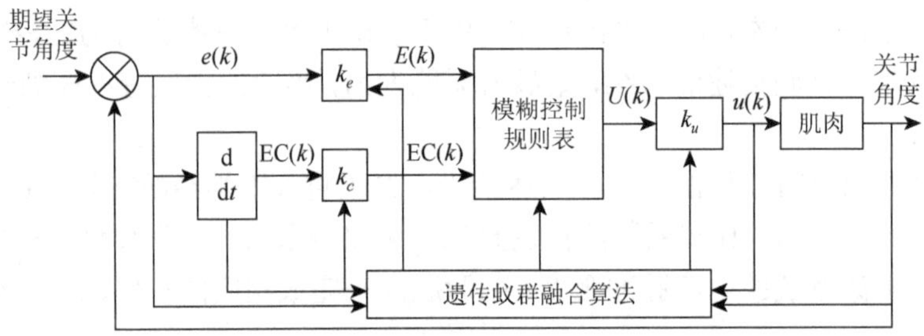

图 12-7　遗传蚁群融合算法模糊控制系统框图

（图片来源：张广举. 2010. 基于膝关节角度的助行功能性电刺激模糊控制研究. 天津：天津大学）

模糊控制器结构选择的实质是模糊控制器输入语言变量和输出语言变量的选择和模糊控制器的不同组合与扩展问题，模糊控制器结构选择是否合理直接影响模糊控制器的性能。控制 FES 时，肌肉结构比较复杂，具有非线性和时滞性，虽然对刺激电流的精度要求很高，但并不仅仅要求高精确度，而且要求控制速度和算法比较稳定，故采用较常用的二维模糊控制器。确定输入、输出变量和模糊分割，确定模糊控制的隶属度函数、模糊控制规则以及反模糊化的过程，即控制器的全部工作流程。

12.5　功能性电刺激的应用与发展

围绕如何保证 FES 康复过程中神经肌肉的刺激安全性以及如何控制电刺激参数得到适度的肌肉收缩问题已经研究了近 60 年。如今 FES 系统已经应用于上肢、下肢、膀胱、肠、呼吸系统等多个人体组织器官。一些由功能性电刺激驱动的神经假体也已经逐步商业化，其他相关应用系统也步入临床阶段。本节将从实体产品的角度介绍已有 FES 及配套治疗系统的功能特点与应用情况，特别是针对最经典的植入式 FES 应用——心脏起搏器进行重点介绍。

12.5.1　肢体功能性电刺激

1. 概述

通过 FES 刺激人体对应骨骼肌完成抓握、行走、踏车等运动从而实现相关功能的修复与增强是最常见的功能性电刺激技术应用。在康复替代的同时，FES 也可增加肌肉力量、加强循环和血流量、减少痛觉、促进组织愈合、抑制肌肉萎缩及减少硬化。虽然电刺激的直接效果只是对运动纤维的激活而引起肌肉收缩，但在这一过程中躯体感觉神经也会被电脉冲刺激影响，进而产生一定程度的功能重建。在 FES 康复训练过程中，使用者可在电刺激间隙有意识地收缩肌肉，与被动电刺激形成交替收缩的康复策略。因此，FES 训练实际上包含认知和运动学习。已有研究表明，FES 刺激上肢肌肉有效促进了手臂和手掌功能的全面改善，而且当电刺激与辅助治疗相结合，完成基于训练的自主活动或全部任务后，运动功能康复效果将更加显著。

FES 作为一种物理疗法，已广泛用于神经损伤患者的康复训练中。但是其一直面临着一个巨大挑战，即电刺激肌肉所产生的疲劳。虽然电刺激可以引起瘫痪肌肉运动，但是它比人体自身运动效率低。最重要的是，FES 将会引起过多的神经肌肉疲劳。大量研究人员正在探求是否可以通过改变频率、脉宽、幅值、电极位置等参数抑制疲劳。与此同时，新的商用 FES 系统正在陆续地开发上市，方便更多患者使用。未来，FES 是否可以为严重运动障碍患者提供更持久的功能改善效用，将是今后研究的一个重大热点。

2. 临床应用及发展

一款理想的 FES 康复设备在可施加适度的电刺激脉冲以达到预期康复效果的同时满足体积较小、便携性好的需求。在人机交互设计方面，应提供便于医师根据患者病情对刺激器的参数进行个体化设置的接口，从而制定更符合患者身体状态的康复训练计划。在医师根据不同治疗目标而选择不同的训练模式后，可通过快捷式编程或操作固化该模式至刺激器中。刺激模式一旦被设置锁定，患者即可将其带回家或其他适宜地点进行自主康复训练，无须再担心是否因误操作导致模式或者参数变化。患者只需开启设备，训练模式就可自行载入模式实施治疗。对于智能化 FES 设备来说，其还需具有同步记录刺激脉冲工作序列的功能，这将为康复医师提供更多的训练信息。目前，已有多家公司提供这样的便携化刺激器。Empi 300 PV（Empi, Inc., www.empi.com）是一个多功能便携式设备，兼具 TENS、NMES 和高压刺激功能。Chattanooga Group（Chattanooga，Inc.，www.chattgroup.com）提供便携式设备和台式临床设备，也设有多种电刺激模式供医师及患者选择。

Parastep I（Sigmedics, Inc., www.sigmedics.com）是首个获得美国 FDA 认证的 FES 步行系统，该系统通过对背部肌肉、臀部肌肉以及下肢肌肉进行同步协调刺激实现辅助行走的功能，Parastep 系统也提供一个手动控制的助行器实现站立和坐下的动作。经临床人员介绍，Parastep 是一项十分成功的研究成果，对躯体直立和步行都有显著的康复效果，尤其适用于 T_4～T_{11} 完全脊髓损伤的患者。

Advanced Reciprocating Gait Orthosis（ARGO）是 Hugh Steeper Limited（London，UK）开发的一个普及型步行设备，它利用一个四通道刺激器，与两个矫形器配合，刺激臀部肌肉和膝关节肌肉，从而移动下肢而完成步行周期。虽然这些设备很大程度上改善了患者行走能力，但是系统使用比较复杂，需要患者有相对高的力量和耐力。相比于 ARGO，Parastep 设备需要更多来自患者的主动输出，且更低效。近年来，美国凯斯西储大学研发了一个植入系统，协同地激活臀部肌肉、膝关节运动肌肉和躯干肌肉从而修复患者的行走功能。17 名颈部到胸部脊髓损伤的患者通过使用该植入系统，在站立和摆腿两种姿态上出现了不同程度的改善。

为了更好地针对下肢进行协调性功能训练，FES 也被嵌入脚踏车系统中。Therapeutic Alliances（www.musclepower.com，Ergys3）和 Restorative Therapies（www.restorative-therapies.com，RT300）是现今比较先进的康复脚踏车系统。该系统通过对上肢和下肢施加电刺激或是对下肢单独施以刺激来完成连续的脚踏车运动从而达到康复的目的。FES 下肢脚踏车的设计与实现已证明可通过一定 FES 训练帮助患者减少强直状态和改善姿态，并且增加下肢的力量和功能。Johnston 等招募了一名痉挛性大脑麻痹的成年患者，在完成为期 12 周的 FES 脚踏车训练后，其下肢肌肉力量和功能有明显改善。

Bioness 公司（Valencia，CA）最近开发了一款腓神经电刺激器，这是一款小型刺激器，黏附于小腿腓肠肌上，提供刺激脉冲，用于帮助脑卒中、脊髓损伤、多发性硬化、脑损伤以及大脑性麻痹患者步行。Bioness L300 也结合了一个脚后跟单元，可以检测步态周期中脚后跟着地时间，而触发对胫骨前肌的刺激使踝关节背屈。这解决了脑卒中患者的一大难题——足下垂。而 Bioness L300 Plus 加入了一个大腿刺激单元，帮助膝关节伸展，增加了步行周期中的稳定性。还有其他一些商用的腓神经刺激器：WalkAide System（Innovative Neurotronics，Austin，TX）、Odstock O2CHS（Odstock Medical，Avon，MA）。这些系统表明电刺激对脑卒中和多发性硬化患者有较持久的步行功能改善作用。

因为手指运动要求精度高且配合性强，所以通过电学方法引起相应的功能性运动十分困难。作为少数提供上肢神经假体的公司之一，Bioness 公司研发的 H200 设置有一个电刺激系统，嵌入在一个穿在前臂的热塑性外骨骼中，辅助手部完成张开和闭合动作。脑卒中患者或四肢瘫痪患者可使用该设备改善日常的手部抓握功能。

12.5.2　心脏起搏器

1. 概述

心脏起搏是现代临床治疗中诊断并治疗心血管疾病的最重要技术之一。它采用特定强度和脉宽的电脉冲刺激心肌以帮助心脏收缩。通过安装心脏起搏器，可以有效地缓解某些心脏疾病的症状，提高患者生存概率和质量。随着现代技术的发展，起搏器技术突飞猛进。如今起搏器已能根据身体生理参数自动调节工作模式，获得更好的治疗效果并正逐渐向多功能、永久型、自动化、适应性强的方向发展。

本节将就心脏起搏器工作原理、系统构成、适应证及最新进展进行简单介绍。

2. 原理与系统构成

心脏起搏器的生理学基础是心肌对微弱电刺激的收缩反应，其实际产品如图 12-8 所示，图中展示的是我国秦明医学仪器股份有限公司所研制开发的一款拥有自主知识产权的单腔植入式心脏起搏器。

心脏就像一个永不停歇的泵浦，在心房肌和心室肌等肌肉有节律的收缩下推动血液在全身血管中循环。心肌收缩运动需借助窦房结帮助完成，通常窦房结将起搏信号通过神经传导系统依次传递给心脏各部分肌肉，各部分肌肉在此信号下开始顺序收缩。但由于疾病或者意外，窦房结起搏功能有可能失常甚至丧失（称窦房结综合征）。有时窦房结功能虽正常，但心肌细胞却已丧失兴奋、传导及收缩功能。即便是局部细胞可以兴奋，但此兴奋不能扩散，则不能引起心脏整体跳动，这种症状称为传导阻滞。这些情况下心脏工作会出现异常，或心律失常，或心动过缓，严重威胁人的生命安全。

图 12-8　国产 Qinming 2312M 植入式心脏起搏器

（图片来源：http: //en.lepumedical.com/product-information/heart-rhythm/implantable-pacemaker.htm）

上述一些病症往往使用药物疗效甚微，因此通常用心脏起搏器帮助心脏恢复正常工作，以维持其泵血功能。

心脏起搏器的基本原理是通过输出一个短时间、低强度的脉冲作用于心脏，引起心肌的收缩反应，从而可以模拟心脏的自主搏动行为。从而有效安全地控制脉冲各种参数，可帮助心脏完成正常的跳动。心脏起搏器使用的常用基本参数有：起搏阈值（0.5～1.5V）、起搏频率（60～100 次/min）、脉冲宽度（0.3～0.5ms）、反拗期（300～350ms）等。

心脏起搏器系统通常由脉冲发生器、导管、内置电源等三部分组成，其安装示意图如图 12-9 所示。其中，脉冲发生器用以产生作用于心脏的刺激脉冲，电极和导线起到连接系统、传递能量的作用，电源为整个系统提供持续的能量供应。目前，已有众多人工心脏起搏器投入使用。按工作模式可将其分为同步型和非同步型。其中前者又根据作用位置不同，进行了心房、心室和房室顺序型的划分。现以经典 VVI 型为例进行心脏起搏器的具体工作原理介绍。

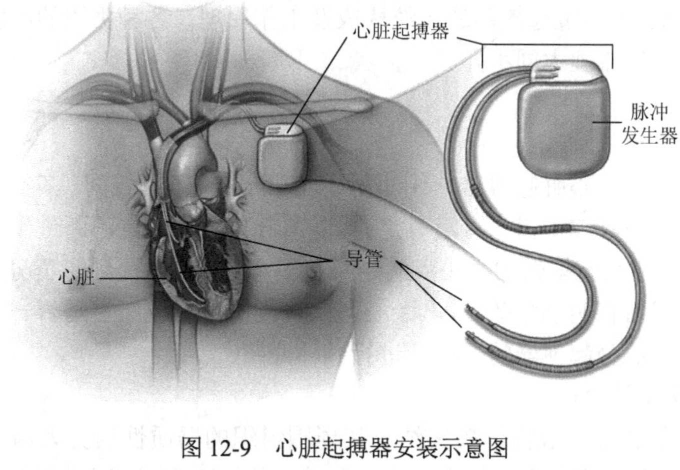

图 12-9　心脏起搏器安装示意图

（图片来源：http: //www.emedix.in/blog/pacemaker-profound-device-heart-patient）

VVI 型起搏器（心脏起搏器有其特定的命名规则，有兴趣的读者可自行查阅相关资料）是一种 R 波抑制型心脏起搏器。此类心脏起搏器一般通过植入心室内的电极同步实现信号采集和脉冲刺激功能。在用户体征稳定的状态下，心脏起搏器会以固定的节律性模式实施起搏辅助作用，刺激心脏完成正常节律性搏动。当心脏的跳动频率发生异常时，过快或过缓的搏动将会触发心脏起搏器的不同干预模式：例如，在心跳频率超过起搏脉冲的频率时，心脏所产生的异常 R 波将被植入电极检测，并将处理分析后的感知信号反馈回起搏器的控制单元，以阻断脉冲发生器刺激发放的方式，进行辅助起搏抑制，从而避免二者产生节律竞争；而在心脏突然停止跳动或频率陡减时，电极无法检测到来自心室的 R 波，则控制单元会在极短时间内进行模式判断并进行响应，即重启起搏功能。因此，心脏起搏器可保证在不同情况下实时地进行反馈并有效帮助心脏完成正常律动。其完整工作流程如下。

首先，通过心室中的植入电极实现信号采集，然后采用滤波器完成心脏起搏器自身射频干扰的消除和其余噪声的筛除，最后对得到的纯净心电 QRS 波进行 R 波的幅值增益，以保证 R 波检测器的准确性。该检测器产生的信号经控制单元输送至干扰滤波器，滤除低频噪声并保持基于该信号的输出脉冲频率的固定性。反拗期时间门一般以单稳态触发模式实现稳定的脉冲频率输出：当电极检测的心电信号到达该单元时，时间门会发生翻转，并产生一个原脉冲以重调发生器，从而进入下一周期。在这期间，时间门还会通过抑制门控制，对脉冲发生器的辅助脉冲进行抑制。这一暂稳态保持期一般称为反拗期，即此期间，抑制单元可屏蔽外来信号的干扰。

心脏起搏器内通常有一根舌簧管，用以控制磁铁试验电路。此电路的主要功能是检查起搏器电池的电量情况。首先将试验磁铁置于起搏器的埋藏部位，随后磁铁会作用于舌簧管，让舌簧管启动。此时门电路会阻止外来信号进入，让起搏器按照固定的频率工作。而频率的大小与电池的电压正相关，即电池电压越高频率越快，反之亦然，这样就可以检测出电池的状态。

脉冲宽度发生器会将一个确定的脉宽信号送到反拗期时间门，以此来防止脉冲发生器的自身抑制。而所发出的脉宽在电池电压下降时会变宽，以达到能量补偿的目的。电池报警电路是在电池电量耗尽时将脉冲发生器的输出降至频率最低、幅度最小的效果。

以上便是 VVI 型心脏起搏器的系统构成及工作原理。各种类型的心脏起搏器虽然有所不同，但基本工作原理大同小异。

3. 适应证

是否需要植入人工心脏起搏器，不同医师的判断往往不太相同。其实对于不同心脏疾病是否要植入人工心脏起搏器一直没有定论。随着起搏器技术的不断进步以及对心脏疾病认识的加深，可以应用起搏器的心脏疾病越来越多。除了前面提到的窦房结综合征和房室阻滞在使用起搏器后有明确疗效外，其余心脏疾病则不能一概断言是否一定适用心脏起搏器。下面即对人工心脏起搏器的适应证进行具体介绍。

1）病态窦房结综合征

病态窦房结综合征一般指以窦房结及其周围组织的器质性病变为病因的多种心律失常综合病症。其主要表现为窦房结至心房通路冲动传导障碍或窦房结冲动障碍。其中，慢快综合征并非为单向的心率异常病症，其交替出现的阵发性心律过缓及过速导致对病症的药物治疗产生了极大的障碍。人工心脏起搏器的出现则有效地解决了这一治疗矛盾，其实时的检测和反馈式控制系统，可以以优良的频率适应性和稳定性应对该类患者的病理特点，并满足其生理需求。

2）慢性双分支和三分支阻滞

若心电图显示心室内膜下右、左束支的不同分支中存在阻滞，即判断患者患有室内传导阻滞。该类病症按其阻滞部位以及阻滞程度差异进行分类。其中双分支阻滞及三分支阻滞由于恶劣的病变走向以及反复昏厥等严重的普遍症状，该类患者的病情控制显得尤为重要。而起搏器的出现为该类患者带来了福音。其可以极大地减轻患者的症状，并在一定程度上保持部分患者病情稳定。但是对于其是否可以有效降低发生猝死的概率，观点尚不统一。

3）颈动脉窦过敏综合征

颈动脉窦过敏综合征是指当颈动脉窦受到刺激时引起心脏血管反应最终导致晕厥的一种疾病。若出现晕厥或先兆晕厥，且心跳间隙超过 3s 则可诊断为颈动脉窦过敏综合征。有研究表明，有老年人会经常出现不明原因的晕厥，可以考虑此病症的存在，起搏治疗在这里可以起到预防作用。

4）与急性心肌梗死相关的房室阻滞

对于急性心肌梗死伴房室阻滞的患者，是否需要植入心脏起搏器很大程度上取决于是否存在室内阻滞，患有此类心脏疾病会导致猝死概率增大。因此，在决定是否使用永久性心脏起搏器进行治疗之前，要仔细观察患者的梗死部位、传导异常的类型等重要因素，并判断心电异常是否与梗死的发生存在必然关系。

5）成人获得性完全性房室阻滞

房室阻滞可分为一度、二度、三度三个程度，其严重情况逐级增加。临床试验结果表明，一度和二度Ⅰ型患者通常是不需要植入起搏器的，二度Ⅱ型阻滞则多为结下阻滞，容易加重发展成为三度房室阻滞，所以起搏治疗是必需的。通过植入心脏起搏器可以提高三度房室阻滞患者的生存概率。

6）某些特殊情况的起搏治疗

（1）肥厚梗阻性心肌病。

肥厚梗阻性心肌病患者在使用双心腔起搏器后能够降低左心室流出道的压力阶差，缓解流出道梗阻的症状；同时在使用双心腔起搏进行长期治疗后，即使控制起搏器停止起搏，仍可以使流出道的压力阶差保持在较低状态。

（2）特发性扩张性心肌病及心力衰竭。

采用短时房室延迟的双腔起搏器可以用于扩张性心肌病的治疗，改善房室延迟可以帮助房室机械性的同步。但是到目前为止还没有权威研究机构证明双腔起搏器对此类疾病有明显的改善效果，所以一般不建议此类患者使用起搏器治疗。

以上是目前临床医疗中心脏起搏器常见的一些适应证。

4. 临床应用及进展

在进行心脏起搏研究时，由于其要在人体内部埋藏数年甚至十几年的特殊性，要求起搏器必须做到性能可靠、使用时间持久、体积小、重量轻、表面光滑、与人体组织相容性好、耐腐蚀、材料无毒无害等，尤其是电极和导线。除以上条件外还必须满足机械强度良好的要求，起搏器电极与导线往往要随心脏一起搏动，每昼夜搏动频率高达 10 万次以上，其磨损率相当严重。而且其长期处于人体组织液中，会受到严重腐蚀。因此，电极与导线也是研究重点关注的方面。

经国内外多年的不懈努力，自世界首个人工心脏起搏器出现至今，心脏起搏器技术已有了翻天覆地的变化：从体外佩戴到体内植入；从单一固定模式的刺激脉冲到按需自主调节；从只能作用于单个心房、心室到以近人体生理房室顺序起搏。比重小、耐腐蚀、生物化学惰性的钛外壳和无毒无害的绝缘材料使起搏器的植入更加安全；高性能锂电池和其他电池为起搏器在人体内持久而安全地工作提供了有力的能源保障；新型充电技术的出现更是大大延长了起搏器的使用寿命；集成电路和分立元件混合组装电路的应用使起搏器更小巧便捷；高效微处理器与石英晶体时钟的结合让脉冲的输出频率更加精确。这一切都展示了起搏器研究领域的蓬勃发展，越发先进的技术也让我们看到了克服心脏疾病的希望。目前常用进口起搏器品牌有德国百多力以及美国圣犹达、美敦力。2016 年，美敦力推出的世界上第一款导管式心脏起搏器在美国获得 FDA 批准。这款产品是目前世界上最小的心脏起搏器，其大小仅为传统产品的 1/10，如图 12-10 所示。该设备采用无导线设计，内置无线同步起搏装置，可减少电极并发症。此外，不同于传统起搏器由肩部导入体内的方式，此款起搏器采用微创手术方法，可由腿部血管进入心脏，感染风险极小。更值得关注的是，这款微型心脏起搏器可根据患者的活动水平进行自动脉冲调整。在该产品的临床试验中，植入成功率高达 99%，无排斥反应报告，且可持续工作 12 年之久。

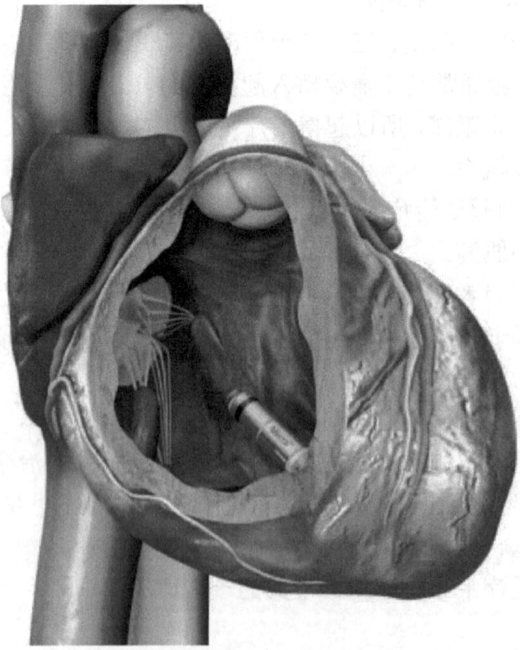

图 12-10　美敦力的 Micra 设备

（图片来源：Chen A W. 2015. The smallest artificial pacemakers in the world. British Journal of Cardiac Nursing，10（4）：190-193）

但目前心脏起搏器尚有不足：①仍伴有电极脱位、感染等大概率风险；②无法进行电磁屏蔽，易受干扰；③电池使用寿命有限（8～10 年）；④造价昂贵；⑤低龄患者使用受限等。综合以上原因，现在各研究人员致力于开发新的起搏技术。如果能实现患者心肌细胞自主性重获起搏功能，则既可打破上述弊端的限制，又可有效改善患者健康水平。这种设想即引出了生物心脏起搏器的概念。它是基于新兴的分子生物学、基因工程学、细胞生物学等技术，通过修复或替代心脏中的受损自律性节点或传导阻滞结构，从而恢复其整体功能。这种生物起搏器一旦研制成功，将会产生能源、耐用度、生物安全性等方面的里程碑式技术革新。目前生物起搏器的主要研究策略包括细胞移植、基因工程以及现阶段新兴的心肌重编程三类。

1）细胞移植

细胞移植方法可以选择异体细胞移植和干细胞移植。其中异体细胞移植是选择健康心脏供体中具有优良节律功能的起搏细胞，通过手术方法移植到患者心脏起搏节点组织处，使其发挥起搏作用，诱发心脏进行正常活动。由于该方法的异体排异以及细胞分化水平过高的局限，研究者又进行了干细胞移植的尝试。该方法可以选择同体或异体多种类型的干细胞，甚至可以选择经过基因工程改造的干细胞，通过体外培养定向诱导分化或表面过表达离子通道蛋白，移植进入心脏重建心脏功能。但是该方法也存在一定的缺陷，如存在致癌性、免疫源性等潜在风险。

2）基因工程

这一技术的研制设想是通过基因技术让心脏中不具有自律性的心肌细胞开始表达此功能，以代替原有自律点，形成新的起搏点，从而取代原有的房室结和窦房结；也可以如干细胞移植一样，让原有受损的起搏细胞的功能得以改善。

3）心肌重编程

在生物起搏研究初期，研究者主要着眼于干细胞的定向分化或下游的离子通道，该类方法虽然产生了一定的效用，但是仍具有较大的局限性。近年来，生物起搏器的研究重心转向了上游胚胎发育通路的再激活，诱导出生后心肌细胞进行类型转化来应对心脏传导阻滞，即心肌重编程。研究者发现，多类转录因子在窦房结发育过程中扮演了重要的角色，其中，关键调控因子 Tbx18 能促进心肌细胞到类窦房结起搏样细胞的转化，进而使细胞发挥起搏作用，该方法已经完成了以猪为实验载体，针对心律失常的“生物起搏器”的成功培育，并证实其维持日常生活需要的可行性。

生物起搏技术正处于起步阶段，虽然有完备的理论基础，但仍存在许多问题。就目前在动物及体外实验的结果来看，以上方法都展示了使用生物技术帮助心脏恢复正常功能的可能，相信未来生物起搏器技术的研究成果一定会让我们眼前一亮。

12.5.3　干扰电治疗

1. 概述

干扰电治疗是一种经皮电刺激疗法，它使用两组或三组中频交流电交叉输入人体，在人体组织内形成低频交流电回路，通过改变交流电的频率可以达到治疗多种疾病的目的。使用这种合成电流进行治疗的方法称为干扰电治疗。干扰电治疗的应用场景十分广泛，它可以帮助患者抑制疼痛、改善患病肌肉状态、修正自主神经系统的活跃性、消除水肿、促进骨康复等，是一项新型的康复治疗技术。干扰电治疗并不属于传统意义上的功能性电刺激，二者的电刺激频率、作用目标都不尽相同，但其在康复治疗领域的应用日益广泛，疗效显著，故本节对其原理、系统构成、临床应用及最新进展进行介绍。

2. 原理与系统构成

干扰电治疗的工作原理涉及波动电流之间的相互作用。通常，成对电极之间的低幅值电流并不足以直接激发肌肉神经细胞，而必须在相互干涉调制后产生较大的电流幅值高低变化，当电流幅值超过刺激阈值时才可能产生激发细胞动作电位的效果。由波动理论可知，两列或多列正弦波相遇时，若波的相位相同，则空间同相位叠加处的合成波幅会增大，而不同相位的两列波相互叠加后则产生相消作用。对于频率不同的波，当其中一列正弦波的波峰“追赶”上另一列正弦波时，也会形成幅值增大的合成波，随着波的继续传播，两波峰再度离开。当两列波不再同相时，则出现幅值相互抵消的现象。合成波交替出现幅值增大和减小的速率由两列波的原始频率差所决定，称为“拍频”（或“差拍”）现象。因此，当前述两列低幅值波动电流在空间某处发生同相位叠加（或拍频）时，叠加处的合成波电流强度会有大幅度增加，此增大后的电流强度可能超过细胞刺激阈值而诱发动作电位。干扰电治疗即利用这一干涉原理让低幅值电流穿过人体表层组织深入内部后，再经拍频效应增大电流强度而激发深层组织神经细胞动作，以便能在最大限度地降低对皮肤、浅层神经等组织造成伤害的同时，在深层组织中实施有效的电刺激康复治疗。

干扰电治疗系统的实际应用场景如图 12-11 所示。该系统通常包括一对信号发生器：一个可输出 4000Hz 固定频率的正弦波电流，另一个可输出频率范围为 4000～4250Hz 的正弦波电流。变频信号发生器可以在预设的频率范围内自动扫频输出，从而产生一系列频率不同的合成电流，完成不同的治疗任务。此系统合成后的电流是低频的，频率在 0～250Hz 范围内。频率将由原始电流的频率差值所决定。系统还包括一组电极，用于将信号发生器所产生的信号传输到皮肤表面以产生治疗效果。

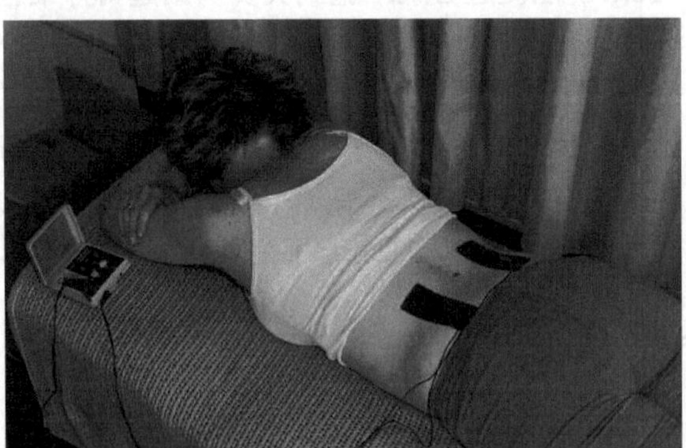

图 12-11　干扰电治疗系统：通过安放于痛区的电极进行针对性电治疗

（图片来源：Hurley D A，Minder P M，Mcdonough S M，et al. 2001. Interferential therapy electrode placement technique in acute low back pain：A preliminary investigation. Archives Physical Medicine & Rehabilitation，82（4）：485-493）

3. 临床应用及发展

干扰电治疗已投入临床多年，这里仅介绍其主要治疗方向。

1）肌肉刺激

传统神经肌肉电刺激的目的是恢复大轴突运动神经元。这种神经元的刺激阈值相对于小纤维更低，也会使其控制的肌肉纤维更容易疲劳。使用干扰电获得的运动激励通常比其他低频电刺激方法有更多优势。用于大多数自主肌肉上的电刺激最优频率为 40～80Hz，而用在由自主神经系统控制的内脏肌肉上时，其最优频率为 10～50Hz。

干扰电施加在肱四头肌上所产生的力矩比最大自主收缩所产生的力矩还要大 50%。这一表现与在其他电刺激方法中观察到的现象相同。同时，其在面部神经退化和径向上髁炎所致肌肉瘫痪的治疗中也表现出良好的临床效果。

2）疼痛缓解

疼痛缓解是干扰电治疗的重要应用方向之一。干扰电可以起到止痛作用的原因之一可以通过 C 类感觉神经纤维的韦金斯基抑制效应来解释。该理论随后由 Malzack 和 Wall 提出的“疼痛门”理论进一步修正。该理论认为动作电位在大直径由髓鞘传入神经中传输时，从皮肤接收器一直传输到位于脊髓灰质后角的中央上升感觉纤维（小直径无髓鞘感觉神经纤维），其上携带着疼痛信息。可以通过关闭疼痛信息进入中央神经系统的“大门”，阻止疼痛信息到达意识层面，即减少疼痛感的产生。同时，干扰电刺激通过加速体内液体循环，促进受伤处疼痛相关化学物质的消失也会有效缓解疼痛。

另一种帮助缓解疼痛的机制称为降疼痛抑制机制。疼痛信息由脊髓传入丘脑时会与中脑内许多结构发生相互作用。其中缝核在这些结构中扮演着较为重要的角色，它能将在纤维中增强的活性物质传递到负责疼痛信息进入的脊髓部分。因此，可以通过抑制神经传导物质的产生来阻碍进一步的疼痛信息传导。频率为 15Hz 的干扰电流可以最大限度地影响这类纤维。应用该方法抑制疼痛时，一开始疼痛会有增强，但止痛作用随后便会产生，且比“疼痛门”系统的效果更持久。

3）刺激自主神经系统与控制失禁

A_δ 和 C 类神经纤维及其他一些位于自主神经系统的细胞，通常直径很小且几乎没有髓鞘。临床研究显示，位于周围神经系统的小神经纤维在刺激频率超过 40Hz 或者小于 15Hz 时就不再具有传导作用。自主神经系统同样具备类似效应，因此可用于治疗周围性血管疾病中由交感神经切除术所诱发的血管舒张与交感神经营养不良。

干扰电治疗还可以用于缓解压力性尿失禁和急迫性尿失禁。对这两类患者使用 0～100Hz 的电刺激每周治疗三次，每个疗程 15min，患者的排尿频率都有了明显的降低。Laycock 和 Green 等通过动物实验获得了一些相关治疗结果。他们认为压力性尿失禁的最佳治疗频率为 10～50Hz，时长 15min。急迫性尿失禁最佳治疗频率为 10Hz，时长 30min。

4）控制循环及减轻水肿

作用于周围神经起始脊髓节段的电刺激能够诱发其所控制部位的周围血管舒张。Troeva 在使用干扰电治疗了一些闭塞性动脉内膜炎患者后，有效地改善了这些患者的症状。一名患有周围血管疾病的患者在接受了 10min 90～100Hz 的干扰电治疗后，症状明显改善。

100Hz 干扰电能够治疗急性水肿。干扰电通过激活肌骨骼泵并抑制交感神经活动，能够促进人体排水系统排出患病区液体。慢性水肿的治疗分为两个阶段：使用 100Hz 的电流刺激可促进血管舒张；使用 10Hz 的电刺激能促使肌骨骼泵将水肿部位多余液体传导回静脉和淋巴中。

5）神经损伤治疗

由脑血管意外所引发的痉挛状态可以通过干扰电刺激一些相应肌群来抑制。使用 50Hz 的干扰电能产生此作用，虽然痉挛状态会在 1h 后恢复，但此方法对患者有着潜在的疗效。

6）未来新进展

除上述已有应用，干扰电治疗还可能在以下方面应用取得进展。

（1）干扰电治疗可改变细胞内的酶浓度和其他一些对细胞新陈代谢过程十分重要的分子。此发现将有助于更好地促进骨康复，修复神经、肌腱、韧带及肝脏再生等技术的发展。

（2）干扰电治疗可用于人体深处组织治疗。它能采用不同的电流配置使其干扰作用于局部或更深层人体部位。与其他低频电刺激疗法不同，干扰电治疗可降低人体组织的电阻抗，在不引起不适的前提下让电流穿透到更深层的部位。

（3）干扰电治疗可以有效地刺激随意肌，促进外周血液流动，加速骨康复，与其他疗法相辅相成，对药物疗法、物理疗法进行有效辅助和促进。例如，配合腰部硬膜外注射对腰椎间盘突出症的治疗已经得到了临床验证。

目前国内已有比较成熟的干扰电治疗系统，例如，天津唐邦科技有限公司生产的 TB6809 型中频干扰电治疗仪，在临床实践中镇痛作用明显，且有促进淋巴回流、锻炼骨骼肌、提高平滑肌张力、神经节段反射与调节植物神经及消炎等作用。当干扰电治疗多种“神奇”治疗效果的作用机制被了解透彻时，干扰电治疗技术会越发成熟，逐渐成为一项多功能且有效的理疗手段。

12.6 本章小结

本章主要阐述了功能性电刺激的原理、特点及其应用现状。首先从 FES 的用途以及植入方式对 FES 进行了定义与分类，经过数十年的原理探究与技术发展，FES 已不再只限定于传统的功能替代，更作为一种有效的功能重建手段应用于康复治疗和训练之中。在明确基本概念后，本章从电学角度对电刺激作用于肌肉组织进行了机理探析，使读者能够了解其实质的激励效应。随着对神经电生理机制的深入研究，功能性电刺激的应用范围得到了极大的拓展，由此衍生的医疗产品也日趋成熟。最后对肢体电刺激治疗、心脏起搏器以及干扰电治疗系统的原理与构成、参数选取与设置、适应证、作用效果等分别进行了详细描述，希望读者能够借此对功能性电刺激的临床应用现况有整体的了解与把握，对当前 FES 技术在康复领域的功能替代和功能重建作用有清楚的认识。

放眼未来，用于肢体运动控制的 FES 系统将会不断智能化、一体化，最终嵌入基于中枢神经主动控制的神经假体中，这种更完备的 FES 高智能化交互式康复设备势必会极大地帮助运动障碍患者更自如地完成连续功能性运动作业，更好地恢复日常生活能力。同时，有关 FES 的干预治疗也将同其他康复疗法进行更紧密、有效的融合，逐步脱离临床试验阶段，加快商业化和实用化进程。同时，伴随着生物材料领域的进一步发展，植入式 FES 的适应证范围也会进一步扩大，越来越多的残障患者将受益于这项技术。这也对科研和医护人员提出了新的要求，有效普及 FES 技术及其康复机理，不仅可增加受益人群的数量，拓展技术产品市场，而且将为技术的更新与发展提供更坚实的平台。

思考题

1. 简述电刺激情形下肌肉募集特性及其对电刺激的功能作用效应的影响。

2. 电刺激模式的选择取决于肌肉是处于完全失神经支配状态还是部分失神经支配状态，如何判断肌肉是完全失神经支配还是部分失神经支配？

3. 干扰电治疗主要应用于哪些临床治疗？其最突出的优势是什么？

4. 简述常用的 FES 反馈调节算法，请对比其优缺点。

5. 请查找美国圣犹达、美国美敦力、德国百多力等品牌心脏起搏器的最新产品，总结目前心脏起搏器还有哪些缺陷。

参考文献

杜心才. 2005. 心脏起搏器原理及常见故障. 中国医疗设备, 20 (3): 35-37.

姜洪源, 廖志伟, 魏伟, 等. 2006. 功能性电刺激脚踏车系统在康复医疗中的研究与应用. 中国组织工程研究, 10 (9): 153-157.

蓝宁, 汪家琮. 1997. 功能性电刺激的原理、设计与应用 (一). 中国康复理论与实践, 3 (4): 151-154.

刘金琨. 2003. 先进 PID 控制及其 MATLAB 仿真. 北京: 电子工业出版社.

刘平, 张运, 王苏加. 2006. 生物心脏起搏器. 中华内科杂志, 45 (2): 152-154.

聂开宝, 蓝宁, 马亚权, 等. 1998. 功能性电刺激的原理、设计与应用 (三). 中国康复理论与实践, 4 (1): 153-155.

唐正径. 1983. 心脏起博器及其工作原理. 电子元件与材料, (3): 63-65.

徐敏. 2009. 功能性电刺激治疗系统的研制. 北京: 北京交通大学.

张广举. 2010. 基于膝关节角度的助行功能性电刺激模糊控制研究. 天津: 天津大学.

张澍, 王方正, 黄德嘉, 等. 2003. 植入性心脏起搏器治疗——目前认识和建议. 中华心律失常学杂志, 7 (1): 8-21.

周强, 董双节. 2017. 干扰电疗法联合腰部硬膜外注射治疗腰椎间盘突出症 50 例. 深圳中西医结合杂志, 27 (5): 146-147.

Bohs L, Mcelhaney J, Cooper E, et al. 2006. A voice controlled FES system for restoring hand functions in quadriplegics// International Conference of the IEEE Engineering in Medicine & Biology Society, Louisiana, 1564 (4): 1566.

Chen A W. 2015. The smallest artificial pacemakers in the world. British Journal of Cardiac Nursing, 10 (4): 190-193.

Doucet B M, Amy L, Lisa G. 2012. Neuromuscular electrical stimulation for skeletal muscle function. Yale Journal of Biology & Medicine, 85 (2): 201-215.

Goats G C. 1990. Interferential current therapy. British Journal of Sports Medicine, 24 (2): 87.

Guttman L. 1944. A basis for scaling qualitative data. American Sociological Review, 9 (2): 139-150.

Hambrecht F T, Reswick J B. 1977. Functional Electrical Stimulation: Applications in Neural Prostheses. New York: Marcel Dekker Inc.

He B. 2005. Neural engineering. Annals of Biomedical Engineering, 25 (1): S-40.

Hu Y F, Dawkins J F, Cho H C, et al. 2014. Biological pacemaker created by minimally invasive somatic reprogramming in pigs with complete heart block. Science Translational Medicine, 6 (245): 245-294.

Hurley D A, Minder P M, Mcdonough S M, et al. 2001. Interferential therapy electrode placement technique in acute low back pain: A preliminary investigation. Archives of Physical Medicine & Rehabilitation, 82 (4): 485-493.

Kapoor N, Liang W, Marbã N E, et al. 2013. Direct conversion of quiescent cardiomyocytes to pacemaker cells by expression of Tbx18. Nature Biotechnology, 31 (1): 54-62.

Liberson W T, Holmquest H J, Scot D, et al. 1961. Functional electrotherapy: Stimulation of the peroneal nerve synchronized with the swing phase of the gait of hemiplegic patients. Archives of Physical Medicine & Rehabilitation, 42 (8): 101.

Lyons G M, Sinkjaer T, Burridge J H, et al. 2002. A review of portable FES-based neural orthoses for the correction of drop foot. IEEE Transactions on Neural Systems & Rehabilitation Engineering, 10 (4): 260.

Nelson G D. 1993. A brief history of cardiac pacing. Texas Heart Institute Journal, 20 (1): 12-18.

Peckham P H, Knutson J S. 2005. Functional electrical stimulation for neuromuscular applications. Annual Review of Biomedical Engineering, 7 (7): 327-360.

Petrofsky J S, Phillips C A, Heaton III H H. 1986. Feedback Control System for Walking: U. S. Patent 4569352.

Popovic M R, Masani K, Micera S. 2012. Functional Electrical Stimulation Therapy: Recovery of Function Following Spinal Cord Injury and Stroke. London: Springer-Verlag.

Prochazka A, Mushahwar V K, Mccreery D B. 2001. Neural prostheses. Journal of Physiology, 533 (1): 99-109.

Zhang D, Zhu K. 2004. Simulation study of FES-assisted standing up with neural network control//International Conference of the IEEE Engineering in Medicine & Biology Science, California, 7: 4877.

第 13 章 电磁神经调控

随着电磁研究的蓬勃发展，电磁学在电气自动化、机械控制、生物医学工程等诸多领域得到了非常广泛的应用，以研究电磁场与生物系统相互作用为主要内容的新兴领域——生物电磁学应运而生。神经工程学中对生物电磁学的主要研究内容为外界刺激与人体神经系统之间的相互作用，其中电刺激和磁刺激是探索生物组织神经系统生理功能的重要方法。本章主要介绍电磁神经调控的三种技术手段：经颅电刺激（transcranial electric stimulation，TES）、经颅磁刺激（transcranial magnetic stimulation，TMS）和深部脑刺激（deep brain stimulation，DBS）。

13.1 经颅电刺激

经颅电刺激是使用持续的微弱电流直接对脑部特定区域进行电刺激的理疗技术，使用电流的强度为 1～2mA。经颅电刺激最初用来治疗脑部损伤患者，如脑卒中患者等，随着科学技术的发展，研究者发现，将经颅电刺激施加在不同脑区能够影响健康受试者在执行不同任务时的神经认知表现。现如今，经颅电刺激技术已经被广泛应用于增强语言能力、数学运算能力、注意力范围、记忆能力和协调能力等众多神经认知科学领域。

13.1.1 经颅电刺激简介

使用经颅电刺激进行临床治疗可以追溯至 18 世纪 50 年代。1755 年法国医师 Charles 为使一位盲人恢复视力，依据电刺激能够使视网膜产生兴奋的原理，将电极放置在患者的前额眼眶部及下肢，对患者进行了 12 次经颅电刺激，然而治疗并没有取得明显效果。1874 年美国神经科学家、著名外科医师 Bartholow 首次在手术中直接对一位颅骨有破孔的患者的大脑皮层施加了电刺激，发现微弱电流刺激能够使患者从麻醉状态中清醒，且使用电流刺激大脑皮层的某些区域时，能够引起患者不同部位肌肉的收缩反应。1980 年英国剑桥大学的 Merton 与 Morton 首先实现了经颅电刺激，以非入侵式方法直接经过颅骨刺激运动皮质，引起了对侧手肌肉的抽动，成功记录到了由手部肌肉收缩产生的运动诱发电位（motor evoked potential，MEP）。从第一例施加成功发展至今，相关研究表明，经颅电刺激技术可以在一系列的认知任务中提升受试者的行为表现，并广泛应用于感知觉的科学研究中，如增强认知训练（cognitive training，CT）、持续改善神经认知功能等。

1. 经颅电刺激分类

经颅电刺激种类繁多，常见的有经颅直流电刺激、经颅交流电刺激、经颅随机噪声电刺激三种。

1）经颅直流电刺激

经颅直流电刺激（transcranial direct current stimulation，tDCS）是经颅电刺激中应用最为广泛的一种，是使用直流电流（通常小于 2.5mA）直接改变受试者皮质神经元的静息膜电位的一种技术。经颅直流电刺激共有三种刺激类型：阳极刺激、阴极刺激、伪刺激。阳极刺激属于正刺激，能够引起细胞膜静息电位的去极化（depolarize），使神经元兴奋性增加并允许更多细胞进行自发放电；阴极刺激属于负刺激，会引起细胞膜静息电位的超极化（hyperpolarize），使神经元兴奋性降低，细胞的自发放电会相应减少；进行伪刺激时，设备仅发射一次短暂的电流刺激，在余下的时间内不发射任何刺激，在不告知受试者哪些试次是正常刺激、哪些试次是伪刺激的情况下，伪刺激可以作为对照组，用来排除受试者心理作用等因素对实验结果产生的影响。

经颅直流电刺激对于神经细胞的作用在刺激结束后依然可以保持一段时间，当对受试者施加 10min 左右电刺激后，其皮质兴奋性可以继续持续 1h。相关研究表明，经颅直流电刺激的这种效应与神经可塑性中的长时程增强（long-term potentiation，LTP）以及长时程抑制（long-term depression，LTD）的原理具有共同之处。近期研究表明，经颅直流电刺激在注意力、工作记忆、长期记忆、创造性思维以及社会认知等方面均能够产生短期增强效应。

2）经颅交流电刺激

经颅交流电刺激（transcranial alternating current stimulation，tACS）与经颅直流电刺激不同，这种技术是使用特定频率的振荡电流对神经元膜电位产生影响，其主要参数为频率和电流强度，一般来讲，其电流强度应不超过 1mA。经颅交流电刺激能够调节参与认知过程的神经振荡的振荡节律（rhythmic oscillations），从而改变皮质兴奋性、连接性，对学习、记忆等认知活动产生作用。

3）经颅随机噪声电刺激

经颅随机噪声电刺激（transcranial random noise stimulation，tRNS）是将无规律的微弱电流作用在受试者的大脑皮层上，其主要参数也为刺激频率与电流强度，通常使用的频谱分布在 0.1～640Hz。相关研究表明，经颅随机噪声刺激作用在运动皮层上时，也能够使皮质兴奋性增加。另有研究初步证明，经颅随机噪声刺激也能够产生类似于经颅直流电刺激在认知能力方面的增强作用，如增强感知能力、提高受试者在方向辨别任务中的正确率等，但在工作记忆方面并没有起到明显的改善作用。

2. 经颅电刺激设备装置

经颅电刺激技术所需设备较为简单，仅需要两个电极（阳极与阴极）及一个电源装置即可，通常选用一对浸有生理盐水的海绵或者棉布作为电极，在一些需要复杂次序的刺激中，也可以加入一个控制装置。对受试者进行经颅电刺激前，首先要清洗皮肤，以保证电极与皮肤之间的良好接触。如果实验需要刺激位置集中，则可以选择面积较小的电极；若实验需要刺激范围覆盖某个较大区域，则可以选择面积较大的区域。通常在放置电极时，将一个电极放置在靶区，另一个电极则放置在参考位置，一般放在刺激对侧的眶上区域，也有时放在颈部或肩部。在近期的一些经颅直流电刺激研究中也会用凝胶电极代替电极垫，称为高精度经颅直流电刺激（high definition tDCS，HD-tDCS），与普通经颅直流电刺激相比，高精度经颅直流电刺激对运动皮层兴奋性的影响更为显著和持久。

3. 经颅电刺激的安全性

为了尽可能减小经颅电刺激对受试者产生的副作用，科研人员进行了大量实验以确定最佳刺激强度和刺激持续时间。目前，普遍接受的最大刺激电流强度为 2mA，通常情况下会使用 1mA 或更小的电流强度。经颅电刺激后常见的副作用有光幻视（phosphene）、头晕、头痛等。有研究表明，当电流刺激区域为前庭系统，电极放置于乳突处时，最容易出现头晕现象。另外，近期一项拥有超过 500 名受试者的经颅电刺激实验中，仅有刺激皮肤与光幻视的副作用出现。安全协议建议，对同一受试者施加多次经颅电刺激时，至少需要间隔 48h 至一周，并在刺激前告知受试者可能出现的副作用。

13.1.2 经颅直流电刺激的应用

经颅直流电刺激近年来受到越来越多关注，在神经增强、神经康复、心理及神经系统疾病治疗等领域均有较广泛的应用。

1. 经颅直流电刺激与感知

经颅直流电刺激可以影响视觉、体感、听觉等通路的感知过程。视觉感知方面，研究表明，阴极经颅直流电刺激能够降低受试者的视觉对比度感知，当阳极经颅直流电刺激施加时间较长时，能够增强中央视野区域的对比度敏感性。听觉感知方面，在声响快速变化的范式中，将阳极电刺激施加在左侧听觉皮层会使得受试者的感知表现变差，由于左侧听觉皮层在处理快速变化的声音过程中占主导地位，产生这种现象的原因可能是电刺激使神经细胞处于超最佳活性（supraoptimal）状态。运动感知方面，在侦测运动圆点的范式中，当圆点的移动方向一致时，阳极经颅直流电刺激能够显著提高受试者的行为学表现，而当圆点的移动方向随机时，则阴极电刺激能够产生这样的效应，即经颅直流电刺激对皮质功能的影响与范式的类别和特征相关。

2. 经颅直流电刺激与学习、决策、情绪

1）经颅直流电刺激与学习

tDCS 的重要作用之一是诱发突触传递的长时程增强/抑制（long-term potentiation/depression，LTP/LTD），LTP/LTD 被认为是学习和记忆进程的生理基础，因此有研究利用 tDCS 对这些认知过程进行调制。

针对运动学习，其涉及的皮层包括：初级运动皮层、前运动皮层、辅助运动区以及顶叶联合皮层。研究发现，对受试者的初级运动皮层区域进行单边阳极 tDCS 刺激后，可以提升受试者对侧肢体的运动性能；也有研究表明，双边 tDCS 亦可提升运动学习效果，且提升刺激强度可能产生更好的效果；还有研究对初级运动皮层以外的区域展开，如对前运动皮层、小脑以及背外侧前额叶进行刺激。

除运动学习以外，tDCS 还被应用于语言学习、感知学习以及空间学习等方面的研究中。

2）经颅直流电刺激与决策

决策是一种在诸多选项中进行选择的认知过程，通常背外侧前额叶与决策相关，因此基于 tDCS 的相关研究也多围绕该区域展开。

在风险决策任务中，有研究对双边大脑半球背外侧前额叶进行 tDCS 刺激，结果表明，受试者在右侧阳极/左侧阴极刺激下会进行更加安全的决策；也有研究表明，单边左侧背外侧前额叶的 tDCS 刺激也有助于降低决策的风险。tDCS 对决策的效果还受到如年龄、药物（如尼古丁）等多种因素的影响。

这些研究表明前额区域与决策进程相关，也表明有/无风险行为不仅仅对应单一特定的脑区，tDCS 刺激后的作用效果与多种因素相关，如情绪、年龄以及药物作用等。

3）经颅直流电刺激与情绪

情绪是人对客观事物感知的心理体验和相应的生理及行为反应，情绪与大脑多个脑区的活动相关，因此仅有少数工作利用 tDCS 研究情绪与特定脑区之间的关系，且其中常用带有不同情绪的面部表情诱发相关特征。

有研究表明，对左侧背外侧前额叶施加阳极 tDCS 可以减少受试者对负面消极刺激的情绪反应，同时提高对积极刺激的认知控制水平。除前额区对情绪的调控之外，有研究发现颞上回对受试者感知不同情绪表情具有一定影响，颞上回被认为是情绪面孔以及威胁相关信息处理进程的重要区域。

情绪相关进程可以通过前额叶的瞬时 tDCS 调制，但研究结果表明背外侧前额叶与情绪进程的贴合并不紧密，类似于其他复杂的认知过程，诸如性别等个体因素会对调制结果造成不同影响，然而目前其深层机制尚不明确。情绪产生的位置距皮层表面较远，且难以利用目前的刺激手段对其造成影响，因此通过 tDCS 调控情绪并非一个容易达成的目标。

3. 经颅直流电刺激与神经性疾病治疗

1）经颅直流电刺激与重度抑郁症

重度抑郁症（major depressive disorder，MDD）是世界上最迫切需要解决的公共卫生问题之一，改善不平衡的皮质-皮质下活动和增强 LTP 可塑性是治疗抑郁症的一种方法。通过 tDCS 进行可塑性诱导适用于减轻抑郁症患者的认知和情感症状，这与其在健康人群中的效应相似。

有研究表明，使用 tDCS 刺激重度抑郁症患者的前额叶能够提高其认知功能，增强情感相关的信息处理能力，且受试者在数字模式测验（symbol digit modalities test）中的注意力及工作记忆表现均有提高。另有研究表明，在患者左侧背外侧前额叶上施加阳极电刺激可对其情感控制起到积极作用。此外，经颅直流电刺激与认知控制治疗（cognitive control therapy，CCT）结合使用能够显著改善抑郁症患者的病情，特别是对于老年患者。

也有研究表明，在患者双侧背外侧前额叶上施加 tDCS 有可能影响其隐性学习能力，这些结果与之前在健康受试者中进行的研究结果部分不同，虽然研究结果的具体差异可能是由诸如不同电极位置、当前流动方向和受试者群体等多种因素引起的，但是他们仍然指出，tDCS 不一定会发挥改善作用，甚至在某些情况下还可能损害认知功能。

2）经颅直流电刺激与精神分裂症

精神分裂症表现为思维障碍、社会行为异常，以及对现实感知失败。精神分裂症的症状是由各脑区功能异常引起的。阳性症状如幻觉与外侧、内侧和前侧颞叶皮层的激活增加密切相关。通过 tDCS 对皮层活动的各种病理改变进行抵消可能是一种有希望的治疗方法。

多项研究表明，tDCS 对精神分裂症认知功能有影响。Hoy 等研究了 tDCS 剂量对工作记忆性能的影响，在三种条件（电流强度分别为 1mA、2mA 以及对照组）下将阳性点刺激施加在患者左侧背外侧前额叶上，刺激持续 20min，发现只有电流强度为 2mA 的电刺激使患者在工作记忆任务中的表现有显著提高。另外，研究表明，将电刺激施加在患者后顶叶皮层能够纠正其在线二等分测验（line bisection，LB）中相对于健康受试者右偏的状况（线二等分测验通常用来检测受试者的视觉空间认知能力）。临床方面，近期的一项研究证明，经颅直流电刺激使 30 例精神分裂症患者听觉通路的幻觉症状显著改善，经颅电刺激已被用于精神分裂症的治疗当中。

这些初步研究的结果表明，经颅直流电刺激可改善精神分裂症患者的认知和行为功能障碍，并改善认知功能障碍相关的临床症状。对于通常不采用药物治疗来缓解的认知症状，经颅直流电刺激可能会在未来作为一种辅助疗法而受到关注，并得到发展。

3）经颅直流电刺激与疼痛

相关研究表明，经颅直流电刺激能够减轻由脊髓外伤、癌症引起的疼痛和纤维组织肌痛，但其作用机制尚不明确。Fregni 等在 2006 年发表文章称，经颅直流电刺激能够改变大脑皮层中神经元的兴奋性，间接性地调制痛觉区域（如丘脑核），同时能够对其他与痛觉相关的区域（如前扣带皮质、脊神经等）产生影响，从而减轻痛觉。Boggio 等在 2008 年所做的实验中，将阳极刺激施加在 20 名健康受试者的初级运动皮层区和背外侧前额叶皮质（包括调制杏仁体、前扣带皮质等痛觉网络结构），发现受试者的痛阈相较刺激前有所升高。Boggio 等认为，这表明经颅直流电刺激缓解疼痛的机制可能不仅仅与神经元的兴奋性有关，还可能与受试者痛阈的改变相关。

4）经颅直流电刺激与帕金森病

Fregni 等在 2006 年的另一项实验中，分别将阳极刺激和阴极刺激施加于受试者的初级运动皮层区以及将阳极刺激施加在背外侧前额叶，刺激时间均为 20min。实验结果显示，对初级运动皮层施加阳极刺激后，受试者的运动功能得到了显著改善，而施加阴极刺激以及将阳极刺激施加在背外侧前额叶均没有得到类似的结果。Boggio 等在 2006 年设计了相关实验，研究经颅直流电刺激对大脑皮层兴奋性的调节及其对帕金森病患者认知能力的影响。他们将阳极刺激施加于 18 名先天性帕金森病患者的左背外侧前额叶皮层与初级运动皮层，刺激强度分别为 1mA 和 2mA。实验结果显示，将 2mA 的阳极刺激施加在背外侧前额叶皮层时，受试者的工作记忆能力得到显著提高；当刺激强度为 1mA 时，不论刺激部位为背外侧前额叶皮层还是初级运动皮层，受试者的工作记忆能力都没有显著性改变。Boggio 等据此推断，经颅直流电刺激能够在一定程度上改善帕金森病患者的工作记忆能力，且这种改变可能是由于背外侧前额叶皮层兴奋性的改变所导致的。

作为一种新型的治疗方式，经颅直流电刺激因其无创、无痛、效果显著、仪器设备简单等特色在临床中逐渐得到比较广泛的应用。除了用于上述几种疾病治疗外，经颅直流电刺激在精神紊乱类疾病、神经损伤类疾病、内脏疾病等多个领域都有良好的临床效果。随着研究成果的逐渐丰富与科技的进一步发展，相信能够找到经颅直流电刺激的最佳模式，达到仅有最小副作用并有更持久的治疗效果，更好地为人所用。

13.1.3 经颅交流电刺激的应用

在过去的一二十年中，有很多研究致力于揭示大脑神经振荡与认知功能之间的密切联系，在这类研究中，通常会将特定的认知过程与相关的某一特定频率神经振荡联系起来。经颅交流电刺激这一技术手段在这类研究中经常受到研究者的青睐。

1. 经颅交流电刺激与神经振荡

经颅交流电刺激对大脑自发神经振荡具有一定的调制作用。Zaehle 等在 2010 年对受试者施加了频率为 10Hz 的经颅交流电刺激，刺激时间为 10min，并在刺激前 3min 以及刺激后 3min 分别记录了受试者的脑电信号，结果发现，在接受刺激后，受试者 α 频带（10±2Hz）自发神经振荡幅度显著高于刺激前。Merlet 等在 Zaehle 实验范式的基础上，将经颅交流电刺激的频率设定为 4～16Hz，每两个频率相差 1Hz，共 13 种刺激频率，结果发现，当频率为 10Hz 时，经颅交流电刺激对于受试者自发神经振荡具有最强的增强效应；在 8～12Hz 范围内，效应逐渐减弱；在其他频带范围内，没有发现显著的增强效应。

不同频率的经颅交流电刺激对于大脑运动皮层的效应有所不同。Feurra 等分别使用不同频率（5Hz、10Hz、20Hz、40Hz）的交流电刺激作用于受试者，结果表明，仅当频率为 20Hz 时受试者的运动皮层神经细胞兴奋性显著增加。Moliadze 等使用频率为 80Hz、140Hz 及 250Hz 的经颅交流电刺激进行实验，发现当频率为 140Hz 时，运动皮层神经细胞兴奋性在刺激后显著增强，且增强时间长达 1h。相关研究表明，当刺激频率更高时（如 1000Hz、2000Hz、5000Hz 等），也可以对运动皮层产生调制作用，该调制作用有时可长达刺激后 90min。

2. 经颅交流电刺激与认知功能

特定频率的经颅交流电刺激可引起受试者的光幻视，且其作用效应与外界光照条件相关。研究表明，受试者处于黑暗房间中时，频率为 10～12Hz 的交流电刺激最易引发光幻视，而当受试者处于明亮房间中时，该频率则为 14～20Hz。研究者认为，导致这种现象的原因是，当受试者处于黑暗条件下，大脑神经振荡在 8～12Hz 频带内活动最为显著，当受试者处于明亮条件下时，α 频带的神经振荡受到一定程度的抑制，兴奋性较高的频率向较高频带移动。

Sela 等在受试者进行决策任务时将 θ 频段的经颅交流电刺激施加在背外侧前额叶皮层（dorsolateral prefrontal cortex，DLPFC）上，研究交流电刺激对受试者高级认知过程的影响。电刺激的频率为 6.5Hz，强度为 1mA，受试者分为左侧刺激组、右侧刺激组以及对照组，在决策任务的 5min 前开始交流电刺激。结果发现，左侧刺激组的受试者相比于其他两组，更易做出冒险的决定，研究者认为这表明了决策方式与背外侧前额叶皮层以及 θ 频段神经振荡的某种密切联系。

近年来，越来越多的涉及感知、运动甚至更高级的认知功能的研究证实，经颅交流电刺激能够对大脑的神经振荡产生一定影响，进而影响受试者的行为学表现，且电刺激的频率、强度甚至振荡相位等参数在此过程中能够起到至关重要的作用。使用经颅交流电刺激为证明特定频率神经振荡与特定认知过程之间因果关系等一系列大脑研究提供了有效途径。

13.2 经颅磁刺激

经颅磁刺激是将时变脉冲磁场作用于中枢神经系统，改变皮质神经细胞膜电位，使之产生感应电流，影响脑内代谢和神经元电活动，从而引起一系列生理生化反应的磁刺激理疗技术。经颅磁刺激技术由英国谢菲尔德大学的 Barker 等于 1985 年创立，它与正电子发射型计算机断层显像（positron emission computed tomography，PET）、功能磁共振成像（functional magnetic resonance imaging，fMRI）、脑磁图描记术（magnetoencephalography，MEG）并称为 21 世纪脑科学研究领域的四大技术。

13.2.1 经颅磁刺激技术发展历史

1896 年法国医师、生物物理学家、电生理学家 Arsened'-Arsonval 首次在实验中使用经颅磁刺激，他将线圈做成筒状，使受试者头部处于线圈内，向线圈中通入交流电，使线圈产生磁场，受试者在磁场的刺激下会出现幻觉、眩晕等症状。英国物理学家 Thompson、Magnusson 和 Stevens 分别在 1910 年、1911 年对此现象做了进一步研究，证实了使用磁场刺激大脑能够产生光幻视的结论。1945 年 Kolin 等首先提出，在青蛙的肌肉神经上施加磁刺激能够激活外周神经，他们发现，使用带磁的刺激片包裹青蛙的坐骨神经会使其产生搏动，使用 60～1000Hz 的脉冲磁场刺激坐骨神经能够记录到青蛙腓肠肌的收缩。1956 年 Bickford 和 Fremming 使用瞬变磁场刺激人体，在人的混合神经上观察到了类似的激活现象，从而成功地将这种刺激模式应用到人体，这也是首次现代模式的经颅磁刺激，遗憾的是这种仪器非常笨重，没有迅速地在临床上推广。

1985 年 Barker 等首次研制出能够手持的经颅磁刺激器样机，他们将强脉冲磁场施加在受试者的大脑皮层上，观察到受试者的手部肌肉随着刺激节律而抽动的现象，这成为历史上第一个经颅磁刺激实验，自此拉开了经颅磁刺激技术应用于临床研究的序幕。由于经颅磁刺激方式安全、无损无痛，国内外对该技术及其临床应用做了大量的研究工作。现如今，经颅磁刺激技术已经成为神经科学领域的一个研究热点，发展十分迅速，经颅磁刺激器也从无到有、从简到精地发展起来。

13.2.2　经颅磁刺激技术作用机制

如上册第 2 章所述（参见 2.2 节），神经细胞有神经元和胶质细胞两大类，这两类细胞组成了神经网络。其中神经元能够利用其电化学特性完成神经冲动的产生、传递和神经递质的分泌，是接收、整合及传递神经生理信号的细胞。2.2.1 节介绍了神经元的电生理特征，即神经元在接受一定电刺激时，膜电位会发生一定程度的改变。

类似地，在经颅磁刺激的磁场作用下，人的大脑会产生感应电流，感应电流能够改变神经细胞膜的电位，实现对大脑皮层的刺激，从而改变脑内神经的电活动，影响脑内代谢，其生理学基础是短时程的皮层可塑性和长时程的脑内重组。如果刺激造成膜内电位升高，则称其为兴奋性刺激；若刺激造成更大的负的膜内电位，则称为抑制性刺激。通过改变经颅磁刺激的参数可以观测不同的生理和心理效应，能够对认知功能和行为表现产生促进或抑制作用。

生物组织磁导率几乎相同，磁场通过空间耦合极易穿透皮肤与颅骨到达脑内深层组织。在大脑组织中，头皮和颅骨的电阻率较大，而磁刺激产生的感生电流与作用组织电阻率成反比，因此将磁刺激施加在脑部时，头皮和颅骨等组织内的感生电流很小，受试者几乎没有不适感。

13.2.3　经颅磁刺激器系统

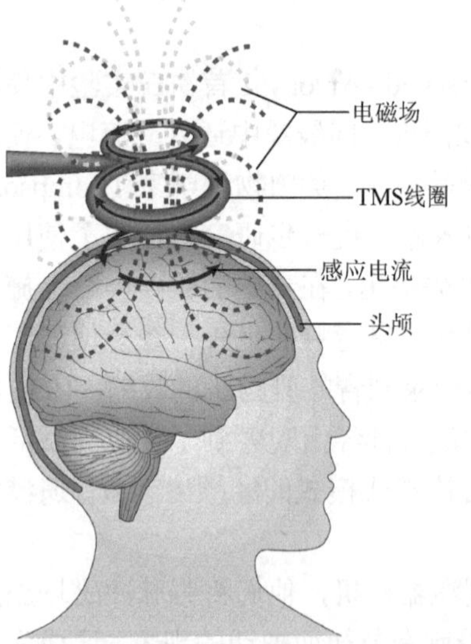

图 13-1　经颅磁刺激在大脑上作用示意图

（图片来源：Ridding M C，Rothwell J C. 2007. Is there a future for therapeutic use of transcranial magnetic stimulation? Nature Reviews Neuroscience，8（7）：559）

1. 经颅磁刺激器

经颅磁刺激器由两个主要部分组成：作为能源的高压大容量电容器和位于刺激线圈内部用于传递能量的感应器。使用电子开关对磁场刺激线圈进行放电时，刺激线圈表面能够在 1ms 内产生 1～4T（Tesla）强度的磁场。磁力线能够以极小阻力非侵入方式穿过头皮、颅骨和脑组织，在脑内靶点区诱发磁感生电流。皮层内靶点区电流可以激活其锥体神经元，引起轴突内的微观变化，并激发电生理和功能改变，既可以引起暂时性大脑功能兴奋或抑制的最终效应，也能产生长时程的皮层可塑性调节。图 13-1 示意了经颅磁刺激在大脑上的作用原理。

经颅磁刺激对神经元产生的影响取决于多种因素，如刺激电流强度、磁感应线圈形状和方向、刺激线圈相对于头皮的位置、靶区神经元的密度、靶区组织结构的电导率、神经元轴突和树突的方向等。线圈中的电流强度决定了其产生磁场的强度和靶区组织内的感应电流密度；线圈的几何尺寸及形状决定了其产生磁场的位形和靶区组织内感应电流的聚焦性。

目前常用的经颅磁刺激系统主要是英国 Magstim 公司生产的 Magstim 磁刺激器。Magstim 公司作为磁刺激器的发明者，是世界上最早也是最大的经颅磁刺激器生产厂家，该系统的电容器储压高达 2800V，电容器接收到输入触发信号后，储存在电容器里的能量就会立即传输到刺激线圈，可以使线圈在几毫秒内产生强大的电流。由于经颅磁刺激器生产技术要求较高，在很长一段时间内，世界上只有美国、英国和丹麦有能力生产。1986 年，坐落于我国国家自主创新示范区——“武汉 · 中国光谷”的依瑞德医疗设备新技术有限公司开始研究经颅磁刺激器的生产技术，并于 1988 年研制出中国第一台经颅磁刺激器，填补了中国在此领域的空白，经过 30 年的不断发展，依瑞德生产的经颅磁刺激器的主要性能指标已达到甚至领先同类进口产品。

2. 经颅磁刺激的线圈类型

磁刺激线圈的形状和结构决定了其产生磁场的空间分布，进而决定空间感应电场的分布，TMS 的刺激强度与刺激深度等均与刺激线圈的形状有着密切的联系，因此，根据需要选择适合的线圈是十分必要的。目前 TMS 线圈主要应用的类型包括圆形线圈、8 字形线圈、双锥形线圈。

1）圆形线圈

圆形线圈是 TMS 中应用较多的一种线圈类型，图 13-2 给出了圆形线圈实物图。圆形线圈多用于常规的检查及治疗，其优点在于刺激面积较大，同等输出刺激作用较强。圆形线圈具有一定的聚焦作用，能够实现深度刺激，但相关研究表明，圆形线圈尺寸越大，虽然刺激深度有所增加，但刺激的聚焦性下降，因此在实际操作时，应该根据需要选择尺寸适宜的线圈进行刺激。

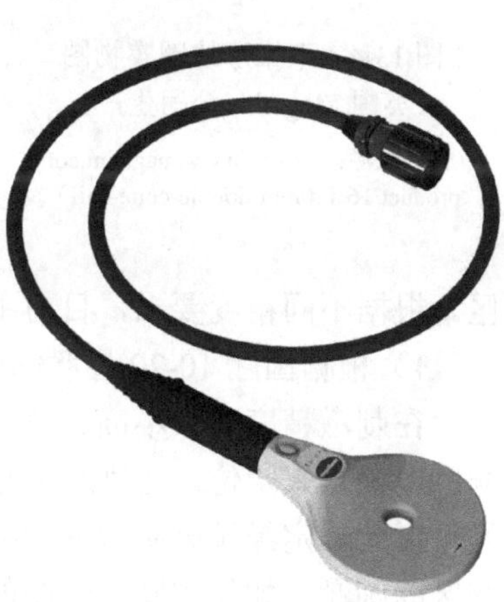

图 13-2　圆形线圈实物图
（英国 Magstim 公司生产）
（图片来源：https: //www.magstim.com/product/45/single-90mm-coil）

2）8 字形线圈

将两个圆形线圈并列放置，部分重叠，即可得到 8 字形线圈。8 字形线圈是目前公认的定位效果最好的一种线圈，其聚焦性也好于圆形线圈。8 字形线圈中，两个线圈中的电流方向是相反的，即电流在其中一个圆形线圈中按顺时针方向流转，在另一线圈中按逆时针方向流转，这使得 8 字形线圈在两个圆的连接部分产生最大的感应磁场，图 13-3 为 8 字形线圈实物图。

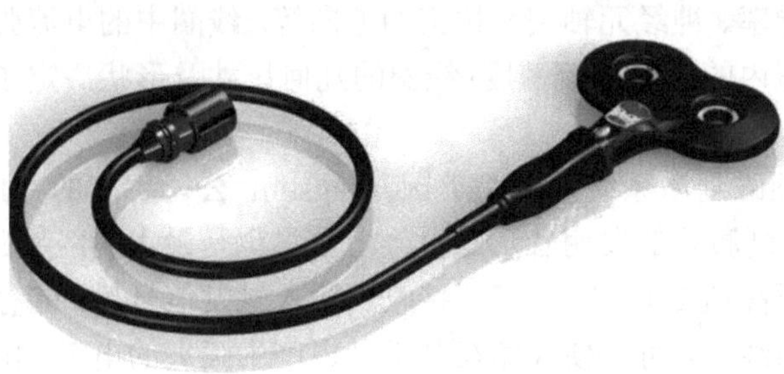

图 13-3　8 字形线圈实物图（英国 Magstim 公司生产）

（图片来源：https: //www.magstim.com/product/4/double-70mm-remote-control-coil）

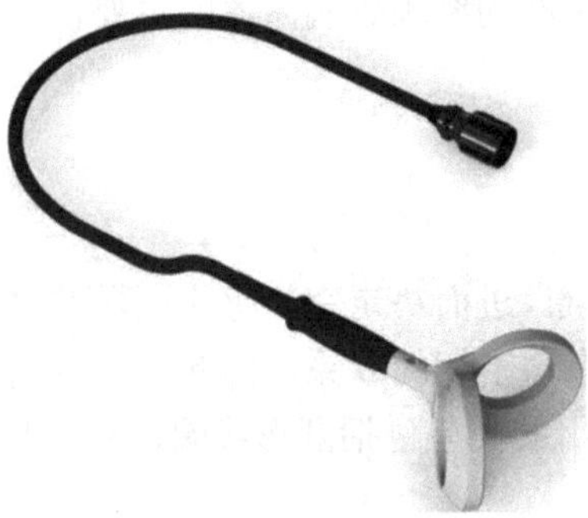

图 13-4　双锥形线圈实物图（英国 Magstim 公司生产）

（图片来源：https: //www.magstim.com/product/16/110mm-double-cone-coil）

3）双锥形线圈

将两个电流方向相反的圆形线圈靠在一起，保持90°左右的夹角即可得到双锥形线圈。双锥形线圈的最大特点是刺激深度大，在大脑 3～4cm 处依旧能够保持较好的刺激强度，适合于直接刺激支配盆底肌与下肢肌的运动皮层，可用于脊髓手术的监控。图 13-4 为双锥形线圈实物图。

3. 经颅磁刺激定位方式

经颅磁刺激临床应用的重要前提条件是确定所要刺激的靶区部位，仅知道大致神经区域只是粗略靶区定位的第一步，在实际操作中，需要更精确地定位刺激靶区。根据不同精度要求，目前主要有以下三种定位方法。

1）根据国际 10-20 导联脑电检测系统定位

在刺激精度要求不高、靶区范围较大的使用场合，通常可根据头皮脑电（EEG）检测导联电极点来定位。这种方法因只需受试者带上符合规范的 EEG 电极帽（无须安放电极）即可以此确定经颅磁刺激的大致靶位，非常简便，故在临床中应用较多。通常用于大面积脑区的刺激，如使用圆形线圈的经颅磁刺激。

2）根据刺激功能反应定位

如果已知经颅磁刺激对给定行为任务的影响，则可依据该任务可能产生的功能反应来指导刺激线圈的摆放位置。例如，刺激受试者不同位置的运动皮质，记录不同部位靶肌的运动诱发电位，可以根据其幅值和阈值对经颅磁刺激线圈的位置进行准确定位。对视觉皮层进行磁刺激能够引起光幻觉、对语言中枢进行磁刺激能够引起说话停顿等都可以为磁刺激线圈摆放定位。

3）根据 MRI 导航的无框架红外定位

经颅磁刺激定位导航系统最初是为了引导神经外科手术而开发的。该系统使用位置传感器取代传统的立体定位仪，位置传感器能够追踪头颅与线圈示踪器的位置和方向，并将这些信息叠加显示在受试者的脑影像上，允许实验操作利用脑影像中的线圈位置信息进行实时互动的经颅磁刺激模拟操作。操作步骤大体有以下几步。

（1）系统通过采集受试者的磁共振成像数据重建出受试者大脑的三维立体图像。

（2）利用导航系统将受试者实际头颅与大脑立体图像对准。

（3）通过红外跟踪线圈和受试者头颅位置进行实时导航定位。

显然，使用该套系统有以下优点：在实施经颅磁刺激的同时可以实时准确地获得刺激线圈的位置；通过受试者头部三维立体图像可以显示出整个皮层结构，叠加功能图像可以确定刺激所激活区域或直接标定刺激点位；系统可以和经颅磁刺激器连接并自动记录刺激靶区位置。

4. 经颅磁刺激的刺激模式

经颅磁刺激（TMS）有单脉冲 TMS、成对脉冲 TMS、重复性 TMS、模式化重复性 TMS、伪刺激 TMS 等多种模式，下面逐一进行介绍。

1）单脉冲经颅磁刺激

单脉冲经颅磁刺激（single-pulse TMS，spTMS）模式每次只发出一个脉冲，发放的频率不规则，通常依赖于事件或者手动控制等。spTMS 产生的弱电流场可以引起皮层的去极化。这种刺激模式一般以手持操作，主要用于电生理检查、测量运动阈值或诱发运动电位、测量外周神经的传导速度等。

2）成对脉冲经颅磁刺激

成对脉冲经颅磁刺激（paired-pulse TMS，ppTMS）模式中，脉冲以配对形式发放，两个脉冲之间的时间间隔非常短（几毫秒至几十毫秒不等），通常由手动控制。成对的两个脉冲可以输出到同一个刺激线圈对同一部位进行刺激，也可以分别输出到两个线圈对不同部位进行刺激。

3）重复性经颅磁刺激

重复性经颅磁刺激（repetitive TMS，rTMS）模式中，磁脉冲以固定的频率在一个固定靶点上发放。通常情况下，重复频率高于 1Hz 的，称为快速或高频 rTMS，而频率低于或等于 1Hz 的，称为慢速或低频 rTMS。将 rTMS 施加在运动皮质区能够诱发出连续的运动诱发电位。

rTMS 对受试者的影响具有持久性，即当刺激停止后，其作用依然可以保持一段时间，rTMS 的持久效应可以表现在运动皮层区，延伸至枕叶、前额叶、顶叶及小脑区，针对其研究涉及认知科学的众多方面（如感觉、注意、语言、学习、记忆和意识等），以及多种精神疾病（如抑郁症、躁狂症、强迫症、创伤后应激障碍以及精神分裂症等）。一些研究者预言，rTMS 与正电子发射断层扫描技术或核磁波谱分析技术的联合将会成为神经化学功能解剖研究的新兴工具。

4）模式化重复性经颅磁刺激

模式化重复性经颅磁刺激（patterned rTMS，prTMS）是常规 rTMS 模式的改进，将固定刺激频率单脉冲、固定刺激时间、固定刺激间歇的刺激模式提升为多脉冲或爆发性丛状脉冲，增加丛内频率、丛间频率、丛内脉冲数等参数，其中丛内频率是指每一丛刺激中，刺激脉冲的出现频率；从间频率是指每一丛刺激的出现频率；从内脉冲数指每一丛中包含的刺激脉冲数量。模式化 rTMS 的内容和含义与常规 rTMS 明显不同，其增加的各种爆发式丛状刺激模式中，每一丛相当于常规 rTMS 中的一个脉冲，多个丛刺激组合在一起相当于常规 rTMS 的一个串刺激。

丛状刺激模拟的是中枢神经系统生理动作电位爆发性的放电模式，现在常用的 θ 丛状刺激（theta burst stimulation，TBS）即从间频率为 5Hz、从内频率为 50Hz 左右的混合性刺激模式，其中 5Hz 的丛间频率与海马和皮质回路在处理学习、运动、记忆等过程中经常出现的内源性振荡，即 θ 波的频率一致，故称 θ 丛状刺激。θ 丛状刺激有以下两种刺激模式：连续 θ 丛状刺激（continuous theta burst stimulation，cTBS）是连续重复频率为 5Hz 的丛状刺激模式，这种脉冲刺激虽然不能够引起神经功能兴奋性的增加，但是能够快速引出神经功能的一致性作用；间歇 θ 丛状刺激（intermittent theta burst stimulation，iTBS）是在每两丛脉冲间都有一定时长休息的刺激模式，这种模式的脉冲刺激可以诱导神经功能产生长时程的兴奋性增强。

丛状刺激与传统刺激模式的不同之处有以下几方面。

（1）刺激强度小，仅需要运动阈值的 80%就能够使神经系统产生足够的兴奋性。

（2）总刺激时间短，仅需要传统刺激时长的 10%。

（3）对神经的调制效果明显，副作用小。

图 13-5 给出了单脉冲经颅磁刺激（spTMS）、刺激频率为 1Hz 及 10Hz 重复性经颅磁刺激（rTMS）、连续 θ 丛状刺激（cTBS）、间歇 θ 丛状刺激（iTBS）的时序关系，其中 iTBS 的刺激时间为 2s、间歇时间为 8s。

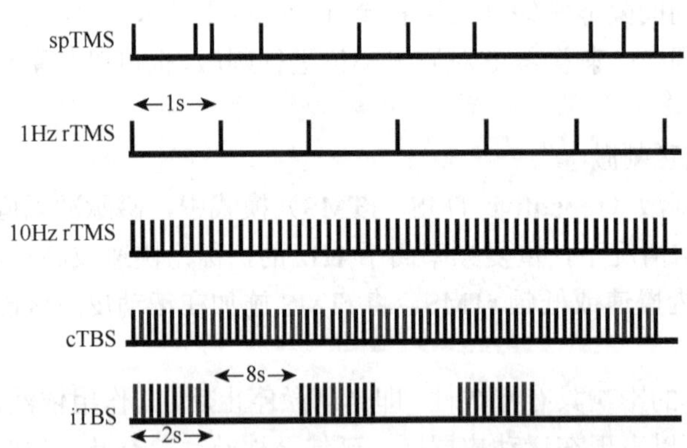

图 13-5　spTMS、rTMS、cTBS、iTBS 的时序关系

（图片来源：Dayan E，Censor N，Buch E R，et al. 2013. Noninvasive brain stimulation：From physiology to network dynamics and back. Nature Neuroscience，16（7）：838-844）

通常情况下，相比于模式化 rTMS，常规 rTMS 需要更长的刺激时间，且其对靶区产生作用的持续时间更短。因此，研究者预言，未来对 rTMS 的高级功能性研究中，模式化 rTMS，特别是 θ 丛状刺激模式会成为优先的研究手段。

5）伪刺激

由于经颅磁刺激的使用可能会成为受试者感知觉过程中的干扰源，因此，研究者需要一种虚假的“刺激”，使其能够在几乎不对大脑施加任何能量的基础上产生与正常经颅磁刺激相同的物理影响，这种刺激称为伪刺激。有了伪刺激的对照，才能更为精准地确定经颅磁刺激的作用。

施加伪刺激有两种方法，一种是对用于施加伪刺激的线圈进行特殊设计，使其外形、重量、刺激时的声响等均与“真线圈”完全吻合，二者唯一的区别即伪刺激线圈不能产生磁场；另一种是直接使用“真线圈”进行刺激，但在刺激过程中，通过改变刺激的角度、距离等，使之几乎不会对受试者产生刺激作用，常用的方法是将线圈放置在靶区的竖直方向，这样能够使磁刺激对皮质神经活动的影响最小化，得到近似于单纯物理影响的效果。

5. 经颅磁刺激的刺激参数

经颅磁刺激的刺激参数主要有刺激强度、刺激频率、刺激时间、串间歇期等，下面逐一进行介绍。

1）刺激强度

刺激强度指刺激线圈工作时在其表面产生的磁感应强度。在实际应用中，刺激强度指刺激线圈对神经系统刺激的作用强度。按照刺激部位不同，通常有运动阈值和光幻阈值两种计量方法。

（1）运动阈值。

运动阈值（motor threshold，MT）计量法依据“运动阈值”概念进行操作。由于不同个体对 TMS 表现出的耐受性不同，即相同的刺激强度对某些受试者最佳，而对另一些受试者则可能强度不足或强度过大，为此提出了“运动阈值”的概念，通过测量每个受试者对经颅磁刺激的耐受性，以加减百分比来决定相对刺激强度。通常在科研和临床上应用最多的刺激强度为运动阈值的 80%～120%。

（2）光幻阈值。

光幻阈值（phosphene threshold，PT）是衡量引起光幻视刺激强度的计量标准，通常施加在非初级运动皮层区域的电磁刺激不易诱发客观可计量的神经响应，但能够引起光幻视。光幻视是指在视野中出现明亮的光点，这种响应能够被受试者觉察，但是无法由观察者量化或测量，光幻阈值即衡量引起光幻视的刺激强度标准。光幻阈值与运动阈值无关，一般用于精神科患者，通常需要用双脉冲经颅磁刺激来进行测量。与运动阈值相似，光幻阈值表示能够使受试者在 10 个试次中至少出现 5 次光幻视的最小刺激强度。需要特别说明的是，大多数受试者都很容易测出运动阈值，但是只有一半的受试者能够测出光幻阈值。

2）刺激频率

不同模式的 TMS 对刺激频率的定义略有不同：当 rTMS 以低频（频率≤1Hz）进行连续刺激时，刺激频率是指每秒钟输出的脉冲数；当 rTMS 以高频（频率为 5～25Hz）进行间歇刺激时，刺激频率是指脉冲串内每秒钟输出的脉冲数；在模式化 TMS 中，刺激频率又分为丛内频率和丛间频率。

3）刺激时间

不同模式的 TMS 对刺激时间的定义有所不同。对于低频 rTMS，刺激时间指的是刺激从始到终的时间；对于高频 rTMS，刺激时间指的是每一个脉冲串从开始到结束的时间，也称为串时程或者串长；对于模式化 rTMS，连续 θ 丛状刺激的刺激时间是指脉冲刺激从始到终的时间，间歇 θ 丛状刺激的刺激时间则指有脉冲刺激的时长，间歇时间不算在内，也称为间歇 θ 丛状刺激时程。

4）串间歇期

在常规高频 rTMS 中，串间歇期（inter-train interval，ITI）是指两串刺激出现的间隔时间，包括串刺激时间和每两串刺激之间的休息时间。在模式化 rTMS 中，连续 θ 丛状刺激范式的串间歇期为 200ms（因丛间频率为 5Hz），丛内每个脉冲的开始到下一个脉冲的开始之间的间隔称为刺激间歇期（inter-stimulation interval，ISI）；间歇 θ 丛状刺激中，串间歇期是每丛的刺激时间与间歇时间之和，也称为丛间歇期（inter-burst interval，IBI），标准的间歇 θ 丛状刺激模式中，丛间歇期为 10s，包括 2s 的刺激时间和 8s 的间歇时间。

6. 经颅磁刺激的安全性分析

研究表明，一般来讲单脉冲 TMS 安全性较高，而 rTMS 有一定概率引起潜在副作用，如头疼等轻微不适，rTMS 产生的噪声有时也会对受试者的听觉产生轻微影响，所以若受试者对声音较为敏感，可以在进行 rTMS 时佩戴耳塞。现有研究表明，rTMS 引发的最严重不良反应是癫痫，且引发癫痫的 rTMS 脉冲频率多为高频（通常在 10Hz 以上），刺激强度也多在运动阈值以上，研究者可以通过控制 rTMS 的相关参数来避免此类情况发生。

尽管公认 TMS 是安全的，但有几类人群不能进行 TMS 刺激。

（1）由于 TMS 的高强度磁场会严重干扰金属类在体医疗器械（如心脏起搏器等）的正常工作，所以体内有金属植入物时不能接受 TMS。

（2）癫痫、严重心脏疾病、严重躯体疾病、颅内压增高的患者不能接受 TMS，研究表明，对具有癫痫家族史的个体进行 TMS 而诱发癫痫的概率更高，所以研究者在对受试者进行 TMS 之前需要提前调查其家族病史。

（3）孕妇、儿童不宜使用经颅磁刺激进行研究和治疗。

综上所述，研究者在对受试者进行经颅磁刺激时需要严格遵循原则。首先，应对参加研究和治疗的人员进行资格审查，了解受试者的病史和禁忌证，并请受试者签署知情同意书；在刺激参数的选择上需要注意频率、强度、时程的安全范围；实验中需要对受试者的生理信息和生理、心理状态信息进行监控和记录，对潜在危险必须进行应急预案准备，如受试者突发癫痫等。

13.2.4 经颅磁刺激与其他神经成像手段联用

经颅磁刺激技术最大的优势是可以无创地激活脑神经元，通过 TMS 创造的暂时性“虚拟损伤”可直接干预大脑皮层反应，这是到目前为止其他成像技术所不能实现的。近年来，将 TMS 与其他神经影像技术相结合的研究日益增多，在认知研究中更是得到了广泛应用。目前在认知神经科学领域使用较多的神经影像技术有以下几种：脑电图和诱发电位（evoked potentials，EP）技术能够以毫秒级的时间分辨率记录大脑的神经活动，可为 TMS 提供精准的时间信息，确保在最优的时刻对大脑施加刺激脉冲；功能磁共振成像技术能够提供相当高的空间分辨率，可为 TMS 提供精准的空间定位；正电子发射计算机断层成像（positron emission computed tomography，PET）技术能够计算受体对葡萄糖、神经递质等物质的摄入量，这些物质摄入量能够反映外界刺激对大脑神经活动的影响。脑活动受多方面因素的影响，其变化是非常复杂的，因此精确地控制变量、孤立单一变量是研究的关键。神经活动的复杂性使得 TMS 与任一脑成像技术的结合都成为一项探究大脑内部秘密的重要创新工具。

1）经颅磁刺激与脑电图

EEG 是最先与 TMS 结合的技术，目前 EEG-TMS 的研究成果多数集中于运动皮层。Paus 等在研究左侧初级运动皮层的神经元活动同步性时，对 TMS 刺激下的多通道脑电信号进行了记录，发现 TMS 诱发出了 P30、N45、N100 等几个主要成分，且谱分析表明，在一定时间内，TMS 在靶区及其附近引起了一段时间的 β 波（13～30Hz）的同步活动。研究者据此推测，将 TMS 施加于初级运动皮层有可能引起 β 波范围内皮层神经元自发活动的瞬态同步。近年来，EEG-TMS 应用于其他皮层的研究呈逐渐上升趋势。许多神经系统研究者对神经网络之间在功能上的相互联系、协同作用及重组、可塑性都有一定的设想，EEG-TMS 技术能够为这类研究提供有力的技术支持。

将 EEG 与 TMS 技术相结合也能提高 TMS 使用的安全性，当刺激参数超出建议的安全范围时，能够实时地在 EEG 中体现出来。EEG 技术对 TMS 脉冲刺激参数的导向作用同样能使 TMS 在最优的时刻对大脑施加刺激，以便对神经活动产生最大的影响。人们可以利用 EEG-TMS 技术分析脉冲磁刺激对任务相关脑电信号的影响，研究感知觉进程中神经网络在各方面的功能信息，包括信息传递过程中的前馈、反馈机制等。

2）经颅磁刺激与正电子发射计算机断层成像

正电子发射计算机断层成像能够展示大脑在 TMS 脉冲磁刺激下区域脑血流量（regional cerebral blood flow，rCBF）的变化，PET 技术能够同时捕捉整个大脑皮层与皮质下的神经活动，辅助疾病治疗，控制磁刺激参数。一些研究者利用 PET-TMS 技术对大脑在磁脉冲刺激下区域脑血流量的变化进行了研究，发现靶区域脑血流量的变化与脉冲磁刺激的数量正相关，而且磁刺激的频率与区域脑血流量存在一定关系，特定参数的 rTMS 还能够使脑神经网络产生抑制作用。区域脑血流量只能够间接地反映磁刺激对脑神经网络的影响，而使用氟脱氧葡萄糖作为示踪物的 PET 技术能够显示出磁刺激对大脑新陈代谢的影响，直接揭示人体大脑结构的生理学信息。一些研究者使用雷氯必利作为示踪物，利用 PET 技术显示 rTMS 对细胞外多巴胺浓度变化的影响，进而研究帕金森病患者在 TMS 脉冲磁刺激下纹状体多巴胺的释放情况。研究结果表明，在 TMS 脉冲刺激下，无症状的脑半球与有症状的脑半球在释放的多巴胺数量上具有显著差异。除了应用于临床治疗，人们还能够利用 PET-TMS 技术搭建神经网络模型，演示脑神经网络在磁刺激下的变化。

3）经颅磁刺激与单光子发射体层成像

单光子发射体层成像（single-photon emission computed tomography，SPECT）技术也能够与 TMS 技术相结合，在 TMS 脉冲磁刺激后进行 SPECT 成像，能够测量区域脑血流量的变化，其作用类似于 PET。虽然 SPECT 的空间分辨率远不及 PET，但其优势在于设备相对易得，价格相对较低。与 PET 技术类似，SPECT 也能够利用示踪物显示 TMS 对特定神经递质的作用，如在苯酰胺示踪作用下，利用 SPECT-TMS 技术可以研究 rTMS 对多巴胺这一神经递质的作用，从而实现对纹状体多巴胺与受体结合程度的分析。

4）经颅磁刺激与近红外光谱技术

近红外光谱（near infrared spectroscopy，NIRS）技术能够检测施加 TMS 期间和接受 TMS 后受试者大脑特定区域的血红蛋白水平，其时间分辨率仅次于 EEG 技术。通过增加 NIRS 光发射器和探测器（能够检测人体组织中血红蛋白浓度的变化）数量，可以有效地检测出单脉冲 TMS 对皮质中氧合血红蛋白水平的影响。由于 NIRS 是一种光学技术，TMS 产生的磁场对其影响相对较小，这个优势是许多其他成像技术所不具备的。

5）经颅磁刺激与功能磁共振成像

在所有非入侵式成像方法中，功能磁共振成像技术能够最清晰地显示 TMS 期间大脑神经活动的变化。fMRI 有着 EEG、SPECT、PET 所不具备的高空间分辨率优势，其时间分辨率也很高，仅次于 EEG 技术。fMRI 是断层成像，而 TMS 中线圈噪声会对 fMRI 成像质量产生一定的影响，因此，学者认为实现 TMS 脉冲磁刺激的在线 fMRI 测量非常困难。然而，Bohning 等成功地将二者结合，完成了 TMS 期间对氧合血红蛋白的检测。

13.3　经颅磁刺激技术研究与应用

经颅磁刺激技术从无到有地发展至今，已经在认知神经领域的科学研究、临床康复及治疗中发挥了巨大的作用，本节对其主要研究和应用进行介绍。

13.3.1　经颅磁刺激与脑可塑性研究

生物体为了能够主动适应内外环境的各种变化，其神经系统的结构和功能可以在一定程度上发生相应的改变，并维持一定的时间，这种改变称为神经可塑性（neuroplasticity）。类似地，脑可塑性是指脑有适应能力，可在结构和功能上修改自身以适应改变了的周围客观现实环境。从分子水平到行为水平，大脑神经系统是一个多级层次系统，因此，神经系统的可塑性也体现在不同层次上。从宏观角度来看，形态结构的可塑性表现在大脑体积与重量、大脑皮层厚度及功能区图谱位置、沟回面积等变化；从微观角度来看，神经系统中树突长度与分支变化、树突棘形态及数量和密度的变化、突触结构的变化及连接数目和空间分布等都是可塑性在形态结构上的体现；在生理功能方面，神经可塑性表现为神经网络连接的动态变化，神经兴奋性的改变，血流量和新陈代谢的改变，突触连接强度、传递效能、树突整合的变化以及反映神经细胞内成分、神经递质、受体、离子通道、基因转录和蛋白酶翻译调节等生物化学变化。

1）经颅磁刺激对海马的可塑性研究

由于海马的体积较小，其对信息的存储能力受到神经细胞数量的限制，研究者在近期的研究中发现，成年人大脑海马的齿状回中一些神经前体细胞能够不断增值，进而发育成新的神经元。当长时记忆转移到其他皮质后，海马内相关的过时信息记忆痕迹需要被清除，齿状回中的新生神经元正好能够进行海马中短期记忆的储存与删除。局部神经元网络结构中，新生的神经元不断增加，衰老的神经元逐渐撤出，一进一出的过程能够不断地消除海马中过去的记忆痕迹。新生神经元的寿命在啮齿类动物中一般为两周左右，与海马依赖性记忆的巩固所需要的时间刚好一致。所以海马能够通过这样的方式更换新生神经元，不断腾出信息空间来接受新的记忆。

在上册第 2 章 2.2.2 节介绍了突触可塑性与长时程增强，已有研究证实，有多种高频刺激模式能够引起长时程增强作用，其中比较常见的模式是频率为 100Hz 的脉冲刺激（每 100 次脉冲刺激后有 10ms 的间歇期）、连续 θ 丛状刺激（从内频率为 100Hz，丛间频率为 5Hz，丛内刺激数为 10）和待发 θ 丛状刺激（primed burst stimulation，PBS）等。待发 θ 丛状刺激模式的丛内频率为 100Hz，丛内脉冲数为 4，一丛刺激后 200ms 会施加一次单脉冲刺激，这种模式的脉冲刺激充分利用了大脑神经振荡与精密时控脉冲刺激丛之间的关系。另一种能够诱发长时程增强作用的刺激模式是在动作电位时间依赖可塑性（spike-timing-dependent plasticity，STDP）的基础上设计的，这种刺激模式会输出两个刺激，即输入刺激与目标刺激，输入刺激触发输入突触的潜在活性，目标刺激则触发目标神经细胞的潜在活性。为了诱发长时程作用，输入刺激先于目标刺激 5～50ms 施加，配合输出多次，通常情况下使用两种刺激以 10ms 的前后间隔，10Hz 的频率重复 50 次以达到诱发效果。

在低频率刺激（low frequency stimulation，LFS）的作用下，受试者会产生长时程抑制现象，其中最常见的低频率刺激模式是使用 1Hz 的脉冲刺激持续施加 10min 或 15min，另一种有效的刺激模式是双脉冲低频率刺激，包含两种脉冲刺激，期间有 200ms 的间隔，频率为 1Hz，持续时间为 15min。长时程抑制作用也能够由基于 STDP 的刺激模式诱发，值得注意的是，使用这种模式诱发 LTD 时，目标刺激与输入刺激出现的顺序与诱发长时程增强作用时刚好相反，即目标刺激先于输出刺激施加。

2）经颅磁刺激对运动皮层的可塑性研究

高频 rTMS，特别是高强度的高频 rTMS 能够易化皮质的兴奋性。一组脉冲数为 30、刺激频率为 15Hz、强度为 120%静息运动阈值的 rTMS 能够提高靶区运动诱发电位，作用持续时间在 90s 左右。一组脉冲数为 10、刺激频率为 20Hz、强度为 150%静息运动阈值的 rTMS 则能够使运动诱发电位提高的幅度更大，且持续时间更长，大约能够维持 3min。强度小于静息运动阈值的脉冲刺激通常需要更多的脉冲次数才能够显现出长时程作用。

低频 rTMS 通常会使皮质兴奋性降低。一组脉冲数为 240、刺激频率为 1Hz、强度为 90%静息运动阈值的 rTMS 仅能使施加组织的运动诱发电位降低 2min 左右。将持续时间为 15min、刺激频率为 0.9Hz、强度为 115%静息运动阈值的 rTMS 施加在运动皮质上引起的皮质兴奋性降低则至少能够在刺激后维持 15min。这说明强度越高的 rTMS 对处于放松状态的肌肉皮质兴奋性的作用越大，较低强度或者较低频率的 rTMS 对运动诱发电位可能几乎没有影响。

rTMS 的持续时间能够影响其对人体组织作用的持续时间和作用强度。脉冲刺激数相对较少（少于 20 次）的研究能够深入观察 rTMS 与皮质抑制性或兴奋性之间的相互关系。一组脉冲数为 4、刺激频率高至 20Hz、强度为 150%静息运动阈值的 rTMS 会对靶区的运动诱发电位产生抑制作用，持续 1s 左右。然而，如果脉冲刺激数量升高到 20 次，频率、强度均不变，那么 rTMS 就会对靶区域的运动诱发电位产生增强作用，并能显著增加且作用持续时间更久。

通常情况下，抑制皮质兴奋性的阈值会比易化皮质兴奋性的阈值更低，产生抑制作用所用的时间也比产生易化作用的时间要短。这说明，刺激数量少的 rTMS 容易对皮质兴奋性产生抑制作用，而刺激数量多的 rTMS 则容易对皮质的兴奋性产生易化作用，尤其是在高强度高频率的刺激下。

3）经颅磁刺激对视觉皮层的可塑性研究

对于正常的受试者，在视觉刺激后 100ms 施加经颅磁刺激可以抑制视觉感知及认知，具体表现为受试者看到的内容模糊或者无法看到目标。刺激视觉皮层也可以影响视觉想象。对于利用点字法阅读的盲人而言，他们的阅读主要是通过手指触摸等躯体感觉过程实现的，需要将触觉信息转换成有意义的语法和语义属性。在盲人盲读的同时给予经颅磁刺激，是研究跨感觉皮层可塑性的很好的例子，因此许多研究者对使用点字法进行阅读的盲人做了研究。从原有的理论上分析，刺激盲人的视觉皮层区域应不会对盲人的阅读及视觉想象造成影响，但实验所测得结果并非如此。

Cohen 等以正常人作为对照组，利用经颅磁刺激暂时性的“虚拟损伤”特性研究盲人不同皮层的区域功能，其受试者都是在早年生活就开始利用点字法或凸出罗马字母进行阅读的盲人。结果发现，对枕叶的短暂刺激会导致受试者在阅读任务中出现错误，并且引发触觉失常的表现。有趣的是，将同样的刺激施加在正常受试者的相同皮层区域，正常受试者的触觉表现没有受到影响，却引发了视觉行为的失常。这表明早年就失明盲人的视觉皮层功能已转向了对躯体感觉信息的加工，这种视觉与触觉皮层之间跨模块的皮层可塑性可以在一定程度上解释盲人出众的触觉能力。另外，有相关研究发现，盲人在阅读盲文时，右手食指的触觉诱发电位加强，皮层代表区扩大，视觉皮层被激活，而利用经颅磁刺激诱发视觉皮层可以选择性地干扰盲人阅读盲文的能力。这显示了视觉皮层在此过程中的重要性，即盲人初级视觉皮层与触觉信息的加工依旧存在一定的关联。

13.3.2　经颅磁刺激与脑功能定位

自 1960 年以来，现代科学技术的发展使得人们可以不通过外科手术来观察活体大脑皮层的功能并实现人脑的功能定位。使用 EEG、fMRI、PET 等技术能够迅速获得完整大脑活动直观图像，但对具体的皮层功能区域如何协同工作以及每个功能活动区域的具体作用只能做大致的观测和分析，无法直接对皮层施加不同刺激以观察神经作用的直接因果关系。

近几年，由 TMS 技术延伸出一种新的皮层功能定位方法，即利用 TMS 刺激特定的大脑皮层，研究皮层刺激后的机体功能活动，从而定位皮层功能区，TMS 在皮层功能定位中的应用主要集中于大脑皮层地形图研究、皮层高级功能定位和分离定位研究。为了评估大脑的高级认知活动，研究者也常使用 TMS 来阻断特殊的皮层功能，如中断正常的认知活动程序、阻断皮层兴奋性等。利用单次超强阈值脉冲（150%运动阈值）的 TMS 和特定刺激参数的 rTMS 可模拟暂时性的虚拟损伤来研究脑的高级功能活动。

1）语言功能区定位

TMS 可以对语言中枢优势半球进行无创定位。在受试者计数或对图片命名的同时使用 rTMS 刺激正前额皮层区域，记录计数或图片命名的完成情况，即可以测出优势半球。使用此方法得到的结果与确定语言优势半球的金标准，即 Wada 实验（颈部动脉内注射戊巴比妥钠步骤）具有很好的一致性。随着研究经验的积累和刺激器的改进，rTMS 有可能在语言优势半球功能定位上代替 Wada 实验，此外，使用 TMS 刺激运动皮质抑制颌肌能够产生非特异性语言阻断，使用 TMS 刺激左侧优势半球的额中回和额下回脑区时，能够产生特异性语言阻断。

2）运动功能区定位

利用 TMS 能够使皮质神经元兴奋，产生肢体肌肉运动反应或者检测到运动电位的方法，可以对大脑皮层的运动功能区进行定位。正常人运动皮质的定位依据是大脑皮层分区图，但从临床角度来看，其空间分辨率还不够理想。为了寻找手部某块特定肌肉对应的大脑皮层准确定位，首先可依据皮层分区图找到目标肌肉的大概皮层部位，从稍微偏离这个部位开始，划分出边长为 0.5～1cm 的 3×3 个格子或者更多，使用强度为 110%静息运动阈值的脉冲分别对这些格子内的区域进行刺激，在相应的肌肉处用表面电极或针电极记录电位，利用诱发的复合动作电位波幅与皮质刺激部位的映射关系做成地形图，找到地形图中电位波幅最高、潜伏期最短的位置即可定位该块肌肉对应的大脑皮层位置。

3）视觉功能区定位

由于经颅磁刺激能够使视觉皮质产生 100ms 的不应期，即 100ms 内受试者无法看到屏幕上闪现的图画，因此研究者可以使受试者注视屏幕中间的圆点，对受试者施加 TMS 并在 TMS 后 90ms 内在屏幕中不同位置闪现不同的图画，根据受试者能否看到图画及看到图画的位置来对视觉功能区进行定位。

4）体感功能定位

在受试者执行躯体感觉任务前 20～200ms 或任务后 0～20ms 向对侧躯体感觉脑区施加 TMS，会使受试者手指的躯体感觉功能受损，产生这种阻断的原因可能是 TMS 影响了脑区的下行传出功能。

总之，目前的研究已经表明，由 TMS 发展出的皮层功能定位新方法可以较准确、有效、无创地完成皮层功能定位，且可用来研究多个皮层功能区域如何协同工作及每个皮层功能区域的具体作用。

13.3.3　经颅磁刺激与肌体运动康复

脊髓损伤、肌萎缩性脊髓侧索硬化症、脑卒中、脑或脊髓损伤、脑瘫、肌营养不良、多发性硬化症等疾病导致越来越多的人虽然肢体完整却丧失或部分丧失了运动功能，给患者的生活和心理造成了很大的影响，也给社会和家庭带来极大的负担。临床的手术治疗或药物治疗还不能达到令人满意的效果，使用动力辅具虽然能起到功能替代的作用，却无法阻止肌肉萎缩及局部肢体功能的退化。肢体运动功能重建是对运动功能丧失患者进行康复治疗时必须关注的重点与难点，这关系到其日常生活能力和生存质量。

大脑皮层中控制躯体运动的部位称为皮层运动区，主要位于中央前回，它与大脑皮层体表感觉区有一些相似的特点。

（1）对躯体运动的调节支配具有交叉的性质，即一侧皮层主要支配对侧躯体的肌肉。但这种交叉性质不是绝对的，例如，头面部肌肉的支配多数是双侧性的。

（2）具有精细的功能定位，即一定部位皮层的刺激引起一定肌肉的收缩。功能代表区的大小与运动的精细复杂程度有关，运动越精细而复杂的肌肉，其代表区越大。

（3）从运动区的上下分布来看，其定位安排呈身体的倒影，下肢代表区在顶部（膝关节以下肌肉代表区在皮层内侧面），上肢代表区在中间部，头面部肌肉代表区在底部（头面部代表区内部的安排仍为正立而不是倒置）。

（4）从运动区的前后分布来看，躯干和肢体近端肌肉的代表区在前部，肢体远端肌肉的代表区在后部，手指、脚趾、唇和舌的肌肉代表区在中央沟前缘。

根据皮层运动区的这几个特点，研究者可以根据受试者所要执行的目标动作，用 TMS 设备刺激大脑皮层运动区的相关位置，以达到运动康复或重建的目的。

运动重建的最重要目的之一就是恢复自主运动控制的能力。目前运动康复方面的研究开始对运动观察和想象在运动功能重建中的影响给予更多的关注，并且普遍认为重复性的运动观察和想象能有效改善或重建运动功能。一些磁共振成像研究表明大脑在运动观察、想象和执行时具有相似的活动模式，并且在运动想象和观察实验中，初级运动皮层区均有参与。另外，经颅磁刺激研究结果表明，运动观察和想象时产生的运动诱发电位比静息状态时更高，这说明运动观察和想象能够提高相应区域的皮质兴奋性。以上为研究运动执行、观察和想象之间的规律和机制提供了重要依据。

1）经颅磁刺激与运动诱发电位

TMS 诱导的运动诱发电位技术是一项检测运动传导通路功能的神经电生理技术，由 Barker 等于 1985 年首先提出。它的基本原理是，使用 TMS 对运动区皮质进行刺激，其产生的兴奋通过下行传导路径使脊髓前角细胞或周围神经运动纤维去极化，可在靶肌群上记录到复合型肌动作电位（compound muscle action potential，CMAP）。CMAP 的潜伏期、幅度、均方根值、积分肌电值都可以用来检查 TMS 对运动皮层造成的兴奋性效应。运动诱发电位与体感诱发电位（somatosensory evoked potential，SEP）技术联合使用时，能够很好地反映神经系统的功能状况，目前已广泛用于脑血管病、脊髓损伤、周围神经病变等疾病的运动功能评价。已有大量研究证实，运动观察和运动想象均能有效改善运动功能，但是究竟何种刺激参数和想象模式对运动功能重建具有最佳的效果还有待深入研究。因此，借助 TMS 深化对运动观察和运动想象机制的理解，对于确定如何使用这些训练模式以得出最优的功能性结果是至关重要的。

TMS 运动诱发电位技术的研究正处于蓬勃发展阶段，目前主要应用在分析 TMS 对大脑的影响、探索大脑功能、研究神经连接以及分析神经类药物的作用等方面。TMS 运动诱发电位技术的研究可以帮助人们了解脑区功能和脑区间的功能连接，能够进一步揭示神经类药物对大脑的影响及作用等。虽然该方法还有待完善，但相信不久之后，TMS 运动诱发电位分析就可以作为基本的神经生理研究工具，广泛用于科学研究和临床治疗之中。

2）经颅磁刺激与运动想象

运动想象是一种复杂的认知现象，人们使用神经影像学证明，运动想象中的神经基质在解剖学上有一部分与执行真实运动的神经机制有着一定的联系。TMS 能够提供运动想象瞬间大脑神经活动的信息。Alvaro 等曾完成过一项非常经典的实验，使用 TMS 来研究人的运动神经系统突触在获得一项新的运动技能时的变化。他们设计了一段单手弹奏的音符序列，并将受试者随机分为实践组、想象组、对照组。在 5 天的实验期间，实践组和想象组每天进行 2h 的实践练习或想象练习，对照组则不需要做任何练习。每天练习结束后对受试者进行 TMS 成像，以得到运动皮层中指伸缩肌的相关数据。实验结果显示，想象组受试者在 5 天后对该曲目的熟练度有很大进步，虽然进步的程度相较于实践组受试者还有很大差距，但是想象组受试者的运动皮层可塑性改变程度却与实践组相差无几。

TMS 不但能够辅助研究者观察大脑神经活动信息，在运动想象的同时将单脉冲 TMS 作用在对侧脑半球 M1 区域，不论想象手腕运动还是其他的手部运动，该区域肌肉运动诱发电位的幅度均会有一定程度的增加。但是，这种现象在非运动相关认知区域的作用并不显著，这可能由其他脑电节律的去同步化作用所致。相关研究表明，TMS 在对侧脑半球易化区上的作用说明了运动想象能够引起初级运动皮层脑区突触适应性的改变，从而引起输出模式的改变。在康复治疗中，可以借鉴运动想象在行为学上产生的影响。

3）经颅磁刺激与运动信息整合（motor consolidation）

初级运动皮层脑区对于巩固与练习相关的运动技能有着关键性的作用，Classen 等在实验中先将 60 次频率为 0.1Hz 的 TMS 施加在受试者的运动皮层上，使拇指能够向一个固定的方向抖动（受个体差异的影响，不需要保证所有受试者抖动的方向都一致），然后停止 TMS，使受试者自发地将拇指向与其相反的方向抖动，频率为 1Hz，持续时间为 30min。随后，再次将相同强度相同频率的 TMS 施加在受试者运动皮层，持续时间为 40min。Classen 等发现，在最初的几分钟内，受试者拇指的运动方向与自发运动方向一致或相近，经过 25～30min 后，才能够回归到最初由 TMS 诱发的方向上。Classen 等认为，该实验结果说明，短时的运动训练能够影响皮质网络。Muellbacher 等在 2002 年所做的实验中，将刺激频率为 1Hz 的 rTMS 施加在受试者的初级运动皮层脑区，发现 rTMS 会破坏受试者之前在练习中获得的运动技能提高，即使是一项非常简单的技能。然而，Butefisch 等在实验中，在受试者自发使拇指向固定方向抖动的同时，将单次 TMS 施加在受试者对侧初级运动皮层脑区，实验结果发现，受试者运动区相应的记忆编码会被增强，且肌肉记忆的持续时间相较于不施加经颅磁刺激更长。Butefisch 等认为这一现象说明，特定模式的经颅磁刺激能够使运动记忆编码的效率提高，并增加肌肉记忆的持续时间。

4）经颅磁刺激与运动行为表现

以目前的研究方法，低频 rTMS 不会使受试者的运动基质产生变化，但是能够改变皮质的兴奋性，且作用时间长于刺激时间。将刺激频率为 1Hz 的 rTMS 施加在受试者的初级运动皮层脑区，使用神经成像及脑电对其进行监测，发现低频 rTMS 会使刺激部位的突触活动受到抑制，并引起大范围内运动区神经活动的变化。这表明，由 rTMS 引起的初级运动皮层脑区的变化能够针对运动区的神经基质损伤提供可塑性补偿。类似地，由低频 rTMS 引起的神经活动抑制或许也具有潜在的对皮质兴奋过度的控制作用，例如，低频 rTMS 能够缓解书写痉挛症状中肌肉的张力障碍、初级运动皮层脑区中皮质癫痫活动造成的对侧肌肉痉挛，改善由神经活动延迟造成的运动缓慢等。当然，这些假设还需要大量研究和实验的证实。

13.3.4 经颅磁刺激用于神经性疾病治疗

1. 经颅磁刺激在神经性疾病治疗中的具体应用

在神经性疾病领域，rTMS 有着比较广泛的应用，这是因为 rTMS 具有一些其他模式的 TMS 所不具有的特性，即 rTMS 有改变神经元兴奋性的作用，可以改变大脑局部皮层的兴奋性。相当一部分神经和精神疾病，如抑郁症、癫痫等都可归咎于特定大脑皮层神经细胞兴奋阈值的改变，所以，改变皮质兴奋性是成功治疗这些神经疾病和精神疾病的关键。近些年来，rTMS 逐步展现出它在神经和精神疾病治疗上的潜力。

1）经颅磁刺激用于抑郁症治疗

抑郁症（depression disorder）是一种心理障碍疾病，临床表现为持久的心境低落，从闷闷不乐到悲痛欲绝，部分患者会出现明显的焦虑和运动型激越，严重者甚至出现幻觉、妄想等精神病性质的症状。对于抑郁症的治疗，电休克疗法已经得到了临床的公认，近年来，rTMS 技术也逐渐用于抑郁症的辅助治疗。虽然 TMS 疗法还处于临床前的试验阶段，但其作用模式与治疗效果与电休克疗法有着相当多的共同点。就现有的研究结论来看，rTMS 在不同的脑区可以选择性地兴奋或抑制神经元的活动，其作用的位点较电休克疗法更为精确，可以减少副反应的发生。

研究表明，抑郁症患者存在不同程度的局部脑血流减低，其局部脑血流值与抑郁症的严重程度负相关，且主要表现在左额叶。高频磁刺激能更多地兴奋大脑皮层中水平走向的连接神经元，并可导致大脑皮层局部代谢水平增高，在治疗抑郁症方面显示出了巨大的应用潜力。精神病性抑郁症患者对于 rTMS 治疗的反应相对较差，对于伴有幻听的患者，可能需要在治疗的同时联合刺激左侧颞顶区。老年抑郁症患者对 rTMS 治疗的反应相对较差，这可能与他们的大脑皮层萎缩有关，增加刺激强度也许可以改善疗效。抑郁症发作时间短、伴有睡眠障碍、抑郁症家族史阴性者，采用 rTMS 治疗可能更容易起到作用。

2）经颅磁刺激用于躁狂症治疗

躁狂症（mania）的临床症状主要表现为心境高涨，从高兴愉快到欣喜若狂，且与其处境不相称，某些病例仅以易被激怒为主，病情严重者可能出现幻觉、妄想等精神病性症状。躁狂症是严重的情感障碍，常规药物治疗对于早期的兴奋和行为障碍疗效不佳。因此，临床中对处于疾病早期的患者常常在使用抗精神性药物治疗的同时联合应用 TMS。相关研究表明，使用 TMS 刺激患者右前额皮质对急性躁狂症进行治疗能够取得较好的疗效。

3）经颅磁刺激用于精神分裂症治疗

精神分裂症的主要征兆是基本的思考结构发生碎裂，可能造成思考形式的障碍并导致失去分辨内在和外在的能力。精神分裂症患者可能会自己表示有幻觉，或者旁人可以发现他们的表现受幻觉影响，患者也可能表达明显的妄想信念。使用低频 rTMS 对颞顶叶进行刺激治疗精神分裂症患者的幻听症状、使用高频 rTMS 对左侧前额叶进行刺激治疗精神分裂症的阴性症状均取得了一定的疗效。治疗精神障碍多使用刺激强度为 80%～110%运动阈值，刺激频率为 0.3～20Hz 的 rTMS，每分钟刺激次数、每天治疗时间及治疗次数、治疗天数、总刺激数量等在不同的治疗中因人而异。一般为每分钟刺激 40 次，中间休息时间最短为 20s，每天治疗持续 20min，每周 5 天，持续两周。使用 rTMS 对精神障碍疾病进行治疗并未见并发症，但是高频 rTMS 可能诱发癫痫，所以对于有癫痫家族史的患者要慎用，脑电图异常的患者也应该尽量避免使用 rTMS 进行治疗。需要注意的一点是，大脑兴奋性的改变是一种应激，患者在治疗之后应注意休息。未来的研究方向是将 TMS 与功能性脑影像研究相结合，针对不同的靶症状选择特定的脑区进行刺激，将有可能使 TMS 成为治疗精神分裂症的有效方法。

2. 经颅磁刺激用于运动疾病治疗

突触连接强度或者系统解剖学上的改变能够对大脑产生长期的影响，因为系统解剖学上的改变是由长时间的突触连接强度改变造成的，而从 rTMS 对大脑的长期作用理论上来讲就是对突触连接强度所产生的影响。目前，这一理论已经应用于许多运动疾病的治疗当中。

1）经颅磁刺激用于帕金森病治疗

帕金森病（Parkinson’s disease，PD）主要表现为患者动作缓慢、手脚或身体其他部分的震颤、身体失去柔软性等，是常见的老年人神经变性疾病，在 65 岁以上人群中有 1%患有此病，在 40 岁以上人群中则有 0.4%患有此病，本病也可在儿童期或青春期发病。多年临床观察结果表明，采取不同的治疗行为，帕金森病患者病情的变化差异十分显著。近年来，TMS 开始逐渐应用于帕金森病患者的治疗。TMS 不仅可以检测帕金森病患者的运动皮层兴奋性，而且可以对皮层产生兴奋或抑制影响，在帕金森病的发病机制、诊断评估、临床治疗上都取得了一些成果，由于临床中帕金森病的诊断主要依据病史和特殊的临床表现，TMS 作为客观检测指标有着重要的临床意义。常用指标有阈值、皮层潜伏期、中枢传导时间、波幅、中枢静止期。相较于其他方法，TMS 的临床应用不仅有助于帕金森病的诊断、病理生理的疗效观察，而且具有显著的治疗作用。同时，TMS 治疗本身安全无痛，易于患者配合治疗。另外，将 TMS 研究与 fMRI、SPECT 和 PET 等功能影像技术相结合，更有利于描述帕金森病的病理生理变化以及中枢神经系统复杂的功能。国外一些先期的治疗实验证明，用高频及低频 rTMS 均可以使帕金森病的临床症状得到一定程度的缓解。低频 rTMS 可有效缓解帕金森病的震颤、僵直、少动等临床症状，该模式的刺激可以增强皮层内抑制，延长中枢静息期，减少异常神经冲动的发放，促进多巴胺的释放及基底节区的血液循环，影响脑内儿茶酚胺的代谢，促进同侧内源性多巴胺释放，使同侧尾状核周围多巴胺增多，可以抑制大脑内神经系统多巴胺的分解，同时可调节患侧纹状体苍白球直接环路和间接环路的兴奋性，改善运动障碍等临床症状。rTMS 可以改善帕金森病患者的运动反应时间，抑制运动皮层区由不自主的神经元异常放电所引起的震颤，还能明显减轻帕金森病伴随的抑郁症状，这些均有利于帕金森病患者的治疗和康复。

2）经颅磁刺激用于癫痫治疗

TMS 最重要的应用之一是用于治疗癫痫。癫痫（epilepsy）是大脑神经元突发性异常放电导致短暂的大脑功能障碍的一种慢性疾病，癫痫发作是指脑神经元异常和过度超同步化放电所造成的临床现象，其特征是突然和一过性症状。癫痫本身是一种大脑异常放电导致的疾病，因此可以使用 TMS 来探测癫痫发病机制和抗癫痫药物的效果。除此之外，TMS 能够调节大脑皮层网络的兴奋性，可尝试用于癫痫的治疗。

许多 TMS 的相关研究发现，全面性癫痫患者的运动皮质阈值降低，这表明皮质兴奋性较高，部分性癫痫患者病灶侧大脑半球运动区的中枢静止期较病灶对侧的中枢静止期短，研究者由此推测，部分性癫痫患者运动皮质的抑制功能损害导致这种皮质兴奋性的不对称。进一步的研究发现，部分性癫痫患者病灶半球的中枢静止期在刺激强度大于 140% 时不会随着刺激强度的增加而延长，而在正常人中两者则呈线性关系。还有研究发现，一组病灶不在运动区的部分性癫痫患者其病灶半球运动区的中枢静止期短于对侧半球和正常对照。除此之外，皮质兴奋性的不同对不明原因的部分性癫痫是否具有诊断价值还有待进一步研究。

癫痫治疗方法有很多种，其中较出名的是分离型脑起搏器，通过控制大脑异常放电进而控制癫痫发作。目前临床上的抗癫痫药物并不能完全控制癫痫发作，特别对于难治性癫痫，而手术治疗也只适合一小部分患者。低频 rTMS 能降低大脑皮层兴奋性，因此用 rTMS 治疗或用于辅助治疗癫痫具有一定的前景，但仍然需要更多的临床试验以及与大量对照样本比较使得研究结果进一步明确。

3）经颅磁刺激用于脑卒中治疗

脑卒中（stroke）又称脑中风，是指急性起病，由局部血液循环障碍所导致的神经功能缺损综合征，临床表现为一过性或者永久性脑功能障碍的症状和体征。脑卒中患者的自愈现象体现出了大脑可塑性的能力，因此，研究者期望找到促进大脑可塑性的方法。由于使脑卒中患者复原取决于受损脑半球的可塑性，对此，一种可能的治疗方案就是使用磁刺激增加受损区域的可塑性。另一种治疗方案是对患侧的对侧脑半球进行磁刺激。对侧脑半球的初级运动皮层脑区通过经胼胝体抑制（transcallosal inhibition，TCI）能够对患侧脑半球的初级运动皮层脑区产生抑制效果。在一次实验中，研究者将频率为 1Hz 的 rTMS 施加在脑卒中患者的对侧脑半球初级运动皮层脑区，检验该区域皮质兴奋性的减小能否降低经胼胝体抑制并使患者患侧手部的运动状况得到改善。相比于伪刺激，连续 TMS 使得对侧脑半球初级运动皮层区的运动诱发电位幅度更大，经胼胝体抑制的时间更长，并且迅速缓解了患侧手部的运动障碍。患者在 rTMS 治疗后，运动功能上的改善与经胼胝体抑制的持续时间有着重要联系，在其他一些研究中也得到了类似的结论。

13.4 深部脑刺激

深部脑刺激（deep brain stimulation，DBS）可以直接影响局部或者分散式的脑部网络，不仅可以提供临床帮助，还可以让我们从更加基础、新颖的角度了解大脑功能。本节将简要介绍 DBS 研究现状，阐述 DBS 工作的理论机制，同时给出 DBS 系统组成结构。最后介绍其在现代临床中的应用，并展望其未来发展动向。

13.4.1 深部脑刺激研究现状

DBS 技术从出现至今已经有几十年的发展历史。1987 年，Benabid 与 Pollak 等第一次尝试利用 DBS 技术来治疗运动性疾病。随后，人们开始关注从患有帕金森病的动物模型试验中所得基底神经节病理生理学信息，并在 1993 年第一次使用双边高频电刺激作用于丘脑底（subthalamic nucleus，STN），有效地治疗了晚期帕金森病。最近，频繁采用 STN-DBS 治疗运动障碍疾病，在晚期帕金森病治疗上获得了巨大突破。产业化的 DBS 系统设备也开始逐渐出现。美国 Medtronic 公司研制出了 Activa 系统，于 1995 年获得欧盟认证，1997 年获得美国 FDA 认证。2013 年，由清华大学航天航空学院与北京品驰医疗设备有限公司共同研究开发的 DBS 系统开始投入动物临床试验，并取得了比较令人满意的试验结果。

现阶段，DBS 几乎完全替代了传统具有创伤过程的治疗方法，因为：①DBS 并不需要考虑毁坏脑部某个区域，由于其可逆性，它并不会妨碍将来可能出现的新治疗方法实行；②DBS 刺激参数可以事先调整，以便提高治疗效果并减少副作用；③DBS 更加安全，无损毁脑组织副作用且有良好的可操作性。

施加于特定脑区的 DBS 疗法已经成为最基本且成功率最高的治疗运动与情感障碍顽症的良方。它对慢性疼痛、帕金森病、震颤和肌张力障碍等疾病也有较好的疗效。DBS 通过控制行为来直接改变大脑的活跃性，因此是为数不多的几种可以让患者不知情地参与治疗的神经外科医治手段之一。

从 DBS 开始应用于临床，全球已有数万名患者症状得到了不同程度的改善。现阶段，针对不同的靶点，深部脑刺激的主要研究如下。

1）Vim-DBS 相关研究

丘脑腹侧中间核（ventral intermediate nucleus，Vim）是首个受到关注并用于治疗的神经核团靶点。通过对照实验发现，Vim-DBS 治疗方法与丘脑损毁术对药物抵抗性震颤的治疗效果相近，但比后者的副作用明显减少。Vim-DBS 治疗只能改善对侧肢体症状，而这在帕金森病等单纯以震颤为主要症状的疾病中并不多见，且随着病情的加重，多有更严重的运动障碍症状出现。故 Vim-DBS 疗法渐渐被后来的新方法所取代。

2）GPi-DBS 相关研究

GPi 神经核团是现在最常用的靶点之一。研究表明，使用双侧 GPi-DBS 方法治疗帕金森病可有效缓解病症。GPi-DBS 对异动症、震颤、运动迟缓、肌肉僵直等有很好的疗效，但不能减少左旋多巴的用量；GPi-DBS 与下述 STN-DBS 的适用症几乎相同，但有研究表明后者疗效更为明显。

3）STN-DBS 相关研究

STN 神经核团亦为现代临床中使用最普遍的刺激靶点。对晚期帕金森病患者进行持续 3 个月双侧 STN-DBS 治疗后，可明显改善运动迟缓等症状。STN-DBS 疗法不能治疗左旋多巴缺乏引起的运动障碍，但可帮助减少左旋多巴服用量，甚至能帮助患者停服左旋多巴。

随着 DBS 技术的不断发展，将会发现更多对治疗有益的神经核团靶点以帮助更多患者康复。

13.4.2 深部脑刺激研究内容

1. 深部脑刺激原理

虽然 DBS 已在临床应用了很长时间，且最近 10 年逐渐发展为治疗晚期帕金森病和一些其他难治性运动障碍疾病最具潜力的方法，但对其根本的治疗机制至今未有定论，故本节仅介绍一些实验所得 DBS 运作机制的推论。

通过神经活动记录、神经化学分析和功能成像等方法可直接观察电刺激各项参数在人或动物实验中对大脑活动的具体影响。此外，一些推算模型可用来检验或预测 DBS 对神经组织的作用效果。大量实验和临床数据表明刺激频率是影响 DBS 临床疗效的关键因素。

除频率外，通过对比 DBS 与有创手术之间疗效异同探究 DBS 运作机制。但这也引发了对 DBS 作用机制的疑惑：DBS 对神经元是起抑制还是激活作用。在生理学原则基础上，通过对神经元结构的研究，普遍认为对神经元的刺激只会引发轴突或细胞胞体的兴奋。然而从 DBS 应用开始，人们就发现高频电刺激作用等效于切除大脑某一部分。该现象首先在 Vim 神经核团区被发现，随后逐渐在 STN 区和 GPi 区也被发现，并在下丘脑腹内侧核与下丘脑后部均发现了这一现象。这些结果均表明 DBS 可能抑制了大脑某些活动。针对此现象，目前主要作用机制假说有：①通过控制电位依从的离子通道失活来阻碍神经传导；②通过传出电刺激驱动的高频模式刺激来干扰信息；③对目标神经核进行输入抑制来实现突触抑制；④刺激引发的神经递质消耗导致突触失效。

上述假说还待有关理论模型研究透彻后才能下结论。目前的理论模型有：由 DBS 电极产生的电场有限元模型、各向同性介质中细胞外环境模型和简化多隔室神经元模型等。初步结果表明，DBS 在其电极附近能够诱导局部细胞产生复杂兴奋和抑制。从理论模型可以得到一些令人震惊的推测：被直接刺激的神经元胞体激励未必代表了传出通道输出量。因此，由理论模型可以推测电刺激能导致传出投射和胞体之间的功能性去耦合，并且可帮助了解富有争议的实验发现。第一，有两种假说最能够解释 DBS 与对应脑部位切除后效果之间的相似性。例如，传入投射去极化阻塞和突触抑制并没有考虑到输出轴突活性及细胞体活性之间的去耦现象。第二，输出轴突的刺激强迫驱使假说忽略了输出目标的高频突触活动由于神经递质消耗而不可能持久存在。因此，由于神经传输递质消耗，突触故障假说重新将注意力集中到研究 DBS 与有损伤治疗之间的相似性上。支持这一假说的是最近发现高频电刺激可以阻碍促乳激素分泌，而促乳激素与多巴胺十分相似。

至此，可做以下总结：DBS 作用效果会随刺激参数（频率、幅值、脉宽及持续时间）而改变，同时会受人体内部生理特性、电极与周围组织间相互作用、指定大脑区域具体解剖特性等因素的影响。

总之，DBS 最有可能的运作机制是通过具体刺激调节大脑各部分激活情况，而不仅仅是突触抑制、去极化阻碍或突触延迟。

2. 深部脑刺激系统组成及其重要参数

DBS 是一项新兴技术，其基本工作原理是通过体外控制系统调控体内植入式脉冲电刺激器产生不同参数下电刺激作用于靶点，以达到激活或阻断效果。为此，通用 DBS 系统主要包括体外和体内两大部分。

体外部分含电源、显示器、键盘、存储器、微处理器、通信模块、唤醒发射模块等。电源是系统的重要组成部分，用于体内外的电源供应，以确保系统正常工作，可用导线或射频为系统供电；微处理器用于信息处理及控制指令传出；通信模块用于与体内数据交换；唤醒发射模块用于激活体内休眠状态刺激系统。

体内部分含传感器、唤醒接收模块、通信模块、刺激信号发生器和电极阵列。传感器用于电生理信号、外部刺激测量；唤醒接收模块接收来自唤醒发射模块的信号、激活刺激器使其进入工作状态；通信模块负责控制信号接收并传出体内刺激器工作参数；刺激信号发生器产生频率、脉宽、强度可调的刺激脉冲。电极阵列用于向指定位置施加电刺激。

DBS 工作时，体外微处理器分析体内传感器得出当前电刺激参数，经通信模块传回体内信号发生器产生相应电刺激，并经电极将刺激施加于脑内特定核团，以达到治疗效果。通常，医生经手术将刺激信号发生装置植入患者胸前皮下，刺激电极植入脑部指定核团，两者间由专用皮下导线连接。

根据临床用 DBS 刺激位置不同，可将其分为中枢神经型和周围神经型。前者刺激位置位于脑内神经核团；周围神经型的刺激位置主要起源于脑干迷走神经。

DBS 无论应用环境如何，都要关注刺激参数与神经组织属性之间的相互关系。常见的重要参数有：①幅值与时间特性；②随病程变化的脑组织生理学特性；③电极与周围组织相互作用。

DBS 刺激参数需大量实验总结而来，常用参数指标有：幅值 1～9V；刺激脉宽 60～240μs；刺激频率为 5～50Hz 或 130～180Hz。目前 DBS 技术为开环控制，刺激模式不能实时改变。

13.4.3　深部脑刺激应用

DBS 最主要的临床应用病症之一是难治性运动障碍。帕金森病是最常见的运动障碍疾病，亦是常见神经退化疾病，65 岁人群中发病率高达 1%。帕金森病主要临床表现为：静息性震颤、运动不能、肢体僵化、步态异常及姿势不良。其主要病理表现为黑质致密部的多巴胺神经元退化和细胞质内路易小体的出现。

在治疗运动障碍时 DBS 主要目标区是 STN 神经核团。从外科角度看，1953 年偶然发现对脉络前动脉进行治疗可导致苍白球梗死，初次证明神经基底节某些特殊部位具有重要作用。最重要的发现来自一名吸毒者使用 MPTP（1-methyl-4-phenyl-1, 2, 3, 6-tetrahydropyridine）神经毒素时引起了黑质中多巴胺能神经元退化。此后，即使用 MPTP 模型来研究帕金森病理生理学基础。

MPTP 模型认为 GPi 和 STN 核团是帕金森病治疗中操作安全性较高且效果明显的部

位。通过长期记录使用高频（130～185Hz）DBS治疗帕金森病后数据，发现症状得到改善（通过检测患者动作及日常行为），并在大量DBS实验中还发现可以减少用于帕金森病治疗类药物的摄入。

特发性震颤也是常见、可用DBS治疗的疾病，方案是刺激患者Vim核团。统计显示，使用DBS进行长期治疗能使80%震颤患者的症状得到缓解。相比于丘脑切开术，在其中植入DBS的效果更佳，且副作用更小。一个大型医疗机构通过6年的跟踪观察，证实DBS对特发性震颤的治疗效果。

使用DBS治疗肌张力障碍（含痉挛性斜颈，即颈肌张力异常症）等病症时需关注患者GPi区域及可能存在于STN区域的潜在位置。治疗肌张力障碍的电刺激参数与治疗帕金森病的参数有些不同，其脉宽更宽（200～400μs）、电压更高（2.2～7V）。

使用DBS治疗慢性疼痛则需刺激患者下丘脑，在导水管周围灰质区（periaquiductal gray，PAG）和脑室周围灰质区（periventricular grey，PVG）已发现有效治疗区域。然而过去10年里，只有5个美国之外的治疗中心进行了超过6位患者治疗。这些研究发现此方法对脑卒中或截肢导致的疼痛及麻木性疼痛的头痛症状有明显缓解作用。同时，使用DBS刺激下丘脑后也成功治疗了患有从集性头痛的患者。

丘脑和亚属扣带皮层是深部脑刺激治疗抑郁症的常用靶点。而用于治疗强迫症障碍时，DBS主要刺激区域为前内囊。作用于丘脑和GPi的DBS也曾报道过可有效治疗Tourette综合征。然而，由于缺少好的动物抑郁模型，强迫症障碍和Tourette综合征在介入实验下的机制更多的还只是推测。

13.5 本章小结

经颅电刺激治疗法有着悠久的历史，而经颅直流电刺激法作为一种新型的治疗方式，因其无创无痛、效果显著、设备简单等优势在临床中获得了广泛的应用。从第一台经颅磁刺激器诞生至今只有短短的30年，在这30年间，经颅磁刺激的相关研究得到了蓬勃发展，使经颅磁刺激技术广泛用于精神疾病和神经疾病的临床治疗中。经颅磁刺激技术是一项有很大应用潜力的无创性技术，尤其在神经工程领域有着广泛的应用前景，可用于无创性脑功能检查、中枢神经传导检测、改善脑功能等多个领域。但经颅磁刺激技术的研究推广和临床应用也要依赖于该技术本身的深化和完善。从经颅磁刺激仪器本身来说，可优化改善的部分有：优化线圈结构，改善聚焦性能，提高神经刺激的选择性，抑制异常副刺激；完善刺激模式；精确定位等。从原理机制方面看，可供完善发展的有：进一步研究磁刺激致使神经组织兴奋的机理，以确定线圈与受刺激神经的最佳相对位置并指导临床应用。从经颅磁刺激系统操作上看：应完善磁刺激系统，降低线圈发热，提高磁刺激脉冲的重复频率、降低功耗等以便于临床应用。同时，进一步研究磁刺激的安全性相关问题，从而进一步拓展经颅磁刺激的研究应用领域。

随着几十年的发展和应用，DBS已经成为临床治疗中不可或缺的有效手段。但作为新兴技术，还有许多方面需要改善，如电源供能，可以考虑无接触式充电、体外射频充电或红外耦合供电等。该功能的改善可极大地提高DBS安全性和卫生性，同时大大延长其使用寿命。此外，植入材料性能也有待提升，电极和导线由于直接与人体组织接触，要求材料生物相容性和机械强度十分优秀。尽管 DBS 在临床上已经取得了很好的成效，但对一些疾病其治疗效果并不完善。因此，需要对病症的病理生理学和 DBS 工作机制做进一步研究。刺激靶点最佳位置的选择及刺激参数最佳组合等问题也有待进一步研究。相信随着医学技术的发展，DBS 应用前景将更加广阔。

思 考 题

1. 简述经颅电刺激与经颅磁刺激的基本工作原理，比较这两种刺激的优缺点。
2. 简述经颅电刺激与经颅磁刺激的副作用，说明在使用这两种刺激时需要注意的问题。
3. 思考经颅直流电刺激与经颅磁刺激在临床应用中的治疗方法、治疗效果等方面的差异。
4. 对比重复性经颅磁刺激与模式化重复性经颅磁刺激，列举几种典型模式化重复性经颅磁刺激模式。
5. 对比经颅磁刺激与 EEG、PET、fMRI 技术联用的优缺点。
6. 简述深部脑刺激疗法的适用病症、治疗目标与技术特色。
7. 深部脑刺激用于治疗帕金森病已获较好疗效，但其在国内的研究并不常见，请结合现状探讨其可能的原因。

参 考 文 献

窦祖林. 2012. 经颅磁刺激技术基础与临床应用. 北京: 人民卫生出版社.

涂靖，李振涛，陶华英. 2006. 重复经颅磁刺激辅助治疗抑郁症. 中华物理医学与康复杂志, 28(8): 548-549.

王晨光，孙运强，刘鸿宇. 2012. 低功耗脑深部电刺激器硬件电路设计. 计算机测量与控制, 20(8): 2210-2212.

张建，国马羽，刘焕光. 2005. 脑深部电刺激术在中国的发展现状. 中国神经精神疾病杂志, 35(7): 385-387.

Barr M S, Farzan F, Davis K D, et al. 2013. Measuring GABAergic inhibitory activity with TMS-EEG and its potential clinical application for chronic pain. Journal of Neuroimmune Pharmacology, 8(3): 535-546.

Boggio P S, Zaghi S, Fregni F. 2009. Modulation of emotions associated with images of human pain using anodal transcranial direct current stimulation. Neuropsychologia, 47(1): 212-217.

Bonni S, Veniero D, Mastropasqua C, et al. 2015. TMS evidence for a selective role of the precuneus in source memory retrieval. Behavioural Brain Research, 282: 70-75.

Corp D T, Rogers M A, Di Lazzaro V, et al. 2015. Intrasession reliability of single and paired pulse TMS evoked from the biceps brachii representation of the human motor cortex. Brain Stimulation, 8(3): 660-661.

Dayan E, Censor N, Buch E R, et al. 2013. Noninvasive brain stimulation: From physiology to network dynamics and back. Nature Neuroscience, 16(7): 838-844.

Elmasry J, Loo C, Martin D. 2015. A systematic review of transcranial electrical stimulation combined with cognitive training. Restorative Neurology & Neuroscience, 33(3): 263.

Feurra M, Bianco G, Santarnecchi E, et al. 2011. Frequency-dependent tuning of the human motor system induced by transcranial oscillatory potentials. Journal of Neuroscience, 31(34): 12165-12170.

Herrmann C S, Rach S, Neuling T, et al. 2013. Transcranial alternating current stimulation: A review of the underlying mechanisms and modulation of cognitive processes. Frontiers in Human Neuroscience, 7(4): 279.

Hill A T, Fitzgibbon B M, Arnold S L, et al. 2013. Modulation of putative mirror neuron activity by both positively and negatively valenced affective stimuli: A TMS study. Behavioural Brain Research, 249(8): 116-123.

Johannsen L, Hirschauer F, Stadler W, et al. 2015. Disruption of contralateral inferior parietal cortex by 1Hz repetitive TMS modulates body sway following unpredictable removal of sway-related fingertip feedback. Neuroscience Letters, 586: 13-18.

Karabanov A N, Chao C C, Paine R, et al. 2013. Mapping different intra-hemispheric parietal-motor networks using twin coil TMS. Brain Stimulation, 6(3): 384-389.

Kringelbach M L, Owen S L F, Aziz T Z. 2007. Deep-brain stimulation. Future Neurology, 2(6): 633-646.

Marshall L, Helgadottir H, Molle M, et al. 2006. Boosting slow oscillations during sleep potentiates memory. Nature, 444(7119): 610-613.

Martin L, Borckardt J J, Reeves S T, et al. 2013. A pilot functional MRI study of the effects of prefrontal rTMS on pain perception. Pain Medicine, 14(7): 999-1009.

Morellini N, Grehl S, Tang A, et al. 2015. What does low-intensity rTMS do to the cerebellum? Cerebellum, 14(1): 23-26.

Muellbacher W, Ziemann U, Wissel J, et al. 2002. Early consolidation in human primary motor cortex. Nature, 415(6872): 640-644.

Mutanen T, Maki H, Ilmoniemi R J. 2013. The effect of stimulus parameters on TMS-EEG muscle artifacts. Brain Stimulation, 6(3): 371-376.

Palm U, Ayache S S, Padberg F, et al. 2014. Non-invasive brain stimulation therapy in multiple sclerosis: A review of tDCS, rTMS and ECT results. Brain Stimulation, 7(6): 849-854.

Pascual-Leone A, Walsh V, Rothwell J. 2000. Transcranial magnetic stimulation in cognitive neuroscience: Virtual lesion, chronometry and functional connectivity. Current Opinion in Neurobiology, 10(2): 232-237.

Peterchev A V. 2014. Reduction of TMS strength near MRI scanner could be explained by electromagnetic coupling to MRI magnet. Brain Stimulation, 7(6): 916-917.

Ridding M C, Rothwell J C. 2007. Is there a future for therapeutic use of transcranial magnetic stimulation? Nature Reviews Neuroscience, 8(7): 559.

Schmidt S, Bathe-Peters R, Fleischmann R, et al. 2015. Nonphysiological factors in navigated TMS studies, confounding covariates and valid intracortical estimates. Human Brain Mapping, 36(1): 40-49.

Stupacher J, Hove M J, Novembre G, et al. 2013. Musical groove modulates motor cortex excitability: A TMS investigation. Brain & Cognition, 82(2): 127-136.

Takahashi S, Ukai S, Tsuji T, et al. 2015. Reduction of cortical excitability and increase of thalamic activity in a low-frequency rTMS treatment for chronic tinnitus. Neurocase, 21(3): 339-344.

ter Braack E M, de Jonge B, van Putten M J. 2013. Reduction of TMS induced artifacts in EEG using principal component analysis. IEEE Transactions on Neural Systems & Rehabilitation Engineering, 21(3): 376-382.

Wassermann E M, Lisanby S H. 2001. Therapeutic application of repetitive transcranial magnetic stimulation: A review. Clinical Neurophysiology, 112(8): 1367-1377.

Yongii S, Nitsche M A. 2015. Transcranial direct current stimulation (tDCS)-Application in neuropsychology. Neuropsychologia, 69(2): 154.

Zhu Z, Gold B T, Chang C F, et al. 2015. Left middle temporal and inferior frontal regions contribute to speed of lexical decision: A TMS study. Brain & Cognition, 93: 11-17.

第14章 光遗传学

14.1 概 述

14.1.1 光遗传学简介

光遗传学（optogenetics），也称光刺激基因工程（optical stimulation plus genetic engineering），是一项结合光学技术和遗传学技术实现控制细胞行为的方法。它能够精准地对特定活体细胞行为进行定向调控，故又称为光遗传学技术。这种调控技术速度极快（可达到毫秒级），而且空间精度高（可做到对单一细胞的控制）。因此，人们可以借助光遗传学技术来开启或关闭某类细胞的功能。光遗传学技术克服了传统药理学低时间分辨率及电生理学技术缺乏细胞选择性的弱点，为神经科学和细胞生物学信号通路的研究提供了一种新的变革性手段。将光遗传学应用于生物研究领域，有助于推动生物学研究的进一步发展，使人们能够更深入地了解人体和疾病的本质。《自然-方法》将其评为2010年度生命科学新技术。

人的大脑中约有860亿个神经元，每个神经元可以长出几千至数万个树突与其他神经细胞连接，从而构成复杂的神经网络。神经细胞的细胞膜上有各种神经递质受体和离子通道，二者各由不同的膜蛋白构成，它们像电路开关一样调控神经细胞的兴奋和抑制。光遗传学通过基因编码产生的光敏感蛋白和光刺激来自由控制特定神经细胞的“开”或“关”，即将一个光敏感蛋白的基因输送到目标神经元，再通过一定技术使神经细胞在它的细胞膜上表达这种蛋白，然后用光刺激信号进行精确的时空操控，从而控制神经细胞的开启或闭合。整个过程可以在动物的正常活动状态下进行，实现实时、特异性的调控。光遗传学是一项跨学科的全新技术，它包含的范围很广，例如，开发对光敏感并能定向控制细胞的材料和工具，将光敏基因精确地传递到特定细胞的技术，将能够激活光敏感蛋白活性的光信号导入组织的技术，检测细胞或组织行为改变的方法等。与传统的电极刺激相比，光遗传学技术有明显的优势。第一，传统的电刺激技术只能激发神经元或神经纤维使其兴奋，而光遗传学技术不仅能使神经元兴奋，而且可以通过某种视蛋白使细胞超极化来抑制动作电位的产生。第二，光遗传学技术可以通过将光敏感蛋白基因导入特定的神经元实现对某一特定类型细胞的调控，而电刺激技术根本无法实现对细胞的特异性调控。第三，用电刺激方式调控神经元会由于外加电流的存在而干扰正常的神经信号传导，但光遗传学无附加干扰，更接近神经系统自然的传导方式。

光遗传学控制细胞功能的四个基本步骤如下。

（1）寻找合适的光敏感蛋白。光敏感蛋白分为两种，一种是具有天然的光敏感性蛋白，另一种是通过化学修饰得到具有光敏感性的人工蛋白。

（2）往细胞内输送编码光敏感蛋白的基因。编码光敏感蛋白基因可通过病毒转导、投射或构建转基因动物等方式被输送到目标细胞。

（3）对光刺激信号进行精准操控。通过光学神经接口装置控制光信号，实现对细胞活动的精确控制。

（4）收集输出信号，读取结果。采用的信号可以是用电极采集的膜电位信号、生物传感器采集的荧光信号、功能性磁共振信号等，最终由定量的行为学分析得到结果。

14.1.2 光遗传学诞生和发展简史

光遗传学技术的设想最早提出于 1979 年，Crick 指出神经科学面临的最大挑战是如何在不影响其他细胞的情况下对某种细胞进行操控。他认为电刺激无法对细胞进行精准的靶向刺激，而且电信号很难准确地中止神经元的兴奋。同样，药物作用也不够专一，而且起效速度比神经活动慢得多。Crick 提出了光可能是一个相对更适合的控制工具的观点。

其实许多年前，细菌视紫红质蛋白已被确定为微生物单组分光激活离子泵，可以通过它调控跨膜离子转运过程。在随后的几十年中，人们不断研究发现了微生物视蛋白家族的许多新成员。例如，1977 年发现嗜盐细菌视紫红质蛋白也是离子转运蛋白，经黄绿光照射后可将氯离子打出细胞外；2002 年发现光敏感通道视紫红质蛋白 2（channelrhodopsin-2，ChR2），照射蓝光之后能将阳离子打进细胞内。微生物即通过这些可见光门控蛋白对离子跨膜运转过程进行直接调控。

虽然微生物视蛋白基因已广为人知，但是神经科学家足足花了 30 多年的时间才将遗传学技术和光控技术结合到一起。几十年来，尽管一些科学家认为光有可能控制神经活动，但是他们大多倾向于多组分控制技术，也就是采用多种基因级联式组合的方式，或采用人工合成化学制剂与多种基因组合的方式，而这样得到的控制结果往往并不理想。

直到 2005 年 8 月，Deisseroth 科研小组发表的一篇文章报道，他们将一种单组分的微生物视蛋白 ChR2 基因导入哺乳动物的神经元，完全不需要其他化学分子的帮助，通过蓝光刺激实现了对动作电位持续可靠的控制，其时间分辨率为毫秒级。“光遗传学”一词也在此时出现，科学界由此真正进入了光遗传学技术的研究时期。随后一年，许多与这一工作类似的报道陆续出现。例如，2005 年 Li 等证明了 RO4 和 ChR2 这两种光敏感蛋白可以用于控制神经元的兴奋和调节突触的传递。2006 年，Bi 等发现在活体啮齿类动物的视神经元内可以长期表达 ChR2 基因，而且证明了即使小鼠的光感受器损坏，在视神经元内表达的视蛋白基因能够还原视网膜编码并具有传递光信号的能力。中国科学院深圳先进技术研究院王立平是国内光遗传学技术的领军人物。2007 年，王立平和 Deisseroth 科研小组的 Zhang 共同建立了完整的光遗传学技术体系，并在 *Nature* 上发表文章 *Multimodal fast optical interrogation of neural circuitry*。王立平所带领的研究组经过几年的努力，在国内搭建了功能较为完善的光遗传学研发、应用和资源共享平台，用于解析神经环路水平上的脑认知功能和复杂脑网络中神经细胞与细胞之间的相互作用。

当光遗传学技术实现了对活体小鼠体内的各种特定细胞进行操控之后，科学家迫切希望看到光遗传学应用在复杂的大脑中也获得成功。在 2013 年，Dai 等用光遗传学技术对非人类的灵长类动物猴子进行大脑环路的干扰，证明了光学刺激的特异性优于电刺激。这一研究为该技术用于人类诊断和治疗疾病提供了思路。2014 年 7 月，加利福尼亚大学圣地亚哥分校的研究人员在 *Nature* 期刊上发表了一篇论文，介绍了通过光遗传学刺激抹去了大鼠的一段恐惧记忆，随后又将其重新激活，这样的操作彻底改变了大鼠的行为。这是人们首次有选择性地去除和重新激活一段记忆的实验。

2014 年 12 月，国际著名学术期刊《自然-通讯》（*Nature Communications*）发表了王立平研究组的最新成果：用光遗传学技术激活神经胶质细胞可促进神经干细胞向多巴胺能神经元分化并显著改善帕金森病动物受损脑功能。

尽管光遗传学的研究还处于基础研究初级阶段，但是它已经证明了在神经科学研究中的无穷潜力，随着研究的深入，该技术必然为生物研究领域带来巨大的成效。光遗传学技术的发展对进一步了解大脑神经及促进神经工程的发展有变革性的意义。

14.2 光遗传学基本原理

长期以来，神经科学界一直追求能从整体水平来理解大脑有关情感、知觉及认知等高级功能。然而，传统的药理学（受限于时间分辨率）或电生理学手段（缺乏细胞选择性）远不能达到与大脑高速信息处理与复杂结构相匹配的要求。光遗传学技术通过基因改造编码产生的光敏感蛋白并联合光刺激技术，不但可以特异性地选择细胞类型、精确至毫秒级的时间分辨率，甚至可在自由清醒活动的动物体内采取兴奋性（功能获得）或抑制性（功能缺失）模式来控制某一特定事件，适合用于探究某一特定神经环路功能缺失的因素。

目前，科学家已找到很多可用于控制细胞行为的光敏感蛋白，并用其发展出具备各种功能的检测工具，为实现光遗传学的遗传技术部分提供了很好的先决条件。另外，各种光传导技术特别是显微技术的发展，使得对生物研究（不论其体内还是体外）的控制程度达到了前所未有的水平。两者并驾齐驱，让科学家利用光遗传学在生命科学领域取得了许多显著的成就。

14.2.1 光敏感蛋白

目前，光遗传学所用单组分视蛋白工具有两类：①起到调节细胞膜电位作用的蛋白，可以使神经元及其他类型的细胞快速兴奋、快速抑制；②起到细胞内生化信号通路调控作用的蛋白（表 14-1）。

表 14-1 常见的单组分视蛋白控制工具

功能	视蛋白	控制原理	峰值响应波长/nm
蓝/绿光响应激活	ChR2	阳离子通道	470
	ChR2（H134R）	阳离子通道	470
	ChR2（T159C）	阳离子通道	470
	ChR2（L132C）	阳离子通道	474
	ChIEF	阳离子通道	450

续表

功能	视蛋白	控制原理	峰值响应波长/nm
黄/红光响应激活	VChR1	阳离子通道	545
	C1V1	阳离子通道	540
	C1V1（E162T）	阳离子通道	530
	C1V1（E122T/E162T）	阳离子通道	535
双稳态响应	SFOs	阳离子通道	470 兴奋/590 抑制
黄/红光响应抑制	eNpHR 3.0	氯泵	590
绿/黄光响应抑制	Arch/ArchT	质子泵	566
细胞信号通路调制	optoXR	G 蛋白信号通路	500

1. 微生物视蛋白（类型 1 蛋白）——调节细胞膜电位

改变细胞膜电位的蛋白是光遗传学中最常用的工具。视蛋白可以分为兴奋型视蛋白和抑制型视蛋白。

1）兴奋型视蛋白

兴奋型视蛋白根据组成形态可以分为：①野生型天然视蛋白，至今科学家已经发现了四种 ChR，分别是源自莱茵衣藻的 ChR1 与 ChR2 蛋白和源自团藻（volvox）的 VChR1 与 VChR2 蛋白；②突变视蛋白，实际上，大部分光遗传学工具都利用了基因分子的修饰，将 ChR2 的遗传基因序列修改成适合哺乳类动物表达的基因，从而能获得更高的表达水平，如今这已成为典型的新视蛋白基因表达方法，不同的突变使 ChR2 具有不同的特质；③结合型视蛋白，它是利用分子工程学技术将两种蛋白工具加以组合而形成的，目前主要有两类，一类是将 ChR1 及 ChR2 组合在一起的蛋白质（如 ChIEF），另一类是由 ChR1 及 VChR1 构成的蛋白质嵌合体，统称 C1V1。

2）抑制型视蛋白

利用靶向通道视蛋白使特定的生物体兴奋可以对神经环路或行为学特征进行充分的研究，但实际上多种不同的细胞种群会产生相同的环路或行为特征。为了更明确地研究靶向细胞的行为活动专属特性，抑制型蛋白工具对于光遗传学研究同样必不可少。抑制型蛋白主要分为：①野生型抑制型视蛋白，细菌视紫红质蛋白（bacteriorhodopsin，BR）是最先被发现的一类抑制型蛋白，常用的 BR 类型有古细菌视紫红质蛋白（archaerhodopsin，Arch），源自小球腔菌（leptosphaeriaMaculans）的 Mac，以及源自盐红菌（halorubrum strain TP009）的 ArchT。这些视蛋白都能够产生超极化电流，从而达到抑制神经活动的效果。②突变抑制型视蛋白，通过在野生型视蛋白基因上添加一段转运序列，可以提升视蛋白的表达量，产生更大的质子电流。这种基因修饰方法可以改善原视蛋白基因在表达时的一些缺陷。

2. 动物视蛋白（类型 2 蛋白）——调节细胞信号通路

类型 1 微生物视蛋白通过直接调控神经元的细胞膜电位来控制它的应激性，可使膜电位接近或大于产生动作电位的阈值，也可使细胞超极化而抑制峰电位的出现。尽管这类方法有着快速、精确的优点，但有些实验需要对细胞内的信号反应通路和分子间作用时间进行精确调控。

G 蛋白耦联受体（Guanosine-binding protein coupled receptor，GPCR）是对细胞内的信号反应通路起到调节作用的一类物质。科学家发现微生物的视蛋白具有和 GPCR 相似的结构。于是 Airan 等利用两者之间的相似性，构造了由脊椎动物的视蛋白和起到细胞信号传导作用的 GPCR 融合而成的嵌合体，命名为 optoXRs，即光遗传学工具的类型 2 蛋白。它能够实现以适当的时间分辨率进行细胞内信号反应通路的光调控，从而来控制活体老鼠的行为。

细胞生化信号的控制是光遗传学中活跃并迅速发展的领域，扩展了光遗传学的应用范围，几乎可以应用于生物学的每一种细胞类型，而且用于类型 1 蛋白实验中开发的光学硬件设备和定向靶技术同样适用于类型 2 蛋白。

14.2.2　视蛋白靶技术

光敏感蛋白输送到靶细胞的技术方法主要可以分为 3 类：病毒转导、投射和转基因动物。

1. *病毒靶技术*

1）病毒种类及特点

病毒是目前广泛用于光敏感蛋白传输的载体。这项技术利用了病毒的感染特性将外源性 DNA 整合到宿主细胞基因中，随着宿主细胞的生命周期过程一起表达。病毒表达系统在光遗传学应用中主要体现了两方面的优势，包括入侵细胞的快速性和灵活性，以及表达过程中的高效价。慢病毒（lentiviral，LV）和腺相关病毒（adeno-associated viral，AAV）已经广泛应用于从啮齿类到灵长类的一系列动物细胞中。应用这两种病毒载体，实验过程并不复杂，从病毒制备到转基因的表达仅需要 4～5 周时间。AAV 病毒的性能在某些方面要优于 LV 病毒。首先，AAV 病毒载体仍然是游离体的状态，而 LV 病毒完全整合到宿主细胞中。因此，LV 病毒所携带基因的表达易受到宿主细胞中染色体的影响，而且这种整合可能会意外导致宿主基因的破坏。其次，由于 AAV 病毒的表达表现出更低的免疫原性和更高的效价，与 LV 相比能够获得更大的转基因表达量。此外，AAV 相比于 LV 来说生物安全级别更高。依赖 LV 和 AAV 获得感染的多样性对光遗传学非常重要，由此得到的高表达量的视蛋白在光照刺激下能够激发活体中显著的光电流效应。

2）病毒靶技术的特异性

实施病毒靶技术的关键是靶目标物的特异性。常用的神经元群体的靶特异性获得方法有两种：①利用病毒对不同细胞类型的特异趋向性；②寻找合适的病毒-负载细胞的特异性启动子来驱动转基因表达。限制病毒靶技术的特异性表达的最主要问题就是病毒壳体所能容纳的启动子基因尺寸是有限的，这取决于病毒类型和血清型。表 14-2 列举了视蛋白病毒靶技术所用的细胞类型特异性启动子。

表 14-2　视蛋白病毒靶技术的细胞类型特异性启动子

载体	启动子（血清型）	尺寸	生物体	细胞类型特异性
慢病毒	EF1 α	1.2Kb	鼠	仅针对 LV 的神经元特异性
	CaMKIIa	1.3Kb	猕猴，鼠	皮层和海马中的兴奋神经元
	Human SynapsinI（hSyn I）	0.5Kb	鼠	对兴奋型神经元有趋向性
	hGFAP	2.2Kb	鼠	星型胶质细胞
腺相关病毒	CaMKIIa（AAV5）	1.3Kb	猕猴，鼠	皮层和海马中的兴奋 CaMKIIa 神经元
	hSynI（AAV2）	0.5Kb	猕猴，鼠	对抑制型神经元有趋向性
	hGFAP（AAV5，AAV8）	2.2Kb	鼠	星型胶质细胞

以上两种病毒靶技术手段对于大多数神经元亚型的特异性控制一般是无效的。但是，通过病毒设计可以拓展视蛋白靶技术的研究领域。将携带重组酶的视蛋白病毒载体注射至特定核团，仅在携带重组酶的神经元中实现蛋白的表达和光的调控（图 14-1（b））。研究中陆续出现了一些不同的重组酶-依赖的病毒载体设计，最终发现一种在 EF1 α 或 CAG 启动子控制下的 AAV 携带的环化重组酶（cyclization recombination enzyme，Cre）依赖的视蛋白基因巧妙地结合了强度和特异性，从而能够在哺乳动物活体中实现有效的光遗传学行为调控。目前，病毒载体在基因治疗中被越来越广泛地应用，促进了这些新载体的特性研究，并能够进一步完善光遗传学的靶技术方法。

2. 投射靶技术

经过分子工程学改造的微生物视蛋白基因，如添加了细胞转运序列的视蛋白，可以向下游传输到树突或轴突并产生光敏投射。这种特性结合病毒具有的解剖结构特异性可以使细胞本体的转导在一个脑区而光照到另一个轴突投射区，从而利用神经元的连通性来实现细胞群体的兴奋或抑制（图 14-1（c））。例如，输送到轴突末梢的 ChR 可以引起神经递质的释放和下游神经元的激活。这种技术提供了一种不依赖启动子的细胞调控方法，仅依靠解剖结构原理和简单的光引导技术就能将其应用于几百微米的投射靶区。这种方法能够进一步延伸，用于两种兴奋性蛋白同时在两个脑区中的表达，它们两者的传入神经将会聚到第三个脑区中。适当波长的组合光刺激基本上都可以应用于这两种路径下的诱发突触活动（图 14-1（e）、图 14-1（f））。

应用中需要注意的问题是所有局部光敏性的轴突都将受到光的驱动，甚至包括在光照区不含突触的光纤片段，实现对特定投射末梢的调控可以借助药物来抑制靶区的突触受体。此外，还有更加精确的“投射末梢靶技术”，即根据突触构造在确定的解剖位置上来标记光遗传调控的细胞。例如，将一个 Cre 依赖的视蛋白病毒注射到投射源区域之后，与 Cre 重组酶融合的一种跨突触或跨细胞的示踪蛋白（如麦胚凝集素）能够在投射靶区的感兴趣的细胞中表达（图 14-1（d））。总而言之，只要进行适当的控制并成功地实现跨细胞运输，光在细胞本体中的传输能够实现投射靶区的细胞调控。

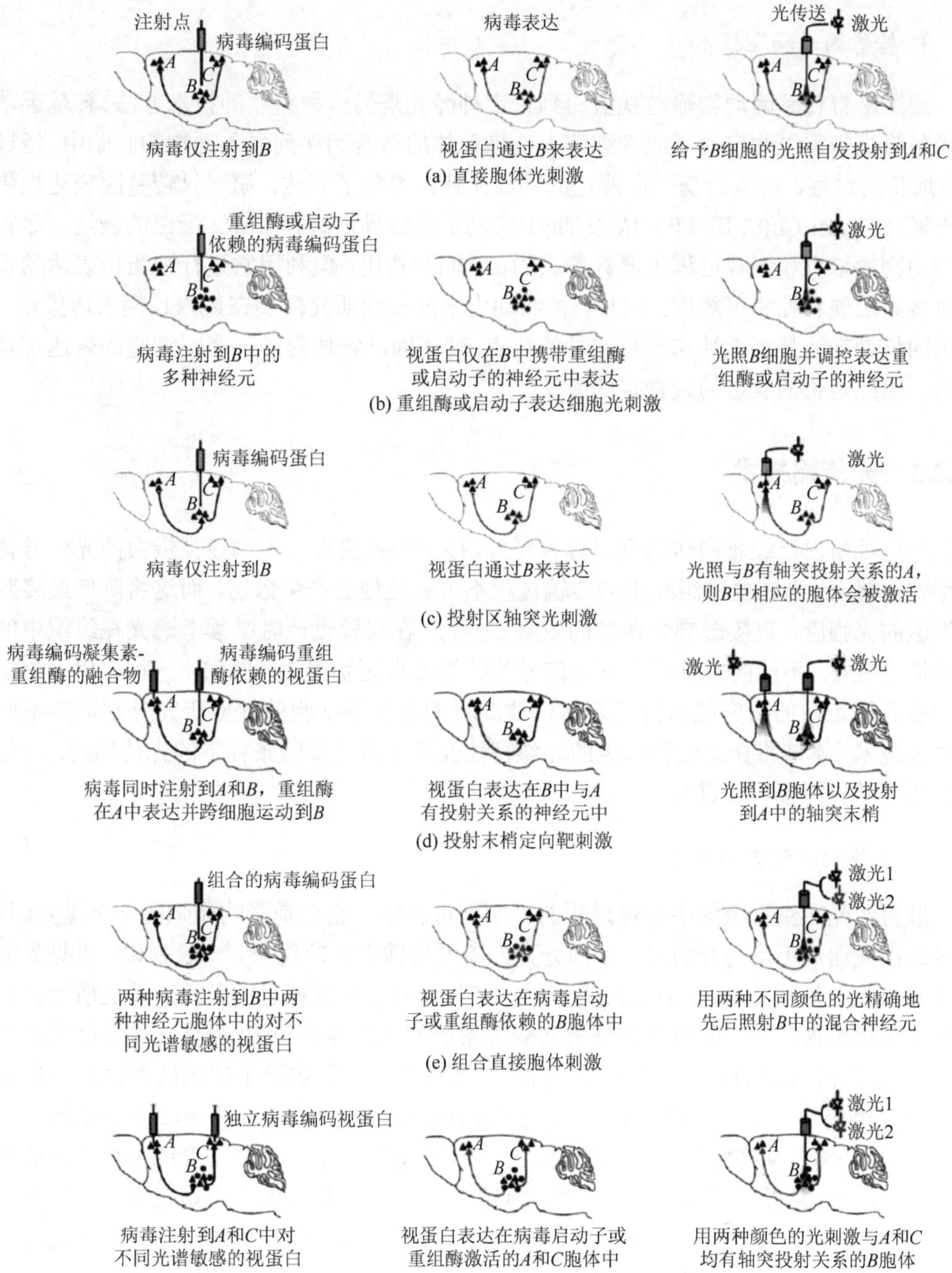

图 14-1　活体中的视蛋白工具靶定向技术

（a）直接胞体光刺激：光纤植入部位位于病毒注射部位之上，光直接刺激表达有光敏基因的神经元胞体；（b）重组酶或启动子表达细胞光刺激：携带细胞特异性启动子的视蛋白病毒载体被注射至特定核团，光刺激视蛋白表达的重组酶的胞体；（c）投射区轴突光刺激：光纤植入与病毒载体注射核团有轴突投射联系的核团上，而非直接病毒载体注射核团；（d）投射末梢定向靶刺激：将 Cre 依赖的视蛋白病毒注射到投射-源区域之后，光刺激与 Cre 注射区有轴突投射联系的核团上，仅靶区中的突触末梢的神经元直接接收到 Cre 并表达视蛋白；（e）组合直接胞体光刺激：用两种颜色的光直接刺激表达含有两种光敏基因的神经元胞体；（f）组合投射区轴突刺激：用两种颜色的光刺激与两个病毒载体注射核团均有轴突投射的第三个胞体。

（图片来源：Yizhar O，Fenno L E，Davidson T J，et al. 2011. Optogenetics in neural systems. Neuron，71（1）：9-34）

3. 转基因动物靶技术

通过培育转基因动物输送视蛋白到特定神经元是另一种重要的技术方法。转基因动物技术是将携带重组的启动子或者细菌人造染色体的转基因序列嵌入动物的胚胎中，经过培育、成长的过程，视蛋白基因在特定的神经元亚区得到了表达。第一只转基因表达视蛋白的老鼠（Thy1:: ChR2-EYFP）依赖 Thy1 启动子的特异性进行 ChR2 蛋白的表达。尽管转基因动物的培育和饲养过程需要耗费人力、时间和费用，但利用它进行视蛋白表达的实验具有极大的便利性和可靠度。而且，神经动力学的长期研究需要在体内长期表达蛋白，而病毒的长期表达具有毒性和不稳定性的特点。转基因动物体内同一类型细胞的表达都是一致的，因此是长期表达的最稳定的方法。

14.2.3 光传输技术

一旦视蛋白已经靶向传输到目标神经元，接下来就要将用于调控视蛋白的光信号传输到特定位置上。光在生物组织中的传输过程不可避免地会产生散射，而这将降低最终到达靶细胞的光强度，直接影响光调控的效果。因此，在实验设计时必须考虑光在组织中的传播特性。另外，不同的实验范式下光信号的特性要求区别很大。例如，一种应用于脑切片中的多元视蛋白的研究就和持续刺激活体动物的深度脑细胞的效应研究分别需要不同的光传输技术。本节将介绍生物组织的光学特性及满足特定实验条件下的光传输技术（包括光源和光学神经接口装置）。

1. 生物组织的光学特性

散射对光在生物组织中传输过程的影响不可忽略，它也是影响光强的一个重要因素。散射是指光通过不均匀介质时，一部分光偏离原传播方向的现象。一般来说，可见光大约在生物组织中传输 100μm 后会发生散射，红外光则会传播稍远的距离后发生散射。这意味着活体组织内部的光强分布和体外实验观察到的光强并不一致，最终光刺激产生的动作电位偏离了光源的位置。斯坦福大学的研究组对光遗传学实验中的光散射过程进行了研究。研究组分别用蓝光（473nm）、绿光（561nm）、黄光（594nm）和红光（635nm）照射脑组织，并将光从光纤端传输到脑组织中的光透射百分率和光强密度的关系绘制成曲线图（图 14-2）。从图中可以看出，光在大脑中的传输特性和波长有密切关系，波长越长散射越少，穿透深度也越大。根据以上直接测量得到的结果，研究组进一步建立了光功率密度的数学模型（具体的计算方法参见 www.optogenetics.org/calc）。研究者只需要根据提示输入波长、光强、光纤类型和光芯半径等参数，即可通过模型得到不同深度下对应的功率损耗、几何损失、光照度表格及曲线关系图。将光源的空间定位与视蛋白靶技术相结合，可以进一步精确地针对神经环路中的特定组分进行调控。

2. 光源

光遗传学实验对光源有着严格的要求，需要以较高的时间分辨率发射一段特定波长、

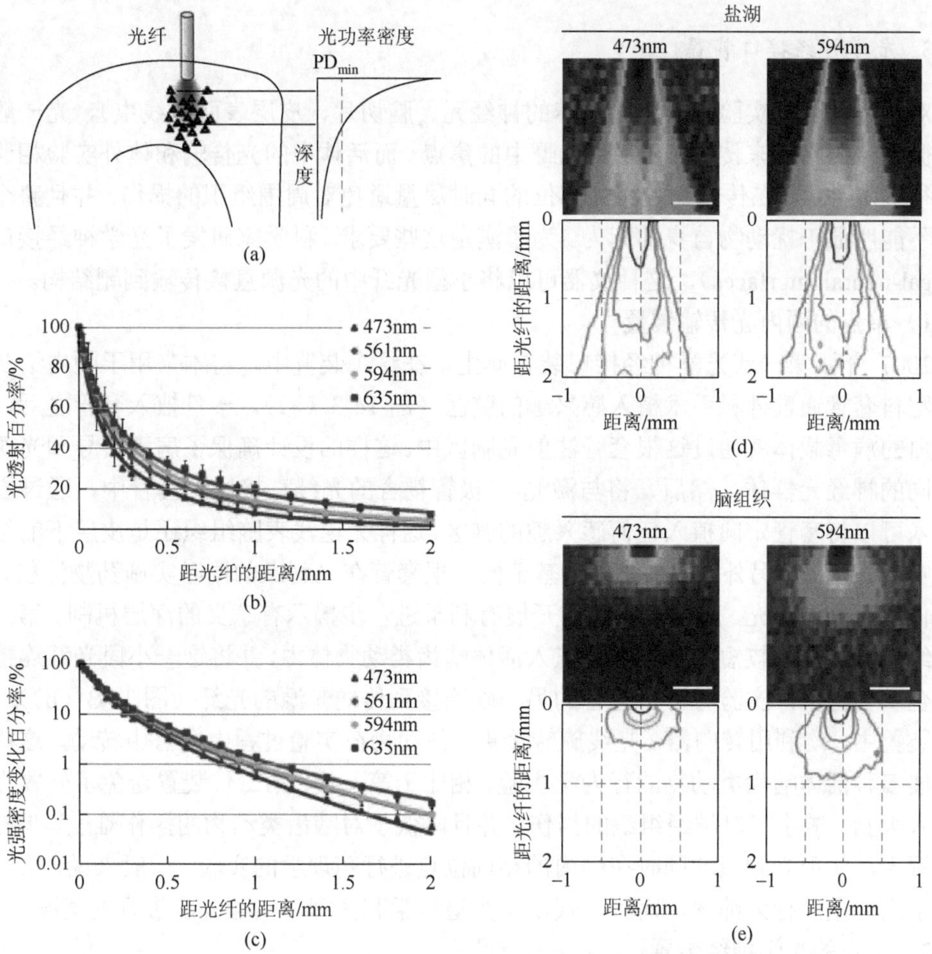

图 14-2　光遗传学在体实验脑组织中的光束传播

（a）最大有效光作用深度；（b）波长分别为 473nm、561nm、594nm 和 635nm 的光经直径 200μm 的光纤在脑组织中功能光透射百分率；（c）波长分别为 473nm、561nm、594nm 和 635nm 的光经直径 200μm 的光纤在脑组织中功能光强密度变化百分率；（d）（e）波长分别为 473nm 蓝光和 594nm 黄光经 200μm 光纤在盐水及大脑皮层回质光束几何分布侧面图，3D 等值线图分别显示 50%、10%、5%和 1%的光强密度分布

（图片来源：Yizhar O，Fenno L E，Davidson T J，et al. 2011. Optogenetics in neural systems. Neuron，71（1）：9-34）

功率较大及特定空间模式的光波。此外，光谱的调谐在对光遗传学视蛋白的调控中有重要的意义。使用不同波长的光波刺激微生物视蛋白可以实现激活和去活化，而这两种光波的频带时常临近，因此能够快速地微调谐光谱的窄波段光源比调谐宽波段光源更加适合；而且在多组分视蛋白实验中只选择活化其中一个特定的蛋白基因同样需要微调谐。

激光是光遗传学实验的首选光源，在光遗传学实验中一般采用 100mW 的强功率激光。激光具有带宽窄、发散少的特点，能聚焦到光纤端面上，因此能够与光纤进行有效的耦合。但是，光纤的价格相对比较昂贵，而另一种常用的光源——发光二极管（light-emitting diodes，LED）的价格低廉很多。LED 光源同样具有带宽窄的特点。尽管与光纤的耦合过程中 LED 会高度发散，耦合效率很低，但 LED 功率较大，除去因发散而损失的光功率，其余光功率仍能满足实验所需。

3. 光学神经接口装置

对于光敏体外实验材料（如培养的神经元、脑切片、皮层表面或线虫），光一般都通过显微镜光照路径来传送，会聚到视野中的焦点。而活体中的光传输和体外实验相比难度要大得多。光需要在传输到脑深处部位的同时尽量避免对周围组织的损伤，并且整个研究过程不能明显干扰动物自身的行为。为了满足这些要求，科学家研发了光学神经接口装置（optical-neural interfaces），这种仪器可以将小型光纤中的光源直接传输到靶结构。

1）单点的颅内光传输装置

2007 年，第一代光学神经接口装置诞生。在这个装置中，将本来用于颅内给药的金属或塑料套管通过外科手术植入感兴趣的脑区（图 14-3（a））。一旦植入套管之后，携带视蛋白的病毒载体就通过这根套管注射到脑区中。这样的设计确保了病毒转导和光源配准到相同的神经元群体。然后，将与激光-二极管耦合的光纤直接嵌入套管中，通过立体定位技术可以将套管定向植入任何感兴趣的脑区，这样无论浅表脑组织还是皮层下的结构都可以实现光刺激。另外，该系统可以基于同一根套管在光刺激的同时实施药物注射，作为光遗传学研究的补充，药理学实验的开展有利于进一步揭示有意义的深层机制。第二代光学神经装置将一段较短的光纤长期植入活体啮齿类动物体内，并将这一小段光纤连接到外面的金属套管中，实验时再将套管的另一端连接到传送光源的光纤（图 14-3（b））。在这两代装置中，均利用转向器（光线旋转接头）使动物在实验过程中能自由转动，这样就能够开展多种活体啮齿类动物的行为学实验。相比于第一代，第二代装置避免了外置光纤反复插入大脑，减小了对神经组织的损伤，并且降低了对啮齿类动物的操作难度。但是，这种装置无法实现光刺激的同时在颅内的相同位点进行药理学的实验。一般来说，第二代主要用于高通量的行为筛选，而第一代用于光遗传学和药理学实验同步进行的情况。

2）多点的光学神经装置

单点的光学神经装置无法满足实验中经常出现颅内多位点或者较大脑区光刺激的要求。尤其是在一些光调控某个脑区的实验中，需要双向（兴奋和抑制）刺激来对比研究行为特征。对于多个位点的皮层刺激，光调控的精确空间定位是必要的。在过去几年中，多点光学神经装置被不断地开发研究，以满足灵活地选择刺激模式的需要。

双向调控可以利用双套管或双光纤进行双边靶向定位，利用分光器将一束光源分成两路，或是用一个双光线旋转接头使光同时传输到两个刺激靶点。图 14-3（c）展示了另外一种多靶点刺激装置，它通过和 LED 平面阵列耦合来实现灵活的立体定位的多靶点定向刺激，并且可以连接到神经生理学输出信号检测的电极。很多新型多靶点光学神经装置已经在麻醉的受体上得到验证，但应用到活体动物上还需要进一步的技术手段。

3）无线光遗传控制

近年来，颅内光传输的无线控制装置已被研发出来，这种无线装置有利于进行几天甚至几周的长期光刺激。颅内光传输的无线控制有望成为未来技术创新的一个重要研究方向，尤其对于一些不易操作的动物和难以将电线连接到动物身上的行为学实验。

其中有一种应用于活体啮齿类动物、由电池供电的头戴式无线 LED 刺激系统，主要组件就是一个与电池连接的无线接收器，总重量只有 3.1g。这个刺激系统靠电池给 LED 供电，

LED 光源与一根聚合光纤耦合，光纤放置在一块薄颅骨上面进行经颅刺激，实验中动物在距离发射器 2m 之内都不会失效，这有利于开展较大活动范围的实验。另外，还有一种无线系统可以实现远距离的控制和供电，并且进一步减轻了重量，增加了耐用性（图 14-3（d））。这种头戴式装置最多能包括 16 个独立可控的 LED，LED 可以裸露着直接植入浅表靶区的上方，或与光纤耦合定向到深度靶区，电源由实验仪器下面的电磁感应平台以无线方式传输。图 14-3（e）显示了另一种新的无线系统，该系统采用超薄微尺度无机 LED（μ-ILED），

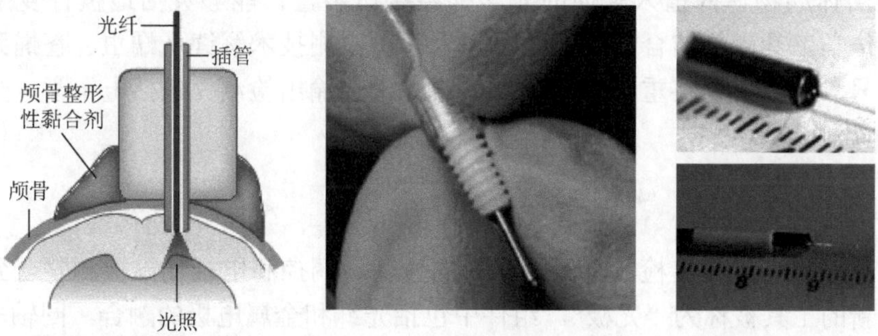

(a) 最初的光纤神经接口装置，套管通过外科手术植入感兴趣的脑区，行为检测时将光纤由此插入

(b) 将一小段光纤耦合到一段金属套管中，再长期植入活体啮齿类动物体内

(c) 多靶点刺激的装置，通过和LED平面阵列耦合来实现灵活的立体定位的多靶点定向刺激

(d) 无线控制装置

(e) 采用超薄微尺度无机LED的无线多位点多波长光谱刺激装置

图 14-3　活体啮齿类动物脑组织的光传输的光学神经接口装置

（图片来源：Warden M R，Cardin J A，Deisseroth K. 2014. Optical neural interfaces. Annual Review Biomedical Engineering，16（1）：103-129）

具有独立的可直接定向照射到脑组织中的光源。系统的组成元件有微型 LED，体积是一般 LED 的千分之一，以及微小尺寸的光纤（50μm×50μm×6μm），这样小的封装体积有利于精确定向靶刺激于较小的神经环路，并且能够减少组织损伤。

14.2.4　输出信号检测

当在活体动物体内植入轻便的光学神经接口装置，能够灵活地执行复杂的行为之后，光遗传学工具就能结合几种不同的行为读出检测技术解读从蠕虫、苍蝇到哺乳动物的输出信号。本节我们将重点关注神经环路水平的输出检测，包括电子学、光学与功能性磁共振检测。

1. 电子学检测

神经环路水平的输出检测首先需将光的传输、调控和电极输出检测整合到一个装置中，这种新的工具被称为“光极”。组件中包括光纤和金属电极的融合，同轴多电极元件及用于清醒活体动物中多点记录的硅探针。将活体哺乳动物的神经环路的光调控和神经生理学的输出检测整合到一起具有极大的价值。这项技术要追溯到行为学光遗传学诞生的时期，主要致力于两个核心目标：①检测特异细胞类型在安静或激活状态下的神经环路动力学改变的特征；②对于神经元的电信号输出进行光学上的验证或标记。这两点都为确定不同的神经细胞类型在正常和病态的环路效能中所起的作用提供了重要的参考价值。输出检测整合装置含有以下单元。

1）硅探针和光导结合装置

首次在哺乳动物中开展的神经光调控和电生理学融合研究的对象是麻醉的老鼠。其中一个研究组设计了将多点硅电极探针和微米尺度的光导结合的装置（图 14-4（a）），是第一个适用于活体啮齿类动物的整合检测系统。这套装置连接到一个可植入的显微操纵器上，在植入靶区不同的深度后还可以移动。这类装置的优势在于光输出和检测电极的近距离耦合（100～300μm），从而使用较低的光强就能够精确地定位刺激附近的神经元。这有利于避免很多类似神经元的同步激活，还减少了局部场电位的伪迹和热效应。不过这个装置过于庞大，并不适合老鼠的日常应用。

2）电极或四极管微型装置

电极或四极管微型装置可以和光纤传输整合到一套装置中。图 14-4（b）示意了应用于活体老鼠的四极管装置结构，包含固定黏合在电极接口板上的 16 个四极管通道，通道中可放置固定光纤。装置上不同检测点的四极管进入脑组织时会逐渐分散开。这种可调节的驱动技术有利于对大面积脑区进行采样，如背部海马区。

图 14-4（c）显示了另一独特技术，在装置的中心放置一根可移动的光纤，周围连接的是四极管。这样设计使得整个光极装置在脑组织中都能上下移动，可以保持光纤端点与检测点的近距离，尤其适用于检测较小的深度组织，如 VTA，但不适合于大区域。因此，在实验前对光调控神经元类型的识别就显得十分必要。这两种装置重量均很轻，只有 2g，适用于活体老鼠的日常研究。

3）多点电极阵列

最后，还有一种整合的光纤-多电极阵列（multielectrode array，MEA）装置，即光极-MEA，适用于活体啮齿类动物的长期光刺激和电输出信号检测（图 14-4（d））。装置中有 10×10 排列的微电极阵列，每个电极内包含一个锥形光纤。光纤外面包裹着镀金层和环氧树脂绝缘层，在末端留一个很小的光孔，通过这个开放的孔径实现输出信号的同步检测。

光极很坚硬，能够顺利地穿透老鼠的硬脑膜而不引起变形，从而保证了高质量的皮层检测信号。这种装置的优势在于能够在老鼠的大脑皮层进行长达 8 个月的输出检测，这对神经可塑性或神经动力学改变的长期研究具有重要意义。

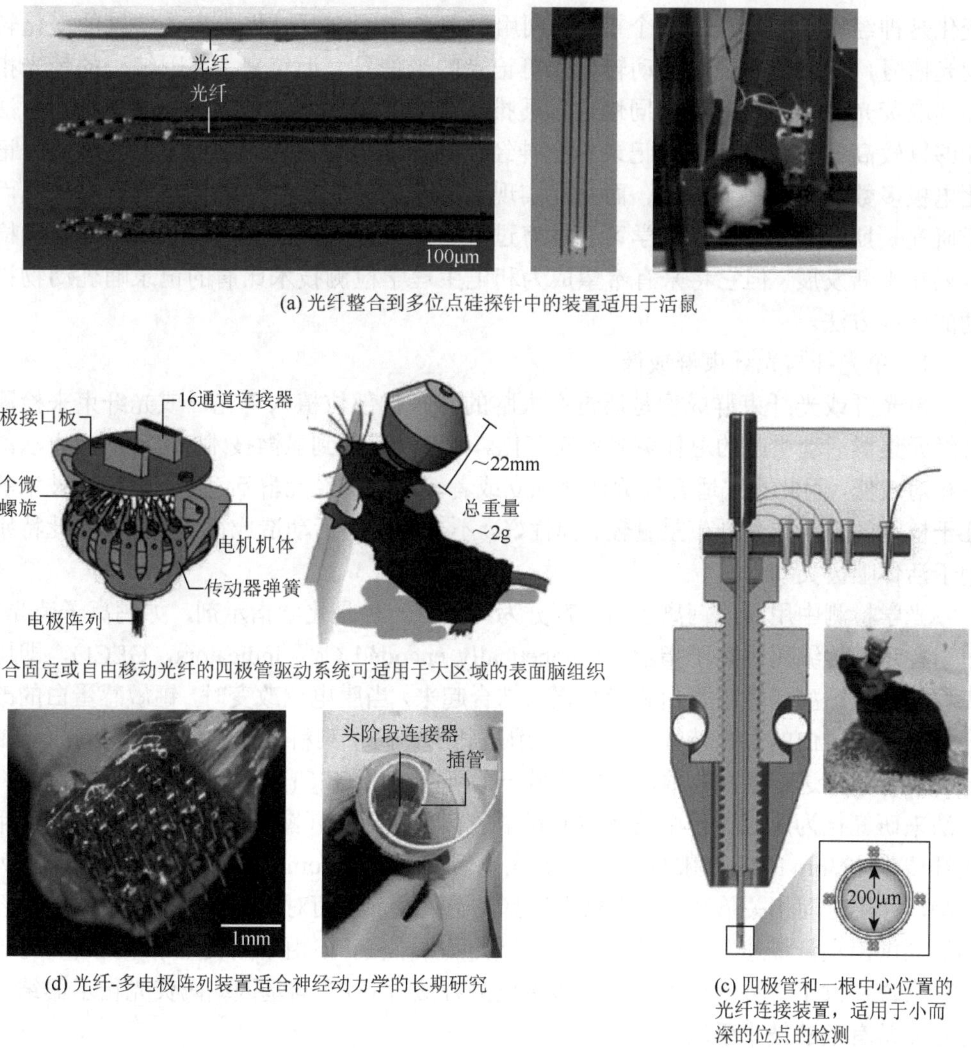

(a) 光纤整合到多位点硅探针中的装置适用于活鼠

(b) 结合固定或自由移动光纤的四极管驱动系统可适用于大区域的表面脑组织

(d) 光纤-多电极阵列装置适合神经动力学的长期研究

(c) 四极管和一根中心位置的光纤连接装置，适用于小而深的位点的检测

图 14-4　电生理学检测和光学调控的整合——“光极”

（图片来源：Warden M R，Cardin J A，Deisseroth K. 2014. Optical neural interfaces. Annual Review Biomedical Engineering，16（1）：103-129）

总体来说，实验中装置类型的选择是要根据具体应用情况来确定的。将光调控与硅探针阵列或单独可控的四极管及双电极微驱动器结合一般适用于密集细胞的较大脑区，像海马中的 CA1 或 CA3 椎体细胞层。如果是想实现同步检测单个孤立的神经元细胞和光刺激或抑制较深且小的脑区，那么具有光纤芯线的标准装置更加合适。如果需要对皮层的孤立的单个细胞进行长期检测，光极-MEA 是最佳选择。而想要一种简易廉价的记录皮层的低频周期信号的方法，长期的多位点光极是最合适的。

2. 光学检测

由于从成像数据中获取空间分布和细胞类型的信息比从电生理现象获取更加容易，近年来，神经环路全光检测概念的提出已经引起了研究人员的兴趣。细胞内钙离子浓度变化是神经元细胞活动的一个指标。利用钙离子指示剂可以将钙离子浓度的变化转化为荧光信号，从而使神经元活动转化为可记录的光信号。近年来，基因编码的荧光指示器和读取荧光信号的仪器的共同快速发展推动了全光检测技术的实现。光学检测方法已经能够以较高的时间分辨率来记录单个神经元的活动电位变化。这种方法能够同时记录下比电极多数倍的神经元活动，而且能实现对单个神经元长达几周的持续记录，从而有利于研究长期的行为过程，如学习和发育过程中的神经环路的动态变化。尽管全光检测技术还在不断发展，但它将来有希望成为和电生理学检测技术比肩的记录哺乳动物神经活动的标准方法。

1）单光纤与光纤束群成像

单光纤或光纤束群成像是通过在大脑的感兴趣部位植入单光纤或光纤束来检测较大神经元集群活动引起的总体荧光反应变化。由于没有用到显微技术，这种成像方法的分辨率相对较低，因此不太适合检测彼此独立或者较小的神经元群活动。不过这项技术的优势在于植入的光纤或光纤束重量轻、弹性好，不会对自由活动造成很大阻碍，因此特别适合用于活体啮齿类动物。

光学检测中用到的钙离子指示剂分为两种：一种是化学指示剂，如钙离子荧光染料；另一种是遗传编码钙离子指示剂（genetically encoded Ca^{2+} indicators，GECI），即用基因工程技术把钙离子敏感蛋白和荧光蛋白结合起来，当膜电位改变时，钙敏感蛋白的改变就会影响荧光蛋白的发光特性。起初的应用是利用钙离子染料结合单光纤束对新生老鼠的皮层钙离子信号进行激发与检测。之后另一个研究组用 GECI 代替了染料，利用单光纤束检测法来研究行为反应过程中纹状体通路中的神经元活动（图 14-5（a））。研究中使用单模光纤传输 473nm 的刺激脉冲，以 16 导光电倍增管（photomultiplier tube，PMT）阵列进行检测，并用时间相关单光子计数器来计算光子数量，从而对老鼠行为活动对应的神经元群的活动做出定量描述。这种成像方法的分辨率并不高，但由于只使用了单光纤，对于活体动物来说提供了一种低成本的光遗传学检测方法，而且在与基因编码荧光指示器结合使用时是非常有效的技术手段。

除了单光纤，光纤束也可以用来测量诱发的荧光反应，如用 300×300 束细微的含有染料的单模光纤。与单光纤方法不同，光纤束照射的范围是二维面，因此能够重建皮层组织的二维荧光信号图像。虽然纤维束直径比单光纤大很多，但是每条光纤都是彼此分隔的，能够自由弯曲，所以光纤束不会影响小鼠的自由活动和日常行为。在用光纤束成像方法测量脑深部组织时，光纤束可能导致过多的组织损伤，因此这项技术最适合于表面皮层的记录。

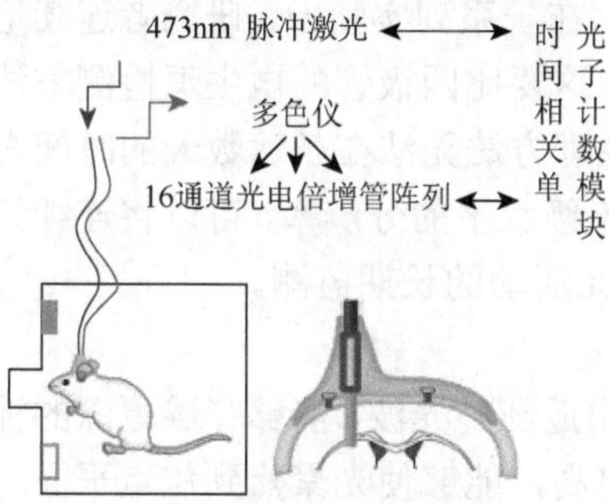

(a) 单光纤束检测法将单个多模光纤植入感兴趣脑区来检测神经元所发出表示钙离子或电压变化的荧光信号

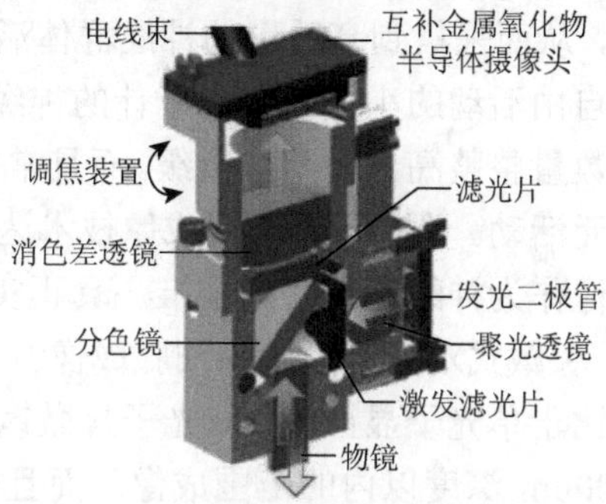

(b) 一种用来记录深层组织细胞水平神经活动的轻便单光子显微镜

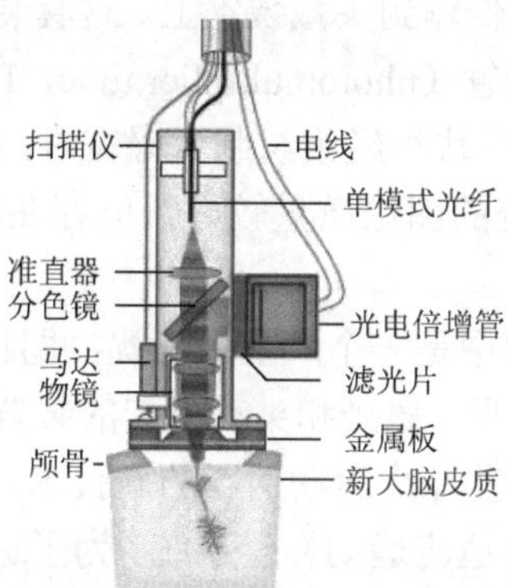

(c) 用于细胞水平分辨率成像的头戴式双光子细胞成像显微镜

图 14-5 光学输出检测装置

（图片来源：Warden M R，Cardin J A，Deisseroth K. 2014. Optical neural interfaces. Annual Review Biomedical Engineering，16（1）：103-129）

2）头戴式单光子显微镜细胞成像

神经科学的一个主要目标是记录神经环路中的成百上千的神经元的活动，同时要以较高的时间和空间分辨率来检测到单个神经元的活动电位变化。头戴式单光子与双光子显微镜能够达到细胞级的分辨率，离这个目标又近了一步。

由于神经组织中强烈的光散射和吸收，神经活动在大脑中的成像变得十分复杂。基于这些原因，单光子显微镜一般只能用在 50～100μm 深度的单个神经元成像。但是单光子成像速度很快，因此减少了运动伪影，有利于哺乳动物自由活动时的细胞成像。

近些年，小型化的头戴式单光子显微镜成像装置已经走向商业化并得到了广泛使用，如图 14-5（b）所示，这个系统几乎将所有部件都整合到头戴式装置中，而重量只有 1.9g。装置中包含了集成光源（蓝色 LED）、滤光片、分色镜、物镜、调焦装置和互补金属氧化物半导体（complementary metal oxide semiconductor，CMOS）相机，而系到动物身上的只有传输电源和信号的电线，最大限度地提高了灵活性。显微镜可以在 600～800μm 的视野内，以 2.5μm 的横向分辨率为活体小鼠中单个神经元成像，并以每秒 36 或 100 帧的速率运行，从而采集到高质量的神经群体活动信号。在一系列实验中，研究者连续记录长达几周的自由活动的小鼠的数以千计的神经元细胞，这要比四极管的电生理检测方法所能够记录的数量整整高出一个数量级。而且常规的电生理方法无法在长达数天的时间内连续记录神经元活动。单光子显微镜成像技术达到了细胞级水平的分辨率，可以将连续记录的每一帧图像作为神经元的空间配准，真正实现神经元活动的长期监测。

3）头戴式双光子显微镜细胞成像

相比于单光子显微镜，双光子显微镜通过使用近红外光波，能够穿透更深的神经组织并在 500μm 深度以内的范围成像，而且分辨率更高，能够使光聚焦到焦点平面。背景荧光更少，在散射条件下有更大的鲁棒性。但同时这项成像技术增加了扫描时间，并限制了扫描视野。图 14-5（c）显示了应用在小鼠身上的小型化的头戴式双光子细胞成像显微镜，这种仪器的重量仅 45g，长 7.5cm。双光子显微镜将激光器发出的近红外光整合到一根 2m 长的单模光纤内，通过光纤传输到头戴装置上。这套装置中还包含激发与吸收滤光片、分色镜、成像透镜和光电倍增管（photomultiplier tube，PMT），这些元件都微型化以全部整合到头戴式装置中。当任意一块神经组织刺激兴奋时，所有在焦点面发出的光都会被 PMT 收集并形成图像。这套系统的图像质量较好，但存在较严重的运动伪影，限制了一些快速活动的行为范式的应用。

运动伪影在双光子成像中是一个严重的干扰，并且有限的扫描视野和较长的扫描时间加剧了这一问题。心跳、呼吸、舔舐和头动引起的装置移动都有可能产生运动伪影，影响图像的采集。目前出现了一些减少运动伪影的新技术，如应用心电触发扫描，用可调谐镜头来矫正舔舐和建立一个自适应运动补偿系统。为了达到更好的图像质量，这些技术在头戴式成像装置中的应用仍在不断发展。

3. 功能性磁共振检测

将光遗传学工具与血氧水平依赖-功能性磁共振成像（blood oxygenation level dependent-functional magnetic resonance imaging，BOLD-fMRI）输出检测相结合可以观察皮层兴奋的神经元所引发的 BOLD 信号响应，揭示特定细胞类型的峰值响应和诱发的复杂动力学之间的因果关系。当光调控局部细胞的神经元时，fMRI 不仅能检测光刺激位点所产生的神经活动，还能记录到刺激位点下游的投射靶区的激活信号，因此这项技术可以对光调控引起的全局效应进行成像。它最重要的意义在于可以作为映射特定细胞全局效应的研究工具，还能识别疾病相关神经环路的内表型特征，而这是用微电极无法实现的。

14.3 光遗传学的应用

在神经科学研究中，一个重要的研究问题是大脑工作的机制。从环路层面来说，就是各种类型的细胞构建成神经环路进行运算和信息处理的方式，从而控制个体情绪、意识和行为。寻找一个准确的神经活动控制工具是研究大脑结构和神经环路的关键。虽然目前研究表明电刺激与光遗传学技术具有相似的效果，但是电刺激在刺激条件可控性、重复性、简易性方面要比光遗传学复杂得多。因此，光遗传学技术为研究脑高级功能研究提供了必需的干预工具，尤其是用于探索特定神经元活动范式与行为改变之间的因果关系。近几年，光遗传学技术广泛应用于神经环路结构和功能的研究中，建立神经系统模型，进一步治疗临床上还没有良好治疗方法的精神疾病，探索疾病发生的神经机制和神经编码过程，包括恐惧与焦虑、成瘾、抑郁症、自闭症、精神分裂症、神经系统疾病等方面神经环路的研究。

14.3.1 焦虑障碍与恐惧的神经环路研究

焦虑障碍是现实生活中十分常见的一类精神疾病，包括广泛性焦虑症、惊恐障碍、创伤后应激障碍（post-traumatic stress disorder，PTSD）和恐惧症等，其终身患病率大约为28%。焦虑障碍的主要表现为在没有直接威胁时保持广泛而持久的忧虑状态。尽管焦虑障碍发生很普遍，但现有的治疗方法都不能达到很好的治疗效果，并且具有副作用。以往传统的研究已经基本确定了焦虑恐惧涉及的神经环路，光遗传学的诞生能够让我们对焦虑和恐惧有关的神经元细胞的特异性的解剖功能有更深刻的理解。

在应用光遗传学技术对焦虑症的研究中，研究人员通过特异性地靶刺激啮齿类动物模型，确定了杏仁核中的一个突触集群能够特异性地对活体哺乳动物的焦虑基线水平进行快速、可逆的调控。研究表明，当光刺激基底外侧杏仁核（basolateral amygdala，BLA）在中央杏仁核（central amygdaloid nucleus，CeA）的突触终端时，表达视蛋白的 BLA 神经元会接受光的选择性刺激，从而产生抗焦虑作用。另一种刺激方法则不考虑突触终端，只是非特异性地刺激 BLA 神经元的胞体，与前面的实验结果相反，产生了焦虑作用。实际上，BLA 细胞的神经元投射到很多靶区，不仅包括杏仁核的中央外侧核和中央内侧核，还有双侧伏隔核（nucleus accumbens，NAc）、前额叶皮层、终纹状核及诸多其他结构，这些不同的神经投射通路对焦虑会产生本质不同甚至完全相反的影响。因此，光遗传学的靶向定位能够清楚地分辨杏仁核内不同的内源性焦虑神经通路的作用。此外，该研究对同样的投射结构进行特异性的光遗传学抑制，使 BLA-CeA 轴突表达一种抑制型蛋白 eNpHR3.0，对其进行光照后，结果表明会增强焦虑效果。因此，利用光遗传学技术对细胞的特异性靶向刺激能够对焦虑行为实现双向调控。

恐惧症是在某一特定刺激或情境下而产生的恐惧反应，通常出现于个体面对伤害或威胁的时候，是焦虑障碍中最大的一类。虽然以往的研究表明杏仁核是处理恐惧情绪的关键区域，但是杏仁核错综复杂的神经环路很难通过传统研究方法得到解剖上的因果关系。一般认为厌恶事件会影响 LA 椎体神经元，并且与感官刺激相结合能够引起恐惧学习。现在，研究人员利用光遗传学工具将 ChR2 特异性地表达在 LA 的谷氨酸能椎体神经元，然后利用光刺激激活 LA 神经元的同时，用声音刺激小鼠，小鼠会产生恐惧学习；随后，当声音单独刺激小鼠时，就会观察到小鼠产生条件性恐惧反应。这些研究结果表明，光遗传学技术可以调控活体的 LA 神经元，而且证明了厌恶事件通过激活 LA 椎体神经元诱导恐惧学习，促进形成相关的恐惧记忆。此外，研究人员在 CeA 的亚核区表达蛋白激活酶，利用光刺激在 CeA 中发现了一个能够抑制条件性恐惧的神经环路。相反地，另外一个研究则确定了 CeA 中的另一个影响条件性恐惧产生的神经元亚群。这些研究将携带视蛋白基因的病毒注射到杏仁核内，利用基因靶向技术来提高细胞类型特异性和空间分辨率，突出了光遗传技术的基因与空间定位的整合优势。光遗传学技术使研究人员能够检测特定的细胞类型在动物模型的精神疾病研究中的特异性作用。

恐惧情绪很大程度上依赖于恐惧记忆的形成。长期以来，人们一直认为海马区对于情景恐惧的编码有重要作用，但经过很长一段时间之后，这些记忆将不再存在于海马区，而是储存在一个分布式的新皮质网络（如前扣带皮层）中。然而，在目前一项光遗传学的研究中，将 eNpHR3.0 在海马 CA1 区域的谷氨酸椎体神经元内表达，结果表明海马区对长期恐惧记忆的形成仍然很重要。同样，新皮质网络对于长期记忆也很重要，当海马区功能失调时，新皮质网络会起到更重要的作用。也就是说，即使是长期恐惧记忆，记忆也储存在了多个脑区，在必要时可以起到互补作用。

14.3.2 药物成瘾的神经环路

药物成瘾是一种容易复发的慢性病。它的特点是不顾后果地、强迫性地寻求和服用药物。有研究者提出，成瘾“劫持”了大脑中天然存在的奖赏系统。前人的研究表明，在调节奖赏过程中起主要作用的两大脑区分别是中脑腹侧被盖区（ventral tegmental area，VTA）和伏隔核（nucleus accumbens，NAc），它们所分泌的多巴胺是奖赏系统中的最关键因素。但奖赏行为过程中的神经机制与神经编码过程仍然没有被完全了解。利用光遗传学技术分析与奖赏-觅药行为相关的神经环路，确定药物成瘾的神经适应性变化，为成瘾机制的研究带来了曙光。

VTA 脑区由多种不同的神经元细胞构成，其中包含多巴胺神经元、GABA 神经元和谷氨酸能神经元。目前，研究人员将光遗传学技术应用于条件性位置偏爱（conditioned place preference，CPP）实验中，用来研究与药物成瘾有关的神经机制。CPP 是目前评价药物精神依赖性的经典实验模型。该模型将实验动物置于白色观察区，并给予精神依赖性药物（如吗啡），然后观察其在黑色区和白色区的活动情况。动物每次处于给药区就会在药物奖赏性效应的作用下对黑色区和白色区产生位置上的偏好，其程度与药物的精神依赖性相关。2009 年，将 ChR2 导向至小鼠的中脑腹侧被盖区的多巴胺能神经元内，用光遗传学工具选择性地激活多巴胺能神经元，发现高频地、阶段性地刺激神经元能够引起多巴胺瞬变并且诱导小鼠的条件性位置偏爱。因此，光遗传学证明了 VTA 脑区的多巴胺能神经元的活性可以起到调节哺乳动物行为的作用。但是，激活 VTA 脑区的另一种 GABA 神经元会抑制临近的多巴胺能神经元，从而干扰奖赏依赖行为。Cohen 研究组证明了 VTA 的 DA 神经元对奖赏结果敏感，而 GABA 神经元对奖赏的预期更敏感。正是 VTA 脑区的 DA 神经元和 GABA 神经元的交互作用调控着奖赏行为的发生和终止，以及编码预期奖赏。而光同时刺激 VTA 脑区的 DA 神经元和谷氨酸能神经元会引发 NAc 脑区的谷氨酸能神经元兴奋性突触后电流的变化。谷氨酸能够调控奖赏行为的长期可塑性。

同样，伏隔核在大脑的奖赏活动中起重要作用。NAc 内不同集群的神经元表达了不同的多巴胺受体亚型，光遗传学证明了它们在调节可卡因位置偏好时扮演着完全不同的角色，例如，Lobo 等发现，NAc 脑区多巴胺的两个不同亚型神经元 D1 和 D2 在可卡因的条件性位置偏爱中起到了相反的作用，激活 D1 神经元会增强可卡因的 CPP，而激活 D2 神经元则会抑制可卡因的 CPP。另外一些研究发现，NAc 中的类胆碱能神经元在调节与奖赏有关可卡因位置偏爱的过程中占据重要地位，能够抑制多巴胺能神经元的放电，从而减少多巴胺的释放。另外，基因编码的光学工具 optoXRs 也用于药物成瘾的研究中，对 NAc 中的两种嵌合体蛋白分别进行快速光遗传学激活能够驱动小鼠的 CPP，产生两种相反的效果，证实了生化信号与哺乳动物行为的因果关系。

为了深入了解追求奖赏行为的神经环路基础，研究人员展开了一系列的研究。他们通过对特定脑区和神经通路进行光遗传学激活来检验这些神经环路是否能够单独担任“奖励”中枢。光遗传学诞生之前，电刺激是常用的神经环路激活方法，以往的研究结果表明，动物会为了对自身特定脑区实施电刺激而做出反复的操作反应（通常是按压杠杆），这种操作会引起对测试脑区的电刺激，研究者将这种反应称为颅内自我刺激（intracranial self-stimulation，ICSS）。虽然此类实验有力地证明了电刺激的神经部位存在着“奖励”中枢，但是这种技术激活了多种神经元集群，因而无法确定究竟是哪种细胞导致了 ICSS。最近的两项研究使用光遗传学方法来寻找产生 ICSS 的特定细胞类型。NAc 脑区接收来自多个脑区投射的谷氨酸，包括杏仁核、前额叶皮层、海马和丘脑。光遗传学检测了不同脑区投射到 NAc 脑区的神经通路在奖赏行为中的作用。结果表明，选择性地激活从 BLA 到 NAc 的兴奋性突起（通过特定目标靶向投射技术实现），产生了强烈的自我刺激，而对其他神经通路的细胞进行刺激则没有效果。而且，BLA-NAc 兴奋性突起释放的谷氨酸激活了 D1 神经元，从而促进了奖赏追求。腹侧被盖区的多巴胺神经元的光遗传自我刺激也在研究中证实。总体来说，这些发现使人们能够更深刻地理解在病理性药物依赖和成瘾过程中作为其基础的特定神经元或神经通路准确的活动模式。

14.3.3 抑郁的神经环路研究

抑郁症是很常见的一种疾病，并引起了人们的广泛关注。但是，到目前为止大多数抗抑郁药物往往不起作用，而脑深部电刺激是目前唯一有疗效的临床常用的治疗手段。然而，尽管 DBS 技术能够用于治疗很多不同的精神疾病和神经退行性疾病，但是人们对良好的治疗疗效的生理基础仍然没有搞清楚。例如，高频电刺激是通过直接影响这个区域，还是通过影响局部的细胞体轴突来发挥抗抑郁作用？起到缓解疾病症状作用的原因到底是神经元活动的兴奋还是抑制？有没有以其他方式影响局部皮层的神经活动？光遗传学技术的发展为更好地理解抑郁症的病理基础及 DBS 技术作用的生理机制提供了希望。

Deisseroth 研究组利用光遗传学技术研究了作用于丘脑下核团的 DBS，发现电刺激的直接靶区不是局部细胞体而是来源于其他脑区的传入神经元。为了更好地理解 DBS 对抑郁症的治疗机制，光遗传学技术被用于靶向小鼠的前额皮层细胞体。当光照射表达 ChR2 的内侧前额叶皮层神经元时，患有抑郁症的小鼠显示出了抗抑郁反应。进一步研究发现，在抵抗性抑郁症患者和抑郁症小鼠模型中均发现了前额叶皮层中的立早基因表达的缺失，导致这一区域的神经元活动降低。然后对抑郁症小鼠的内侧前额叶皮层进行光刺激能够恢复社交和蔗糖偏爱。这项研究使用的方法比电刺激更有针对性，只需对局部细胞体进行激活，无须激活纤维通道。随着光遗传学技术的发展，新的光遗传学工具具有更大的特异性。例如，由于前额叶皮层投射到许多区域，包括中缝背、伏隔、杏仁核及其他参与情绪调节的结构，光遗传学的靶向定位方法及通路特异性方式对于检测这些目标特别有利。

另外，抑郁症与不同的神经调节系统和受体相关，包括血清素、去甲肾上腺素和多巴胺。目前大多数可用的抗抑郁药物调节的是单胺类，通过血清素、多巴胺或者去甲肾上腺素整体调节突触神经传递。由于这些受体具有不同分布及功能，增加药物靶的特异性可以极大地提高药物治疗效果或者减小副作用的影响。因此，光遗传学技术未来的发展与实施将有利于提高药物开发的精确度，从而提供具有较少副作用的、更有效的抗抑郁药物。

14.3.4 自闭症和精神分裂症的神经环路研究

在自闭症和精神分裂症研究中，疾病状态中神经环路变化识别也面临着重大的实验挑战，因为表面上相同的症状却存在着异质性。精神分裂症的症状包括混乱的言语和行为，以及幻觉、妄想及负性症状，如社交障碍。自闭症的特点是社会行为和沟通障碍，以及刻板、重复的动作。实际上，社交障碍是很多精神病学疾病的共同症状。科学家之前已经通过实验室的动物模型研究得到，小清蛋白神经元的数量减少和功能衰退是精神分裂症的一个特征信号。另外，γ 频带（30～80Hz）的异常神经振荡也是自闭症和精神分裂症的重要特征。近年来，光遗传学技术开始应用到社交行为的神经环路研究中。光遗传学方法在小鼠模型中的应用进一步表明了小清蛋白神经元在调节新皮质中 γ 节律与信息处理过程中的作用，这为更深入地了解精神失常疾病中信息处理能力的缺陷奠定了基础。

有研究认为引起自闭症和精神分裂症的一个可能的原因是细胞的兴奋性和抑制性平衡被破坏。Ofer Yizhar 和 Deisseroth 研究组利用双稳态响应视蛋白（SSFO）和红移光视蛋白（V1C1）来检测细胞的兴奋抑制平衡性对这些疾病的影响。他们利用光遗传学技术使 SSFO 在前额叶皮层的谷氨酸神经元内表达，能够使皮质兴奋性水平提高，从而导致 γ 频带（30～80Hz）的节律活动增强。为了进一步确定这种影响是否与细胞的兴奋性、抑制性的失衡有关，接下来该研究组利用 V1C1 来抑制细胞的活性，发现抑制细胞的活性能够缓解由于兴奋性增强导致的社交障碍。这项研究证明了细胞的兴奋性、抑制性失衡是导致社交认知障碍的原因的假说。

事实上，由于多种精神疾病（如焦虑、抑郁、药物成瘾、精神分裂症和自闭症等）涉及的神经环路有高度重叠现象，整个大脑的兴奋性和抑制性细胞的失衡也许会导致这些疾病的高共病率，而光遗传学技术能够检测这些潜在的致病机理。

14.3.5 学习记忆研究

学习记忆是大脑的重要机能之一，是神经科学研究的一个重要领域。学习是获取新信息的神经活动过程，而记忆是对获取的信息进行存储和再现的过程。光遗传学技术的应用有助于各种记忆机制的研究，如恐惧记忆、奖赏与惩罚记忆、记忆的巩固以及长期记忆的机制研究。Goshen 等通过在小鼠体内表达 eNpHR3.1 蛋白，然后用光刺激海马 CA1 区，研究海马 CA1 区的神经元对长期记忆的作用。经过几周的训练发现，对海马 CA1 区施以精确的光遗传学抑制能可逆地消除恐惧记忆。而且当这种抑制达到药理学抑制的时间时，恐惧记忆的长期效应由海马依赖性转变为海马独立性。这表明长期的记忆依赖于海马区，但是还可以自适应地转变，进一步揭示了记忆机制的可塑性。Liu 等应用光遗传学的方法，在与恐惧记忆有关的海马区神经元上表达 ChR2 蛋白，然后用光刺激这些神经元，小鼠表现出颤抖行为，然而用同样的光照射其他神经元时，不会产生类似的行为。这些结果表明当光刺激时，有 ChR2 表达的海马区神经元被激活，从而唤起小鼠的恐惧记忆。

Cohen 等通过光遗传学技术发现，当动物得到预期的奖赏时，VTA 脑区的起奖赏作用的多巴胺能神经元会出现阶段性激活状态；但当奖赏延迟出现时，VTA 脑区起抑制作用的 γ-氨基丁酸神经元会处于持续的兴奋状态。Rolls 等通过光遗传学技术研究了睡眠连续性对记忆巩固的作用，他们将在觉醒过程中起关键作用的下丘脑分泌素神经元作为刺激靶，在不影响小鼠总睡眠时间的情况下，通过光遗传学技术在小鼠睡眠的不同阶段激活这种神经元，诱发觉醒。结果显示，在随后一天的新颖物体识别任务中小鼠的记忆能力下降，从而揭示了睡眠的连续性是记忆巩固的关键因素。

14.3.6 睡眠-觉醒节律的研究

睡眠-觉醒障碍是指睡眠-觉醒节律与常规不符而引起的睡眠紊乱，常与精神病学疾病有关，如抑郁症、药物成瘾、焦虑障碍等。睡眠-觉醒神经环路中起重要作用的两类激素分别是下丘脑泌素（hypocretins）和去甲肾上腺素。光遗传学技术的发展为这两类激素表达的神经元的研究带来巨大进展。下丘脑泌素 Hcrt1 和 Hcrt2 是由外侧下丘脑的神经纤维分泌的一对神经兴奋肽，它们对稳定和维持觉醒有重要的作用。在光遗传学首次应用于活体动物行为的研究中，Adamantidis 等将 ChR2 导入 Hcrt 表达的神经元中，然后对这些神经元进行光刺激，结果显示在睡眠的非快速眼动期（non-rapid eye movement，NREM）和快速眼动期（rapid eye movement，REM）进行光刺激 30s 后会发生觉醒。相比之下，另一类神经元——分泌去甲肾上腺素的蓝斑（locus coeruleus，LC）神经元反应速度更快，接受光刺激后在不到 5s 的时间内就会诱发觉醒。另外，利用光遗传学技术对 Hcrt 神经元的活动进行抑制会诱导浅睡眠期的睡眠，而光抑制 LC 神经元也会缩短觉醒的持续时间，但并不会阻止睡眠到觉醒的转变。目前，研究表明在光刺激 Hcrt 神经元时进行光抑制 LC 神经元会阻断 Hcrt 对睡眠到觉醒状态转变的调节作用，而光同时刺激 Hcrt 神经元和 LC 神经元会增加睡眠到觉醒的转变次数。这些结果说明 Hcrt 神经元对睡眠-觉醒节律的调节作用是依赖于 LC 神经元的。

光遗传学方法为睡眠-觉醒的研究提供了新的机遇，并且为与睡眠相关的精神疾病的神经环路研究提供了有力手段。例如，我们可以通过光遗传学研究睡眠的某一特性对认知功能的重要影响。许多精神疾病会导致睡眠中的频繁觉醒，这往往会伴随发生记忆障碍。

丘脑皮层能够产生与睡眠-觉醒模式有关的兴奋性振荡。研究表明，在 NREM 睡眠期间丘脑产生的振荡与记忆的巩固作用有关。科学家已经利用光遗传学控制丘脑的特定神经元产生振荡波，将振荡波与短时睡眠结合起来进行研究，能够进一步理解这些特征在认知功能和精神疾病中的根本作用。

14.3.7　在其他细胞生物学领域的应用

光遗传学技术利用数目不断增加的单组分微生物视蛋白，如今已在神经科学界广泛应用，并取得了突破性的结果和进展。但它并不局限于神经科学的研究，还可以广泛应用于生物学研究的其他领域，如神经胶质细胞、心脏细胞、肌肉细胞等研究领域。胶质细胞对神经元有滋养和支持作用，也有吸收和调节某些活性物质的功能，参与神经系统的再生和修复。Alexander 等利用光遗传学技术研究胶质细胞时发现，当对小鼠的腹侧延髓胶质细胞进行光照射时，胶质细胞内的 pH 发生变化，从而影响细胞内钙离子浓度和二氧化碳分压，最终影响小鼠的呼吸功能。

光遗传学也可以与分子工程学相结合，从而对生物化学事件进行光控调节。2009 年初，研究人员借助哺乳动物大脑组织内视黄酸类物质并利用视黄酸的信号分子在黑暗环境中活性较低的特点，对活体哺乳动物体内的 G 蛋白偶联受体信号通路进行了光控操作。所有这些研究成果都表明，光控技术适用于所有细胞和组织，远远超过了电刺激的应用范围，为在细胞生物学领域的研究开辟了新的方向。然而，光控技术要成为整个生物学领域的主流，精确时相控制能力是取胜的关键。随着科学技术的发展，光遗传学技术将会有进一步的发展，应用到更广阔的领域，揭示更多生物领域的奥秘。

14.4　光遗传学展望

光遗传学是近年来迅速发展的一项整合了光学、软件控制、基因操作、电生理等多学科交叉的生物工程技术。它具有独特的高时空分辨率和细胞类型特异性两大特点，能对神经元进行非侵入式精准定位，从而控制细胞的开启与闭合。光遗传学能够在基因表达水平上在线控制神经元，有助于我们了解神经环路的复杂机制，为神经科学提供了革命性研究手段，是 21 世纪神经科学领域最引人注目的学科。光遗传学技术的应用将对人脑结构和功能的认识产生深远影响，越来越多的科学家投身这一领域。光遗传学作为新兴学科，在许多方面还有待进一步研究，如促进神经工程的发展、光敏感蛋白的开发、反向工程的研究、在时空维度研究分子回路等。下面将从几方面具体介绍光遗传学未来的发展方向。

14.4.1　促进神经工程发展

目前，光遗传学已经实现了特异、快速、直接地改变神经元活性，从而使光成为脑细胞乃至动物行为的开关，并且在动物实验中取得了突出成就。然而，光遗传学对神经系统的研究仍然处于初级阶段，进行人体试验还为时尚早。应用光遗传学技术对神经系统的工作机制及神经或精神疾病的病理机制研究仍处于探索阶段。尽管部分研究成果已经开始逐渐走向临床应用，但是距离完全解开大脑神经环路的工作机制之谜并将其应用到神经疾病诊断和治疗中还有很长的路要走。

光遗传学拥有对特定大脑回路的非凡控制能力，进而能够高度精确了解大脑区域特定神经回路的基本构造和功能。这一新的研究领域令科学家兴奋不已，世界各地的实验室都在利用这种技术来深入了解神经系统如何工作。神经外科专家贾米·亨德森在啮齿类动物身上进行了光遗传学研究，提出一项关于脑深部刺激如何影响帕金森病症状的新理论。亨德森最近已经开始进行人体临床试验，希望这种方法还能够用于治疗与帕金森病相关的其他疾病，如言语障碍等。另一神经科学研究者克里希纳·谢诺伊正在灵长类动物身上开展光遗传学研究。在最近的一次实验中，他带领的研究小组用病毒作为载体将视蛋白插入恒河猴的大脑，从而能够借助光来控制选定的神经元，植入光纤和病毒都没有对这些恒河猴造成不良影响。同时，光遗传学技术在开发新设备用以治疗创伤性脑损伤和神经修复等方面也将有较大潜力。美国国防高级研究计划局宣布了一项旨在运用光遗传学技术帮助伤残老兵的计划。利用光遗传学技术，通过位于假肢指尖的传感器将信息直接传递回大脑，从而可以提供一种高保真的人造触觉。

可以说，光遗传学开辟了一个新的研究领域，一些研究人员已经开始设想，如果能够克服生物医学的挑战，确保新基因安全地递送到人体内，基于光遗传学的治疗方法将直接应用于人类，这对了解大脑神经及促进神经工程的发展有变革性的意义。

14.4.2 光敏感蛋白的优化和扩充

利用光照射视蛋白来控制细胞的过程中，可能会在神经回路中产生其他动作电位，或者控制的细胞不产生动作电位，这些都会严重影响光控操作的保真度，给实验带来噪声。因此，微生物视蛋白的优化将是一个重要的研究方向。

为了实现微生物视蛋白的优化与扩充，细菌视紫红质蛋白突变体备受关注。世界各地的课题组不断构建各种用于光遗传学操作的人工视蛋白，不仅解决了保真度的问题，而且增加了视蛋白的种类，提高了视蛋白的表达量。这些视蛋白包括快速视蛋白、慢速视蛋白、高频率视蛋白、高保真度视蛋白、高光敏性视蛋白等。

除了定向突变技术，近几年人们也不断尝试其他方法对视紫红质蛋白进行改造，希望得到更高性能的光敏感蛋白，拓宽光遗传学技术的研究范围，如发现新通道视紫红质蛋白的基因组发掘技术、不同通道视紫红质蛋白之间的结构域调换技术等。2014 年，美国麻省理工学院的研究人员研发出一种光敏感蛋白分子。该分子可以非常有效地以非侵入式手段使神经细胞沉默。通过使用这种光敏感蛋白，长期的神经行为研究将不再需要在脑中植入光敏控制器。

分子生物学技术的应用也为光遗传学新工具的开发提供了更广阔的空间。由于跨膜运转的问题，绝大多数微生物视蛋白基因在哺乳动物的神经元细胞里不能得到很好的表达。而利用分子基因技术将跨膜运转基序插入微生物视蛋白上的特定区域就能够有效提高视蛋白的表达量。

14.4.3 反向工程

光遗传学技术的时空分辨率高、特异性好，兴奋性组织的输入/输出信号可以同时检测，而这是电刺激方法无法做到的。因此，光遗传学技术也可以用于系统生物学领域的研究，而且光遗传学的应用必然会促进生物学领域的反向工程学研究。反向工程学是根据生物组织的输入信号转换机制和在复杂病理条件下这种机制的变化来推断生物组织的计算功能。这如同计算机芯片根据各种信号来推断其运算过程。

近年来，光遗传学特异性输出信号的采集技术取得了飞快进展，如光纤和电极相结合的光极、全光检测、fMRI 检测。这些技术的应用使人们能够在输入光控信号的同时接收输出信号。光遗传学的进一步发展将会不断完善光遗传学技术的功能，如增加输入/输出通道的数目和类型、构建闭环控制模式等。目前的研究主要集中在如何利用光来刺激某种生理学现象或行为，很少通过某种生理学现象或行为得到输出信号。如果将来使输入/输出信号进行实时的双向交流，闭环控制模式必不可少。

14.4.4 时空维度上分子回路的研究

光遗传学工具的出现给了细胞生物学家一种史无前例的方法和思考角度对细胞展开研究。将这种精确操控工具与其他观察手段，如荧光蛋白等相结合可以极大地提高科研人员对细胞内部事件工作机制的了解能力。

通过荧光蛋白我们可以观察细胞内部发生的一切行为，但是究竟是什么样的机制促使细胞出现这样复杂的行为？又是什么样的机制对这些行为进行调控呢？标准的遗传学操作技术和药物的干扰作用无法实现在时间和空间上的精准控制，在解释细胞工作机制方面就更显得力不从心了。

幸亏有了光门控通道蛋白，它给了我们另一种解决方式，可以对细胞内的网络化工作机制有所了解。近几年，各种新型光控工具呈现出了爆炸性增长的态势。从原理上来说，它们可以对各种蛋白的功能和胞内定位进行操控。这种光遗传学工具的出现将引领我们进入一个新的生物学时代，称为微扰生物学时代，这将彻底改变我们对复杂生物学系统的研究模式。

14.4.5 光遗传学的竞争者

光遗传学无疑是神经科学史上一次里程碑式的创新，能够以毫秒级的时间分辨率精准地对特定活体细胞行为进行定向调控。但是这项技术仍然存在一些限制因素，如光穿透深度的限制、对活体大脑植入光纤造成的损伤性，以及携带不便。而另一种能量源——磁能在遗传学中的应用正悄然兴起，磁场辐射范围较大，具有非侵入性和远程控制的特点。近两年，一种新的遗传学调控技术——磁遗传学（magnetogenetics）正处于方兴未艾的阶段，虽然科学家的实验成果并不完善和成熟，但已经受到了国内外相关研究领域的广泛关注。磁遗传学与光遗传学有类似的思路，即利用基因工程将磁感应受体表达到神经元中，通过磁场而不是光能来控制神经元活动。到目前为止，磁遗传学技术的研究成果还很有限，有代表性的有三种不同的技术方法：铁硫簇蛋白 IscA1 的表达、磁热方法、磁力矩方法、我们将具体介绍这三种不同技术的代表性的研究方法和实验成果。

2015 年谢灿研究组发现铁硫簇蛋白 IscA1 的同源物 Drosophila CG8198 具有磁感应受体作用，而将其命名为 MagR（magnetoreceptor）。此外，谢灿课题组揭示了 MagR 能与感光蛋白 Cry 形成磁感应复合物，能够行使磁感应器的功能。这为开展磁受体领域的研究提供了新思路。同年，鉴于 MagR 磁受体的独特功能，张生家等将磁受体 IscA1 的基因定位与远程磁刺激相结合，发明了一种非损伤性的神经调控方法，称为磁遗传学。在这项研究中，张生家首先在体外培养的神经元中导入并表达具有磁性的铁硫簇蛋白 IscA1，然后通过外部磁场刺激，诱导细胞膜去极化，从而产生单个神经元的动作电位。而且，神经元的放电模式依赖于磁场的方向以及磁场的开关。张生家还进一步将 IscA1 分别导入并表达到线虫体内的肌肉细胞和触觉神经中，发现在磁场刺激下，线虫分别产生了肌肉收缩和后退行为，这证明了磁遗传学在活体运用的可行性和有效性。因此，张生家将 IscA1 命名为 MAR（magnetoreceptor）。张生家在文章中指出，磁遗传学作为神经活动的调控工具，具有独特的优势：无损伤、高穿透性、可长久持续刺激、相对安全性、无空间限制和空间均匀性。在磁遗传学技术中，诱导神经元产生电活动所需要的磁场强度比 fMRI 的磁场强度要小 1000 倍，因此更安全，而又比地球磁场大 10 倍，因此不受地磁场干扰。

2016 年，Stanley 研究小组通过将磁场能转化为热能，从而使对温度敏感的细胞膜离子通道开放，诱发神经元的活动。研究者首先利用绿色荧光蛋白标记的铁蛋白的重链和轻链融合，在细胞内部形成以氧化铁为核心的铁蛋白纳米颗粒，而这个铁蛋白纳米颗粒能够与瞬态电压感受器阳离子通道 TRPV1（transient receptor potential cation channel，subfamily V，member 1）相互作用形成融合蛋白（aGFP-TRPV1）。该通道是蛋白质，并且对温度敏感，当温度上升时可以开启。所以当上述融合蛋白形成后，其中的氧化铁接收到非侵入性磁场信号，就会产生热量，从而将离子通道激活开启。研究者通过细胞实验和小鼠实验均证明在氧化铁的帮助下，TRPV1 的确具有转导这些磁场信号的能力。离子通道的开启则引发了钙离子依赖的基因转录表达。利用干细胞或病毒表达系统将这种编码了胰岛素基因的遗传组件转入小鼠体内，通过磁场发射信号，成功地启动了胰岛素基因的转录表达，并相应地降低了小鼠的血糖水平。

2016 年，Wheeler 研究小组通过将磁场能转化为机械能，激活压力敏感性神经元，从而调控神经元的活动。Wheeler 等将对机械压力敏感的瞬态电压感受器阳离子通道 TRPV4（transient receptor potential cation channel，subfamily V，member 4）与顺磁铁蛋白融合成一种新的蛋白，称为 Magneto。将构建好的融合蛋白通过病毒传送到小鼠大脑中，研究证明，当磁铁靠近带有 Magneto 的细胞时，就会在磁场的作用下依靠磁矩打开离子通道，引发级联反应，从而将大脑中的信号一一开启。研究人员发现斑马鱼体内可以表达 Magneto 蛋白的神经元，可以用于调控这种动物的逃避反应。实验将斑马鱼放置在能诱导逃避反应的磁场中，Magneto 就能做出相应的反应，同时将 Magneto 引入小鼠大脑的奖赏区域，也会导致实验小鼠比正常小鼠更长时间地停留在磁场区域。有趣的是，Magneto 就是这项研究构建的融合蛋白，研究人员用了《X 战警》中“万磁王”的名字来给它命名，代表了这种蛋白的强大磁性。

以上三种磁遗传学技术手段殊途同归，都利用磁场对神经元活动进行调控，实现对行为的干预。磁遗传学作为强有力的神经调控工具，可以加深对大脑神经环路及神经编码机制的理解，推进对认知、行为及意识的研究，并有助于加深对神经性疾病，如阿尔茨海默病、帕金森病、自闭症等的认识和新疗法的研发。未来，基于磁场刺激的无损便携的脑起搏器、心脏起搏器等医疗器械将成为可能，它的普及将极大地减轻患者的生理痛苦和经济压力，真正造福人类。正如光遗传学通过了十年之久的改进取得的飞速进展一样，随着磁遗传学的发展和成熟，磁遗传学将极大地推动基础神经科学、转化神经科学以及其他生物科学的发展。

14.5 本章小结

本章主要介绍了光遗传学技术的概念、发展、原理及应用，并对光遗传学技术的未来发展进行了展望。光遗传学技术是一项结合遗传工程与光控技术的跨学科全新技术，利用光刺激光敏感通道蛋白来控制神经元的活动及功能，成为神经科学研究的有力工具。光遗传学原理包含四项关键技术，即光敏感蛋白、视蛋白靶技术、光传输技术、输出信号检测。目前，光遗传学技术已经在神经系统领域研究中得到了广泛应用，包括在神经环路、神经递质传递以及一些正常和病态行为机制的研究。光遗传学技术在时间和空间上的优越性使得该项技术在多种疾病模型中广泛应用，我们期待这项技术的进一步发展，并应用到更广阔的领域去揭示更多神经系统的奥秘。

思考题

1. 光遗传学技术的基本原理是什么?
2. 与传统的电刺激相比，光遗传学控制有什么优势?
3. 光遗传学控制细胞功能的基本步骤是什么?
4. 什么是光敏感蛋白? 光敏感蛋白如何分类?
5. 激活作用的光在分子和细胞水平有何特性要求?
6. 视蛋白靶技术如何分类?
7. 光学神经接口装置有哪些?
8. 光遗传学技术有哪些输出信号检测方法?
9. 近几年，光遗传学技术在神经环路的结构和功能研究中有哪些应用?
10. 光遗传学技术对神经工程的发展有什么重要意义?

参考文献

Aravanis A M, Wang L P, Zhang F, et al. 2007. An optical neural interface: In vivo control of rodent motor cortex with integrated fiberoptic and optogenetic technology. Journal of Neural Engineering, 4(3): S143-S156.

Deisseroth K. 2011. Optogenetics. Nature Methods, 8(1): 26-29.

del Bene F, Wyart C. 2012. Optogenetics: A new enlightenment age for zebrafish neurobiology. Developmental Neurobiology, 72(3): 404-414.

Fenno L, Yizhar O, Deisseroth K. 2011. The development and application of optogenetics. Annual Review of Neuroscience, 34(1): 389-412.

Han X. 2012. In vivo application of optogenetics for neural circuit analysis. ACS Chemical Neuroscience, 3(8): 577-584.

Lee J H, Durand R, Gradinaru V, et al. 2010. Global and local fMRI signals driven by neurons defined optogenetically by type and wiring. Nature, 465(7299): 788-792.

Lobo M K, Nestler E J, Covington H E. 2012. Potential utility of optogenetics in the study of depression. Biological Psychiatry, 71(12): 1068-1074.

Long X, Ye J, Zhao D, et al. 2015. Magnetogenetics: Remote non-invasive magnetic activation of neuronal activity with a magnetoreceptor. Science Bulletin, 60(24): 2107-2119.

Mcdevitt R A, Reed S J, Britt J P. 2014. Optogenetics in preclinical neuroscience and psychiatry research: Recent insights and potential applications. Neuropsychiatric Disease Treatment, 10: 1369-1379.

Muller K, Weber W. 2013. Optogenetic tools for mammalian systems. Molecular Biosystems, 9(4): 596-608.

Nimpf S, Keays D A. 2017. Is magnetogenetics the new optogenetics？ EMBO Journal, 36(12): 1643-1646.

Packer A M, Roska B, Hausser M. 2013. Targeting neurons and photons for optogenetics. Nature Neuroscience, 16(7): 805-815.

Pama E A, Colzato L S, Hommel B. 2013. Optogenetics as a neuromodulation tool in cognitive neuroscience. Front in Psychology, 4(9): 610.

Pastrana E. 2010. Optogenetics: Controlling cell function with light. Nature Methods, 8(1): 24-25.

Rajasethupathy P, Ferenczi E, Deisseroth K. 2016. Targeting neural circuits. Cell, 165(3): 524-534.

Rein M L, Deussing J M. 2012. The optogenetic (r) evolution. Molecular Genetics & Genomics, 287(2): 95-109.

Stroh A, Diester I. 2012. Optogenetics: A new method for the causal analysis of neuronal networks in vivo. Neuroforum, 18(4): 81-88.

Toettcher J E, Voigt C A, Weiner O D, et al. 2011. The promise of optogenetics in cell biology: Interrogating molecular circuits in space and time. Nature Methods, 8(1): 35-38.

Tourino C, Eban-Rothschild A, de Lecea L. 2013. Optogenetics in psychiatric diseases. Current Opinion in Neurobiology, 23(3): 430-435.

Tye K M, Deisseroth K. 2012. Optogenetic investigation of neural circuits underlying brain disease in animal models. Nature Reviews Neuroscience, 13(4): 251-266.

Warden M R, Cardin J A, Deisseroth K. 2014. Optical neural interfaces. Annual Review of Biomedical Engineering, 16(1): 103-129.

Wentz C T, Oettl L L, Kelsch W. 2013. Optogenetics in psychiatric animal models. Cell & Tissue Research, 354(1): 61-68.

Williams S C, Deisseroth K. 2013. Optogenetics. National Academy of Sciences of the United States of America, 110(41): 16287.

Yizhar O, Fenno L E, Davidson T J, et al. 2011. Optogenetics in neural systems. Neuron, 71(1): 9-34.

Zhang F, Gradinaru V, Adamantidis A R, et al. 2010. Optogenetic interrogation of neural circuits: Technology for probing mammalian brain structures. Nature Protocols, 5(3): 439-456.

Zhang F, Vierock J, Yizhar O, et al. 2011. The microbial opsin family of optogenetic tools. Cell, 147(7): 1446-1457.

第 15 章　经颅超声刺激

经颅超声刺激（transcranial ultrasound stimulation，TUS）技术是一种利用低强度聚焦超声（low intensity focused ultrasound，LIFU）穿过颅骨作用于神经组织，对神经元产生生物机械效应，影响神经电活动，从而引起一系列生理生化反应的无损脑神经调控技术。与药物治疗、电磁刺激等技术相比，TUS 具有穿透深度大、空间分辨率高的特点。TUS 是一种新的神经系统疾病物理治疗手段，本章主要阐述 TUS 的发展历程、特点、作用机制以及相关动物实验研究成果和临床研究进展。

15.1　经颅超声刺激的发展

关于应用超声刺激神经组织的研究，最初主要集中于刺激动物的外周神经，随后人们才逐渐将超声应用于刺激大脑神经，即经颅超声刺激。

1929 年，Harvey 等使用超声刺激蛙的坐骨神经，发现超声刺激诱发了蛙的腓肠肌的微小抽搐，这是首次将超声应用于刺激神经组织。然而，当时超声的神经调控作用并未受到人们的重视。直到 19 世纪 50 年代，关于超声在神经调控方面的应用才得到较为系统的科学探究。1960～1990 年，关于超声神经调控的重要实验研究主要来自于 Gavrilov 实验室，他们主要研究了超声对周围神经组织的调控作用。1977 年，Gavrilov 等证明了超声刺激猫肠系膜分离的单环层小体，可以诱发受体的动作电位；刺激蛙的内耳结构可在中脑听觉区域记录到视觉诱发电位（visual evoked potential，VEP），该研究同样指出这种可逆的神经调控方法不会造成组织损伤。

虽然，超声波（也叫超声）对周围神经组织具有调控作用，但是对于大脑功能性的调节仍然是聚焦超声最可能也是最有意义的研究方向之一，临床应用价值巨大。1958 年，Fry 及其同事对猫进行了开颅实验，他们使用超声照射猫的外侧膝状核，研究结果表明超声能够可逆地抑制猫的视觉诱发电位并且该过程不会对刺激区域造成损伤，这项研究首次证明了经颅超声对大脑神经活动的调控作用。之后，在 1984 年，Adrianov 等使用超声刺激猫的视神经束和外侧膝状核，证明经颅超声会抑制 VEP 信号。1986 年，Koroleva 等研究发现，使用超声分别刺激大鼠的大脑皮层、丘脑、海马和尾状核，都会产生一个负向的稳态电位漂移，偶尔会伴随着痉挛性放电。1988 年，Velling 等使用低强度超声刺激大鼠和兔子的视觉、感觉和顶叶皮层，发现较低强度的超声（1～100mW/cm^2）会增强皮层脑电的生物电活动，而较高强度的超声（1～100W/cm^2）则会抑制皮层脑电的生物电活动。

超声用于动物离体组织神经调控研究最具里程碑意义的研究成果是 2008 年 Tyler 等采用低强度超声照射小鼠海马切片 CA1 区的实验，这不仅证明了超声对神经具有调控作用，而且发现超声可以诱发海马组织细胞产生动作电位。此外，研究人员还探究了该现象产生的机制，指出该作用可能与电压门控钠通道和电压门控钙通道有关。另一项比较重要的研究是 Muratore 等使用多电极阵列研究超声对大鼠大脑切片的刺激作用发现，超声能够可逆地改变细胞的形状，并且会诱发海马齿状回和 CA1 区的动作电位（与电刺激类似）。

超声波穿过骨组织（如头骨）会因声波被多孔结构的骨骼严重吸收引起能量急剧衰减导致声能数据失真，因此 TUS 的临床应用存在限制。随着超声相控阵传感器的出现，以及将其与高性能计算机结合使用，有效地纠正了超声穿过颅骨时造成的失真，并且提高了 TUS 的空间分辨率，改善了 TUS 在大脑功能调节中的局限性。进入 21 世纪后，TUS 的调控作用逐渐受到人们的广泛关注。

2010 年，Tufail 等第一次将超声应用在小鼠的运动皮层，证明了 TUS 能够诱发小鼠爪子和尾巴等肢体的运动。不仅如此，他们还使用经颅超声刺激小鼠的海马，不仅诱发了频带振荡，而且提高了脑源性神经营养因子（brain derived neurotrophic factor，BDNF）在 CA1 区的密度。研究指出，上述实验过程不会造成血脑屏障（blood-brain barrier，BBB）的破坏和组织损伤。Yoo 等在此基础上研究了经颅超声对兔子初级视觉皮层的影响，指出 TUS 会抑制 VEP 信号的幅值。也有研究指出，不同参数的 TUS 对大鼠的 VEP 信号既有激励作用也有抑制作用。

对大型动物的经颅超声研究目前正处于起步阶段。2013 年，Deffieux 等对清醒猕猴进行反向眼动实验训练，用经颅超声刺激猕猴的前额叶区可以调节其反向眼动的潜伏期。2015 年，Lee 等使用经颅超声刺激羊的初级感觉运动皮层和视觉皮层后，分别会诱发羊刺激脑区对侧后腿的肌电（electromyography，EMG）和大脑皮层的 VEP 信号。目前，已经有很多实验研究都证明了 TUS 对正常动物的初级运动皮层、初级视觉皮层和部分脑区的神经都具有调控作用。

随着超声与现代成像技术（如功能磁共振成像、正电子发射断层成像等）的联合应用，低强度聚焦超声在神经调控领域的研究发展迅速，人们开始研究经颅超声对动物疾病模型和人类神经调控的作用，相关研究将在 15.3 节进行介绍。

15.2　超声波原理

15.2.1　超声波的传播及声强

超声波是由频率大于 20kHz 的机械振动产生的机械波，其频率高于人耳所能感知的频率上限，因此称为超声波。超声波以速度 c 在介质中传播的过程中，介质中的质元会产生幅值为纳米级的振动。在液体介质（如理想软组织）中，超声波在传播过程中仅存在纵波，即质元仅沿着超声波的传播轴向发生位移。在固体硬介质（如颅骨和其他骨骼）中，超声波在传播过程中存在以下几种模式：纵波、介质边界上的剪切波和较弱的瑞利波以及介质表面薄层处的兰姆波。超声声场的特征参数是声压 p（r，t）和质元振速 u（不同于声速 c）。在远离声源的位置，声压近似表示为时谐平面波的形式，即

$$p(r,t) = A_0 \cos(2\pi f_0 t - k \cdot r) \tag{15-1}$$

式中，f_0是基频；k是波矢；r表示位置。声压p和质元振速u呈线性相关，在理想流体中，超声波的传播满足牛顿第二定律

$$-\nabla p = \rho \frac{\partial u}{\partial t} \tag{15-2}$$

式中，ρ是介质密度。在超声波传播的过程中，声场强度I是一个较重要的量，其定义为

$$I(t) = p(t)u(t) \tag{15-3}$$

多重谐波源的声场强度如下，它是各谐波分量强度的总和

$$I(\omega) = \sum \frac{1}{2} \mathrm{Re}\{p(\omega)u(\omega)\} \tag{15-4}$$

由于超声在传播过程中存在介质吸收和散射效应，从换能器发出的超声波声束的强度随着传播距离呈指数级衰减（生物组织中的色散可忽略），其衰减系数分别为μ_a和μ_s

$$I(x,f) = I_0(f)\exp\{-[\mu_a(f) + \mu_s(f)]x\} \tag{15-5}$$

式中，$I_0(f)$是$x=0$处的频率特异性声强；$I(x,f)$是衰减后x处的频率特异性声强。在软组织中，散射产生的衰减为10%～15%，在骨骼中（特别是松质骨），介质异质性可导致较为显著的散射并引起衰减以及波前像差（wavefront aberration）。目前，对超声波的吸收机制尚未完全了解，根据经验，身体组织的频率相关性可用一种幂律关系来描述，即$\mu_a(f) = af^b$，其中a和b是组织参数且均为正值。对于宽频带信号而言，由于高频分量衰减较快，上述组合效应将引起传播期间频率成分发生变化。超声热效应即因组织吸收部分超声波而引起的热量聚集，常用于烧蚀手术以及较温和的物理治疗中。但是当其目标是深层结构时，若表面组织中聚集热量过多将会导致组织损伤。在脑疾病治疗中这种超声热效应尤为明显，因为颅骨的吸收系数比软组织高得多。

15.2.2 边界声阻抗

根据介质的特性以及入射角不同，超声波经过两介质分界面时会表现出不同的性质。例如，超声波在液体-液体分界面处会发生反射和折射现象；在液体-固体或者固体-固体分界面声波则会发生模式转换（mode conversions），纵向声波将转换成慢剪切波（slower shear waves）。若两种介质声阻抗差异过大，超声波很难从低阻抗介质入射到高阻抗介质。声阻抗Z_0取决于波阵面的空间形式，对于特定的平面波以及与声源具有一定距离的球面波，可通过式（15-6）计算得到

$$Z_0 = \rho_0 c \tag{15-6}$$

这是最常见的阻抗计算公式，常用于实际计算。声阻抗的单位为瑞利（Rayl），1Rayl = 1kg/(m^2·s)。空气的特征阻抗约为430Rayl，软组织的声阻抗与水类似，约1.5MRayl，这解释了超声几乎无法从空气传入体内的原因。通常由压电陶瓷制造的超声换能器具有比软组织高得多的声阻抗，并且通过引入一个或多个匹配层通常可以降低两种介质之间的声耦

合差，最简单的方法是采用阻抗等于输入和输出层声阻抗的几何均值的匹配层，即匹配层的声阻抗：$Z_{\text{matching}} = \sqrt{Z_1 Z_2}$。耦合超声凝胶具有与组织相近的声阻抗，常应用于医疗。使用耦合超声凝胶有助于缓解由传感器和身体组织之间的空气引起的声阻抗失配的问题。声阻抗也可用于平面波声强和声压之间的转换：$I = p^2/(2Z_0)$。

组织与短脉冲超声波相互作用时会产生振荡声压波动，并且组织声阻抗也会发生突变，这会导致首先与超声波阵面接触的不连续介质边界处产生稳态应力分量。Altberg 在 1903 年首先发现并测得这种超声“辐射力”，它因声场能量密度的变化而产生，而声场能量密度的变化又是由底层介质（underlying media）超声特性的非线性变化引起的。将实验对象经聚焦超声处理，可测得与材料特性（声学边界）差异性相关的异构组织振荡（heterogenous tissue oscillations）。平行超声波束照射到表面上时，净声辐射压力 F 的计算公式为

$$F = d_r S \langle E \rangle \tag{15-7}$$

式中，d_r 是由辐射压力引起的阻力系数；S 是物体表面的投影区域面积；$\langle E \rangle$ 是入射波的时间平均能量密度。声辐射压力 Γ 取决于密度 I 和声速 c，通常可以近似为下列两个规范表达式的其中一个：$\Gamma = Ic$（完全吸收）或 $\Gamma = 2Ic$（完全反射）。对于实际的人体组织来说，与超声波束相关的辐射压力比入射波束的声压力低好几个数量级。

15.2.3　超声波换能器

超声波换能器是一种将高频电能与机械能相互转化的装置。根据使用的材料不同，超声波换能器可以分为磁致伸缩换能器与压电换能器。磁致伸缩换能器主要有铁氧换能器和镍片换能器，其中，铁氧换能器转换效率相对较低且会随着使用时间下降，而镍片换能器工艺复杂、价格昂贵，因此较少使用。压电换能器是利用具有压电效应的材料实现电能与机械能的相互转换，相对于磁致伸缩换能器，这种换能器具有更高的稳定性与电声转换效率，工艺简单，成本较低。超声波换能器根据其声束特性可以分为聚焦换能器与非聚焦换能器，其中聚焦换能器包含光学聚焦与电子聚焦。

1. 压电式超声波换能器

压电式超声波换能器具有高灵敏度、高转换效率的特点，是目前使用最广泛的超声波换能器之一。它主要是通过特殊材料的压电效应和电致伸缩效应实现电能与机械能（声能）的转换。

压电效应：压电材料被施以机械压力便会产生电位差，这也叫作正压电效应；反之，若压电材料被施以电压便会产生机械应力，这叫作逆压电效应。当对压电材料（如压电陶瓷）施以高频电压时，压电材料会发生相应的高频振荡，从而发出超声波。电致伸缩效应：某些特殊的晶体材料中存在自发形成的“电畴”，它具有一定的极化特性，且沿极化方向的长度往往和其他方向的长度不一致。当有外加电场作用时，电畴会发生一定转动，最终效果为极化方向与外加电场方向趋于一致，从而使该材料沿外加电场方向的长度发生一定变化，当外加电场不断变化时，长度也相应地变化，即弹性应变。这种现象称为电致伸缩

效应。电致伸缩效应也存在逆效应，即具有电致伸缩效应的多晶材料受外加应力产生应变时，其极化强度发生变化，产生极化电场。压电效应表示材料的机械效应与电效应之间的线性关系，而电致伸缩效应则表示材料的电效应与机械效应之间的平方关系。

材料是否存在压电效应或电致伸缩效应取决于该晶体有无对称中心，所有有对称中心的晶体均不存在压电效应，只存在电致伸缩效应；而无对称中心的晶体理论上既有压电效应也有电致伸缩效应，但因电致伸缩效应是二级效应，一般十分微弱，对于具有压电效应的非铁电性材料一般忽略其电致伸缩效应，但对于铁电材料来说，因其电致伸缩效应产生的应变与压电效应产生的应变相当，所以对于电极化引起的材料应变在考虑压电应变的同时还应考虑电致伸缩效应的贡献。

2. 超声波换能器性能指标

评价超声波换能器的性能指标主要有：中心频率与带宽、功率、机电转换系数以及方向特性等。超声波换能器都存在一个固有频率，即中心频率，只有当驱动信号频率在中心频率附近时才能产生谐振，较高效地实现电能与声能转换。对超声波换能器而言，在不同频率的驱动信号下可以产生不同的振荡频率，频带越宽性能越好。一般来说，超声波换能器的功率由输入电功率 W_o 决定，输入电功率经由材料的压电效应产生机械振动，其功率为 W_m，机械振动向介质中辐射的声压功率为 W_c。其中，功率在转换或转移的过程中都会有功率损失。衡量超声波换能器转化效率的参数为机电转换系数 k，它由超声波换能器输出的声压能量 E 和输入的电场能量 W 的比值决定，即 $k^2 = E/W$。

超声波换能器的方向特性主要取决于其发射端的机械形状与尺寸。例如，用于探测的超声波换能器一般为平面的，其发射的声波分布较为均匀，利于检测；用于强度较高的热消融超声波换能器一般是点聚焦或线聚焦的，这样有利于瞬时产生高功率。

15.2.4 超声聚焦及分辨率

聚焦超声系统具有良好的组织穿透性和定位性，能将能量透过表层组织聚焦于特定深度的靶区组织，产生生物学效应，使病变组织得以快速康复，并且超声聚焦治疗的剂量易于控制，安全性高。空间分辨率是脑神经调节的一个重要参数，因为高空间分辨率的刺激可以避开那些不需要刺激的神经组织，使得刺激的靶向性更强。超声波辐射声场的空间分布跟换能器的辐射特性及空间传播特性有关。对于均匀传播空间，它的声场分布仅与换能器的辐射频率、辐射孔径及辐射面结构有关。根据互易原理，同一换能器的接收空间响应特性与其发射空间响应特性是一致的，即收、发方向性是一致的，这种特性称为换能器响应的空间相关性。

与光学类似，传播的超声波可以聚焦在一个狭窄的高声强范围内。声透镜的设计可以依据与光学镜片类似的原理，透镜的横向（平面）分辨率约为

$$D_{xy} \approx \lambda F_{\#} \tag{15-8}$$

式中，D_{xy} 是横向–3dB 轮廓的直径；$F_{\#}$表示阵列到聚焦平面的距离与有效孔径（球面透镜

的直径）之间的比率。对于治疗应用和神经调控的研究，软组织中典型的波长范围为 0.5～15mm（频率范围为 0.1～3MHz）。除此之外，常用的聚焦方法还有：将换能器本身进行几何设计以充当透镜或采用具有单独可寻址元件的相控阵换能器；通过驱动具有球面波相位偏移的相控阵生成会聚波，这近似一个球形单元换能器产生的波。在不同的应用方向，研究者通过各种阵列设计以及传输模式来优化聚焦性质，目的是动态地控制声束，减少聚焦过程中不良现象的出现。

15.2.5　超声物理效应

超声刺激作为一种物理治疗手段作用于生物体及其神经系统会产生机械效应、热效应、空化效应等生物物理效应。对这些生物物理效应的研究有助于我们更清楚地了解超声波的治疗机制，进而能够更有针对性地调整超声波参数，从而达到更为理想的疾病治疗效果。本节主要对超声波的机械效应、热效应、空化效应的原理及相关研究结果进行简单介绍。

1. 机械效应

超声波作用于生物组织会发生反射，同时超声波振动会引起其接触的组织细胞内的物质发生机械运动，即超声波的机械效应。例如，超声波作用于神经细胞时激发细胞膜产生机械振动拉伸脂质双分子层构成的薄膜，从而实现对神经系统的调控。由细胞生理学可知，细胞膜（特别是神经细胞膜）上存在大量离子通道，并且其中很多通道对机械力敏感。机械振动对细胞所产生力的作用必然导致那些对机械力敏感的离子通道激活或关闭，使细胞发生去极化或超极化，进而影响整个刺激区域的神经电活动。例如，有研究指出不同参数的 LIFU 会有选择性地激活对机械力敏感的 Na^+通道和 K^+通道，这在一定程度上解释了 LIFU 会对神经系统产生刺激或是抑制现象。同时，Tyler 等使用 LIFU 照射小鼠的海马切片，发现 LIFU 可以激活电压门控 Na^+通道和 Ca^{2+}通道，引起离子的流动使细胞去极化，增加突触囊泡的释放，进而影响递质的传递。随后有研究发现，LIFU 照射秀丽隐杆线虫的头部神经元（与线虫的运动行为有关），线虫的运动轨迹会发生改变，进一步实验将机械力敏感性离子通道 TRP-4 转基因到线虫的头部神经元后，发现线虫运动轨迹发生改变的比例明显增加，说明机械力敏感性离子通道在 LIFU 神经调控的过程中发挥了重要作用。

上述研究表明 LIFU 实现神经调控主要是通过超声的机械效应，并且与对机械力敏感的离子通道有关。

2. 热效应

超声波频率高、能量大，热效应是指受 LIFU 作用的生物组织细胞会吸收超声波能量，产生能量聚集进而使温度升高，从而对细胞的兴奋性产生影响。据此，有研究者猜测 LIFU 也许能够通过热效应来实现神经调控，且高强度超声波照射会使组织细胞出现不可逆的凝固性坏死。Gavrilov 等认为 LIFU 降低了声能在组织细胞的平均时间功率沉积，温升有限。

超声刺激人的手掌所产生的触觉与 LIFU 频率有关，而与其振幅无关，这说明此时其机械效应大于热效应。另外，还有很多在体或离体实验的研究均证明了被 LIFU 照射的组织其平均温度变化均小于 1℃。

目前的研究表明，在神经调控中超声波的热效应所引起的温度变化不足以诱发动物的神经电活动，更不会使麻醉动物出现肢体抽搐现象。因此，LIFU 实现神经调控可能不是通过热效应机制引起的。

3. 空化效应

超声波的空化效应是指液体内的气体在超声波振荡拉伸（正压相）和压缩（负压相）作用下会形成微小气泡，它们会在合适的超声参数下出现稳态振荡或膨胀破裂现象，从而对周围组织或细胞产生影响。空化是声压波在气溶性液体中形成的显著的具有破坏性的非线性现象。当介质受到较大负压时，就会产生溶解气体的微小气泡，这些典型的微米级气泡通常聚集在流体（“空穴核”）内循环的微小颗粒周围。空化可以将均匀的流体介质转化成由液体包围的气泡区域的两相混合物，为声压波产生非常复杂的散射环境。处于高压外部环境的气泡可能会溃灭，这会在其内部产生极高的压力和温度，通常压力可达到数百个大气压，温度高达几千开尔文；体内的气泡溃灭可立即导致组织损伤或造成关键细胞成分的物理结构或分子层面的破坏，从而导致组织细胞逐渐死亡。组织中的气泡形成大多取决于负压的峰值大小并与超声频率成反比，通常采用机械指数（mechanical index，MI）来估计超声空化效应造成的风险

$$\mathrm{MI}=\max\{p_{\text{negative}}(\mathrm{MPa})\sqrt{f(\mathrm{MHz})}\} \tag{15-9}$$

式中，MI 是指脉冲的峰值负压。

Krasovitski 等认为 LIFU 波可以克服细胞磷脂双分子层之间的分子力，从而实现对细胞膜的机械拉伸和压缩，在双分子层之间产生纳米气泡，这些纳米气泡的存在和振荡会激活细胞膜上的机械敏感性蛋白，增加细胞膜的兴奋性。为证实该假设，他们提出了双层超声波导入（bilayer sonophoresis，BLS）模型，并在活细胞中进行了实验，证实了该模型的可靠性和可能的空化效应机制。随后 Plaksin 等改进了 BLS 模型，对空化效应结果进行了预测。然后在中枢神经系统的神经元中进行实验，得到了类似的实验结果。这两项研究认为空化效应是 LIFU 实现神经调控的主要机制，并提出当超声波的时间强度大于 $100\mathrm{mW\cdot cm^{-2}}$ 时才会引起组织产生空化。但在另一些实验研究中所用的超声强度小于该强度时，仍有神经电的产生或改变。

目前一些实验研究表明，LIFU 实现神经调控可能通过空化效应机制对细胞的兴奋性产生影响。但有些研究使用的超声参数并不会造成空化，仍能够使组织的电位发生变化。因此，空化效应可能是低强度实现神经调控的机制之一，但不会是唯一机制。

综上所述，LIFU 可以实现对神经系统的调控，其可能调控机制中受到认可的主要是机械效应机制和空化效应机制，并且许多研究者认为 LIFU 的神经调控作用不是单一机制，而是通过多种机制共同介导实现。同时其在细胞水平或分子水平上的机制仍没有明确的解释和论证，有待进一步深入研究。

15.3 神经调控

神经调控（neuromodulation）是将电、磁、光、声等物理刺激或化学试剂导入神经回路中的特定部位以改变神经活性进而恢复系统功能，改善疾病症状。借助物理因子作用于神经回路的激活效应还可以观察神经系统在行为中的功能结构变化，并对神经疾病的干预与治疗方法进行研究，因而神经调控在生命科学研究和医学临床诊疗中均得以广泛应用与迅速发展。

目前常用的物理因子神经调控手段有深部脑刺激（DBS）、经颅直流电刺激（tDCS）、重复经颅磁刺激（repetitive transcranial magnetic stimulation，rTMS）和光遗传学或称光控基因技术等。

其中，DBS 具有高靶向性、可调节性和高时空分辨率等显著优势，但其必须借助手术将电极植入脑皮层内部，存在一定的风险。相较而言，tDCS 和 rTMS 无创但空间分辨率相对较低。使用光激活离子通道或转运蛋白的光学方法虽然提供了优秀的空间分辨率，但需要进行遗传变异和颅内光传输，目前无法用于人类的临床研究。经颅聚焦超声刺激（transcranial focused ultrasound stimulation，tFUS）技术早在 60 年前就被发现对中枢神经系统具有调控作用并且不会导致组织损伤，然而这种技术目前仅广泛用于医学临床的无创诊断，并未有其他医疗方面的应用。经过探究，研究者发现 tFUS（目前用于研究和治疗的 tFUS 主要为 LIFU），具有无创性、高穿透能力与高时间和空间分辨率等优点，适用于对安全性有较高要求的神经调控，已成为一种新的物理刺激神经调控方法。

目前 tFUS 用于神经调控的研究已受到广泛关注，研究者进行了大量动物以及人类神经调控相关实验研究并取得了较大进展。下面将详细阐述 tFUS 对其他动物和人类中枢神经系统的调控作用及研究成果。

15.3.1 动物神经调控

tFUS 对动物中枢神经调控的研究主要以离体组织和活体动物为载体进行。在对动物离体组织的研究中最具里程碑意义的成果是 Tyler 等采用 tFUS（$2.9W/cm^2$）照射小鼠海马切片 CA1 区的研究，他们发现 tFUS 可以通过激活电压门控钠离子通道以及钙离子通道来刺激神经元的电活动，诱发椎体细胞产生动作电位，同时，在 CA1 区观察到突触囊泡的增加和突触前膜内 Ca^{2+}浓度的显著升高，这进一步表明 tFUS 诱导的神经元活动变化足以诱发海马循环中的 SNARE（soluble N-ethylmaleimide-sensitive fusion protein attachment protein receptor）蛋白质介导的胞吐作用和突触传递。tFUS 诱发的动作电位变化与传统采用单电极刺激 Shaffer 侧枝后在 CA1 区记录到的动作电位变化类似。此外，该过程不会造成脑细胞凋亡数增加或血脑屏障完整性受损。Tyler 等的实验证明了 tFUS 的高穿透性（可以透过整个成年小鼠离体大脑）以及对神经元和脑网络活动的非侵入性激活作用，并发现其神经调控机制与提高电压门控钠离子和钙离子通道活性有较强的相关性。

相较于基于动物离体组织的研究，tFUS 对整体动物中枢神经系统影响的研究则更为广泛和全面。与离体组织不同，当实验对象变为活体动物时，超声波在穿过骨组织（如头骨）过程中被多孔结构的骨骼严重吸收并引起能量急剧衰减进而导致声能数据失真。而将超声相控阵传感器与高性能计算机结合能有效纠正超声波穿过骨骼时造成的失真，并且能够在人类大脑内形成小于 1mm 的聚焦区域，这个过程仍然会伴随一定程度的能量衰减。

Fry 团队发现用经颅聚焦超声（$1.35W/cm^2$）照射猫初级视觉皮层的外侧膝状核后，可逆地抑制了 VEP 的幅值，并且未出现组织学损伤。Kim 等采用占空比为 5%、峰值强度为 $3W/cm^2$ 的 tFUS 照射大鼠的视觉皮层，发现在超声照射期间其 VEP 幅值降低，而当超声峰值强度增加到 $5W/cm^2$ 后，VEP 的幅值升高。Yoo 等以兔子为研究对象进行了类似的实验，并发现采用峰值强度为 $6.4W/cm^2$ 的 tFUS 可使 VEP 幅值降低，大约 7min 后恢复到刺激前水平，表明了 tFUS 对该神经具有可逆性抑制调控作用。上述研究均表明了 tFUS 对神经产生的抑制或激发等不同的调控作用，当然，其具体调控机制可能受到实验对象、超声参数、刺激时间以及麻醉水平等因素的影响。

研究者发现，tFUS 作用于动物中枢神经系统后可以对该脑区映射的运动部位产生影响。例如，照射兔子、小鼠和大鼠的相应脑区可以观察到动物眼球运动、瞳孔扩张以及前爪、尾巴、胡须等部位的运动，并在相应的运动区域记录到 EMG 信号的变化。在此基础上，Tufail 等研究了 tFUS 对小鼠大脑皮层以下深部区域的作用和影响，发现 tFUS（峰值强度为 $0.26W/cm^2$）照射小鼠海马结构的 CA1 区椎体细胞层后，在海马区的植入电极记录的电活动中发现局部场电位（local field potential，LFP）和复合电位（multiunit activity，MUA）幅值升高，同时诱发了频带同步振荡。这些实验结果证明 tFUS 可以影响大脑皮层以及部分深部脑区神经组织中神经元或神经网络的电活动。对于其生物化学机制，Yang 等进行了相关研究，发现 tFUS 可引起脑内多种神经递质浓度发生变化，如多巴胺（dopamine，DA）、5-羟色胺（serotonin，5-HT）浓度升高和 γ-氨基丁酸（γ-aminobutyric acid，GABA）浓度降低，这些神经递质的浓度变化可能隐含着上述 tFUS 影响神经元电活动的内在机制。

此外，研究者发现超声介导的神经调控可以刺激神经元回路，提高 BDNF 水平。提高 BDNF 和成年海马神经源 β 受体水平已经成为抗抑郁药物的主要治疗手段，因此 tFUS 已逐渐成为一种治疗抑郁症的方法。2018 年 Zhang 等用经颅超声刺激束缚应激大鼠（抑郁症模型），实验结果表明 TUS 能促进大鼠海马中营养因子的表达，可以显著改善大鼠的抑郁样行为，这证明了 TUS 对抑郁症具有一定的治疗效果。

以上关于 tFUS 应用于神经调控的研究均是以小型动物为载体的，而基于大型动物（猪）或灵长类动物（猴子）等 tFUS 神经调控的研究具有更大的参考价值。然而，目前以大型动物为载体的研究尚处于起步阶段。2013 年 Deffieux 等将清醒猕猴作为实验对象进行反向眼动实验，发现 tFUS（$2.9\sim5.1W/cm^2$）照射猕猴的前额区后可以调节其反向眼动的潜伏期。随后 Lee 等发现，tFUS（$3.4\sim11.8W/cm^2$）照射羊的初级感觉运动皮层会诱发对侧后腿产生明显的 EMG 信号，在大脑皮层也记录到相应的运动诱发电位（motor evoked potentials，MEP），与小型动物的研究结果类似，tFUS（$1.7\sim14.3W/cm^2$）照射视觉皮层后也会记录到 VEP，但 EMG 和 VEP 信号幅值均随照射强度的增加而变大。

归纳总结上述研究内容（见表 15-1）可知，LIFU 能透过小动物头骨对脑皮层或深部脑区精确聚焦分辨率（＜1mm），并能调控刺激区的神经电活动及其生物化学反应，此过程仅伴随微小的温度变化，无组织损伤；LIFU 对大动物神经调控效果与小动物类似，但相关研究仍有待深入扩展验证。LIFU 不仅有助于提高药物治疗神经系统疾病有效性，而且也具有直接治疗效果与潜力，其作用机制可能是通过调节脑区中某些生物化学分子活性来实现。

表 15-1　LIFU 对动物中枢神经调控的研究归纳

分类		实验对象	超声参数	主要结果
正常动物	离体组织	小鼠：海马切片	Ipa = 2.9W/cm^2 Ita = 23mW/cm^2 频率 = 0.44～0.67MHz PRF = 0～100Hz TBD = 0.18～74.5ms 刺激时间 = 5s	诱发 CA1 区椎体细胞动作电位 Na^+和 Ca^{2+}瞬变 促进突触囊泡的释放
		小鼠：离体大脑	频率 = 0.44MHz PRF = 0～100Hz 刺激时间 = 5s	离体大脑背侧细胞 Ca^{2+}瞬变
		大鼠：海马切片	Ipa = 0.19W/cm^2 频率 = 4.04MHz 声压 = 77kPa 刺激时间 = 100us	诱发齿状回和 CA1 细胞的电位变化
		蝾螈：离体视网膜	Ipa = 0.03～30W/cm^2 频率 = 43MHz 占空比 = 50% 刺激时间 = 1s	视网膜的放电频率随强度增加而增加，在强度为 10～30W/cm^2 时达到最大
	整体动物	猫：LGN	Ipa = 1.35W/cm^2 频率 = 0.98MHz	可逆地抑制了 VEP
		大鼠：视觉皮层	Ipa = 3&5W/cm^2 频率 = 0.35MHz PRF = 100Hz 占空比 = 5%～8.3%	占空比为 5%，强度为 3W/cm^2 时 VEP 幅值降低，强度 5W/cm^2 时 VEP 幅值增加
		兔子：运动皮层	Ipa = 12.6W/cm^2 TBD = 50ms 频率 = 0.69MHz PRF = 10Hz 刺激时间≥1s	前爪的运动和 EEG 的动作电位
		兔子：视觉皮层	Ipa = 6.4W/cm^2 TBD = 0.5ms PRF = 100Hz 刺激时间 = 7～8s	VEP 信号幅值降低，7 分钟后恢复原来的水平
		小鼠：运动皮层	Ipa = 0.26～16.8W/cm^2 频率 = 0.25～0.6MHz 刺激时间 = 20～480ms	诱发前肢的肌电信号，且成功率与麻醉水平负相关
		大鼠：运动皮层	Ipa = 7.5W/cm^2 频率 = 0.32MHz	诱发前后肢、尾巴和眼球的运动
		大鼠：运动皮层	Ita = 3～4.5W/cm^2 频率 = 0.35MHz TBD = 0.25～5ms PRF = 1kHz 占空比 = 30%～70% 刺激时间 = 0.3s	诱发大鼠尾巴的 EMG

续表

分类		实验对象	超声参数	主要结果
正常动物	整体动物	小鼠：大脑皮层和深层核	频率 = 0.76～2.25MHz 占空比 = 50% PRF = 1kHz 刺激时间 = 1s	左后肢和尾巴的运动，眼球运动和瞳孔扩张
		小鼠：初级运动皮层	Ipa = 0.075～0.229W/cm^2 Ita = 21～163mW/cm^2 频率 = 0.25～0.5MHz PD = 0.16～0.57ms PRF = 1.2～3kHz 刺激时间 = 26～333ms 占空比 = 100%	LFP 和 MUA 的增加 诱发尾巴、前爪、胡须的运动，并记录到 EMG
		小鼠：海马	Ita = 36.2～84.32mW/cm^2 频率 = 0.25～0.35MHz 占空比 = 50% PRF = 1.5～2kHz	LFP 和 MUA 的增加 诱发频带振荡和提高 BDNF 在 CA1 区的密度
		大鼠：丘脑	Ipa = 3.5W/cm^2 Ita = 175mW/cm^2 TBD = 0.5ms PRF = 100Hz 刺激时间 = 20min	细胞外多巴胺、5-羟色胺的浓度增加
		大鼠：丘脑	Ipa = 3.5W/cm^2 Ita = 175mW/cm^2 频率 = 0.65MHz TBD = 0.5ms PRF = 100Hz	细胞外 GABA 的浓度降低
		猕猴：前额叶眼区	Ipa = 2.9～5.1W/cm^2 频率 = 0.32MHz 声压 = 0.35±0.05MPa	反向眼动的潜伏期变长
		羊：初级感觉运动皮层	Ipa = 11.8W/cm^2 频率 = 0.25MHz TBD = 1ms 占空比 = 50% 刺激时间 = 300ms PRF = 500Hz	刺激脑区对侧的后腿记录到明显的 EMG，且随强度的增加而增加
		羊：初级视觉皮层	Ipa = 14.3W/cm^2 频率 = 0.25MHz TBD = 1ms 占空比 = 50% 刺激时间 = 300ms PRF = 500Hz	诱发 VEP，且随强度的增加而增加
		兔子：大脑	频率 = 0.26～2.1MHz TBD = 10ms PRF = 1Hz 声压 = 0.1～1.5MPa 持续时间 = 20～40s	照射 2h 后，兔子的血脑屏障仍打开，5h 后关闭
		大鼠：大脑	频率 = 1MHz PRF = 1Hz 占空比 = 5%	提高血脑屏障的通透性
疾病模型	癫痫	大鼠：海马	强度 = 50W/cm^2 频率 = 0.69MHz TBD = 5ms PRF = 100Hz 刺激时间 = 1min	降低癫痫放电频率，没有组织学损伤

续表

分类		实验对象	超声参数	主要结果
疾病模型	癫痫	大鼠：丘脑	Ipa = 2.6W/cm^2 Ita = 130mW/cm^2 频率 = 0.69MHz TBD = 0.5ms PRF = 100Hz	降低癫痫放电频率和抑制 θ 频段的活动，没有组织学损伤
	AD	小鼠：大脑	强度 = 0.28～0.4W/cm^2 声压 = 0.67MPa TBD = 10ms PRF = 1Hz 刺激时间 = 10min	打开血脑屏障，允许 Aβ 抗体进入大脑海马。没有组织学损伤
		小鼠：大脑	声压 = 0.3MPa 刺激时间 = 2min TBD = 10ms	提高血脑屏障通透性。照射 4 天后，Aβ 斑块明显降低
		大鼠：海马	Ita = 528mW/cm^2 频率 = 1MHz TBD = 10ms PRF = 1Hz 占空比 = 5% 刺激时间 = 5min	脑源性神经影响因子（BDNF）、胶质细胞源性神经营养因子（GDNF）、血管内皮生长因子（VEGF）的水平增加。乙酰胆碱酶和 Aβ 的水平明显降低

15.3.2　人类神经调控

经颅聚焦超声具有较好的空间选择性、安全性以及非侵入性，探究 tFUS 对人类中枢神经系统的影响具有重大意义。2014 年，Legon 团队采用 tFUS（23.87W/cm^2）刺激受试者初级躯体感觉皮层 S1（primary somatosensory cortex S1）并监测体感诱发电位（somatosensory evoked potentials，SEP）幅度的峰-峰值和 EEG 信号的频谱成分，研究靶向 S1 的 tFUS 对具有短潜伏期和迟发性诱发脑电活动的影响。他们发现刺激后受试者大部分 SEP 幅值显著降低，且记录的 C3 及 P3 导联 EEG 信号显示，在 tFUS 照射后约 200ms 发生的迟发性 α 和 β 频带活动功能的显著调制，主要表现为波谱振荡频率明显减低。在感知方面，实验组与对照组之间并无明显差异，即受试者无任何运动感觉或热感觉。行为学测试发现，与对照组相比，tFUS 刺激会提高受试者的感觉辨识能力且对其注意力未造成影响。进而该团队得出结论，tFUS 可以调节人类大脑皮层功能，且空间分辨率小于 1cm。

Lee 等采用 tFUS（35W/cm^2）刺激受试者 S1，发现该过程将在受刺激半球对侧的手部感觉区域引起短暂而明显的触觉并伴随 SEP 的变化，并且能够达到单个手指的分辨水平。不仅如此，tFUS 照射 S1 后，受试者还会在手掌、手腕、手臂、肩膀等位置感觉到触觉和温度变化，甚至会引起肢体的抽搐或移动。此外，声学剖面的回溯数值仿真结果表明，对于有效的皮层刺激而言，可能存在一定的声强阈值限制。该研究还进行了超声刺激前后的神经学和神经放射学评估，通过个体特异性有效原位声学强度评估和热效应评估进行的严格安全考察，表明了 tFUS 的安全性，即 tFUS 的神经刺激作用是短暂且可逆的，并且该过程没有引起受试者精神或身体的任何不适。同时，研究人员观察了 tFUS 对初级视觉皮层 V1（primary visual cortex V1）的影响，发现部分受试者在 tFUS（16.6W/cm²）的刺激下会出现光幻视（大约 1s），并且能够诱发类似于光刺激的 VEP 信号。基于神经影像学和神经学检查发现，该研究中 tFUS 不会对受试者产生任何不利影响。此外，声学剖面的回溯数值仿真结果表明，tFUS 焦点位置和强度存在个体差异性。

先前的研究结果证明，LIFU 能够无损伤地实现对人类部分脑区神经调控作用，由此引发对 LIFU 治疗神经系统疾病效果研究的关注。2013 年，Hameroff 等使用 LIFU（时间强度 = 152mW/cm²）照射患有慢性头痛的被试前额颞叶皮层 15 秒，刺激后患者填写有关情绪和疼痛的主观量表，证明 LIFU 刺激提高了患者的主观情绪，降低了疼痛感。Monti 等人则首次应用 LIFU 照射创伤后有意识障碍患者的丘脑，患者在接受超声治疗后可以进行口腔的运动、实现简单的应答反应等行为，证明 LIFU 刺激可为唤醒创伤后有意识障碍患者提供治疗方案。

归纳以上研究结果（表 15-2）可知，LIFU 调控人类大脑中枢神经的效果与动物实验的结果一致，对人类神经系统疾病同样具有一定的治疗效果。同时也表明，LIFU 对人类中枢神经系统调控的研究还有不足，达到预期疗效的 LIFU 调控参数还很不清楚。因此未来仍需要大量实验研究来确定 LIFU 是否能够成为新的神经调控方法。

表 15-2　LIFU 对人类中枢神经系统的研究归纳

分类	实验对象	超声参数	主要结果
健康人	初级感觉皮层	Ipa = 0.12～50W/cm² PD = 500ms PRF = 1kHz 占空比 = 50%	EEG 信号的幅值降低，α 波和 β 波的振荡频率降低
	初级和次级感觉皮层	Ipa = 35W/cm² 频率 = 0.21MHz PRF = 500Hz TBD = 1ms PD = 500ms	右手感受到触觉和温度（暖/冷）
	初级感觉皮层	Ipa = 3W/cm² Ita = 1.5W/cm² 频率 = 0.25MHz PRF = 500Hz TBD = 1ms PD = 300ms	诱发 EEG 信号变化 刺激脑区对侧的肢体感受到触觉，移动或抽搐
	初级视觉皮层	Ipa = 16.6W/cm² 频率 = 0.27MHz PRF = 500Hz TBD = 1ms 占空比 = 50% PD = 300ms	受试者出现光幻视 诱发 VEP 信号
患者	慢性疼痛：前额颞叶皮层	Ita = 152mW/cm² 频率 = 8MHz 刺激时间 = 15s 占空比 = 100%	提高患者的主观情绪和降低疼痛
	创伤后意识障碍：丘脑	Ita = 720mW/cm² PRF = 100Hz 刺激时间 = 30s	口腔的运动、实现简单的应答反应等行为

总而言之，tFUS 具有精确的空间选择性和高穿透能力，对人类神经系统可以产生瞬时局部刺激以及调控作用，并且具有良好的安全性。这些优点使 tFUS 不仅可以作为一种非侵入性的神经调控与治疗手段，还可用于区域特异性研究，如探究特定区域神经活动与其认知/行为结果之间的因果关系。目前，针对不同情况所采用的超声的参数及其刺激所引起的反应程度和类型均有较大差异，并且我们对于受影响的脑区和潜在的细胞及分子层面的微观变化了解不足。因此，用于实验的超声参数的优化以及声学神经调控机制的深入探究具有重要意义。

15.4 面临的挑战及未来方向

TUS 是一种新兴的用于治疗神经性疾病的神经调控手段，目前仍处于起步阶段。在神经调控领域，TUS 虽然具有其自身的优势（非侵入性、空间和时间分辨率较高），但是该技术要应用于临床仍面临诸多挑战。

首先，TUS 存在聚焦的精度和准确性问题。超声若要作用于大脑神经组织必须先通过颅骨，因此，要想提高 TUS 的空间分辨率必须知道超声在经过颅骨时会发生怎样的折射、吸收、反射等物理过程，以便能够精确地计算超声在穿过颅骨后聚焦在神经组织上的强度、声压等参数信息。然而，不同物种间的颅骨的形状结构、厚度、骨成分等存在较大差异。

其次，经颅超声仪器的改进问题。超声由于其自身的物理优势，能够实现刺激的同时与现代成像技术（如 fMRI、计算机断层成像等）结合使用，可提高超声聚焦的精确性且便于效果分析，但这也会使该过程变得烦琐复杂且大大增加了成本。

最后，TUS 的安全性问题。有研究指出，TUS 对生物组织的主要伤害来自于热机制和惯性空化的产生。高强度超声利用声波产生的热效应已经被广泛应用于组织消融、肿瘤切除等临床应用中。因此，人们开始思考经颅超声在刺激大脑神经组织的过程中是否会产生过高的温度，对刺激的大脑区域产生损伤，从而影响人类健康。目前，研究人员在研究经颅超声对大脑神经活动作用的同时，测量了超声刺激部位的温度及其周围组织的温度，指出低强度的 TUS 造成的温度变化小于 1℃，并不会使神经组织灼伤。另外，超声波产生的惯性空化作用会使组织中产生的气泡爆炸，从而对神经组织造成损伤。由于目前应用于神经调控的经颅超声都是低强度的，实验证明低强度超声（声压＜40MPa）并不会使组织（除肺、心脏等部位）产生惯性空化。同时有研究指出，能够调控神经活动的经颅超声的参数并没有诱发刺激组织的惯性空化作用。

除了对经颅超声的热机制和惯性空化进行验证试验外，研究人员还通过组织染色或成像技术等手段，探究了经颅超声在刺激大脑活动的过程中及之后的组织损伤情况，指出经 TUS 实验并不会对聚焦的神经区域甚至是周围区域造成损伤。即便在部分动物组织中出现了轻微的出血，但是并不会引发炎症对实验对象的健康状况和行为产生影响。但是在 2006 年，有一项研究指出，使用超声刺激小鼠胚胎的大脑皮层时，会影响其胚胎皮层神经元的迁移，使其不能迁移到正确位置。

TUS 能够应用于临床的超声参数如何设置尚不明确，因此关于 TUS 热效应、惯性空化和组织损伤等安全性问题仍是未来实验研究中需要关注的重点，即 TUS 安全性仍有待进一步研究、讨论及确认。在目前的实验研究中，经颅超声应用于大脑神经调控的参数设置，应满足美国食品药品监督管理局关于诊断成像超声的要求标准。

TUS 技术目前还不成熟，该技术存在的刺激精度、超声设备和安全性等问题将是 TUS 应用于临床试验前需要面临的重要挑战。另外，由于目前该领域的研究较少，未来仍需要进行大量的实验研究证明该技术的有效性和实用性。本书将提出 TUS 在未来可能需要研究的几个重点方向。

目前 TUS 的机制尚不明确。有研究称 TUS 可以诱发神经组织兴奋，甚至通过刺激运动皮层可以诱发肢体运动，但是对于癫痫小鼠模型的大脑放电频率会有抑制作用。因此，TUS 是如何实现调控大脑活动的，超声刺激的过程中会伴随着细胞膜上哪些离子通道的开闭和细胞内哪些分子的变化，这些问题都需要未来实验研究的验证。

关于 TUS 应用于临床疾病治疗的最佳参数设置问题，目前在小型动物身上的研究已经取得较大进展，这也证明了该技术对于动物大脑神经活动存在调控作用，但是仍没有研究给出关于超声参数的最优化设置标准。

由于物种之间存在差异性，大型动物或人类的实验研究对未来的临床应用具有巨大的参考价值。针对不同的实验对象，TUS 技术的参数和效果并不是单纯的等比例放大或缩小的关系。但关于大型动物或人类的实验研究却几乎空白，因此也成为未来 TUS 的重要研究方向。

15.5 本章小结

TUS 是一种新的神经系统疾病物理治疗手段，本章主要阐述了 TUS 的发展历程、特点、作用机制以及相关动物实验研究成果和临床研究进展。首先，阐述了超声刺激的发展，包括发现神经对超声刺激的响应以及随后的动物实验的相关探索；其次，对超声波的原理进行了简单介绍，包括超声波的传播、声学边界现象以及超声聚焦等；然后，介绍了 TUS 作为一种新型治疗手段在动物实验与临床研究的技术发展及成果，主要是 TUS 的神经调控作用，神经调控是指直接利用超声波刺激来改变神经活性进而恢复系统功能，改善疾病症状；最后，阐述了 TUS 作为一种神经类疾病的有效理疗手段所面临的困难以及今后的发展方向。

思考题

1. 超声波作用于生物组织的主要物理效应有哪些？请说明各自的原理。
2. 超声波换能器如何分类？各有哪些特点与性能指标？
3. 请举例说明聚焦超声波的特点及其应用领域。
4. 超声波刺激具有里程碑意义的研究及其研究内容有哪些？
5. 简述超声波应用于神经调控的原理。
6. 经颅超声刺激作为一种治疗手段主要有哪些方面的应用？
7. 经颅超声刺激作为一种神经调控手段目前存在的技术难点有哪些？

参考文献

Azimi P. 2016. Transcranial focused ultrasound in functional neurosurgery for essential tremor and Parkinson's disease: A review article. International Clinical Neuroscience Journal, 3(3): 127-137.

Choi J J, Selert K, Gao Z, et al. 2011. Noninvasive and localized blood-brain barrier disruption using focused ultrasound can be achieved at short pulse lengths and low pulse repetition frequencies. Journal of Cerebral Blood Flow & Metabolism, 31(2): 725-737.

Deffieux T, Younan Y, Wattiez N, et al. 2013. Low-intensity focused ultrasound modulates monkey visuomotor behavior. Current Biology, 23(23): 2430-2433.

Downs M E, Buch A, Sierra C, et al. 2015. Correction: Long-term safety of repeated blood-brain barrier opening via focused ultrasound with microbubbles in non-human primates performing a cognitive task. PLOS ONE, 10(5): e0130860.

Elias W J, Lipsman N, Ondo W G, et al. 2016. A randomized trial of focused ultrasound thalamotomy for essential tremor. New England Journal of Medicine, 375(8): 730-739.

Fry F, Ades H, Fry W. 1958. Production of reversible changes in the central nervous system by ultrasound. Science, 127(3289): 83-84.

Gavrilov L, Tsirulnikov E, Davies I A. 1996. Application of focused ultrasound for the stimulation of neural structures. Ultrasound in Medicine and Biology, 22(2): 179-192.

Hameroff S, Trakas M, Duffield C, et al. 2013. Transcranial ultrasound (TUS) effects on mental states: A pilot study. Brain Stimulation, 6 (3): 409-415.

Harvey E N. 1929. The effect of high frequency sound waves on heart muscle and other irritable tissues. American Journal of Physiology-Legacy Content, 91(1): 284-290.

Jr A E, Gluncic V, Duque A, et al. 2006. Prenatal exposure to ultrasound waves impacts neuronal migration in mice. National Academy of Sciences of the United States of America, 103(34): 12903-12910.

Kim H, Park M Y, Lee S D, et al. 2015. Suppression of EEG visual-evoked potentials in rats via neuromodulatory focused ultrasound. Neuroreport, 26(4): 211-215.

Konopacki J, Golebiewski H, Eckersdorf B, et al. 2000. In vitro recorded theta-like activity in the limbic cortex: Comparison with spontaneous theta and epileptiform discharges. Acta Neurobiologiae Experimentalis, 60(1): 67-86.

Krasovitski B, Frenkel V, Shoham S, et al. 2011. Intramembrane cavitation as a unifying mechanism for ultrasound-induced bioeffects. National Academy of Sciences, 108(8): 3258-3263.

Lee W, Chung Y A, Jung Y, et al. 2016. Simultaneous acoustic stimulation of human primary and secondary somatosensory cortices using transcranial focused ultrasound. BMC Neuroscience, 17(1): 68.

Lee W, Lee S D, Park M Y, et al. 2016. Image-guided focused ultrasound-mediated regional brain stimulation in sheep. Ultrasound in Medicine and Biology, 42(2): 459-470.

Legon W, Sato T F, Opitz A, et al. 2014. Transcranial focused ultrasound modulates the activity of primary somatosensory cortex in humans. Neurosurgery, 74(6): 322.

Leinenga G, Langton C, Nisbet R, et al. 2016. Ultrasound treatment of neurological diseases: Current and emerging applications. Nature Reviews Neurology, 12(3): 161-174.

Menz M D, Oralkan O, Khuriyakub P T, et al. 2013. Precise neural stimulation in the retina using focused ultrasound. Journal of Neuroscience, 33(10): 4550-4560.

Monti M M, Schnakers C, Korb A S, et al. 2016. Non-invasive ultrasonic thalamic stimulation in disorders of consciousness after severe brain injury: a first-in-man report. Brain Stimulation, 6 (9): 940-941.

Naor O, Hertzberg Y, Zemel E, et al. 2012. Towards multifocal ultrasonic neural stimulation Ⅱ: Design considerations for an acoustic retinal prosthesis. Journal of Neural Engineering, 9(2): 026006.

O'reilly M A, Hynynen K. 2012. Blood-brain barrier: Real-time feedback-controlled focused ultrasound disruption by using an acoustic emissions-based controller. International Journal of Medical Radiology, 263(1): 96-106.

Plaksin M, Shoham S, Kimmel E. 2014. Intramembrane cavitation as a predictive bio-piezoelectric mechanism for ultrasonic brain stimulation. Physical Review, 4(1): 331-344.

Tufail Y, Matyushov A, Baldwin N, et al. 2010. Transcranial pulsed ultrasound stimulates intact brain circuits. Neuron, 66(5): 681-694.

Tyler W J. 2011. Noninvasive neuromodulation with ultrasound? A continuum mechanics hypothesis. Neuroscientist A Review Journal Bringing Neurobiology Neurology & Psychiatry, 17(1): 25-36.

Tyler W J, Tufail Y, Finsterwald M, et al. 2008. Remote excitation of neuronal circuits using low-intensity, low-frequency ultrasound. PLOS ONE, 3(10): e3511.

Wintermark M, Huss D S, Shah B B, et al. 2014. Thalamic connectivity in patients with essential tremor treated with MR imaging-guided focused ultrasound: In vivo fiber tracking by using diffusion-tensor MR imaging. Radiology, 272(1): 202.

Wu J, Nyborg W L. 2008. Ultrasound, cavitation bubbles and their interaction with cells. Advanced Drug Delivery Reviews, 60(10): 1103-1116.

Yang P S, Kim H, Lee W, et al. 2012. Transcranial focused ultrasound to the thalamus is associated with reduced extracellular GABA levels in rats. Neuropsychobiology, 65(3): 153-160.

Yoo S S, Bystritsky A, Lee J H, et al. 2011. Focused ultrasound modulates region-specific brain activity. Neuroimage, 56(3): 1267-1275.

Zhang D, Li H, Sun J, et al. 2018. Antidepressant-like effect of low-intensity transcranial ultrasound stimulation. IEEE Transactions on Biomedical Engineering, 66 (2): 411-420.

第五部分　神经模拟与仿生

第16章 神经假体

神经假体（neuroprosthesis）是用以帮助神经损伤后恢复大脑感觉和意识功能或肢体运动及生理代谢功能的医疗电子装置。它通常以功能性电刺激（functional electrical stimulation，FES）技术代替大脑发出有关的神经冲动信号，通过所构造的神经假体或矫形器件控制相应器官的功能活动，从而达到修复或替代相关功能的目的。神经假体技术是神经工程学在康复医疗领域的一项重要应用，涉及计算神经学、神经机械学、计算机工程、材料科学等多个学科，拥有传统康复手段所不具备的功能重建性和功能替代性，是推动神经工程学发展的主要推动力之一。

神经假体的研究最早可追溯至 20 世纪 60 年代，Liberson 和他的同事通过人工电刺激腓侧神经的方法成功矫正了患者因偏瘫引起的足下垂，完成了首例依靠功能性电刺激为肢体瘫痪患者提供神经假体的临床应用实验。以此为起点，在过去 50 多年里，围绕神经假体开展了大量研究工作，并在相当长的一段时间里持续成为研究热点。神经假体根据功能可分为感觉神经假体、运动神经假体和中枢神经假体。下面分别对这三大类神经假体进行具体介绍。

16.1 感觉神经假体

人们可以欣赏美丽的大自然，也能辨识各种各样的人和物，因为人的眼睛能够区别数万种不同的色彩；人可以从熟悉的声音中瞬间听出是自己的朋友，也能在倾听一段旋律后就辨认出是某支乐曲，因为人的耳朵能够区别不同的音调和音色；人还能够通过触摸和掂量知道手中物体的质感、形状和重量；人的舌头能区别各种各样的味道，人的鼻子可以区分 1 万种不同的气味，人也能通过记忆记住这些感受以及影像。对人来说，这似乎习以为常，只要人用眼睛看，用耳朵听，用手摸，就能感知并记住这个世界。但是，人自身的这些感觉器官到底是如何感知这个世界的呢？随着对人体的探索和研究，科学家已开始触及视觉、听觉、味觉、触觉的实质，并为丧失这些能力的患者发明了恢复部分功能的装置，我们统称感觉神经假体。下面分别介绍视觉神经假体、听觉神经假体以及触觉神经假体。

16.1.1 视觉神经假体

人类约 80%的信息是通过视觉系统获得的，在所有的感觉中，视觉是人类感觉系统中最为重要的感觉之一，是人类认识客观世界的重要途径。然而，许多眼部致盲疾病剥夺了患者欣赏缤纷世界的权利，对这些疾病目前还缺乏有效的治疗措施。一些科学家提出了一种利用电子刺激装置代替视觉通路中某段缺损来帮助盲人恢复光明的方案，即视觉神经假体。

1. 视觉神经假体的研究意义与发展历程

中国是全世界盲人最多的国家，约有 500 万法定盲人，占全世界盲人总数的 18%。中国政府曾庄严承诺世界卫生组织发起的“视觉 2020”行动要求，即到 2020 年人人享有看得见的权利。视觉神经假体的出现为严重失明患者带来了福音。

最早尝试对盲人进行视觉神经假体植入的先驱是 Brindley 和他的伙伴 Dobelle。20 世纪初，他们在两名受试者的视皮层上植入了铂刺激电极阵列，当电刺激视皮层时，可以诱发不连续的“光幻视”，而且这些光点的位置与视野在视皮层的空间定位大体一致。他们还发现，阈值水平的电刺激在中央视野区诱发的“光幻视”为单个点状，而在周边视野区域诱发为云状光晕。但同时他们也发现了一些问题：若诱发光幻视的电流较大会给受试者带来明显的头痛甚至诱发癫痫；同时连续的电刺激后，光幻视会减弱；而且由于电极之间的间隔较近，电极之间的非线性相互作用会产生干扰，多个电极同时刺激会引起光幻视重合，不能获得多点的空间视觉感觉。这些因素极大地限制了系统传递视觉信息（包括脸和文字、图像等）的能力。他们的研究虽然没有创造出能实用的视觉神经假体，但是这些先驱者的努力为以后的视觉神经假体研究奠定了理论和实践基础。

视觉通路上任何部位发生病变均可影响视力，严重者导致失明。在 Brindley 等通过对大脑枕区进行电刺激使盲人引发视觉以后，人们在视觉通路的各个位置进行了视觉神经假体研制的探索，其中包括在视皮层、视神经和视网膜等不同组织的视觉神经假体研究。

2000 年 Dobelle 报道了在盲人视皮层植入视觉神经假体 20 余年的观察结果。该系统由一台安装在患者眼镜片上的数字相机和置于其腰带上的微型计算机及其电子插件与植入皮层表面的微电极阵列等组成（图 16-1（a）），各部分用导线相连。数字相机与微型计算机把光信号转变成电信号，通过导线输送到皮层表面电极中。结果显示，患者可识别眼前人的轮廓。2002 年在葡萄牙进行的临床试验中，Dobelle 在 16 名患者中植入了含 72 个铂金盘状电极阵列，其中一名受试者已经能够自己驾车在无人的公园里绕圈。但是迄今为止，尚无同行发表临床研究资料来说明植入视觉神经假体患者的视力恢复和设备运行情况。自从 1996 年 Schmidt 等在盲人体内植入第一例侵入式电极开始，到如今 20 余年间都未能研发出可为盲人提供有用视力的视皮层神经假体，其最大的障碍是没有找到合适的动物模型来指导其设计与开发。

(a) 在视皮层上植入的铂刺激电极阵列　(b) 安装在患者眼镜片上的数字相机　(c) 置于患者腰带上的计算机及其电子插件

图 16-1　视皮层神经假体

（图片来源：Rizzo J F，Snebold L，Kenney M. 2007. Development of a Visual Prosthesis）

视觉神经假体是在有功能的视网膜神经节细胞轴突延伸部分植入刺激器。这种方法避免了对大脑造成的侵入性破坏，而且更简便、更容易操作。1998 年比利时 Veraart 研究小组在一位 59 岁因视网膜色素变性引起失明志愿者的右侧视神经上植入了有 4 个接触点的螺旋袖套形电极。实验过程中患者可以在整个视野看到一系列有颜色的小亮点，其位置与刺激触点有一定的拓扑关系。在经过一系列心理物理学实验和训练后，患者可以简单地识别图形和判断物体的位置。2000 年 8 月，Veraart 等在脑颅顶骨埋入神经刺激器和天线，实现了体内植入体与体外元件的射频无线通信。2003 年 Veraart 小组分别通过开环刺激和闭环刺激测试同一盲人，研究了其对视觉刺激位置和含义简单图案的识别能力。

在西方国家，每年有数以万计的眼疾患者因缺乏有效治疗而加入盲人行列，其中约70%是因为视网膜疾病而失明。研究表明，尽管多数视网膜疾病患者的大部分光感受器已经丧失功能，但其视网膜组织中仍存在78.4%的内层神经细胞、29.7%的神经节细胞及4.9%的感光细胞。故可以通过刺激视网膜内层细胞启用有一定功能的神经节与感光细胞及其网络在视皮层产生视觉诱发电位，进而产生视觉。视网膜假体根据植入位置不同，分为视网膜前假体和视网膜后假体。视网膜前假体位于玻璃体和视网膜感觉细胞层，直接刺激神经节细胞。1994 年科学文献上发表了第一例电刺激人视网膜内层神经节细胞的实验报道。2003 年 Humayun 等首次对一例视网膜色素变性患者实施了视网膜上假体移植手术，获得了一定的成功，手术 10 周后，被试者对 4×4 的电极阵列中的每一个电极的电流刺激都有“光幻视”。大多数“光幻视”都被描述成圆形亮点，患者还描述出了颜色的感觉（如黄色、白色、橘红色和蓝色）。同年，Rizzo 研究小组对 5 名视网膜色素变性的失明患者和一位视觉正常的志愿者通过单电极或电极阵列对视网膜进行刺激。他们研究了测定刺激阈值以及刺激形式与诱发知觉的对应关系，实验结果表明，失明患者的电刺激阈值明显高于正常人，而且失明程度越严重，阈值越高。

视网膜后假体的刺激电极阵列位于视网膜外层和视网膜色素上皮层之间，代替感受器细胞的功能。早在 20 世纪 80 年代，Chow 等就开始研究了视网膜下半导体基底视网膜假体。Chow 等设计的微光电二极管阵列大约含有 5000 个光电二极管并带有各自的刺激电极。图像不需外部摄像机提供，而且不需外部能量，光电流仅由入射光线产生。Chow 等在兔的研究中观察到视网膜下电刺激可产生皮层诱发电位及视觉诱发电位。该小组目前的研究主要集中在对刺激模式的研究。Humayun 等 1996 年对 3 例视网膜变性、1 例老年性黄斑变性及 1 例先天失明者实施经巩膜植入移植实验，5 人均有“光幻觉”，除了先天性失明者外，其余 4 人均能描述出光斑的空间位置、大小及形状。Rizzo 研究小组经过对视网膜前假体的多年研究，对视网膜前假体的方法逐步改进，进一步设计了视网膜后假体，包括体外采集图像信息的摄像机、信息处理器与体内刺激芯片，体外部分通过射频向眼内芯片提供信息和能量。

不同位置的视觉神经假体各有其优缺点，虽然对其研究尚处于初级阶段，但每种视觉神经假体都有巨大的发展潜力。视觉神经假体的实现对于失明患者乃至整个社会都有着深远的意义，它使由于眼部疾病缺乏有效的治疗而导致失明的患者有了重见光明的可能，这也是激励各国研究人员不断对其结构和性能进行研究和改进的重要原因。

2. 视觉神经假体分类介绍

当今存在的视觉神经假体根据刺激位置不同主要分为视皮层假体、视神经假体和视网膜假体三类。其中视皮层假体和视神经假体因许多制约因素使其在临床上未能很好地开展。视网膜假体近年来研究非常活跃且应用比较成熟。下面简单介绍这三种视觉神经假体。

1）视皮层假体

当视网膜损伤时，一般情况下视觉皮层功能不会受到影响。故理论上可对视觉皮层进行直接刺激来产生视觉感知以替代受损的视网膜。这需将视皮层假体的电极直接植入颅内视皮层，视像信息从佩戴在患者眼镜上的摄像头获取，然后经过外置计算机处理、编码通过植入大脑的微电极阵列直接刺激视皮层，产生视觉，如图 16-2 所示。

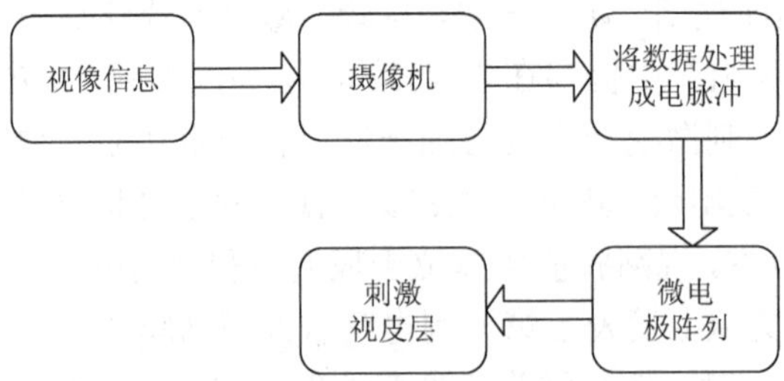

图 16-2　视皮层假体工作原理流程

随着电极制作工艺的进步，新型电极相继被研制出，目前对视觉皮层刺激使用较多的方法主要有两种：①皮层刺激，用贴在视觉皮层的表面电极进行电刺激；②皮下刺激，将针状电极插入皮层下刺激皮下神经细胞。采用表面电极对视觉皮层进行刺激的方法手术程序仍较复杂，空间分辨率低且有感染风险。该方法还有需较高刺激电压的缺陷，所以要考虑芯片的供能装置，而且高频率刺激电流脉冲会引起患者疼痛甚至局部皮层会诱发癫痫。相对来说，针状电极阵列更加适合刺激视觉皮层，不仅体积小而且阻抗高，所需刺激电流也小，比表面电极更加安全，操作起来比表面电极方便，避免了复杂的手术程序，靠机械装置就能很方便地准确植入皮层。综合安全性和有效性来看，利用针状电极进行视觉皮层下刺激较表面电极的皮层刺激具有较明显优势。

视皮层假体属需要植入神经系统的侵入型假体，皮层刺激的安全性和稳定性十分重要。为保证假体植入神经系统中能够保持长时间持续的功能完好性，不仅要求假体系统具有高度生物相容性，还要能够抵抗来自体液、蛋白质、巨噬细胞或组织新陈代谢等引起的腐蚀。持久的电荷灌注和植入引起的神经损伤与有效的刺激参数都是视皮层假体需要考虑的因素。所以进行视皮层假体植入前应精心设计假体的电极结构、材料与手术方案等技术细节。此外，由于正常视觉是通过眼、视神经传导到大脑视皮层的，视觉信息在视路中需要经过一系列光学、化学、生物电的前信息处理，而视皮层假体则是直接应用于皮层刺激，没有上述信息前处理的步骤，所以如何通过直接电极刺激产生有效视觉信息是视皮层假体的主要技术难点。

2）视神经假体

在绝大多数致盲眼科疾病中，视神经功能都得以保留，视神经假体即利用电极对视神经的刺激来达到视觉修复的目的。当前视神经假体的工作原理主要是先通过外部摄像头获取环境信息，然后用数字芯片处理、编码图像数据并转化成对应的刺激脉冲。最后刺激脉冲通过无线传输方式送到植入眼内的电极阵列上刺激接触视神经的电极，产生“光幻视”效果，如图 16-3 所示。

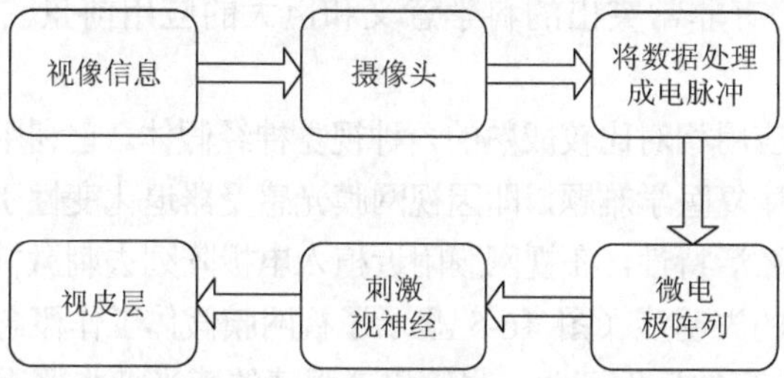

图 16-3　视神经假体工作原理流程

前述比利时 Veraart 研究小组率先开展了视神经假体研发工作。虽然其在视网膜色素变性患者右侧视神经上植入了有 4 个接触点的螺旋袖状电极，并进行视神经电刺激之后，患者描述了光幻视的不同特性（如颜色、大小和光幻视大概分布位置）。但是这种袖状电极在同时有选择性地刺激多个轴突的亚群时，需要极大数量的接触电极，增加了电极对神经造成损伤的风险。视神经束尺寸也限制了电极的数目，而且袖状电极并未直接刺激视神经，因此即使对受试者进行长期训练，最终空间分辨率仍然有限，很难提高其视觉清晰度。所以设计和开发新型刺激电极成为视神经假体发展与应用的技术关键。

随着电极制作技术的发展，由上海交通大学 C-Sight 小组首先提出的高密度插入式微电极阵列方案得以问世，如图 16-4 所示。该方案通过将编码的电刺激作用到神经节细胞轴突上，使视觉得以恢复。相对前述袖式电极阵列，新方案可以减小对视觉神经的损伤，而且能够提高视觉空间分辨率。

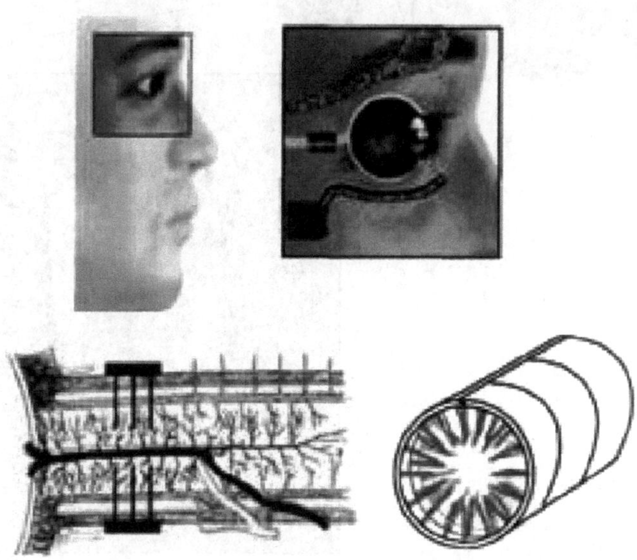

图 16-4　高密度插入式微电极阵列构成的视神经假体示意

（图片来源：蔡昌思. 2011. 不同位置及模式电刺激诱发视网膜神经节细胞及视皮层的响应特性研究——视觉假体中的电生理研究. 上海：上海交通大学）

不过视神经假体的实际应用还存在一定困难。首先，视网膜和视神经束之间的神经拓扑关系仍然未知；其次，圈套电极可能对刺激的视神经产生挤压，使神经局部血流阻塞，最终会导致神经组织受损。此外，因视神经假体移植需要开颅手术，风险较大。尽管需要解决的问题很多，但仍有非常突出的科学意义和巨大的应用前景。

3）视网膜假体

视网膜假体是目前应用相对比较成熟的一种视觉神经假体。它利用现代集成电路技术解决了一直非常棘手的视觉康复医学难题，即因视网膜光感受器退化变性引起的失明。新型视网膜假体基于神经细胞的点激活特性，在视网膜附近植入电极阵列去刺激神经细胞，以治疗视网膜光感受器退化变性引起的失明症（图 16-5 显示了视网膜假体工作概念示意及前后假体位置区别）。大量视网膜疾病致盲的病例证明，尽管患者眼睛的感光细胞严重缺失，但视网膜中仍充满着大量的电激细胞。为能够取代人眼视觉，视网膜假体首先必须探测环境光线强度，将光信号转化为电信号对电激细胞进行刺激，然后将该电刺激信息传导到视网膜并引起视觉响应。

视网膜假体因需植入人体，必须具有良好的安全性和有效性，并需患者易于接受，且能在人体中几十年时间内保证功能稳定。视网膜假体与视皮层假体及视神经假体相比具有其独特的优势，即可以手术植入并可直接触及目标神经细胞。目前，已经开展人体临床实验的主要有美国南加州大学的 Humayun 小组、德国波恩大学的 Eckmiller 小组和德国亚琛工业大学的 EPI-RET 小组。根据视网膜假体植入的位置不同，该假体可分为两种：视网膜前视觉假体与视网膜后视觉假体（图 16-5）。

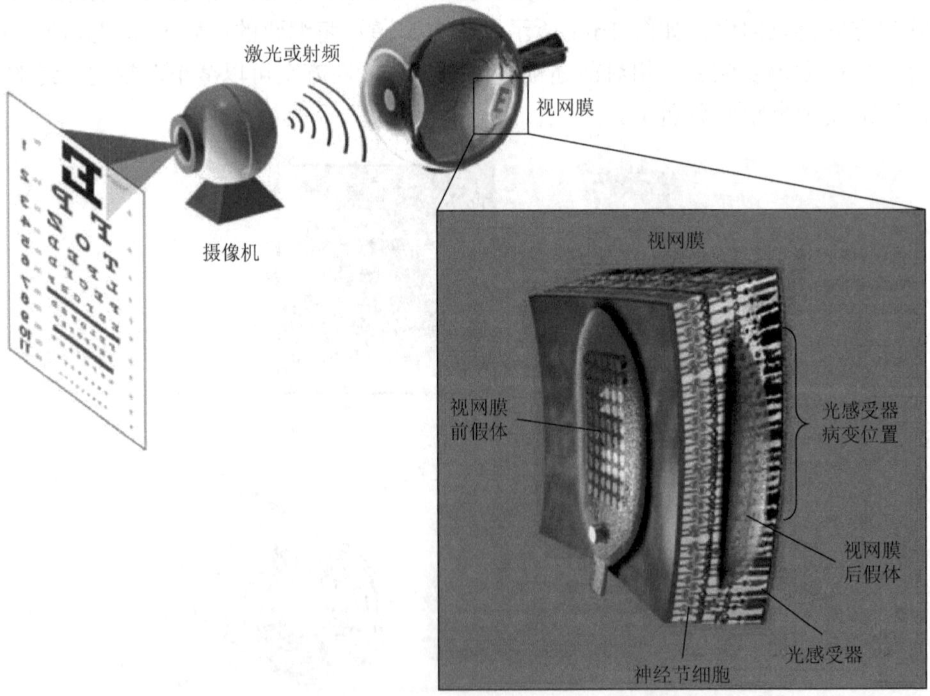

图 16-5　视网膜假体工作概念示意及前后假体位置区别

（图片来源：He B. 2005. Neural engineering. Annals of Biomedical Engineering，25（1）：S-40）

视网膜前假体由图像接收器、信息处理器与微电极阵列芯片三部分组成，其系统硬件设计分为眼外和眼内两部分。这样设计是因为考虑到电活动产热会使视网膜组织受损，故尽量让产热严重的电活动在眼外及玻璃体腔内完成（玻璃体腔可作为微电子设备的“散热水槽”，以避免电活动产热伤害视网膜）。假体眼外部与眼内装置分别固定于眼睛框架和人工晶状体上，外置电缆屏蔽，采集装置的导线通过眼直肌与电极相连。

视网膜前假体的工作机制是利用图像接收器捕获外界视觉图像代替正常眼球晶状体获取外界视觉的功能；经处理转变为像素信息，然后通过图像处理算法将激光脉冲映射成电刺激信号并传导至视网膜最外层神经节细胞上的微电极阵列；经微电极直接刺激与之邻近的神经节细胞及轴突，再经视神经传入大脑皮层，使患者有视觉感知外界信息的能力（图16-6）。也有个别视网膜假体通过将光信息或数据经“视网膜编码器”装置处理来产生刺激神经节细胞的电脉冲。

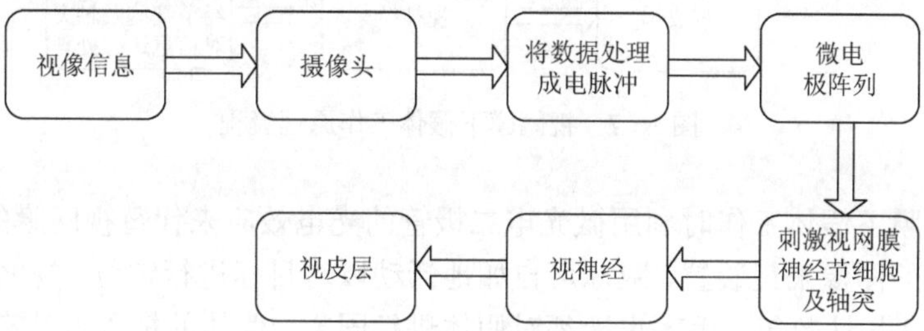

图16-6 视网膜前假体工作原理流程

视网膜前假体有以下几个优点：①因植入芯片电极直接刺激神经节细胞轴突，整个视觉形成过程无须视网膜感光细胞及内层视网膜神经连接网络参与；②植入手术不太复杂；③眼外部和内部的设计有利于散热，减少电活动产热对视网膜的损伤。但其仍存在以下不足：①视网膜前假体需要更复杂的图像处理系统对视网膜算法进行模拟；②大量神经节细胞与刺激电极阵列并不具有持久的空间一一对应关系，故需要不定期修正电刺激方案。但总体而言，视网膜前假体移植术已逐渐趋于成熟，以上不足可望逐渐获得改进与提高。

与视网膜前假体不同，视网膜下假体需要利用仍然具有功能的视网膜神经网络，即双极细胞。在视觉形成过程中，双极细胞处于较靠前的位置，所以对双极细胞进行刺激能够利用自然的视网膜内层神经细胞轴突网络对信息进行处理，使假体对视觉的模拟更接近眼睛自身的神经响应过程。视网膜下假体芯片在视网膜中充当光感受器的角色。最初的研究是将微电极阵列芯片植入色素上皮层与视网膜外丛层之间，直接作用于双极细胞。但这种方法的移植手术非常繁杂：由于视网膜下无足够大的空间放置电子器件，只能在眼内植入线圈、电缆或天线以向植入的假体供电与传递信息；在眼睛外部还要通过电缆对假体提供能量又必须使电缆遍历巩膜和脉络，但电缆长时间穿越高度血管化的脉络，加大了视网膜下出血和促使视网膜局部甚至全部脱离的可能性。

目前视网膜下假体技术已有很大改进：在微型硅芯片上排列数以千计的微光电二极管，且每个二极管皆连接微电极，植入位置仍是色素上皮层与视网膜外丛层之间。其工作原理主要是将入射光信号经外界传送到芯片上，然后经微光电二极管靠光电效应转化为电信号激活电极，进而刺激双极细胞（图 16-7）。改进后视网膜下假体的优点是不需要任何电线光缆，而且非常薄，易于植入。视网膜下假体中的微光电二极管吸收外界自然光能量并将其转换为电信号。但由于自然光照度仅为 8klx，低于激活双极细胞所需光照强度，故仍需额外光源放大系统提供足够的能量。目前多采用红外装置来激发微光电二极管产生电流。

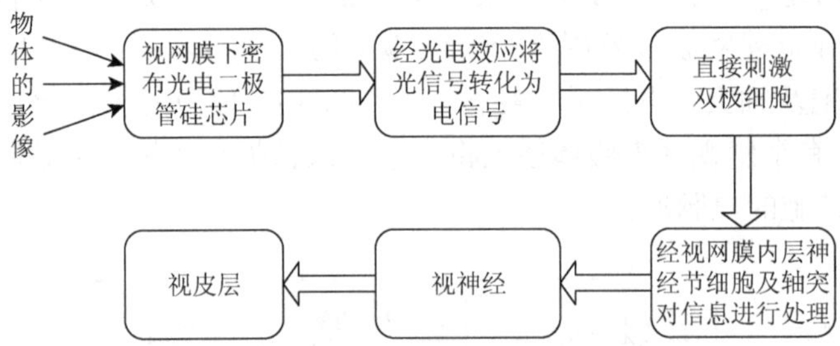

图 16-7　视网膜下假体工作原理流程

由于视网膜下假体工作时利用微光电二极管的光电效应来代替视网膜的感光细胞，所以不需要外置的图像采集装置，眼球可自如地活动以对目标进行定位。视网膜下假体稳定性好，使用时间长达数年，手术也无须对假体进行固定。假体的植入方法有两种，一种是经巩膜植入，另一种是经玻璃体植入。目前应用比较普遍的是前一种方法，因其移植的假体使用时间长，而且能够最大限度地减小对视网膜的损伤。

3. 视觉神经假体系统硬件设计

各种视觉神经假体的刺激部位虽不相同，但是它们的系统硬件结构基本相似，主要区别在于神经接口的结合部位不同。图 16-8 是视觉神经假体系统硬件构造示意图，其主要结构包括外部装置和内部装置两部分。概括地说，外部装置含图像获取装置（微型摄像机）、视觉信号处理和提取系统、信号和能量无线传送系统，内部装置则含神经电刺激器和微电极阵列（神经接口）。

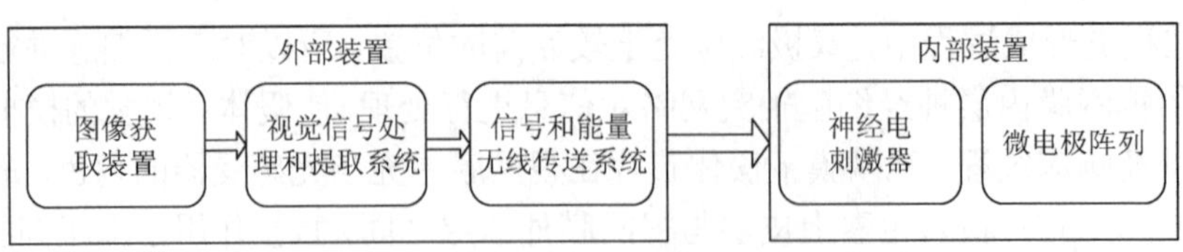

图 16-8　视觉神经假体系统硬件构造示意

1）图像获取装置

视觉功能修复系统需要植入颅内，因此图像获取装置只需低分辨率，但必须功耗低、体积小、可植入。随着科技的发展，成像芯片更加微型化，目前市场上许多 CCD（charge-coupled device）或 CMOS（complementary metal oxide semiconductor）微型摄像头几乎都符合这些要求，为可植入眼内图像获取装置提供了更多选择。为降低功耗，植入式摄像机皆会牺牲一些功能来换取低功耗优势。故尽管CMOS型与CCD型相比，信噪比稍低、光灵敏度略差，但有功耗低、集成度高等明显优势（对植入假体来说非常重要），使其更适合用于植入视觉神经假体的图像采集。因此，目前多采用微型CMOS模块集成到视觉神经假体系统中，用以视觉修复中实时图像信号的采集。

2）视觉信号处理和提取系统

视觉修复的最终目的是让患者重见光明以便能进行如识别人脸、自由行走和阅报读书等日常活动。但目前因生理学基础研究的限制和植入过程的技术复杂性，视觉修复系统尚无足够电极逐一对应图像传感器，故必须尽可能简化从传感器提取所得有用信息。图16-9比较了基于DSP（digital signal processor）系统结合直方图均衡化、边缘检测、边缘追踪和二值化形态处理等算法进行图像信息提取前后的图像。

图16-9 使用DSP进行图像处理前（左）后（右）的视觉信息

（图片来源：吴开杰，柴新禹，李丽明，等. 2007. 基于视神经的视觉假体研究与设计. 中国科学，37（B10）：146-152）

在患者植入视觉神经假体之前，人们无法了解适合不同患者的最佳信息处理策略，所以需要微调装置来优化个体患者的感知能力。故图像信息处理软硬件开发皆必须满足植入体内设备的性能需求，以使图像获取与处理技术环节有足够的灵活性来弥补人们当前对视网膜刺激模式理解的不足，更好地解决因患者个体差异所带来的各种技术问题。

3）微电极阵列

微电极检测技术的发展和应用一直是神经电生理研究的关键。最初的玻璃微电极是用毛细玻璃管直接拉制而成的。采用玻璃微电极的膜片钳技术在早期曾极大地推动了神经电生理学的细胞和分子水平研究。但在活体大脑中使用玻璃微电极进行细胞内或膜片钳记录时，每次只能得到1～2个神经细胞的电信号，而且无法做长时间记录。后改用绝缘细金属丝制作电极，每根丝可以记录到多个细胞外动作电位，一束金属丝能同时记录大量单细胞动作电位。但金属丝电极多由实验人员自己手工制作，工艺复杂，难以保证质量稳定一致。近年来，随着微电子集成电路制造技术的兴起，以半导体硅为材料的多记录点微电极阵列技术迅速发展。这种电极具有体积小、记录点多、结构形式多样化、性能稳定的优点。

新型半导体微电极阵列植入大脑组织时，对神经细胞损伤小，而且在二维，甚至三维脑区能同时检测上百个记录点的场电位和单神经细胞的动作电位。这种高密度微电极阵列记录技术的应用极大地推动了视觉假体等相关研究与应用。

在人眼内植入一个微电极阵列或许不很困难，但是要保证其安全性和稳定性却有很大难度。以视网膜假体为例，首先视网膜为球形，而电极多是平面。即使把电极外形做成球状，但由于个体眼曲率不一致会使二者曲率不匹配，还会使微电极阵列与视网膜产生机械压力，进而导致视网膜损伤。如果由于曲率不匹配导致微电极阵列与视网膜产生分离，就可能需要更大的电流来激活视网膜。所以理想的微电极阵列不仅需要有良好的生物相容性，其传感触点还必须能灵活地与个体视网膜曲率保持最佳匹配的能力，从而保证微电极阵列与视网膜之间不会产生机械压力且处于最优电流激活状态。可以想见，为保证植入微电极阵列的安全性和稳定性，需要充分考虑许多微小技术细节问题。

4. 视觉神经假体的挑战与展望

视觉神经假体是当今国际上视觉修复领域的研究热点。各国都认识到视觉神经假体所具有的科学意义和潜在的社会经济价值，并投入了大量科研经费，集合了多学科力量进行综合开发。目前研究已经取得重大进展，在一些发达国家进入了临床试验阶段。尽管如此，仍存在下述诸多复杂和精细的科学与技术问题亟待解决。

（1）生物相容性问题。人工视觉神经假体需要植入颅内与组织细胞长时间接触，所以对植入设备的生物相容性评估十分重要。传统方法采用尼森染料（Nissel-type stains）来评估，虽然其实现比较简单，但该方法只能检测电极周围的细胞密度，而不能评价细胞线（神经细胞、神经胶质、星形胶质细胞）和细胞状态（正常、病理、退化）。目前，很多实验室开始使用神经胶质纤维酸性蛋白（glial fibrillary acidic protein，GFAP；一种III型中间丝状蛋白，以单体形式存在）染料对植入材料的生物相容性进行评估，但也有各种问题。Zrenner 指出在视网膜将要退化时，不管是否有假体植入，hhMuller 细胞均会出现过度 GFAP 反应。目前公认的评估生物相容性较好的方法是，使用先进的共聚焦显微镜和免疫组学方法相结合，与传统的尼森染料相比较。这种评估方法不仅能够识别电极周围的细胞，还能掌握这些细胞的活性。生物相容性的另一个问题便是长期电刺激对视神经组织的负面影响。植入假体后，植入位点的神经组织将被迫每天至少接受 8h 的高频电刺激，并且一个假体可能要使用几十年。目前尚无有关任何种类植入视觉神经假体长期电刺激对视网膜影响的实验证据。

（2）电刺激模式与其诱发视觉感知之间的关系问题。假体的设计加工和植入的手术技术已不再是视觉神经假体未来发展的最大障碍。随着研究的深入，人们逐渐认识到最大技术障碍在于如何在假体与大脑之间进行有效信息传递。虽然从理论上讲，电刺激模式能反映视觉景象的时间和空间特性，但目前仍不清楚大脑是如何编码电刺激模式的，能否通过提供高度灵活的规则刺激模式重塑视觉系统来优化患者的感知是一个具有挑战性的研究思路。而刺激电极之间需要多大的距离，才能帮助盲人获得简单的直线甚至更为复杂的图形感知也是还需仔细研究清楚的问题。

（3）视觉神经假体中最小信息需求研究。由于技术的限制，我们无法植入足够多的电极，所以满足基本的识别要求最少需要多少电极是必须探清的问题。早期，Cha 等提到 625 灰度的像素已经能够供人们阅读文字了。最新研究发现，12×12 的像素化汉字可以提供汉字识别的足够信息，甚至 8×8 或 6×6 即能识别简单汉字。然而，实验中所有的像素均在正方形内，且像素大小相同。但实际得到的光幻视形状、大小、颜色等各不相同，其位置的分布也不规则。所以就目前来说，满足基本视觉功能最小需求的像素数仍需进一步研究确定。

（4）电子装置的散热问题。虽然视觉神经假体的大部分散热量都在眼外部由较大设备排出，但植入颅内的遥感器、微刺激器等在工作过程中也会散发出一定的热量，导致周围组织温度增加并带来伤害。目前为能更好地取代人眼、帮助患者完善各种日常基本生活能力，势必会增加刺激电极数量，散热量亦会提高。所以设计简化、小体积、低功耗的微型电子设备在未来的视觉神经假体研究中仍是巨大考验。

如前所述，当前视觉神经假体技术研究与应用的最大障碍在于如何建立假体与大脑之间的有效信息传递。为此，不但要论证基于不同神经接口的视觉神经假体有效性，还必须弄清复杂的视觉神经编码机制，这样才能为视觉神经假体的最终成功开发与应用奠定坚实的理论基础。

尽管各国科学家在视觉神经假体领域研究均取得了不俗成果，但到目前为止，还没有失明患者能够由视觉神经假体重新获得真心认可、能满足日常生活需要的视觉功能。而且临床案例仅限于少数视力严重损失的患者，对于轻微失明患者的有效性尚是一个未知数。但可以相信，随着研究的深入和技术的完善，视觉神经假体终将帮助所有盲人重见光明。

16.1.2 听觉神经假体

根据 2006 年第二次全国残障患者抽样调查，我国有听力言语障碍的患者数已经达到了 2057 万，占全国 6000 万听力语言障碍患者总数的 1/3，并且仍以每年 3 万多听力患儿的速度增加。耳聋作为一种最常见的感觉系统疾病，不仅严重影响了人们的学习交流和社会活动，还给社会和家庭带来了沉重负担。为了加强预防、延缓并减少耳聋的发生，我国政府于 2000 年将每年 3 月 3 日定为“爱耳日”。

感音神经性耳聋患者系因毛细胞病变出现不同程度的听力损失。对于轻度、中度和部分重度耳聋患者来说助听器是有效的。可是对于部分重度耳聋、极重度耳聋与全聋患者来说，大量毛细胞的损失使得最好的助听技术也效果甚微，甚至毫无作用。但是这类患者往往还保留着一定数量的听神经纤维和螺旋神经节细胞。如果能把外界声音转化为电信号送入耳内，直接刺激听神经末梢则完全有可能重新产生听觉，人工耳蜗就是这一类神经假体。人工耳蜗（cochlear implants），也称“人工电子耳”，是帮助重度耳聋、极重度耳聋或全聋患者恢复并获得听觉的电子助听装置。它能代替耳蜗把声音信号转变为电信号直接刺激听神经纤维，从而产生听觉，属于听觉神经假体。

1. 耳聋的病理学基础

哺乳动物内耳是身体最复杂的微小器官之一，主要由两部分组成：负责听觉功能的耳蜗和控制平衡能力的前庭。内耳的正常发育需要这些部位的相关基因协调表达及调控因子的精细控制。耳蜗缺陷会引起耳聋，而前庭受损会导致定向障碍，表现为人类的眩晕或小鼠的转圈行为。根据耳聋发生的部位可分为传导性耳聋、感音神经性耳聋和混合性耳聋。传导性耳聋（conductive hearing loss，CHL）是由外耳、鼓膜及中耳听小骨声波传导功能异常引起的听力损伤。这类患者可以通过适当医疗手段处理获得缓解甚至治愈。感音神经性耳聋（sensorineural hearing loss，SNHL）是由内耳、听觉神经或大脑损伤或功能异常引起的听力障碍。绝大多数感音神经性耳聋源于耳蜗毛细胞的结构受损或功能异常。这类缺陷可由发育异常所致，也可由后天创伤或疾病引起，通常难以治愈。同时患有传导性耳聋和感音神经性耳聋的患者称为混合性耳聋（mixed hearing loss）患者。

重度和极重度耳聋的发生与耳蜗内感觉上皮和神经纤维系列病理变化有关。其神经元残存数量程度不一，比正常人低 10%～70%。目前还不明确人工耳蜗植入后，提高言语识别能力所需要的最低限度螺旋神经节细胞数量。感音神经性耳聋患者的毛细胞遭到损伤或者数量减少，其病变原因可能是遗传因素、耳毒性药物作用或一些诸如脑膜炎疾病损害或可能遭到特强噪声的破坏使残存毛细胞无法正常地驱动听神经。而人工耳蜗则绕过毛细胞传声环节，直接对听神经进行电刺激产生对大脑而言犹如听神经被声音通过正常基底膜和毛细胞驱动一样的电刺激效果。

2. 人工耳蜗技术发展历程

如前所述，人工耳蜗是用于重度以上感音神经性耳聋患者（成人及儿童）康复的神经假体。其应用前提条件是患者仅存在内耳毛细胞病变但听神经功能完整，才能通过植入性电极提供刺激，取代毛细胞功能，直接作用于听神经而产生听觉。人工耳蜗也是目前唯一应用于人体的商业化神经假体。其在临床上的成功应用极大地激励了其他神经假体（如视网膜假体等）的研究开发。

早在 1751 年美国科学家本杰明·富兰克林就提出电刺激可使耳聋患者产生听觉感受。1800 年因发明电池而著名的意大利物理学家亚历山德罗·伏特所进行的实验证实了富兰克林的这一设想：他将金属电极置入自己的双耳并加以 50V 的电压，在失去知觉之前听到了水沸腾的声音。这是历史上关于听觉系统直接实施电刺激的首次正式记录。

人工耳蜗技术的快速发展是从 20 世纪 30 年代开始的。1930 年美国科学家 Wever 和 Bray 把记录电极插在猫的听神经上，并对着猫耳朵说话，放大听神经上记录到的波形（言语声波的再现）。如果把这个波形输入扬声器，则人们可以听到人对猫所说的单词。1960～1961 年美国 House 耳科研究所对镫骨切除术患者用电流分别在鼓岬和内耳进行了电刺激实验，发现患者可以感受到随电流强度变化所产生的响度与音调改变。继而对两个病例分别做了单电极和多电极的耳蜗植入，并进行了相应的听觉检测。1964 年美国 Doyle 等制作了由 4 个电极构成的电极组并插入耳蜗，患者因此可以重复听到由电刺激所产生的词汇，这实际上是首次应用耳蜗内频率位置分布理论来进行电刺激。

20 世纪 70 年代，世界上第一个用于临床并得到美国食品药品监督管理局批准使用的人工耳蜗进入市场。这是一个单通道的耳蜗植入装置，直接将电信号送给插入内耳的电极，并于 1980 年首次用于感音神经性耳聋患儿。后来美国的 Eddington 研制了插座式多导人工耳蜗，采用固定在头颅上的经皮插座传输其体内外之间的声波信号。但因该装置引起皮肤感染的可能性较大，且插座和体内部分有被拉出体外的风险，因而在 20 世纪 90 年代初就不再使用。

随着人工耳蜗技术的不断改进，多导人工耳蜗也得到了长足发展。澳大利亚的 Cochlear 公司在 1982 年研发出 22 导可用于临床的人工耳蜗，这是一款以多导联感应信号传递方式在耳蜗内进行电刺激的人工耳蜗。其于 1985 年得到美国食品药品监督管理局批准用于成人患者，并分别先后于 1990 年、1998 年和 2002 年将患者年龄下限降低到了 2 岁、18 个月和 12 个月。目前，全世界最年幼的人工耳蜗使用者仅 5 个月（163 日，德国幼儿）。

近年来，随着微电子、计算机与生物医学工程技术的发展，多导人工耳蜗已从早期只能帮助患者唇读的单通道装置发展到能有近乎正常人听力与言语交流能力的多通道装置，电极数量增加到 24 个，原先臃肿的体外附件也变得越来越小巧。目前已经实现双耳式人工耳蜗，医生可在较短时间内分别对两只耳朵进行人工耳蜗手术。这种人工耳蜗的优点是可以恢复或改善患者的声音定位能力。研究表明，该人工耳蜗使用者的听力明显较单耳式用户的听力更佳，而且确实具有比较强的声音定位能力。目前全世界约有 3000 名双耳式人工耳蜗使用者（其中包括 1600 名儿童）皆普遍反映双侧人工耳蜗效果优于单侧耳蜗。

随着人工耳蜗刺激电极和言语处理器的发展、言语编码策略的多样化、听神经动作电位测试和电刺激听觉脑干反应测试以及其他相关技术的改进和手术后听觉与言语训练效果的提高，人工耳蜗手术的适应证也在不断扩大，质量逐步提高。截至 2011 年，世界上已有 20 万耳聋患者植入了不同类型的人工耳蜗装置，其中超过半数是患儿。目前，全世界的耳蜗植入市场主要由 3 家外国公司（澳大利亚的 Cochlear 公司、奥地利的 MED-EL 公司，美国的 Advanced Bionics 公司）垄断。

3. 人工耳蜗工作原理与构成

人工耳蜗的基本工作原理如图 16-10 所示，麦克风（话筒）从环境中接收声音后将信号通过导线传到言语处理器，经处理器选择有用信息按一定言语处理策略进行编码，再将信号在线传至发射线圈；发射线圈把信号经皮肤以发射方式或插座导入方式输入体内，该信号由体内接收器接收并解码后以电刺激信号形式送至插入耳蜗内的电极刺激听神经纤维，最后大脑识别经言语处理编码的电信号并转化为声音信息而产生听觉。

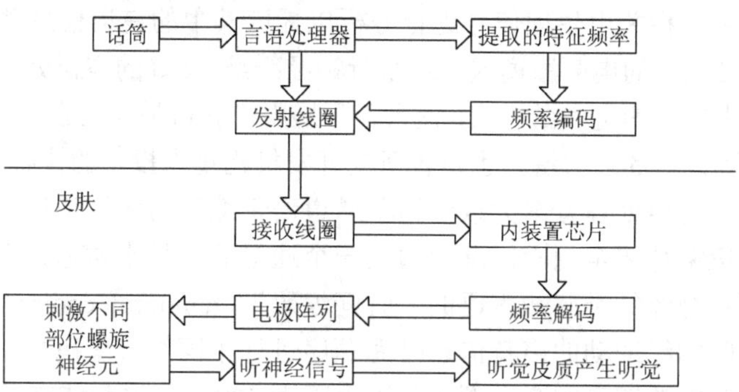

图 16-10 人工耳蜗系统基本工作原理与结构示意

大多数人工耳蜗设备由体外和植入两部分组成。体外部分组件有麦克风、言语处理器及用于向植入部分发送指令的信号发射线圈。植入部分组件有信号接收与解码模块、刺激电极阵列。图 16-11 是市场上几款典型的人工耳蜗商品。

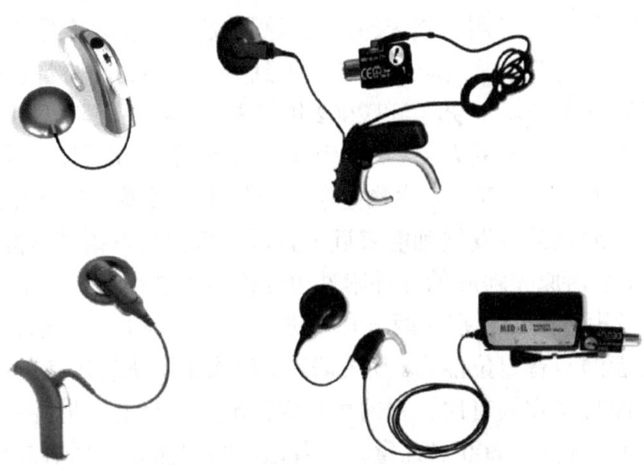

图 16-11　常见的人工耳蜗商品示例

下面详细介绍人工耳蜗系统的各主要构成部件。

1）麦克风（话筒）

麦克风的作用是拾取声信号并将其转换成电信号。人工耳蜗的麦克风一般装在耳背式佩戴装置中或置于言语处理器内。麦克风也可通过导线与言语处理器相连，夹在离处理器较远的部位。一个性能良好的麦克风必须具备较宽的频响范围，并尽量抑制因用户行走或头颈活动引起的低频振动。

通过使用多个话筒并利用双耳的声强差和时间差可以提高其拾取声信号的方向选择性。但目前大部分国内听障患者尚无条件接受双侧人工耳蜗植入。因此，一侧植入人工耳蜗，另一侧佩戴助听器的双耳双模式佩戴是最常见的双耳聆听选择。

2）言语处理器

植入耳蜗是为提供一个与言语和环境声音相关的电触发听觉生理信号。言语处理器的作用是将送入的声音相关电生理信号进行分析以提取其中的言语信息并将之转换成某种模拟自然听觉语音编码的电刺激模式来刺激听神经纤维。良好的言语处理器应能提取关键的言语信息并产生适宜的电刺激模式，使人工耳蜗用户获得最佳的言语识别能力。其中言语处理方案是达到此目的之关键，也是各研究开发机构重点投入的核心技术。

人工耳蜗所用言语处理方案大致分为单通道语音编码与多通道语音编码两大类。前者基本信号处理策略是将全频段信息均通过一个通道的信号来传递，这种方式的处理依据是借鉴人类耳蜗神经纤维感知言语的“时间编码”（temporal coding），即在同一神经纤维上按所接收听神经冲动的声音信息时间顺序进行不同组合编码机制。但人工耳蜗用户通过单电极刺激能够感受的音高频率差别上限为 300Hz，这和能有效地理解正常语言所需要的 3000Hz 频率响应要求（而人类或其他动物因其耳蜗内毛细胞传导声音过程很快，故有所需的极好频响特性）相比差距甚远，难以满足需求，所以逐渐被多通道语音编码方案所取代。

多通道语音编码方案的处理依据是“位置编码”（spatial coding，即在一组神经纤维中按所接收听神经冲动的声音信息来自基底膜起源部位的空间位置进行排列组合编码）机制，产生刺激脉冲的电极取决于采集信号的频率，相比于单通道策略可以获得更好的开放项测试效果。随着多通道人工耳蜗产品用户的增多，各种相关的心理物理研究平台被建立起来，实验研究的手段也逐渐丰富。目前，各种各样用于多通道耳蜗修复的语音信号处理方案可以分为两大类：波形方案与特征提取方案。这些方案的不同之处在于语音信号信息被提取且传送给电极的方法不一致。波形方案通过不同频带的滤波器将语音信号分解成不同的频段，提取其波形（模拟波或脉冲波形），传送给电极。特征提取方案依据声音信号中的重要谱征，如基频进行处理。随着语音处理技术的发展，很多研究者开始尝试将两种方案结合起来（各种方案请参见本章16.1.2节后续内容）。

3）信号的传送与接收

从体外言语处理器发出的刺激信息可通过两种方法传送至体内植入电极，分别是经皮肤法和跨皮肤法。经皮肤法是指在电极植入后，在外耳后方安置一生物陶瓷或金属制成的基座，言语处理器与耳蜗内电极经基座上的插口互相连接；其最大的优点是信号透明度高，言语处理器发出的指令不需转换成其他形式，可以高保真地记录耳蜗内的诱发电位。但是经皮肤法的一个潜在问题是插座周围皮肤易感染。目前商业化的人工耳蜗已全部使用跨皮肤法进行信号传送。跨皮肤法需皮外的传送线圈和埋植于皮下的接收线圈以无线电波方式来实现信号的传送和接收。接收线圈感应到的信号由刺激器进行解码并将电刺激送往相应的耳蜗内电极。其主要优点是能保证植入部分表面皮肤完整，与经皮肤法相比几乎无感染概率。但是跨皮肤法传送的信息量也为之减少，即能够更新的刺激率和刺激波形种类受到了限制。

人工耳蜗不但能从言语处理器向接收线圈正向传送指令，而且能将数据反向从体内向体外传送，这一反向传出的数据可用于电极电压和阻抗的测量，以便了解埋植装置的稳定性。

4）刺激电极

刺激电极的用途是作用于螺旋神经节细胞的周边神经末梢或细胞体以产生刺激电流。神经节细胞在电刺激作用下产生动作电位，经听神经中枢端传入脑干耳蜗核，并经中枢听觉通路传入听觉皮层，产生听觉。

耳蜗内电极可以采用单极或双极刺激方式。在单极方式下，各个蜗内电极以远处的蜗外电极作为参考电极进行刺激。该参考电极通常位于颞肌或植入接收刺激器壳的外面。在双极方式下，一个耳蜗内电极以另外一个（附近的）耳蜗内电极作为参考电极进行刺激。沿着电极组，使用不同的电极对可以刺激不同的部位。单极工作与双极工作会对组织产生不同的电流作用。双极形式的电流扩散范围小，刺激的区域较小；单极形式的电流扩散范围大，刺激的区域也较大。目前临床实践表明，患者使用单极形式获得的言语识别率不亚于使用双极形式时的言语识别率，甚至更好；且单极比双极更省电，患者的主观评价也多优于双极，故目前常为临床采用。一般来说，电极数目决定频道数目，简单而言，频道数目越多，各频道之间的分辨率越高，效果也就越好。但是还应考虑被刺激处的螺旋神经节残存情况。螺旋神经节残存与疾病的病理有关，良好的神经节残存率有利于多导人工耳蜗电极的各电极诱导不同频率反应。

一般而言，刺激电极既可以放在耳蜗内，也可以放在耳蜗外，但电极的位置会影响人工耳蜗的言语识别率。有研究发现，电极阵列的插入位置及其深度对人工耳蜗的听觉效果影响很大。随着耳蜗造口术在位置选择方面技术的提高，电极插入方法的改进及对深度控制技术的发展将会使电极阵列的放置对言语识别率的负面影响越来越低。

4. 人工耳蜗言语处理方案

言语处理方案也称为编码策略，它决定如何分析言语信号及如何刺激各电极。单通道语音编码方法主要有 House/3M 和 Vienna/3M 方案。多通道语音编码方法主要分为两类。第一类为特征提取方案，亦称基于发声模型的共振峰提取方法，即把语音信号的基频和共振峰等参数提取出来，然后合成相应的刺激脉冲。其中基频（F0）反映音调变化，决定刺激电流脉冲的频率；共振峰是语音信号所含谱峰，一般取前 3 个峰值（F1、F2、F3），其频点位置与刺激电极的空间位置相对应，幅度大小决定刺激脉冲的幅度。这类编码方案如 F0/F2、F0/F1/F2 和 MPEAK 方案。第二类为波形（waveform）方案，又称基于听觉模型带通滤波器组方法，采用多个带通滤波器将语音信号分解成若干带通信号独立地并行处理，最后得到电极的刺激脉冲序列。这类方案又可分为模拟刺激（analog stimulation）方案（如 SAS（simultaneous analog stimulation）方案）和脉冲刺激（pulsatile stimulation）方案（如 CIS（continuous interleaved sampler）方案、谱峰 SPEAK（spectral peak）方案、ACE（advanced confined encoding）方案等）。目前人工耳蜗产品中以 CIS 方案、SPEAK 方案、ACE 方案为主。下面对各个方案做简单介绍。

1）House/3M 和 Vienna/3M 方案

House 单通道人工电子耳由 House 及其助手于 20 世纪 70 年代研究开发，后来与美国 3M 公司合作对人工耳蜗进行改进。该人工耳蜗编码方法采用 House/3M 方案，如图 16-12 所示。它主要包括三大部分：①信号处理器；②信号传送、接收单元；③植入电极单元。麦克风拾取的语音信号经放大后进行 340～2700Hz 的带通滤波；滤波后信号用 16kHz 的载波信号进行调制后再通过输出放大器传送到耳外发射线圈；植入耳蜗内的线圈接收到耳外线圈发射信号直接送到人工耳蜗的刺激电极。在 House/3M 方案中传送到电极的是调制后的语音信号，而不是语音信号本身。考虑到 House/3M 方案传送的只是有限的临时语音信号，因此使用这种设备的大部分患者都不能在开机中进行语音识别。

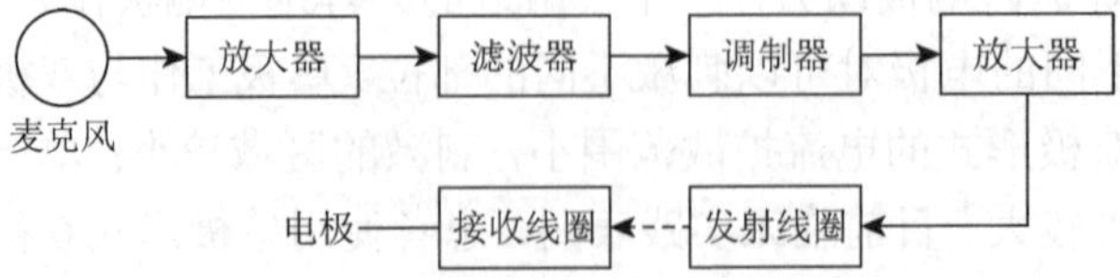

图 16-12　House/3M 方案流程

Vienna/3M 单通道编码方案是由奥地利维也纳技术大学于 20 世纪 80 年代提出的，其结构如图 16-13 所示。该编码方案先对语音信号进行增益可调的前置放大，然后对信号进行带通滤波（带宽为 100～4000Hz）与调制；再通过一个自增益控制放大器对信号进行放大或压缩，处理后的语音信号采用透皮发射送出；植入皮下的接收器将接收到的射频信号传送到解码器进行信号解码；然后送至植入耳蜗电极，刺激听觉神经获得语音感知。Vienna/3M 方案有以下几个优点：①在接收外界语音信号的同时可以产生对应的刺激信号，即能实时辨别声音；②所用频率均衡器能保证其所有的语音频率成分信息都包含在 100～4000Hz 范围内，适合于耳聋患者感知。这对于语音识别非常重要，因其频带在患者能够感觉的范围内。Vienna/3M 方案与 House/3M 方案最大的不同点在于能做到实时地采集语音信号并产生对应的刺激，从而能及时恢复听觉，这在当时已经是一大进步。Tyler 研究发现采用 Vienna/3M 编码方案，一些听力异常患者能准确鉴别句子中的单词，达到 86%的准确性。在 9 位患者的调查中，单词识别准确率从 15%到 86%不等。

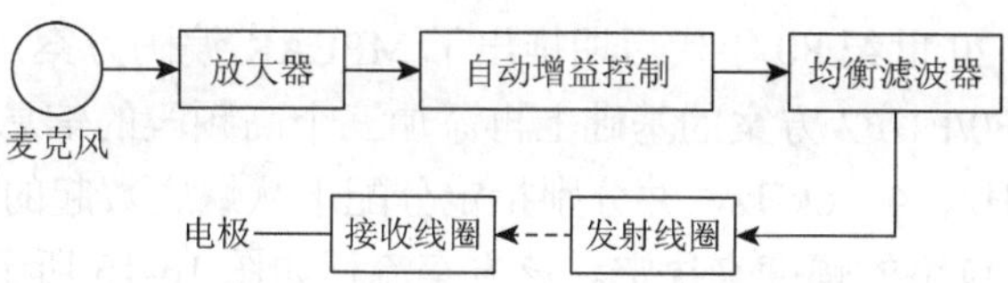

图 16-13　Vienna/3M 方案流程

2）F0/F2 与 F0/F1/F2 方案

F0/F2 编码方案是 20 世纪 80 年代初 Cochlear 公司为其 Nucleus 人工耳蜗装置最早设计的言语处理方案；几年后，人们在 F0/F2 方案中增加了第一共振峰（F1）的信息便成了 F0/F1/F2 方案。F0/F2 处理流程如图 16-14 实线部分所示。言语处理器首先提取言语信息的基频（F0）和第二共振峰（F2）：放大器输出通过 270Hz 低通滤波器和零交叉检测器得到 F0 频率；而 F2 的频率提取则通过 1000～3000Hz 带通滤波器和零交叉检测器，另外将带通滤波器输出进行包络提取便得到 F2 的振幅（A2）。这样，F2 的频率可用于选择刺激电极阵列中所处位置的电极（类似前述“位置编码”机制）：F2 频率越高，应选择越靠近蜗底的电极；反之，应选择越靠近蜗尖的电极。电脉冲的振幅由 F2 振幅（A2）决定。言语中的浊音信号适合以 F0 频率来传送刺激信息即能达到目的；对于清音信号，则可以平均 100PPS（pulse per second）的频率来传送刺激信息。F0/F2 编码方案的最初测试结果令人大受鼓舞，它能使耳聋患者在开放环境中识别语音。

F0/F1/F2 编码方案如图 16-14 中虚线与实线部分联合所示。该方案在上述 F0/F2 方案的基础上添加了一个 300～1000Hz 的带通滤波器。类似地，言语处理器根据 F1 和 F2 的频率高低来选择两个不同位置的电极实施刺激：5 个靠近蜗尖的电极供 F1（频率相对较低）刺激用，它能够提供从较低至高达 1000Hz 频率的编码信息，剩下 15 个靠近蜗底的电极供 F2（频率相对较高）刺激用，代表高于 1000Hz 的频率编码信息。F0/F1/F2 编码方案较 F0/F2 编码方案增加了 F1 频率信息，由此进一步提高了语音识别的性能。

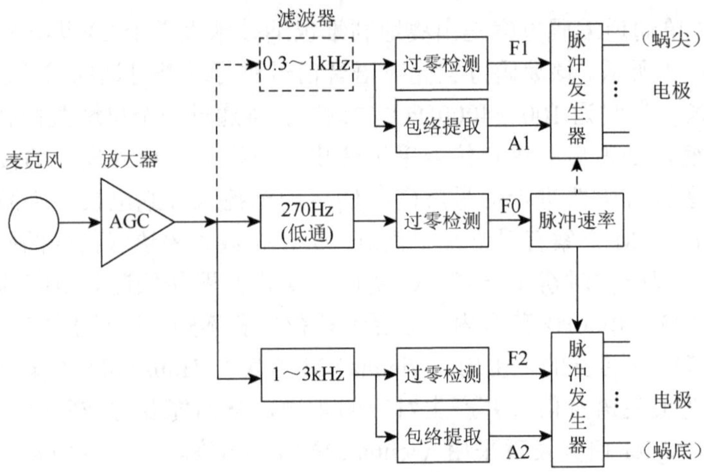

图 16-14　F0/F2 与 F0/F1/F2 编码方案流程

3）多峰 MPEAK 方案

Cochlear 公司在 20 世纪 80 年代后期推出了 MPEAK 编码方案，也称为 MULTIPEAK（多峰）方案，是在 F0/F1/F2 方案的基础上再添加三个高频段的信息，这三个频段分别为 2～2.8kHz、2.8～4kHz、4～6kHz，并分别指定分配于从蜗底数起的第 7、4、1 号电极，电刺激幅度由各频段包络的幅度来决定。该方案流程如图 16-15 所示。

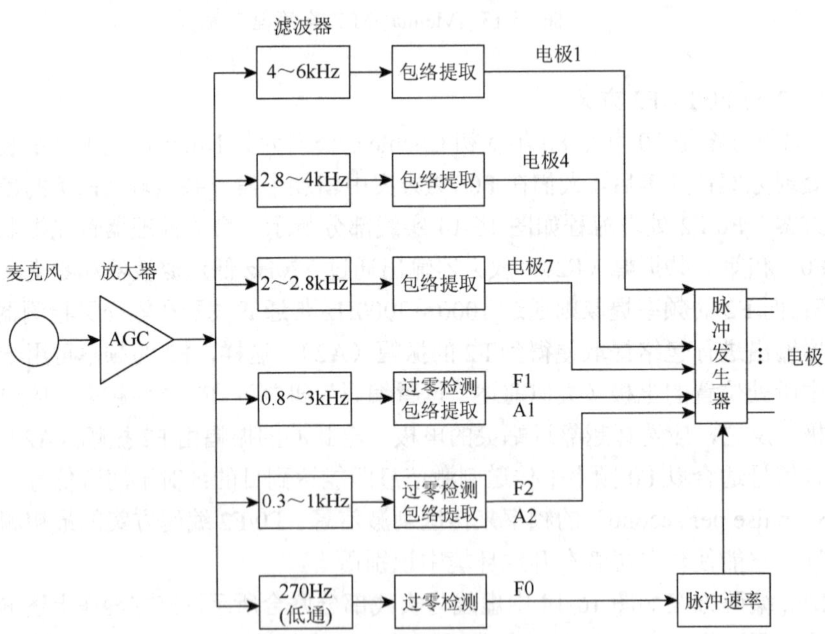

图 16-15　MPEAK 编码方案流程

MPEAK 编码方案通过增加 3 个高频段的信息使得言语信号的 F2 共振峰得到更好的体现，同时许多辅音的高频信息也能得到良好体现。临床使用结果表明，使用 MPEAK 编码方案后，患者辅音识别能力明显优于 F0/F1/F2 方案，开放句子的识别率提高了 20%～

30%。但是 MPEAK 方案的一大不足之处是与其他特征编码提取方案类似，共振峰的提取常常难免有误差，尤其在噪声环境中。因此，各种编码特征提取方案从 20 世纪 90 年代开始便逐渐被新一代波形编码方案所取代。

4）SMSP、SPEAK 和 ACE 方案

20 世纪 90 年代初推出了频谱最大值处理器（spectral maxima sound processor，SMSP）编码方案，从此人们开始脱离前述几种方案提取言语特征的编码套路，着重于表达言语信号波形的编码。故 SMSP 及以下所述各种方案均被概括为波形方案。

波形编码（类似于“时间编码”）方案的一般处理流程为：首先言语信号经过前置放大后送往一组由多个（如 16 个）带通滤波器组成的滤波器库；各滤波器输出再经包络提取器（整流后再做 200Hz 的低通滤波）以获得各频道包络波形振幅；下一步便是选择 6 个包络波形中振幅最大的频道信号用作编码刺激（每个频道电刺激的脉冲速率皆为 250Hz，不因言语信号有无噪声而改变）。从少量患者使用波形编码方案的临床资料来看，SMSP 编码方案比前述各频率特征提取编码方案在言语识别上有了较显著的改善。但是该编码方案很快又被性能更优的谱峰 SPEAK 编码方案所取代并沿用至今。

谱峰 SPEAK（spectral peak）方案使用 20 个带通滤波器，总频带由 SMSP 方案的 250～5400Hz 扩展到 116～7871Hz。与 SMSP 方案一样，各带通滤波器的输出经过整流和 200Hz 低通滤波来提取包络。在每一个运算周期内，20 个包络中振幅最大的 5～10 个被选出来刺激相应位于基底膜附近的刺激电极。所选最大值的数目取决于声信号的频谱成分。SPEAK 利用特征提取和波形表达相结合的方法编码处理语音信息，使其能传送的语音频谱信息量达到最大。在人工耳蜗临床应用中，SPEAK 方案较 SMSP 方案明显体现出优越性，尤其在噪声中的言语识别测试上更胜一筹。

高级结合编码（advanced confined encoding，ACE）方案与 SPEAK 方案大同小异，采用了更高的刺激率，可视为 SPEAK 编码策略的扩展，近些年在临床应用中颇受患者选择植入人工耳蜗时的青睐。其优于 SPEAK 方案之处是各频道电脉冲刺激速率大幅度增加，由 SPEAK 方案的 250Hz 左右提升到最大为 2400Hz 左右。可供选择的刺激速率为 250Hz、500Hz、700Hz、900Hz、1200Hz、1800Hz 及 2400Hz 等多种。临床应用中，许多人工耳蜗用户从 SPEAK 方案转换为 ACE 方案，以进一步提高言语识别能力，但仍有部分患者偏爱 SPEAK 方案。

SMSP、SPEAK 和 ACE 编码策略均采用“m 通道滤波，n 电极刺激（$n<m$）”思路，又称为 n of m 策略。SMSP 方案和 SPEAK 方案的 n of m 策略流程如图 16-16 所示。

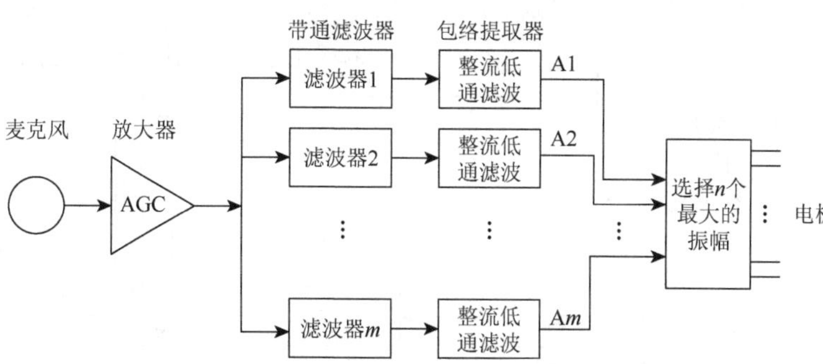

图 16-16 SMSP 方案和 SPEAK 方案的 n of m 策略流程

5）压缩模拟方案和连续相间采样方案

压缩模拟（compressed analog，CA）方案采用模拟刺激编码，其与 F0/F2 或 F0/F1/F2 方案基本处于同一时期开始研究，但现在已经不再使用。它的编码流程如图 16-17 所示。其工作原理可简述如下：麦克风收集的声音信号经过放大器自动增益控制（automatic gain control，AGC）后送往 4 个带通滤波器，再经放大后采用经皮肤插座方式直接送往刺激电极。其中，电极 1 对应蜗尖位置，电极 4 对应蜗底位置。该编码策略直接将模拟信号送至电极进行刺激，而非离散脉冲信号。

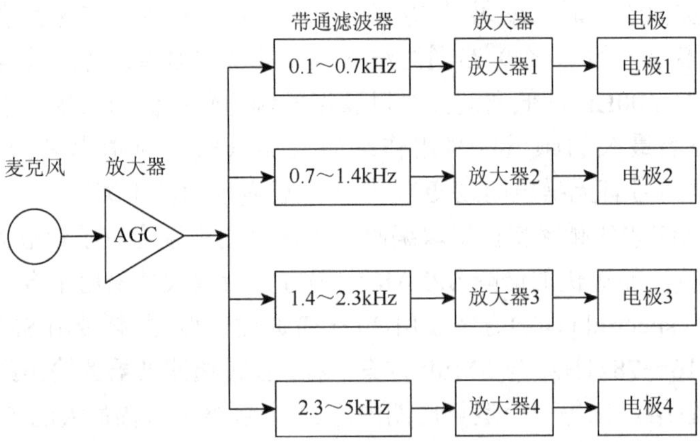

图 16-17　压缩模拟方案流程

连续相间采样（continuous interleaved sampler，CIS）方案是 Wilson 等在 1991 年提出的对压缩模拟编码方法的改进，一直沿用至今。其流程如图 16-18 所示。与 CA 方案类似，CIS 编码方法亦先将话筒拾取的模拟声音信号经放大并自动增益控制，然后送往若干带通滤波器中（滤波器个数可视患者情况而定）；滤波后信号再经包络提取器得到信号包络，并分别用对称双相脉冲序列对每个频段内信号的包络进行调制（modulation），且调制脉冲交替出现、时序不同步，以有效克服通道之间的相互干扰；最后采用调制后的离散序列作为编码电刺激信号。在编码流程中，脉冲频率、脉宽、电极刺激顺序、非线性压缩调制函数等参数皆可调整，使不同患者达到其最佳语音识别效果。经临床研究，CIS 方案的识别率要高于 CA，主要有以下两方面原因：其一，非重叠刺激模式可减少通道之间的相互干扰；其二，利用高速脉冲（频率高达 2400Hz）刺激能更好地携带快速变化包络信号所含编码信息，提高刺激质量。

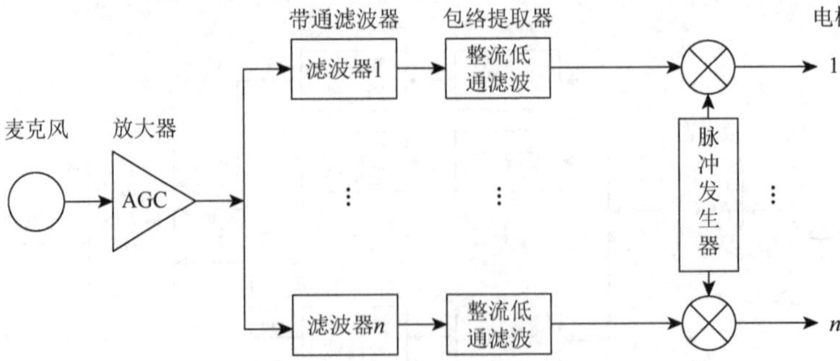

图 16-18　连续相间采样方案流程

6）同时模拟刺激方案

同时模拟刺激（simultaneous analog stimulation，SAS）方案是1999年Advanced Bionics公司产品中重新采用的模拟编码方案，也是目前唯一用于人工耳蜗系统的模拟刺激方案（近年来开始配置于Advanced Bionics公司的人工耳蜗产品中）。其基本工作原理与CA方案相同，仅通道个数和耦合方式有所不同。该编码方案采用8个频道，各带通滤波器的截止频率如表16-1所示。而且SAS编码采用双极耦合方式，有利于避免各频道同时刺激而产生的相互作用或干扰。

临床研究表明，使用SAS编码策略能获得较好的开放式测试效果，但SAS方案与CIS相比没有明显的优势，其性能还有待进一步研究验证。

表16-1 SAS方案带通滤波器的截止频率

频道	1	2	3	4	5	6	7	8
截止频率/Hz	350～494	494～697	697～983	983～1387	1387～1958	1958～2762	2762～3998	3998～6800

5. 人工耳蜗挑战与展望

人工耳蜗的应用虽然取得了重大进展，但仍有很多难题亟待解决。例如，使用效果最好患者的听力与正常人相比还有一定差距，在嘈杂环境中的差距就更为明显，许多患者即便享用了最新言语处理方案但效果仍不尽如人意。目前任何一种多通道人工耳蜗在不同患者的使用效果存在着巨大差异，不同患者使用相同型号人工耳蜗装置的言语识别得分差别非常大。这说明患者的个体差异因素对人工耳蜗的使用效果有重大影响。这些差异可能包括患者植入装置侧残存的神经数目、电极与目标神经元的距离、电极植入深度、中枢听觉通路的完整性及个体言语识别技巧等。现在效果最好的耳蜗植入者不论使用何种装置，只靠听声就能获得80%以上的开放项单词识别能力，但有些患者只能获得有限的开放项单词识别能力。而对有些患者来说，植入人工耳蜗仅带来拓展唇读能力的好处。该领域人工耳蜗专家所面临的最大挑战之一就是要找到有效方法能在术前预测植入人工耳蜗效果是好还是不好。另一项重大挑战则是如何探寻造成巨大个体差异的影响因素，并利用其结果研究出新的方法以帮助那些得分较差的患者获得更好的使用效果。此外，如何提高所有人工耳蜗使用者在噪声环境下或有竞争性背景声音存在时的听觉理解能力也是其实用中面临的普遍难点，因为这些环境中即使效果最好的用户得分也会明显下降。

另外，人工耳蜗系统的电刺激感觉与声刺激感觉尚有不小差异。声刺激的动态范围（从听觉阈值到最大舒适阈值之间变化）约为100dB，而电刺激的动态范围仅为10～20dB。而且电听觉刺激强度的分辨梯度数目也比正常听觉少。人工耳蜗装置单个电极刺激频率的改变会引起对声调感觉的变化，其电刺激频率上限为300Hz的正弦波。更高的刺激频率并不能引起音调的增加，而正常听觉在更宽的刺激率范围内都可以察觉出音调的变化。这也是人工耳蜗难以比美天生自然耳蜗的主要难题之一。

2014年美国*Science Translational Medicine*报道了新南威尔士大学新研究的“电-基

因输送”疗法，即利用人工耳蜗电脉冲结合基因疗法对完全失聪的豚鼠进行治疗，让其耳蜗细胞产生神经营养蛋白，从而成功地让豚鼠的内耳“听神经”再生。研究报告认为，现有人工耳蜗工作原理是对位于耳蜗内功能尚好的听神经施加电脉冲刺激，可使听力得到部分恢复，但无法真正让听力恢复正常。他们认为，耳蜗电脉冲结合基因治疗新方法有望利用植入耳蜗产生的神经活动促使受损听神经发生积极变化，获得真正的听力康复，甚至能帮助失聪者听到音乐等更丰富的声音。尽管采用上述疗法后再过几个月就不再有神经营养蛋白产生，但研究人员表示，这项将基因疗法与人工耳蜗相结合的研究值得继续深入探索。

总之，科技进步必将使下一代人工耳蜗在物理性能和整体功能等各方面产生显著变化。新的信号处理方法，连同助听器技术、双边人工耳蜗技术及联合声电刺激技术等，将能够更好地提取、编码并传递那些重要的声学特征信息（尤其是反映语音频域和时域微细结构的信息）。从而可以大大改善使用者在噪声环境下的声音分离定位、声源鉴别、语音识别和音乐欣赏等方面的实际使用效果。另外，随着微电子、纳米和生物测量技术的不断引入，人类可以制造出更多新式电子接口、电极、话筒和电源及整套完全不排异并可植入的人工耳蜗设备，也能够制造出其他各种声学补偿设备和刺激其他耳结构以促进神经元存活甚至再生的给药装置，令人工耳蜗植入者能够更好地感受有声世界，创造更大的社会价值。

16.1.3 触觉神经假体

1. 触觉神经假体概述

目前国际上还无公认的触觉神经假体的准确定义。根据神经假体的概念，触觉神经假体可定义为：帮助人体恢复受损或丧失触觉功能的医疗装置。这里主要介绍可恢复人肢体或皮肤触觉功能的两种医用电子神经假体：人工假肢中的触觉反馈系统与电子皮肤。

（1）触觉反馈系统：人工假肢是神经工程与康复医学的重要研究与应用课题，也是典型的神经假体。对假肢的基本要求是需要能像真实肢体一样感觉并运动。其中触觉是评价人工假肢仿真感觉接触性能的重要指标之一。假肢中的感觉接触性能可由以下三个步骤来完成：首先通过人工感受器（如压力、温感、肌电等各类传感器）得到触觉刺激；其次将人工感受器所获得的触觉刺激信号转移到佩戴假肢部位皮肤上或转换成其他能反馈给中枢神经系统感知的信号形式（如温感需转换成压力才能反馈触觉感受，肌电也需转换成压力并通过接入末端神经才能向中枢神经系统传递触觉感受，只有在残存皮肤上的压力可直接反馈触觉感受）；最后中枢神经系统需对新传入信号进行再感知学习，以获得真实的触觉刺激感知并适应新的触觉感受。缺少这三者之一都不能称为真正意义上的触觉反馈系统。

目前具备触觉反馈系统的人工假肢多是人工手指。2013 年 8 月，世界首个触觉仿生手在瑞士问世。这种新型仿生手通过两个加在胳膊主神经上的电极直接与中枢神经系统相连，而无须再经过手臂上其他神经传递信息。它不仅能接受大脑下达的控制命令还能反馈触觉信息，实现大脑与仿生手的双向交流。这是世界上第一个提供实时感知反馈的仿生手，科学家希望这项重大突破能为新一代假肢诞生铺平道路，研制出与真实肢体一样能够提供实时感觉的假肢系统。

（2）电子皮肤：调查表明，世界范围内每年进行皮肤移植手术的患者人数接近 20 万，存在不可能恢复性皮肤损伤且尚未接受植皮手术的患者总数超过 400 万。然而临床植皮手术因考虑到排斥性反应，通常优先采用从患者身上切取皮肤进行移植的方法。这不仅对患者造成心灵和身体上的创伤，还有可能因所植皮肤脆弱，引发触觉减弱、免疫力下降等问题。而电子皮肤的问世是临床医学的福音，一些专家与需皮肤移植人士十分看好这项技术，认为它今后可能改进没有感知能力的假肢。相信在不久的将来，人造电子皮肤与人类皮肤的功能将越来越接近。

2. *研究现状与发展历程*

1）触觉反馈系统

在假肢的触觉反馈研究中，广义触觉多包含触觉和滑动觉两部分。对假肢的触滑觉研究始于 20 世纪 60 年代，设计触滑觉传感器系统的最初的目的仅是使患者能够对有无接触或有无滑动进行判断。最早具有触觉传感系统的假手由英国南安普顿大学研制成功。这种假手有拇指、食指和中指，将力敏电阻（force sensing resistor，FSR）作为触觉传感器，安装在后两个手指上。当手指在物体上进行滑动时可以识别表面微振动，传感器输出信号，使安装人员可以识别。除了 FSR 压电传感器，还有其他类型的传感器也可用来识别触觉与滑动觉。Yamada 等利用应变片组成三维力传感器可以检测出触滑觉是否存在。Curcie 等通过假手指中安装的气压传感器获取压力信号并反馈到控制系统，但该系统存在传感器体积较大的问题。

在我国，有关假肢触滑觉的研究起步较晚，始于 20 世纪 80 年代末，离实用化尚早，但在国家的大力支持下已经取得了显著进步。具有代表性的有杭州电子科技大学罗志增等研究的由肌电控制并具有触觉的智能假肢。它采用高分子压电材料（polyvinylidene fluoride，PVDF）和具有各向异性的压阻材料制成阵列式触滑传感器。此外，清华大学及大连理工大学的研究人员也取得了很多成果。

2）电子皮肤

图 16-19 所列是沿时间顺序记载有重要意义的电子皮肤发展过程中的各项研究成果。电子皮肤技术的成熟期约从 20 世纪 90 年代开始。根据 Jensen 和 Kolesar 等的研究，1991 年世界上首个具有触觉功能的电子皮肤诞生（图 16-20），但调查显示，该电子皮肤存在可靠性和稳定性欠佳的问题。

2003 年日本东京大学研究团队成功研制出具有触觉功能的柔性电子皮肤。他们采用低分子有机物并五苯制成类似皮肤质感的薄膜，内部含有微型芯片晶体管和传感器。电子皮肤表面密布个体的压力传感器，在受到挤压时，传感器电阻发生变化，晶体管通过检测该变化实现压力感知功能，同时这种软材料能够保护晶体管不会因弯折而破坏。两年之后，该团队又在低分子有机物薄膜中重新嵌入感知压力和温度的两组晶体管，晶体管电线交叉处用微传感器记录电流变化。该电子皮肤因此能准确感知 $300g/cm^2$ 以上的压力和日常温度。最重要的是该电子皮肤成本相当低廉，每平方米约 1 美元。

2010 年 9 月斯坦福大学化学工程系鲍哲南副教授及其研究团队发明了一种可用于模拟

人体皮肤的高灵敏度柔性材料，名为“聚二甲基硅氧烷”（polydimethylsiloxane，PDMS）。该电子皮肤灵敏度极高，由无数个电子感应器组成，可以感知一只蝴蝶停在上面的压力，不仅可用于电子皮肤，还可用于手机、计算机等触摸显示屏。但这种电子皮肤虽然可以弯

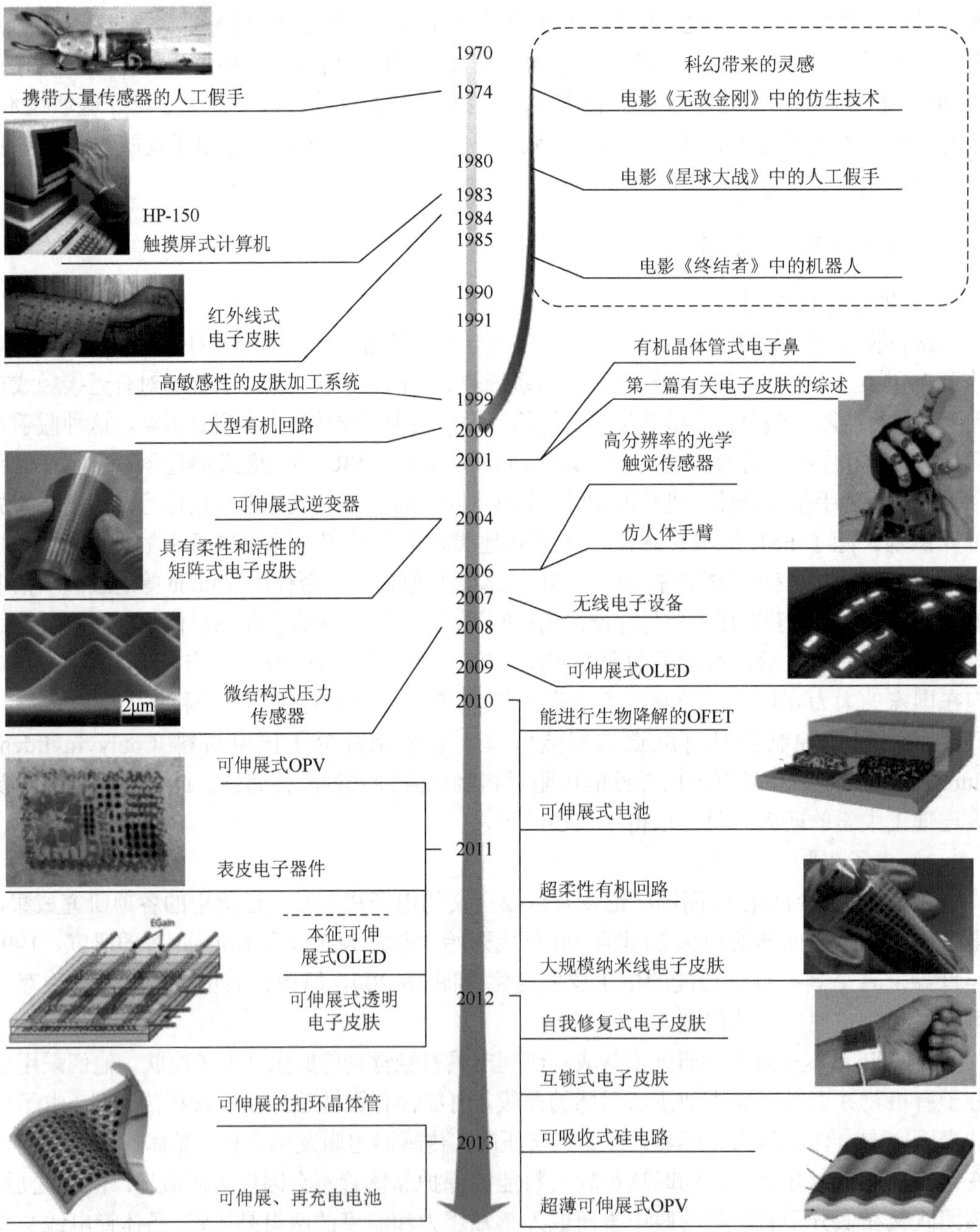

图 16-19　电子皮肤发展史

（图片来源：Hammock M L，Chortos A，Tee C K，et al. 2013. 25th anniversary article：The evolution of electronic skin (E-skin)：A brief history，design considerations and recent progress. Advanced Materials，25（42）：5997-6038）

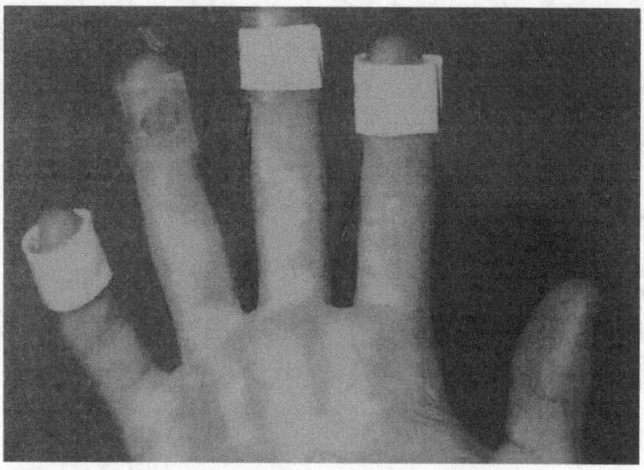

图 16-20　最早的电子皮肤

（图片来源：吕晓洲. 2012. 用于电子皮肤的新型压力传感器的研究. 上海：东华大学）

曲，但因没有拉伸功能，弯曲较多次后会产生裂纹，甚至裂开。2011 年 2 月，该团队在原有基础上又研制出世界上最新的具有可拉伸性的太阳能电池，使电子皮肤可实现自我发电。同年，其利用纳米材料为电子皮肤增加了透明和可拉伸功能，使电子皮肤与人体皮肤在外观和功能上越来越接近。鲍博士同时表示，若想用电子皮肤真正替代人体皮肤，还需要增加温度与湿度传感器，并完成与神经系统之间的交流。

目前该实验室正在研发新材料以制造有触觉的假肢，希望用电子皮肤包裹假肢来赋予其触觉功能。电子皮肤能感知压力、被割伤时能自愈，且能处理感知的数据。这是未来假肢能够实现与神经系统相连并传送触觉的关键一步。图 16-21 展示了该团队所研制装有弹性触觉传感器（也可包裹有触觉功能的电子皮肤）的假手模型。其每个指尖都装上了有弹性的触觉传感器，通过连接线能将触觉数据传往手掌中灵活的电子控制中心。

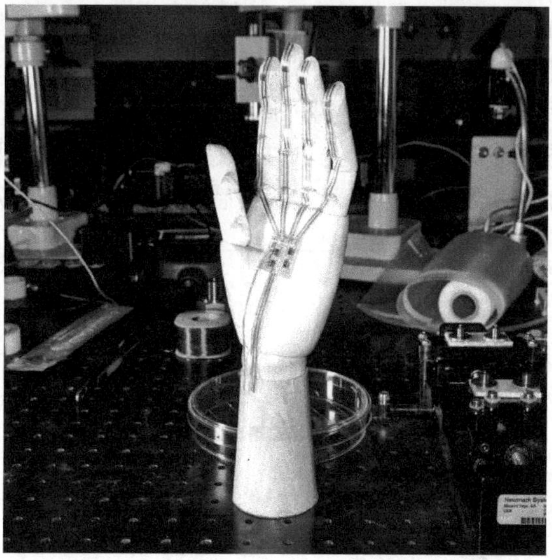

图 16-21　装有弹性触觉传感器的假手

（图片来源：亚萌. 2016. 让假手也有触觉：斯坦福华人女科学家发明义肢新材料. http://www.medtecchina.com/index.php/en/production/materials/item/2986-2016-08-10-10-04-04）

2013 年 7 月日本东京大学研究团队研发了一种可弯曲的有机电路，形态类似于人体皮肤，它的厚度只有食品包装纸的 1/5。在未来，具有触感的电子皮肤有望能使假肢完成触摸、弯曲或按压等动作。

3. 系统原理与结构

1）触觉反馈系统

一般来说，携带触觉反馈系统的仿生假手通常由触觉传感器、信号调理电路、数据采集、信息处理和感觉信息输出等部分组成，如图 16-22 所示。

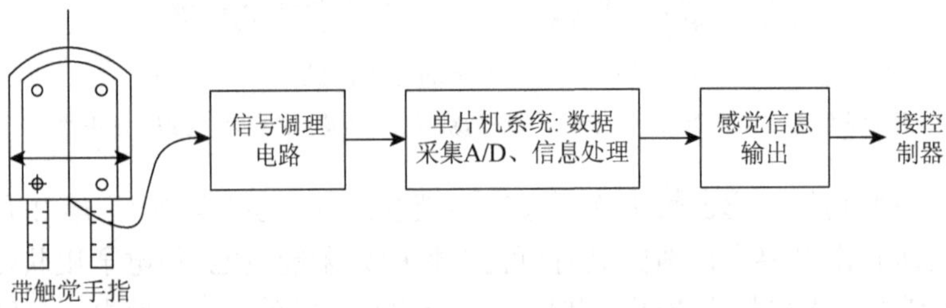

图 16-22　假手触觉及处理部分结构组成

（图片来源：罗志增，王人成. 2005. 仿生电动假手的研究. 仪器仪表学报，26（7）：674-677）

工作原理：这里以肌电信号控制的仿生假手为例，当触觉传感器接触物体后输出电压信号，该信号经过电荷放大器放大后再通过信号调理电路进行滤波处理，通常为低通滤波、去除工频干扰等。后续信号再通过 A/D 转换并经数字处理即输出量化后的触觉强度，以电刺激或其他方式反馈给截肢患者，使他们感觉到肌电假手的刺激强度，有效地控制操作力度。

触觉传感器的作用是感知被接触物体特性和假手握住物体后的提升状况，如是否握住物体以及物体与假手的相对位置等。为了对手部外形进行模仿，大多数触觉传感器制作成手指形状。传感器一般采用高分子压电材料聚偏氟乙烯（poly vinylidene fluoride，PVDF）做敏感材料，它是一种薄膜状的有机材料，厚度约 50μm，具有良好的压电特性和柔顺、可弯曲机械特性。用导电胶将薄膜电极与 PVDF 黏合在一起，外层用带微齿的橡胶进行封装，呈薄皮状，如图 16-23 所示。再将薄皮状传感器包裹在假手指尖部分，传感器的两侧

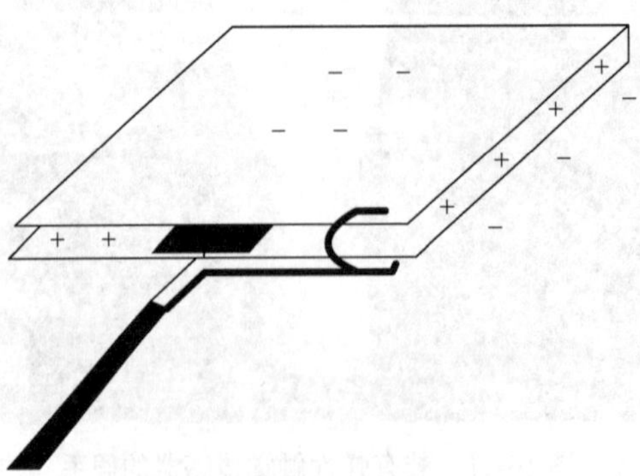

图 16-23　触觉传感器结构

（图片来源：罗志增，王人成. 2003. 仿生假手触滑觉研究. 传感技术学报，16（3）：233-237）

边用微型压条在圆柱形指尖的锪平处用小螺钉固定，再用硅胶与橡胶指套相互粘住，外形如图16-24所示。

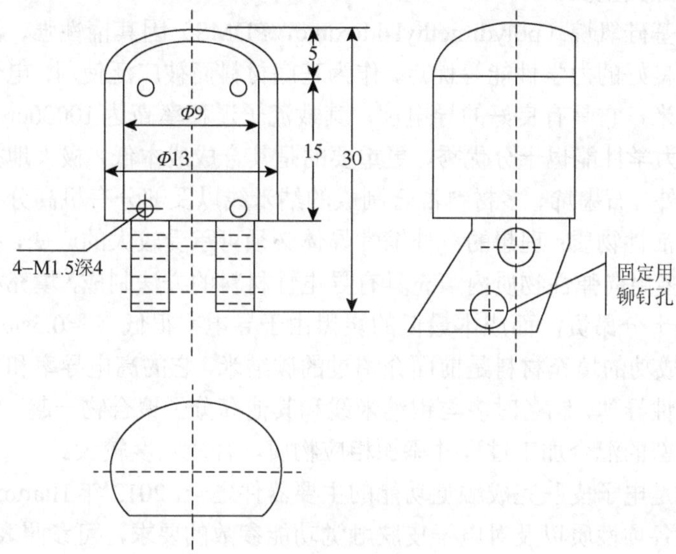

图16-24 固定传感器的骨架

（图片来源：罗志增，王人成. 2003. 仿生假手触滑觉研究. 传感技术学报，16（3）：233-237）

经过不断整理和完善，2010年Dagashi等在考虑了很多实际问题后，提出了对仿生假手的触觉传感器设计理念，具体可参照表16-2。

表16-2 触觉传感器的设计理念

参数	设计指标
力的方向	正向和切向
瞬时性	静态和动态
空间分辨率	指尖1mm，手掌5mm
时间响应	1ms
检测力的范围	0.01～10N
线性或者滞后	稳定性、重复性、单调性和低滞后
鲁棒性	稳定适用于使用环境
串扰	小串扰
防护	电子和磁场屏蔽
集成制造	简单集成、低成本、低功耗

2）电子皮肤

电子皮肤通常是利用高灵敏度导电材料感受触觉或微小压力引起的电信号变化，从而实现对接触面上力的大小及方向的感知，或用于对人体相关生理信号的检测。在设计电子皮肤结构和功能时，应当将人体皮肤性质与功能作为基准进行参考。人体皮肤具有一定拉伸性、柔韧性及模量低等特点，此外还存在一定程度的自我修复能力。为实现这些性能，选择适当的材料至关重要。

目前聚二甲基硅氧烷（polydimethylsi loxane，PDMS）因其惰性强、温度稳定范围大且具有透明性和良好的力学性能等优点，作为基底材料而被广泛使用；电子皮肤中常用的活性物质为碳纳米，它具有良好的导电性，其载流子迁移率高达 $10000cm^2·V^{-1}·S^{-1}$，而且化学稳定性强，力学性能也十分优秀，更重要的是其合成成本低，极大地推动了电子皮肤的应用。除此之外，石墨烯、多材料混合制成的纳米线以及部分有机高分子物质也可作为制造电子皮肤的活性物质；理想的可伸缩性导体必须可承受较大的应变，并且保持自身的导电性。实际中多由向弹性物质内填充具有导电性材料的方法制成，填充材料中液态金属效果很好但价格十分昂贵，而成本最低的炭黑由于导电率很低（≈0.5s/cm）使应用受到限制。可以说最成功的填充材料是前面介绍过的碳纳米，它的高电导率和各向伸缩性都十分适合制备伸缩性导体，制备时多与银纳米线和其他高分子聚合物一起，但碳纳米的聚集性很强，需要精密的混合加工过程并添加相应物质，合成难度较大。

触觉传感器是电子皮肤完成触觉功能的主要器件之一。2013 年 Hammock 等总结了一份有关人体皮肤各项性质以及对电子皮肤触觉功能参数的要求，可参照表 16-3。

表 16-3　人体皮肤与电子皮肤参数

参数	人体皮肤	对电子皮肤的要求
空间分辨率	1mm	1～2mm
时间分辨率	20～40ms	1～10ms
感知范围	＞10kPa	1～1000g
迟滞	高	低

触觉传感器的首要问题是将触觉刺激转化为电信号，从而进行幅度测量。常用的有压阻传感器、平板电容式传感器、压电式传感器、光学传感器等。硅技术的迅速发展及其他技术的配合，使触觉信号的转化变得容易实现。

不同于视觉或听觉传感的是，触觉传感需要将分布于大面积上的传感器信号进行寻址整合，才能得出准确的触觉信息。最快速的方式是将每个传感器作为单独连接通路进行直接寻址，然而该方法会产生大量的连接通路，使信号处理变得困难，如何快速而准确地读出信号是目前亟待解决的问题之一。

4. 展望

触觉反馈系统：假肢研究的根本目的是为失去肢体的患者提供便利，尽可能地模仿人体真实功能。然而人体系统，尤其是上肢系统的结构与功能十分复杂，感觉反馈系统非常丰富，利用携带触觉反馈系统的假肢实现这些功能还存在很多困难。研究一种结构简单、精确有效的传感反馈系统将是今后智能假肢研究的重点之一。

电子皮肤作为传感器技术不仅可应用于医学工程和生物力学等领域，在康复医学、矫形外科、体育训练和机器人等学科与行业也有着十分广阔的应用前景。在引领未来信息技术潮流的可穿戴设备上，电子皮肤也将发挥重要作用。例如，将电子皮肤与智能手表、腕带相结合，通过电子皮肤输出信号实现心率跟踪，测量血压、血糖等。电子皮肤也为假肢假体、机器人设计等领域搭起了桥梁。

除了以上介绍的两类恢复人体触觉功能的电子装置，科学家也努力通过其他途径令假肢有“感觉”。2009 年美国科学家塞纳德教授开发出了“人造神经”。这是一种以 PEDOT 为素材的薄塑料细丝，可以传导电子信号。该材料的反应速度是正常神经细胞的 2 倍，虽然仍面临很多挑战，但有望与真正的神经相互连接，并最终应用于假肢系统。

在生物进化史上，触觉是最早的感觉，并与人类生活息息相关。作为人类的基本感知能力之一，为人体提供了对接触物体的纹理、表面结构、整体形状等机械特性的感知和评价能力，与其他感觉器官共同完成对客观事物的认知功能。研究触觉神经假体对帮助丧失触觉功能的截肢或瘫痪患者具有重要的科学意义与应用价值。

16.2　运动神经假体

16.2.1　概述

1. 背景与概念

随着全球经济的迅猛发展，全世界的脊髓损伤（spinal cord injury，SCI）发生率逐年升高。在发达国家，SCI 发生率为 13.3～45.9 人/(百万人·年)。据估计，美国 SCI 发生率是每百万人中有 32 例，每年新发 1 万例；而其患病率达到每百万人 906 例，全国共有 SCI 患者约 30 万。我国上海市 1991 年统计 SCI 发生率为 34.3 人/百万人；2002 年北京市 SCI 发病率为 60 人/百万人。脊髓损伤不仅给患者带来身体和心理的严重伤害，还会对其家庭与整个社会造成巨大的经济负担。针对脊髓损伤的康复工程的主要目标是帮助 SCI 患者恢复或弥补已经丧失的机体功能和一定程度上的独立生活能力。其中运动神经假体即基于功能性电刺激（functional electrical stimulation，FES）实现运动功能康复的一种电子技术。

运动神经假体（motor neuroprosthesis）是一类植入体内帮助神经损伤后恢复运动功能的电子装置，用人工神经电刺激的方法代替大脑发出的神经控制命令，起到控制肌肉收缩、恢复肢体肌肉活动功能的作用，是基础科学（数学、物理学）、生命科学（生理学、生物化学、神经科学）、工程科学（电子学、力学、材料学）、计算机和临床医学等多个学科领域相互渗透、交叉合作、共同开发的成果。

2. 分类与发展状况

运动神经假体一般包括排泄神经假体、膈肌起搏器、手功能神经假体和站立行走神经假体。下面将从这四方面分别介绍运动神经假体的发展状况。

（1）排泄神经假体：SCI 导致脊髓损伤平面以下神经性内脏器官功能紊乱，以脊髓终末支配的盆底器官（膀胱尿道、直肠肛门和性）功能障碍最为常见。圆锥上 SCI 容易引发痉挛性膀胱，导致膀胱储尿与排尿的双重障碍，一方面频繁反射性尿失禁，另一方面易造成膀胱内高压，尿液通过输尿管反流，引起逆行性肾功能损伤乃至肾衰尿毒症，对患者生存寿命造成极大危害。1976 年英国的 Brindley 将骶神经前根电刺激（sacral anterior root stimulation，SARS）技术应用于 SCI 患者，实现了比较良好的排尿功能。截至 2000 年底，全世界已有 2000 多例该神经假体成功应用于 SCI 患者的案例，是最为成功的神经假体之一。

（2）膈肌起搏器：据统计，美国 2001 年发生的脊髓损伤中有 52%出现在颈髓，其中 20%在急性期需将气管切开进行机械通气，而最终仍有 5%的患者不能撤除呼吸机。1964 年 Glenn 等最早利用具有节律性的膈神经电刺激（膈肌起搏）技术代替了呼吸机，基本实现了患者的正常呼吸。随后膈肌起搏器得到逐步优化，截至 2001 年全世界已有 1500 多例应用，效果良好。

（3）手功能神经假体：手是使人能够具有高度智慧的三大重要器官之一，可根据不同需要很快产生张手、握拳或捏物等不同动作。发挥手部功能是保障正常生活的重要前提。在脊髓损伤中，颈髓损伤约占 50%，多发生在 C5-C6 椎体平面，不仅影响下肢运动，对手功能也有损害。对美国四肢瘫痪男性的调查发现，76%的人认为手功能丧失对其造成的影响最大，明显高于下肢、排泄以及性功能。目前可通过向体内植入手功能神经假体的方法，使前臂无残留功能肌肉的患者恢复拇指的侧捏和手指的掌侧抓握功能，恢复部分手功能。

（4）站立行走神经假体：近 20 年来，有关应用功能性电刺激恢复截瘫患者的站立行走功能研究取得了较大进步。1961 年，Liberson 等最早研制出治疗足下垂的腓总神经刺激器。1980 年，Kralj 等进一步开发出了导型截瘫步行器。多年来，针对恢复截瘫患者站立行走功能，科学家已研发出了很多临床可用的体外刺激装置，如截瘫迈步器（parastep）、交互步态矫形器（reciprocating gait orthosis，RGO）、混合型辅助系统（hybrid assistive system，HAS）。但完成站立行走功能需用到两侧下肢的多块肌肉与组织，并且对平衡性要求较高，因此难度大。到目前为止，用以恢复站立行走功能的神经假体多为体外应用，少数植入式仍处于临床试用阶段，尚不能推广。其中以美国研发的下肢站立功能神经假体（CWRU/VA standing neuroprosthesis）应用效果最好，假体技术最为成熟。

3. 运动神经假体工作原理

运动神经假体工作是基于神经细胞的电兴奋性原理。当动作电位到达肌肉上的轴突末梢时，化学物质乙酰胆碱会被释放并沿着在神经和肌肉隔膜之间的突触间隙扩散，从而引起肌肉收缩。脊髓损伤因损坏了皮质脊髓传导束，使大脑和损伤平面以下仍存活的脊髓神经细胞失去联系，因而失去了大脑的意识支配，不能进行意愿性功能活动。运动神经假体即利用人工电刺激的方法代替大脑发出神经冲动，产生一系列的电信号到达运动神经元，从而诱发运动神经元的动作电位脉冲，最终达到肌肉收缩而引起运动的目的。

使用运动神经假体的一个必要条件是被刺激肌肉的运动神经元必须是完整的，被刺激的肌肉必须有神经支配，即其脊髓联系通路是完整的，电冲动可沿神经轴突传导引起神经递质释放，导致支配的肌肉收缩。所以，运动神经假体多应用于截瘫指数为 C5、C6 级患者。

4. 系统结构及控制方法

运动神经假体系统一般有开环和闭环两种。开环系统通常由 5 部分组成：传感器、控制命令发生器、控制器、刺激器和电极。图 16-25 所示为一个开环运动神经假体系统。

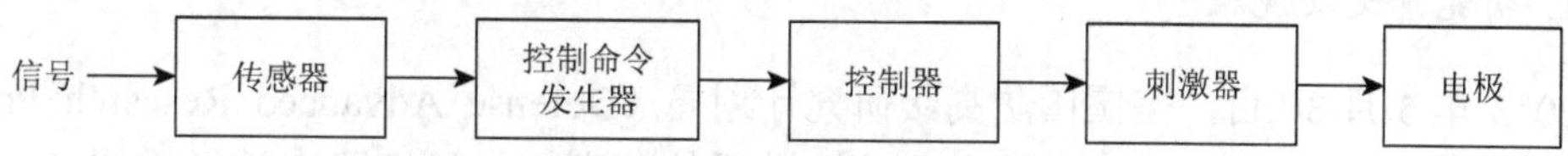

图 16-25　开环运动神经假体系统组成框图

（图片来源：施俊，胡跃辉，周康源，等. 2004. 运动神经假体研究进展. 中国医疗器械杂志，28（4）：271-276）

控制用的信号从各种传感器（如肌电电极、压力灵敏电阻或角度计等）传送到控制命令发生器进行信号处理，将处理后的控制命令传给控制器，再由控制器按照确定的刺激参数控制多通道刺激器产生相应肌肉的电刺激脉冲，在刺激脉冲的作用下使肌肉收缩，完成特定的功能性动作。

图 16-26 所示为一个闭环系统，控制器接受来自控制命令发生器的命令信号（状态和比例控制信号），完成和开环系统相同的功能，但闭环系统的传感器用于检测位置、力、力矩等参数，反馈以实现闭环控制并增强稳定性，提高精度。

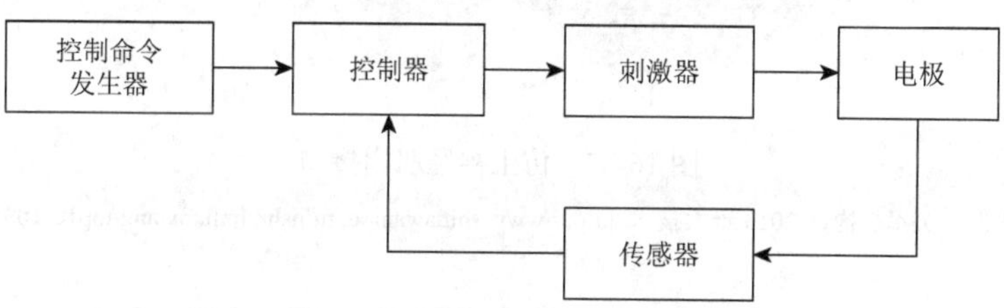

图 16-26　闭环运动神经假体系统组成框图

（图片来源：施俊，胡跃辉，周康源，等. 2004. 运动神经假体研究进展. 中国医疗器械杂志，28（4）：271-276）

大多数情况下，运动神经假体的控制信号是由患者身体上的残存部分中提取出来的，因瘫痪患者具体情况不同，所以提取信号也有很多种。多使用肩部运动、头部运动、手腕运动、语音以及肌电信号和脑电信号等。目前较为成熟的方法是利用肩部运动产生控制信号，患者经过一段时间的学习和训练就可以有效地进行控制。而肌电信号和脑电信号则是当下研究的重点。

5. 展望

对瘫痪患者来说，运动功能丧失对他们的生活影响巨大，尤其是高位脊髓损伤患者，其颈部以下肌肉不能自主运动，即使是最简单的运动都很难独立完成。为神经损伤患者治疗的最终目的是实现神经系统的再生，但到目前为止还没有找到成功的解决方案。传统康复治疗的目的是加强患者参与运动功能，而运动神经假体是通过人工装置，将大脑与肌肉的信息交互通路进行连接，代替已损伤的脊髓通路，完成对人体运动功能的补偿作用。运动神经假体开辟了一条新的途径，为患者肢体运动功能的重建带来了希望。

16.2.2　仿生神经肌肉接口

1. 研究意义及现状

2013 年 5 月 30 日，美国国防高级研究计划局（Defense Advanced Research Projects Agency，DARPA）发布了一项具有突破性进展的技术——目标肌肉神经重置（targeted muscle re-innveration，TMR）。这是一种神经肌肉接口技术（图 16-27），接入之后，截肢患者能通过仅存的神经和肌肉来控制假肢，并反馈真实的“感觉”。

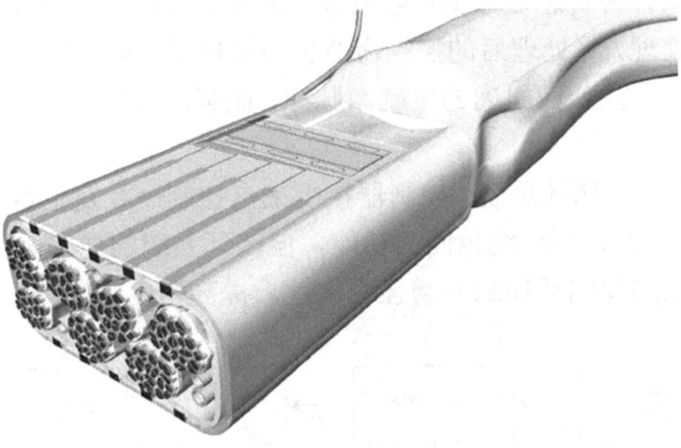

图 16-27　仿生神经肌肉接口

（图片来源：美军机构评 2013 十大技术. http: //www.shidawang.com/jishu/hulianwang/top10-1094.shtml）

DARPA 关于人脑接口控制先进假肢的研究已经得到了验证。但是，目前该研究还仅限于四肢瘫痪患者，对于截肢患者，该项成果的应用还有一定距离。而神经肌肉接口却允许截肢患者在短期内控制先进假肢。神经肌肉接口技术的最终目标是帮助截肢患者控制假肢并反馈感觉。DARPA 的“可靠神经接口技术”项目研究了大脑接口的长期生存能力，同时继续研发高性能、可靠的外部接口。利用这些外部接口，可使用神经和肌肉信号控制假肢并反馈真实感觉。

在该领域已经研究了 10 年的 DARPA 称接口已提供接近大脑自然控制的效果，而且“安装”过程入侵人体的程度很小，可以在未来几年在修复手术中普及。TMR 接口需要通过手术装置在真实肌肉和假肢之间作为神经的“扩音器”将指令传达到假肢。

2. 目标肌肉神经重置技术

近年来，随着电子学、计算机科学、生物医学等学科的迅速发展以及人们生活水平的提高，应用于截瘫患者的人工假肢技术也取得了很大进步。然而提高人工假肢的功能特性仍是一个巨大挑战，对肘部及其以上的重度截肢患者来说更是如此。制造手部、腕关节、肘部、肩关节的人工假肢已经实现，但存在控制技术不成熟的问题。当前，世界范围内的多数动力型人工假肢都是通过采集截肢患者残留下上肢臂部的表面肌电信号进行控制的。但是这种方法存在很多缺陷，例如，只允许假体的各个部分按照一定顺序逐步完成某个单一动作。此外，现在使用的肌电信号控制法感觉并不自然，因为人体中央的近端肌肉（如肩膀的肱二头肌、肱三头肌）并没有直接参与腕部及手部的运动。

本体感觉是人体正常肢体内的运动和感觉信号共同完成的一种感知功能，它是指在空间意义上人体的不同部分通过相互感知而建立的联系。若没有本体感觉，即使是一个很简单的任务几乎都是不可能完成的，如用笔写字，若没有这种“联合”信号指导肢体运动，则很难完成精确地控制手部完成握笔、移到指定地方并使用一定力度完成写的动作。

然而，过去的人工假肢很难将感觉信号从假肢传回大脑，截肢者通常采用眼睛观察假体的零散动作作为反馈，而不是利用自身的本体感觉。这使得即使是日常生活中最简单的动作都变得缓慢和笨拙，也会耗费使用者大量的时间与精力。

因此，构建一个可以使神经与假肢实现双向交流的接口就显得十分重要，这种接口既允许大脑下达动作命令控制假肢，又可以从假肢反馈真实的感受。然而，创建这种具有实际意义接口的首要问题就是决定在神经系统的何处安置接口。设计者有两个选择：中央神经系统（大脑或脊髓神经）或者更远端的周围神经系统。

过去有大量研究人员尝试将假肢直接与中央神经系统进行连接并做了相关的实验。其中有一位因脑卒中导致瘫痪的妇女通过思维控制机械手臂完成了喝咖啡的动作。此外，2012年DARPA首次尝试了通过脑穿电极直接控制截肢患者的人工假肢。但在实际应用时存在两个重要问题：其一，处理信号用的计算机电源无法缩小至可安装在人体内部的程度；其二，脑穿电极会被人体视为外来入侵物而产生炎症，最终导致电极无法正常使用。

这两个问题迫使我们将目光转向周围神经系统。周围神经系统主要由神经纤维组成，称为轴突，用来连接神经，它们从中央神经系统和身体其他部分的神经细胞中延伸而出。在功能方面主要分为两类：一类用来连接肌肉与脊髓，方便大脑通过脊髓下达动作命令，即负责控制功能；另一类传递由肢体反馈得到的触觉、温度等一系列感觉信息，由脊髓至大脑，即负责感觉反馈。

临床上有一种称为“幻肢”的综合征，是由于截肢后所残留的感觉细胞会继续发送信号，仿佛它们仍旧从截断的肢体中接收信息，使得截肢患者会感觉他们的断肢依然存在。科学家从中得到灵感，若利用这些失效的感觉神经轴突连接到一个可以向神经发送强力信号的人工假体上，大脑可能会将它视为来自人体本身的真实感觉信号而解读并进行反馈处理。然而又出现这样一个问题，除非有生物标靶可以进行连接，否则这些裸露的外围轴突无法继续生长，并会逐渐死亡。

美国西北大学的Kuiken研究团队提出了一个巧妙的解决方案。他们利用胸部肌肉构建了一个截肢残端和人造假肢电极之间的桥梁。首先，他们切除了一小段胸部表层肌肉的运动神经，使其丧失原本的神经支配。然后他们小心地重新定向了那些曾经连接脊柱和残肢的神经轴突，将它们连接到表层胸部肌肉。使那些本来用来刺激不再存在肢体的脑部命令传导至胸部肌肉，引起肌肉收缩。之后通过安放在胸部肌肉表面的肌电电极将肌肉收缩信号翻译成脑部传来的命令，完成对假肢的控制。这就是目标肌肉神经重置技术。

TMR 技术的初期设计想法是利用皮层上系列神经重置后去控制上肢假体。这是一种新的生物神经人机接口技术。简单来说，就是将截肢患者残余的神经连接到因手臂截肢而失去生物力学方面功能的胸部或上肢的肌肉群上，完成神经重置，如图 16-28 所示。

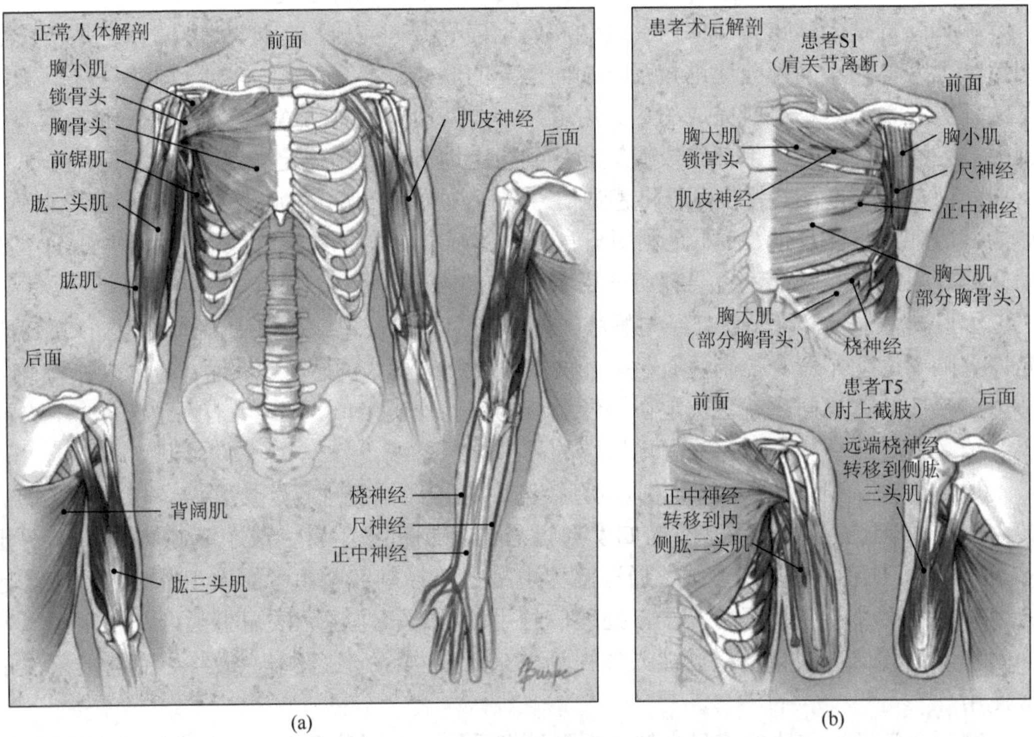

图 16-28　正常解剖结构和 TMR 技术的实例

（图片来源：Kuiken T A，Li G，Lock B A，et al. 2009. Targeted muscle reinnervation for real-time myoelectric control of multifunction artificial arms. JAMA，301（6）：619）

在 TMR 技术中，目标肌肉首先失去原有神经支配，达到可被臂部神经重新支配的条件。在支配过程结束后，这些肌肉群就作为被移植的手臂神经放大器，接受并传递大脑传递的动作命令。目标肌肉经过神经重置之后，产生肌电信号汇集于皮肤表面，通过肌电来控制假肢手臂。如今，TMR 技术已经较为成熟地应用于肩关节切断患者以及上肢截肢患者身上。图 16-28（a）是人体胸部、肩部、背部和手部主要肌肉的解剖结构和神经分配；图 16-28（b）分别是对肩关节切断和截肢患者进行 TMR 手术示意图。因残留肢体的情况不同，每个患者的手术方法与步骤也不完全相同。

为了给截肢患者提供截肢后的触觉反馈，科学家在 TMR 的基础上研究开发出了目标感觉重置技术（target sense reset，TSR）。用这种技术将 TMR 附近的部分皮肤进行去神经处理，利用残余的手臂神经对这块皮肤进行重新支配。使得这块皮肤被触摸时，截肢患者会认为是手部被触摸了。举例来说，假体手臂上的触觉传感器可以量化物体的压力、温度和质地，然后制动器接收这些量化的信号，刺激反馈回到 TSR 部分，使截肢患者能够对触摸的物体进行感觉。TSR 技术在临床应用上具有极大价值，它可以为人体提供轻微触感、分等级的压力、质地结构、边缘探测、热气感知等多种信息，最关键的是这些信息的反馈都是通过人体直观感受获得的。这对截肢患者具有重要意义。当患者利用假肢触摸物体时，身体可直接感受到触觉信息，使得他们更容易将假肢作为身体的一部分，有利于加强身体与环境之间的密切联系。

3. 应用展望

基于 TMR 的仿生神经肌肉接口技术为人工假肢的控制以及感觉信息的反馈提供了新的思路。虽然面临诸多问题，如截肢神经的存活时间等，但毋庸置疑的是，仿生神经肌肉接口作为一种新兴的人机接口技术极具生命力，通过与多学科的共同发展，为人体控制运动假体、恢复运动功能带来了新的希望。

16.2.3　基于功能性电刺激的运动神经假体

本书第 12 章已经介绍了有关功能性电刺激（functional electrical stimulation，FES）的原理、现状及未来的发展前景。本节重点阐述其应用于运动神经假体范畴，以与骨骼肌相关的周围神经为刺激对象，最终实现运动康复目标的实际应用。

1. 功能性电刺激系统组成

一般来说，基于功能重建的 FES 系统主要由控制命令发生器、控制器、刺激器和电极四个基本部分组成（图 16-26）。后来，FES 系统中逐渐出现了反馈回路，使其由开环控制系统转变为闭环控制系统，如截瘫助行器，它是将 FES 与活动矫形器相结合，使截瘫患者站立并且实现交替步态运动。该助行器已在临床得到多年的应用，其初代装置中的 FES 是采用开环控制结构的。而新一代装置将具有反馈回路的 FES 系统与智能矫形器结合起来，通过智能矫形器的足底压力与运动测量传感器反馈信号，由微型计算机对信号进行快速实时地分析处理，达到进一步控制 FES 系统的目的。FES 神经假体系统可分为无创式、半植入式和植入式三种。无创式是表面电极、控制器、刺激器均位于人体外部；半植入式是将电极植入体内，而控制器和刺激器放在体外，易于实现对肌肉的精确控制；植入式是将刺激器和电极都植入体内，控制器以无线电频率向体内的刺激器供能并进行控制，此类系统不需要导线，使用方便。

目前，国内外对恢复瘫痪患者肢体运动功能的 FES 系统主要进行了以下几方面的研究。

（1）电极。一个良好的电极是保证 FES 假体系统正常工作的必要条件，其功能是将电刺激信号传导至肢体神经元。FES 神经假体中常用的电极分为三类，分别是无创伤式表面电极、半植入式针电极、完全植入式神经套电极。其中表面电极多位于运动神经元上方的皮肤表面，优点是无须手术介入、安全方便且可在损伤初期使用，缺点是对肌肉的选择性较低，难以做到对电极位置的精确控制，同时因贴附于皮肤表面，需要的电刺激强度大，有时患者会有疼痛感；针电极是将电极用导针刺入，穿入导线贯通皮肤，而控制器和刺激器放在体外，易于实现对肌肉的精确控制，但存在断线及手术感染等风险；神经套电极一般装在渗有硅胶的 U 形涤纶网中，然后缠到神经上，正负电极分别在 U 形网两侧，其刺激强度远远低于前两种，但其技术准确度要求大于前两者。电极材料方面，需具备良好的生物相容性、较高的机械强度和抗腐蚀能力，临床上多采用不锈钢作为电极材料。

（2）刺激器。刺激器是提供合适电刺激脉冲序列的装置，有恒定电压输出型、恒定电流输出型以及可通过开关进行切换的混合型。刺激器包括三个可调参数，分别为脉冲幅度、脉冲宽度、脉冲频率，在临床使用时多通过调整脉冲幅度来实现刺激模式的切换。为了完成运动功能，肌肉必须能输出稳定的力，即保证肌肉的连续性收缩，此时刺激器需最少诱发每秒 20 个动作电位脉冲，也就是说刺激脉冲的频率需要在 20Hz 以上，频率增加，肌力也随之增加；但是频率过高会导致肌疲劳引起肌力下降过快，根据使用目的一般选择 20～80Hz；频率低于 20Hz 时只会造成肌肉抽搐，而不会收缩。因采用单向负脉冲电流刺激运动神经元时，会引起周围肌肉组织损伤，所以刺激器多采用电荷平衡的双向电流脉冲进行电刺激，能够有效地减少肌肉组织损伤。一般比较常用的是 Lilly 波形，它由相等的正负双向电流脉冲构成，在正负脉冲之间有一个延迟时间。第一个负脉冲的作用是使神经纤维去极化，第二个指数衰减脉冲起电荷平衡作用，使刺激时摄入的净电荷为零。通常，刺激器输出通道数为 2 通道、4 通道、8 通道和 16 通道。理论上输出通道数量越多，所能刺激的肌肉就越多，控制的精度越高，完成动作的复杂程度也越高，肢体运动越接近自然状态。但是，多通道的刺激控制复杂度和难度也会大大增加。因此，需要在保证刺激效果的前提下尽量减少刺激通道数目。

（3）传感器。传感器用来传输控制信号或从刺激电极处得到反馈信号。传感器必须安装与拆卸方便，无须频繁校准，患者不用进行大量培训就可学会操作，同时不能影响穿衣和美观。性能方面，传感器对环境的适应性要强，能够在温度、光照、湿度、电子噪声等干扰下正常使用。在制作工艺上，要求传感器重量轻、体积小、精度高、与皮肤有良好的接触性等。传感器对于 FES 功能重建十分重要，目前使用较广泛的传感器是角位移传感器、肌电电极、脑电电极、压力灵敏电阻等。

2. FES 在运动功能重建方面的应用及发展状况

1）功能性电刺激脚踏车系统

FES 在康复工程中的应用十分广泛，而 FES 脚踏车系统就是重建下肢运动功能的一种。正常人通过大脑发出控制信号，经由脊髓神经将电信号传至下肢运动神经，支配相应肌肉完成动作。但对脊髓损伤患者来说，虽然瘫痪的下肢肌肉仍具有收缩能力，却因为大脑与运动神经之间的脊髓神经通路被切断，神经冲动无法传至下肢运动神经，故不能自主地完成运动。应用 FES 脚踏车系统，瘫痪患者可通过有顺序地刺激控制膝关节和踝关节周围较大肌肉群来实现下肢的周期性运动。

1983 年，Glaser 等成功地通过电刺激患者的腿部肌肉，使其完成了蹬踏二轮车运动，并提出了该运动在患者的自主运动能力、下肢循环系统、心肺功能、骨骼密度等方面的改善作用。同年 Petrofsky 等也利用安置的传感器对脚蹬角度进行了检测，实现了腿部的数字控制，并得出结论：FES 脚踏车训练有助于防止截瘫和四肢瘫痪患者的肌肉萎缩。1989

年，Pons 等改进了座椅设计，使患者可在室内和户外进行锻炼；1992 年，Hooker 等比较了 FES 脚踏车训练与手臂训练二者在肺活量、血液动力学等方面的区别；1996 年，Janssen 等改进了 ERGYS 系统，将腿部肌肉的刺激电流从 140mA 提高到 300mA，并证明了 FES 脚踏车系统能显著改善患者最大新陈代谢速率和肺活量。2001 年 Gfohler 等从脚踏车的几何结构入手，对传统的圆形脚蹬路径进行了优化，提高了蹬车的效率。2002 年，Hunt 等在肌肉刺激强度与 FES 脚踏车速度响应动态模型进行估算的基础上，建立了一种具有跟踪任意速度和抵抗干扰的自动控制速度新方法。

在 FES 脚踏车系统的研究领域比较成熟的有英国格拉斯哥大学研究组，他们研制出了用于室内静态训练和室外运动两种类型的系统，并成功地应用于 3 名脊髓损伤患者；日本东北大学的 Takahashi 等致力于研究室内 FES 脚踏车下肢训练系统。他们通过在轮椅上安装升降脚踏装置，使其具有后退功能。除此之外，我国的哈尔滨工业大学研究组以脚踏车训练与日常生活相结合为目标，设计了具有电动助力车和康复训练两种工作模式的新型 FES 脚踏车装置。

2）下肢助行器

随着计算机技术的迅速发展，利用 FES 辅助下肢瘫痪患者行走的步行辅助系统日益完善。如今发展较为成熟的步行辅助系统可以使近似完全瘫痪的患者完成简单的站立和行走。

基于 FES 的下肢助行器是恢复人体站立行走功能常用的技术之一。举例来说，20 世纪 80 年代 Kralj 等提出了一种通过体表 FES 刺激的下肢助行器——截瘫步行器（FES-assisted paraplegic gait）技术。该技术使用 4 通道输出刺激电流，表面电极置于躯体双侧的股四头肌和腓总神经上。患者通过按钮对 FES 装置实施控制。以左侧为例，FES 装置被激活后，双侧股四头肌接受刺激。左边按钮通过停止左侧股四头肌刺激和开始腓神经刺激启动左腿步行的摆动相：突然停止股四头肌刺激可以促发屈肌反射，从而引起髋、膝屈曲；同时刺激腓总神经可以引起踝背屈。经过一段预设的固定时间后，停止腓神经刺激，恢复股四头肌刺激，进入支持相，右侧相同。

FES 助行器的基本结构一般包括主机、电极、行走开关、调整挡四部分。正电极多安放在股四头肌皮肤表面，负极置于腓总神经最表浅处。薄形开关粘贴在健康脚一侧鞋内足跟部，健康脚踩下时开关接通，输出信号，促使病脚抬起向前跨步；病脚落下时，健康脚抬起，开关切断。

FES 助行器可从治疗与助行两方面帮助瘫痪患者实现下肢运动功能重建。治疗方面，FES 可通过改变患者的肌肉组织化学、骨骼系统以及新陈代谢达到一定的治疗效果。但研究表明，这类助行器只对偏瘫、截瘫和脑瘫患者具有治疗作用。而助行方面的作用主要是纠正轻度中枢性偏瘫在行走时因足下垂引起的行走困难。

早期的助行器可以分为皮肤电极、有限联系型和植入电极、无限联系型。后者是针对前者电极位置不稳定，容易出现接触不良及故障进行的改良，是将铂丝电极缠绕在腓神经干上，并与皮下的无线电接收器相连。同时刺激器的信号源由微型发射机发射改为无线电波发射。英国曼彻斯特的一些科学家成功研制了一种可使下肢瘫痪患者正常行走的电子装置。该装置能产生一种类似大脑发出的神经信号电刺激，使患者的肌肉恢复收缩能力，完成行走功能。与多数安放在臀部的辅助行走电子装置不同，该装置安放在患者胃部，直接产生类似于大脑产生的神经信号，从而使患者像正常人一样行走且不感到疲劳，而不是只能缓慢行走 1km。

3）上肢助动器

与下肢运动相比，上肢运动更加复杂而精细，利用 FES 实现运动功能重建的难度较大。所以与下肢助行器相比，上肢助动器的发展还不成熟。因多数脊髓损伤患者的肩部肌肉仍受神经支配，可任意控制肩部运动，所以控制器多安装在肩部，通过肩部运动控制刺激的输出及强弱，因手和前臂肌肉较小，通常采用植入式电极，最终使患者可完成伸展手掌、把握物体等简单动作。

在上肢助动器领域，日本的相关研究比较发达，最具代表性的是日本东北大学研究小组开发的恢复已丧失运动功能的新方法。利用计算机进行控制，通过植入式电极刺激相应肌肉，使已经丧失神经功能的患者手臂进行运动。

4）助呼吸器

临床上因脑血管意外、脑损伤、高位脊髓损伤会导致呼吸肌麻痹，使患者呼吸发生困难，如高位颈髓（C1-C3）损伤，使膈神经支配的膈肌处于完全瘫痪状态，几乎所有的呼吸肌均处于麻痹状态；中位颈髓（C3-C5）损伤时，膈神经受损，呼吸功能发生障碍，机体不能维持足够的肺活量和呼吸强度。利用电刺激膈神经从而维持呼吸应当是 FES 技术在临床上的最早应用。用于控制和调节呼吸运动的 FES 系统也称为膈肌起搏器。将一对植入电极安置在双侧膈神经上，与胸壁上的信号接收器相连接。控制器发出无线电脉冲信号，接收器将其转换为低频电流，利用该电流刺激膈神经，使其支配的膈肌进行收缩，完成吸气，刺激停止则自然呼气，起到帮助呼吸的作用，经过临床测试，效果良好。

3. *总结与展望*

FES 作为康复工程领域的一门新兴技术，具有很高的研究价值与应用前景。通过与其他学科，如机械技术、计算机技术相结合，可极大地拓宽 FES 的应用领域。我国的 FES 技术虽然起步较晚，但发展速度相当快。在 FES 应用方面，戴尅戎等从 20 世纪 80 年代开始就尝试着以 FES 为主的对外伤性截瘫的康复治疗，并取得了肌肉与神经刺激点的相关临床经验。在 FES 技术的功能重建方面，天津大学和香港大学合作做出了有益的尝试。此外，我国的康复研究中心脊髓损伤康复科与清华大学的生物医学工程系联合对 FES 系统的手功能重建进行了基础性研究，并取得了阶段性研究成果，已完成 FES 样机和手功能重建的电极刺激实验。可以预见，未来 FES 技术将成为截瘫患者进行功能重建的最有力治疗方法之一。

16.3　中枢神经假体

16.3.1　概述

自从德国心理学家艾宾浩斯（Ebbinghaus，1850—1909）在 1885 年发表实验报告后，记忆就成为心理学中实验研究最多的领域之一。其后，记忆理论和研究方法不断发展，20世纪50年代出现的信息加工理论（或信息处理论）把记忆看作对输入信息的编码、存储和提取过程。按存储的时间分为瞬时记忆、短时记忆和长时记忆。

海马损伤与内侧颞叶的周边区域损伤都会使我们永久地失去生成长时记忆的能力。脑卒中、癫痫和阿尔茨海默病都会引起顺行性失忆症（无法组织新的记忆）。它们的一个重要特点就是海马受损。另外，在一些逆行性失忆症（难以搜索过去的记忆）案例中，海马受损的数十年前记忆也受到了侵害，目前还没有方法可以治疗此类认知缺陷。由颞叶损伤引起的失忆在战区军事人员中非常普遍，超过50%的伤员是由于爆炸的弹药而受伤，而50%～60%的幸存者都患有非常严重的脑损伤，通常情况下颞叶与前额叶受损较多。康复训练可以恢复一部分失去的记忆功能，但是对于一些重度甚至中度损伤的患者，常常会伴有长期持久的认知障碍。失忆以及思维过程紊乱等障碍严重影响了患者的个人能力与生活质量，使其独立性下降，给社会与家庭造成了沉重的负担。中枢神经假体的出现为失忆患者带来了福音。中枢神经假体也称为记忆假体（memory prosthesis），是一种可植入脑部海马区的记忆设备。当该设备工作时，首先它会观察某一记忆在一部分海马体内如何形成，随后刺激海马体的另一部分让其复制该过程。记忆假体所做的不是将记忆放回大脑内，而是在大脑内放入生成记忆的能力。该技术曾被评为“2013年度十大技术突破”。

20世纪初，科学家开始认识到海马与某些记忆以及学习相关。特别是1957年Scoville和Milner报告了神经心理学中很重要的一个病例。某位患者由于长期的癫痫症状，医生切除了其颞叶皮层下一部分边缘系统组织，其中包括两侧的海马区。手术后癫痫症状被有效控制，但随后该患者失去了形成新的陈述性长时记忆的能力。这个发现激发了许多人探究海马区在记忆及学习机制方面的兴致，因而成为一种流行，无论在神经解剖学、生理学、行为学等各种不同领域，都对海马区做了相当丰富的研究。

2012年，Robert等在记忆假体中采用了一种非线性多输入多输出模型来提取海马区的电活动并给予海马区相应的电刺激。结果显示，该设备不仅能够提高或修复记忆，还能改变海马区单独编码的方式，以便更好地进行记忆提取，提高响应正确率。

2013年6月初在纽约举行的“2045未来世界大会”上，美国南加州大学生物医学工程学教授西奥多·伯杰用计算机演示了记忆假体的工作流程，并称该设备有望于10年内供应市场，癫痫患者或许最先获益。该假体最终也能治疗阿尔茨海默病及其他痴呆症，让5000万人受益。

2014年7月9日美国国防高级研究计划局宣布，国防部将于今后4年提供总额4000万美元的研究经费，资助开发一种无线、可植入大脑的“神经假体”，用于帮助脑部受伤的士兵及其他患者恢复受损记忆。这一项目名称为“恢复主动记忆”。该项目也是美国总统奥巴马2016年公布的“脑计划”的重要组成部分。按计划，这一项目将首先招募癫痫与帕金森病患者为受试对象，研究大脑记忆在时间与空间上的神经机制。然后研究人员将在此基础上开发大脑相关电脑模型，最后研发的“神经假体”体积预计将只有现有神经设备体积的1/10。该项目的启动为脑损伤患者提供了一个令人振奋的消息，不过由于人类大脑极其复杂，一些科学家对该项目是否会取得重大进展表示怀疑。

16.3.2 记忆假体工作原理与结构组成

1. 记忆假体工作原理

记忆假体需要具备以下功能：在信息编码阶段监测并记录海马区的输入信号，继而准确地预测海马的输出，然后根据预测结果在海马的输出区域施加相应的电脉冲刺激。记忆假体设备通常由两套不同的电极组成。一套电极会记录下正在形成的“记忆”，随后向计算机发送信号，计算机再采用数学方法将这一过程解码转变成长期记忆；接下来，这台计算机再指导第二套电极刺激另一层海马体以生成同样的“记忆”。图 16-29 是记忆假体的工作原理示意，标注“×”的部分是海马区。

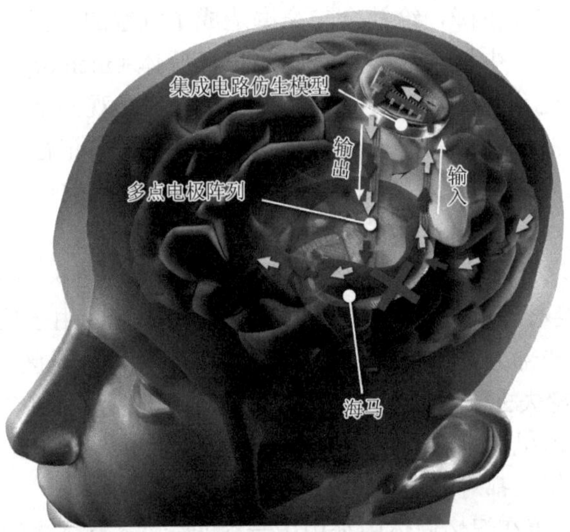

图 16-29 记忆假体工作原理示意

（图片来源：He B. 2005. Neural engineering. Annals of Biomedical Engineering，25（1）：S-40）

2. 结构组成

图 16-30 是记忆假体的处理路径与组成部分示例。模拟前端包括若干微功率低噪声放大器、相同数目的模数转换器以及同数目并行的尖峰分类机。若干输入电极植入海马区，经放大与数字化后的信号被送到内置匹配滤波器的尖峰分类机，所有的峰值通道信息进入一个多输入多输出（multi-input multi-output，MIMO）模型进行计算，该模型的输出可达 32 通道。海马的 CA1 区与 CA3 区是长期记忆形成的主要参与区域。一般来说，CA3 区作为海马记忆信息的输入区域，而 CA1 区为信息输出区域。所以，输入电极通常置于 CA3 区，经过一系列处理，预测 CA1 区的电活动，即输出信号。输出信号刺激 CA1 区域。下面简单介绍各组成部分。

1）低噪声放大器

神经信号首先进入微功率低噪声放大器。这些放大器具有 30dB 增益，而且具有多重自动归零功能以去除闪变噪声。在自动调零阶段，为将信号的带宽限制在 400～4000Hz，一般对信号进行带通滤波。一些传统的设计中，带通滤波器可能会放在外置的设备中。

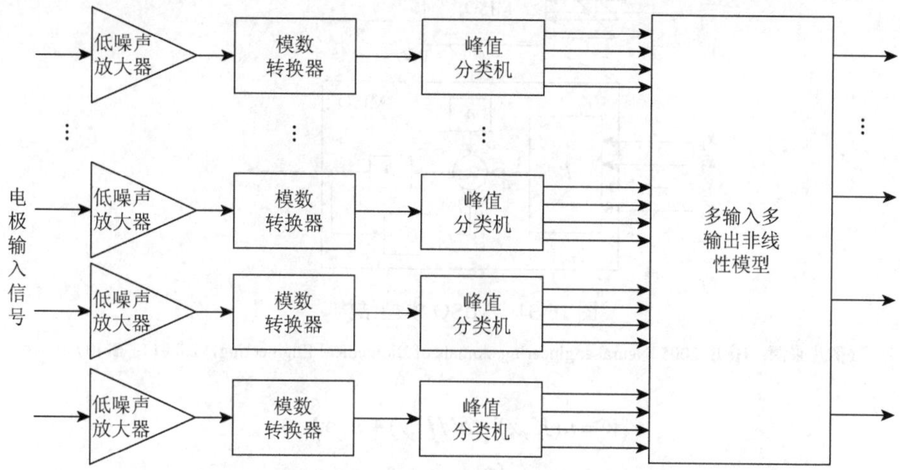

图 16-30　记忆假体的处理路径与组成部分示例

2）模数转换器

模数转换器（analog-to-digital converter，ADC）包括一个电量重新分配的逐次逼近寄存器（successive approximation register，SAR）和一个双斜率积分器。该积分器用来限制 SAR 电容器阵列的几何增长。模数转换器的分辨率可选 6bit、8bit、10bit 或 12bit，但是需要在分辨率与传输速率之间进行权衡。分辨率越高，速率越低，反之速率越高。目前，ADC 的速率可达 220kSa/s。

3）峰值分类机

根据现有技术水平，电极相对神经元细胞来说体积较大（电极 25～200μm，神经元细胞直径 10～25μm）。另外，这些探针敏感头周围挤满了神经细胞，故每个电极拾取的信号可能来自多个（近 4 个）神经细胞。因此，探针检测所得峰值神经信号需要进行细胞源分类，以区分信号中的多个峰值到底来源于哪个细胞。也就是说，峰值分类机用来将不同细胞产生的神经信号区分开来。

4）多输入多输出非线性模型

基于伏尔特拉核（Volterra kernel）的多输入多输出非线性模型是记忆假体的核心部分，目前发展较成熟，模型结构如图 16-31 所示。该模型在一些动物实验中应用软件实现，随着技术的发展以及实际的需要，目前已有硬件可以实现该计算模型，而且已经完成了该模型的在线实现。该模型可分解为一系列多输入单输出（multi-input single-output，MISO）模型。

MISO 模型是基于生理学模型而得来的，主要包括以下几部分：①正反馈模块 K，用来将峰电位序列 x 转换成连续的隐变量 u，也就是体细胞突触电位；②正反馈模块 H，用来将前述输出峰值转换成隐变量 a，即峰值触发后电位；③噪声 ε，包括神经元固有的噪声以及未被察觉的其他噪声输入；④一个加法器，输出一个连续的隐变量 w，即预测的膜电位阈值；⑤阈值 θ。当 $w>\theta$ 时，则输出峰电位序列。该模型可以表示成

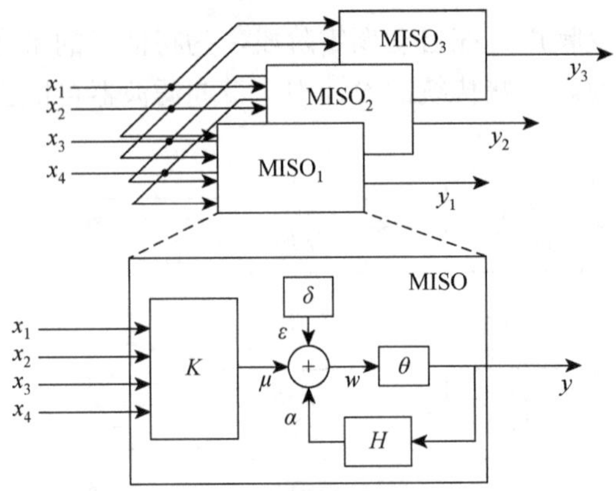

图 16-31　MISO 模型结构

（图片来源：He B. 2005. Neural engineering. Annals of Biomedical Engineering，25（1）：S-40）

$$w = u(K,x) + a(H,y) + \varepsilon(\sigma)$$

$$y = \begin{cases} 0, & w < \theta \\ 1, & w \geqslant \theta \end{cases}$$

式中，K 一般采用伏尔特拉模型，所以 u 是输入变量 x 与伏尔特拉级数的函数。以二阶伏尔特拉级数为例，u 可以表示成

$$\begin{aligned} u(t) = k_0 &+ \sum_{n=1}^{N}\sum_{\tau=0}^{M_k} k_1^{(n)}(\tau)x_n(t-\tau) \\ &+ \sum_{n=1}^{N}\sum_{\tau_1=0}^{M_k}\sum_{\tau_2=0}^{M_k} k_{2s}^{(n)}(\tau_1,\tau_2)x_n(t-\tau_1)x_n(t-\tau_2) \\ &+ \sum_{n_1=1}^{N}\sum_{n_2=1}^{n_1-1}\sum_{\tau_1=0}^{M_k}\sum_{\tau_2=0}^{M_k} k_{2x}^{(n_1,n_2)}(\tau_1,\tau_2)x_{n1}(t-\tau_1)x_{n2}(t-\tau_2) + \cdots \end{aligned}$$

当输入为零时，u 等于零阶核 k_0；一阶核描述了第 n 个输入和 u 是线性关系，是时间间隔 τ 的函数，τ 是现在与过去的时间差；二阶自核描述了第 n 个输入与 u 的二阶非线性关系；二阶互核描述了每一对输入的非线性相互作用，N 是输入信号的个数，表示正反馈过程的记忆长度。

同样地，H 采用一阶单输入单输出伏尔特拉模型

$$a(t) = \sum_{\tau=1}^{M_h} h(\tau)y(t-\tau)$$

式中，h 是反馈核，为反馈过程的记忆长度。这里值得注意的是从 1 开始，而不是 0，这是因为 h 描述的是 a 和它上一个输出的关系。

传统的刺激输出电路采用隔直流电容器，以防止剩余的电荷留在人体组织里。随着输出通道的增多，各组成元件的体积和重量将会成为一个难题。目前，出现了一种新的刺激放大器以代替分立的耦合电容器，这样就减轻了外部元件的体积和重量。它利用双斜率积分器计算刺激波形正相期的电量，然后在负相期恢复到相等的电量。

16.3.3 记忆假体的挑战与展望

目前，记忆假体发展尚不成熟，依旧处于实验室研究阶段，国内外致力于该领域的课题组也非常有限，距离应用到人体还有一定的差距。而且研究所用的延迟样本非匹配（delayed non-match to sample，DNMS）任务比较简单，在接下来的研究中，应该给大脑更加复杂的任务。同时，记忆假体要代替大脑海马形成长时记忆，所以其不仅需要准确地预测海马（CA1）输出，该输出还要被大脑的其他部分所利用来获得一个长时记忆或者工作记忆。

在受损大脑中，神经假体与大脑之间需要双向交流，且需要基于生物学的神经编码。目前对于神经编码的知识相对匮乏，这也阻碍了修复或者替代大脑认知功能的神经假体发展。如果将假体扩展到感觉运动系统，就会有更多的脑区参与其中，那么神经编码的基本原理就会变得更加重要，所以对与认知功能相关脑区的神经编码探索是一项非常有意义而且很艰巨的任务。关于记忆假体的研究显示，在 DNMS 任务中每一个杠杆都存在两种属性，一种是样本杠杆，另一种是非样本杠杆，也就是在非匹配阶段作为非匹配响应。因此，海马作为一个记忆系统，外界刺激（杠杆）在海马中的编码不仅仅包括它的物理性质，还包括环境、期待的行为反应以及其他性质。如何将这些复杂的信息分离也是今后一项非常具有挑战性的工作。神经编码是脑区的神经功能与认知功能的桥梁。因此，神经编码以及相关的研究将会是神经科学和神经工程方面非常重要的方向之一。

随着越来越多的人开始关注神经假体，神经假体不仅仅只限于记忆假体，其他脑区的假体也会相继得到研究重视。这将是脑损伤患者的福音。

16.4 本章小结

人体是一个复杂而精密的有机整体，通过中枢和周围神经系统控制和感受躯体产生的信号，从而完成大脑和肢体的各项功能。然而，因先天缺失、疾病或意外导致的人体损伤，严重破坏了人体功能的完整性。

当前，医疗技术发展尚不完善，许多严重影响人体正常生活的损伤无法从根本上得到医治，如感觉、记忆功能的缺失以及运动功能障碍等，最关键的是由截肢或退行性疾病导致机体产生不可逆损伤，使传统医疗手段无法达到预期效果。而神经假体技术通过建立中枢和周围神经系统与外围设备之间的新型交互模式，达到功能替代和功能重建的康复目的，通过利用残存肢体机能，辅助以康复设备而构建完整功能传导通路的独特优势。当下，神经假体仍存在诸多问题：首先，假体控制不稳定且缺乏快速准确的反馈回路；其次，由于技术限制，神经假体的临床应用较少，主要集中于视觉、听觉和运动这三个领域；最后，神经假体的实际操作性有待提高，需要缩短携带者的训练时间，降低因携带假体带来的疲劳感。要想解决上述问题，需要从技术层面对神经假体系统进行提升和优化，更需要从基础神经研究中寻找新的途径和方法。

相信随着神经工程、电子工程和计算机技术的飞速发展以及各学科之间的紧密融合，神经假体技术将得到更广泛的关注，并最终成为神经工程造福机体损伤患者的一项强有力手段。

思 考 题

1. 视觉神经假体的系统硬件包括哪些部分？
2. 请简述人工耳蜗系统的基本工作原理，并画出其系统结构示意图。
3. 请描述皮肤感受信号的传导通路并画出框图。
4. 从系统的角度可将运动神经假体分为哪两种？各由哪几部分组成？请画出系统组成框图。
5. 目标肌肉重置技术的基本设计思路是什么？
6. 当今科学家正在研究基于 TMR 的目标感觉重置，这种技术有哪些特点？
7. 基于功能性电刺激的神经假体系统可分为哪三种？其相应特点是什么？
8. 记忆假体需要具备哪些功能？请简述记忆假体的处理路径。
9. 为什么记忆假体中要用峰值分类机？
10. 多输入单输出模型主要包括哪几部分？

参 考 文 献

冯海泓, 孟庆林, 平利川, 等. 2010. 人工耳蜗信号处理策略研究. 声学技术, 29(6): 607-614.
高文元, 迟放鲁, 贺秉坤. 2004. 临床听觉生理学. 北京: 人民军医出版社.
韩德民. 2003. 人工耳蜗. 北京: 人民卫生出版社.
姜洪源, 廖志伟, 魏伟, 等. 2006. 功能性电刺激脚踏车系统在康复医疗中的研究与应用. 中国组织工程研究, 10(9): 153-157.
吕晓洲. 2012. 用于电子皮肤的新型压力传感器的研究. 上海: 东华大学.
罗志增, 王人成. 2005a. 仿生电动假手的研究. 仪器仪表学报, 26(7): 674-677.
罗志增, 王人成. 2005b. 具有触觉和肌电控制功能的仿生假手研究. 传感技术学报, 18(1): 23-27.
施俊, 胡跃辉, 周康源, 等. 2004. 运动神经假体研究进展. 中国医疗器械杂志, 28(4): 271-276.
汪家琮. 2003. 功能性电刺激在神经康复中的应用. 实用老年医学, 17(1): 6-7.
王珏. 2008. 康复工程基础: 辅助技术. 西安: 西安交通大学出版社.
王星. 2010. 人造神经可令假肢有触觉. 科学大观园, (4): 73.
张田勘. 2000. 大脑与记忆. 世界科学, (5): 20-21.
赵航, 孙喜斌, 崔玉华, 等. 2013. 听障儿童双耳双模式佩戴的声源定位能力初探. 中国听力语言康复科学杂志, 11(5): 343-346.
Berger T W, Hampson R E, Song D, et al. 2011. A cortical neural prosthesis for restoring and enhancing memory. Journal of Neural Engineering, 8(4): 046017.
Caspi A, Dorn J D, Mcclure K H, et al. 2009. Feasibility study of a retinal prosthesis: Spatial vision with a 16-electrode implant. Archives of Ophthalmology, 127(4): 398-401.
Cohen E D. 2012. Prosthetic interfaces with the visual system: Biological issues. Journal of Neural Engineering, 4(2): R14.
Hampson R E, Song D, Chan R H, et al. 2012. A nonlinear model for hippocampal cognitive prosthesis: Memory facilitation by hippocampal ensemble stimulation. IEEE Transactions on Neural Systems & Rehabilitation Engineering, 20(2): 184-197.

Hesse L, Schroeder B, Heller G, et al. 2000. Quantitative effect of intravitreally injected tissue plasminogen activator and gas on subretinal hemorrhage. Retina, 20(5): 500-505.

Roessler G, Laube T, Brockmann C, et al. 2009. Implantation and explantation of a wireless epiretinal retina implant device: Observations during the EPIRET3 prospective clinical trial. Investigative Ophthalmology & Visual Science, 50(6): 3003-3008.

Schofield J S, Evans K R, Carey J P, et al. 2014. Applications of sensory feedback in motorized upper extremity prosthesis: A review. Expert Review of Medical Devices, 11(5): 499.

Schultz A E, Kuiken T A. 2011. Neural interfaces for control of upper limb prostheses: The state of the art and future possibilities. Pm & R the Journal of Injury Function & Rehabilitation, 3(1): 55-67.

Wilson B S, Lawson D T, Müller J M, et al. 2003. Cochlear implants: Some likely next steps. Annual Review of Biomedical Engineering, 5(5): 207-249.

Yanai D, Weiland J D, Mahadevappa M, et al. 2007. Visual performance using a retinal prosthesis in three subjects with retinitis pigmentosa. American Journal of Ophthalmology, 143(5): 820-827.

Yue Z, Moulton S E, Cook M, et al. 2013. Controlled delivery for neuro-bionic devices. Advanced Drug Delivery Reviews, 65(4): 559-569.

第 17 章　人工神经网络

大脑中枢神经系统是神经工程学的重点研究内容之一。神经工程不仅要通过工程化手段研究大脑，还应从大脑的功能结构中获得创新灵感，并将大脑的特殊智慧优势转化为能够实现的人工智能系统。在学习人的智能方面，人类至今创造了“结构模拟”、“功能模拟”和“行为模拟”三种基本方法。人工神经网络即基于结构模拟脑网络形式，进而向“功能模拟”和“行为模拟”进化发展。人工神经网络作为科学研究的热点，在理论和实践方面都硕果颇丰。本章将对人工神经网络进行简要介绍，希望读者能够对这一领域有初步了解。

17.1　人工神经网络基础

人类发达的大脑结构是思维活动得以正常进行的基础，也是人类智能的重要集中体现。科学家一直试图以各种方法了解大脑的工作机理和思维本质，意图模拟大脑的功能，开发出高效的人工智能系统。在众多方法中，人工神经网络就是一类旨在模拟大脑思维特性以解决现实生活中实际问题的研究工具与方向。本节将从人工神经网络的定义、发展、基本模型、应用和未来前景等方面对其展开介绍，希望可以使读者对人工神经网络技术有较全面的了解。

17.1.1　人工神经网络概述

“认识脑”和“模拟脑”是目前脑与人工智能科学的主要研究目标。“认识脑”和“模拟脑”之间有着紧密的联系，“认识脑”能够给“模拟脑”提供有效的理论基础，而“模拟脑”则为“认识脑”提供了更新颖的科学方法。借助神经网络的信息处理规律与计算方法对探究人脑工作原理有重要的作用。随着科学技术的不断发展，计算机运算速度飞速增加，已经达到人脑计算速度的几百万倍，但是其解决问题的广度却远不及人脑。例如，在有关形象思维和灵感思维的问题上，计算机往往无能为力，而人工神经网络技术的开发则有望综合人脑与计算机的优点来帮助人类更好地解决实际问题。

1. 人工神经网络的基本定义

近年来，对脑结构及其信息处理机制的研究不断深入，但是对神经系统内电和化学信号在信息处理过程中起到何种作用的认识还是很模糊。通过将脑的微观与系统层次研究相结合，目前人们对人脑的神经网络有了基本认识。在此基础上，以数学和物理方法及信息处理视角对人脑神经网络进行抽象，已建立了某种简化模型，即所谓的人工神经网络

（artificial neural network，ANN）。综合该网络的特点和当下一些主流说法可以将其定义为：人工神经网络是一种旨在模仿人脑结构及其功能的脑式智能信息处理系统。当然，人工神经网络并非完全模仿人脑的生物神经网络，而仅是对其功能的简要归纳与模拟学习。到目前，已经提出了上百种人工神经网络模型，但它们都只能反映部分人脑的基本特性，如自适应性和学习能力等。即便如此，它们已在模式识别、信号处理、预测评估、自动控制、智能机器人以及医学与经济学等诸多领域取得了显著的应用成果。

2. 人工神经网络特点分析

在分析人工神经网络特点之前需要先了解计算机与人脑之间的异同。人脑与计算机处理信息机制的不同导致计算机难以解决具有形象思维特点的问题。时至今日，市面上现存的计算机都是以冯·诺依曼工作原理为基础而开发的。其工作原理皆是将存储器和处理器分离开来，并仅能处理二进制编码定义的信息，且处理方式为串行，大大降低了工作效率。该工作方式也决定了其主要应用领域是数值和逻辑运算。而人类大脑中有1.4×10^{11}个神经元，其相互连接，形成了错综复杂的生物神经网络。这一特殊的网络结构恰恰是其能够产生智能的关键所在。网络中的每个神经元都能成为信息处理单元，同时将信息进行分布式存储与加工。因此，要想更好地“模拟脑”，必须跳出传统的冯·诺依曼工作框架来寻找其他新的可替代运算方案。

随着研究者开始关注人脑的结构模式和信息加工机制，自然促进了脑科学、脑计算模型和人工神经网络的研究过程。生物脑的进一步研究使人工神经网络得到了长足的发展。虽然电子计算机以其优秀的数值和逻辑运算能力获得了人们的由衷认可，成为当今社会不可或缺的信息处理工具之一，但是相比于人脑这种生物“电脑”仍有巨大差距，主要表现在以下几方面。

1）记忆与联想能力

人脑中的巨量脑细胞使其可存储难以想象的超量信息。同时脑细胞相互连接形成的特殊神经网络结构又使其拥有神奇的信息筛选、联想记忆、模糊推理等能力。人脑会对已学习的知识进行记忆，同时在外界输入刺激时，它可以根据输入量的特点自主地联想相关信息，以补全输入信息的不足。这一能力在人脑的众多功能中是至关重要的。

而基于冯·诺依曼方式工作的计算机，由于其信息处理和存储单元相分离，调用信息时必须先获得其存储地址后才能得到所需信息。信息一旦存入某个存储单元，虽在未被替换前可永久存在（不会被“遗忘”），但当此单元信息被其他信息所替代时，将不能自行恢复（不能“回忆”）；同时，相邻两个单元间的信息是完全分离的（老死不相往来），因此也不可能有“联想”功能。

尽管现代计算机软件开发正努力模仿人脑的联想功能，但软件性能完全取决于算法编程，并无其自身硬件支持，至多与其硬件速度、效率高低有关，不可能如人脑思维一样自由驰骋、产生富有创造性的联想奇迹，使其计算性能受到一定限制。

2）学习与认知能力

人脑在人生长发育过程中不断“进化”成熟。新生婴儿的脑可视为一张白纸，而行为皆通过自身本能反应做出；随着年龄的增长，幼儿通过与外界接触和有目的的学习训练来积累知识与经验，逐渐增强解决问题、应对困难的能力。人脑这种应对外部环境而改变行为、增长才干的反应能力即现代计算机所缺乏的学习与认知能力。

计算机与人脑最大的不同在于，计算机所有工作皆必须严格按事先编制的程序依次进行，只是被动执行命令的机器，难以在完成工作过程中积累经验，也少见其自主提高解决问题的能力。

3）信息处理能力

人脑具有回忆、联想和想象等功能，能够产生诸如直觉或灵感一类的非逻辑思维活动。人脑不仅能够完成数值或逻辑运算，而且具有语言文字的符号思维和逻辑分析的辩证思维。这些功能使人类可以更深入地探究事物的根源本质。

而现有的计算机则少有非逻辑加工能力，因此其形式逻辑运用能力十分有限，并且缺乏辩证逻辑分析等能力。

4）信息综合能力

人脑能够将实践中获得的信息和知识进行归纳、类比与概括，并最终做出自洽判断以帮助解决实际难题，这通常需要对信息进行逻辑与非逻辑的综合加工。该加工过程既要遵循确定性逻辑思维原则，也会根据自身经验，模糊地甚至是直觉地完成一个判断。这种信息综合能力也是大脑的重要功能之一。

与大脑不同的是，现有计算机的信息综合能力取决于其事先编好的程序。而目前尚无可以完美模拟人脑经验和直觉功能的数学模型，即不存在完美的模拟算法，因此计算机的信息综合处理能力无法与人脑相比。

5）信息处理速度

人脑主要采用并行处理方式，而且是超大规模地进行信息处理。这种特殊处理方式所能解决的复杂问题远非传统并行处理方式可以比拟的。如前述，人脑中每个神经元即为信息处理单元，其间信息传导速率仅是毫秒级的，比计算机的纳秒级计算速率慢许多，貌似人脑信息处理速度要远弱于计算机（其在处理数值或逻辑运算问题时的速度确实优于人脑），然而对文字、声音及图像等信息进行处理，计算机能力却要逊色很多。例如，乒乓球比赛中，运动员会根据训练经验本能地、实时地做出反应动作。而计算机则需要捕捉此前乒乓球的运动轨迹，计算大量数据来预测下一步球的运动方向，从而指导运动员做出反应（显然比人脑耗时费力）。又如，婴儿凭其亲情经验能一眼即从人群中分辨出自己的母亲，而计算机则需拍照取样、对比判别等一系列操作才能得出结论。虽不宜直接评判二者的水平高低，但确有信息处理机制的优劣之差。

计算机采用的是串行、集中信息处理机制，即所有的信息都集中到一个或几个处理器中进行处理。处理器会根据需要从存储器中调用数据，并进行加工。这种机制在应对复杂问题时处理效率会迅速降低，在需实时处理时会暴露出明显缺陷。即便是使用多处理器进行弥补，也难以获得更好的效果。

由此可见，对于一些涉及形象思维、经验直觉判断的问题，人脑往往可以迅速做出反应，立刻解决问题，而计算机则可能难以处理。

6）信号形式

通常人脑所接收的外界信号可分为模拟量和离散脉冲两种形式。其中有部分模拟量信号很难用数学方法解析表达，因此不适用于计算机处理（即使二值数字化后可读入计算机），而它自带的模糊性特点则恰好可利用大脑的信息整合与模糊运算处理。现有计算机在处理信息时一定要将信息分解为二值逻辑表达式。客观世界中有不少事物关系是无法按照这一分解过程转换的，因此大大限制了计算机的应用范围。

7）信息存储

大脑存储信息并非一定将其放入特定的位置，而是多将其分布在整个脑神经系统中。且脑中存放信息并非绝对相互独立，而是在需要时会通过联想进行互相调用。这种信息存储方式正是大脑可以迅速对非逻辑问题做出反应的根本。

以上这些差异既指出了现代计算机相比于大脑的不足，也指明了未来计算机可能改善和提高的方向。现阶段的人工神经网络同样有其闪光点：从结构上来说，人工神经网络的信息存储是分布式的，处理单元之间具有互联性、信息处理并行且结构可塑；从性能上来说，人工神经网络具有高度的非线性、优秀的容错性、计算结果的模糊性等特点；从能力特征上来讲，人工神经网络具有较强的自组织与自适应能力等。

由此可见，仿照大脑产生的人工神经网络继承了大量自然大脑的优点。虽然人工神经网络中每个处理单元能够完成的任务比较单一，但大量处理单元的并行运算也能让网络表现出令人满意的效果。人工神经网络可以存储多种信息，每个处理单元的连接权重存储的是多种信息的一部分。当需要提取已有知识时，可以通过对人工神经网络输入激励，使其进行“回忆”。这一过程大体上仿照了脑的一些功能。

数量巨大的信息处理中心及其间广泛的互联使得整个人工神经网络必然呈现高度的非线性。信息在神经网络中的分布存储使得即便网络中的一些神经元损坏，也不会对网络整体造成影响。甚至当输入的信息不够完整时，人工神经网络可以利用自身的联想能力完成信息的修复。需要注意的是，虽然人工神经网络在连续信号和不精确的模糊信息处理上有非常好的表现，但是其输出结果仍是非精确的。

人工神经网络的自适应能力和学习能力也是值得关注的方面。人工神经网络能够不断调整自身的性能来适应环境变化。这种自适应性包括自学习与自组织两项内容。其中自学习是指，在训练过后，神经网络能够依外界环境变化自动改变结构参数。调整后的网络能够更好地根据输入完成预期输出。学习过程中通常包含训练，所以经常将这两个词混用。自组织则是指神经系统在受到外界刺激时，自发调整神经元之间的突触连接，并按一定的规律形成神经网络的过程。人工神经网络的自组织能力和自适应性是紧密关联的。

到目前为止，计算机是世界上已知的最强大的信息处理工具。它在人类的智能化、自动化中扮演着重要角色。但是其在学习、认知、推理、联想等方面的表现还是不尽如人意，远远不能达到人脑的智能水平。这些问题在发展进程的需要中显得越发尖锐，需要科学家寻找更好的解决问题的方法。

17.1.2　人工神经网络发展

19 世纪末，人们开始研究人工神经网络，其发展可谓一波三折，大体上可分为 4 个时期：启蒙时期、低潮时期、复兴时期和高潮时期。每一个时期都有其代表性的学者与著作，下面将对这些学者和著作进行介绍，让读者在了解神经网络发展史的同时看到其与生理、数学、计算机科学等学科之间的密切联系。

1. 人工神经网络发展历史

1）启蒙时期

19 世纪末，美国心理学家 James 发表了第一部有关人脑结构研究的著作，展示了人脑学习、联想等功能创新性研究成果。

20 世纪 40 年代，McCulloch 和 Pitts 从神经系统信息处理的角度提出了一种新的形式神经元数学模型——MP 模型（以上述两位科学家姓氏首字母命名）。该模型对神经元活动的描述为：神经元具有兴奋和抑制两种状态；兴奋性突触和抑制性突触在激励输入后，分别控制神经元的兴奋和抑制状态；突触的值不随时间改变。虽然从现代科学的角度来看，这一模式并不完美，但他们的工作为此后人工神经网络的开发奠定了坚实的基础。因此，我们认为 MP 模型开启了神经科学理论研究新的篇章。

另一位重要的学者是 Hebb，他在 1949 年出版了一部著作——《行为构成学》。书中他首次建立了现在人工神经网络中的 Hebb 算法。同时，他还提出，如果源神经元和目的神经元同时被激活，那么用于二者之间连接的突触强度将会增加。这一理论为最早的 Hebb 训练算法提供了生理学基础。另外，Hebb 的许多其他看法都在后来神经网络的发展中得到了证实和应用。

1958 年，计算机学家 Rosenblatt 提出了一种名为“感知器”（perceptron）的新型人工神经网络，其具有三层网络特性。从其在计算机上的模拟结果来看，感知器已经初步具有通过训练来改变连接权值，并对各种模式进行正确分类的能力，与现在的反向传播算法类似，可见其提出的网络结构是相当可靠的。

Widrow 和 Hoff 应该算是这一时期的两位重要人物。1960 年，他们共同发表了一篇文章——《自适应开关电路》。从工程学的角度来讲，这篇文章十分重要，因为它不仅设计了在计算机上仿真的神经网络，还完成了其硬件实现。Widrow 和 Hoff 认为神经网络的自适应神经元可以通过训练来获得，并不需要事先都设置好。而他们用硬件电路仿真神经网络的做法为后来者开拓了研究思路，也奠定了研究基础，应该说他们是早期神经网络硬件开发的最主要贡献者。

2）低潮时期

启蒙时期过后的 20 世纪 60 年代兴起了研究人工神经网络的热潮，遗憾的是当时人们高估了人工神经网络的学习能力，反致人工神经网络的研究渐渐停滞。恰在此时，Minsky 和 Papert 这两位人工智能的创始人从数学角度深入分析了当时存在的一些代表性神经网络局限，并在 1969 年发表了专著《感知器》，书中指出了当时人工神经网络的不足，轰动一时，同时加速了人工神经网络研究的衰落。不久之后，投入人工神经网络研究的资金逐渐枯竭，其研究开始了长达 10 年的低潮期。

在低潮期的 10 年中，致力于神经网络研究的学者越来越少，但该领域研究创造奇迹的可能性并未就此泯灭。有部分优秀的研究者仍在坚持这一方向的研究，并且在研究神经网络的进程中做出了不可磨灭的贡献。

1969 年，美国的 Grossberg 教授及其夫人 Carpenter 提出了自适应共振理论模型。这一理论中的很多原理已被用于现如今的人工神经网络。Grossberg 还试图解释过短期记忆和长期记忆的原理，这一尝试对人工神经网络的记忆理论研究有很大贡献。1972 年，两位分别位于欧洲和美洲的学者发表了类似的人工神经网络研究结果，分别是芬兰 Kohonen 的“联想存储器”（associative memory）与美国 Anderson 的“交互存储器”（interactive memory）。其中 Kohonen 的理论就是如今的自组织映射，如今使用的神经网络主要以其研究结果为基础，被广泛用于语音识别、模式识别等领域，主要是因为它属于无导师学习网络。虽然这些人工神经网络研究在低潮期并没有引起科学界的广泛关注，但神经网络前驱者在逆境中迎难而上的精神值得后人尊敬，同时他们为整个神经网络研究所做出的贡献不容我们忽视。

3）复兴时期

到 20 世纪 80 年代，以冯·诺依曼架构为基础的计算机开始表现出在神经网络研究中的不足，可以完成大量复杂计算的机器却总是无法学会人类的一些极为普通的经验常识，人们开始重新审视和评估人工神经网络的能力。

1982 年，美国物理学家 Hopfield 博士提出了一种名为 Hopfield 的网络新模型。这一模型集成了前人的优秀成果与经验，具有更强大的运算能力。同时，Hopfield 网络与现实电子电路有很好的对应关系，为神经网络的实体开发提供了新可能。不得不说，Hopfield 博士是人工神经网络发展过程中至关重要的人物，是他让低迷的人工神经网络重新焕发生机，并使其他各领域都开始关注神经网络的研究。

美国的 Rumelhart 和 McCelland 等在 1986 年和 1988 年分别发表了《并行分布式处理》（parallel distributed processing，PDP）一书的第一部分和其余部分。此书中首次提出了具有多层感知器的反向传播训练法，该算法如今已是应用最广的神经网络算法之一。

这一时期，重新燃起热情的研究者对神经网络进行了大量深入研究，各种各样的网络模型和学习算法争相出现，人们越发了解神经网络的特性，新的发现也为相关研究注入了更多的活力。

4）高潮时期

1987 年 6 月，首届国际神经网络学术会议在美国召开，这标志着人工神经网络的研究已经在世界范围内得到了广泛的支持。1988 年，在国际神经网络学会和电气和电子工程师协会（Institute of Electrical and Electronics Engineers，IEEE）联合召开了年度国际学术大会后，三位著名神经网络学者——芬兰 Kohonen 教授、美国 Grossberg 教授与日本甘利俊一教授合作创办了世界上第一份神经网络杂志 *Neural Network*。随后，IEEE 也创建了神经网络协会，并开始发行有关最新人工神经网络研究成果的期刊，各种国际知名期刊中有关人工神经网络的报道也逐渐增多。

神经网络的再次兴起，一是源于人们对神经网络的需求更高，恰好神经网络的研究同时取得了突破；二是与人工神经网络相关的一些其他重要学科，如计算机科学、生物科学等获得了长足的发展，为人工神经网络研究提供了大量的技术支持和更多发展机遇。

自 20 世纪 80 年代末以来，人工神经网络的相关理论、应用和开发工具蓬勃发展。而人工神经网络与其他学科的交集也越来越多，现在可涉及的学科包括神经生理科学、认知科学、计算机科学、生物电子学、光学等。可见人工神经网络在其他学科中的应用前景十分可观。人工神经网络的应用方向也是多种多样，其中包括图像处理、语音识别、机器人控制、模式识别等多个领域。且在每个领域，人工神经网络都有出色表现。此外，在软件蓬勃发展的同时，美、日等国也尝试进行了神经网络的实用硬件开发并且硕果累累。

进入 21 世纪，特别是近几年，人工智能持续升温，深度学习方兴未艾，脑-机智能开始融合，多国加大了对人工智能的支持力度，众多科技公司投入巨资，相信人工神经网络借此将持续蓬勃发展。

应当说明，以人工神经网络思想为架构生产的智能计算机目前并不会取代传统计算机，神经网络计算机可能应用的场景更为专业。其在模糊的、随机的信息处理方面可以做到很好，适合科研探究使用；而在逻辑推理、数值计算等方面，传统计算机还有其不可或缺的作用。相信未来两类计算机会优势互补、相得益彰，发展出既能精确计算又能模糊处理，既能逻辑推断又能全面思维的全新智能型计算机。

2. 人工神经网络国内外现状

1980 年，国内的涂序彦先生在《生物控制论》一书中首次提出了人工神经网络的概念。书中以“神经系统控制论”为主题章节，系统介绍了神经网络的结构、功能及其模型。该书发表的时间恰巧处于前面提到的人工神经网络研究从低潮向复苏时期过渡的阶段，这一时期国内学者了解神经网络领域的人还不是很多，有关具体知识更是知之甚少。

伴随着人工神经网络 20 世纪 80 年代在世界范围的复苏，国内学者也看到了其广阔的研究前景，并纷纷投入这一研究领域。1989 年 10 月和 11 月，在北京和广州分别举行了两个十分重要的会议——神经网络及其应用讨论会和第一届全国信号处理与神经网络学术会议；1990 年 2 月，国内人工智能学会、心理学会、生物学会等 8 个一级学会共同在北京召开了“中国神经网络首届学术会议”，大会共收到了有关学术研究论文 300 多篇。2004 年 8 月，在大连召开了 ISNN（International Symposium on Neural Networks）2004 国际会议，引起了国内外学者的广泛关注，2004 年 10 月在合肥召开了第 14 届“人工神经网络学术会议”。在随后的十几年中，加入神经网络研究的学术界和工程界人员越来越多，学术论文和应用成果也在迅速增加与积累。可以说，神经网络已成为我国科技发展中不可或缺的一部分。

在国外，1987 年美国在加利福尼亚州召开了第一届国际神经网络学术会议。此后每年都有国际联合神经网络大会召开，成为神经网络研究的最大交流平台，其对神经网络发展贡献巨大。此外，十几种神经网络学术刊物相继出版，如 *IEEE Transactions on Neural Networks*、*IEEE Transactions on Circuit and Systems*、*IEEE Transactions on Systems，Man and Cybernetics*、*Journal of Artificial Neural Networks*、*Journal of Neural Systems*、*Neural Networks*、*Neural Computation*、*Networks：Computation in Neural Systems*、*Machine Learning* 等，皆在全世界享誉盛名；人工神经网络研究因此在国际上获得了一席之地。

17.1.3　人工神经网络基本模型与组成要素

人工神经网络的形式多种多样，但它们都有着共同的基本模型和组成要素，了解这些内容可以加深对人工神经网络的理解。本节将介绍人工神经网络的基本模型和组成要素。

1. 人工神经网络基本模型

人工神经网络基本模型以人工神经元为基础，而人工神经元的概念则来源于对人脑神经元的研究。19 世纪末，Waldeger 等首次创建了神经元学说，指出人脑当中的神经系统由众多神经元通过彼此之间的特殊连接组成。大脑皮层中包含多种多样的神经元，但是它们的基本结构大同小异，有关神经元的具体知识可参见前面的章节。

神经元的主要构成包括细胞胞体及其周围突起，这些突起起到信息传输的作用。其中作为信号输入的突起称为“树突”，而信号输出的突起称为“轴突”，这样的突起每个神经元只有一个。树突由细胞体发出后会逐渐变细，其延伸的各个部位都可以与其他神经元的轴突相连，形成“突触”。在突触形成的位置并未发生两神经元的直接连接，而是只有信息的传递。每个神经元拥有许多突触，而神经元之间连接的强度和极性都有所不同，随着实际情况的变化还会发生改变，因此形成了人脑的信息存储功能。

我们可以从电生理学、数学等角度对这样一个拥有多输入单输出的基本单元建立模型。这里仅初步介绍经典的 McCulloch-Pitts 模型，图 17-1 为这种模型的示意图。

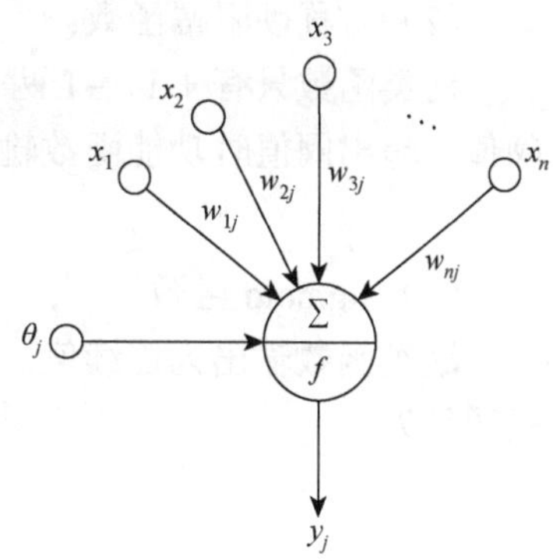

图 17-1　McCulloch-Pitts 模型结构示意（自制图）

将图 17-1 的神经元定义为第 j 个神经元，x_i 为来自其他神经元的第 i 个神经元输入信息，w_{ij} 为两神经元之间的连接权重系数，它表示第 i 个神经元对第 j 个神经元传输信息的作用程度。不同模型会使用不同的运算法则将各个输入综合起来，形成一个总的输入，称为“净输入”，这里用 Net_j 或 I_j 表示。一种最简单的输入叠加方式为线性叠加，其公式如下

$$\text{Net}_j = \sum_i w_{ij} x_i \tag{17-1}$$

多次输入会引起神经元 j 的状态发生变化，而输出 y_j 是其当前状态的函数

McCulloch-Pitts 模型的数学表达式为

$$y_j = \text{sgn}\left(\sum_i w_{ij} x_i - \theta_j\right) \tag{17-2}$$

式中，θ_j 为阈值；sgn 是符号函数，当净输入超过阈值时，y_j 输出 + 1，而没有超过时则输出−1。

采用大量的神经元通过上述方式进行连接，可以形成具有一定人脑特征的人工神经网络。这一网络同样具有学习能力，通过改变突触的权重 w_{ij} 值，可以调整神经网络的状态来适应周围环境。即便是具有同一运算法则的神经网络，经历的训练过程不同也会使整个神经网络的作用不同。人工神经网络常见的训练方式有两种：一种是有导师学习，即通过标准样本进行训练；另一种是无导师学习，只对神经网络某些规则进行规定，具

体的学习内容则需要网络在与周围环境信息交换过程中自行摸索，更加类似于人脑的学习功能。

2. 人工神经网络组成要素

人工神经网络模型主要包括三个基本组成要素，即神经元功能函数、神经元连接形式与学习/训练方法。以下对神经元功能函数和神经元连接形式作简要介绍。

1）神经元功能函数

神经元在接收外界输入后一般会有输出，这一过程所遵守的规律必须由神经元功能函数（activation function）f 决定。神经元功能函数 f 具有多种形式，根据其不同形式可构成不同功能的神经网络。常见的神经元功能函数有如下几种。

（1）简单线性函数。

神经元功能函数 f 是一个连续的线性函数，其表达式为

$$f(x)=x \tag{17-3}$$

（2）对称硬限幅函数。

这类函数只有 + 1、–1 两个输出值，即一种非线性函数。该功能函数应事先设定一个阈值，超出阈值时功能函数输出 + 1，反之输出–1。其表达式为

$$f(x)=\operatorname{sgn}(x-\theta) \tag{17-4}$$

（3）sigmoid 函数。

这类函数输出为连续值，但其值限制在两个定值范围内，且此函数单调递增。其表达式通常为

$$f(x)=\frac{1-\mathrm{e}^{-x}}{1+\mathrm{e}^{-x}} \tag{17-5}$$

式中，上下极限值为 1 和–1，若将此函数的上下限进行平移，则可获得其他形式的同类曲线。当然，以上只是三种比较有代表性的函数，表 17-1 列出了其他几种常用的功能函数。

表 17-1　几种常用的功能函数

函数名称	函数表达式
饱和线性函数	$f(x)=\begin{cases}0, & x<0\\ x, & 0\leqslant x\leqslant 1\\ 1, & x>1\end{cases}$
对称饱和线性函数	$f(x)=\begin{cases}-1, & x<-1\\ x, & -1\leqslant x\leqslant 1\\ 1, & x>1\end{cases}$
正线性函数	$f(x)=\begin{cases}0, & x<0\\ x, & x\geqslant 0\end{cases}$
竞争函数	$f(x)=\begin{cases}1, & \text{点积最大神经元}\\ 0, & \text{所有其他神经元}\end{cases}$

2）神经元连接形式

神经网络中每一个处理单元都是与另外一个或多个处理单元相连接的，且连接的形式也是多种多样的。单元之间连接方式不同会造成神经网络性质和功能不同。这里介绍两种常见的连接模式。

（1）前向网络。

此类型的连接模式组成比较简单。网络由若干层组成，每一层包含若干神经元。对每一层进行排序，各层按照先后顺序进行排列。整个网络中，第 i 层的神经元只接收来自第 $i-1$ 层神经元的输出信息，不发生反馈，如图 17-2 所示。网络中输入节点没有计算能力，只作为输入端。而中间层（隐层）节点则有计算能力，被称作计算单元。图中将输入节点层定义为第 0 层，计算单元所在各节点层依次定义为第 1～N 层。第一节点层与输出节点统称“可见层”，而其他中间层称为“隐层”，隐层的节点称为“隐节点”。每个节点可有多个输入，但只有一个输出，该输出可作为下一层的多个节点输入。

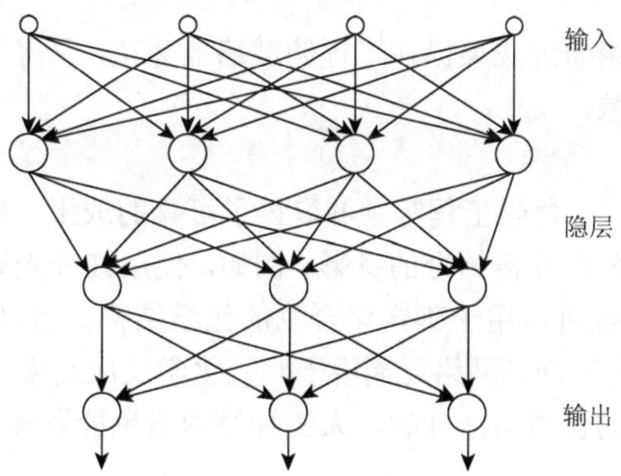

图 17-2　前向网络结构示意图

（图片来源：朱大奇，史慧. 2006. 人工神经网络原理及应用. 北京：科学出版社）

（2）反馈网络。

图 17-3 为典型的反馈网络，与前向网络不同的是，这类网络中每个节点都是一个计

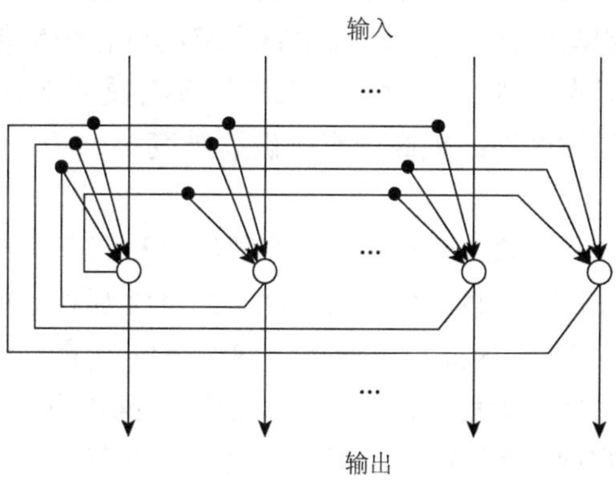

图 17-3　反馈网络示意图

（图片来源：朱大奇，史慧. 2006. 人工神经网络原理及应用. 北京：科学出版社）

算单元，它们同时担任接收外加输入、反馈输入并产生输出的角色。在某些反馈网络中，计算神经元除了接收以上两种输入外，有时还接收来自自身的反馈。

以上两种神经网络连接方式是目前最常见也是最常用的方式。事实上，人工神经网络还有其他连接方式，如同层间有相互反馈或者输出层对输入层有反馈等方式，这里不再赘述。

17.1.4 人工神经网络的应用

神经网络随其发展与其他学科的交叉越来越多，而在各领域的应用也越发多样。本节将简要介绍人工神经网络的重要领域应用，重点帮助读者了解其在随机、模糊信息处理方面的应用优势。

1. 工程领域

人工神经网络的理论研究成果已在工程领域遍地开花，取得了比较好的效果，这里简单介绍几个主要应用领域。

1）化学工程

人工神经网络在制药、化学工程等领域取得了可喜的成果。在光谱分析方面，随处可见人工神经网络与各种分析光谱结合的身影。例如，使用红外光谱、紫外光谱、折射光谱等与人工神经网络相结合可以用于确定化合物的化学结构。特别是对于结构未知的化合物，其优势更加明显。人工神经网络还能用于判别化学反应结果及一些离子的浓度。在分析生物体中某些化合物的含量与活性时，人工神经网络也能发挥作用。

2）军事工程

军事上，将人工神经网络与红外搜索等跟踪系统结合，能够定位和追踪飞行物的痕迹。这一技术为我国的国防事业提供了巨大帮助。研究者曾经多次使用以人工神经网络为基础的系统来检测空间卫星的实时状态，其检测正确率极高。而将用于判断水下目标的声呐信号传输给分析系统，在人工神经网络的帮助下可以分辨水下物体，正确率高达 90%。对于机密文件的保存，良好的保密系统必不可少，而密码则是保密系统中至关重要的信息。通过人工神经网络的联想与记忆能力，可以将整个密码进行分散保管；可以利用人工神经网络对动态视频或语音信号的强大处理能力来设计仅有重要保密人员可以解开的语音锁或样貌锁；还能利用人工神经网络提高密码的破解难度。

3）汽车工程

在平时驾驶车辆时，司机通过变换挡位、控制油门和刹车来改变汽车的运动状态。对于汽车来说，这些参数的改变能够让汽车动力性与经济性都处于最佳参数状态。人工神经网络具有良好的“学习”能力，因此可以通过为网络提供大量优秀驾驶员的驾车经验数据来训练其获得以人体不受伤害为前提的最优驾驶参数与操作方案。刹车的最佳控制也由人工神经网络参与的系统实现。当获得了汽车行驶途中的刹车距离、行驶速度以及最大减速速度等一系列数据后，系统即可给出最佳刹车方案。通过对汽车燃油消耗以及排污的优化与控制，人工神经网络起到了保护环境、节约资源的作用，带来了良好的社会效益。

2. 信息处理领域

人工神经网络在信息处理领域的应用可谓十分全面。无论在信息的采集、识别还是处理分析方面，人工神经网络都能发挥很大的作用。下面介绍一些人工神经网络在信息处理方面的主要应用。

1）数据压缩

数据压缩对于数据的传送和存储来说十分重要，因为一旦出现问题、无法恢复就会导致数据流失，可能造成重大损失。人工神经网络可以将提取的数据模式特征用于传输或存储，需要时将其恢复，即可得到原有数据。这种方法安全可靠，且效率较高。

2）模式识别

人工神经网络在模式识别上的应用主要包括模式的预处理变换以及模式类型之间的映射操作。人工神经网络在静态模式和动态模式信息的处理上都有所应用。静态模式如静态图像、固定能谱等；动态模式如语音、视频等信息。现在手机、平板电脑等系统中常用的手写字识别功能就是人工神经网络静态模式识别的典型应用。而如计算机中所存在的一些脸部视频识别和语音解锁功能则是动态模式识别的范例。可见人工神经网络在模式识别上的应用已经非常成熟，并开始走向商业化。

3）信号处理

人工神经网络在模糊、随机和非线性信号的处理方面应用十分普遍。主要的处理方法包括：自适应/非线性滤波、时间序列/非线性预测、非线性编码、谱估计、噪声消除、调制/解调等。人工神经网络用于信号处理的成功案例较多，如电话线的回声消除、雷达回波的多目标分类、多探测器之间的信息融合等。

3. 自动化领域

人工神经网络与自动化领域的结合为自动控制的发展带来了新的生机，同时为自动控制领域开辟了一个全新的前沿学科——人工神经网络控制。它为解决非线性、模糊的、系统具体情况不明的控制提供了可能的解决方法。其主要应用实例如下。

1）神经控制器

控制器在实时系统中往往起到统筹全局的作用，类似于人体内的“大脑”。而恰巧人工神经网络具备自学习和自适应等特点，其与控制器的结合可以让控制器更为智能，这种结合所产生的控制器可称为神经控制器。神经控制器相对于常规控制器在复杂非线性系统的控制上往往表现出更加良好的性能。近年来这一类控制器在航空航天、工业生产与机器人的控制领域均取得了比较好的成果。

2）智能检测

智能检测通常包括系统中零点和量程的自动校对、干扰量的平衡等。这些功能的实现需要传感器元件和信号处理器的帮助。随着智能化水平的提升，研究者正试图用功能创新型去替代功能集成型，并开发出复合检测、特征识别等新型功能。以环境等综合指标为例，基于人工神经网络思想开发的处理元件性能更加理想。因为其可以对来自多种传感器的信息（温度、湿度等）进行并行综合处理，从而提高结果的可信度，完成单一传感器所难以承担的复杂任务。

17.2　常见人工神经网络模型

人工神经网络研究到目前为止已有百年历史，随着时间的推进，人工神经网络的形式发生了巨大变化。众多种类的神经网络算法为适应各种应用需要而诞生，且基于各种算法的优化算法更是不胜枚举，本节将对目前使用较为广泛的主流神经网络算法做较全面的介绍，让读者对各类算法都有所了解，感兴趣的读者还可自行查阅资料，进行更深入的研究。

17.2.1　BP 神经网络

误差反向传递网络（error back propagation network）或简称 BP 神经网络，是由 Rumelhart 和 McCelland 等为解决 Minsky 的多层感知器权值调整问题所提出的一种“逆推”学习算法。本节将简要介绍其模型结构和工作原理及其应用。

1. BP 神经网络模型结构和工作原理

1）BP 神经网络模型结构

BP 神经网络主要结构由三层感知器构成，包括输入层、输出层和中间层。其中间层又称为隐层，结构如图 17-4 所示。

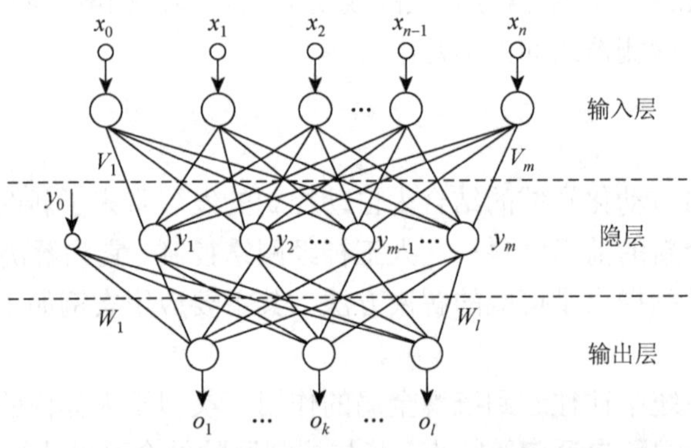

图 17-4　具有三层结构的 BP 神经网络主要结构

（图片来源：韩力群. 2006. 人工神经网络教程. 北京：北京邮电大学出版社）

图 17-4 是一个只有三层结构的简单 BP 神经网络。由图中可见，输入向量为 $\boldsymbol{X}=(x_1, x_2,\cdots,x_i,\cdots,x_n)^{\mathrm{T}}$，另有 $x_0=-1$ 为隐层神经元的阈值；通过隐层调整后的输出结果为 $\boldsymbol{O}=(o_1,o_2,\cdots,o_k,\cdots,o_l)^{\mathrm{T}}$，$y_0=-1$ 是输出层神经元的阈值；输出层输出向量 $\boldsymbol{Y}=(y_1,y_2,\cdots, y_j,\cdots,y_m)^{\mathrm{T}}$；而期望的输出向量 $\boldsymbol{d}=(d_1,d_2,\cdots,d_k,\cdots,d_l)^{\mathrm{T}}$。这里输入层与隐层之间的连接权矩阵用 $\boldsymbol{V}$ 表示，$\boldsymbol{V}=(V_1,V_2,\cdots,V_j,\cdots,V_m)$，其中 V_j 为隐层第 j 个神经元所对应的连接权向量；

隐层与输出层之间的连接权值矩阵用 $\boldsymbol{W}$ 表示，$\boldsymbol{W}=(\boldsymbol{W}_1,\boldsymbol{W}_2,\cdots,\boldsymbol{W}_k,\cdots,\boldsymbol{W}_l)$，这里 $\boldsymbol{W}_k$ 为输出层第 k 个神经元对应的连接权向量。对于各层之间的信号有如下数学关系。

对于输出层，有

$$o_k = f(\text{net}_k),\quad k=1,2,\cdots,l \tag{17-6}$$

$$\text{net}_k = \sum_{j=0}^{m} w_{jk} y_j,\quad k=1,2,\cdots,l \tag{17-7}$$

对于隐层则有

$$y_j = f(\text{net}_j),\quad j=1,2,\cdots,m \tag{17-8}$$

$$\text{net}_j = \sum_{i=0}^{m} v_{ij} x_{ij},\quad j=1,2,\cdots,m \tag{17-9}$$

以上使用的功能函数 $f(x)$ 都是单极性 sigmoid 函数

$$f(x)=\frac{1}{1+\mathrm{e}^{-x}} \tag{17-10}$$

有时也可以根据实际需要采用双极性 sigmoid 函数

$$f(x)=\frac{1-\mathrm{e}^{-x}}{1+\mathrm{e}^{-x}} \tag{17-11}$$

由上述公式共同构成了三层感知器的数学模型。

2）BP 神经网络工作原理

BP 神经网络的特点主要体现在其学习训练的方法上。其学习包括信号的正向传播和输出误差的反向传播两部分。根据 BP 神经网络的结构示意图（图 17-4）可知，当信号正向传播时，信号首先从输入层进入，然后通过隐层，经过隐层的逐层处理后，由输出层最终输出。如果出现实际输出结果和预期结果不符的情况，误差就会反向传播。此时输出误差会以某种方式经由隐层反方向逐层传至输入层，并且在传递过程中将误差分配给各层的神经元。以此可以获得一系列隐层中各单元的误差信号，这些信号将会作为修正各单元之间连接权值的依据。然后整个网络将再次进入正向传播状态，如此周而复始，直到各神经元之间的连接权值调整为输出可以达到预期效果的状态，或者调整的次数达到了之前预设的数量，这项工作才会停止。

2. BP 神经网络的应用

脑功能研究是生物医学工程领域较热门的一项研究，其中基于不同范式的脑-机接口技术由于其未来广阔的应用发展空间获得了研究者的重点关注。人工神经网络因其与大脑密不可分的联系而经常被应用于脑功能研究中。这里介绍一例使用 BP 神经网络进行运动想象模式识别的应用以帮助读者了解 BP 神经网络的具体应用方法。

基于运动想象的脑-机接口技术是其众多技术中较新的一项，它通过主动控制方式帮助使用者完成某些预设任务，甚至可以为部分由于脑卒中等神经性疾病导致肢体运动功能障碍的患者提供康复训练功能。对不同运动状态下的脑电特征进行有效的区分是提高运动想象脑-机接口使用效果的关键。

本例使用 BP 神经网络进行模式识别，以区分两种任务状态下的脑电特征，即左手相关任务的运动想象与右手相关任务的运动想象。当通过信号采集设备获得脑电数据后，首先要通过预处理过程将原始信号处理成满足后期运算要求的形式。然后通过特征提取算法提取特征，以增强各类样本的可识别度，这里使用功率谱密度作为脑电的特征。

本例使用了仅包含单隐层的三层 BP 神经网络模型。输入层神经节点数目与输入特征的维数相同（根据特征维度不同可进行节点数目的调节）。隐层的节点个数设定为 10，使用 tansig 函数作为传递函数，输出后则选用 purelin 传递函数。输出层仅包含一个节点，输出参数为 $\boldsymbol{y}$。$\boldsymbol{y}$ 是一个一维二值向量，0 和 1 分别对应两种样本所属的类别（右，左）。根据所使用的脑电数据时间长度不同，BP 神经网络的识别结果亦不同，当参与训练的脑电数据长度在 3～5s 时，BP 神经网络的分类识别率可达到 80%以上，最高为 88.2%，表现出了较好的识别性能。同时，BP 神经网络的收敛速度快，可以满足实时模式的识别要求。

17.2.2 Hopfield 反馈神经网络

Hopfield 反馈神经网络的学习方式比较独特，它虽然也会使用标准样本进行训练，但通常不会重复学习过程，其权值矩阵一经确定就不再改变，而网络中神经元的状态会在运行中不断变化，直到网络达到稳定状态，各神经元状态即问题的最终解。Hopfield 反馈神经网络分为离散型和连续型两种，一般写作 DHNN（discrete Hopfield neural network）和 CHNN（continuous Hopfield neural network），下面将对这两种网络模型进行简要介绍。

1. 离散型 Hopfield 反馈神经网络

离散型 Hopfield 反馈神经网络的结构如图 17-5 所示，图中 T_j 为神经元 j 的阈值，w_{ij} 是神经元 i 与神经元 j 之间的连接权值。其特点是网络只由 n 个神经元组成，每个神经元既负责输入又负责输出，各神经元的输出 x_i 都是由其他神经元的输出通过连接权值 w_{ij} 反馈得来的。即每个神经元都受到其他神经元的共同控制，如此可以帮助神经元输出之间相互制约。

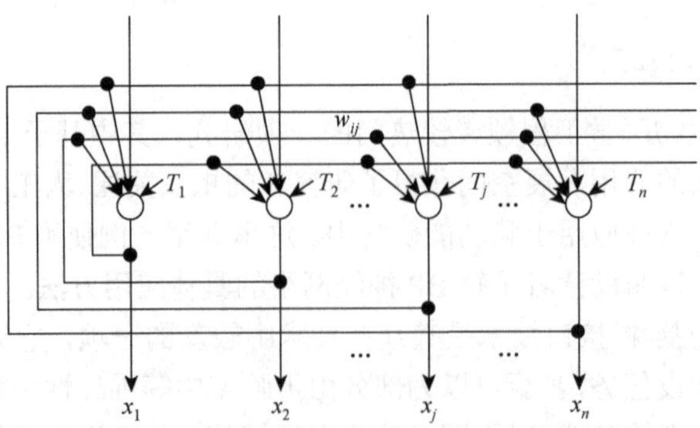

图 17-5 离散型 Hopfield 反馈神经网络结构

（图片来源：朱大奇，史慧. 2006. 人工神经网络原理及应用. 北京：科学出版社）

在 DHNN 中每个神经元都进行同样的工作。用 x_j 表示神经元输出，并称其为状态。将各神经元的状态集合在一起就形成了整个反馈神经网络的总状态 $\boldsymbol{X}=(x_1,x_2,\cdots,x_n)^{\mathrm{T}}$。而网络初始值则由其输入所决定，即 $\boldsymbol{X}(0)=(x_1(0),x_2(0),\cdots,x_n(0))^{\mathrm{T}}$。在输入刺激后，各神经元变化如下

$$x_i=f(\mathrm{net}_j),\quad j=1,2,\cdots,n \tag{17-12}$$

式中，$f(\cdot)$ 为转移函数，DHNN 通常使用符号函数或线性饱和函数作为其转移函数

$$x_j=\mathrm{sgn}(\mathrm{net}_j)=\begin{cases}-1, & \mathrm{net}_j<0\\ 1, & \mathrm{net}_j>0\end{cases} \tag{17-13}$$

$$x_j=\mathrm{satlins}(\mathrm{net}_j)=\begin{cases}-1, & \mathrm{net}_j<-1\\ \mathrm{net}_j, & -1\leqslant \mathrm{net}_j\leqslant 1\\ 1, & \mathrm{net}_j>1\end{cases} \tag{17-14}$$

net_j 为网络的净输入，其表达式如下

$$\mathrm{net}_j=\sum_{i=1}^{n}w_{ij}x_i-T_j,\quad j=1,2,\cdots,n \tag{17-15}$$

在 DHNN 中，一般有 $w_{ii}=0$，$w_{ij}=w_{ji}$。

当网络状态不再改变时，网络的稳定状态即网络的输出，有

$$\lim_{t\to\infty}\boldsymbol{X}(t) \tag{17-16}$$

1）DHNN 的异步工作方式

DHNN 的异步工作方式是一种串行方式。网络处于工作状态时，仅一个神经元进行状态的调整，而其他神经元则保持原有状态不变，即

$$x_j(t+1)=\begin{cases}\mathrm{sgn}[\mathrm{net}_j(t)], & j=i\\ x_j(t), & j\neq i\end{cases} \tag{17-17}$$

$$x_j(t+1)=\begin{cases}\mathrm{satlins}[\mathrm{net}_j(t)], & j=i\\ x_j(t), & j\neq i\end{cases} \tag{17-18}$$

且神经元进入调整状态的顺序既可根据一定规则进行控制，也可随机选择。

2）DHNN 的同步工作方式

DHNN 的同步工作方式属于一种并行方式，即所有神经元在同一时刻发生改变，其表达式如下

$$x_j(t+1)=\mathrm{sgn}[\mathrm{net}_j(t)],\quad j=1,2,\cdots,n \tag{17-19}$$

$$x_j(t+1)=\mathrm{satlins}[\mathrm{net}_j(t)],\quad j=1,2,\cdots,n \tag{17-20}$$

状态的调整方式根据其当前的净输入值大小确定。调整完成后，某时刻的状态值继续用于下次调整。当各个神经元的状态稳定后，工作结束。

2. 连续型 Hopfield 反馈神经网络

CHNN 是在 DHNN 的基础上逐渐形成的。CHNN 在结构上同 DHNN 很相似，但其处

理过程中输入/输出量都是模拟量，与真实生物神经网络的结构更为相似。CHNN 可以用常系数微分方程来描述，但使用模拟电路描述则更易理解。

图 17-6 给出了使用模拟电路搭建的 CHNN，所有神经元都可以使用运算放大器来实现。网络的输入和输出则由输入电压 u_j 和输出电压 $V_j(j=1, 2, \cdots, N)$表示，而连接权值 w_{ij} 则由电导表示。每个运算放大器分别连接着正相和反相两个输出。正相输出所连接的电导代表了兴奋性突触，反相输出所连接的电导代表了抑制性突触。同时可以通过一个偏置电流 I_j 来控制每个神经元的激活阈值。

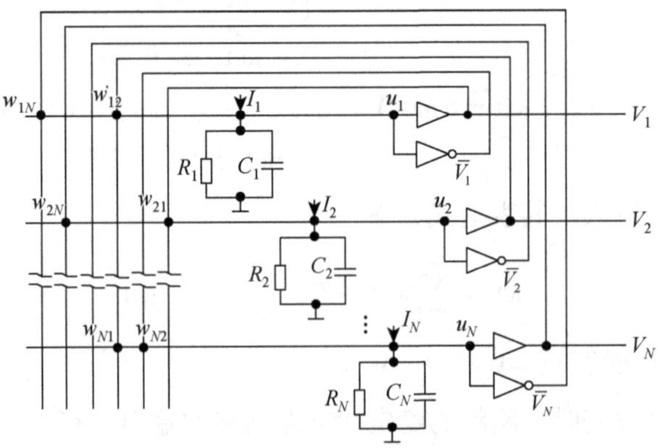

图 17-6　模拟电路搭建的 CHNN 示意图

（图片来源：朱大奇，史慧. 2006. 人工神经网络原理及应用. 北京：科学出版社）

图 17-7 给出了 CHNN 结构模型，根据基尔霍夫定律可写出如下电路方程

$$C_j\frac{\mathrm{d}u_j}{\mathrm{d}t}+g_ju_j=\sum_{i=1}^{n}W_{ij}(V_i-u_j)+I_j \tag{17-21}$$

令 $\frac{1}{R_j}=\sum_{i=1}^{n}W_{ij}+g_j$，可以得到

$$C_j\frac{\mathrm{d}u_j}{\mathrm{d}t}=\sum_{i=1}^{n}W_{ij}V_i-\frac{u_j}{R_j}+I_j \tag{17-22}$$

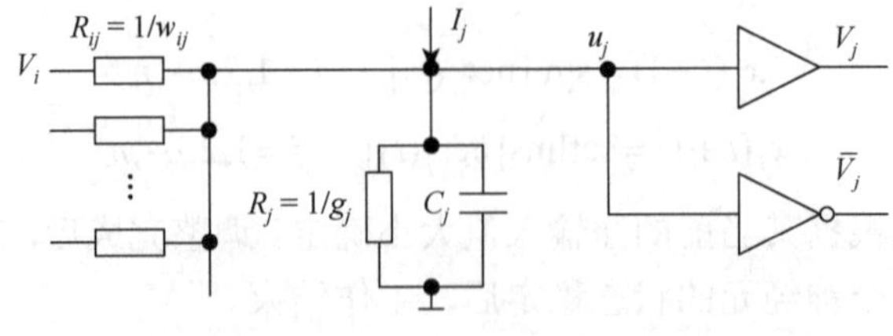

图 17-7　CHNN 结构具体细节模型

（图片来源：朱大奇，史慧. 2006. 人工神经网络原理及应用. 北京：科学出版社）

根据以上内容可以看出，CHNN 模仿了信息传递过程中的时间常数、神经元兴奋性和抑制性等几个基本特性。

3. Hopfield 神经网络的应用——无监督运动想象识别

在运动想象（motor imagination，MI）脑-机接口中，大部分都需要采用有监督的分类器来对脑电信号进行识别，这就意味着在真正使用之前需要大量时间采集用户数据用于分类器训练。为应对这一挑战，Wei-Yenhsu 等提出了一种基于 EEG 数据无监督识别左右手 MI 脑-机接口系统。测试所用数据是 Graz BCI 的公开数据集，均为左右手的想象运动脑电数据。

首先，使用连续小波变换将来自 C3 和 C4 导联的每个想象脑电片段转换到时频域，选取 8～30Hz 频带的功率谱在频率方向累加，再对每个时间点采用双样本（左右手）t 检验，选取 t 统计量峰值前后 0.5s 的数据作为想象活跃时间片段，表示该时段内左右手想象相关脑电的可分性最大。

选择活跃片段后，采用离散小波变换（discrete wavelet transformation，DWT）对信号进行分解，提取多分辨率分形特征向量（multi resolution fractal feature vectors，MFFV），采用竞争性 Hopfield 神经网络（competitive HNN）聚类来进行左右手运动想象识别。

研究对比了几种常用有监督分类器——自组织映射神经网络（self organizing feature maps，SOM）、线性判别分析（linear discriminant analysis，LDA）、多层感知器（multi-layer perceptron，MLP）、支持向量机（support vector machine，SVM）及 CHNN 的识别正确率（表 17-2），可以发现 CHNN 与其他几种有监督分类器的识别正确率相近，然而 CHNN 无须事先训练，更适合于非平稳脑电信号，在脑-机接口中具有较强的应用潜力。

表 17-2　不同算法的识别正确率比较

识别算法	SOM	LDA	MLP	SVM	CHNN
被试者 1	86.9%	82.9%	86.3%	86.7%	87.5%
被试者 2	78.1%	74.3%	78.9%	79.6%	77.8%
被试者 3	82.4%	81.7%	82.4%	84.6%	82.7%
被试者 4	86.8%	83%	85.7%	85.3%	87.9%
被试者 5	74.9%	75%	76.7%	77%	75.4%
被试者 6	79.6%	79.1%	79.8%	80.4%	79.9%
平均值	81.5%	79.3%	81.6%	82.3%	81.9%

17.2.3　径向基函数神经网络

径向基函数（radial basis function，RBF）神经网络是常见的局部逼近神经网络，由 Moody 和 Darken 提出，是借鉴生物局部调节和交叠接受区域原理而提出的一种采用局部接受域来执行函数映射功能的人工神经网络。与 BP 神经网络类似，它也具有三层前馈式网络结构。本节简要介绍此网络的结构、工作原理和应用。

1. RBF 神经网络的结构与工作原理

RBF 神经网络基本模型结构主要包括 3 层，每层所起作用不同。第一层为输入层，主要作用是将网络与外界环境连接在一起；第二层是网络中的隐层，主要负责输入空间到隐层空间的非线性变换；第三层为线性输出层，它会对作用于网络的各种不同激活模式做出响应。图 17-8 是一个最简单的 RBF 神经网络结构示意图。

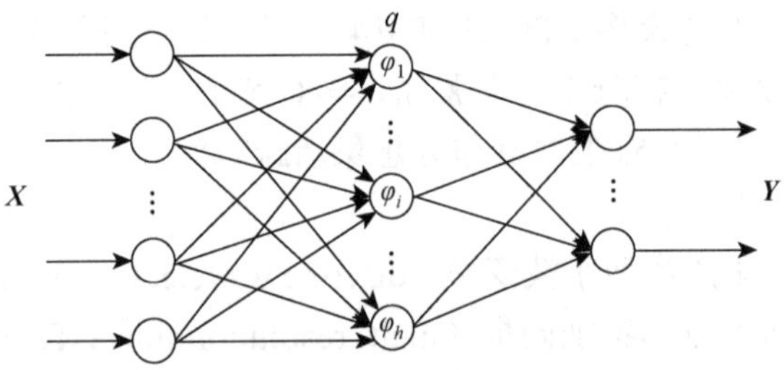

图 17-8　RBF 神经网络结构示意图

（图片来源：朱大奇，史慧. 2006. 人工神经网络原理及应用. 北京：科学出版社）

图 17-8 中 $\boldsymbol{X}$ 为 n 维输入向量，$\boldsymbol{Y}$ 代表网络的 m 维输出向量，输入/输出样本对长度为 L，则 RBF 神经网络隐层中第 i 个节点的输出 q_i 为

$$q_i = R(\| X - c_i \|) \tag{17-23}$$

式中，c_i 为第 i 个隐节点的中心，$i = 1, 2, \cdots, h$；$\| \cdot \|$ 为欧氏范数；$R(\cdot)$ 则是具有局部感受特性的 RBF 函数，这一函数具有多种形式，不同形式决定了网络的不同特性。而网络输出层第 k 个节点的最终隐节点输出 y_k 为

$$y_k = \sum_i w_{ki} q_i - \theta_k \tag{17-24}$$

从式（17-24）可以看出，最终输出为隐层中各节点输出的线性和。w_{ki} 为隐层中第 i 个节点与输出层第 k 个节点之间的连接权值；θ_k 则为第 k 个输出节点的阈值。

2. RBF 神经网络的应用

癫痫发作的实质是大脑神经元集群的异常放电，其在脑电上呈现出痫性“异常波”，因此脑电检查是诊断癫痫的有效手段之一。人工观察脑电图进行癫痫检查是一项烦琐枯燥的工作，因而自动识别癫痫脑电方法吸引了研究人员的关注，其中包括利用 RBF 神经网络进行癫痫脑电识别的探索。2016 年，Satapathy 等在原有人工蜂群（artificial bee colony，ABC）算法的基础上设计了改进的 ABC 算法，用于优化训练 RBF 神经网络进行癫痫脑电的分类。

该研究采用公开脑电数据集作为测试数据，该数据集有 5 个子集，包括健康被试者睁闭眼脑电（A/B）、癫痫患者未有发作时脑电（C/D）和其发作时脑电（E）。首先对数据进行离散小波变换，提取各子带中小波系数的最大值、最小值、平均值以及标准差作为特征向量，利用经 ABC 优化训练的 RBF 神经网络进行识别（10 折交叉验证）。

分别采用梯度下降（gradient descent，GD）、传统 ABC 以及改进 ABC 三种学习算法对 RBF 神经网络进行训练，识别效果对比如表 17-3 所示。可以发现，对不同的数据集组合改进 ABC 训练出的 RBF 神经网络具有最佳的识别正确率，其中对数据集 D 和 E 的识别正确率可达 98%，表明其对癫痫患者的发病具有较好的识别能力。

表 17-3　采用不同方法训练 RBF 神经网络的识别正确率比较

数据集	GD 学习	传统 ABC 学习	改进 ABC 学习
A vs E	71.0%	71.5%	72.6%
D vs E	86.0%	92.5%	98.0%
$A+D$ vs E	71.4%	80.5%	82.3%

17.2.4　自组织特征映射神经网络

自组织特征映射（self-organizing feature mapping，SOFM/SOM）算法是一种聚类和高维可视化的无监督学习算法。它根据人脑处理信号的特点发展出一种人工神经网络。人们经过多年研究后发现，大脑皮层中的神经元对一些激励的响应并不是从出生起就形成的，而是在后天发育成长过程中不断地自组织形成。因此，当有外界特定信息输入时便会有与之对应的大脑皮层被激活。受此启发，1981 年芬兰的 Kohonen 教授提出了自组织特征映射神经网络，已发展成为应用最广泛的神经网络之一。

1. SOM 神经网络结构、工作原理

SOM 神经网络结构主要由两部分组成：输入层和输出层，其中输出层也称为竞争层，其结构如图 17-9 所示。图中 $\boldsymbol{X}$ 为输入层的神经元，个数为 n。该神经网络的竞争层与其他神经网络有所不同，是由 m 个神经元构成的一维或二维平面阵列，且每个输入节点都与竞争层中所有输出节点相连接。

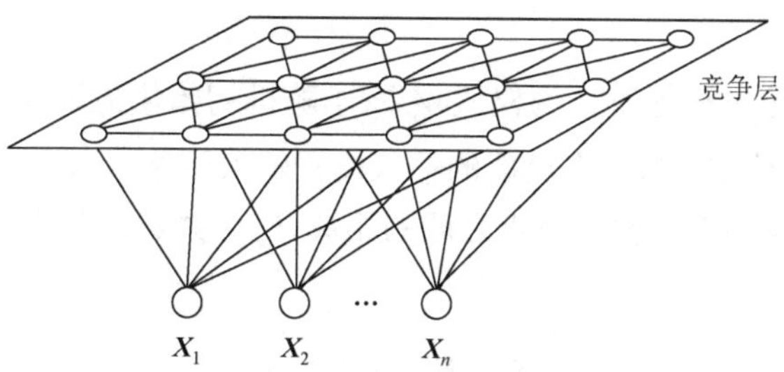

图 17-9　SOM 神经网络结构

SOM 神经网络在工作时会将所输入的任意类型映射成竞争层中一个一维或二维图形。网络通过对各种输入反复学习，可使权重向量空间分布与输入的概率分布趋于一致。网络竞争层中的神经元会以获胜神经元为中心，对近邻神经元表现出兴奋性侧反馈，而对远邻神经元表现出抑制性侧反馈。在神经科学领域，通常对近邻和远邻的范围有一个规定，即获胜神经元半径为 50～500μm 范围内的神经元为近邻，而半径为 200μm～2mm 范围内的神经元为远邻。这种对其他神经元的兴奋或抑制作用即对神经元的权值调整。这种调整不仅涉及获胜的神经元，其周围的神经元也要受到不同程度的影响。常见的调整方式有以下三种。

（1）墨西哥草帽函数：对获胜神经元的调整最大，对邻近其周围的神经元调整较小，且随着距离的增加调整量逐渐减小，直到某一距离时，其调整值变为 0；当距离再增加一些时，会出现负向权值调整量，更远处则又一次回到 0 值。其示意图如图 17-10（a）所示。

（2）大礼帽函数：属于墨西哥草帽函数的简化型，如图 17-10（b）所示。

（3）厨师帽函数：在大礼帽函数基础上进一步简化，如图 17-10（c）所示。

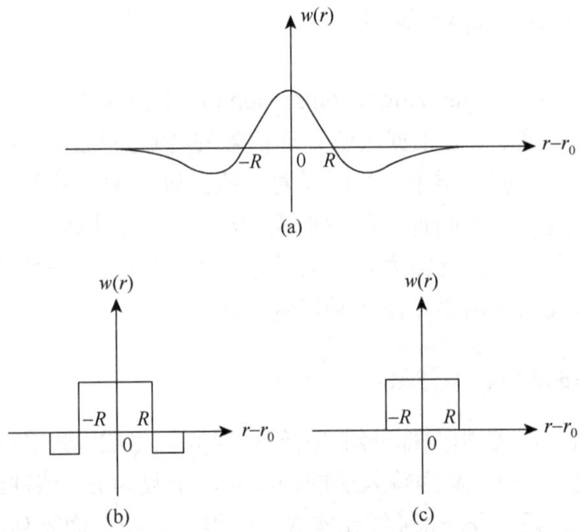

图 17-10　权值调整函数

（图片来源：朱大奇，史慧. 2006. 人工神经网络原理及应用. 北京：科学出版社）

SOM 算法的大致过程如下：为权值 W_{ij} 赋予随机初始值；设置较大的初始邻域 N_c，并设置网络的循环次数 T；将一个全新的输入模式输入网络，$\boldsymbol{X}_k=\{X_{1k},X_{2k},\cdots,X_{nk}\}$；计算输入模式 $\boldsymbol{X}_k$ 与竞争层中各输出节点之间的距离 d_{jk}，并选出其中距离最小的节点 c，其计算公式表达如下

$$\|\boldsymbol{X}_k-\boldsymbol{W}_c\|=\min_j\{d_{jk}\} \tag{17-25}$$

在选出获胜节点后，根据选择的调整公式对节点 c 附近的节点进行权值调整

$$w_{ij}(t+1)=w_{ij}(t)+\eta(t)(x_i-w_{ij}(t)) \tag{17-26}$$

式中，$0<\eta(t)<1$ 为增益函数，随着时间逐渐减小，一般取 $\eta(t)=1/t$（连续系统）或 $\eta(t+k)=1/(t+k)$（离散系统）。

完成这一系列过程后，再选择一个输入模式提供给网络，重复上述步骤，直到所有输入模式都提供给了 SOM 神经网络，此时令 $t=t+1$，重新执行循环，直至 $t=T$。

学习过程中 T 值通常选取为 500～10000，N_c 会随着训练的进行而逐渐缩小，$\eta(t)$ 则保证了学习过程的收敛性。

2. SOM 神经网络的应用

目前，军事领域新兴了一种音频识别技术用于补充战场上雷达所获取的信息单一问题。它的主要作用是对战场上接收到目标所发出的音频信号进行处理分析，以获得有用信息。战场中感兴趣目标往往具有较强的声特性差异，且其强度较大，易于收集，这些特点为技术的实现提供了可能性。李晓林等尝试使用 SOM 神经网络对战场上某型号武装直升机和某型号无人战斗机的音频信号进行了分类识别。

首先将获得的音频信号进行降噪处理，然后使用小波分层能量特征方法提取两种类型飞机的音频特征向量（维度为 10）。根据特征维度大小，实例中将 SOM 神经网络输入层的神经元个数设置为 10。从直升机和战斗机的特征向量中各取出 50 个样本用于网络训练。

其训练过程如下：将输入向量输入网络后，可以得到一个输出向量 $\{a_1,a_2,\cdots,a_n\}$，其中每个元素代表竞争层中获胜神经元的位置。在实际训练中，获胜神经元位置为 4 时，所识别飞机类型为直升机；获胜神经元的位置为 1 时，代表战斗机；当获胜神经元位置为其他时，则代表所识别的目标为其他类型。使用 SOM 神经网络进行两类飞机类型区分的测试结果如表 17-4 所示，总体正确率接近 80%，验证了 SOM 神经网络用于声目标识别的可行性。

表 17-4　SOM 神经网络测试结果

飞机类型	测试集（样本数量：50）		正确率	总正确率
	正确	不正确		
战斗机	40	10	80%	78%
直升机	38	12	76%	

除军事方面，还有人将 SOM 用于驾驶注意力检测。由于汽车数量大幅增长，安全驾驶已经成为日益严峻的交通问题，驾驶员需要在操纵汽车的同时完成观察路况、路标、导航等额外任务。这些任务会与驾驶相关认知资源竞争，分散驾驶员的注意力，增加了交通事故风险。Lin 等提出一种基于脑电的驾驶注意力分散检测系统，其检测共分两步，SOM 在这两步中都发挥了重要作用（图 17-11）。

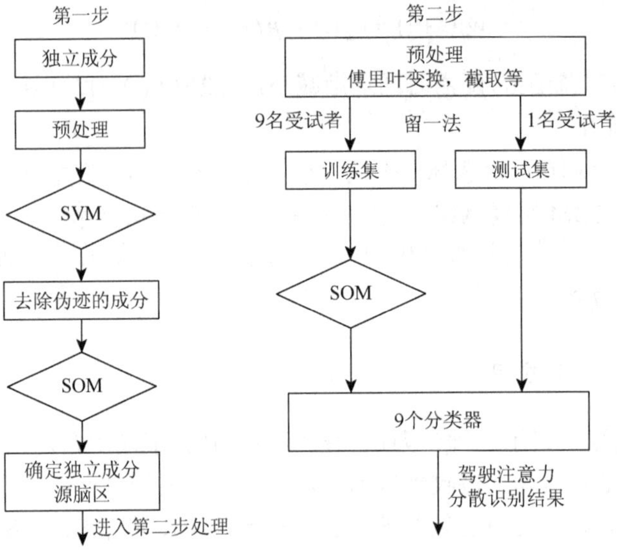

图 17-11　基于 SOM 的驾驶注意力检测流程

（图片来源：Lin C T，Wang Y K，Chen S A. 2014. An EEG-based brain-computer interface for dual task driving detection. Neurocomputing，129（4）：85-93）

第一步：自动选取有用大脑信源，首先通过独立成分分析（independent component analysis，ICA）法将原始脑电分解成若干独立分量，然后通过支持向量机排除包含伪迹的独立成分（10 折交叉验证），最后采用 SOM 对独立成分的源脑区进行分类（6 类：前额区、中央区、顶区、枕区、左运动区、右运动区）。

第二步：选取前额和左运动区的独立成分作为特征用于识别注意力分散，采用短时傅里叶变换将脑电变换到时频域作为输入 SOM 的特征，SOM 参数设置与第一步相同。

采用该方法平均识别正确率接近 90%（注意力集中（91.5±0.7）%，注意力不集中（84.1±1.8）%），而采用 SVM 对相同数据进行识别的正确率仅为 63.6%，验证了基于 SOM 的驾驶注意力检测具有较优性能。

17.2.5　对偶传播神经网络

对偶传播神经网络（counter-propagation network，CPN）模型由 Hecht-Nielsen 于 1987 年提出。它是将 Kohonen 特征映射网络与 Grossberg 基本竞争型网络相结合，发挥各自长处的一种新型特征映射网络。

1. CPN 结构、工作原理及学习算法

CPN 包括输入层、竞争层、输出层。输入层与竞争层构成自组织网，竞争层与输出层构成 Grossberg 外星网。整体来说，CPN 属于有监督的网络，而由输入层和竞争层构成的自组织网又属于典型的无监督网络。因此，这种人工神经网络既有无监督网络简单灵活的特点，又具备了有监督网络识别准确的优势。

CPN 由自组织网和 Grossberg 外星网组合而成，图 17-12 是 CPN 的标准三层结构，各层神经元间彼此互连。从拓扑结构来看，CPN 与三层 BP 神经网络较为相似。其隐层为竞争层，该层采用无监督的竞争学习规则进行学习，而输出层为 Grossberg 层，它与竞争层全互连，采用有监督的 Widrow-Hoff 或 Grossberg 规则进行学习。

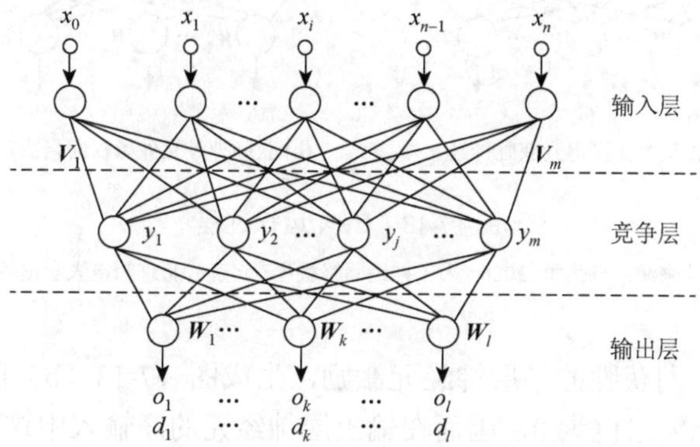

图 17-12　CPN 的拓扑结构

（图片来源：韩力群. 2006. 人工神经网络教程. 北京：北京邮电大学出版社）

网络各层表示如下：

设输入向量为 $\boldsymbol{X}$ 且

$$\boldsymbol{X}=(x_1,x_2,\cdots,x_n)^{\mathrm{T}} \tag{17-27}$$

竞争层的输出为 $\boldsymbol{Y}$ 且

$$\boldsymbol{Y}=(y_1,y_2,\cdots,y_m)^{\mathrm{T}},\quad y_i\in\{0,1\},\quad i=1,2,\cdots,m \tag{17-28}$$

网络输出以 $\boldsymbol{O}$ 表示且

$$\boldsymbol{O}=(o_1,o_2,\cdots,o_l)^{\mathrm{T}} \tag{17-29}$$

网络的期望输出为 $\boldsymbol{d}$ 且

$$\boldsymbol{d}=(d_1,d_2,\cdots,d_l)^{\mathrm{T}} \tag{17-30}$$

输入层到竞争层之间的权值矩阵用 $\boldsymbol{V}$ 表示

$$\boldsymbol{V}=(\boldsymbol{V}_1,\boldsymbol{V}_2,\cdots,\boldsymbol{V}_j,\cdots,\boldsymbol{V}_m) \tag{17-31}$$

其中，$\boldsymbol{V}_j$ 为隐层第 j 个神经元对应的内星权向量。竞争层到输出层之间的权值矩阵用 $\boldsymbol{W}$ 表示

$$\boldsymbol{W}=(\boldsymbol{W}_1,\boldsymbol{W}_2,\cdots,\boldsymbol{W}_k,\cdots,\boldsymbol{W}_l) \tag{17-32}$$

式中，$\boldsymbol{W}_k$ 是列向量，是输出层第 k 个神经元所对应的权向量。

网络按两种学习规则训练完成后，运行时首先输入向量 $\boldsymbol{X}$，竞争层对输入向量做竞争计算，若某一神经元净输入值最大，则该神经元竞争获胜，成为当前输入模式的代表。如图 17-13（a）所示，该神经元输出值为 1，其余竞争失败神经元输出值为 0。

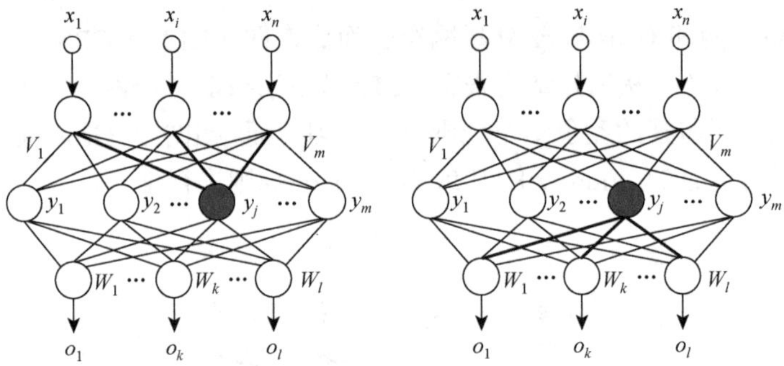

(a) 竞争计算得到获胜神经元　(b) 获胜神经元外星权向量决定输出

图 17-13　CPN 运行过程

（图片来源：韩力群. 2006. 人工神经网络教程. 北京：北京邮电大学出版社）

输出层神经元得到获胜的隐层神经元激励，生成图 17-13（b）所示的输出模式。由于竞争失败的神经元输出值为 0，因而在输出层神经元的净输入中这些神经元不起作用，对输出值没有影响。因此，网络输出 $\boldsymbol{O}$ 由竞争胜利的神经元所对应的外星权向量决定。

2. CPN 应用

1）视频监控中的运动对象检测

视频监控系统通常采用摄像机实现，应用广泛，如计算机视觉、老年护理、交通监控等。视频监控系统应用包括运动检测、识别、对象分类、行为识别和活动分析等，自“9 •11”恐怖袭击以来，对精确运动检测的需求急剧增加。

在视频传输中，经常通过改变视频质量并产生可变比特率视频流以匹配可用的无线网络带宽，从而使网络拥塞最小化。然而，在可变比特率（variable bit rate，VBR）视频流中实现完整准确的运动检测面临巨大挑战，因为频繁变化的视频质量可能损害所生成背景模型的适用性。本实例提出一种基于 CPN 的运动检测方法来分割 VBR 视频流中的运动对象。

在一系列“会议室”图片中，视频流在低码率和高码率间波动（图 17-14），图 17-14（a）是手工标注的真实人体区域，图 17-14（b）～图 17-14（f）是 5 种算法识别的结果。在这种情况下，所有方法都可以实现人体区域的二值化检测，但是 SuBSENSE 和 LOBSTER 检测轮廓损失较大，ViBe 与基于像素的 CPN 虽然可以检测出较清晰的轮廓，但是出现了很多误检的噪点，而基于分块的 CPN 在不同码率下均可检测出较清晰的轮廓且噪点极少。

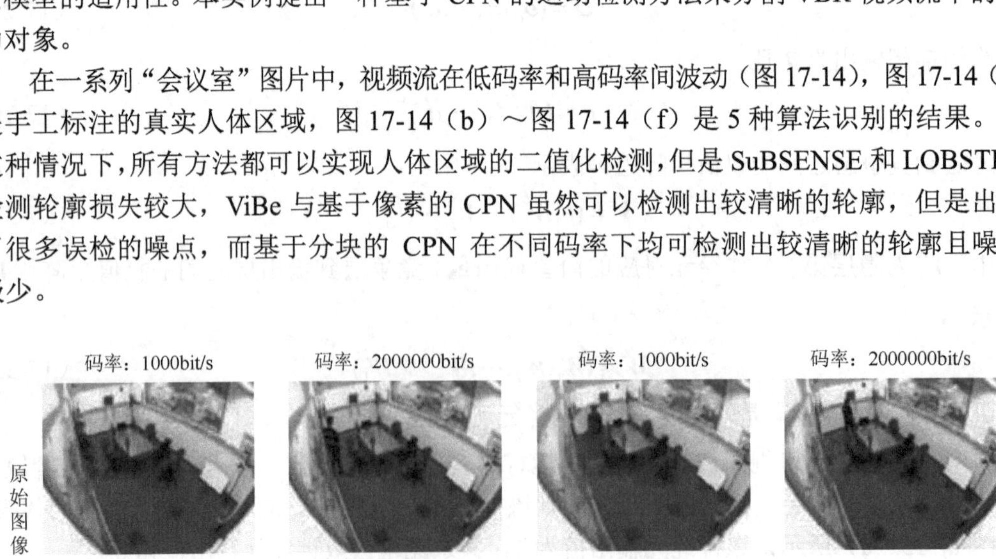

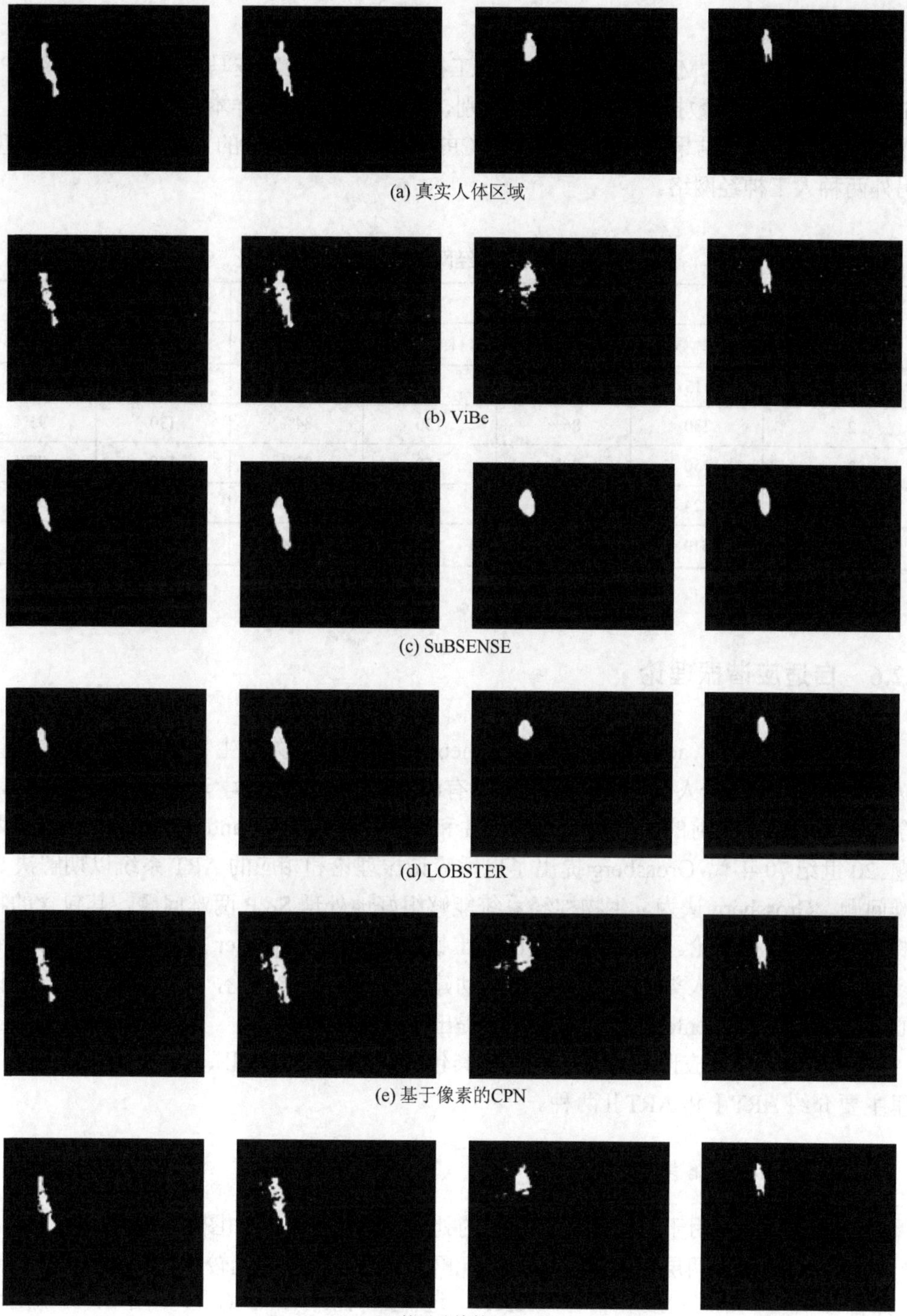

(a) 真实人体区域

(b) ViBe

(c) SuBSENSE

(d) LOBSTER

(e) 基于像素的CPN

(f) 基于分块的CPN

图 17-14　“会议室”视频序列的检测结果

（图片来源：Chen B H，Huang S C，Yen J Y. 2017. Counter-propagation artificial neural network-based motion detection algorithm for static-camera surveillance scenarios. Neurocomputing，273：481-493）

2）糖尿病诊断

Velu 等采用 RBF、MLP 和 CPN 三种人工神经网络算法，对皮马印第安人糖尿病（Pima Indian diabetes，PID）数据库进行了分类识别，随机选取 519 例样本作为训练集，另外 519 例作为测试集。识别结果表明（表 17-5），CPN 识别得到了 97%的正确率，且运算速度优于另外两种人工神经网络。

表 17-5　三种人工神经网络识别 PID 结果对比

样本集编号	RBF		MLP		CPN	
	样本数	正确率	样本数	正确率	样本数	正确率
1	115	95%	115	94%	115	96%
2	130	86%	130	84%	130	95%
3	150	90%	150	81%	150	97%
4	124	85%	124	85%	124	98%
平均	519	89%	519	86%	519	97%

17.2.6　自适应谐振理论

自适应谐振理论（adaptive resonance theory，ART）是关于生物体学习机制的理论。在 ART 之前，大部分人工神经系统存在固有的缺陷，即其竞争学习机制是不稳定的，新的学习可能会侵蚀先前的学习，即有稳定性和可塑性（stability and plasticity，S&P）两难问题。20 世纪 70 年代，Grossberg 提出了自适应谐振理论和相应的 ART 系统以期解决 S&P 两难问题。Grossberg 认为，生物神经系统能够很好地处理 S&P 两难问题，其包含的特定机制即自适应谐振理论。1976 年，美国波士顿大学学者 Carpenter 提出自适应共振理论，他多年来一直试图为人类的心理和认知活动建立统一的数学理论，ART 就是这一理论的核心部分，随后 Carpenter 又与 Grossberg 提出了 ART 网络。

ART 系统是自适应谐振理论的实现，其包括 ARTⅠ、ARTⅡ、ART Ⅲ等多种体系，这里主要介绍 ARTⅠ和 ARTⅡ两种。

1. ARTⅠ神经网络结构

ARTⅠ神经网络用于双值型离散模式的处理，其网络结构如图 17-15 所示。

该系统可认为由两层相互连接的神经元网络组成，一层为比较层 C，另一层为识别层 R，并含 3 种控制信号：复位信号（reset）、逻辑控制信号 G_1 和 G_2，如图 17-16 所示。C 层有 n 个节点，分别代表 n 个输入模式。C 层神经元的输出通过“多数表决”方式产生，即输出 c_i 与 x_i、t_{ij^*}、G_1 三个信号中的多数信号值相同。

R 层有 m 个神经元，表示 m 个输入类。R 层的每个神经元都对应两个权向量，一个是将 C 层前馈信号汇聚到 R 层的内星权向量 $\boldsymbol{B}_j=(b_{1j},b_{2j},\cdots,b_{nj}),\ j=1,2,\cdots,m$，另一个是将 R

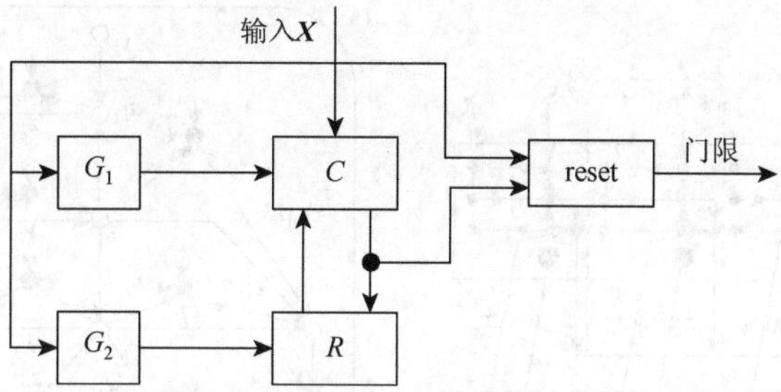

图 17-15　ART Ⅰ 神经网络结构

（图片来源：朱大奇，史慧. 2006. 人工神经网络原理及应用. 北京：科学出版社）

层反馈信号散发到 C 层的外星权向量 $\boldsymbol{T}_j=(t_{1j},t_{2j},\cdots,t_{nj}),\ j=1,2,\cdots,m$，该向量为对应于 R 层各神经元的存储模式类。

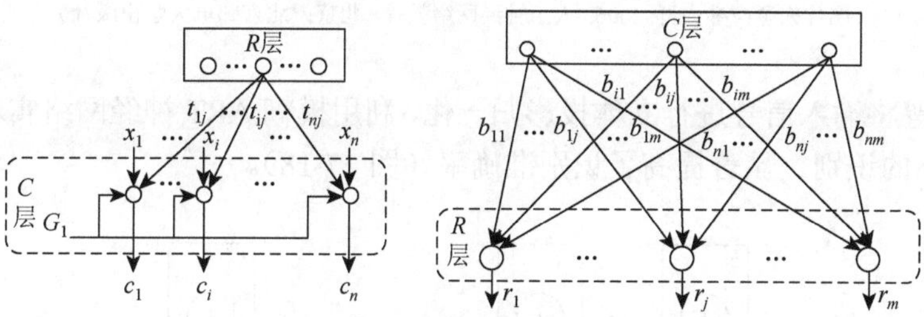

图 17-16　比较层与识别层

（图片来源：韩力群. 2006. 人工神经网络教程. 北京：北京邮电大学出版社）

2. ART Ⅱ 神经网络结构

ART Ⅱ 神经网络除了可以用于二值输入模式的处理，还可以用于对实值输入模式进行分类。其基本结构与 ART Ⅰ 类似，主要区别在于 ART Ⅱ 的比较层 F_1 结构和功能更为复杂，如图 17-17 所示。

ART Ⅱ 包括注意子系统和取向子系统两部分。注意子系统由短期记忆（short term memory，STM）特征表示场 F_1 和短期记忆类别表示场 F_2 组成。F_1 相当于 ART Ⅰ 中的比较层，包括几个处理级和增益控制系统。F_2 相当于 ART Ⅰ 中的识别层，主要用于对当前的输入模式进行竞争匹配。F_1 和 F_2 共包含 n 个神经元，其中 F_1 场有 m 个，F_2 场有 $n-m$ 个，共同构成了 n 维状态向量，代表网络的短期记忆。F_1 与 F_2 间的内外星连接权向量 $\boldsymbol{Z}$ 构成了网络的长期记忆，其中 z_{ij} 表示由下至上的权值，z_{ji} 表示由上至下的权值。取向子系统由图 17-17（b）左侧的复位系统组成。

3. ART 神经网络的应用

ART 神经网络自产生以来，由于其强大的自适应学习能力，在诸多领域得到了广泛应用。这里给出两个示例，感兴趣的读者可以详细阅读参考文献。

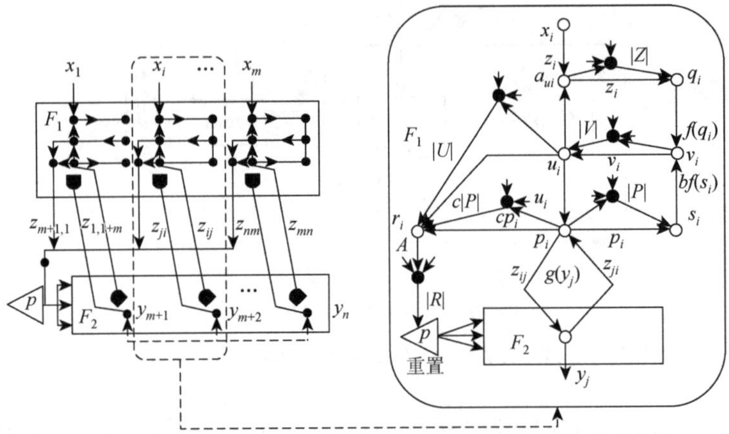

(a) ART Ⅱ神经网络整体结构　(b) ART Ⅱ网络拓扑示意图

图 17-17　ART Ⅱ神经网络结构

（图片来源：韩力群. 2006. 人工神经网络教程. 北京：北京邮电大学出版社）

Barszcz 等将输入信号进行立体投影归一化，利用模糊 ART 神经网络实现了对风力涡轮机作业状态的识别，显著提高了识别准确率（图 17-18）。

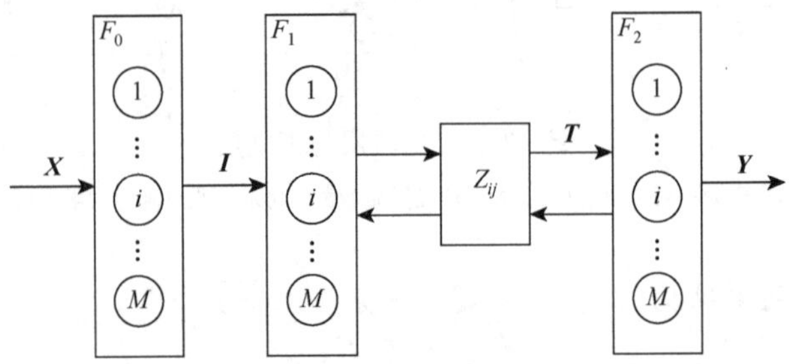

图 17-18　模糊 ART 神经网络

（图片来源：Barszcz T，Bielecka M，Bielecki A，et al. 2011. Wind turbines states classification by a fuzzy-ART neural network with a stereographic projection as a signal normalization// Adaptive and Natural Computing Algorithms，Ljubljana，6594：225-234）

Tscherepanow 等将 ART 与拓扑学习神经网络结合，建立了一种聚类方法，该方法能够在噪声数据中渐进式地学习数据的拓扑特征和关联信息，有效去除了数据中噪声的影响，能够实现对平稳信号和非平稳信号的聚类分析（图 17-19）。

17.2.7　量子神经网络简介

从前述内容我们可以知道，单层感知器可以生成分类超平面解决二分类问题。对于线性可分问题，传统单层感知器能够建立这样的可分超平面实现二分类。但对于非线性可分问题，传统单层感知器无法实现学习和分类功能，而且单层感知器不能解决二进制映射问题。这些问题一般可以采用双层感知器来解决。

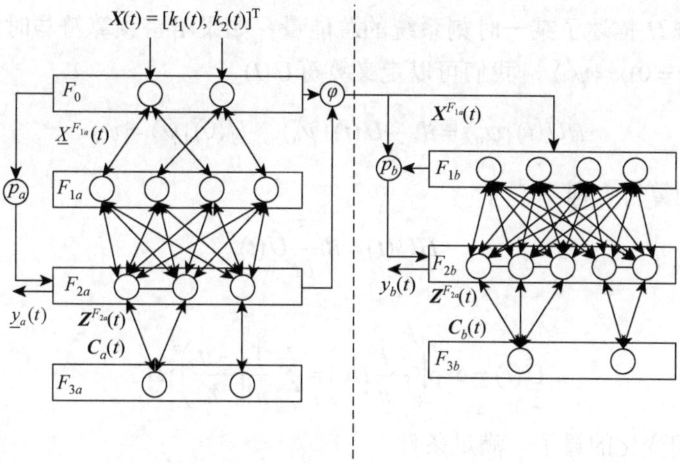

图 17-19　ART 神经网络与拓扑学习神经网络结合

（图片来源：Tscherepanow M，Kortkamp M，Kammer M. 2011. 2011 Special issue：A hierarchical ART network for the stable incremental learning of topological structures and associations from noisy data. Neural Networks，24（8）：906-916）

在量子神经网络（quantum neural network，QNN）中，没有可分与不可分的概念，因为量子感知器学习的是各种模式的叠加，无法被一个超平面分开。量子感知器通过 Grover 算法来实现分类，而且只需单层感知器就可以解决二值映射问题。

1. 量子计算基本概念与量子神经网络的发展

量子系统可以用量子态来描述

$$|\psi\rangle=\sum_i c_i|\varphi_i\rangle \tag{17-33}$$

式中，$|\varphi_i\rangle$ 是一组量子本征态，构成一个希尔伯特空间；量子态 $|\psi\rangle$ 被认为是所有基态的叠加；通常系数 c_i 是复数。这意味着从某种意义上说系统在同一时刻处于所有状态的叠加，而传统上认为系统只能处于某一种基态。

如果一个量子系统是一组基态的线性叠加，那么这个系统是相干的。如果量子相干系统与周围环境发生相互作用，那么这种叠加将会被破坏。这一现象称为消相干，由波函数 ψ 控制。系数 c_i 称为概率幅，$|c_i|^2=|\langle\varphi_i|\psi\rangle|^2$ 是消相干时 $|\psi\rangle$ 坍缩到状态 $|\varphi_i\rangle$ 的概率。需要注意的是，在观测时，波函数必定坍缩到某一确定的量子态。波函数必须满足归一化条件

$$\langle\psi|\psi\rangle=\sum_i|c_i|^2=1 \tag{17-34}$$

对于最简单的自旋系统，基态可表示为 $|\uparrow\rangle$（向上自旋）和 $|\downarrow\rangle$（向下自旋），称为 1/2 自旋系统，可以作为量子计算的基本单位。这样一个系统也被称为量子比特，将两种状态重新命名为 $|0\rangle=[1,0]^T$ 和 $|1\rangle=[0,1]^T$ 。

量子系统的动态变化可以由薛定谔方程来描述

$$\hat{H}|\psi\rangle=i\hbar\frac{\partial}{\partial t}|\psi\rangle \tag{17-35}$$

哈密顿算符 $\hat{H}$ 描述了某一时刻系统的总能量。如果哈密顿算符与时间无关，那么对于初值问题 $|\psi(t=0)\rangle = |\psi_0\rangle$，我们可以定义算符 $\hat{U}(t)$

$$\hat{H}\hat{U}(t)|\psi_0\rangle = i\hbar\frac{\partial}{\partial t}\hat{U}(t)|\psi_0\rangle, \quad \hat{U}(0)|\psi\rangle = |\psi\rangle \tag{17-36}$$

由此，我们得到算符方程

$$\hat{H}\hat{U}(t) = i\hbar\frac{\partial}{\partial t}\hat{U}(t) \tag{17-37}$$

方程的解为

$$\hat{U}(t) = \exp\left(-\frac{i}{\hbar}\hat{H}t\right) = \sum_{n=0}^{\infty}\frac{1}{n!}\left(\frac{-it}{\hbar}\right)^n\hat{H}^n \tag{17-38}$$

$\hat{U}$ 是随时间变化的算子，满足条件

$$\hat{U}(t)|\psi(t=0)\rangle = |\psi(t)\rangle \tag{17-39}$$

如果 $|\psi\rangle = \sum_i c_i|\varphi_i\rangle$ 是定态薛定谔方程的解

$$\hat{H}|\varphi\rangle = E|\varphi\rangle \tag{17-40}$$

则

$$|\psi(t)\rangle = \hat{U}(t)|\psi(t=0)\rangle\sum_i c_i\exp\left(-\frac{i}{\hbar}E_i t|\varphi_i\rangle\right) \tag{17-41}$$

是对应的时间演化解。这里，$|\varphi_i\rangle$ 和 E_i 是本征问题（17-40）的本征态和本征值。

时间演化算子满足幺正算子条件

$$\hat{U}^{\dagger}(t)\hat{U}(t) = \exp\left(\frac{i}{\hbar}\hat{H}t\right)\exp\left(-\frac{i}{\hbar}\hat{H}t\right) = 1 \tag{17-42}$$

一般地，算子 $\hat{A}$ 与 $\hat{A}^{\dagger} = \hat{A}^{-1}$ 为幺正算子。这里，“†”表示矩阵的复共轭转置。更一般地，可以将幺正算子看作两组正交基之间的基变换。量子系统的时间演变可以用幺正算子来描述，且 $\hat{U}^{\dagger}(t) = \hat{U}(-t)$，这说明只要不对系统进行测量，量子系统的时间演变就是可逆的。

基于量子力学特性的量子计算概念最先由 Benioff 与 Feynman 于 1982 年提出，之后 Deutsch 定义了第一个量子计算模型，1994 年 Shor 利用量子并行计算特性提出了大数质因子分解量子算法，Grove 于 1996 年提出了量子搜索算法，一系列算法的出现加快了量子计算这一研究领域的发展，在国际上掀起了研究量子计算的热潮。

2. 简单量子神经网络模型

人们已对量子神经网络建立了多种模型，这里介绍两种较为简单的量子神经网络模型，感兴趣的读者可以查阅参考文献了解其他更复杂的模型。

1）量子神经元模型

假设量子比特的存在概率为

$$|x\rangle = \alpha|0\rangle + \beta|1\rangle \tag{17-43}$$

式中，$|\alpha|^2 + |\beta|^2 = 1$；状态 $|0\rangle$ 和 $|1\rangle$ 可以认为是光的两种不同偏振态。

假设存在一个感知器，即包含 n 个输入通道 $x_1,x_2,\cdots,x_n$ 和 1 个输出通道 y 的系统，传统感知器的输出为

$$y=f\left(\sum_{j=1}^{n} w_j x_j\right) \tag{17-44}$$

式中，$f(\cdot)$ 是感知激活函数；w_j 是权重，通过学习过程进行调制（图 17-20）。

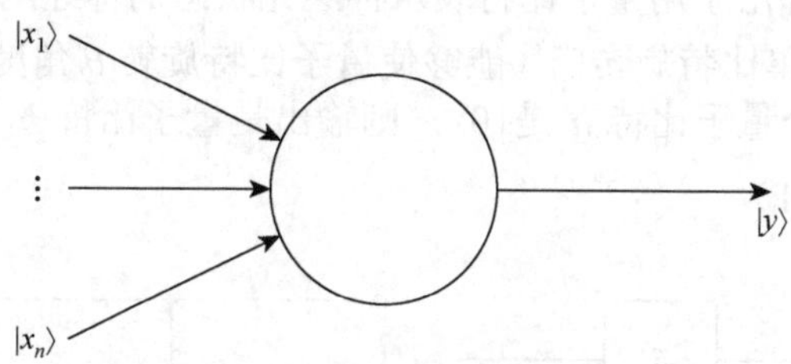

图 17-20　量子神经元模型

（图片来源：李飞，郑宝玉，赵生妹. 2004. 量子神经网络及其应用. 电子与信息学报，26（8）：1332-1339）

感知器的学习过程如下。

（1）权重 w_j 初始化为较小的随机数。

（2）将特征向量 $(x_1,x_2,\cdots,x_n)$ 输入感知器，利用式（17-44）得到输出 y。

（3）根据式（17-45）更新权重

$$w_j(t+1)=w_j(t)+\eta(d-y)x_j \tag{17-45}$$

式中，t 是离散时间变量；d 是用于训练的期望输出值；$\eta(0<\eta<1)$ 是步长。

与 S 型函数和其他神经网络的常用函数一样，我们很难获得精确的非线性激活函数，但学习规则可以在量子系统中实现。

我们假设一个量子系统有 n 个与式（17-43）相同形式的输入 $|x_1\rangle,|x_2\rangle,\cdots,|x_n\rangle$，输出 $|y\rangle$ 为

$$|y\rangle=\hat{F}\sum_{j=1}^{n}\hat{w}_j|x_j\rangle \tag{17-46}$$

式中，$\hat{w}_j$ 是作用于基向量 $(|0\rangle,|1\rangle)$ 的 2×2 矩阵，包含相位因子 $e^{i\theta}$、分束器参数以及衰减系数；$\hat{F}$ 是未知算子，可以用量子门网络实现。

考虑最简单的情况，令 $\hat{F}=1$，t 时刻量子感知器的输出为

$$|y(t)\rangle=\sum_{j=1}^{n}\hat{w}_j(t)|x_j\rangle \tag{17-47}$$

类比于式（17-45），可设定学习法则

$$\hat{w}_j(t+1)=\hat{w}_j(t)+\eta(|d\rangle-|y(t)\rangle)|x_j\rangle \tag{17-48}$$

式中，$|d\rangle$ 是期望的输出。

现在我们可以很容易地知道，式（17-48）可以令量子感知器逐步趋近于期望输出 $|d\rangle$。事实上，利用式（17-48）并采用实际与期望输出的模平方差，我们可以得到

$$\| |d\rangle - |y(t+1)\rangle \|^2 = \left\| |d\rangle - \sum_{j=1}^{n} \hat{w}_j(t+1)|x_j\rangle \right\|^2 = (1-n\eta)^2 \| |d\rangle - |y(t)\rangle \|^2 \tag{17-49}$$

对于较小的$\eta(0<\eta<1/n)$和标准化输入状态$|x_j\rangle=1$，迭代结果会逐步收敛于期望状态$|d\rangle$。然后就可以根据人工神经网络的构建标准法则构建完整的神经网络。

2）量子比特（qubit）神经元模型

2000 年 Matsui 等提出了用量子比特表示神经元状态的神经网络模型。这种模型中定义了两种量子逻辑门：单比特旋转门（能够使量子比特旋转 θ 角度）和双比特异或门（执行异或操作）。如果一个量子比特 a 是$|0\rangle$，则输出是量子比特 b，如果 a 是$|1\rangle$，那么输出是 b 的反转（图 17-21）。

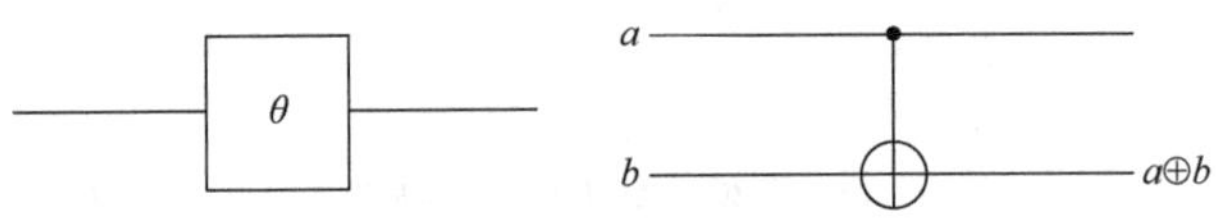

图 17-21　量子逻辑门

（图片来源：Kouda N，Matsui N，Nishimura H. 2000. Learning performance of neuron model based on quantum superposition// IEEE International Workshop on Robot and Human Interactive Communication，Osaka：112-117）

为了方便，可以用复数来表示量子比特的状态，将$|0\rangle$的概率幅表示为实部，$|1\rangle$的概率幅表示为虚部，则量子比特状态可以表示为

$$f(\theta)=\mathrm{e}^{\mathrm{i}\theta}=\cos\theta+\mathrm{i}\sin\theta \tag{17-50}$$

式中，i 是虚部单位。则两种逻辑门可以有如下表示。

（1）旋转门：旋转门将量子比特的状态进行相位平移，这种门可以表示为

$$f(\theta_1+\theta_2)=f(\theta_1)\cdot f(\theta_2) \tag{17-51}$$

（2）异或门：这种门通过控制输入参数γ来实现

$$f\left(\frac{\pi}{2}\gamma-\theta\right)=\begin{cases}\sin\theta+\mathrm{i}\cos\theta, & \gamma=1\\ \sin\theta-\mathrm{i}\cos\theta, & \gamma=0\end{cases} \tag{17-52}$$

式中，$\gamma=1$对应于反转，$\gamma=0$对应于不变。在$\gamma=0$的情况下，量子状态$|1\rangle$的概率幅相位被反转。

如果将激活神经元状态定义为量子比特状态$|1\rangle$，非激活神经元状态定义为$|0\rangle$，任意神经元的状态是两种状态的相干叠加。量子神经元可以定义如下。

第 k 个神经元的状态 x_k 接收 L 个其他神经元的输入

$$u_k=\sum_{l}^{L} f(\theta_{l,k})\cdot x_l - f(\lambda_k) \tag{17-53}$$

$$y_k=\frac{\pi}{2}\cdot g(\delta_k)-\arg(u_k) \tag{17-54}$$

$$x'_k=f(y_k) \tag{17-55}$$

式中，$g(x)$是 sigmoid 函数

$$g(x)=\frac{1}{1+\exp(-x)} \tag{17-56}$$

在量子神经元模型中，有三个重要参数——相位参数θ、λ和反转参数δ。θ表示神经元间的突触连接强度，参数λ表示传统神经元模型的阈值参数，反转参数δ能够提高神经元的自由度。量子比特神经元构成的网络与传统 BP 网络类似（图 17-22）。

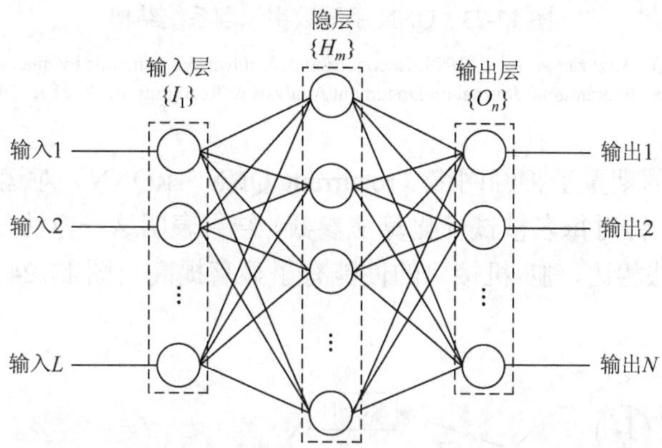

图 17-22 3 层前馈量子比特神经网络结构

（图片来源：Kouda N，Matsui N，Nishimura H. 2000. Learning performance of neuron model based on quantum superposition// 9th IEEE International Workshop on Robot and Human Interactive Communication，Osaka：112-117）

尽管量子神经网络的研究还处于起步阶段，但从现有研究成果来看，该技术有较大的发展潜力，未来可能有以下几个研究方向。

（1）神经网络集成的研究。神经网络集成通过训练多个神经网络并将其结论进行合成，可以显著提高学习系统的泛化能力。量子理论中的叠加思想与神经网络集成有相似性，可在神经网络集成的基础上开展量子神经网络的研究。

（2）Tammy 多宇宙神经网络思想的实现。Tammy 的思想可以解决传统神经网络灾变性失忆的问题，能有效提高网络的学习速度。需要研究如何实现这种思想，如网络的训练算法、塌陷算法等。

（3）量子计算在传统计算机上会失去它的优越性，因此，很可能真正的量子神经网络只有在量子计算机上才能实现。当前量子计算的研究是物理学家和计算机学家的研究热点，并且已经有人初步提出了基于量子器件的神经网络模型。

3. 量子神经网络的应用

QNN 的应用研究热点之一为模式识别，这里给出两个实例。

Zhou 等利用 QNN 自身的模糊特性，尝试了 QNN 在手写体数字识别方面的应用。将手写数字的实际图像和变形处理后的模糊图像进行模式识别，并与 BP 神经网络进行了对比。结果显示 QNN 在识别易混淆数字对方面的正确率可以达到 99.10%，显著优于 BP 神经网络（图 17-23）。

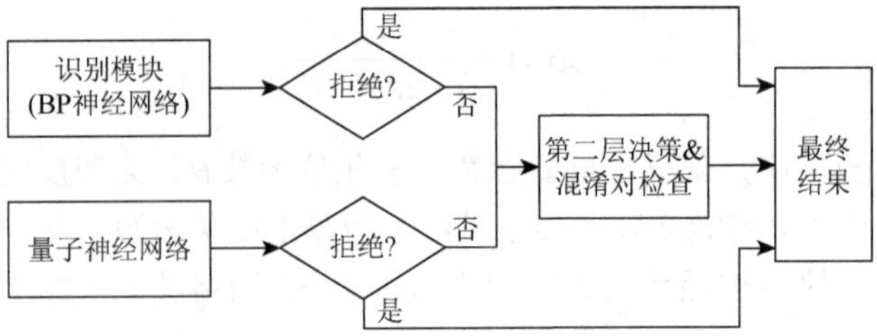

图 17-23　QNN 手写数字识别系统结构

（图片来源：Zhou J，Gan Q，Krzyżak A，et al. 1999. Recognition of handwritten numerals by quantum neural network with fuzzy features. International Journal on Document Analysis & Recognition，2（1）：30-36）

Gandhi 等利用周期量子神经网络（recurrent QNN，RQNN）对运动想象脑-机接口的脑电信号进行滤波，针对每名被试优化算法参数，结果表明这一方法与只采用原始脑电信号或是其他滤波方法相比，脑-机接口的性能有了显著提高（图 17-24）。

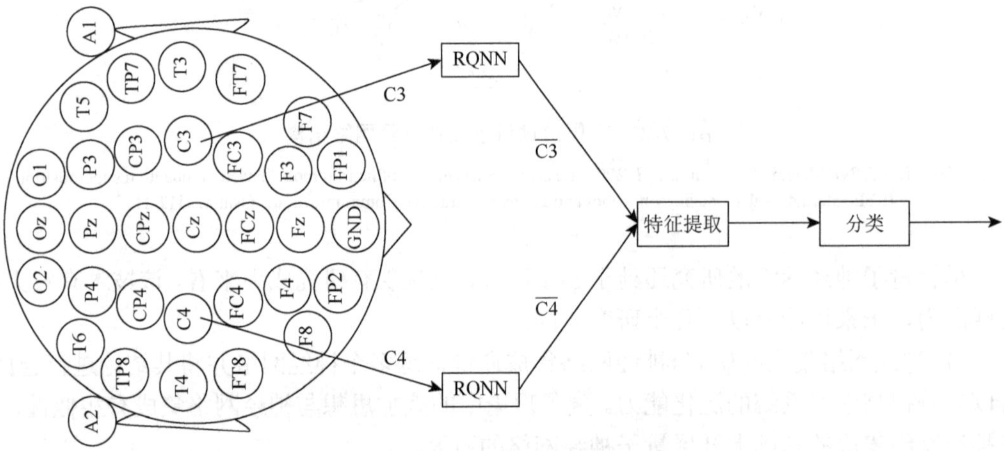

图 17-24　RQNN 用于脑-机接口信号增强

（图片来源：Gandhi V，Prasad G，Coyle D，et al. 2014. Quantum neural network-based EEG filtering for a brain-computer interface. IEEE Transactions on Neural Networks & Learning Systems，25（2）：278）

17.3　深度学习简介

传统机器学习的精度依赖于特征表示的有效性，机器学习的困难之一是如何从原始数据中抽取高层次的特征表示。大多数现实应用的数据都包含大量可变因素，理清不同因素间的关系并从中抽取有用的特征表示，通常需要该领域研究人员数十年的努力。深度学习简化了这一过程，它采用简单的概念来构建复杂的概念，从而获得关于数据的有效表示。

深度学习算法的目的在于：建立模型模拟人类大脑的神经连接结构，通过多层次变换对数据特征进行描述，以更好地解决浅层学习难以处理的复杂问题。人们观察到灵长类生物在接收到图像信息后，会将图像信息从视网膜传递到前额大脑皮层再到运动神经，而这一过程的完成时间让研究者推测大脑皮层并未直接对数据进行特征提取处理，而是将整体信息通过一个多层网络后，根据分析提取出的特征来识别物体。这种信息处理结构极大地降低了大脑的运行负担。

深度学习算法通过组合低层特征，从而形成更为抽象高层特征的方法与上述过程相吻合。深度学习中的“深度”是相对于支持向量机等“浅层”学习算法而言的。浅层学习算法通常根据编程人员的个人经验事先提取样本特征，通过训练学习后得到分类判别标准，但是该类方法相对于深度学习来说缺乏层级结构，无法解决较为复杂的问题。同时，深度学习是直接对原始信号进行操作，通过多层次的样本特征变换、训练学习，自动获取多层级的特征表示，从而更有利于形成判别性更强的分类标准。

17.3.1　深度神经网络简介

深度学习是机器学习中表示学习的子集，其概念来源于对人工神经网络研究的深入，近几年硬件和算法的革新使得该技术在计算机视觉、语音识别等应用中取得了突破性的进展。2006 年，多伦多大学的 Hinton 等首次提出了“深度学习”的概念，即基于样本数据经过一定的训练方法得到包含多个层级深度网络结构的机器学习过程。Hinton 等发现通过无监督的训练方法优化事先得到网络权值的初始值，然后进行微调可以改善随机初始化网络权值会带来网络收敛到局部最小值的问题，从而开启了深度学习研究的大门。

深度学习过程中所得到的多层网络就是深层次的神经网络，称为深度神经网络（deep neural network，DNN）。该网络由多个单层神经网络叠加而成，包含大量神经元单位，每个神经元又与其他神经元之间相互连接，连接强度会在深度学习过程中不断调整以适应任务需要。自 2006 年 Hinton 提出名为“深度信念网络”的神经网络原型后，深度学习在这十几年中发展迅速。根据深度学习的发展趋势可将常见的深度神经网络分为三类。

（1）监督学习（supervised learning）方向：如卷积神经网络（convolutional neural networks，CNN）、递归神经网络（recurrent neural networks，RNN）等。

（2）非监督学习（unsupervised learning）方向：如深度信念网络（deep belief net，DBN）、生成对抗网络（generative adversarial net，GAN）等。

（3）强化学习（reinforcement learning）方向：如深度 Q 学习（deep Q-learning，DQL）、深度确定性策略梯度（deep deterministic policy gradient，DDPG）等。

本节对三类深度神经网络进行简要叙述，感兴趣的读者可以自行查阅资料进行更为详细的了解。

17.3.2　监督学习方向

监督学习是要求计算机学习由人工标定训练数据的一种技术。众多深度监督学习网络中以卷积神经网络最为著名且应用范围最广，该神经网络是第一个真正多层结构的学习算法，是感知机的推广形式，由 Lecun 等首次提出。CNN 是一种深度监督学习下的机器学习模型，其由多个单层卷积神经网络组成，在传统的全连接层中增加了卷积层、非线性变换层和池化层。单层卷积神经网络的结构如图 17-25 所示，每层的输入和输出为张量构成的特征图。

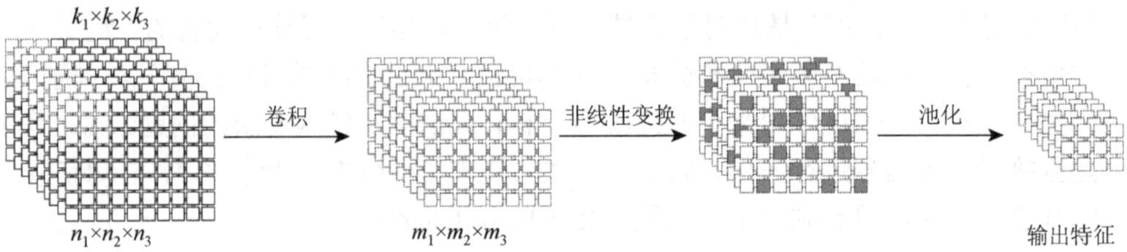

图 17-25　单层卷积神经网络的结构

（图片来源：尹宝才，王文通，王立春. 2015. 深度学习研究综述. 北京工业大学学报，41（1）：48-59）

卷积阶段，通过使用不同的卷积核提取信号的不同特征，实现对输入信号的特定模式观测。卷积阶段的原始输入是一个 $n_1 \times n_2 \times n_3$ 大小二维特征构成的三维矩阵，其中用 x_i 代表每个二维特征。该阶段的输出是一个 $m_1 \times m_2 \times m_3$ 三维矩阵。在该阶段，输入与输出之间的权值用 w_{ij} 表示，即可以通过训练得到卷积核，其为一个 $k_1\ k_2 \times k_3$ 大小的矩阵。此时，输出的特征为

$$y_j = \sum_i w_{ij} * x_i + b_i \tag{17-57}$$

式中，y_i 代表输出特征；*是二维离散卷积运算符；b_j 为偏置参数。

非线性变换阶段，通过非线性变换方式对卷积阶段得到的特征矩阵进行筛选。通过非线性映射 $R = h(y)$ 对输入特征进行处理。常用的非线性映射函数包括 sigmoid、tanh 和 softsign 函数，目前 ReLU（rectified linear units）也是常用函数。

sigmoid 函数　　$R = \dfrac{1}{1+\mathrm{e}^{-y}}$

tanh 函数　　$R = \dfrac{\mathrm{e}^{y} - \mathrm{e}^{-y}}{\mathrm{e}^{y} + \mathrm{e}^{-y}}$

softsign 函数　　$R = \dfrac{y}{1+|y|}$

ReLU 函数　　$R = \max(0, y)$

池化阶段，会单独操作各个特征矩阵，根据不同的特征属性采取不同的处理方法。例如，对于图像特征可以使用平均池化或最大池化操作。

将上述多个单层卷积神经网络进行堆叠，以前一层卷积网络输出作为后一层输入即可形成卷积神经网络。通过卷积网络的最后一层会连接一个全连接层和分类器。在训练卷积神经网络时，最常用的方法是反向传播法和有监督的训练方式，其训练流程如图 17-26 所示。首先，随机初始化网络中所有卷积核的权值 w_{ij}（有时也可通过无监督训练方式进行预训练获得），然后将原始样本数据送入网络，经过多层卷积网络处理后将最后一层的输出 O 与目标标签 T 进行对比，观察误差 E 是否满足收敛条件。若满足，则结束训练过程；若不满足，则根据更新公式更新最后一层网络的权值 w_{ij}，并将误差传回上一层网络，同

时更新上一层网络，按照此方法逐层向上传递直到回到输入层，再次通过卷积神经网络，循环这个过程，直到误差 E 满足最终收敛条件。

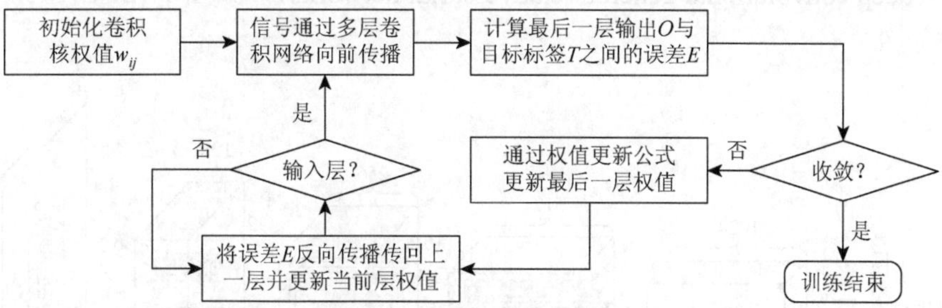

图 17-26　卷积网络训练流程

（图片来源：尹宝才，王文通，王立春. 2015. 深度学习研究综述. 北京工业大学学报，41（1）：48-59）

卷积神经网络主要用于计算机视觉等图像处理领域，其网络结构与图像的特性密切相关。不同于全连接的神经网络，卷积神经网络采用卷积实现了权重共享，显著减少了需要计算的参数量。在图片识别中，实际有用的信号模式要远小于整张图片的尺寸，并且不同的图片会在不同的区域出现相同的信号模式。因此，神经网络的设计要满足稀疏权重和平移不变性的要求，而卷积操作通过共享模板满足了以上两个要求。此外，池化操作实质上是对图片的降采样操作，也符合图片中降采样不改变物体形状的特点，同时进一步减少了特征数目。卷积神经网络避免了传统浅层网络结构中复杂的特征提取过程，在保留有用结构信息的同时能有效地减少数据处理量。

17.3.3　非监督学习方向

非监督学习不依赖于人工对数据进行标定，计算机直接从数据中提取有用信息，机器学习中常用的聚类分析就是非监督学习的一种。然而，相比于监督学习，非监督学习的难度更大，实际应用效果也不佳。因此，目前深度非监督学习方向的算法基本是基于半监督学习构建的。半监督学习中未标定数据的数目要远大于标定数据的数目，半监督学习方向被视作监督学习与非监督学习的一种过渡。

深度非监督学习的代表性算法包括深度信念网络和生成对抗网络。GAN 近年来在图像领域受到了广泛关注，其基本思想来源于博弈论。GAN 主要包含生成模型和判别模型两部分，生成模型利用随机噪声生成目标数据类型，判别模型判断生成的目标数据同真实数据的差别并向生成模型反馈信息，生成模型根据反馈的信息改进生成方式。

假设生成模型为 $x=g(z)$，z 为随机噪声，函数 $g(\cdot)$ 将随机噪声生成样本 x，判别模型为 $d(x)$，输出 x 为真实样本的概率，P_r 和 P_g 分别代表真实数据和生成数据的概率分布，优化目标函数为

$$\min_g \max_d E_{x\sim P_r}[\ln(d(x))]+E_{x\sim P_g}[\ln(1-d(x))] \tag{17-58}$$

通过对 g 和 d 交互迭代优化直到目标函数收敛，获得最优生成函数 $\hat{g}$ 和判别函数 $\hat{d}$ 。

GAN 可以用于图片生成，例如，可以将判别函数设计为 CNN，而将生成函数设计为 DCGAN（deep convolutional generative adversarial networks），如图 17-27 所示。

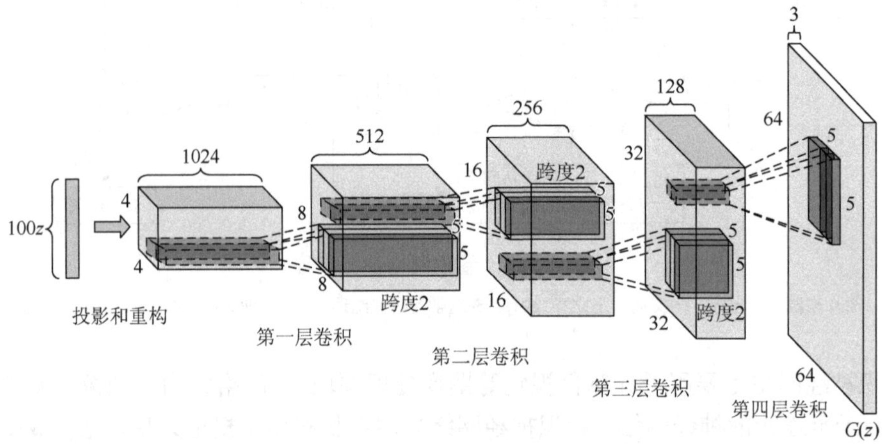

图 17-27　DCGAN 训练过程

（图片来源：Radford A，Metz L，Chintala S. 2015. Unsupervised representation learning with deep convolutional generative adversarial networks. arXiv Preprint arXiv: 1511.06434）

GAN 本身存在训练过程对参数敏感的问题，2017 年 ICLR 的一篇文献指出 GAN 的实质是最小化真实数据分布和生成数据分布之间的差异，建议采用 Wasserstein 距离代替原有的 Jensen-Shannon 距离。与原始算法相比，新的算法更加平滑，对参数更不敏感。更多关于 GAN 的内容，感兴趣的读者可以查阅相关文献。

17.3.4　强化学习方向

Lecun 曾用蛋糕来比喻整个人工智能，非监督学习是蛋糕的主体，监督学习是蛋糕上的糖霜，而强化学习则是蛋糕上装饰用的樱桃。强化学习强调通过与环境的不断交互寻找最优策略以实现一个目标，其可被看作标记延迟的监督学习。

强化学习的目标是使我们的行为能够获得最大的累积奖赏，累积奖赏可以表示为

$$J_t = r_{t+1} + \gamma r_{t+2} + \gamma^2 r_{t+3} + \cdots \tag{17-59}$$

式中，r 表示每回合的奖赏；t 表示步骤；γ 表示折扣系数。每回合采取的策略用 $\pi(s)=a$ 表示，s 代表当前所处的状态，a 是根据当前状态采用的动作。为了评估策略的好坏，经常使用值函数 $Q^{\pi}(s,a)$ 表示在策略 π 下从状态 s 出发执行动作 a 所获得的累积奖赏。

DQN 是深度强化学习的代表性算法，DeepMind 在 Q 学习中使用了神经网络，并引入了名为重现记忆（replay memory）的存储单元，解决原始 Q 学习算法数据之间不满足独立同分布假设的问题。结果表明，DQN 在玩不同的 Atari 动作游戏时（18 种动作）取得了不错的效果，部分游戏能达到顶级人类玩家 75%的水平。为了进一步在大动作集中

应用深度强化学习，DeepMind 提出了名为 Wolpertinger 的框架结构，如图 17-28 所示。该框架可将离散的状态与连续的动作空间相对应，并将连续的动作空间映射到原始的离散动作空间中，从而实现了对大规模离散动作的处理。

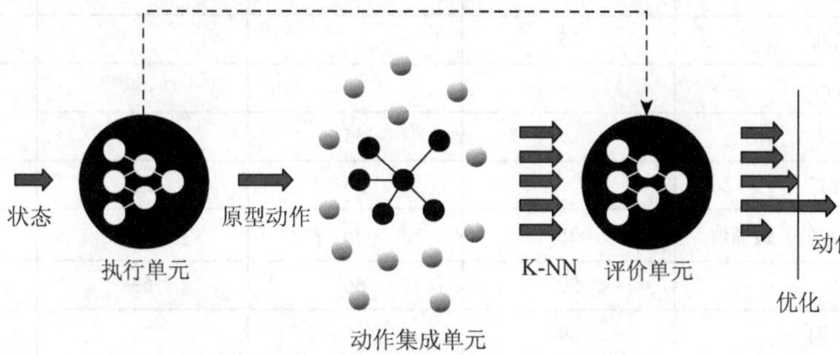

图 17-28　Wolpertinger 的框架结构

（图片来源：Dulac-Arnold G，Evans R，Van Hasselt H，et al. 2015. Deep reinforcement learning in large discrete action spaces. arXiv Preprint arXiv：1512.07679）

17.3.5　深度学习的应用

随着计算机技术和互联网的发展，海量的数据积累和大规模的并行计算给深度学习的成功应用提供了可能性。到目前为止，深度学习已经在不同领域取得了一系列成果。

1）计算机视觉

2012 年纽约时报报道了“谷歌大脑”项目，该项目用 16000 台大规模计算机集群构建深度网络成功实现了从视频中识别猫。而 ImageNet 数据库的出现使得深度学习在计算机视觉领域取得了惊人的成果，如人脸识别、图像分割、物体识别定位等。

2015 年，Google 的 Vinyals 等设计了一种“神经图片标注”（neural image cation，NIC）模型。该模型将卷积神经网络与递归神经网络结合，由 CNN 进行图像特征提取，由 RNN 生成语言解释（图 17-29）。采用多种测试图片集对该算法进行测试，其识别结果评分均优于已有算法，甚至接近于人工标注的评分值（表 17-6）。

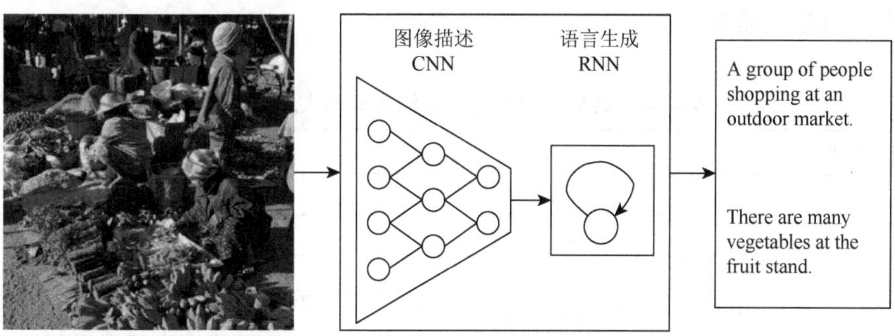

图 17-29　NIC 模型（CNN + RNN）生成图片标注流程图

（图片来源：Vinyals O，Toshev A，Bengio S，et al. 2015. Show and tell：A neural image caption generator// Computer Vision & Pattern Recognition，Boston: 3156-3164）

表 17-6　NIC 模型与其他算法标注评分对比

算法	PASCAL 图片集	Flickr 30k 图片集	Flickr 8k 图片集	SBU 图片集
Im2Text				11
TreeTalk				19
BabyTalk	25			
Tri5Sem			48	
m-RNN		55	58	
MNLM		56	51	
现有算法（以上 6 种）最高值	25	56	58	19
NIC	59	66	63	25
人工识别	69	68	70	

在计算机视觉领域的成功也使得深度学习技术被应用于无人驾驶领域。2012 年谷歌无人驾驶汽车获得美国首个自动驾驶车辆许可证。此后通用、特斯拉等大量汽车公司均开始了无人驾驶汽车的研发。2014 年，百度启动无人驾驶汽车计划，并在 2016 年获得美国加州政府颁发的全球第 15 张无人车上路测试牌照。

2）语音识别

在语音识别方面，传统以隐马尔可夫模型和高斯混合模型为代表的语音识别系统正在被深度神经网络所替代。目前，以苹果 Siri、微软 Cortana 为代表的语音识别系统已经可以识别用户指令，并辅助用户生活和工作。

2016 年，百度硅谷人工智能实验室发表了一项研究成果。他们以递归神经网络为主体，结合多个卷积输入层，采用 CTC（connectionist temporal classification）损耗函数训练网络，并引入批量归一化（batch normalization）、时频二维卷积等手段优化算法，初步实现了对中文普通话和英文两种差异极大语言的语音识别。

采用多种英文语音集对该语音识别系统进行了测试（表 17-7），对于 4 组高信噪比语音集，百度在其中 3 组取得了优于人工的识别性能；对于 4 组有口音的语音集，人工仍显著优于机器水平，但在印度英语的识别上，二者接近，对于两组环境嘈杂的语音集，机器水平与人工有较大差距。

表 17-7　百度识别英文语音错误率与人工水平对比

类别	语音集	百度/%	人工/%
高信噪比朗读	WSJ eval'92	3.10	5.03
	WSJ eval'93	4.42	8.08
	LibriSpeech test-clean	5.15	5.83
	LibriSpeech test-other	12.73	12.69
有口音	VoxForge American-Canadian	7.94	4.85
	VoxForge Commonwealth	14.85	8.15
	VoxForge European	18.44	12.76

续表

类别	语音集	百度/%	人工/%
有口音	VoxForge Indian	22.89	22.15
环境嘈杂	CHiME eval real	21.59	11.84
	CHiME eval sim	42.55	31.33

对于中文，百度采用了自制的中文语音集（训练样本 2000 例，测试样本 1882 例）进行测试，错误率为 7.93%。另外，研究团队还随机选取 100 例样本，将机器与 5 人小组的识别结果相比较，错误率分别为 3.7%和 4.0%；另随机选取 250 例样本，将机器与一名专业速记员的识别结果比较，错误率分别为 5.7%和 9.7%。

总体来看，在高信噪比条件下，目前深度学习的语音识别能力已经接近甚至优于人工水平，但对低信噪比语音的识别水平还有待提高。

3）自然语言处理

在自然语言处理（natural language processing，NLP）方面，深度学习系统已被广泛用于机器翻译、语法分析、文本分类、自然语言生成等诸多方向。

2016 年，Facebook 的 Conneau 等受深度学习在计算机视觉中的应用启发，设计了一种极深卷积网络（very deep convolutional networks，VD-CNN），使用了 29 层卷积网络（层数高于已有方法），以字符（character）取代单词（word）作为文本的最低表示单位。使用 8 种公开数据集对该方法进行了验证（表 17-8）。对于 AG、Sogou、DBP.、Yelp P.、Amz. P. 数据集，其分类结果与现有方法接近，对于 Yelp F.、Yah. A.、Amz. F.数据集，其错误率均明显降低。该研究是计算机视觉算法思想向自然语言处理的成功实践。感兴趣的读者可以阅读参考文献 *Very deep convolutional networks for natural language processing* 详细了解。

表 17-8 VD-CNN 与其他方法对 8 种文本数据集分类结果比较

文本数据集	AG	Sogou	DBP.	Yelp P.	Yelp F.	Yah. A.	Amz. F.	Amz. P.
现有错误率最低的方法	n-TFIDF	n-TFIDF	n-TFIDF	ngrams	Conv	Conv + RNN	Conv	Conv
错误率/%	7.64	2.81	1.31	4.36	37.95	28.26	40.43	4.93
本方法错误率/%	8.67	3.18	1.29	4.28	35.28	26.57	37.00	4.28

4）阿尔法围棋（AlphaGo）

目前最具知名度的深度学习成果莫过于阿尔法围棋，它的横空出世给人们留下了深刻的印象，引起了世人对人工智能的关注。

AlphaGo 算法中主要包含以下四部分。

（1）策略网络（policy network），给定当前局面，预测/采样下一步的走棋。

（2）快速走子（fast rollout），预测下一步的走棋位置，但在适当牺牲走棋质量的条件下，速度要比走棋网络快 1000 倍。

（3）估值网络（value network），给定当前局面，估计白棋获胜还是黑棋获胜。

（4）蒙特卡罗树搜索（Monte Carlo tree search，MCTS），把以上三部分连起来形成一个完整的系统（图 17-30）。

运行时 AlphaGo 通过“估值网络”评估棋盘上的每一个位置，同时通过“策略网络”决定最终落棋的位置。程序中的深度神经网络都是使用现存诸多选手的棋局对决资料在有监督的模式下训练获得的，同时在大量的自我棋局对决中不断完善自己。

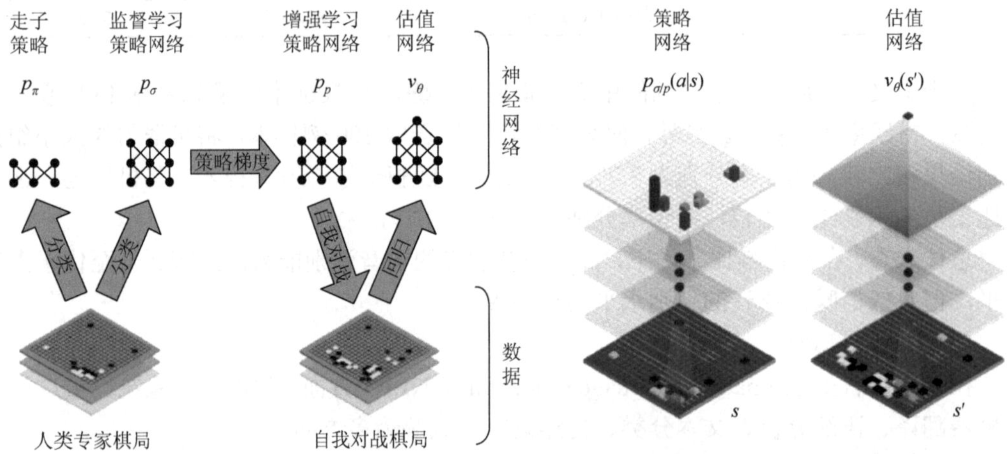

图 17-30　AlphaGo 神经网络架构

（图片来源：Silver D，Huang A，Maddison C J，et al. 2016. Mastering the game of Go with deep neural networks and tree search. Nature，529（1）：484-489）

AlphaGo 的惊人战绩向世人展示了人工智能在某一领域可能达到的高度。2016 年 3 月，AlphaGo 与围棋世界冠军、职业九段选手李世石进行人机大战。李世石以 1∶4 的成绩不敌 AlphaGo；2016 年末至 2017 年初，AlphaGo 又以“大师”（Master）的身份与中、日、韩众多围棋高手进行快棋对决，连续 60 局无一败绩。2017 年 5 月，在中国乌镇围棋峰会上，AlphaGo 以 3∶0 战胜世界排名第一的世界围棋冠军柯洁。在这次围棋峰会期间，AlphaGo 还战胜了由陈耀烨、唐韦星、周睿羊、时越、芈昱廷五位世界冠军组成的围棋团队。2017 年 10 月，DeepMind 又发布了 AlphaGo Zero，利用新型强化学习，从零开始自学围棋，仅仅经过三天的自我对抗训练，AlphaGo Zero 便以 100∶0 的战绩打败了击败李世石的 AlphaGo。自我对弈到 21 天时，AlphaGo Zero 已经达到了 Master 的水平（击败柯洁的版本）；第 40 天时，已经能够击败之前所有版本的 AlphaGo，成为新晋“世界围棋冠军”。

需要注意的是，对战李世石的 AlphaGo 使用了 1920 个 CPU（central processing unit）和 280 个 GPU（graphics processing unit），由于能耗较高，每下一盘棋成本达 3000 美元。后续版本虽然能耗不断下降，但仍相当可观，这表明尽管深度学习能够在某些方面超过人类，但其能量运用效率远未达到人类大脑的能效（有研究表明，人脑能耗水平约 10W）。相信随着神经形态技术的发展，人工神经网络的计算能耗将不断下降，以深度学习技术为基础的众多专业型人工智能将在各自的领域绽放光彩。

17.4　本 章 小 结

本章介绍了神经仿生的重要组成部分——神经网络与神经计算机，重点介绍了人工神经网络的发展、应用、常用的几种神经网络模型以及深度学习的基本思想和研究成果。

1）人工神经网络基础

人工神经网络是一种旨在模仿人脑结构及其功能的脑式智能信息处理系统。人工神经网络经历了多年的发展，取得了一系列重大进展，在各个领域得到了广泛应用。未来随着人们对大脑处理机制认识的不断深入和数学与软硬件技术的不断发展，神经网络还将取得更大突破。

2）常见人工神经网络模型

本章介绍了 BP、Hopfield、SOM、CPN 等多种常用的神经网络模型，给出了它们的结构、算法与应用，还从量子计算出发，简要介绍了量子神经网络的基本原理、模型和应用，与量子计算机结合实现更高性能的量子神经网络是未来神经网络发展的一个重要方向。

3）深度学习简介

本章介绍了当前十分热门的深度学习技术，包括监督学习、无监督学习、强化学习等方向，并介绍了深度学习的几种重要应用。作为一种新兴的人工智能技术，深度学习具有广阔的应用前景，但其能耗也是需要人们加以重视的关键问题之一。

作为逆向神经工程的一个重要研究方向，人工神经网络对神经工程的发展有两方面的推动作用：一是作为重要的模式识别方法，神经网络可以用于神经生理信号的分类识别，提高脑-机接口指令转换水平、认知状态检测效果；二是作为一种神经仿生手段，神经计算的研究可以让人们更好地认识大脑，了解大脑的运行机制，从而推动神经工程突破生理机制瓶颈，不断取得更大发展。

思 考 题

1. 请简述人工神经网络的主要特点。
2. 请设想人工神经网络在今后 20 年可能的发展方向。
3. 请根据各类人工神经网络的特点思考其适合应用的场景。
4. BP、Hopfield 等常用人工神经网络算法还有哪些应用？
5. 量子神经网络与传统神经网络有哪些异同点？
6. 请列举 3 个量子神经网络在其他方面的应用。
7. 除了 AlphaGo，你还知道哪些深度学习的典型应用？

参 考 文 献

韩力群. 2006. 人工神经网络教程. 北京：北京邮电大学出版社.

李飞，郑宝玉，赵生妹. 2004. 量子神经网络及其应用. 电子与信息学报, 26(8): 1332-1339.

李鹏海，万柏坤，徐秋晶，等. 2008. 基于 BP 神经网络的想象动作电位模式识别研究. 光电子·激光, 19(5): 676-679.

李晓林. 2008. SOM 神经网络应用于声目标识别系统的可行性分析. 长春工业大学学报(自然科学版), 29(5): 492-495.

杨行峻. 2003. 人工神经网络与盲信号处理. 北京：清华大学出版社.

尹宝才, 王文通, 王立春. 2015. 深度学习研究综述. 北京工业大学学报, 41(1): 48-59.

朱大奇, 史慧. 2006. 人工神经网络原理及应用. 北京: 科学出版社.

Amodei D, Ananthanarayanan S, Anubhai R, et al. 2016. Deep speech 2: End-to-end speech recognition in english and mandarin//The 33rd International Conference on Machine Learning，New York，48: 173-182.

Andrecut M, Ali M K. 2002. A quantum neural network model. International Journal of Modern Physics C, 13(1): 75-88.

Arjovsky M, Chintala S, Bottou L. 2017. Wasserstein gan. arXiv Preprint arXiv: 1701.07875.

Barszcz T, Bielecka M, Bielecki A, et al. 2011. Wind turbines states classification by a fuzzy-ART neural network with a stereographic projection as a signal normalization// International Conference on Adaptive and Natural Computing Algorithms, Ljubljana, 6594: 225-234.

Chen B H, Huang S C, Yen J Y. 2017. Counter-propagation artificial neural network-based motion detection algorithm for static-camera surveillance scenarios. Neurocomputing，273：481-493.

Conneau A, Schwenk H, Barrault L, et al. 2016. Very deep convolutional networks for natural language processing. arXiv Preprint arXiv: 1606.01781.

Dulac-Arnold G, Evans R, Van Hasselt H, et al. 2015. Deep reinforcement learning in large discrete action spaces. arXiv Preprint arXiv: 1512.07679.

Farabet C, Couprie C, Najman L, et al. 2013. Learning hierarchical features for scene labeling. IEEE Transactions on Pattern Analysis and Machine Intelligence, 35(8): 1915-1929.

Gandhi V, Prasad G, Coyle D, et al. 2014. Quantum neural network-based EEG filtering for a brain-computer interface. IEEE Transactions on Neural Networks & Learning Systems, 25(2): 278.

Grossberg S. 1969. Some networks that can learn, remember and reproduce any number of complicated space-time. Indiana University Mathematics Journal, 19(1): 135-166.

Hopfield J J. 1982. Neural networks and physical systems with emergent collective computational abilities. National Academy of Sciences of the United States of America, 79(8): 2554-2558.

Kouda N, Matsui N, Nishimura H. 2000. Learning performance of neuron model based on quantum superposition// The 9th IEEE International Workshop on Robot and Human Interactive Communication, Osaka: 112-117.

Lecun Y, Bengio Y, Hinton G. 2015. Deep learning. Nature, 521(5): 436-444.

Lei T, Barzilay R, Jaakkola T. 2015. Molding CNNs for text: Non-linear, non-consecutive convolutions. Indiana University Mathematics Journal, 58(3): 1151-1186.

Lin C T, Wang Y K, Chen S A. 2014. An EEG-based brain-computer interface for dual task driving detection. Neurocomputing, 129(4): 85-93.

Narayanan A, Menneer T. 2000. Quantum artificial neural network architectures and components. Information Sciences, 128(3): 231-255.

Pinheiro P O, Collobert R. 2015. From image-level to pixel-level labeling with Convolutional Networks// 2015 IEEE Conference on Computer Vision and Pattern Recognition, Boston: 1713-1721.

Radford A, Metz L, Chintala S. 2015. Unsupervised representation learning with deep convolutional generative adversarial networks. arXiv Preprint arXiv: 1511.06434.

Satapathy S K, Dehuri S, Jagadev A K. 2016. ABC optimized RBF network for classification of EEG signal for epileptic seizure identification. Egyptian Informatics Journal, 18(1): 55-66.

Silver D, Huang A, Maddison C J, et al. 2016. Mastering the game of go with deep neural networks and tree search. Nature, 529(1): 484-489.

Silver D, Schrittwieser J, Simonyan K, et al. 2017. Mastering the game of go without human knowledge. Nature,

550(7676): 354-359.

Sutskever I, Vinyals O, Le Q V. 2014. Sequence to sequence learning with neural networks. Advances in Neural Information Processing Systems，27: 3104-3112.

Tscherepanow M, Kortkamp M, Kammer M. 2011. A hierarchical ART network for the stable incremental learning of topological structures and associations from noisy data. Neural Networks, 24(8): 906-916.

Velu C M, Kashwan K R. 2013. Multi-level counter propagation network for diabetes classification// International Conference on Signal Processing Image Processing & Pattern Recognition, Coimbatore, 17(5): 190-194.

Vinyals O, Toshev A, Bengio S, et al. 2015. Show and tell: A neural image caption generator// International Conference on Computer Vision & Pattern Recognition, Boston: 3156-3164.

Wei Y. 2012. Application of competitive Hopfield neural network to brain-computer interface systems. International Journal of Neural Systems, 22(1): 51-62.

Zhou J, Gan Q, Krzyżak A, et al. 1999. Recognition of handwritten numerals by quantum neural network with fuzzy features. International Journal on Document Analysis & Recognition, 2(1): 30-36.

第 18 章　神经仿生学与智能机器人

神经仿生是神经工程学的重要分支领域。神经仿生利用工程技术手段从微观神经元、突触传递到宏观神经网络、神经功能系统等不同层次模拟其神经组织结构、运动或认知功能，从而移植再生或人工再造新的神经仿生和人工智能产品与技术，如学习算法的突破，神经系统功能的替代、补偿和重建等，实现神经工程学科的理论创新与技术突破。因此，神经仿生也是人工智能学科极具代表性的分支领域之一。智能机器人是神经工程学与人工智能学联手破解大脑智能奥秘、模仿再造人体功能的最高水平成果。神经仿生与智能机器人的发展必将带来一场颠覆性的科技变革。本章重点阐述神经仿生学的由来和发展，并介绍近现代科技发展中神经仿生技术在智能机器人领域的应用。

18.1　神经仿生学

18.1.1　仿生学概述

仿生学（bionics）于 1960 年由美国的 Steele 首先提出，是当年在美国俄亥俄州一次学术会议上与会者讨论认可的新学科名称，其旨在通过研究生物奥妙无穷的结构与功能原理，用于工程技术的创新和实现。其观察、研究并模拟自然界生物，结合现有的科技手段，从而提供新的设计思想、原理和系统架构。或可简言之为研究和模仿自然界生物特殊本领的一门学科。细言之，仿生学主要观察、研究和模拟自然界生物各种各样的特殊本领，包括生物本身的结构、原理、行为、各种器官功能、体内的物理和化学过程、能量的供给、记忆与传递等。从而在科学技术中利用这些原理提供新的设计思想、工作原理和系统架构。仿生学具有独特的研究思路，俗称“三步曲”：第一步，生物源性研究（阐明生物优点与特长）；第二步，研究与建立生物模型（将生物原型研究结果抽象为科学规律）；第三步，工程实现（根据科学模型制作成机械、电子、光学、计算机等各类工程技术装备用于生产、生活实践）。

毛泽东于 1937 年撰写的《实践论》中提到：人的认识主要来源于物质的生产活动，人们在生产活动中逐渐地了解自然的现象、自然的性质、自然的规律性以及人和自然的关系。远古时代，人类就在生产斗争实践中发现—模仿—创造。古人从鱼身上学会了如何与水打交道：他们借助能够在水中漂浮的木材仿照鱼的体型做成了船，靠船两侧桨的摇动在水面上划行是模仿鱼胸鳍的摆动，放在船尾的橹则是模仿鱼尾……自古以来，自然界就是人类各种技术思想、工程原理及重大发明的源泉（图 18-1）。

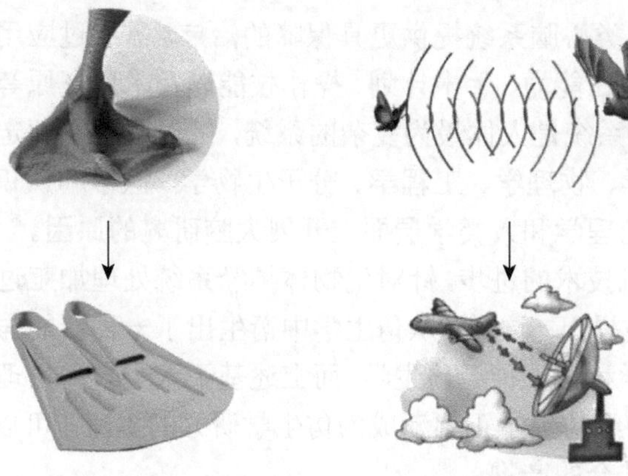

图 18-1　仿生学的启示（结构与功能仿生）

劳动创造了人类文明。人类也在长期的生产实践中生存、进化和学习，神经系统尤其是大脑得到了迅速发展，结构和功能也演变得越来越复杂。人类的智慧不仅仅停留在观察和认识自然上，人类会运用独特的思维和设计能力去模仿自然界的生物，通过创造性的劳作来强化和武装自我。

仿生学的发展永无止境。随着社会经济和科技的发展，仿生学正向着微观、系统、智能、精细的方向迈进。从远古时代，人类祖先模仿蜘蛛编网捕鱼；受果实滚动的启发发明了轮子；工业时代，人类模仿动植物的结构创造新的实用工具；信息时代，模仿人的运算发明了计算机，模仿生物的信息传感等。在当今的知识时代，人们开始模仿生命的微观结构与功能，模仿生物的遗传和发展，模仿人脑的认知，模仿生命的协同进化。在知识和科技高速膨胀和发展的时代，信息技术向网格和智能化方向发展以及对基因组、蛋白质结构、脑与神经结构及功能认识的加深，极大地推动着智能与认知仿生学、旨在解读生命信息秘密的计算仿生学和以信息与控制为基础的神经仿生学发展。有科学家预言：在不久的将来，模仿人和动物神经系统、能适应环境变化的智能机器必将代替现有不能随外界环境变化的刚性运动机器。而人工智能机器广泛应用的时候，工业、农业、医学和军事技术也将实现高度自动化。

18.1.2　神经仿生学的兴起和发展

作为仿生学的一个分支，神经仿生学是神经科学与现代技术相结合的产物。作为一门新兴的学科，神经仿生学的提出为高新技术的发展及其在社会健康领域的应用提供了新的理论导引。

1. 神经仿生学的由来

生物体经过亿万年的进化，其中进化最大和功能最强大的当属神经系统，而神经系统对于有机体的作用不外乎传递和加工信息，控制整个机体。脑是人类的核心器官。因此，维持脑健康的医学任务很大程度上依赖于神经科医生。而神经内外科医生皆需要专注地投入到治疗上，为了给人类心脑系统提供更具保障的治疗，需通过应用研究在扩张和细化神经科手术诊断治疗的潜在能力、手术计划、操作技能以及术后复原等方面做出艰巨付出和努力。众所周知，心脑系统是人体最为复杂的系统，针对心脑的评定需要跨学科知识的应用，涉及计算神经科学、物理学、工程学、分子生物学、医学和认识论等相关领域。这也是一些科学家开始在伦理学和人类学层面上开展大脑研究的原因。

随着电子和计算机技术的进步，针对生物体神经系统处理加工过程的研究也逐步发展起来，新的方法不断被提出。这样，从仿生学中衍生出了一种新的与研究和模拟中枢神经系统功能有关的分支学科——神经仿生学。而上述基于人类学和伦理学有关大脑的研究即神经仿生学。因此，神经仿生学正逐渐成为仿生学研究的主流。可以说，神经仿生学是神经科学与现代技术相结合的产物。

1992 年 Bothe 教授在戈斯拉尔市组织召开了首届神经仿生学国际研讨会，神经仿生学作为一门交叉神经生物学、神经技术、计算机神经科学以及临床神经医学的新型学科体系被正式提出。

神经仿生学的主要目的是利用我们有关神经系统的知识来开发与中枢神经系统潜能相一致的技术设备，从而解决生物体神经系统和自动机之间有效交互的问题。它旨在从客观上利用人工的可植入信息处理加工系统来代替人类大脑和脊髓功能缺失和受损的部位。因此，生物信息处理的非线性方法为人工植入式微系统的发明提供了理论依据。

神经仿生学这一大的学科框架涉及理论科学（哲学、数学、神经信息学、计算神经科学）、基础生物科学（分子生物学、细胞生物学、生物网络神经科学、神经生理学）、工程技术（微电子、微观力学、机器人、微观系统学）以及临床神经科学（神经诊断、神经病学、神经外科、神经康复学）。

2. 神经仿生学的研究现状

某些研究中把信息和控制仿生的部分内容称为神经仿生学。信息与控制仿生是研究模拟生物体中感觉器官、神经元与神经网络以及高级神经中枢的智能活动等方面的信息处理过程。此外，它还研究与模拟了运动控制、动物的定向与导航等生物系统中的控制机制，以及人机系统的仿生学技术。

神经仿生学是目前仿生学重要的研究领域之一。一方面神经仿生学的发展顺应了自动化向智能控制发展的需要；另一方面由于生物科学已发展到一个较高的阶段，研究大脑将成为神经科学研究领域的一项最大挑战。目前，神经仿生学的主要研究方向包括感觉器官模拟、神经元和神经网络模拟以及脑模拟等。有关感觉器官、神经元与人工神经网络模拟的内容分别在人工神经假体、人工神经网络相关章节作了详细的介绍，本章主要介绍脑模拟的相关技术方法。

经过长期的进化，人脑具有形象塑造、直觉认知、逻辑推理、联想预测、综合分析和决策的功能，能灵活处理各种复杂的、不精确的和模糊的信息，且极富创造性。

人脑模拟是用人工方法对人脑结构或功能进行的模拟。在人工智能研究领域，有一种电子仿生学观点，研究者试图把人看成一种生物学机器，从神经系统结构出发建立脑模型，模拟出人脑的功能。由于人类对于人脑的神经结构，尤其是对人脑的神经活动了解甚少，因此迄今为止这种仿生学的人脑模拟尚未取得一定成果。另一种人脑模拟是撇开人脑的生物学结构，单纯从人脑的功能角度考虑，用计算机模拟人脑的某些功能。这种模拟的理论前提是，尽管人脑的神经结构和计算机的硬件结构不同，但是两者的工作原则——信息加工的原则是相同的，即人脑和计算机都是信息加工系统，它们都接受符号输入，对输入进行编码，对编码的输入做出决策，产生新的表示形式，存储输入，产生有计划、有目的的符号输出。由于这种功能性的人脑模拟以现代心理学关于人认知的某些研究成果为基础，所以取得了一定的成果。但是，对于计算机究竟能模拟人脑的哪些功能仍有许多争论。“人工脑”是在脑模拟的层面上提出的，其采取了进化的思想，它的实现是建立在理解人脑、模拟人脑并实现人脑功能的基础上的。

开发“人工脑”需要尽可能地了解人脑并能够在工程学的层面上研究人脑的机能和结构。人类大脑位于颅腔内，为胚胎时期神经管的前部，形态、功能都很复杂。脑可分为大脑、间脑、中脑、脑桥和延髓。通常把中脑、脑桥和延髓合称为脑干。大脑由不同的区域组成。这些区域具有特定的形状和纹理，并按照一定的方式互相交叠。19 世纪 40～50 年代，保罗·麦克莱恩提出了皮层的概念，把位于脑外层的用于理性思维过程的区域称为皮层。神经生理和心理学领域的学者一直致力于探索大脑皮层的功能分区，以及不同功能分区之间神经细胞相互协作的机制。事实上，大脑不同功能的实现是部分脑区共同协作的结果。各脑区之间无论结构上还是功能上都是紧密结合在一起的。因此，探索大脑的工作机制不能仅从单一特定区域展开研究，而是需要我们从简单的功能入手，探索各脑区信息的加工处理方式，进而推测大脑复杂活动的功能机制。

生命在自然界中的长期演化致使大脑功能与人的感觉、行为之间并不是一一对应的，存在多条信息通路。例如，自脑干下行至脊髓存在 4 条脑运动信息通路来指导人类运动功能的实现。同样，大脑活动的激发并不是单纯地只是由一群微型脑的集合实现的，而是需要多个脑区以某种方式交互协作来行使不同的功能。大脑信息的处理和编码方式是一个十分复杂的过程。研究表明：人的大脑是将单一的信息元素进行整合并按照层次关系进行处理的。简言之，人脑信息存储和加工的机制是一种群处理的过程，主要是以获取信息群的方式来实现信息的分类、加工、传递和存储过程的。因此，人体视、听、触、嗅觉等感觉器官接收所得并非简单互相独立的信息元素，而主要是对外界信息整合后的混合信息——由信息元素群及其拓扑结构所组成。人脑获取的信息具有复杂的层次结构，其层次一般不低于二级：第一层次是大脑接收和转译外部信息，主要是原始信息的拓扑结构以及相应的神经元冲动；第二层次则是在第一层次基础上建立起来的。高级层次结构信息中，概念仅是一种较原始的高级因素，是在高级层次信息不断地抽取、交联、组合及参与外界信息交流过程中逐渐产生的；概念进一步升华会产生一系列高级智能因素，如意识、情感等。信息在脑中的形成方式、结构形式和转化过程如图 18-2 所示。大脑会有针对性地对高级层次结构信息和由这些信息所派生的高级层次关系进行加工处理。

从图 18-2 可以看到大脑最基本的思维过程和方法。其中，概念是整个思维的基础。无论什么样的概念，都是人们对事物最直接、最表象的认识，是一类事物的集合在大脑中的映射。它来源于人们的感觉器官对外部事物的感知或认识，久而久之就形成了概念。例

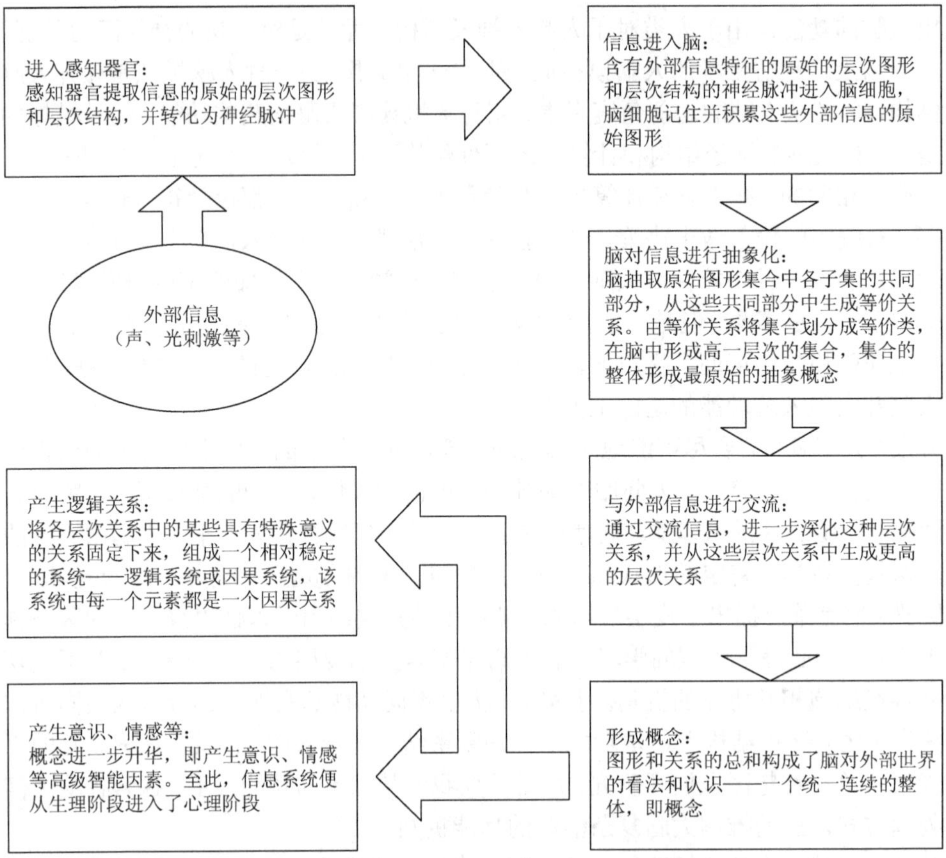

图 18-2　信息在脑中的形成方式、结构形式和转化过程

（图片来源：沈政. 1992. 脑模拟与神经计算机. 北京：北京大学出版社）

如，本能就是一种特殊的概念，它是千百万年以来的经历逐渐沉淀积累下来并被记录在遗传密码中的潜在概念。

学习和记忆是两种高级神经活动过程。学习是指依靠经验来改变现有状态以适应外部环境的神经活动过程。记忆则是将学习获取的信息“写入”和“读出”的神经活动过程。学习和记忆是动物改变自身行为或产生新行为的必要过程，能够使动物更好地适应外部环境。对于人类而言，学习记忆可以帮助人类认识和改造客观世界，是参加社会实践、从事社会生产活动必不可少的条件要素。学习和记忆能力是人类思维活动的基本环节，是智力结构中诸多要素（观察力、判断力、注意力、想象力、记忆力）的重要成分。学习和记忆相互联系、密不可分。没有学习，就没有信息存储和再现，也谈不上记忆；反之，没有记忆，获得的信息就会丢失，学习的意义也就不存在了。两者既有区别又有联系，是不可分割的神经活动过程。

英国科学家图灵在“思维机器”和机器智能方面做了大量的设计和研究工作，对人工脑的早期研究做出了巨大的贡献。他发明了世界上最早的智能机器——图灵机，并在此基础上开发了经典的“图灵试验”。图灵试验提出了智能机器的标准：在不借助外形识别的情况下，如果机器的行为与人的行为不能被区分开，就可以说这台机器是智能机器。尽管这一标准存在争议，但目前尚无更好的标准被提出。另外，图灵在新一代思维机器的研究上也有独到的见解，并有预见性地指出：与其尝试研制模仿成人的程序，还不如尝试研究模仿儿童的程序。如果进一步提供可行的课程来训练它，就可能达到成人大脑的水平。

人脑不同于计算机，与计算机相比，其主要优点是信息处理机制很大程度上不依赖于特定的数学模型。设想一个仿真系统，其中各个部分均不受外部因素的干扰，仅取决于给定的初始条件，该系统为实现其仿真目标，就会自发地采取一些行为，即具有不必采用数学模型实现仿真目标的特性。柏特园（Bioland）虚拟进化世界就是由加利福尼亚大学洛杉矶分校的 Werner 和 Dyer 基于该理论，在 CM-2 超级计算机上实现的。由 Ray 提出的 Tierra 项目旨在利用计算机网络来演绎多细胞组织的进化。数字生命 Tierra 能读取网络机器中的初始数据条件，并通过处理这些数据，选择直接或将其后代植入最好的机器上。生命的演化导致在不同资源条件下产生不同的物类结构。

神经细胞是构筑人脑及神经系统的基本单元，因此进行人脑或神经系统的研究首先要从神经细胞建模入手。人工神经网络就是通过神经细胞的建模和连接来模拟探索人脑神经系统功能的模型，从而开发具有学习、联想、记忆和模式识别等智能信息处理功能的人工系统。人脑可以分为若干块，每一块都有其特定的功能，并可以不断细分，直到每一部分只有十几个或几十个神经元，即实现功能的小模块程度。而且在较小的范围内，模块间的连接结构可以进化，采用多种人工神经网络结合或集成可构造人工脑。

基于计算机仿真的细胞自动机可以模拟不同的物理、生物及社会过程。20 世纪 80 年代末至 90 年代初，美国麻省理工学院研发的多处理器计算机 CAM8 可以完全按照细胞自动机的思路来处理数据，它的出现为通过进化方式组建基于神经网络的人工脑提供了条件。

第五代智能计算机不仅侧重于直觉信息的处理，而且致力于探索人脑的信息处理方法和建立智能理论和技术基础。而第六代电子计算机（又称神经计算机）更具备类似于人脑的智慧和灵活性。神经计算机可以判断对象的性质与状态，并采取相应的行动，而且可以并行处理实时变化的海量数据。1990 年，日本理光公司模拟生物信息传送方式，将装载了神经元的芯片连接起来形成神经网络，成功地研制出一种具有学习功能的大规模集成电路——神经 LST。美国也研制出了具有左右脑神经块的神经电子计算机，其中右脑为经验功能部分，有 1 万多个模拟神经元，用于图像识别；而左脑为识别功能部分，能模拟 100 万个神经元，用于单词和语法规则的存储。我国在 1995 年也研制成功了小型神经计算机，可以直观地模拟人脑神经细胞活动的计算流程。

尽管有关人工脑的研究已有较多成果，但由于科学技术的局限性，人工脑的研究还有待进一步发展。就好比人工智能不仅仅局限于逻辑思维和模仿，还需要赋予更多的智能模式，如情感。因此，人工脑研究的下一个突破可能在于赋予计算机更多的逻辑推理和模仿能力，更重要的是赋予其情感能力，尤其是识别和表达情感的能力。基于这种考虑，科学家对人工心理、柔性化电脑等研究领域寄予了极大的期望。神经生物学和认知科学领域的重大进展必将对人工脑的研究产生巨大的推动作用。

3. 神经仿生学的发展趋势

实际上，仿生学从开始到现在，在神经系统的模拟和研究上进行了大量的工作，积累了丰富的资料。神经仿生学越来越受到科学家和学者的重视。从研究工作的数量以及人们对它的兴趣和期望来看，神经仿生学已经成为仿生学研究的重点。此外，工程技术的发展，特别是现代电子技术的发展，在信息提取、存储和加工等方面提出了许多迫切的要求，客观上也对神经仿生学的发展提出了期望。但是许多问题的彻底解决还有待长期的努力。伴随着生物智能与人工智能技术的兴起，神经仿生学正在也必将朝着更加信息化、智能化的方向发展，科幻电影中出现的类脑科技将不再是幻想。

18.2　神经仿生学在智能机器人领域的应用

伴随着信息科技革命方兴未艾的浪潮，生命科学与计算机技术的发展正展现出无可限量的前景。各国脑计划的相继提出推进了神经科学与工程的发展，在神经仿生学领域，神经形态芯片、人工脑等颠覆性新兴成果的出现标志着人工智能发展的新阶段。本节着重介绍神经仿生学在智能机器人领域的应用。

18.2.1　智能机器人

机器人是一种半自动化的机器，智能机器人与一般的机器人不同，它具备一些与人或生物相似的智能能力，如规划能力、感知能力、协同能力和动作能力，是一种具有高灵活性的自动化机器。机器人现在已经被广泛用于生产和生活的许多领域，按其拥有的智能水平可以分为三个层次。

（1）工业机器人。它只能死板地按照人给它规定的程序工作，不管外界条件有何变化，自己都不能对程序也就是对所做的工作做相应的调整。如果要改变机器人所做的工作就必须人为地对程序做相应的改变，因此它是毫无智能的。

（2）初级智能机器人。它和工业机器人不一样，具有像人一样的感受、识别、推理和判断能力。可以根据外界条件的变化在一定范围内自行修改程序，即根据外界条件变化相应地对自己做一些调整。不过，修改程序的原则由人预先给予规定。这种初级智能机器人已拥有一定的智能，虽然还没有自动规划能力，但初级智能机器人已开始走向成熟，达到实用水平。

（3）高级智能机器人。它和初级智能机器人一样，具有感受、识别、推理和判断能力，同样可以根据外界条件的变化在一定范围内自行修改程序。所不同的是，修改程序的原则不是由人规定的，而是机器人已拥有一定的自动规划能力，能自己安排自己的工作，这种机器人可以不要人的照料完全独立工作，故又称为高级自律机器人，这种机器人也开始走向实用。

从广义上理解所谓的智能机器人，它给人最深刻的印象是一个独特的进行自我控制的“活物”。其实，这个自控“活物”的主要器官并没有像真正的人那样微妙而复杂。智能机器人具备形形色色的内部信息传感器和外部信息传感器，如视觉、听觉、触觉、嗅觉。除具有感受器外，它还有效应器，作为作用于周围环境的手段。这就是“筋肉”，或称自整步电动机，它使手、脚、鼻子、触角等动起来。

从物种的起源来看，智能的演化与神经息息相关。例如，拥有神经细胞的生物具有较强的适应性，神经系统越健全，神经连接越复杂，生物体本身就越智能。因此，神经机器人的方兴未艾见证了人工智能的发展。

18.2.2 神经机器人

21 世纪是智能革命的时代。以智能科学技术为核心、生命科学为主导的高科技将掀起一次新的高科技革命——智能技术革命。特别是智能技术、生物技术与纳米技术相结合，研制具有生物特征的智能机，将是 21 世纪高新技术革命的突破口。神经机器人作为新型的机器人系统，是神经科学与传统机器人技术结合的产物。该系统以人或其他动物的生物神经系统作为信息接口，完成人或其他动物机体与传感器或执行器等外部设备的信息交互，从而达到对某些生理机能的补偿、增强或者拓展。本节从神经计算机着手，总结神经计算机的发展概况，并选取感知机、认知机、神经形态机、人工脑等具有代表性的成果，从仿生进化的角度展示神经机器人的研究思路和发展历程，并就类脑智能的前沿技术热点、研究现状以及未来的发展趋势进行介绍与归纳。

1. 神经计算机发展概述

人们经过长期的努力，使计算机的运算速度达到每秒千万亿次，但其智能水平仍很低下。科学家总结出要向人脑学习，研究人脑信息处理的方法和模式很重要。在向人脑的信息处理方式学习的过程中，神经计算机应运而生。

从特点上来说，由于具备了把信息采集、存储、处理、通信和人工智能结合在一起的功能以及推理、联想、学习和解释能力，神经计算机可以被认为是第五代计算机的一种，但也有人把神经计算机称为第六代计算机。神经计算机一般由许多类似神经的节点组成。每个节点与许多节点相连，每个节点有一个可变的激活程度。当一个节点的激活程度达到阈值时，它就会把一个信号传输到与之相连的其他节点上，信号的强度是激活程度和连接强度的综合结果。

传统电子计算机与神经计算机存在以下不同点。

（1）传统计算机利用数学函数做“全或无”的运算；神经计算机对随机的、不完整的数据进行权重的变换。

（2）传统计算机根据事先给定的算法按固定的顺序处理数据，运算可控，结果可预测；神经计算机可独立地形成处理数据的方法，具有较强的随机性。

（3）单台传统计算机以串行工作为主；而神经计算机则是并行分布式工作，具有更高的处理效率。

（4）传统计算机中各种数据存储在一定地址，该地址出错时，此处的数据将无法提取，容错性较差；神经计算机的信息分布于整个网络各单元连接的权重之中，某些单元错误并不影响信息的读取。

（5）传统计算机要求准确地输入条件才能给出精确的解答；神经计算机只要求部分条件，也能给出较好的答案。

总体来说，目前还没有成熟的神经计算机系统投入市场，主要原因是其基本结构与运行方式和传统计算机相比差异巨大，需要在基础研究层面进行突破，因此，近年来的一些有关神经计算机的研究成果多集中于基础层面。

日本筑波大学材料学院研究所 Bandyopadhyay 带领的团队用一种叫作四甲基对苯醌（duroquinone，DRQ）的化学材料研发了一个微型纳米计算机（图 18-3），该计算机由 17 个四甲基对苯醌分子构成：1 个分子居中，其余 16 个呈轮辐状环绕在中心分子周围。这种构成是模仿人脑思维原理开发设计而成的。在实验室阶段，该直径不足 2nm 的微型分子计算机的运算速度已达普通晶体管计算机的 16 倍，如果进一步成熟，运算速度将达到普通计算机的 1000 倍。

单个四甲基对苯醌直径不足 1nm，约为可见光波长的几百分之一。在显微镜下看，四甲基对苯醌是六角形结构，连接 4 个甲基，这种结构使它具有 4 个向外的方向。当 17 个这样的分子连成一个轮状分支结构时，它和外界沟通并且处理信息的方式会变得极其复杂，就像人的神经元一样。

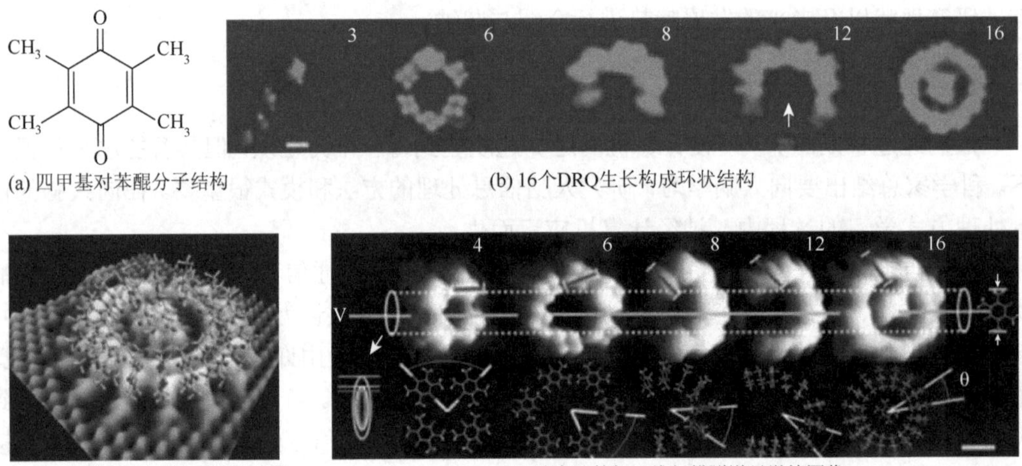

(a) 四甲基对苯醌分子结构　(b) 16个DRQ生长构成环状结构

(c) 生成的微型纳米计算机理论图　(d) 纳米计算机三维扫描隧道显微镜图像

图 18-3　微型纳米计算机装配过程

（图片来源：Bandyopadhyay A，Acharya S. 2008. A 16-bit parallel processing in a molecular assembly. National Academy of Sciences of the United States of America，105（10）：3668-3672）

在实验室里，这种分子计算机依靠扫描隧道显微镜工作。扫描隧道显微镜通过它自身所附带的锐利的金属传导针进行工作，当传导针划过被测物体表面时，传导针尖端的电子和被测物体表面的电子层产生感应，电子显微镜将显示这些感应，并转化为不同的电子脉冲，计算机再根据这些电子脉冲分析出被测物体表面的原子结构。跟普通计算机相比，分子计算机对这种“感应”的处理要复杂得多，当它接收到一个电脉冲信号时，会通过 4 个圆锥细胞向外围 16 个四甲基对苯醌分子传递 16 种不同的指令，这些指令经过 4^{16} 的运算，最后产出接近 43 亿种结果。而普通晶体管计算机只能输出一条指令，每条指令产生 0 和 1 两种设置，一个电脉冲信号只能产生两种结果。

因此，这种细微复杂的计算可以看作一种思考——人脑也是通过枝状连接的神经元和脑细胞的活动产生判断。未来分子计算机 16 个分子环绕的轮状结构可以被改进成 1024 个分子环绕的球状结构，这样，计算机的运算速度又会提高一个数量级。更重要的是，分子计算机的信息处理能力将会由二维进化到三维，建立一种立体的数据分析模式，而不再是线性的。这是一个宏大的“大脑构建”项目的一部分，它不仅会成为未来超级计算机的基础，还将成为重要的控制元件，控制纳米机器人或其他更加精密的器件。

美国斯坦福大学的科学家研制出了运行速度更快且能效更高的微型芯片，其运行速度为传统个人计算机的 9000 倍且能耗低很多。这有望大力推动机器人技术和计算技术的发展，并进一步提升人类对自己大脑的理解。

另外，由德国海德堡大学基尔霍夫物理研究所主导的 Brain Scales 计划，目标是研制逻辑芯片来模拟神经元和突触的行为。他们研制的“高输入数模拟神经网络（high input count analog neural network，HICANN）”能模拟药物之间的相互作用。目前，HICANN 系统能模拟 512 个神经元的活动，每个神经元配备 224 个突触回路。

以上这些研究各具特点，采用了不同的技术手段，这就导致不同系统拥有不同的功能，表现也各不相同。尽管神经计算机的研究还处于初级阶段，面临诸多困难，但我们可以回想经典电子计算机的发展历程：20 世纪 40 年代计算机发明者所面临的困难并不亚于今日神经计算机所遇到的困难。从经典计算机的发展中我们可以得到启示，人类有着无穷无尽的创造力，凡是客观规律允许的都极有可能成为现实。因此，神经计算机拥有光明的前景，以其远超经典计算机的并行计算性能，必将造福世界。

2. 从仿生学角度看神经机器人的发展

神经计算机顾名思义模拟的是神经系统处理信息的模式。推及神经机器人，从仿生学的角度来看，神经机器人经历了从简单到复杂、从离散到集成的发展过程，不仅顺应了物种进化的规律，而且推进了神经工程与智能科学的进步。下面主要介绍神经机器人发展进程中关键性的科技成果，涉及神经元模拟、神经网络与系统模拟、脑模拟三个层次。

1）神经元模拟

在 1960 年的仿生学讨论会上，斯蒂尔博士在演讲时曾提到，工程师最怨恨生物学知识“潦草和无定形的性质”，这为后续神经元模拟技术提供了发展的动机。科学家与工程师开始从工程学和仿生学的角度设计和制造具有生物特质的神经元模型。

现有的神经元模型主要包括数学模型、电子线路和电子计算机模型。麦卡洛克-皮茨神经元是由麦卡洛克与皮茨博士提出的具有代表性的神经元数学模型，其将单个神经元看作计算单元，对神经元的输入信号进行线性组合，然后经过非线性的激活函数得到神经元的输出。为了突破由阈值非线性特性导致的数学手段分析受限问题，研究者尝试通过神经元电子线路的硬件模型或电子计算机进行神经元模拟。贝尔电话实验室、梅尔帕公司和宇宙-通用公司陆续发明了基于简易逻辑电路的人造神经元。随后，神经元模型的输入和输出相继被与脉冲频率成正比的模拟电位取代，典型的有马丁神经元模型、哈蒙神经元模型以及刘易斯神经元模型，如图 18-4 所示，值得一提的是，帕克尔在 1965 年通过计算机模拟分析了神经元的工作，并进一步讨论了产生节拍整步的神经元放电频率稳定性，为神经元计算模拟技术的发展奠定了坚实的理论与技术基础（图 18-5）。

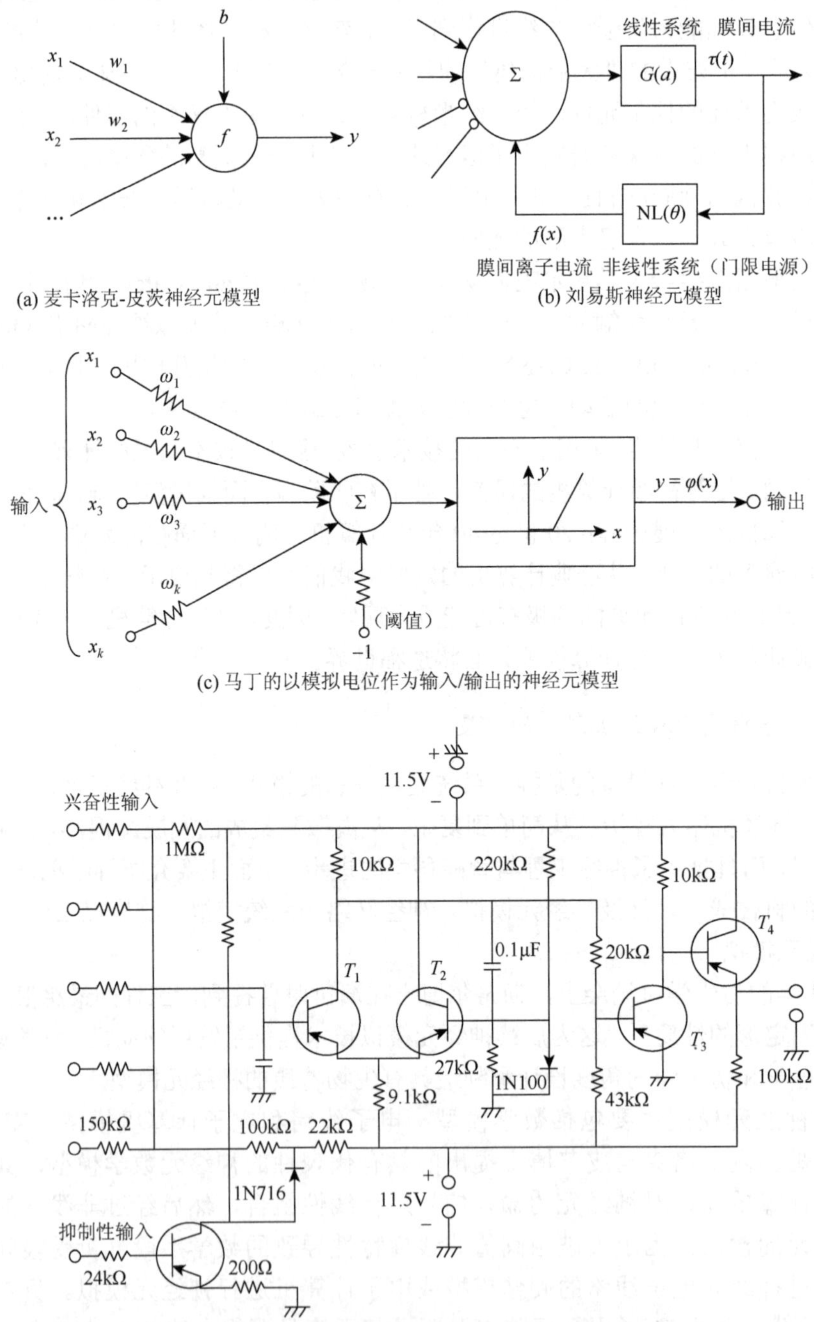

(a) 麦卡洛克-皮茨神经元模型　　(b) 刘易斯神经元模型

(c) 马丁的以模拟电位作为输入/输出的神经元模型

(d) 哈蒙的以脉冲作为输入/输出的神经元模型

图 18-4　神经元模型

（图片来源：沈政. 1992. 脑模拟与神经计算机. 北京：北京大学出版社）

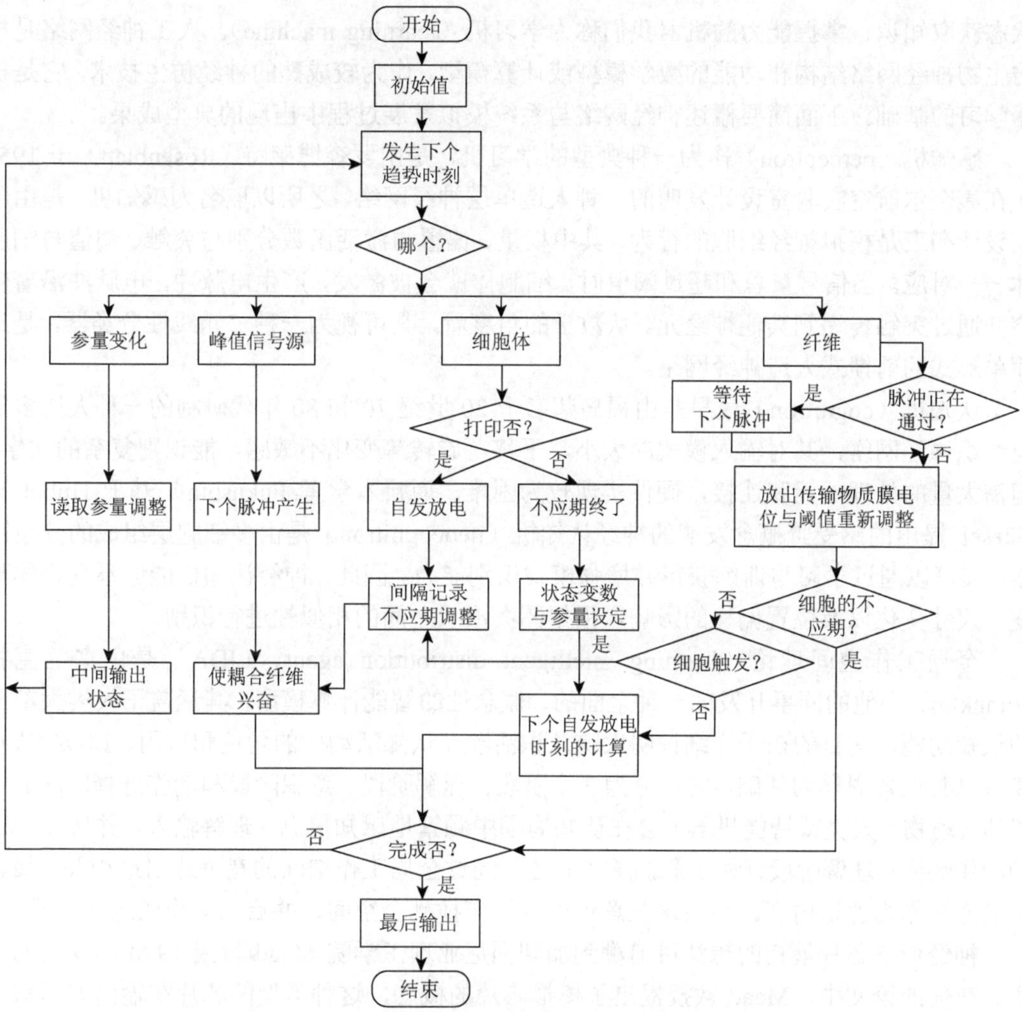

图 18-5　帕克尔的神经元模拟框图

（图片来源：沈政. 1992. 脑模拟与神经计算机. 北京：北京大学出版社）

2）神经网络与系统模拟

生物神经元在类型和连接形式上的多样性，使得神经网络系统拥有复杂的拓扑结构和动态特性，进而显现出较强的非线性和复杂性。在神经系统功能回路中，信息的集成与反应依赖神经元的集群活动，而非单一神经元的功能，因此，需要从复杂网络动力学的观点考察耦合神经元系统放电的复杂活动和时空动力学行为，探索神经系统对外界的信号进行加工、传导和整合的工作机理，进而深入理解神经系统的高级认知功能。

在神经网络与系统模拟技术的发展进程中，学习和记忆是科学家最为重视的高级认知功能。它们相互联系、密不可分，两者既有区别又有联系，是不可分割的神经活动。例如，识字并非人的本能，而是通过后天的学习所掌握的能力。那么如果有一种机器，与人类识字的学习方式类似，向其展示若干次同样的图形，在受到重复的刺激诱发后，其内部信息联结的耦合状态逐渐强化，从而能够对该图形做出准确判断。这种能够通过改变自身功能状态获取知识、掌握能力的机器我们称为学习机（learning machine）。人工神经网络是模仿生物神经网络结构和功能的数学模型或计算模型，作为较成熟的神经仿生技术，它是机器学习的基础。下面简要概述神经网络与系统模拟发展过程中出现的典型成果。

感知机（perceptron）作为一种典型的学习机，是由罗森博莱特（Rosenblatt）于 1957 年在康奈尔航空实验室设计发明的一种人造单层神经网络。之所以取名为感知机，是由于其设计初衷是模拟神经细胞的行为，其中权量、偏置与激活函数分别与突触、阈值与细胞体一一对应。当信号量总和超过阈值时，细胞体就会被激发，产生电脉冲，电脉冲沿着轴突并通过突触传递到其他神经元。从数学的角度看，其可视为一种二元线性分类器，是最简单形式的前馈式人造神经网络。

认知机（cognitron）最早是由福岛邦彦于 20 世纪 70 和 80 年代研制的一种人造多层自组织神经网络，其对输入模式的大小、平移、旋转等变化不敏感，能识别复杂的文字，但需大量的处理单元和连接，硬件实现较为困难。而日本学者 Fukushima 基于 Hubel 与 Wiesel 提出的感受野概念发明的神经认知机（neocognitron）是由多细胞层组成的分层网络，其可以通过学习与训练获得并增强模式识别能力。因此，神经认知机能够不受物体形变、尺寸变化以及位置偏移的影响，根据图案形状之间的相似性进行识别。

全局工作空间理论（learning intelligent distribution agent，LIDA）是由富兰克林（Franklin）和他的同事开发的一种全面的、概念性的智能计算模型，其涵盖了人类大部分的认知功能，其目的在于详细说明大脑意识活动在认知活动中的角色和作用。LIDA 认知模型以其认知周期为基础，它可分为 3 个阶段：理解阶段、意识阶段和动作选择阶段。智能体（动物、人类或智能机器）会在认知周期中频繁地感知信息，理解输入，并选择合适的动作响应：理解阶段开始于刺激输入，之后经过全局工作空间的竞争选出最相关、最紧迫的连接作为意识内容。然后这些意识内容被广播到全空间，并启动动作的选择阶段。

神经形态芯片最初的想法可追溯到加利福尼亚理工学院 Mead 教授 1990 年发表的文章。在他的论文中，Mead 教授提出了模拟芯片的概念，这种类型的芯片在输出方面与数字芯片的不同之处在于它可以模拟人脑中神经元和突触的电活动。当涉及当今机器学习任务中使用的复杂算法和架构时，功耗已经成为硅行业面临的最大挑战之一。常规芯片将每个传输保持在固定电压上。相比之下，由于神经形态芯片具有生物启发性质，能量消耗水平较低。只有当累积电量超过设定限制时，信号才会通过。这意味着神经形态芯片是通过事件驱动的，仅在需要时才能运行，从而导致更好、更安全的操作环境和更低的能量消耗。神经形态芯片的设计主要基于横向自旋阀和忆阻器（图 18-6）两种技术。其中忆阻器是具有记忆功能的非线性电阻器。它可以使记忆与计算有效融合，在能耗效率和存储密度上与生物计算记忆技术匹敌。

从机理上说，忆阻器只是两条相互垂直的金属线的一个氧化节。忆阻器的“状态”类似于突触状态（突触状态取决于任意两个神经元的连接紧密程度，是哺乳动物能够学习新信息的关键部分）。2008 年，惠普实验室研制了功能忆阻器。之后，惠普在美国国防高级研究计划局的资助下研制出了更为复杂的忆阻器。旗下开发的类脑微处理器体系结构也被认为是一种基于忆阻器的多核芯片。理论上，忆阻器可以将数据与计算贴合得更紧，它们就像大脑一样，使用非常少的能量来存储信息，因此，忆阻器已成为制造人工大脑的关键部件。

图 18-6　忆阻器

（图片来源：Sally Adee The Mysterious Memristor. https://spectrum. ieee. org/semiconductors/design/the-mysterious-memristor）

3）脑模拟

人脑模拟是用人工方法模拟人脑的结构或功能。在人工智能研究领域，一种电子仿生学观点脱颖而出，智能领域的专家把人看成一种生物学机器，试图从神经系统结构出发构建脑模型，从而模拟人脑的功能。目前人类对于人脑的神经结构，尤其是对人脑的神经活动了解甚少，所以迄今为止仿生学的人脑模拟研究尚未取得突破性的进展。由此，另一种人脑模拟的方法逐渐成为智能领域研究的主流，该方法避开了人脑的生物学结构，单纯地从人脑的功能角度考虑，用计算机模拟人脑的特定功能。“人工脑”是在脑模拟的层面上提出的，它的实现涵盖了进化的思想，并且建立在理解人脑、模拟人脑并实现人脑功能的基础上。

人工脑（artificial brain）是模拟和借助人脑（或动物脑）的结构和功能，研究开发的一种智能信息处理系统，能够解决传统计算机难以解决的复杂问题。它具有拟人化、超高速、自组织、自进化、高度并行等特性。

目前人工脑的研究已经取得了初步进展。据美国物理学家组织网 2011 年 4 月报道，美国南加州大学的研究人员在人工脑领域获得了一项重要突破。他们以碳纳米管为材料，结合跨学科的研究方法和纳米电路设计技术成功制造出一个能模拟大脑突触功能的碳纳米管电路，可实现神经细胞的功能，为构建人造合成大脑奠定了基础。突触是神经元之间、神经元与肌细胞之间通信的特异性节点，是形成感觉和思维的关键部位，也是大脑的基本组成部分之一。碳纳米管是由六边形碳环微结构单元组成的一种纳米材料，其直径是铅笔芯的 100 万分之一，具有独特的力学、电学和化学性能，在电路中可作为导体或半导体。未来几十年人类或许能在人工大脑领域获得重大突破，即便未能实现，至少也会开发出能模拟大脑部分功能的设备。无论怎样，其中关键的一步在于如何利用逻辑电路来模拟大脑的可塑性，因为在人类的整个生命过程中，大脑会不断产生新的神经元和新的连接，通过电路来模拟这一过程将是一项非常艰巨的任务。

从神经元模拟到神经网络系统模拟，再到脑模拟，神经机器人经历着更具智能的进化。科学技术发展到现在，我们重新审视机器智能的发展：智能机器人之所以被视为智能的，是因为它具有发达的“大脑”。试想一下，如果智能机器人在信息处理方式、认知行为和智能水平上具有类人的特点，且具有超级计算机的运算和处理能力，那么随之所衍生出来的产物将远远超越人类。不难推断类脑机器人将成为神经机器人发展的最终产物，同时预示着人工智能的新时代——类脑智能的到来。

18.2.3 类脑智能前沿热点与研究现状

类脑智能，顾名思义就是仿照高度进化的大脑运行机制，通过计算建模的方法实现对信息的处理。作为系统，它是本体、外设控制和环境之间良好协调交互的产物。然而，目前的类脑智能系统可能仅在对信息处理的机制上类似于人脑，而缺乏人类的自适应能力。人类能在不同的环境中生存，是因为大脑把本体感知到的信息与已获得的信息相互关联、存储进而促使人类学习并适应环境。有充分的证据表明，大脑在面对大量不确定和未知信息时，会通过外部世界的表现来预测并操纵自己的感官，积极适应外部环境。因此，类脑智能若想取得突破性的进展，需要发展可持续的类人学习机制，通过脑科学来建立适应这类学习机制的认知结构，基于这些类脑学习方法和认知结构再进一步发展类脑认知计算模型，最终真正设计并实现“机制类脑，行为类人”的具有多功能性、可塑性的类脑智能计算模型。换句话讲，想要让机器像人一样从周围环境中对知识、模型结构和参数进行学习并自适应进化，需要发展突破计算模型、神经接口、类脑交互等一系列类脑智能前沿技术。

1. 计算理论与建模

大脑对外界信息的计算处理机制是神秘的，是现有计算机所无法达到的。例如，生活中我们能认出大街上真实的汽车，同样在照片上出现的汽车依然能认出，甚至是孩童画在纸上寥寥几笔的汽车图画，我们依然能辨别出画的究竟是什么，是因为我们的大脑在处理这些信息的时候会调用相关联的信息，而计算机可能完全看不出事物之间的相同之处。类脑计算尝试借鉴神经生物学的大脑信息处理机制，并复制到计算科学方法中，进而建立通用的认知计算理论与模型。类脑计算研究综合了认知神经科学、计算科学、信息论等多门类学科知识。与传统的人工智能技术相比，无论在硬件还是软件上都更加突显人脑的信息感知、学习、认知、记忆机制，更加适应异步工作、分布式的计算及信息存储，更加善于处理模糊的、非精确的、非结构化的数据。

1）SOAR 认知体系结构

类脑认知计算模型研究的基础是认知体系结构，认知体系结构 SOAR（state，operator and result）广泛应用于人工智能领域。图灵奖获得者 Newell 认为认知架构工作的最终目标是为一般智能行为的系统提供基础。Newell 在 SOAR 原有的体系结构基础上总结出了 SOAR 体现在人工智能研究上的 11 种不同假设，并将其提出的认知统一理论应用于 SOAR 认知体系结构中。以此为基础，SOAR 认知体系结构将知识密集型推理、反应执行、层次推理、规划和经验学习相结合，最终创建一种具有与人类相同的认知功能的通用计算系统。

2）指针架构统一网络

目前，大规模神经模型尚不能弥补神经活动与生物功能之间的差距，且单纯的大脑模拟研究尚难清楚地解释“复杂的大脑活动如何产生复杂的行为”这一问题。为此，加拿大滑铁卢大学 Eliasmith 团队通过语义指针架构统一网络（semantic pointer architecture unified network，SPAUN）将一个拥有 250 万个虚拟神经元的大脑模型划分为 10 个模块化脑区，通过设计工作流式的脑区计算环路，构建了 250 万个模拟神经元的脉冲神经元模型，并通过该模型完成了图像识别、连续工作记忆和强化学习等相关任务，实现了依靠多个脑区协同工作完成多个特定功能的神经网络。SPAUN 解剖结构如图 18-7 所示，其中包括前额皮质（VLPFC（ventrolateral prefrontal cortex）、DLPFC（dorsolateral prefrontal cortex）、OFC（orbitofrontal cortex）部分）、运动前区皮质（premotor cortex，PMC）、前下颞叶皮层（anterior infero temporal，AIT）和丘脑（thalamus）等部分。但 SPAUN 还存在诸多限制：首先，SPAUN 不能像真正的大脑一样实现自适应，导致其无法学习全新的任务；其次，SPAUN 感知和概念表示在很大程度上仍局限在数字 0～9。另外，从解剖学角度看，模型中尚难涉及神经元数目较少的区域，以及独立工作的大脑区域。

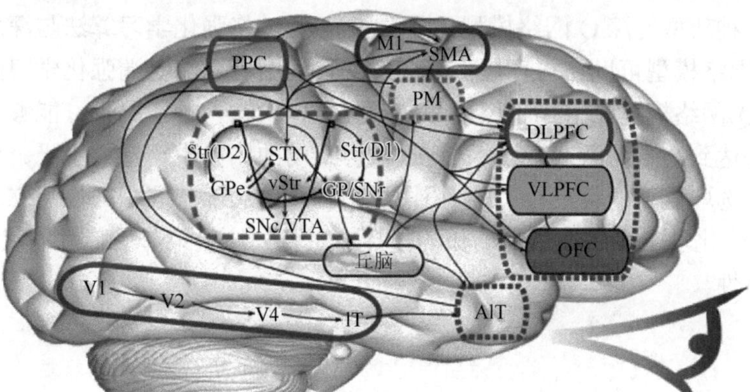

图 18-7 SPAUN 的解剖结构

（图片来源：Eliasmith C，Stewart T C，Choo X，et al. 2012. A large-scale model of the functioning brain. Science，338（6111）：1202-1205）

3）分层时序记忆模型

Numenta 公司开发的分层时序记忆（hierarchical temporal memory，HTM）模型是一种机器学习技术。此模型是对大脑皮层物理结构的模拟，如图 18-8 所示。在生物解剖学上，大脑皮层在细胞层次上分为由上及下的六层，其中越高级的皮层处理越抽象的信息，现代认知神经生物学认为大脑是以抽象的时间序列方式处理这些信息的。大脑皮层物理结构决定了人类记忆与认知的形成机制。HTM 模型在软件层次模拟了这一拓扑结构，它以突触竞争连接机制和稀疏分布式编码为基础，根据输入信息的空间特性和时间持续性对信息进行特征的提取与归纳。目前 HTM 模型已经在模式识别、实时预测等领域获得了广泛应用。相对于传统的神经网络，HTM 模型能够实现更加类似于人类认知行为的记忆预测能力。

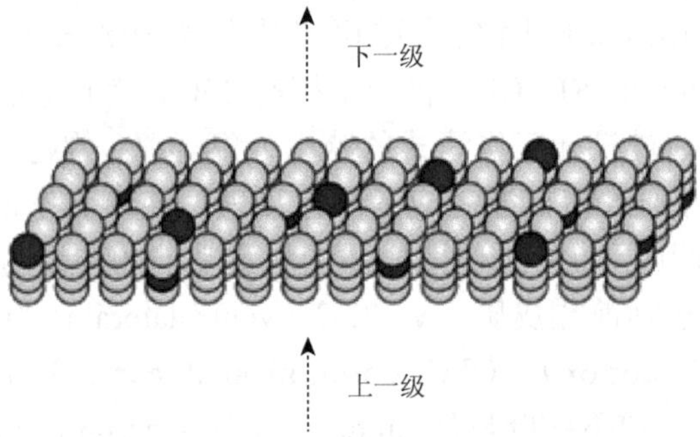

图 18-8　HTM 模型一个区域（层级）的结构

（图片来源：Byrne F. Real machine intelligence with Clortex and NuPIC. https: //leanpub.com/realsmartmachines/read）

4）深 Q 网络模型

DeepMind 团队提出了一种深度强化学习模型，并在此基础上通过对深层神经网络的训练开发出一种新型的深 Q 网络模型（图 18-9）。通过将强化学习算法与深层神经网络相结合，深 Q 网络模型可以在与环境不断交互的过程中利用端对端强化学习的方法进行自主学习。深 Q 网络模型在只接收像素和游戏得分作为输入的情况下，能够超越所有以前算法性能，并达到与专业游戏测试人员在一组 49 场的比赛中一样的水平。该方法的优点是不需要人工选取重要的特征，而是利用图像中存在的局部空间相关性建立对自然变化的鲁棒性。然而强化学习算法在进行动作的选择前主要关注决策前最临近的状态，而忽略了全局观与整体性。

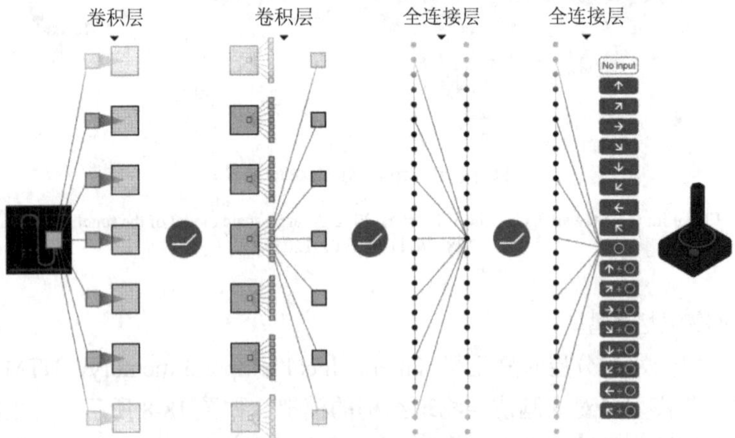

图 18-9　深 Q 网络模型示意图

（图片来源：Mnih V，Kavukcuoglu K，Silver D，et al. 2015. Human-level control through deep reinforcement learning. Nature，518（7540）：529）

5）循环神经网络

在处理具有较强时序性的问题上，传统的深度神经网络主要关注当前的状态，使得上下状态之间难以建模，而循环神经网络在处理时序性问题上有很好的表现。循环神经网络是包含自连接隐藏层的连接模型（图 18-10），循环连接的一个优势是，以前输入的“记忆”保持在网络的内部，允许模型利用过去的状态。另一个重要优势是内部状态的变化速率可以通过反复权重进行精细调制。基于长短时记忆的循环神经网络采用与普通循环神经网络不同的函数来计算隐藏层的状态，可以较好地完成针对时序信号的处理，是目前较为有效的神经计算模型。

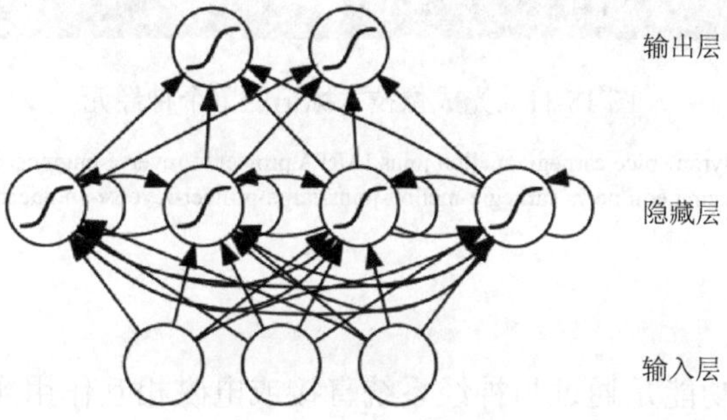

图 18-10　循环神经网络

（图片来源：Graves A. 2008. Supervised Sequence Labelling with Recurrent Neural Networks. Berlin：Springer-Verlog）

6）反向工程破解大脑算法

卡内基·梅隆大学计算机科学系神经认知基础研究中心教授 Lee 领导的团队希望通过反向工程的方法来研究人类大脑的思维过程，从而能够解开神经回路和大脑学习方法的奥秘。其最终的目标是改进包括语音和面部识别、自动驾驶及自动交易中所应用的计算模型。反向工程也称为逆向工程，是从已知的事物中提取关于它的功能及设计等信息，并利用这些信息来再现该事物。该项目由美国高级情报研究计划署大脑皮层网络机器智能（MICrONS）研究计划资助，MICrONS 的目的是通过了解中尺度神经回路的详细结构和功能，同时使用逆向工程大脑算法来革新机器学习。

在识别一个对象时，计算机可能需要被展示数千个标记的例子，而人类只需要少数几个。为了找出其中的原因，研究人员通过使用双光子钙成像显微镜技术，在小鼠处理视觉信息时记录了成千上万个单神经元信号。卡内基·梅隆大学计算机科学系神经认知基础研究中心的生物科学助理教授 Kuhlman 通过将分子传感器与复杂的光学方法相结合的方式来监测神经活动。目前已经可以同时跟踪脑区大部分神经元的神经动力学信息。通过这种方法将产生一个庞大的数据集，能够提供关于视觉皮层一个区域神经元的详细情况，再利用反向工程来对这些数据进行处理，从而构建出较为完善的计算模型，如图 18-11 所示。

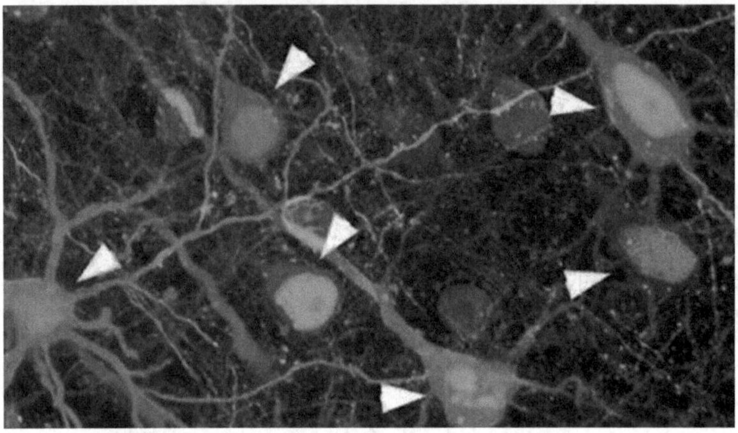

图 18-11　光成像技术标记的单个神经元

（图片来源：Byron spice carnegie mellon joins IARPA project to reverse-engineer brain algorithms. https: //www.csd.cs.cmu.edu/news/carnegie-mellon-joins-iarpa-project-reverse-engineer-brain-algorithms）

2. 神经接口

神经接口技术的功能是通过与神经系统直接或电磁相互作用实现大脑与计算机或其他设备之间的通信和控制，在类脑智能的应用上核心表现为脑-机接口（brain-computer interface，BCI）技术，BCI 技术的主要目标是建立大脑和外部设备之间的直接沟通途径，提供神经活动的实时反馈。一方面，BCI 系统通过检测神经活动模式能够识别大脑的意图，并将其转化为可被计算机利用的机器指令；另一方面，BCI 系统通过直接刺激外周或中枢神经系统可实现机器意图对大脑的直接表达（详见本书第 9 章脑-机接口）。

1）军事科学领域

在军事科学领域，早期 BCI 应用主要面向残障患者，用于替代或辅助残缺或瘫痪肢体的运动功能，帮助他们恢复生活能力。但近年来，BCI 快速拓展其应用领域，尤其在军事、航天等特殊环境场合，BCI 能够发挥其不可替代的优势作用，这也是美国国防高级研究计划局（DARPA）等军事研究机构大力支持发展 BCI 技术的重要原因。近十年来，以 DARPA 为代表的军事技术研究机构在脑-机接口领域的研究投入持续增加，尤其在各国“脑计划”陆续启动之后。军事领域的应用主要有军事通信、情报搜集与分析、武器装备操控、军事人员的心理和生理监测等，BCI 的引入有望颠覆现有军事科学技术。2017 年 4 月 Facebook 创始人兼首席执行官马克 • 扎克伯格（Mark Zuckerberg）在年度开发者大会启动 Facebook 神秘的“8 号”计划（B8），并预计将在 18 个月内开发出每分钟输入 100 个字的脑控制拼写器的原型系统；马斯克也宣布他创建的 Neuralink 公司将主要研究人类的大脑，以增强人类的智慧，推进军用技术发展，使得人类能够跟上人工智能的发展步伐。

2）医疗康复领域

在医疗康复领域，BCI 在脑外伤、肢体残疾、神经系统疾病等患者的康复和功能重建中已经发挥着重要作用。例如，格拉茨技术大学应用 BCI 控制电刺激帮助瘫痪患者完成生活中一个简单的喝水动作，这被认为是 BCI 应用于助残事业的里程碑事件；苏黎世联邦理工学院的神经学家 Courtine 的团队通过大脑植入技术，使因脊髓受损而瘫痪的猴子再次学会了行走，该技术也为脊椎受伤患者的治愈带来了新的希望（图 18-12）；荷兰科学家 Ramsay 等利用 BCI 拼写技术帮助截瘫患者用“机器”拼写单词与句子同外界交流，而不需要专业的医护人员陪伴（图 18-13）；在 2014 年巴西世界杯开幕式上，一名腰部以下瘫痪患者通过 BCI 控制外骨骼完成开球，轰动一时，而这一切得益于长期的虚拟训练与外骨骼技术的发展（图 18-14）；与之类似，天津大学神经工程团队于 2014 年研制成功全球首台适用于全肢体脑卒中康复的人工神经机器人系统——“神工一号”。该系统融合了运动想象疗法和物理训练疗法，在脑卒中患者体外仿生构筑了一条完整的人工神经通路，通过模拟解码患者的运动意念信息，进而驱动多级神经肌肉电刺激技术产生对应动作，在康复训练的同时，促进了患者受损脑区功能恢复以及体内神经通路的修复和重建。

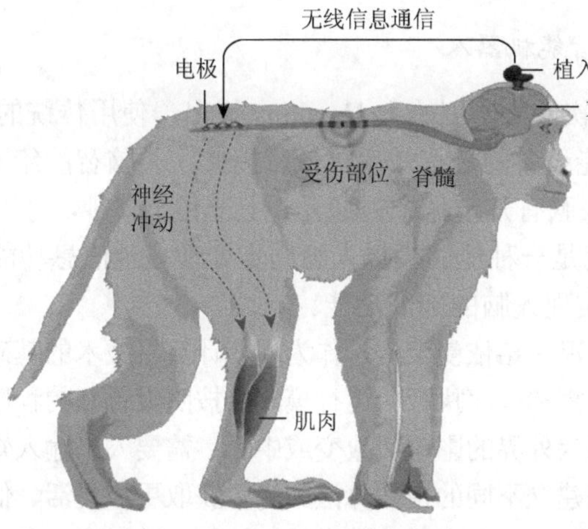

图 18-12　大脑-脊柱接口示意图

（图片来源：Jackson A. 2016. Spinal-cord injury：Neural interfaces take another step forward. Nature，539（7628）：177-178）

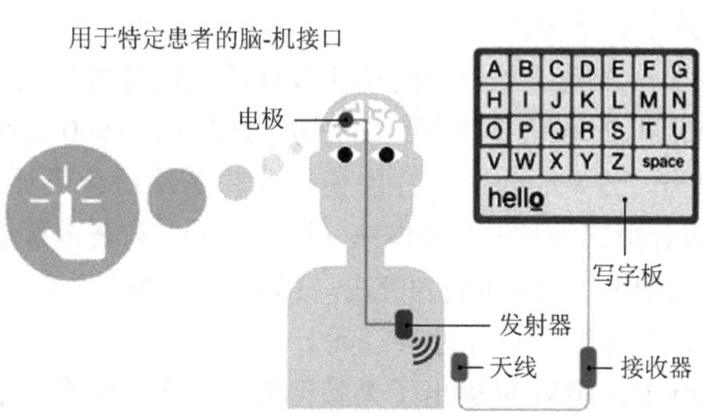

图 18-13　完全植入式脑-机接口工作原理示意图

（图片来源：Meera senthilingam brain implant helps woman with ALS communicate. http: //edition.cnn.com/2016/11/12/health/als-brain-implant-communication）

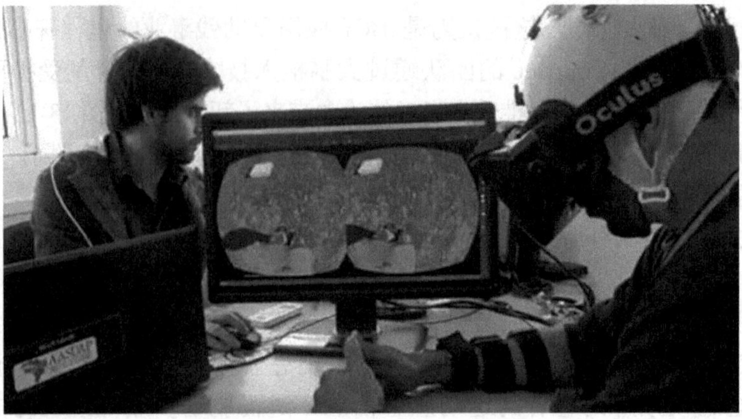

图 18-14　患者学习在虚拟现实中行走

（图片来源：Jonathan webb brain-robot training triggers improvement in paralysis. http: //www.bbc.com/news/science-environment-37024197）

3. 类脑计算与类脑智能机器人

人脑启发 Numenta 软件公司创始人 Hawkins 提出，使用传统的计算机运行特殊的软件来模拟人脑会导致智能设备的运行效率过低，因此，类脑智能绝不能仅仅依赖于软件，而需要用芯片来实现。人脑有几十亿个神经元、上千亿个突触，可以同步处理视觉、语音等信号，神经形态芯片就是一种能够模拟人脑同步处理多种信息功能的芯片。它模拟的是人脑的神经网络，可以实现人脑的部分功能。

传统计算机使用的是冯・诺依曼架构，作为现代计算机技术的基础，该架构属于存储程序式计算，更适合数值运算和程序执行。运行模式会按照设置好的程序开始、执行和结束进程，在此过程中并不会因为外界的影响而改变或中断，需要人工输入知识或提供训练样本，从而针对新环境与新问题建立不同的模式算法。为了获取更加灵活、低能耗、智能化的信息处理方法，科学家正在积极地研发类脑计算机与智能机，神经形态芯片成了关注的热点。与冯・诺依曼架构不同的是，新型计算机处理芯片从系统结构、信息处理模式以及计算能力上都与大脑相近，且具备学习和自适应能力。本节对几款类脑神经芯片做简要介绍。

1）TrueNorth 芯片

IBM 发布了一款根据人脑信息处理结构所设计的类脑计算平台 IBM TrueNorth 芯片，其包含 100 万个神经元和 2.56 亿个突触，处理能力相当于 1600 万个神经元和 40 亿个神经键，消耗的能量只需 2.5W。低功耗性能使得此款芯片适合于计算密集型以及嵌入式便携移动应用。芯片设计形式为脉冲神经网络（图 18-15），只在电量超过阈值的时候才能被激发（与神经元放电相似），节能性更为突出。IBM 的新型芯片包含 4096 个神经突触核心，可生成超过 100 万个可编程的脉冲神经元。

在上述研究的基础上，IBM 也提出了类脑架构，图 18-16 给出了该架构的发展过程。图中从左到右展示的是研发的思路：从皮质神经元结构到数学模型架构，再到功能模拟，最终物理实现；而图中从上到下展示的是结构、功能的集成过程：涉及复杂神经形态的设计灵感和核心理念，以及从单芯片到多芯片的模块集成方法。

图 18-15　IBM TrueNorth 类脑超级计算平台

（图片来源：Steve hamm a new direction for high performance computing. https: //www.ibm.com/blogs/think/2016/03/a-new-direction-for-high-performance-computing）

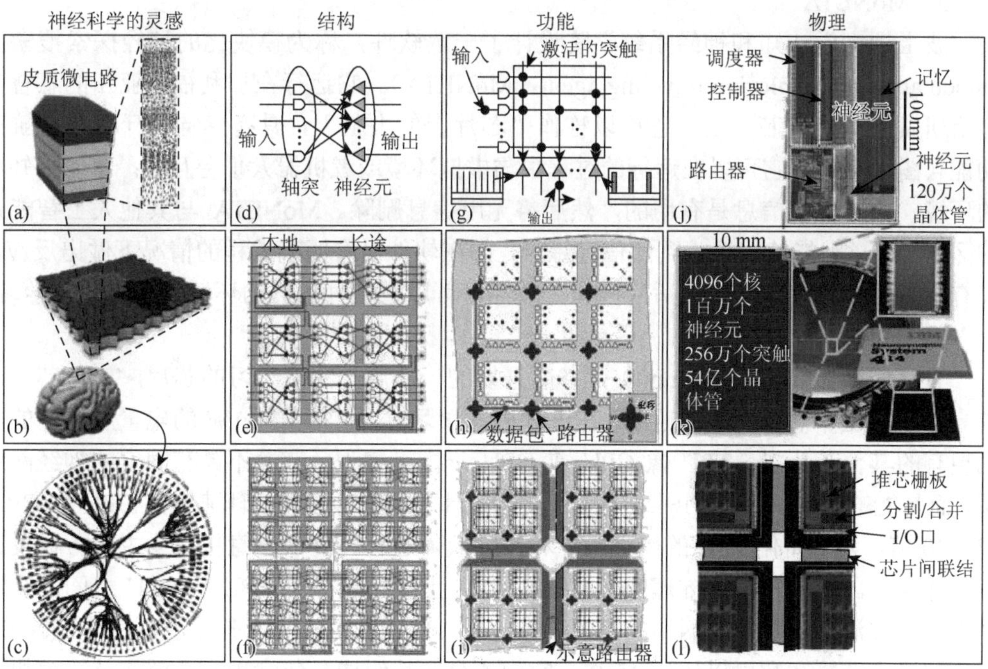

图 18-16　类脑构架发展过程

（图片来源：Merolla P A，Arthur J V，Alvarezicaza R，et al. 2014. A million spiking-neuron integrated circuit with a scalable communication network and interface. Science，345（6197）：668-673）

IBM 类脑计算机首席科学家 Modha 在介绍 TrueNorth 时表示：如果把当前的冯·诺依曼架构计算机比作人的左脑，是快速处理抽象数据的计算器；那么相比之下 TrueNorth 更像右脑，是通过慢速感知进行模式识别的机器。芯片在连接性和神经参数方面是完全可配置的，可以为广泛的认知应用设定配置。未来研究者希望利用神经突触可塑性来增强 TrueNorth 规模，创造现场适应性强并且能够在线学习的新一代类脑计算机。

2）Brainstorm 神经芯片

斯坦福大学生物工程教授 Boahen 所在的硅实验室开发了一款神经形态芯片 Brainstorm，包含上百万个人工神经元用以模拟整个大脑。这个项目在 2013 年获得了美国海军研究院的资助。Boahen 教授指出，区别于大脑的工作方式——低能量消耗的分层分支的信息处理模型，现在的网络架构的局限在于只能从一个点发送信号到另一个点，如果想从一个点向多个点发送信号，系统就会陷入死机状态。

Brainstorm 芯片是第一个由应用程序组合起来的神经网络，提高了软件抽象层，研究者可将复杂的应用程序放置在上面运行。例如，在脑-机接口的研究中，研究人员通过一个记录分析神经峰值的算法来推断瘫痪患者的下一个意图，然后控制机器手臂来帮助瘫痪患者进行操作。实现上述过程的硬件和软件系统可用来配置芯片，并成为芯片的外设。这种芯片解决问题的方式可以用多维非线性微分方程来描述，通过当前的状态和输入来获得输出是怎样随时间变化的。将这些非线性关系映射到一个神经元网络上，从而系统通过对神经元的编码和解码实时地进行认知和驱动外部设备工作。

3）MoNETA

波士顿大学认知和神经系统学院设计了一款软件，称为模块化的神经探索搜索主体（modular neural exploring traveling agent，MoNETA）。它运行在加利福尼亚州的惠普实验室所研发的脑启发芯片上，它可以称作“芯片上的大脑”，具有感觉、行动和导航三大功能（图 18-17）。它可以在运行的过程中与虚拟环境或者机器人平台互联；可以感知周围的环境，决定哪些信息是有用的，然后将无用信息删除。MoNETA 与其他人工智能系统的区别在于，它能够将接收到的信息综合，并在软件没有明确编程的情况下做出反应，且具有像哺乳动物大脑一样的适应性和有效性，可以在各种各样的环境下进行动态学习。

4）TPU 芯片

TPU（tensor processing unit）是谷歌开发的一款用于深度学习的芯片，TPU 芯片可以提高数据处理和语音识别的速度。在进行机器学习时，它每消耗 1W 的电量所执行的命令比现有的其他芯片多。TPU 像 CPU 或 GPU 一样可编程，它并不具有固定的神经网络模型，而是能够实现在不同的网络上执行复杂的计算机指令。其处理速度比 GPU 和 CPU 快 15～30 倍。为了简化 TPU 的硬件设计和排除故障过程，TPU 会直接接受主服务器发送的命令并执行。目标是整个推理的模型都在 TPU 上运行以减少 TPU 与 CPU 之间的交流，从而更加灵活地满足神经网络的需求。新一代 TPU 的带宽存储速度可以达到 600GB/s，每秒的浮点计算次数可以达到 45 次，它由 4 个芯片组成，包含 180 个浮点计算模块，有利于机器学习的训练和推理。2016 年战胜韩国棋手李世石的 AlphaGo 机器人使用的就是这款芯片，它可以使 AlphaGo 在下棋的过程中思考得更快更好。目前，TPU 已经用于谷歌云计算平台的构建。图 18-18 所示为 TPU 的印刷电路板。

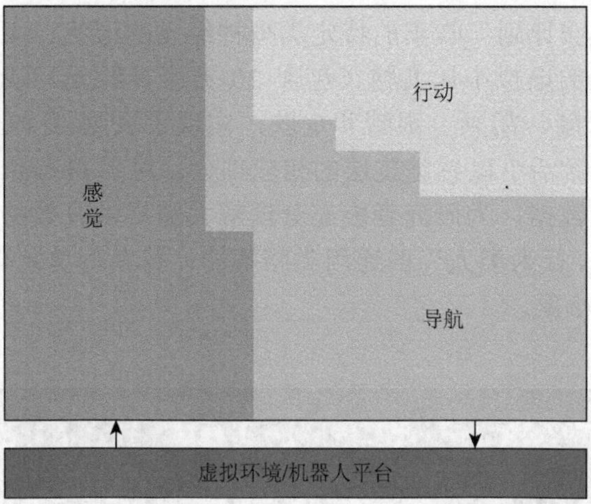

图 18-17　MoNETA 的功能组成

（图片来源：Massimilinano versace silicon brains，thought leaders，AZoRobotics. https: //www.azorobotics.com/Article.aspx? ArticleID = 2）

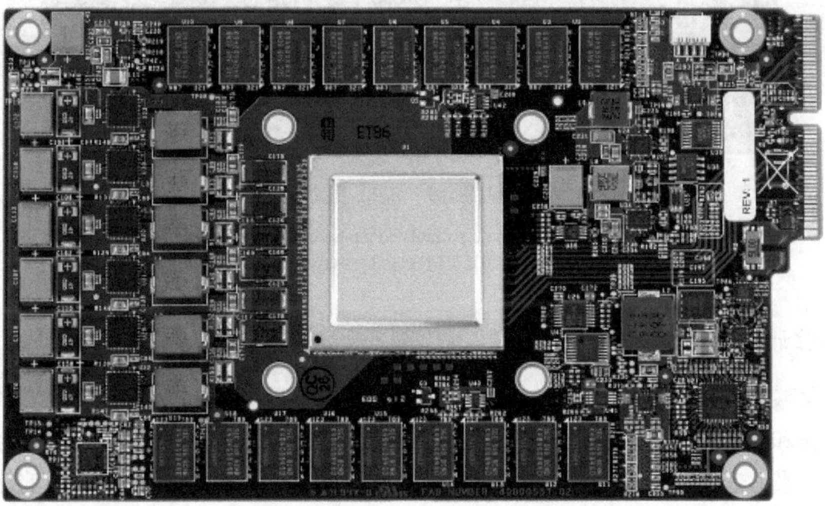

图 18-18　TPU 的印刷电路板

（图片来源：Jouppi N P，Young C，Patil N，et al. 2017. In-datacenter performance analysis of a tensor processing unit// International Symposium on Computer Architecture，Toronto：1-12）

5）小鼠脑-体交互模型

复制感觉输入和运动输出是实现大脑模型接近于真实大脑的最佳方法之一。负责人类大脑工程（human brain project，HBP）项目的神经科学家 Gewaltig 带领团队结合建立完成的小鼠大脑模型和小鼠身体模型，构建了一个简单而又全面的大脑与身体相互作用的模型。随着计算机技术的进步，HBP 的科学家收集了来自西雅图艾伦脑科学研究所和圣地亚哥生物医学信息学研究所的小鼠大脑的生物学数据。这些数据包含关于小鼠大脑的 7500 万个神经元的位置以及不同脑区之间联系的详细信息。他们将这些信息与在日内瓦“蓝脑计划”收集的特定类型神经元的形状、大小和连接情况的数据相结合，并将简化版的虚拟小鼠大脑（包含 20 万个神经元）映射到小鼠身体的不同部分，包括小鼠的脊髓、胡须、眼睛和皮肤，实现了大脑-身体的对应交互。例如，触碰小鼠的胡须就会激活小鼠感觉皮层的相应部分。对于 Gewaltig 来说建立这个模型主要是为了收集大量数据，为研究者能充分理解大脑提供有效的途径。为最终真正设计并实现“机制类脑，行为类人”的通用类脑智能计算模型奠定理论基础和技术支持。图 18-19 所示为虚拟小鼠。

图 18-19　虚拟小鼠

（图片来源：Researchers create a simulated mouse brain in a virtual mouse body. http: //www.33rdsquare.com/2015/03/researchers-create-simulated-mouse.html）

4. 类脑计划

人的大脑体积仅有 1400cm^3，功率仅 20W，但蕴含着庞大的信息和功能。尽管人类已经在模拟脑和认识脑的研究领域得到了不少重要的发现和成果，但对于“三磅宇宙”而言，也仅是冰山一角。随着科技的发展与人类文明的进步，人类对大脑机制的探索、对大脑结构功能的模拟将持续深入。曼哈顿计划、阿波罗登月计划和人类基因组计划被列为影响人类社会的三大科学工程，继此之后，又一具有划时代意义的重大科学工程——人类大脑计划已经拉开了帷幕。“蓝脑计划”和各国脑科学计划的提出标志着类脑智能时代的到来。

1）蓝脑计划

为了更好地理解人脑的应激反应，瑞士洛桑联邦理工学院大脑与心智研究所（Brain and Mind Institute）的研究人员启动了蓝脑计划。马克拉姆设想的基础是，神经科学已经并正在飞速地积累大量数据，但是迄今为止仍然缺乏一个能跨越大脑各个层次的统一认识。如果不能认识脑的工作机制，就不能正确认识脑的病理及开发相应的治疗手段和药物，也不能用机器来实现人的智能。他认为如果按照常规办法，在各种条件下对各物种的各个年龄段，并在健康的和各种疾病的条件下逐个测量大脑里的每个基因、蛋白质、细胞、突触与回路，那么即使再过一个世纪或者更长时间，也还是解决不了问题的。为克服这一难题，需要把全世界所有已知的和新研究出来的数据都整合在一起。这样就必须研发全新的信息和计算技术，借以把这些数据整合在统一的计算机模型之中，进而对大脑进行仿真。研究者相信只有这样才能发现脑的工作模式和组织原理，找出人类知识的缺失之处，从而设计新的实验来填补空缺，利用已知的知识预测其他未知之处。基于上述考虑，蓝脑计划的主要内容是在超级计算机上仿真脑。把所有已知的大脑数据和知识整合在多层次、多尺度的脑模型中，实现从分子水平到整个大脑的全覆盖模拟。该项计划如能成功，那么这个虚拟大脑将为研究人类认知（如感觉、记忆甚至意识）提供重要提示，这可能将是人类首次观察并同时模拟到大脑用以反映世界的电子代码，在一定程度上有助于理解神经尺度上孤独症、精神分裂症和抑郁症等精神疾病的产生病理。

2）人脑计划

在过去的几年中，全球各地的科学家都意识到了对大脑进行研究的重要性，各国都在大力提倡发展大脑研究。由学术界倡议、政府资助，欧、美、日等国家和地区都陆续实施了国家战略层面的脑计划。

欧盟脑计划：2013 年欧盟推出了由 15 个欧洲国家参与、预期 10 年的人类脑计划。其核心目标是开发信息和通信技术平台，致力于神经信息学、大脑模拟、高性能计算、医学信息学、神经形态计算和神经机器人研究。侧重于超级计算机技术模拟脑功能，从而实现类脑智能。

美国脑计划：2013 年 4 月 2 日，美国总统奥巴马宣布启动创新性神经技术大脑研究计划，旨在绘制出显示脑细胞和复杂神经回路快速相互作用的脑部动态图像，研究大脑功能和行为的复杂联系，了解大脑对海量信息的记录、处理、应用、存储和检索过程，改变人类对大脑的认识。最终目的是产生对脑功能障碍的认识，帮助研究人员找到治疗、治愈甚至防止阿尔茨海默病、创伤性脑损伤等脑部疾病的新方法。

日本脑计划：2014 年由日本科学家发起的神经科学研究计划获得了日本教育部、文化部以及日本医学研究与发展委员会共 400 亿日元（约合 3.65 亿美元）的近 10 年的资助。研究团队 Brain/MINDS 主要由 47 家研究单位的 65 个实验室组成，旨在通过融合灵长类动物（狨猴）多种神经技术的研究，弥补曾经利用啮齿类动物研究人类神经生理机制的缺陷，并建立狨猴脑发育以及疾病发生的动物模型。

中国脑计划：中国脑计划涵盖了对神经机制的基础研究和对脑疾病的诊断干预以及对脑启发智能技术的转化型研究。该项目被制定为一个十五年计划（2016～2030 年），其中前五年与中华人民共和国国民经济和社会发展规划纲要相符。将面向世界智能科技前沿和“健康中国 2030”的战略需要，发展我国脑科学、类脑技术，从认识脑、保护脑和模拟脑三个方向展开研究，逐步形成以脑认知功能的解析和技术平台为一体，以认知障碍相关重大脑疾病诊治和类脑计算与脑机智能技术为两翼的“一体两翼”研究布局（图 18-20）。

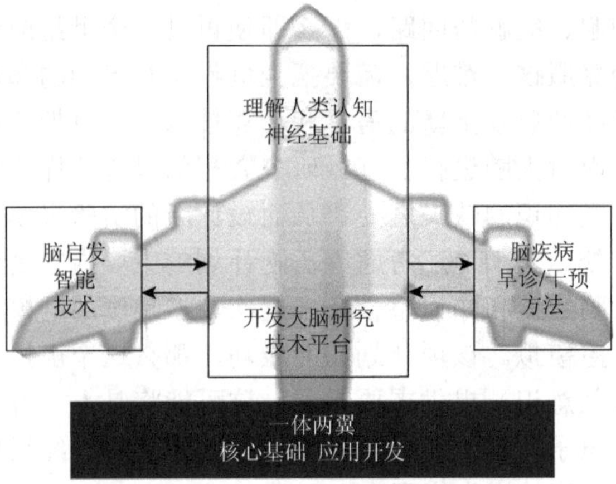

图 18-20　中国脑计划（“一体两翼”战略）

（图片来源：Poo M M，Du J L，Ip N，et al. 2016. China brain project：Basic neuroscience，brain diseases and brain-inspired computing. Neuron，92（3）：591-596）

18.3　类脑智能的未来

类脑智能的研究已经取得了较大的进步，但目前尚未出现任何一款智能系统在信息的处理机制以及认知能力上达到或超越人类大脑的水平。有着“人工大脑之父”之称的科学家雨果·德·加里斯认为，如果科学家想制造既有智慧又有意识的机器，一个显而易见的方法就是通过尽可能地复制自然界创造意识的途径来实现。同样，只有在对大脑的工作原理不断了解的前提下，研究人员才能更好地在技术上对生物体的大脑进行模拟。目前，神经科学家对我们的大脑还知之甚少，对大脑的基本工作原理还需不断地进行探索。但随着分子级工具的出现及发展，在不久的将来，神经科学家可以更好地了解人类的大脑，而神经工程师可以将这些神经科学理论应用到类脑智能上。

所以类脑智能未来的发展首先需着眼于发展新一代计算模型。通过对脑信息处理机制的不断研究和模拟构建出多尺度、多个脑区协同工作、更为高效的类脑计算模型。不仅仅局限于对神经元、突触的模拟建模，而是能够借鉴神经元网络的连接、脑皮层结构以及脑区之间的网络连接，不断构建出更接近人脑水平的计算模型。另外，类脑智能也应不断发展可以自适应的类脑学习机制，可以让机器通过监督学习、无监督学习以及交互学习等多种学习方式不断地从周围环境中进行学习并形成概念，进而从已有的经验中认知一个新概念。

随着类脑智能的发展，类脑智能究竟将引领人类走向什么样的未来我们尚不得而知。科学界、工业界的先驱对类脑智能的未来也有着不同的看法。

“人工大脑之父”加里斯预言未来将会出现支持制造人工智能的“宇宙主义者”，以及强烈反对人工智能的“地球主义者”两个相对立的集团。由于两个集团在人工智能上的分歧，在 21 世纪下半叶地球主义者和宇宙主义者将会爆发一场“大战”，掀起一场“人工智能战争”。

英国物理学家史蒂芬·霍金在接受 BBC 采访时，提出人工智能不受约束地发展将会对人类社会造成巨大的影响，并最终毁灭人类。同时他还说："人工智能会依靠自身的力量实现腾飞，会以越来越快的速度重新设计自己。而受限于缓慢生物进化的人类无法与之竞争，将会被它超越。"霍金同时为潜在 AI（artificial intelligence）快速发展提供了时间表，"计算机将会在未来 100 年内凭借 AI 超越人类。当这些发生的时候，我们需要确保计算机的目标与我们的相一致"。

美国计算机科学家、未来学家雷蒙德·库兹韦尔曾提出奇点理论，其中"奇点"是指人类与其他物种（物体）的相互融合。具体来说，是指计算机智能与人脑智能兼容的那个时刻。其曾预测计算机将在 2000 年之前击败最好的人类选手。被 1997 年 IBM 的深蓝计算机战胜国际象棋世界冠军 Kasparov 所证实。库兹韦尔认为未来 20～25 年，人类将在身体内部配备数以百万计的称为纳米机器的血细胞装置，以抵御疾病，提高记忆力和认知能力。到 2045 年左右，"变革的速度将会非常惊人从而导致我们无法跟上，除非我们通过与我们正在创造的智能机器相融合来提高我们的智慧"。

特斯拉 CEO 伊隆·马斯克多年来一直警告人们要对人工超智能的到来保持警惕。他对人工智能有着深深的担忧。例如，他提到的采草莓的场景，导致人类没有任何生活空间。马斯克也曾在采访中表示"我想我们应该非常小心人工智能，我越来越倾向于应该在国家一级或者在国际一级对人工智能执行一些监管或监督，以确保我们不会做出愚蠢的事情"。

微软联合创始人比尔·盖茨在接受 BBC 采访时表示人工智能对人类来说是一个巨大的威胁。他表示"我属于担忧超级智能技术的那一派，首先机器将为我们做大量的工作，但超级智能不会，但如果我们能够进行妥善的管理，应该会起到积极的作用。然而，几十年后，他们的智能将变得强大到足以让我们担忧"。同时，比尔·盖茨也表示在接下来的十多年里，对视觉和言语理解与翻译等问题的处理会得到较大的改善。到那个时候，机器人将执行诸如采摘水果或移动医院患者等工作。

谷歌 CEO 埃里克·施密特预测在未来的 5～10 年，公司会创造出与人类没有差别的人工智能。施密特预想在未来的超人类世界中，机器人将会在管理人类事务中扮演着重要的角色。他希望每天早晨能够吞下一个纳米机器人，这些机器人将会调节他的身体机能。顶级未来学家 Kurzweil 已经接受了施密特的愿望并把它进一步拓展——在未来几十年内，人类将与机器合并，到 2099 年，整个地球将通过比整个人类智力的总和还要聪明的人工智能计算机系统进行运转。

无论中立、担忧还是乐观，类脑智能的时代已经开启，它将引领人类走向何方，我们拭目以待。

18.4 本章小结

本章主要介绍了神经仿生学的概念及其在人工智能领域的应用。首先介绍了仿生学的概念、起源和发展。然后阐述了神经仿生学的由来、研究现状和未来的发展趋势。最后综述了神经仿生学在智能机器人中的应用，概述了现有的智能机器人及其发展现状和未来的趋势，并详细介绍了有关类脑智能机的研究。本章就仿生学、人工智能和神经工程交叉结合的产物神经仿生学和神经机器人进行了系统的介绍，对研究新型智能机器人提供了理论指导和技术支持。希望读者对神经工程中这一新的领域有全面的了解和新的认识。

思 考 题

1. 仿生学研究中有一个称为信息与控制仿生的方向，简述神经仿生学和信息与控制仿生的区别和联系。

2. 当我们登录一些网站时经常需要输入验证码，请从图灵测试的角度说明这样做的原因。

3. 谈谈你对智能机器人中所谓的“智能”的理解。

4. 列举神经仿生学在现代生活中的应用实例。

5. 请畅想一下神经仿生学在未来医学领域的应用场景。

6. 在《终结者》、《钢铁侠》等影片中均出现了人与机器人融合的科学产物，请展开联想，设想一下人与机器人还能有哪些方面的融合并说明这样的融合会给人们带来的好处。

7. 简述人类大脑和人工大脑的区别。

8. 请设想未来 10 年、20 年人工智能领域将会出现什么样的科研成果。

9. 很多科学界、工业界的先驱都提出了自己对人工智能未来的看法和预测，你更倾向于相信哪种看法？谈谈你对人工智能未来的预测。

参 考 文 献

顾凡及. 2013. 从蓝脑计划到人脑计划: 欧盟脑研究计划评介. 科学, 65(4): 16-20.

哈拉西. D. S. 1975. 仿生学. 北京: 科学出版社.

沈政. 1992. 脑模拟与神经计算机. 北京: 北京大学出版社.

史忠植. 2013. 智能科学. 北京: 清华大学出版社.

陶建华, 陈云霁. 2016. 类脑计算芯片与类脑智能机器人发展现状与思考. 中国科学院院刊, 31(7): 803-811.

雨果 • 德 • 加里斯. 2007. 智能简史——谁会替代人类成为主导物种. 胡静, 译. 北京: 清华大学出版社.

曾毅, 刘成林, 谭铁牛. 2016. 类脑智能研究的回顾与展望. 计算机学报, 38(109): 212-222.

Bargmann C I, Newsome W T. 2014. The brain research through advancing innovative neurotechnologies (BRAIN)initiative and neurology. JAMA Neurology, 71(6): 675-676.

Bothe H W, Samii M. 1993. Neurobionics-A novel faculty between ethics, neurobiology, computational technologies and clinical neurosciences//Neurobionics. North Holland: Elsevier: 3-20.

Capogrosso M, Milekovic T, Borton D, et al. 2016. A brain-spinal interface alleviating gait deficits after spinal cord injury in primates. Nature, 539(7628): 284-288.

Colloquium C. 2012. The human brain project. Functional Neurology, 306(6): 50-55.

Donati A R, Shokur S, Morya E, et al. 2016. Long-term training with a brain-machine interface-based gait protocol induces partial neurological recovery in paraplegic patients. Scientific Reports, 6(2016): 30383.

Eilam E. 2005. Reversing: Secrets of Reverse Engineering. New York: John Wiley & Sons, Inc.

Eliasmith C, Stewart T C, Choo X, et al. 2012. A large-scale model of the functioning brain. Science, 338(6111): 1202-1205.

Fukushima K. 1988. Neocognitron: A hierarchical neural network capable of visual pattern recognition. Neural Networks, 1(2): 119-130.

George D, Hawkins J. 2009. Towards a mathematical theory of cortical micro-circuits. PLOS Computational Biology, 5(10): e1000532.

Goertzel B, Lian R, Arel I, et al. 2010. A world survey of artificial brain projects, Part Ⅱ: Biologically inspired cognitive architectures. Neurocomputing, 74(1): 30-49.

Hawkins J, George D. 2011. Hierarchical temporal memory. Alphascript Publishing, (suppl 5): 1-10.

Jouppi N P, Young C, Patil N, et al. 2017. In-datacenter performance analysis of a tensor processing unit. ACM SIGARCH Computer Architecture News，45(2): 1-12.

Kurzweil R. 2011. 奇点临近. 李庆诚, 董振华, 田源, 译. 北京: 机械工业出版社.

Markram H. 2012. The human brain project. Scientific American, 306(6): 50-55.

Merolla P A, Arthur J V, Alvarezicaza R, et al. 2014. A million spiking-neuron integrated circuit with a scalable communication network and interface. Science, 345(6197): 668-673.

Mnih V, Kavukcuoglu K, Silver D, et al. 2015. Human-level control through deep reinforcement learning. Nature, 518(7540): 529.

Pavone F S. 2013. The human brain project. Scientific American, 306(6): 50-55.

Poo M M, Du J L, Ip N, et al. 2016. China brain project: Basic neuroscience, brain diseases and brain-inspired computing. Neuron, 92(3): 591-596.

Sendhoff B, Körner E, Sporns O, et al. 2009. Creating Brain-Like Intelligence. Berlin: Springer-Verlag.

Strukov D B, Snider G S, Stewart D R, et al. 2008. The missing memristor found. Nature, 453(7191): 80-83.

Vansteensel M J, Pels E G M, Bleichner M G, et al. 2016. Fully implanted brain-computer interface in a locked-in patient with ALS. New England Journal of Medicine, 375(21): 2060-2066.

Versace M, Chandler B. 2010. The brain of a new machine. IEEE Spectrum, 47(12): 30-37.

Wang W, Collinger J L, Perez M A, et al. 2010. Neural interface technology for rehabilitation: Exploiting and promoting neuroplasticity. Physical Medicine and Rehabilitation Clinics of North America, 21(1): 157-178.

第六部分　神经再生与修复

第 19 章　神经再生与修复

19.1　概　　述

神经系统常见病损有脑卒中、颅脑外伤、脊髓损伤、周围神经损伤等，患者多伴有不同程度的功能障碍，如运动功能障碍、感觉功能障碍、言语及语言功能障碍、吞咽障碍、认知功能障碍、心肺功能障碍、二便障碍等。近年来神经移植物、细胞移植、分子治疗及组织工程修复等神经再生与修复技术发展迅速，丰富了临床治疗的手段。但患者最终功能恢复离不开康复治疗。国内外基础、临床康复多中心研究证明，在疾病不同阶段采用适宜的康复方法和程序，注重综合性康复、早期康复、全面康复的新思路，并开展多学科合作，能促进神经功能的恢复，改善患者的功能障碍，促进患者功能重建，使其早日回归家庭及社会。

2017 年中国成立多学科合作神经再生与修复团队，康复和生物工程、材料学等都为其重要组成部分。为更好地实现跨学科、跨领域的协作，组织工程人员有必要多了解康复治疗和技术，促进多学科交流合作，共同提高神经再生与修复技术，因此本章增加了康复治疗和技术相关内容。

临床上在疾病发展的不同阶段，针对主要的临床与康复问题，采取相应适宜的临床治疗及康复治疗方法，这里以周围神经损伤、颅脑外伤、脊髓损伤为例，介绍神经系统常见病损的临床特点和康复评定、临床与康复治疗技术，以及最新的神经再生与修复研究进展。

19.2　周围神经再生与修复

周围神经系统（peripheral nervous system，PNS）由脑神经和脊神经组成；它从脑中枢神经和脊髓发出，进而分布至躯体或内脏的相应部位并支配其运动和感觉。作为神经解剖学术语，“神经”一般特指周围神经系统内由神经纤维并行排列集结而成的神经纤维束和外周包绕的结缔组织所关联的完整结构。周围神经损伤（peripheral nerve injury）指神经纤维受到伤害，导致相应神经支配区域引发包括运动、感觉及自主神经功能障碍的一类临床病症。周围神经再生与修复（peripheral nerve regeneration and repair）即在神经损伤后，采取合适的手段和措施保护受损神经，促进神经再生，最大限度地恢复神经正常组织结构和生理功能的过程。

临床上往往根据神经损伤严重程度不同采取不同的修复方法。神经内膜管或神经束膜保持完整，受损神经能自行恢复或者有自行恢复的可能，一般采用非手术修复（non-surgical repair）的方式以保护受损神经元，促进神经再生和成熟；神经干完全断裂或者仅通过神经外膜保持神经连续性（Sunderland Ⅳ度及以上程度的严重神经损伤），则必须进行手术修复

（surgical repair）。一般所说的神经修复主要是指手术修复，神经断裂或缺损距离较短可以直接进行无张力断端缝合；神经缺损距离较长（神经损伤长度超过直径的 4 倍）难以无张力缝合，需要辅助技术进行进一步的修复。这里主要介绍长距离神经缺损的手术修复方法和原理、修复技术的最新研究进展以及周围神经损伤的临床康复治疗技术。

19.2.1　生物可降解人工神经移植物

人工神经移植物是用以修复神经损伤的生物材料支架的统称，主要包括神经导管及其管腔内的生物材料填充物。作为最早修复神经缺损的治疗策略之一，人工神经移植物桥接修复神经损伤，首先起到桥梁作用从而引导神经再生，可以降低缝合张力；同时可以使神经断端释放的利于神经再生因子局限在管腔内不向外扩散；除此之外还可以防止管腔外炎症细胞、瘢痕组织以及抑制神经再生因子等的过度侵入；在人工神经移植物管腔内形成利于神经再生的局部微环境（神经再生小室原理）。人工神经移植物有四种常见组合构建模式：中空单通道导管、填充凝胶导管、内置纤维支架导管和多通道导管。其中，后两种构建模式进一步更好地模拟了天然神经的内部组织结构（图 19-1）。

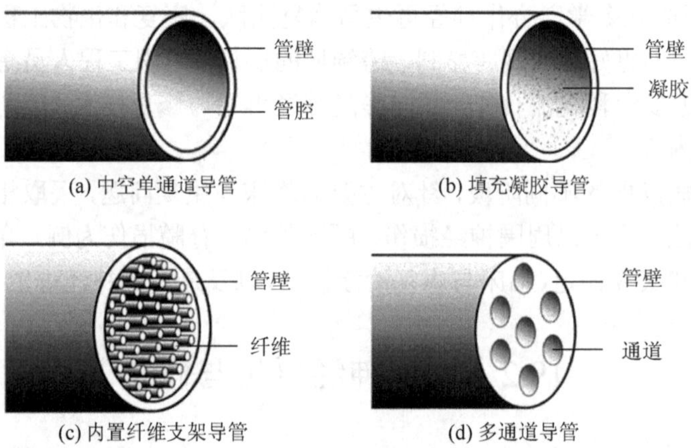

图 19-1　人工神经移植物的常见组合构建模式

制备人工神经移植物的生物材料按其来源分为天然材料和人工材料两大类。天然材料指来源于自然界动植物的生物材料，一种是生物体软组织及其衍生物，研究较多用于神经损伤修复的如静脉、骨骼肌和去细胞神经等；另一种是生物体组织来源的高分子聚合物，一般都是可降解的，常见用于制备人工神经移植物的如胶原、壳聚糖和丝素等。人工材料指人为合成的高分子聚合物，一种是不可降解的，如硅胶和膨体聚四氟乙烯等；另一种是可降解的，如聚乙醇酸、聚乳酸及其共聚物等。生物惰性材料即不可降解生物材料，如硅胶虽是最早用于制备神经导管的材料，但属不可吸收材料且有引发异物反应、阻碍神经再生和必须二次手术取出等缺点，限制了其在临床神经损伤修复中的应用。生物可降解材料，因其在体内可逐渐被吸收，引导神经再生的同时让出了足够的再生空间，亦不需要二次手术取出，故目前及今后人工神经移植物材料的研究重点在生物可降解材料上。

1. 聚乙醇酸人工神经移植物

聚乙醇酸（polyglycolic acid，PGA）是由单体乙醇酸通过酯键聚合而成的一种人工合成高分子可降解 α-聚酯类材料。PGA 具有易塑型、可降解、生物相容性好等诸多优点，是临床上最早使用的制备医用可吸收缝合线材料。PGA 的酯键在体内容易被水解，因而其降解速度较快；可以与另一种降解速度较慢的 α-聚酯类材料聚乳酸（polylacticacid，PLA）形成共聚物使用，以调节材料降解速度，更好地匹配神经再生速度。

PGA 神经导管桥接修复动物周围神经损伤的研究最早始于 20 世纪 80 年代，后来多与天然生物材料如胶原蛋白、壳聚糖等共同使用。胶原包被的 PGA 神经导管修复大鼠面神经麻痹，在组织学和生理学上都表现出了较好的效果。PGA-胶原神经导管修复犬的 80mm 腓神经缺损，可以引导轴突再生和获得良好的功能恢复。PGA 神经导管已经商品化，PGA 制备的神经导管 Neurotube®已经获得美国食品药品监督管理局（Food and Drug Administration，FDA）和欧盟（Conformit Europe，CE）认证。PGA 还可以作为纤维支架材料置于天然生物可降解材料制备的神经导管管腔内，共同构建人工神经移植物或组织工程神经，修复神经损伤。然而最新研究也表明，PGA 的酸性降解产物乳酸、乙醇酸会对局部组织造成不良刺激反应，一定程度上不利于神经再生，限制了 PGA 在再生医学研究中的进一步广泛使用。

2. 胶原人工神经移植物

胶原（collagen），又称胶原蛋白，是细胞外基质中最主要的结构组分和动物体内含量最丰富的蛋白质，具有生物相容性佳和可塑性好等很多优点；也有机械性能差、降解快等限制。周围神经中同样含有较多胶原成分，主要为Ⅰ型和Ⅲ型胶原，还有少量Ⅳ型胶原。

胶原制备神经导管修复神经缺损的研究始于 20 世纪 80 年代后期，也可以与其他生物材料共同构建人工神经移植物；Ⅰ型胶原（纤维形成胶原）在动物体内含量最丰富（细胞外基质的主要胶原类型）、来源方便，一般使用Ⅰ型胶原构建神经导管。Ⅰ型胶原制备的神经导管 NeuraGen®也已经从研究走向临床并商品化，获得了美国 FDA 认证。临床上使用胶原神经导管修复神经损伤，由于胶原本身的特性通常限于 3cm 以下的神经缺损。使用纯化的Ⅰ型牛胶原神经导管修复临床 9 例神经缺损为 1～2cm 的前臂正中神经损伤患者，并通过平均 21 个月的长期随访，取得了令人满意的功能恢复效果。另有临床研究表明，Ⅰ型胶原神经导管修复神经损伤，神经再生在术后 12 个月似乎没有停止，部分患者的感觉功能恢复在 12 个月后仍有提高；长期感觉功能的恢复与神经缺损距离相关，缺损长度小于 10mm 的患者往往有更好的长期感觉感受性的提升。

3. 壳聚糖人工神经移植物

甲壳素（chitin）是一种源于自然界动物的多糖（虾壳、蟹壳等），自然界中的存量仅次于纤维素，也是众多所发现的天然多糖中唯一的碱性多糖。壳聚糖（chitosan）是甲壳素的脱乙酰衍生物，具有来源丰富、生物相容性好、抗炎、容易进行物理或化学改性等许多优点。壳聚糖是天然生物可降解材料，在体内通过溶菌酶降解，其速度可以通过乙酰化的调节来控制；降解中间产物为壳寡糖（chitooligosaccharides，COS），最终水解为单体氨基葡萄糖进入能量代谢分解成水和二氧化碳，不会对周围组织细胞产生不良酸碱刺激。

最新研究表明，壳聚糖的降解产物——壳寡糖能够促进损伤局部巨噬细胞迁移以构建良好的再生微环境，从而促进神经轴突再生。南通大学神经再生重点实验室顾晓松团队研制的壳聚糖神经导管和PGA纤维支架复合构建的人工神经移植物，在成功修复犬的30mm坐骨神经缺损的基础上，临床上用其修复人肘部正中神经35mm缺损，术后36个月，患者的运动和感觉功能得到满意的恢复，同时其交感神经排汗功能也获得部分恢复。并且科研团队通过不断的工艺改进，进一步解决了壳聚糖人工神经移植物体内修复神经损伤再生过程中血管化等关键问题。

4. 丝素人工神经移植物

丝素（silk fibroin）是从蚕丝、蜘蛛丝中提取的天然高分子纤维蛋白，以蚕丝丝素蛋白来源最为丰富。丝素是构成蚕丝纤维的基本物质，蚕丝经过物理、化学处理除去大部分丝胶后，剩余部分即为丝素。纯粹的丝素呈白色半透明状，具有独特的光泽。丝素含量占蚕丝的70%～80%，含有18种氨基酸，其中甘氨酸（glycine，Gly）、丙氨酸（alanine，Ala）和丝氨酸（serine，Ser）占80%以上。丝素具有良好的机械性能和理化性质，如良好的柔韧性和抗拉伸强度、透气透湿性、缓释性等，而且经过处理可以得到不同的形态，如纤维、溶液、粉、膜以及凝胶等。

蚕丝作为医用缝合线材料已有十分悠久的历史；作为组织工程生物支架材料，丝素蛋白的可降解性一直是一个疑问。研究表明，丝素具有一定的可降解性，可以被缓慢吸收，并且可以通过化学改性加快和控制其降解速度，也更好地匹配神经再生速度。顾晓松等根据仿生学原理制备的蚕丝丝素人工神经移植物与鸡蛋壳显微结构类似（图19-2），能够较

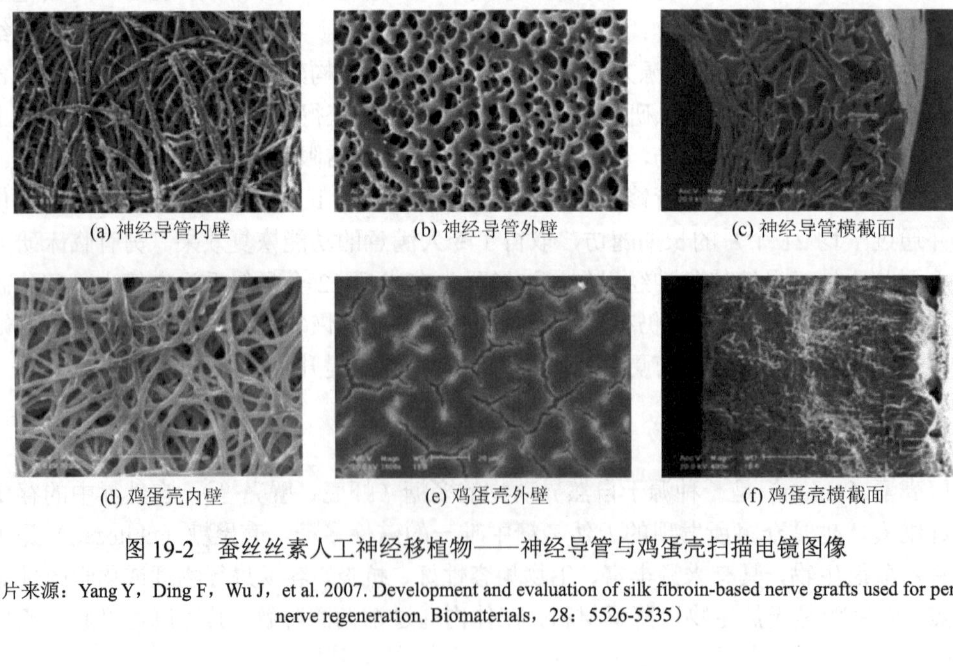

(a) 神经导管内壁　(b) 神经导管外壁　(c) 神经导管横截面

(d) 鸡蛋壳内壁　(e) 鸡蛋壳外壁　(f) 鸡蛋壳横截面

图19-2　蚕丝丝素人工神经移植物——神经导管与鸡蛋壳扫描电镜图像

（图片来源：Yang Y，Ding F，Wu J，et al. 2007. Development and evaluation of silk fibroin-based nerve grafts used for peripheral nerve regeneration. Biomaterials，28：5526-5535）

好地修复大鼠坐骨神经缺损，但离临床应用还有一段距离。丝素人工神经移植物最新的研究在于如何加快其体内降解速度并人工控制降解速度，以及更好的导管成型技术。在丝素蛋白中加入其他天然生物材料（如胶原）可以有效地改变其体内降解速度，同时静电纺丝技术也被用于丝素神经导管的制备。研究表明，使用静电纺丝技术制备的丝素神经导管修复大鼠坐骨神经损伤，有助于运动的恢复和预防异常感觉的产生；修复大鼠面神经损伤，可以促进神经再生，在形态学和功能恢复上都有积极的效果。基于丝素的静电纺丝神经支架，用其修复犬的 30mm 坐骨神经缺损，术后 13 个月，取得了令人满意的接近自体神经修复与再生效果。

5. 3D 生物打印人工神经移植物

3D 生物打印（3D bio-print，3D biology print）技术概念是在 3D 打印基础上最早于 2000 年左右提出的。3D 生物打印指能够在数字三维模型的驱动下，使用计算机辅助累积制造技术定位装配生物材料或细胞单元，制造医疗器械、组织工程支架和组织器官等制品的技术。3D 生物打印和传统普通 3D 打印有本质的区别，成功的 3D 生物打印技术必须克服细胞技术、生物材料和制造平台等方面的难题；除此之外，如何打印出具有血管网络的组织器官，并且在体内与人体血管网络和血液循环系统成功对接吻合并保证移植后组织器官存活，则是更大的挑战。所以，目前 3D 生物打印技术在神经损伤修复方面主要用于研究制备人工神经移植物，在此基础上可以进一步构建含有种子细胞或生长因子的组织工程神经；其优点在于能够更方便地构建神经导管内部的微细三维结构，还可以通过三维扫描构建个性化形态的人工神经移植物，更好地桥接修复形态较为复杂的神经缺损。3D 生物打印技术构建凝胶神经导管，支架材料上种植脂肪来源干细胞，用其修复大鼠坐骨神经 10mm 缺损，修复再生效果接近自体神经。以人正常真皮成纤维细胞为原料，使用 3D 生物打印技术制备无支架的神经导管，修复大鼠 5mm 的坐骨神经缺损，也取得了较好的再生效果。

19.2.2　组织工程神经

组织工程（tissue engineering，TE）的概念最早于 20 世纪 80 年代由现代生物力学之父冯元桢（Yuan-Cheng Fung）提出，是应用生命科学和工程学的原理与方法，研究、开发用于修复、增进或改善损伤后人体各种组织或器官生物替代物，达到恢复其正常形态和功能的一门新兴交叉学科。组织工程作为再生医学的重要构成部分，是 21 世纪实现更好组织器官再生的新途径。组织工程包含三个要素，即生物材料支架（scaffolds）、支持细胞（supporting cells）和生长因子（growth factors）；涉及四方面研究内容：建立种子细胞库，制备生物材料支架，组织培养技术与体内（临床）应用技术。

1. 干细胞组织工程神经

支持细胞亦称为种子细胞，是组织工程的三大要素之一，能够分化增殖为损伤组织从而更好地修复长距离缺损。作为周围神经的胶质细胞和成髓鞘细胞，施万细胞在周围神经再生过程中发挥着关键性作用。但由于自体施万细胞的采集会造成二次损伤，而异体施万细胞又存在移植排斥反应，因而施万细胞作为构建组织工程神经的种子细胞在临床治疗上受到很大限制。干细胞是一类具有高度自我更新能力和多向分化潜能的未分化细胞，在体内外特定条件下可以被诱导分化为神经元或神经胶质细胞；很大程度上为特异性种子细胞缺乏所导致的组织工程神经构建难题找到了可能的解决途径，也成为目前研究的热点。

1）骨髓间充质干细胞组织工程神经

骨髓间充质干细胞（mesenchymal stem cells，MSC）来源于中胚层，存在于全身器官和结缔组织间质中，最初在骨髓中发现且以骨髓中含量最为丰富。作为研究较多的干细胞，骨髓间充质干细胞具有高度自我更新能力和多向分化潜能，在特定条件下不仅可以向同一胚层的骨、软骨、肌肉、脂肪细胞等分化，还可以跨胚层分化为外胚层来源的神经元和神经胶质细胞表型的细胞。

骨髓间充质干细胞作为组织工程种子细胞的研究相对较早，其优点在于易于获取、纯化和体外扩增、自体取材避免伦理问题、免疫原性较小等。研究表明，体外培养的骨髓间充质干细胞在特定条件诱导下能分化为施万细胞样细胞，并分泌大量神经营养因子促进神经再生；未分化的骨髓间充质干细胞直接植入体内，在局部特定微环境的诱导下，也能分化成施万细胞样表型细胞，较好地促进神经损伤的修复。自体骨髓间充质干细胞构建组织工程神经修复大鼠坐骨神经损伤，运动功能恢复良好。以自体骨髓间充质干细胞为支持细胞，与壳聚糖神经导管共同构建组织工程神经，修复犬的 60mm 长距离坐骨神经缺损，术后 12 个月，从组织学、电生理学、神经通路及行为学方面进行神经再生评价，获得了接近自体神经修复的再生效果。用自体骨髓间充质干细胞构建的组织工程神经桥接修复猴前臂正中神经的长距离神经缺损，手指抓握功能恢复良好，且一定程度地阻止了大鱼际肌的失神经萎缩，神经再生效果接近自体神经修复（图 19-3）。

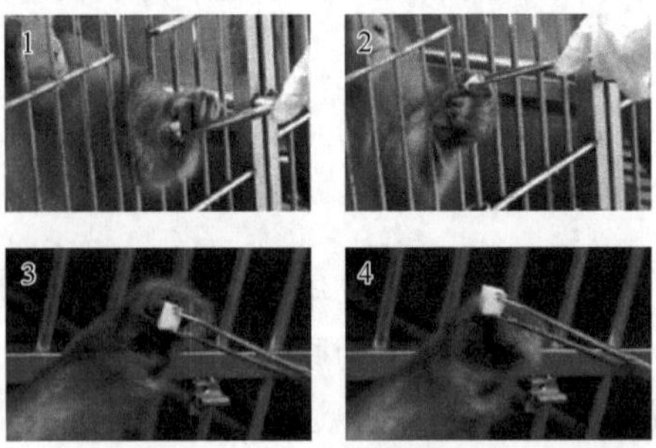

(a) 手指功能：1, 2-组织工程神经组；3, 4-缺损组

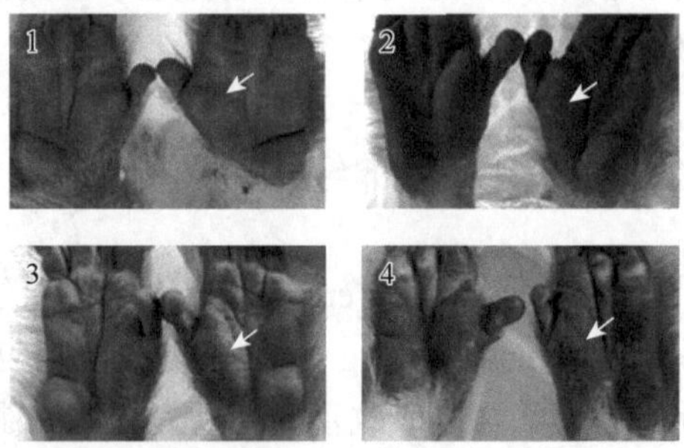

(b) 大鱼际肌外观和功能：1-人工神经移植物组；2-组织工程神经组；3-自体神经组；4-缺损组

图 19-3　骨髓间充质干细胞组织工程神经桥接修复猴前臂正中神经 50mm 神经缺损术后 12 个月观察

（图片来源：Hu N，Wu H，Xue C，et al. 2013. Long-term outcome of the repair of 50mm long median nerve defects in rhesus monkeys with marrow mesenchymal stem cells-containing，chitosan-based tissue engineered nerve grafts. Biomaterials，34（1）：100-111）

2）神经干细胞组织工程神经

神经干细胞（neural stem cells，NSC）是神经系统内的未分化细胞，主要分布在脑室

管膜、室下区、纹状体、海马齿状回等区域，也具有自我更新和多项分化潜能，在特定条件诱导下可以分化为神经元和神经胶质细胞表型的细胞。神经干细胞也有其优点，因其自身就是神经系统来源，神经干细胞或其分化细胞与神经组织拥有很好的生物相容性；可以分离出单个细胞克隆；可以稳定表达报告基因或治疗基因，利于体内追踪等。神经干细胞构建组织工程神经也有不少成功案例。神经导管内加入脑源性神经干细胞修复大鼠 10mm 坐骨神经缺损，有利于神经传导功能的提高、髓鞘的再生，以及运动功能的恢复。研究表明，神经干细胞结合神经导管移植修复坐骨神经或面神经损伤，一定时间后仍可以检测到植入的神经干细胞；神经干细胞作为种子细胞可以促进神经轴突再生，功能恢复较好且优于单纯的神经导管。

3）皮肤来源祖细胞组织工程神经

皮肤来源祖细胞（skin-derived precursors，SKP）是一种从人体以及大小鼠皮肤真皮层分离获取的不同于毛囊干细胞的多潜能分化前体细胞；早期研究认为其来源于外胚层神经嵴，可以更好地向同一胚层诱导分化为神经元和施万细胞等神经胶质样细胞（后期研究对皮肤来源祖细胞的起源有不同的看法），因而是一个有前景的组织工程神经种子细胞来源。由于皮肤获取比较方便，皮肤来源祖细胞或其诱导分化的终末细胞作为组织工程种子细胞受到更多的关注。使用体外培养的皮肤来源祖细胞诱导分化、增殖的施万细胞表型细胞（skin-derived precursor-schwann cells，SKP-SC）作为种子细胞，与壳聚糖人工神经移植物在微重力生物反应器内共同培养构建组织工程神经；桥接修复大鼠坐骨神经缺损，促进了神经轴突的再生和髓鞘的包绕及成熟，并且加入的种子细胞利于神经修复过程中组织工程神经的血管化。

2. 生长因子缓释组织工程神经

生长因子是组织工程的另一个重要因素，一般采用神经营养因子构建组织工程神经，如神经生长因子（nerve growth factor，NGF）、脑源性神经营养因子（brain-derived neurotrophic factor，BDNF）、胶质细胞源性神经营养因子（glial cell-derived neurotrophic factor，GDNF）、神经营养因子 3（neurotrophins-3，NT-3）等；其他类型的细胞因子也被研究应用，如碱性成纤维细胞生长因子（basic fibroblast growth factor，bFGF）、睫状神经营养因子（ciliary neurotrophic factor，CNTF）、胰岛素样生长因子 1（insulin like growth factor-1，IGF-1）等。

细胞因子在组织工程神经中可以起到保护受损神经元、促进种子细胞或自身细胞增殖、加快轴突再生等作用，更有效地修复较长距离神经缺损。生长因子的使用早期多采用直接添加的办法，因其半衰期较短、生物活性不稳定，主要通过离子泵局部持续注射以保证生长因子效应的连续发挥；尽管如此，直接加入生长因子的方法仍难以满足要求，如何使生长因子按照需求在人为控制下特定时间段内持续有效地智能释放，已成为研究热点。随着材料载体系统的研究进展，目前组织工程生长因子缓释体系的构建有以下常见模式：将生长因子（或缓释微球）与基质凝胶混合在一起填充于神经导管管腔内，这种办法简单易行，常在一般动物实验中使用；将生长因子（或经保护剂保护、缓释微球）直接或以共价连接的方式与生物材料混合制备神经导管，因子会随着管壁材料的降解缓慢释放；还可以应用转基因技术，将外源生长因子基因转入种子细胞持续合成并释放。

使用明胶制备多通道神经导管，模拟正常神经细胞外基质的束状结构，以此生物材料支架为载体结合 NGF 和 BDNF 并且控制其释放形成生长因子的空间梯度；体外实验表明，神经导管的多通道结构能够引导轴突的延伸，NGF 的梯度分布可以控制细胞的聚集数量，BDNF 可以促进髓鞘再生；体内实验表明，用其修复兔的坐骨神经损伤，延缓了肌肉失神经萎缩，获得了满意的神经再生功能恢复，某些方面甚至优于自体神经修复结果。在多通道神经导管生物材料支架上种植基因修饰并能够分泌 BDNF 的 MSC 种子细胞构建组织工程神经修复神经损伤，术后 3 个月显著增强神经轴突再生，功能改善接近自体神经修复。尽管有不少成功的实验案例，但生理条件下，细胞因子的调控十分复杂，调控因子种类及数量的选择、释放时间和空间等都不十分清楚，仍有待于进一步的基础研究。

3. 细胞基质化组织工程神经

与单纯生物材料支架制备的人工神经移植物相比，加入种子细胞和生长因子构建的组织工程神经确实能够更好地修复较长距离的神经缺损；但从实验室研究到临床应用仍存在不少挑战，如免疫原性、细胞或因子类型和数量、细胞表型或因子活性的稳定保持、调控以及高成本等。细胞外基质（extracellular matrix，ECM）是由细胞合成并分泌到胞外，分布在细胞表面或细胞间的大分子，包括蛋白质、糖蛋白和糖胺聚糖。细胞外基质的结构和组成取决于局部细胞的表型和组织器官的功能；反之，细胞外基质同样影响细胞的表型和行为。模仿周围神经内细胞外基质的结构和组成构建组织工程神经，已逐渐成为替代种子细胞和生长因子并有极大应用前景的神经修复新策略和研究热点。

细胞基质化即指对体外培养的细胞进行物理或化学处理，去除细胞成分，保留其分泌的细胞外基质及细胞骨架成分；既保留了细胞外基质中诸多利于组织再生的结构和组分，又避免了直接加入种子细胞和生长因子带来的难题。另外，相较于直接对组织去细胞处理后得到的支架材料，培养细胞基质化来源的支架同样避免了组织来源、宿主反应、病原体转移等问题。目前，构建细胞基质化组织工程神经的细胞来源主要是体外培养的原代施万细胞和干细胞及其分化的施万细胞。实验表明，施万细胞、骨髓间充质干细胞或皮肤来源祖细胞分化的施万细胞与壳聚糖神经导管、丝素纤维支架共同培养构建的细胞基质化组织工程神经，桥接修复大鼠坐骨神经缺损，都明显地加快了神经轴突再生的速率（图 19-4）。

4. 血管化组织工程神经

血管是人体重要的支持系统，遍布全身形成血液循环网络，为机体输送氧气，提供营养物质，同时带走代谢产物。组织工程化组织器官不仅要修复受损形态，更重要的是其功能化即生理性能重建；其中新的血管网络的重建是组织工程化组织器官体存活的前提，也是生理性能重建的基础。研究表明，氧气最大的自由扩散距离约 200μm，一旦超过这个距离就需要形成新的血管提供氧气；所以，组织工程化组织器官植入体内后如何迅速地与

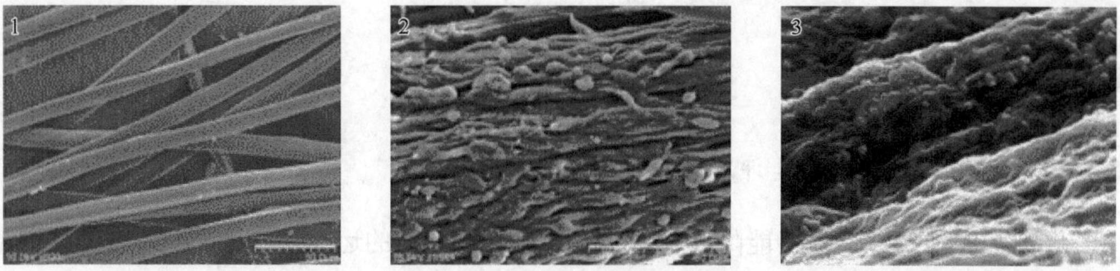

(a) 丝素纤维支架：1-丝素纤维；2-施万细胞绕的丝素纤维；3-施万细胞基质化的丝素纤维

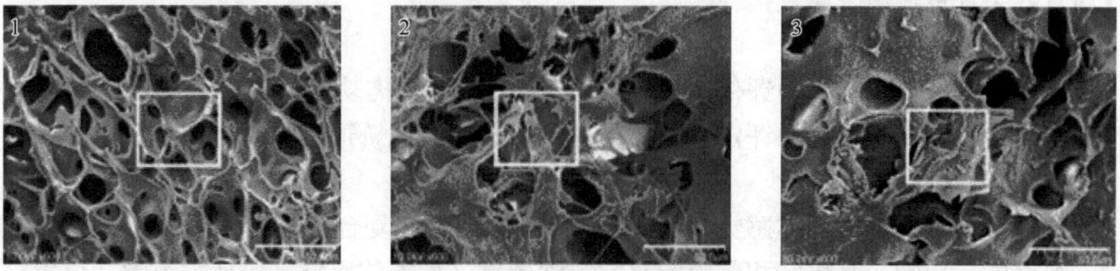

(b) 壳聚糖神经导管：1-神经导管；2-施万细胞黏附的神经导管；3-施万细胞基质化的神经导管

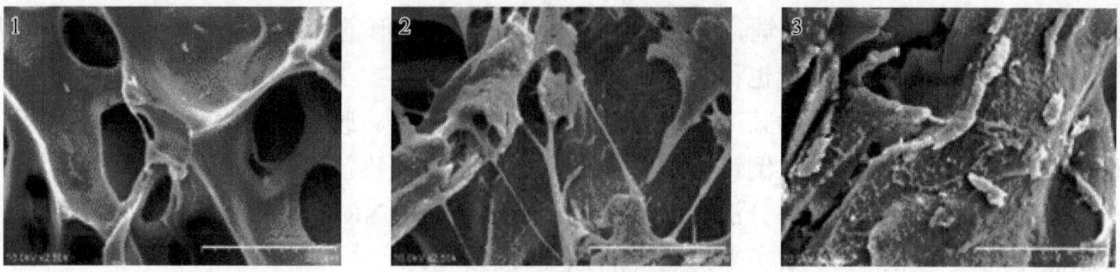

(c) 1～3分别是 (b)1～3方框区域放大图

图 19-4　施万细胞基质化组织工程神经扫描电镜图像

（图片来源：Gu Y，Zhu J，Xue C，et al. 2014. Chitosan/silk fibroin-based，Schwann cell-derived extracellular matrix-modified scaffolds for bridging rat sciatic nerve gaps. Biomaterials，35（7）：2253-2263）

周围组织建立起有效的血液循环，是目前组织工程真正走向临床、造福人类的瓶颈，亦是研究的新热点。

组织工程神经构建同样存在血管网络重建的问题，制备利于体内血管新生或预先血管化的组织工程神经是解决这一难题的主要策略。研究表明，在构建组织工程神经的同时加入促进血管生成的生长因子，如血管内皮生长因子（vascular endothelial growth factor，VEGF）、碱性成纤维细胞生长因子、脑源性神经营养因子（单独或复合使用）等，用其桥接修复神经损伤有利于新生血管的形成进而促进神经再生。目前，更多的研究集中于预血管化组织工程神经的构建，加入血管内皮细胞与神经导管共同培养，或者通过 3D 生物打印等新技术制备神经导管的过程中预留血管通道（管腔内种植血管内皮细胞及预通人工模拟血流以形成初级血管网络），也都取得了一定的成效。同时，为了更精确地人为控制血管化组织工程神经的构建，神经再生过程中血管生成的分子机制也正在不断探索之中。

19.2.3　周围神经损伤

1. 周围神经损伤的康复评定

周围神经损伤评估与功能障碍相对应，主要评估肢体的运动功能和感觉功能。住院治疗患者在初期了解病情、确定目标、制定计划；中期调整康复计划，可多次进行；后期进行康复效果评价，出院康复指导。

1）运动功能评定

评定内容主要包括肌力评估、关节活动功能评定、肌肉功能评定、步态分析、痉挛与弛缓的评定、协调与平衡的评定、肢体周径测量、假肢或矫形器的功能评定等。

2）感觉功能评定

康复评估主要评估躯体感觉，包括浅感觉、深感觉和复合感觉。浅感觉包括触觉、痛觉、温度觉、压觉，是皮肤和黏膜的感觉。深感觉又称本体感觉，包括关节觉（位置觉、运动觉）、震动觉，是刺激肌腱、肌肉、骨膜和关节的本体感受器（肌梭、腱梭）产生的感觉。复合感觉：实体辨别觉、两点辨别觉、定位觉、图形觉、重量觉、质地觉等，是大脑综合分析和判断的结果，也称为皮质感觉。

周围神经损伤可表现为某一周围神经支配区感觉障碍。感觉障碍可表现为感觉缺失、感觉减退、感觉过敏、感觉倒错、感觉异常、感觉过度和疼痛。

疼痛评定法常用数字评分法（numerical rating scale，NRS），以无痛的 0 依次增强到最剧烈疼痛的 10 的 11 个数字来描述疼痛强度。

3）日常生活活动能力（activities of daily living，ADL）的评定

ADL 指一个人为了满足日常生活的需要每天所进行的必要活动。在康复领域常对基础性日常生活活动进行评估，常用量表是改良 Barthel 指数评定表，包括大便（10 分）、小便（10 分）、修饰（洗脸、剃须、梳头、刷牙，5 分）、如厕（10 分）、吃饭（10 分）、床椅转移（15 分）、步行（15 分）、穿衣（10 分）、上楼梯（10 分）和洗澡（5 分），合计 10 项内容，满分 100 分，60 分以上患者基本可以自理。

2. 周围神经损伤的康复治疗

周围神经损伤的康复目标是促进运动功能和感觉功能的恢复、缓解疼痛、促进受损的周围神经再生、防治多种并发症等。康复治疗分为早期康复和恢复期康复，早期康复重点包括去除病因、消除炎症肿胀、缓解疼痛、预防挛缩畸形的发生；恢复期康复重点包括保持肌肉质量、促进神经再生、增强肌力、促进运动功能和感觉功能恢复、提高 ADL 能力等。

根据患者神经损伤时期、损伤类型、患者个体差异、有无并发症等选择合理的康复治疗方案。决定康复治疗措施的先后顺序：根据功能障碍的主次，如影响患者生活自理能力最严重的、患者感到最痛苦的和最迫切希望解决的问题应予以优先解决。

1）运动疗法

运动疗法指利用器械、徒手或患者自身力量，通过主动或被动运动使患者获得全身或

局部运动功能、感觉功能恢复的训练方法。在康复早期，动作要轻柔，循序渐进，运动量不可过大。

（1）被动运动。被动运动是指全靠外力帮助来完成的运动，即由治疗师、患者健肢或器械力量协助完成的动作。被动运动适用于可牵伸挛缩肌腱和韧带；保持和增强关节活动，防止肌肉萎缩，防治关节粘连和挛缩，并可增强本体感觉，诱发肢体屈伸反射，为主动运动做好准备等。在周围神经麻痹后应立刻进行被动运动，主要在无痛生理范围内进行，动作应缓慢柔和，手术患者早期术区需要充分固定，防止因操作不当发生二次损伤。

（2）主动运动和辅助主动运动。主动运动指患者在没有辅助的情况下自己完成的运动，可增强肌力，改善局部和全身机能。辅助主动运动需凭借一部分附加助力如治疗师、患者健肢、器械装置等方法的辅助或消除重力的影响下，引导和帮助患者主动完成的运动。在患者条件允许的情况下尽量以主动运动为主，助力运动为辅。

（3）抗阻运动。抗阻运动是在对抗外力的情况下所进行的主动运动，一般将阻力施加在受累关节的远端，如利用沙袋下肢负重训练等。

根据肌力的大小选择运动方式。肌力为 0～1 级时，选择被动运动；肌力为 2～3 级采用辅助主动运动；肌力为 3 级以上，可采用抗阻运动。抗阻运动的原则是大重量、少重复。

2）物理因子治疗

（1）神经损伤早期。高频电治疗（无/微热量），如短波、超短波、微波，激光治疗，脉冲磁疗，蜡疗，水疗等。

（2）神经损伤恢复期。低频脉冲电刺激、脉冲磁疗、红外线、蜡疗、超声音频治疗、神经肌肉电刺激、肌电生物反馈疗法等。

根据病程的长短、治疗目标等选择物理因子的治疗方法和治疗参数。疼痛严重的患者可选择一些缓解疼痛的物理因子治疗联合药物治疗，如经皮神经电刺激、中频脉冲电刺激等。

3）矫形器治疗

在康复早期，使用夹板或矫形器将关节固定于功能位，主要防止关节发生挛缩畸形；在恢复期，可用来矫正畸形，动力性夹板促进关节运动功能恢复。根据不同类型的神经损伤和关节功能障碍选择夹板和矫形器，如肩外展夹板、对掌夹板、踝足矫形器、膝踝足矫形器等。

4）感觉功能训练

针对不同的感觉障碍选择性地进行感觉训练。皮肤感觉过敏是神经再生时常发生的现象，应采用脱敏疗法，可在敏感区逐渐增加刺激强度或教育患者使用敏感区；感觉缺失的患者可进行感觉重建训练，通过接触不同形状、大小、质地、重量、温度的物体，让患者对各种感觉重新认识。

5）作业疗法

作业疗法是为恢复患者功能，有目的地、有针对性地从日常生活活动、职业劳动、认知活动中选择一些作业对患者进行训练，以缓解症状和改善功能的一些治疗方法。在作业治疗的过程中使患者积极参与活动，帮助患者恢复或取得正常健康、独立有意义的生活方式和生活能力。正中神经、尺神经和桡神经等支配上肢的周围神经损伤时常常会影响患者的手功能，作业治疗中重点训练手抓握能力、手协调性和精细动作。手功能训练常用的训练方法有：握球训练和握棒训练。日常生活动作训练包括穿脱衣服、解系扣子、写字、持筷、拧杯盖、拧毛巾、开关门、开关抽屉等，根据患者的功能状态和不同生活动作需求进行训练。

19.3 中枢神经再生与修复

中枢神经系统（central nervous system，CNS）包括脑和脊髓，接收、处理全身的传入信息并发出指令，是支配机体全部行为的控制中心。中枢神经损伤（central nerve injury）指中枢神经由于物理、化学、生物等因素造成其组织结构和生理功能的损害所引起的机体功能障碍，创伤是最主要的中枢神经损伤原因和类型。由于中枢神经系统的中心作用，较之周围神经损伤，中枢神经损伤致死（致残）率更高，对生活质量的影响更大。虽然低等动物（如鱼、两栖类和爬行类动物）的中枢神经系统损伤后具有较强的再生能力，但是哺乳动物中枢神经系统损伤后由于胶质瘢痕及再生抑制因子的存在，一直认为不可再生。Liu 和 Chambers 于 1958 年报道哺乳动物的脊髓同样具有可塑性，随后越来越多的研究表明高等哺乳动物中枢神经损伤后也能再生并成为目前神经科学的研究热点之一。

中枢神经再生与修复策略主要包括两方面：保护神经元以避免或减少神经元功能障碍和死亡，去除再生抑制因素并促进神经再生。临床上依据中枢神经损伤的类型和程度，将再生与修复手段分为保守治疗和手术干预。保守治疗即基于中枢神经损伤机制的研究使用神经保护剂或低温治疗等方法保护受损神经元和降低继发损害，是目前的基础治疗手段。手术干预一般是通过手术去除外伤、出血、缺血等病因以利于中枢神经的功能恢复。动物实验证明，手术减压可以提高脊髓损伤后功能的恢复以及最小化继发性损伤；然而，临床试验的结论并不那么清楚，关于手术干预的最佳时机甚至手术干预本身仍存在争议；还需要更多前瞻性、随机性的多临床中心试验以获取有价值的数据。随着研究的进展，出现了进一步辅助和促进中枢神经再生的修复技术（脊髓损伤修复研究为主），以下以脊髓损伤为例介绍修复新策略和原理；并以脑外伤、脊髓损伤为例介绍中枢神经损伤的康复评定及治疗。

19.3.1 神经组织移植

由于中枢神经组织本身具有很多抑制神经再生的因素，因而尝试利用拥有神经再生能力的神经组织进行中枢神经损伤后的移植修复。一种是胚胎神经组织，利用其较强的生长发育能力。胚胎神经组织修复脊髓损伤有以下几方面的作用：起到桥梁作用，引导轴突穿过原本无法通过的损伤区域；胚胎组织中的神经细胞分泌神经营养因子，保护受损神经元；

胚胎组织中的神经元分泌特定神经递质代偿受损神经元功能，还能与宿主神经元直接建立突触联系及神经环路。研究表明，胚胎期的脑组织、脊髓组织移植修复动物的脊髓损伤可以改善其运动功能。另一种是周围神经组织，利用其损伤后能够再生的能力。实验表明，周围神经移植修复损伤脊髓，脊髓神经纤维能够长入植入的周围神经组织内；将坐骨神经移植修复具有中枢神经特性的视神经，可以重新形成神经通路。周围神经组织修复脊髓损伤在以下方面发挥作用：同样因其可以引导轴突再生的内部微环境起到桥梁作用；周围神经组织内的施万细胞分泌神经营养因子促进神经再生。但是，无论胚胎神经组织还是周围神经组织的移植修复都存在来源有限或伦理等问题，限制了神经组织移植修复脊髓损伤的临床应用。

19.3.2　细胞移植

Math'e 在 1959 年对暴露于高剂量辐射的 6 人进行骨髓移植开启了细胞移植时代，随后细胞移植治疗在更大范围的疾病和损伤中展开了广泛的探索。在脊髓损伤修复方面，多种细胞类型如施万细胞（Schwann cells，SC）、嗅鞘细胞（olfactory ensheathing cells，OEC）、激活的巨噬细胞（activated macrophages）、骨髓间充质干细胞（MSC）、神经干细胞（neural stem cells，NSC）、胚胎干细胞（embryonic stem cells，ESC）及诱导性多能干细胞（induced pluripotent stem cells，iPSC）都提供了有价值的临床前数据。

施万细胞是周围神经系统的成髓鞘细胞，周围神经损伤后，施万细胞分泌神经营养因子、黏附分子和细胞外基质分子促进轴突再生。施万细胞的这些特性使其成为最早尝试用于修复脊髓损伤的细胞。脊髓损伤修复再生的动物实验表明，施万细胞的移植使得脊髓空洞减小，促进轴突延伸并髓鞘化，运动功能也有所恢复，植入的施万细胞还有助于内源性施万细胞向损伤部位迁移以利于脊髓损伤的恢复；同时有实验显示，单独植入施万细胞修复脊髓损伤的效果有限，需要结合其他策略共同应用。施万细胞移植修复脊髓损伤的临床转化研究还较少，仍需要更多的临床试验去审视施万细胞在脊髓损伤修复中的效果和潜力。

免疫系统保护机体免受损伤并帮助其损伤后的愈合，巨噬细胞在其中发挥着重要作用。激活的巨噬细胞能够产生生长因子和清除神经毒素，对中枢神经系统的稳态维持起到积极作用，也是修复机制的重要部分。临床前实验表明，移植周围神经系统内预先激活的巨噬细胞有助于脊髓横断损伤后肢功能的恢复。2000 年在以色列和比利时进行了血液来源的激活单核细胞移植治疗脊髓损伤的Ⅰ期临床试验，8 名患者中的 3 人有显著的运动及感觉功能恢复。

神经干细胞在发育及成年个体的中枢神经系统内均存在，具有分化为神经元、少突胶质细胞和星形胶质细胞的多向分化潜能。神经干细胞修复脊髓损伤一方面替换丢失的神经细胞（主要是神经元和少突胶质细胞），另一方面提供神经营养因子维持原有神经细胞的存活。神经干细胞移植到正常或损伤大鼠脊髓内，表现为不分化或者只向胶质细胞系分化；如何促进其分化及控制其分化方向，是神经干细胞修复脊髓损伤的潜在难题。临床前研究表明，胚胎和成年个体中枢神经来源的神经干细胞都能够很好地与宿主脊髓组织整合，并且改善运动功能。2011 年在瑞士开始了神经干细胞移植修复脊髓损伤的 I / II 期临床试验，临床转化试验的不断推进为脊髓损伤患者带来了令人兴奋的消息。

诱导性多能干细胞表现出胚胎干细胞的许多特征，同时绕开了胚胎干细胞相关的伦理问题。越来越多的实验将诱导性多能干细胞用于脊髓损伤的治疗。实验证明，诱导性多能干细胞来源的神经干细胞植入免疫缺陷小鼠体内可修复脊髓损伤，有助于功能的恢复且没有肿瘤形成。尽管如此，在启动诱导性多能干细胞移植修复脊髓损伤临床试验之前，还需要更多的临床前研究以确定其安全性和可行性。

19.3.3 分子治疗

脊髓损伤的病理生理学及其内在分子机制十分复杂。过去几十年分子生物学研究取得了显著成就，使得我们能更好地理解脊髓损伤的病理生理变化以及控制轴突生长的分子机制，通过关键分子的应用治疗脊髓损伤成为可能。脊髓损伤的分子治疗主要有三方面策略：炎症反应的调节、抑制再生因素的阻断和生长因子的应用。目前仍无有力证据表明脊髓损伤后使用抗炎药物甲泼尼龙有好的临床效果，其使用有很大的争议。现在研究聚焦于如何避免炎症反应有害影响的同时利用其利于神经再生的作用。中枢神经系统存在一些抑制轴突再生的因素，如胶质瘢痕以及髓鞘里的抑制分子。Nogo-A 是髓鞘内最主要的抑制轴突再生的糖蛋白，应用其拮抗剂 anti-Nogo（又称 IN-1）或 NEP 1-40（Nogo-66 区域的片段）可以阻断 Nogo/NgR 信号通路；在脊髓损伤动物模型中，能够促进轴突的发芽再生以及功能恢复。除此之外，还有应用可溶性 NgR、遗传操作致 NgR 缺失和免疫重组或基因重组抑制分子片段阻断 Nogo/NgR 信号通路，以及拮抗另外两个髓鞘抑制分子髓磷脂相关糖蛋白（myelin-associatedglycoprotein，MAG）和少突胶质细胞髓磷脂糖蛋白（oligodendrocyte-myelin glycoprotein，OMgp）及阻断 Rho 信号转导通路等手段治疗脊髓损伤的报道。

在中枢神经系统的许多区域，神经营养因子于整个成年期仍持续表达参与功能重塑。有研究证据表明，营养因子在周围神经发育和损伤再生过程中发挥了关键性作用，其在脊髓损伤修复中的治疗潜力亦很早受到关注。尽管有糖尿病神经病变患者应用 NGF 未能证明其疗效和安全性的临床报道，但也有研究表明 NGF 能够促进胆碱能运动神经轴突、初级疼痛感觉神经轴突的发芽和再生。研究表明，神经营养因子下游信号转导分子 cAMP（cyclic adenosine monophosphate）的升高可以促进感觉神经元的再生，且较之单一营养因子的使用有更好效果；提高 cAMP 的水平（特别是内源性 cAMP）可能是未来脊髓损伤患者治疗措施中的一个重要手段。

19.3.4 组织工程修复

组织工程作为实现组织器官再生的一门交叉应用学科，综合了细胞、生物活性分子和生物材料三大要素。组织工程在皮肤、骨、软骨、肌肉包括周围神经再生等多个领域已展现出巨大前景；中枢神经损伤再生方面也不断有修复脊髓损伤的生物材料制备新技术出现（水凝胶、海绵、导管及纳米纤维支架等），不少脊髓损伤动物模型研究报道植入生物材料支架通常综合细胞或药物的使用能够促进组织结构和行为功能的改善。

天然生物材料胶原是细胞外基质的主要组分，用其填充横断间隙或者置于壳聚糖神经导管内修复脊髓损伤，可以促进轴突再生及功能恢复。纤维蛋白（fibrin）是血块的主要成分，通常作为细胞移植或药物的载体，研究表明用其修复脊髓损伤可以增加神经细胞浸润以及减小胶质瘢痕。人工合成生物材料聚乙二醇（polyethylene glycol，PEG）可以封闭和修复细胞膜的损伤断裂，降低兴奋性毒性和氧自由基的产生，用其移植修复脊髓损伤能够减小损伤范围和巨噬细胞反应并改善运动功能。其他人工材料如 N-（2-羟丙基）甲基丙烯酰胺共聚物（poly（N-（2-hydroxypropyl）methacrylamide），PHPMA）、聚乳酸-羟基乙酸共聚物（poly（lactic-co-glycolic acid），PLGA）、星形聚己内酯（star-branchedpolycaprolactone，SPCL）等修复动物脊髓损伤，亦被报道促进神经再生及改善功能。尽管如此，也有很多组织工程材料移植修复脊髓损伤失败的研究报道，以及面临如何解决临床患者多为脊髓挫伤和脊髓挤压伤以致缺乏支架材料植入空间问题的挑战；仍需要更多强有力的临床前研究数据支持组织工程技术修复脊髓损伤的有效性。

19.3.5　常见中枢神经损伤

1. 脑外伤及其常见症状

脑外伤或颅脑损伤是指由于受到钝击伤、穿透伤或加/减速力而引起的颅脑创伤，并进而引起相应的症状，如意识水平或神志清醒程度降低、运动障碍、记忆缺失或遗忘、其他神经病学或神经心理学异常，甚至死亡等。脑外伤常见于青年人和老年人，发生率高，且重型脑外伤的病死率与致残率居高不下，属于最常见的严重致残性神经系统伤病，是重要的社会问题。脑外伤常遗留神经功能障碍，如意识、运动、感觉、言语、认知功能等多方面障碍，甚至导致心理障碍，严重影响患者的生活和工作，给患者及其家庭带来痛苦和困难。近年来，随着对颅脑外伤早期诊断和治疗水平的提高，特别是 CT、MRI 的出现使早期诊断成为可能，降低了颅脑外伤的死亡率和致残率。尤其是康复医学的早期介入，使得各种后遗症的恢复率和生存质量有了明显的提高。

2. 脑外伤的康复评定与治疗

1）意识障碍评定与治疗

（1）意识障碍评定。

判断脑外伤后意识障碍严重程度的指标通常是昏迷的深度和持续的时间。表 19-1 为国际上普遍采用的格拉斯哥昏迷量表（Glasgow coma scale，GCS），用来判断急性损伤期的意识状况。该方法分别检查脑外伤患者的睁眼反应、言语反应和运动反应 3 项指标，确定这 3 项反应的计分后，再计算总得分，作为判断意识障碍的依据。GCS 能简单、客观、定量评定昏迷的深度，而且对预后也有预测意义。

表 19-1 格拉斯哥昏迷量表

项目	试验	患者反应	评分
睁眼反应	自发	自己睁眼	4
	言语刺激	大声向患者提问时患者睁眼	3
	疼痛刺激	捏患者时能睁眼	2
		捏患者时不睁眼	1
运动反应	口令	能执行简单命令	6
	疼痛刺激	捏痛时患者拨开医生的手	5
		捏痛时患者撤出被捏的手	4
		捏痛时患者身体呈去皮质强直（上肢屈曲，内收内旋；下肢伸直，内收内旋，踝屈曲）	3
		捏痛时患者身体呈去大脑强直（上肢伸直，内收内旋，腕指屈曲；下肢去皮质强直）	2
		捏痛时患者毫无反应	1
言语反应	言语	能正确会话，并回答医生他在哪儿、他是谁及年和月	5
		言语错乱，定向障碍	4
		说话能被理解，但无意义	3
		能发出声音但不能被理解	2
		不发声	1

（引自：Saatman K E，Duhaime A C，Bullock R，et al. 2008. Classification of traumatic brain injury for targeted therapies. Journal of Neurotrauma，25（7）：719-738）

GCS 总分为 15 分，根据 GCS 计分和昏迷时间长短分类如下。

轻度脑损伤：13～15 分，昏迷时间在 20min 以内。

中度脑损伤：9～12 分，伤后昏迷时间为 20min～6h。

重度脑损伤：≤8 分，伤后昏迷时间在 6h 以上，或在伤后 24h 内出现意识恶化并昏迷 6h 以上。

重度脑损伤，持续性植物状态约占 10%，通常大脑广泛性缺血损害而脑干功能仍然保留。持续性植物状态的诊断标准：①认知功能完全丧失，无意识，不能执行任何指令；②保持自主呼吸和维持血压；③有睡眠-觉醒周期；④不能理解和表达言语；⑤能自动睁眼或刺痛睁眼；⑥可有无目的性眼球跟踪活动；⑦下丘脑及脑功能基本正常。以上 7 个条件持续 1 个月以上。

（2）意识障碍的治疗措施。

感觉刺激：将患者系统有序地暴露于各种环境刺激中，如不断变化的五彩灯光、患者喜爱和熟悉的歌曲、音乐等。让家庭成员参与并对其教育和指导，定期和患者进行语言交流，家庭成员和治疗组成员必须了解与患者说话的重要性，在床边交谈时必须考虑患者的感觉，尊重患者的人格，并提供特定的输入，鼓励患者主动的反应。通过患者的面部表情或脉搏、呼吸、睁眼等变化观察患者对刺激的反应。

物理治疗：利用康复治疗技术，如各种神经肌肉促进和刺激方法来加速其恢复进程，以及预防并发症的出现。高压氧（hyperbaric oxygen，HBO）疗法是近年来研究较热的一种物理疗法，即将患者放置在加压舱内，在比大气压高的气压环境下吸入高浓度的氧，利用增加血液中的溶解氧量来达到改善症状和治疗疾病的目的。还可利用传统针灸疗法，刺激头部和躯干的相应腧穴，如感觉区、运动区、百合、四神聪等，可促进认知的康复。

神经调节治疗方案：药物干预及神经刺激法是神经调节的手段。目前用于促进意识恢复的药物主要有神经兴奋剂、多巴胺受体激动剂、三环类抗抑郁药。近年来，脑起搏器、高颈段脊髓电刺激等被称为外科治疗脑外伤后意识障碍的新兴手段。

2）运动障碍评定与治疗

（1）运动障碍评定。

脑外伤所致的运动障碍个体差异性较大。肌力下降、关节活动受限影响运动功能，肌张力异常会影响运动控制，还可以有平衡与协调障碍、共济失调、震颤、运动反应迟钝等。

（2）平衡与协调功能评定。

平衡分为：①静态平衡，即人体处于某种特定的姿势时保持稳定的状态；②动态平衡，包括自动态平衡和他动态平衡，自动态平衡是指人体在进行各种自主运动时能重新获得稳定状态的能力，他动态平衡是指人体对外界干扰（如推、拉等）产生反应、恢复稳定状态的能力。评定包括主观评定和客观评定两方面。主观评定以观察和量表为主，客观评定多用平衡测试仪评定。观察法主要观察被评定对象能否保持坐位和站立位平衡，以及在活动状态下能否保持平衡。虽然过于粗略和主观，缺乏量化，但由于其应用简便，对平衡功能障碍患者进行粗略的筛选，至今在临床上仍广泛应用。量表法评分简单、应用简便，故临床上仍应用广泛，信度和效度较好的量表有 Berg 平衡量表、Tinnetti 活动能力量表以及“站起-走”计时测试。

协调是指人体产生平滑、准确、有控制运动的能力。协调功能障碍又称为共济失调。临床评定包括指鼻试验、指-指试验、轮替试验、拇指对指试验、握拳试验、拍膝试验、跟-膝-胫试验、旋转试验及拍地试验等。以上检查主要观察动作的完成是否直接、精确，时间是否正常，在动作的完成过程中有无辨距不良、震颤或僵硬等。

（3）运动障碍的治疗。

治疗脑外伤引起的运动障碍技术包括神经促进技术和运动再学习等。神经促进技术包括 Rood、Brunnstrom、Bobath、本体感觉神经肌肉促进疗法（proprioceptive neuromuscular facilitation，PNF）和感觉统合等，常用于恢复早期。这些方法利用神经反射通路等神经生理学现象，并以神经发育学理论知识为基础，抑制不需要的运动和痉挛，促进正常运动行为的恢复。功能再学习是把中枢神经系统损伤后运动功能的恢复视为一种再学习或再训练的过程，以生物力学、运动学、神经学、行为学等为理论基础，以作业或功能为导向，在强调患者主动参与和认知重要性等前提下，按照科学的运动学习方法对患者进行教育以恢复运动功能的一套方法。近年来强制性运动疗法成为康复领域的运动新疗法。它源于神经可塑性和神经恢复的基础研究功能，并在治疗中整合运动学习和训练的原理，目的是改善患者在功能性活动中的运动技能。在做好体位与患肢位的摆放、被动活动、预防压疮的基础上，逐渐开始床上活动、坐站活动、减重步行训练、平行杠内行走、物理因子治疗等训练措施。

康复机器人近年来发展迅速，为脑外伤患者步行能力和上肢功能运动能力的康复提供了重要工具。这类装置可以提供运动动力，因此可以在患者肢体运动功能建立之前就通过辅助运动的方式提供肢体运动的神经反馈刺激，可望把步行训练和上肢功能活动训练的时间点大大前移，提升运动再学习和神经功能重塑的概率与水平。

3）感知、认知及行为障碍的评定与治疗

（1）感知、认知及行为障碍的评定。

感知障碍的评定：包括空间障碍的评定和失用症的评定。空间障碍的评定包括 Albert 划杠测验、Schenkenberg 等分线段测验、高声朗读测验和字母删除测验等评定。

认知障碍的评定：包括认知功能障碍的筛查、全面认知评定、记忆测验、注意功能评定、知觉障碍评定。其中认知障碍功能的筛查包括蒙特利尔认知评估（Montreal cognitive assessment，MoCA）和简明精神状态检查（mini-mental state examination，MMSE）；全面认知评定包括 Halstead-Reitan 成套神经心理测验、洛文斯坦因作业疗法认知评定成套测验（Loewenstein occupational therapy cognitive assessment battery，LOTCA）；记忆测验包括韦氏记忆量表（Wechsler memory scale，WMS）、临床记忆量表、Rivermead 行为记忆功能评定；注意功能评定包括反应时检查、等速拍击试验、数字复述、连减或连加测验、轨迹连线测验、“A”无意义文字测验、听运动检查法、删字测验等。

行为障碍的评定：主要根据症状判断，如攻击、冲动、丧失自制力、无积极性及严重的强迫观念、癔症等。

（2）感知、认知及行为障碍的治疗。

感知障碍的治疗：感知障碍治疗法有 3 种，即功能训练法、转换训练法和感觉运动法，以功能训练法最为常用。

认知障碍的治疗：认知功能训练是提高智能的训练，应贯穿于治疗的全过程，包括记忆训练、注意训练、思维训练。

行为障碍的治疗：行为治疗的环境比较重要，必要时可应用药物控制患者的运动速度、认知能力和情感等，行为障碍的治疗原则包括：①奖励所有恰当的行为；②不奖励目前仍在继续的不恰当行为；③在不恰当行为发生后，杜绝一切奖励性刺激并应用预先声明的惩罚；④在极严重或顽固的不良行为发生之后，给患者以其厌恶的刺激。

4）言语、语言及吞咽障碍的评定与治疗

（1）言语、语言及吞咽障碍的评定。

言语障碍的评估：言语障碍是指口语形成障碍，包括发音不清或困难，嗓音产生困难、气流中断或韵律异常等造成的交流障碍。构音障碍是代表性的言语障碍。构音障碍的评定主要是对构音器官进行功能检查：①听患者说话时的声音特征；②观察患者唇、舌、颌、腭、咽、喉部在安静及说话时的运动情况和呼吸状态；③让患者做各种言语肌肉的随意运动。现在广泛应用的是由我国专家参考日本的构音障碍检查法编制的汉语构音障碍检查法及河北省人民医院康复中心修改的 Frenchay 构音障碍评定法。

语言障碍的评估：语言障碍是指在口语和非口语的过程中，不能应用词语，代表性的语言障碍是失语症。国际国内常用的失语症评定方法包括波士顿诊断性失语症检查（The

Boston diagnostic aphasia，BDAE）、西方失语成套测验（the western aphasia battery，WAB）、汉语标准失语症检查、北京医科大学汉语失语成套测验等。

吞咽障碍的评估：包括触摸吞咽动作、反复唾液吞咽试验、饮水试验、摄食-吞咽过程评定。目前公认的最全面、可靠、有价值的吞咽功能检查方法为吞咽造影检查。

（2）言语、语言及吞咽障碍的治疗。

言语障碍的治疗原则和方法如下。

治疗原则：针对言语表现进行治疗；按评定结果选择治疗顺序；选择合适的治疗方法和强度。

治疗方法：①构音器官训练松弛训练、呼吸训练、下颌运动功能训练、口唇运动功能训练、舌运动功能训练等；②发音训练发音启动、发音延长、音量控制等；③语音训练构音组合训练、句子组合训练等；④语言节奏训练语言节奏，包括音色、音量、音高、音长四要素；⑤言语代偿方法训练即使经过言语治疗，重度构音障碍患者由于言语功能的严重损害，其言语交流也是难以进行的。语言治疗师可根据个体差异性和实际需求，选择代偿言语交流的一些方法并予以训练。

语言障碍的治疗原则和方法如下。

治疗原则：给患者以事先选择好的刺激；若患者出现正确的反应（正反应），则告诉患者回答正确（正强化）；若患者反应不正确（负反应），则告之错误（负强化）；在治疗师的帮助下，使患者努力做出正反应，正反应增多，并固定和保持；正反应一旦固定，则移向上一阶段的项目；反复进行，至达到目的阶段结束。

治疗方法：Schuell 刺激促进法、阻断去除法、程序学习法、脱抑制法。

吞咽障碍的治疗方法如下。

基础训练：咽部冷刺激和空吞咽，声门闭锁训练等。

摄食训练：经过基础训练以后，开始摄食训练。治疗时应注意选择适于患者进食的体位、食物形态及进食的一口量。摄食训练前后应认真清洁口腔。

5）日常生活活动能力评定与治疗

（1）日常生活活动能力的评定。

ADL 有很多评定方法，常用的标准化躯体 ADL 评定为 Barthel 指数，常用的复杂性 ADL 评定为功能活动问卷。

（2）日常生活活动能力的治疗。

利用家庭或者社区环境强化 ADL 的训练，加强患者自我照料的能力，逐步与外界社会直接接触。学习乘坐公共交通工具、购物、看电影等。

虚拟现实（virtual reality）情境训练：指将电视虚拟环境和患者的训练动作结合，使患者可以“身临其境”地进行功能训练，如模拟开车、滑雪、打球等。这类训练的特殊价值是可以在安全的环境中进行高难度的动作训练，同时具有很好的趣味性。这类装置的延伸发展将拓展到模拟工作训练领域，从而成为职业训练的新路径。

6）心理社会和职业问题的评定与治疗

（1）心理社会和职业问题的评定。

心理社会问题评定方法介绍如下。

观察法：在自然条件下，观察患者心理现象表现出来的外部活动，了解患者的心理状况，发现患者情绪和行为等方面的现状和问题。

访谈法：心理医生或医护人员运用词语或者非词语语言，以更深入地了解患者的心理状况为目的，与患者进行沟通和交流。

心理测验法：常用量表有韦氏智力测验、韦氏记忆测验、艾森克人格测验、简易精神状态量表、抑郁自评量表（self-rating depression scale，SDS）、焦虑自评量表（self-rating anxiety scale，SAS）等。

职业问题的评定：工伤职工职业调查，就业意愿评估，工作需求分析，工作模拟评估，功能性能力评估，现场工作分析评估。

（2）心理社会和职业问题的治疗。

心理社会问题的治疗原则和方法如下。

治疗原则：①耐心倾听原则；②疏导和支持原则；③保证性原则。

治疗方法：①支持性心理治疗；②行为疗法和操作条件技术，包括强化良好行为，抑制不良行为；③认知疗法；④社会技能训练；⑤生物反馈疗法。

职业问题的治疗：外伤性脑损伤（traumatic brain injuries，TBI）患者中大部分是青壮年，其中不少在功能康复后尚需重返工作岗位，部分可能要变换工作。应尽可能对患者进行有关工作技能方面的训练，包括职业咨询、就业选配、技能培训、工作适应与调整。

3. 脊髓损伤

脊髓损伤（spinal cord injury，SCI）是由于各种原因引起的脊髓结构和功能损害，造成损伤平面以下运动、感觉及二便功能障碍，是一种严重的致残性疾病，不仅在生活上给患者及其家庭带来巨大改变，而且给社会带来了超乎想象的巨大经济损失。SCI 分为外伤性脊髓损伤和非外伤性脊髓损伤，外伤性脊髓损伤主要由交通事故、坠落损伤、运动损伤等造成，给患者造成运动、感觉及膀胱、直肠功能障碍，大多数患者丧失自理能力，患者的治疗和护理消费较大，给家庭和社会造成了沉重的负担，因此，脊髓损伤患者的治疗及康复对于减轻残疾、减小家庭和社会负担、提高其日常生活与活动能力具有重要意义，SCI 的预防、治疗和康复已成为当今医学界一大课题。

4. 脊髓损伤康复评定

1）神经平面

神经平面是指身体双侧有正常的运动和感觉的最低脊髓节段，该平面以上感觉和运动功能完全正常。例如，C6 脊髓损伤，意味着 C1～C6 节段完好，而 C7 及以下节段有损伤。系统而标准化的神经系统检查有助于确定感觉、运动、神经损伤平面及感觉、运动指数评分，分为感觉和运动两部分。

（1）感觉功能评定。

感觉检查包括针刺觉和轻触觉检查，身体左右两侧各 28 个关键点（C2～S4-5），为体表容易点位的骨性解剖点，面部为感觉检查的参考点，与面部感觉相同为 2 分。以针刺觉为例，能区别出锐痛和钝痛，与面部感觉有差异（感觉迟钝或感觉过敏）为 1 分，如不能辨别检查针刺时的锐痛，没有感觉为 0 分，用棉签做轻触觉检查，感觉小于面部为 1 分，完全没有感觉为 0 分，可疑情况下，建议多次检查，以 10 次能 8 次正确回答作为衡量准确性的标准。在骶段最低处即肛门黏膜的皮肤交界处，同样用大头针和棉签检查，肛门指检检查肛门深部的感觉，手指在直肠壁上给予较强的压力，询问患者有无触摸及压力。每侧每点感觉最高分为 2 分，每种感觉一侧最高分为 56 分，左右两侧最高共计 112 分，两种感觉得分之和为 224 分，分数越高，越接近正常（表 19-2）。

表 19-2　28 个关节关键点

皮节	关键感觉点的部位
C2	枕骨粗隆外侧至少 1cm（或耳后 3cm）
C3	锁骨上窝（锁骨后方）且在锁骨中线上
C4	肩锁关节的顶部
C5	肘前窝的外侧（桡侧），肘横纹近端
C6	拇指近节背侧皮肤
C7	中指近节背侧皮肤
C8	小指近节背侧皮肤
T1	肘前窝的内侧（尺侧），肱骨内上髁近端
T2	腋窝的顶部
T3	第 3 肋间锁骨中线和第三肋间，后者的判定方法是触诊胸前部，确定第三肋骨，其下即为相应的 IS*
T4	锁骨中线第 4 肋间（乳线）
T5	锁骨中线第 5 肋间（T4～T6 的中点）
T6	锁骨中线第 6 肋间（剑突水平）
T7	锁骨中线第 7 肋间（T6～T8 的中点）
T8	锁骨中线第 8 肋间（T6～T10 的中点）
T9	锁骨中线第 9 肋间（在 T8～T10 的中点）
T10	锁骨中线第 10 肋间（脐水平）
T11	锁骨中线第 11 肋间（T10～T12 的中点）
T12	锁骨中线腹股沟韧带中点
L1	T12 与 L2 连线中点处
L2	大腿前内侧，腹股沟韧带中点（T12）和股骨内侧髁连线中点处
L3	膝上股骨内髁处
L4	内踝
L5	足背第 3 跖趾关节
S1	足跟外侧
S2	腘窝中点
S3	坐骨结节或臀下皱襞
S4-5	肛门 1cm 范围内，皮肤黏膜交界处外侧（作为 1 个平面）

* 确定 T3 的另一种方法是触诊胸骨柄，该处为第 2 肋骨水平。自该点向外可触及第 2 肋骨，远端为第 3 肋骨，其下即为第 3 肋间

感觉平面为针刺觉和触觉两者的最低正常皮节，即从 C2 开始，第一个针刺觉或轻触觉小于 2 分的节段，则该平面之上的第一个正常皮节即为感觉平面，左右两侧可能不同，应分开确定。例如，轻触觉平面是 C6，而针刺觉平面是 C5，则整体感觉平面为 C5。

（2）运动功能评定。

运动检查针对 10 组关键肌，采用传统的徒手肌力进行检查，关键肌的选择基于肌节的神经支配，这些关键肌与相应的神经支配一致，至少接受两个脊髓阶段的神经支配，每块肌肉都有其相应的功能上的重要性。推荐每块肌肉从上到下顺序检查，使用标准的卧位和标准的肌肉固定方法，避免体位及固定方法不当导致其他肌肉代偿，影响检查的准确性（表 19-3）。

表 19-3　人体 10 组关键肌

平面	关键肌
C5	屈肘肌（肱二头肌、肱肌）
C6	伸腕肌（桡侧伸腕长、短肌）
C7	伸肘肌（肱三头肌）
C8	中指屈指肌（指深屈肌）
T1	小指外展肌（小指外展肌）
L2	屈髋肌（髂腰肌）
L3	伸膝肌（股四头肌）
L4	踝背伸肌（胫前肌）
L5	足踇长伸趾肌（踇长伸肌）
S1	踝跖屈肌（腓肠肌、比目鱼肌）

对脊柱不稳的患者，进行徒手肌力检查时要小心。对 T8 以下怀疑急性创伤的患者髋主动或被动屈曲均应不超过 90°，以降低对腰椎的后凸应力。检测时应保持等长收缩并单侧检查，这样对侧髋部就可以保持伸展位以稳定骨盆。

（3）肛门自主收缩。

SCI 患者肛门外括约肌（S2-4 阴部神经的躯体运动部分支配）的检查应在检查者手指能重复感受到自主收缩的基础上，将检查结果分为存在和缺失（检查表中记录为是或否）。检查时给予患者的指令应为“向阻止排便运动一样挤压我的手指”。若患者存在肛门自主收缩，则患者为运动不完全损伤。要注意将肛门自主收缩与反射性肛门收缩相鉴别；若患者仅在 Valsalva 动作时出现收缩，则为反射性肛门收缩，此时应记录为缺失。

（4）神经损伤平面。

神经损伤平面是指具有正常感觉功能的皮节平面和肌肉力量能抗重力的肌节平面中的最低者，要求该平面以上的感觉和运动功能正常。根据检查者对关键点和关键肌的检查结果，感觉和运动平面应左右侧分别确定。因此，结果可能为 4 个独立的平面：右感觉平面、左感觉平面、右运动平面、左运动平面。单个神经损伤平面是指这 4 个平面中的最高者，在分类过程中使用此平面。如果感觉平面高于运动平面，则推荐上述平面分别记录，因为单个神经损伤平面会误导功能评估。与 SCI 无关的神经学病变导致的无力也应在检查表中记录。例如，某 T8 并完全性脊髓损伤的患者，伴左侧臂丛神经损伤，应说明左侧上肢感觉和运动障碍由臂丛神经损伤引起，而不是由 SCI 引起。这对患者的正确分类很重要。

2）损伤程度

1992 年美国脊柱损伤协会（American Spinal Association，ASIA）开始使用 ASIA 分级，并多次对其修改，2006 年再版，将神经损伤分为“完全损伤”或“不完全损伤”，神经功能完全性损伤是指损伤个体没有骶部保留，（骶部保留指查体发现最低段鞍区存在感觉或运动功能）即 S4-5 存在轻触觉或针刺觉，或存在肛门深部压觉，或存在肛门括约肌自主收缩）。骶部保留（最低骶段 S4-5，感觉和运动功能）存在则定义为不完全损伤。

ASIA 残损分级用于对残损程度进行分级，如表 19-4 所示。

表 19-4　ASIA 残损分级

级别	程度	临床表现
A	完全损伤	鞍区 S4-5 无任何感觉或运动功能保留
B	不完全感觉损伤	神经平面以下包括鞍区 S4-5，无运动但有感觉功能保留，且身体任何一侧运动平面以下无 3 个节段以上的运动功能保留
C	不完全运动损伤	神经平面*以下有运动功能保留，且单个神经损伤平面以下超过一半的关键肌肌力小于 3 级（0～2 级）
D	不完全运动损伤	神经平面*以下有运动功能保留，且神经损伤平面以下至少有一半以上（一半或更多）的关键肌肌力大于或等于 3 级
E	正常	检查所有节段的感觉和运动功能均正常，且患者既往有神经功能障碍，则分级为 E，既往无 SCI 者不能评为 E 级

* 如患者需要评为 C 级或 D 级，即不完全运动损伤，则需要满足下列条件之一：肛门括约肌自主收缩或鞍区感觉保留，同时身体一侧运动平面以下有 3 个节段以上的运动功能保留。本标准允许根据运动平面以下非关键肌是否保留运动功能来确定运动损伤完全与否（确定 ASIA 为 B 级还是 C 级）（引自：American Spinal Injury Association. International Standards for Neurological Classification of Spinal Cord Injury. Reprinted 2002. Chicago，2006）

3）功能评估

截瘫患者可用改良的 Barthel 指数评定，对于四肢瘫的患者用四肢瘫功能指数（quadriplegic index of function，QIF）来评定，QIF 评定的内容有转移、梳洗、洗澡、进食、穿脱衣服、轮椅活动、床上活动、膀胱功能、直肠功能、护理知识，共 10 项内容。

SCI 的功能限制可以通过抓握-释放实验来测量，该实验可以评估移植假上肢对患者的影响及患者上肢使用工具的能力。衡量标准化环境中的步行，可采用坐立行时间测试，6min 步行实验或 10m 步行实验。

5. 脊髓损伤的康复治疗

SCI 患者应观察其一般状况，对常见的并发症采取早预防、早诊治的措施，同时对

SCI 患者进行针对性、分期明确的正规康复治疗尤为重要。治疗时应注意根据患者的病情为每个患者制定个性化的康复方案，并根据病程和恢复情况随时修改治疗策略，使患者在每个阶段都最大限度地获益并为下一阶段的治疗创造条件，以期达到最好的治疗效果。SCI 患者的康复治疗包括急性期康复治疗和恢复期康复治疗，综合采用物理治疗、作业治疗、辅具、心理治疗等康复措施，促进患者功能恢复，提高患者伤后的生活质量及 ADL 能力。

1）急性期

急性期一般是指患者伤后在骨科（脊柱外科）住院时，当患者的临床抢救告一段落，生命体征和病情平稳、脊柱稳定时即可开始康复治疗；用以预防早期并发症，防止废用综合征，为以后的康复治疗创造条件，加速住院患者康复的进程，从而减少总的治疗费用。训练的内容包括以下几方面。

（1）良肢位摆放：患者卧床时注意保持处于功能位置，预防卧床并发症。

（2）呼吸及体位排痰训练：对颈髓损伤呼吸肌麻痹的患者应进行腹式呼吸、咳嗽、咳痰能力的训练及体位排痰训练，以预防呼吸系统并发症。

（3）关节被动运动：急性期卧床及运动功能障碍，易造成肩、肘、屈髋肌群、跟腱的挛缩，各关节活动范围很重要，是疼痛和功能受限的潜在根源；针对瘫痪的肢体进行关节被动运动训练，每日 1～2 次，每个关节各轴向活动 20 次，防止关节挛缩和畸形发生。

（4）体位变换：对卧床的患者进行变换体位，定时翻身，至少 2h 翻身一次，预防压疮。

（5）床上坐起训练：对于手术或矫形器使脊柱稳定的患者，应早期（伤后 1 周左右）开始坐位训练，每日 2 次，每次 30min。从床头抬高 30°开始，如无不适及不良反应，则每天抬升床头 15°，逐渐增加到 90°，并维持继续训练，一般情况下，患者从卧位到坐起需要一周的适应时间。

（6）起立床训练：患者经过床上坐起训练无直立性低血压等不良反应，即可开始起立床训练，训练时可佩戴相应的矫形器，在保持脊柱稳定的情况下进行起立和站立活动；起立床训练倾斜从 20°开始，逐渐增加角度，约 8 周后达到 90°，如训练过程中发生不良反应，应及时降低起立床的角度。

（7）二便的处理：神经源性膀胱功能障碍是动态进展的，必须对患者的储尿及排尿功能、临床表现及全身情况进行动态评估和分型，并以此为依据选择适宜的膀胱管理方法。早期开始、正确处理、终身护理和随访，才能最大限度地避免尿路并发症的发生，提高患者的生存质量。直肠问题主要是便秘。首先要强调保证足量粗纤维饮食（如蔬菜等）和规律的排便习惯（一般以原先的习惯为准）。肛门-直肠润滑剂和导泻剂、手指肛门牵张法都可以采用。腹泻少见，多半合并肠道感染，可采用抗菌药物及肠道收敛剂治疗。

2）恢复期

恢复期康复治疗是指患者进入康复医学科或者门诊后，依据患者病情进行训练，骨折稳定、神经损害或压迫症状稳定、呼吸平稳后即进入恢复期康复治疗。通过康复训练和矫形器等的应用进一步改善和加强患者残存功能，训练各种转移能力、平衡能力及姿势控制，尽可能使患者获得自理生活的能力，使他们有可能回归家庭和社会。

（1）肌力训练。

目标是使肌力达到 3 级以上，恢复其实用功能。可根据患者残存肌力的情况采用助力运动、主动运动和抗阻运动。完全性 SCI 患者肌力训练的重点是肩和肩胛带的肌肉，特别是背阔肌、内收肌、上肢肌肉和腹肌等；不完全 SCI 也要训练好残存肌力。尤其是上肢支撑力、肱三头肌和肱二头肌的训练和握力训练，对患者的转移能力和日常生活独立能力起着关键作用。对使用低靠背轮椅的患者，还需要进行腰背肌的训练，卧位时可采用举重、支撑，坐位时可利用支撑架等。

（2）垫上运动训练。

主要进行躯干、四肢的灵活性训练、力量训练和功能动作的训练，方法有：①翻身训练，适应于早期未掌握翻身动作技巧的患者，以改善床上活动度；②牵伸训练，主要牵伸下肢的腘绳肌、内收肌和跟腱，牵伸治疗主要用以帮助患者降低肌张力，减轻肌肉痉挛，同时牵伸腘绳肌使患者的直腿抬高大于 90°，以实现独立长腿坐，牵伸内收肌主要改善患者内收肌痉挛，避免患者会阴部清洁困难，牵伸跟腱主要预防跟腱挛缩；③垫上支撑，以锻炼支撑手的力量和平衡能力以及垫上移动等。

（3）坐起训练。

SCI 患者脊柱稳定性良好者应早期开始坐位训练。坐位训练要求患者的躯干具有一定的肌力和控制能力，且双下肢各关节活动范围，尤其是髋关节活动范围接近正常。坐起训练分为长坐位（膝关节伸直）和端坐位（膝关节屈曲 90°），训练方法包括坐位静态平衡训练、躯干向前后左右侧倾斜和旋转时的动态平衡训练、从睁眼状态到闭眼状态下的平衡训练。

（4）转移训练。

转移训练包括帮助转移和独立转移，是 SCI 患者的重要生活技能。床与轮椅之间的转移、轮椅与坐便器之间的转移、轮椅与汽车之间的转移以及轮椅与地之间的转移，这些训练不仅帮助患者增强了肌力，而且锻炼了肌肉与关节在实际应用中的运动，帮助患者增强自理能力与社会适应能力。

（5）轮椅训练。

伤后 2～3 个月，患者脊柱稳定性良好，坐位训练已完成，能独立坐 15min 以上，即可开始进行轮椅训练。轮椅训练分为轮椅上的平衡训练和轮椅操作训练。教会患者如何使用轮椅，熟练掌握轮椅的各种功能，如驱动轮椅、左右转训练、前轮翘起行走和旋转训练、上斜坡训练和跨越障碍训练、上下楼训练、越过马路镶边石的训练、过狭窄门廊训练及安全跌倒和重新坐起的训练等，同时应注意预防压疮发生。

（6）物理因子治疗。

运用超短波、紫外线、离子导入等方法可以减轻损伤部位的炎性反应，功能性电刺激（functional electrical stimulation，FES）：FES 可促使不能活动的肢体产生功能性活动，有研究发现，功能性电刺激诱导的下肢踏车运动可阻止肌肉萎缩、增加下肢肌肉的横截面积和肌肉组织与脂肪组织的比例，并能提高所刺激肌肉对疲劳的抵抗力，能够有效预防深静脉血栓，促进手的抓握功能和下肢的行走能力。

（7）步行训练。

站立和步行可以防止下肢关节挛缩，减少骨质疏松，促进血液循环。因此只要有可能，患者应尽早开始站立和步行训练。根据损伤程度与损伤平面不同制定不同的训练目标。

①治疗性步行：患者佩戴截瘫步行器，借助双腋拐进行短暂的步行，一般适合 T6～T12 平面损伤的患者。

②家庭功能性步行：患者可在室内行走，但步行距离不能达到 900m，一般见于 L1～L3 平面损伤的患者。

③社区功能性行走：L4 平面以下损伤患者可穿戴踝足矫形器，能连续行走 900m 以上，能上下楼梯、独立进行日常生活活动。

完全性脊髓损伤患者步行的基本条件是上肢有足够的控制力和支撑力，不完全性脊髓损伤患者则要根据残留肌力情况确定步行能力。步行训练可分为平行杠内步行训练和拐杖步行训练，先在平行杆内练习站立及行走，练习摆至步、摆过步和四点步，逐步过渡到平衡训练和持双拐行走训练，训练过程中注意预防跌倒及安全防护。减重步行训练装置能使步行训练变得更容易，具有助动功能步行器的出现，使 SCI 患者步行能力得到了改善。

（8）日常生活活动能力训练。

对于 SCI 患者而言，生活自理应包括床上活动、穿脱衣服、洗漱梳头、进食、淋浴、大小便、阅读、书写、使用电话、使用普通轮椅、穿脱矫形器具等。洗澡可在床上或者洗澡椅上给予帮助完成，借助一些自助器具有利于动作的完成，近期环境控制系统及护理机器人的应用可极大地帮助四肢瘫患者实现生活自理。

（9）矫形器治疗。

佩戴适当的下肢矫形器对于截瘫患者重获站立及行走功能极为重要。根据损伤平面及损伤程度不同，残存的肌肉力量与功能存在差异，据此佩戴不同的矫形器，通常 L3 平面以下损伤患者建议使用踝足矫形器，L1～L3 平面损伤的患者建议使用膝踝足矫形器，T8～T12 平面损伤的患者建议使用 Walkabout，T4 平面以下损伤的患者可选用向心的往复式截瘫步行器（isocentric reciprocating gait orthosis，IRGO）或改进往复式截瘫步行器（advanced reciprocating gait orthosis，AROG），近年来康复工程的快速发展，包括 E-MAC、截瘫行走器、机器人等技术的应用，为 SCI 患者行走提供了极大的帮助，使患者可以在支具的辅助下完成各种支撑及运动功能。

（10）心理支持。

康复的目的是帮助患者重新回到尽可能正常的生活中，康复工作不能仅局限于功能训练，在患者即将回归家庭时应更多地向患者和家属传授脊髓损伤后心理变化的特点，在家庭和社会有可能遇到的困难，帮助患者树立信心，培养患者良好的心理素质，帮助患者重塑自我形象，在社会中重新寻找自己的位置。

（11）家庭生活指导。

对回归家庭的患者进行日常生活活动独立性训练，帮助患者不仅能够完成指定的康复治疗动作，还能够完成日常生活中的复杂动作。同时向患者和家属传授基本的康复训练、康复护理知识、生活照顾的技能和方法，并提出对家庭环境无障碍设施的修改意见，以帮助患者更好地适应院外回归家庭、社会之后的日常生活。

3）并发症

脊髓损伤后两种最主要的致死并发症为压疮并发败血症、尿路感染与呼吸系统及心脏并发症。痉挛、深静脉血栓、骨质疏松、异位骨化也不少见，因此应重视并发症的预防与处理。

19.4 神经再生与修复展望

周围神经损伤后病理过程极其复杂，且神经再生速度缓慢，再生神经与周围组织易产生粘连，神经肌肉萎缩及运动终板退化、变性等多种因素，均制约着损伤神经的功能恢复，因此周围神经损伤的修复技术研究意义重大。中枢神经损伤是致残的主要原因，其损伤后的功能障碍给家庭及社会带来沉重而长期的经济负担，因此，中枢神经损伤新康复治疗技术的研究同样具有重要意义。

随着外科修复技术的进步、神经移植技术及组织工程技术的发展，周围神经损伤的修复技术有了长足的进步。近年来随着对细胞分子水平认识的深入，基因治疗正逐渐成为周围神经损伤的重要修复方法，其应用前景广阔。基因治疗是应用细胞生物学技术和基因工程，将具有正常功能的目的基因导入患者体内并发挥作用，纠正患者体内缺乏的蛋白质或抑制体内某些基因过度表达，从而促使损伤神经再生与修复。基因治疗技术的研究方向主要集中在干细胞治疗和神经营养因子基因转移的最佳组合的探索、目的基因多样性选择、目的基因在宿主体内足量稳定的表达、多基因联合治疗等方面；周围神经损伤修复的转基因治疗技术，以腺病毒为转基因载体，施万细胞为靶细胞神经元，神经营养因子为目的基因片段，常用的载体系统是腺病毒载体系统和腺病毒相关载体系统。

随着康复治疗技术的进步，康复治疗成为中枢神经损伤康复的重要组成部分，其中新型的康复治疗技术尤为重要，如远程康复技术、虚拟现实技术、康复机器人技术等。远程康复技术是通过信息和通信系统使得康复治疗师和远程患者建立联系，通过康复治疗师的远程指导（康复治疗师未直接参与），实现患者在家中进行虚拟康复训练。有研究显示，有效的远程康复技术的应用与住院患者的康复效果无明显差异。虚拟现实技术是指通过计算机硬件和软件创建的交互式处理，向用户呈现出与真实世界相似的虚拟环境，以实现现实中无法完成的训练，虚拟现实康复技术是基于大规模感觉和运动训练、适应性学习、模拟丰富的训练环境并激励患者积极参与训练，通过联合视觉、听觉和触觉反馈以调节神经功能重塑，目前有多种虚拟现实系统用于康复训练，均具有任务导向性及丰富视觉和听觉反馈的共同特点，可以增强患者参与康复训练的动机，促进患者的功能恢复。康复机器人技术是使用机器人辅助上肢训练设备和机器人辅助步行训练设备，针对周围及中枢神经损伤患者进行康复治疗，增加患者独立康复训练的机会，促进神经功能的恢复，有研究显示，康复机器人技术在早期脑卒中患者的自发性神经功能恢复过程中存在附加价值，其优点是可使患者完成强化、频繁和重复的康复训练，缺点是技术复杂、外骨骼系统昂贵。

19.5 本章小结

周围神经损伤、脑外伤、脊髓损伤是最常见的致残原因，因此应高度重视这些疾病在诊断、治疗和康复方面的科学前沿，迅速提升专业技术水平。如何促进这些患者的神经功能恢复，并减少并发症；提高其生存质量和改善预后是摆在从事临床医学、康复医学的医护工作者及科研人员面前的重大课题之一。

这些疾病的治疗及康复是一个漫长的过程，患者在整个恢复过程中都应该接受康复服务，应大力发展跨学科合作、学科内团队合作的工作模式，重视传统康复理念和技术康复方面的应用，并努力探索康复治疗的新技术，提升康复医疗水平，改善患者的预后。

随着人工神经移植物、组织工程神经技术、神经组织移植、细胞移植、分子治疗及组织工程修复等现代科技相关领域的不断发展，神经系统损伤患者的临床及药物治疗、康复治疗及相关的实验研究取得了有目共睹的进步，最终会取得突破性进展；但道路还很漫长，仍需要不断努力和永不放弃的研究精神，进一步把实验研究转化为临床应用成果，相信新的医疗技术的发展加上新的药物治疗方法配合适宜的康复训练，能让神经系统损伤患者的神经功能得到进一步恢复，功能改善，ADL 能力提高，帮助患者回归家庭及社会，并有希望拥有真正意义上的“正常”生活。

思考题

1. 周围神经系统的组成及临床周围神经损伤的两大类修复方法分别是什么？
2. 人工神经移植物的概念及其修复周围神经再生有哪些优点？
3. 人工神经移植物有哪些常见构建模式？
4. 生物可降解人工神经移植物与不可降解生物材料相比有哪些优点？请列举至少三种生物可降解人工神经移植物。
5. 天然生物材料壳聚糖有哪些特点？
6. 组织工程的概念、要素及主要研究内容是什么？
7. 骨髓间充质干细胞的特点以及作为组织工程种子细胞的优点有哪些？
8. 细胞因子用于构建组织工程神经可发挥哪些作用？请列举不少于五种目前常用于构建组织工程神经的神经营养因子。
9. 脊髓损伤不同时期康复治疗的主要方法有哪些？

参考文献

丁斐. 2016. 神经生物学. 北京: 科学出版社.

丁斐, 刘伟, 顾晓松. 2012. 再生医学. 北京: 人民卫生出版社.

励建安, 毕生, 黄晓林. 2013. DeLisa 物理医学与康复医学理论与实践. 北京: 人民卫生出版社.

Allanson F, Pestell C, Gignac G E, et al. 2017. Neuropsychological predictors of outcome following traumatic brain injury in adults: A meta-analysis. Neuropsychology Review, 27(3): 187-201.

Amyot F, Arciniegas D B, Brazaitis M P, et al. 2015. A review of the effectiveness of neuroimaging modalities for the detection of traumatic brain injury. Journal of Neurotrauma, 32(22): 1693-1721.

An C, Jiang X, Pu H, et al. 2016. Severity-dependent long-term spatial learning-memory impairment in a mouse model of traumatic brain injury. Translational Stroke Research, 7(6): 512-520.

Carter E L, Hutchinson P J, Kolias A G, et al. 2016. Predicting the outcome for individual patients with traumatic brain injury: A case-based review. British Journal of Neurosurgery, 30(2): 227-232.

Cattin A L, Burden J J, van Emmenis L, et al. 2015. Macrophage-induced blood vessels guide Schwann cell-mediated regeneration of peripheral nerves. Cell, 162(5): 1127-1139.

Chen X, Yin Y, Zhang T, et al. 2014. Ultrasound imaging of chitosan nerve conduits that bridge sciatic nerve defects in rats. Neural Regeneration Research, 9(14): 1386.

Choi K S, Cho Y, Jang B H, et al. 2017. Prognostic role of copeptin after traumatic brain injury: A systematic review and meta-analysis of observational studies. The American Journal of Emergency Medicine, 35(10): 1444-1450.

Dang B, Chen W, He W, et al. 2017. Rehabilitation treatment and progress of traumatic brain injury dysfunction. Neural Plasticity, 2017(5): 1-6.

Drake D F, Hudak A M, Robbins W. 2017. Integrative medicine in traumatic brain injury. Physical Medicine and Rehabilitation Clinics, 28(2): 363-378.

Fan W, Gu J, Hu W, et al. 2008. Repairing a 35-mm-long median nerve defect with a chitosan/PGA artificial nerve graft in the human: A case study. Microsurgery, 28(4): 238-242.

Gao J, Zheng Z. 2015. Development of prognostic models for patients with traumatic brain injury: A systematic review. International Journal of Clinical and Experimental Medicine, 8(11): 19881.

Gu X, Ding F, Williams D F. 2014. Neural tissue engineering options for peripheral nerve regeneration. Biomaterials, 35(24): 6143-6156.

Gu X, Ding F, Yang Y, et al. 2011. Construction of tissue engineered nerve grafts and their application in peripheral nerve regeneration. Progress in Neurobiology, 93(2): 204-230.

Gu Y, Zhu J, Xue C, et al. 2014. Chitosan/silk fibroin-based, Schwann cell-derived extracellular matrix-modified scaffolds for bridging rat sciatic nerve gaps. Biomaterials, 35(7): 2253-2263.

Hu N, Wu H, Xue C, et al. 2013. Long-term outcome of the repair of 50 mm long median nerve defects in rhesus monkeys with marrow mesenchymal stem cells-containing, chitosan-based tissue engineered nerve grafts. Biomaterials, 34(1): 100-111.

Janjic J M, Gorantla V S. 2017. Peripheral nerve nanoimaging: Monitoring treatment and regeneration. AAPS Journal, 19(5): 1304-1316.

Jessen K R, Mirsky R, Lloyd A C. 2015. Schwann cells: Development and role in nerve repair. Cold Spring Harbor Perspectives in Biology, 7(7): a020487.

Johnson B N, Lancaster K Z, Zhen G, et al. 2015. 3D printed anatomical nerve regeneration pathways. Advanced Functional Materials, 25(39): 6205-6217.

Mckechnie D, Pryor J, Fisher M J. 2015. Falls and fallers in traumatic brain injury rehabilitation settings: An integrative review. Disability and Rehabilitation, 37(24): 2291-2299.

Ramer L M, Ramer M S, Bradbury E J. 2014. Restoring function after spinal cord injury: Towards clinical translation of experimental strategies. Lancet Neurology, 13(12): 1241-1256.

Scheibel R S. 2017. Functional magnetic resonance imaging of cognitive control following traumatic brain injury. Frontiers in Neurology, 8: 352.

Schultz B A, Bellamkonda E. 2017. Management of medical complications during the rehabilitation of moderate-severe traumatic brain injury. Physical Medicine and Rehabilitation Clinics, 28(2): 259-270.

Silva N A, Sousa N, Reis R L, et al. 2014. From basics to clinical: A comprehensive review on spinal cord injury. Progress in Neurobiology, 114(1): 25-57.

Wang X, Hu W, Cao Y, et al. 2005. Dog sciatic nerve regeneration across a 30-mm defect bridged by a chitosan/PGA artificial nerve graft. Brain, 128(8): 1897-1910.

Yang Y, Ding F, Wu J, et al. 2007. Development and evaluation of silk fibroin-based nerve grafts used for peripheral nerve regeneration. Biomaterials, 28(36): 5526-5535.

Yu J, Tam H M, Lee T. 2015. Traumatic brain injury rehabilitation in Hong Kong: A review of practice and research. Behavioural Neurology, 274-326.

Zhao Y, Wang Y, Gong J, et al. 2017. Chitosan degradation products facilitate peripheral nerve regeneration by improving macrophage-constructed microenvironments. Biomaterials, 134: 64-77.

第七部分　神经工程前沿技术及新应用

第 20 章　神经工程前沿技术及新应用

近些年，由于细胞生物学、临床神经科学、电子信息工程及生物医学工程技术的紧密结合与发展，神经工程学作为一个蓬勃发展的新兴领域，融合了包括机器人学、计算机工程学、组织工程学、材料科学、纳米技术、类脑研究与人工智能等多个学科的新理论和新技术，并获得了一系列瞩目的新成果。

神经工程技术的发展和应用，使人类得以对各类神经疾病进行更好的诊断与治疗，进而对受损神经功能实现更完善的修复与重建，从而开展对人类认知潜能更深入的探索和挖掘，以及残障患者康复设备的设计与研发，最终达成更多新兴科技知识与大脑的高级认知及神经可塑性学习的紧密结合，参与并促进诸如人工智能等新学科的创建与发展。可以预见，神经工程在未来人类疾病的治疗与康复、航空航天、人工智能等前沿领域都将具有诱人的应用前景。

本章将从神经成像、神经接口、神经刺激与调控、类脑研究与人工智能等方面，简要介绍神经工程的前沿技术及新应用。

20.1　神经成像新技术应用

20.1.1　功能磁共振成像

论及功能磁共振成像，磁共振成像（magnetic resonance imaging，MRI）是不可或缺的理论基础。它是一种利用原子中核磁矩在恒定磁场的固有进动角频率与外加射频磁场变化角频率相等时产生的磁共振（neuclear magnetic resonance，NMR）现象，实现物质内部微观结构的无损检测技术，现已广泛应用于生命体解剖结构成像。

功能磁共振成像（functional magnetic resonance imaging，fMRI）技术是在磁共振成像的基础上，进一步研究开发出的一种注重显示核元素在生命体中参与各种新陈代谢过程信息的新型成像技术。目前，这一新技术已广泛应用于临床诊断、科学研究，并成为深入了解大脑认知功能及其作用机制的有力手段。

随着世界各国向脑科学研究领域强势进军，尤其是人脑连接组研究计划的相继展开，描绘了人脑微观结构和功能连接模式、解读正常和疾病脑神经网络运作机制成为新的研究热点，fMRI 应用领域和研究内容也相应地得到了极大的扩充和提升，随之而来的是对成像设备性能、采集分析方法的更高要求。本节将从 fMRI 设备的发展趋势、研究方法进展、临床推广与潜在应用等方面进行简要介绍。

1. fMRI 设备的发展趋势

“工欲善其事，必先利其器”，成像质量、速度的提升离不开设备的发展和进步。目前，fMRI 设备发展趋势主要定位于三方面，即提高外加磁场强度，提升时空分辨率和加快成像速度。

由于外加磁场强度与产生磁共振所释放的能量有着直接的联系，增大外加磁场强度，能够有效地提高 NMR 信号幅值（详见本书上册第 8 章 8.2 节）。相比于现有 3T-MRI 系统毫米级的图像分辨率及有限的造影对比度，高场强（≥7T）MRI 系统的图像分辨率可提高至几百微米。如图 20-1 所示为 3T、7T 系统成像效果对比，由于高场强（≥7T）MRI 具有更优良的信噪比、图像对比度和分辨率，其在神经系统疾病诊断方面显示出广阔的应用前景。

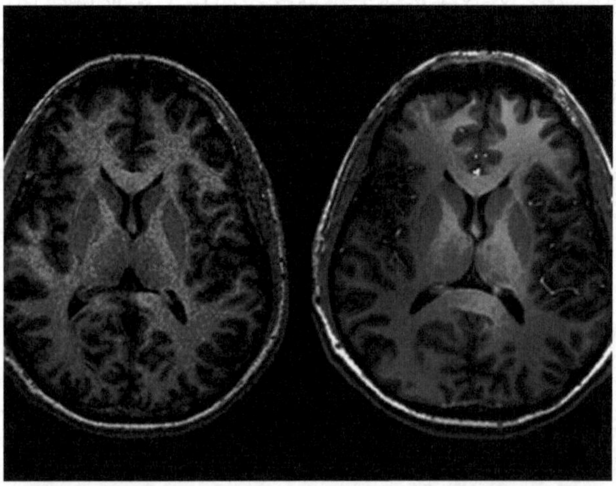

图 20-1　3T（左）与 7T（右）MRI 图像质量比较

（采用相同采样率和正交发射体积的射频线圈；7T 与 3T 相比，信噪比提高了近 2 倍。图片来源：http: //www.healthimaging.com/topics/diagnostic-imaging/7t-mri-sharpens-its-focus）

高场强 MRI 系统能提供更强的图谱分辨能力，从而显示更为详细的肿瘤边缘组织细节及血管结构，这一特性不仅有利于脑肿瘤的诊断，而且对脑肿瘤放疗方案的优化具有较强的指导意义。例如，3T 系统仅能显示出放射治疗引起的几个微小出血点，而 7T 系统能更为灵敏地显示出数以百计的微小出血点。高空间分辨率成像性能为研究放疗对大脑的影响及作用机制提供了强有力的技术支持，进而辅助医生调整治疗方案，以避开易受损的脑组织部位。在观察多发性硬化症对大脑血管的影响研究中，高场强 MRI 在降低磁共振造影剂的检测阈值的基础上，为研究者呈现了更加微妙的组织病理变化。

尽管高场强 MRI 已经显示出了诸多优势，但将其推广并应用于临床治疗和研究仍存在一定挑战，并且其成像性能仍有待进一步开发和利用。就技术层面而言，降低附加磁场 $B1^+$在身体截面传输的不均匀性（transmit $B1^+$inhomogeneities in large body cross-sections）和精确检测射频（rodio frequency，RF）在组织中的功率沉积（RF power deposition in tissue），是目前超高场 MRI 面临的两个最主要挑战。研究者正试图通过优化脉冲序列组成、改进平行传输技术，以及精确射击射频线圈等途径来克服上述问题，进一步增强成像信号对磁化率的敏感性，提高信噪比，并完善磁场环境下的安全性能，以使超高场 MRI 不仅能在脑神经功能成像领域发挥更大作用，还能够拓展至腹腔、骨盆、乳腺、前列腺、宫颈、直肠等敏感部位的全身肿瘤诊断成像。此外，从经济投入与人员配置层面考量，怎样降低高磁场 MRI 系统的制造与运行成本、便捷临床操作使用，也是推广 fMRI 必须综合解决的技术问题。

超高场 MRI 系统所具备的良好信噪比与图像对比度，使其可获得尺寸更大、像素更精细的解剖或功能图像，但也对图像编码及重建提出了更高的技术要求。如果基于常规成像技术对庞大数据矩阵进行编码，必然会极大地延长图像重建所需时间。怎样兼顾短成像时间与高图像品质，成为超高场 MRI 研究开发必须关注的重要问题。

在优化数据采集策略方面，越来越多的研究者倾向于采用多通道射频接收线圈数据获取与编码策略，以便充分发挥各自数据采集能力并兼顾统一编码效率。其中，同时多层（simultaneous multislice，SMS）成像技术和 3D 采集技术在近些年发展迅猛。它们均能够在保证成像质量的基础上，极大地提升采集与编码速度，并已成功应用于全脑磁共振成像；在优化硬件设计方面，研究者在并行接收装置设计、改进梯度线圈、局部或动态 B_0 填充革新等方面均进行了大量研究；在磁共振采样策略上，将各种先进的处理方法加以整合利用，有望进一步提升采集速度。

如何提高成像速度一直是 MRI 研发中备受关注的核心技术问题。随着并行磁共振成像的出现，成像速度得到了有效的提高。并行成像技术主要是利用相控阵线圈的空间敏感度差异来编码空间信息，从而降低成像所必需的梯度编码步数。该技术中，主要有以 GRAPPA（generalized auto-calibrating partially parallel acquisitions）为代表的基于 k 空间域算法和以敏感编码（sensitivity encoding，SENSE）为代表的基于图像域算法两类。

目前，多种并行采集技术已成功应用于临床，但为了平衡加速因子与图像信噪比，常规技术的加速因子最多只能提高 3 倍。为了解决上述问题，同时多层成像技术应运而生，该技术利用多通道线圈接收到不同部位组织的 MRI 信号强度差异，在图像域对同时采集的多个层面图像进行分离。SMS 技术对基于 fMRI 的扩散张量成像（diffusion tensor imaging，DTI）及神经网络研究、功能性连接研究均大有裨益。应用 SMS-fMRI 能够有效缩短扫描重复时间（repetition time，TR），减小体素尺寸，提高数据采样率和空间分辨率，进而有效改善神经网络的统计学定义（图 20-2）。

此外，同步采集技术提高了数据的时间分辨率，使其有效捕捉高频生理信号成为可能。基于此，在对血氧水平依赖（blood oxygen level dependent，BOLD）信号进行处理时，研究人员既能通过滤波除去呼吸、心跳等生理信号对 BOLD 信号的影响，又能利用高频生理信号得到脑血流灌注等信息。SMS 技术在弥散成像中同样发挥了重要作用，它能有效地解决由于复杂扩散模型的扩散敏感因子（diffusion sensitized factor）b 值沿梯度方向增加所引起的扫描时间延长问题，图 20-3 展示了 DTI 利用同时图像采集（simultaneous image acquisition）技术之后的成像效果。

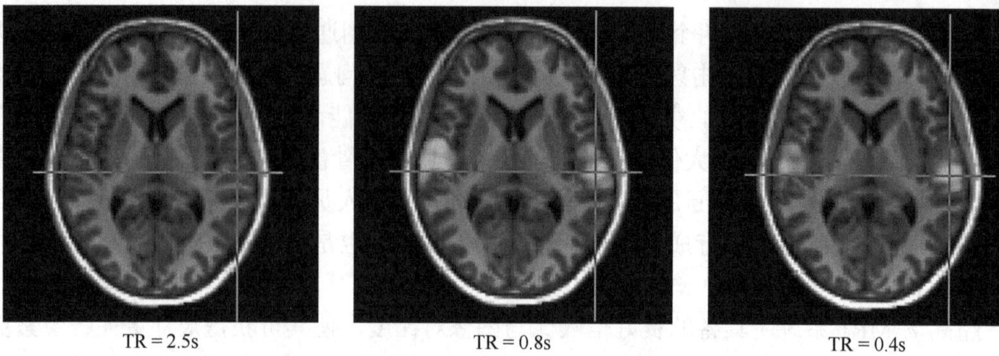

图 20-2　缩短 TR 时间以改进脑静息态网络（resting state network，RSN）检测示例

（图示为采用快速多路回波平面成像（multiplexed echo planar imaging，mEPI）在相同统计阈值但不同 TR 时间条件下检测所得单个 RSN 结果：左侧 TR = 2.5s 未使用层加速技术，中间 TR = 0.8s 的折片加速度为 4，右侧 TR = 0.4s 的折片加速度为 9；所用设备为西门子 3T 磁共振系统，序列为 multiplexed GRE EPI，空间分辨率为 3mm×3mm×3mm；图为 z 统计图像叠加，所有图像统计阈值 $Z = 4$。图片来源：Uğurbil K，Xu J，Auerbach E J，et al. 2013. Pushing spatial and temporal resolution for functional and diffusion MRI in the human connectome project. NeuroImage，80: 80-104）

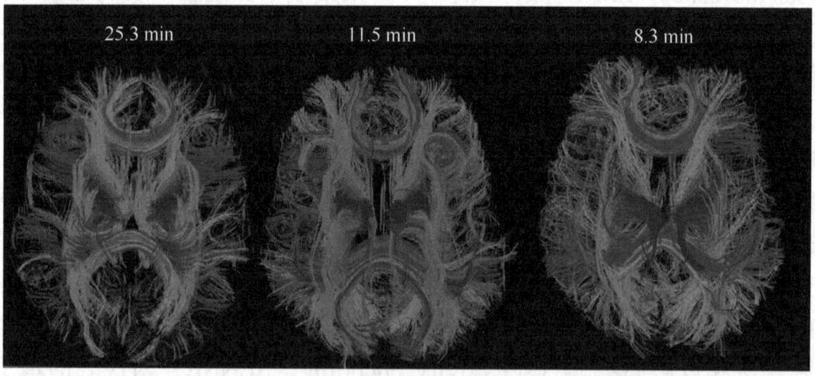

图 20-3　利用同时图像采集加速神经纤维轨迹显示的扩散成像示例

（图示为采用同时图像重聚焦（simultaneous image refocused，SIR）回波平面成像（echo planar imaging，EPI）技术（每个回波串含 2～3 个图像）加速显示的 3D 活体人脑神经轴突纤维轨迹图像；由图可见，与常规 EPI（左）相比，使用 SIR-2EPI（中）和 SIR-3EPI（右）技术得到完整 3D 数据集的速度要快 2～3 倍；这些纤维轨迹图像不能恰好重叠一致，存在少许畸变差异；不同颜色用以标示各种纤维在正交轴系的走向。图片来源：Feinberg D A，Setsompop K. 2013. Ultra-fast MRI of the human brain with simultaneous multi-slice imaging. Journal of Magnetic Resonance，229（4）：90-100）

2. fMRI 研究方法的进展

下面主要从功能和结构两方面介绍 fMRI 研究方法的前沿进展。在功能成像方面，着重介绍基于动态功能连接的 fMRI 研究进展；在结构成像方面，则主要介绍扩散峭度成像（diffusion kurtosis imaging，DKI）和扩散谱成像（diffusion spectrum imaging，DSI）的研究进展。

在功能成像方面，表征大脑连接状态的方法主要包括动态功能网络连接、基于独立矢量分析的时变空间映射、时变图论度量三种方法。

功能磁共振成像作为目前应用最为广泛的脑功能诊断技术，在研究活体大脑功能定位和连接等方面发挥着重要作用。功能连接是量化脑区之间相互作用的有效指标，传统的稳态功能连接通过皮尔逊相关系数（Pearson correlation coefficient，反映两个变量线性相关程度的统计量）来表征大脑自发活动的时间同步性。需要注意的是，上述过程得出可靠结论的前提是脑功能连接在扫描时间内相对稳定不变，但表征脑血氧代谢水平的 BOLD 信号实际上有低频振荡特性（意味着大脑在信号采集过程中存在功能状态的变迁，进而必然会引起相应的功能连接变化）。为了解决上述问题，陆续有研究者提出了动态功能连接的概念。

稳态功能连接是对整个扫描时间内大脑各区域之间的相关性进行计算，而动态功能连接则利用一定宽度时间窗在较长时间内采集的时间序列上滑动，并计算每个滑动窗下两两时间序列之间的相关性，计算该时刻的功能连接矩阵，进而得到随时间变化的动态脑功能连接网络，具体构建过程如图 20-4 所示。动态功能连接网络在研究大脑认知功能退化、外伤性神经症、精神分裂症、躁郁症等疾病的作用机理及神经功能表现方面具有重要作用（参见本书上册第 8 章 8.2 节、8.3 节）。

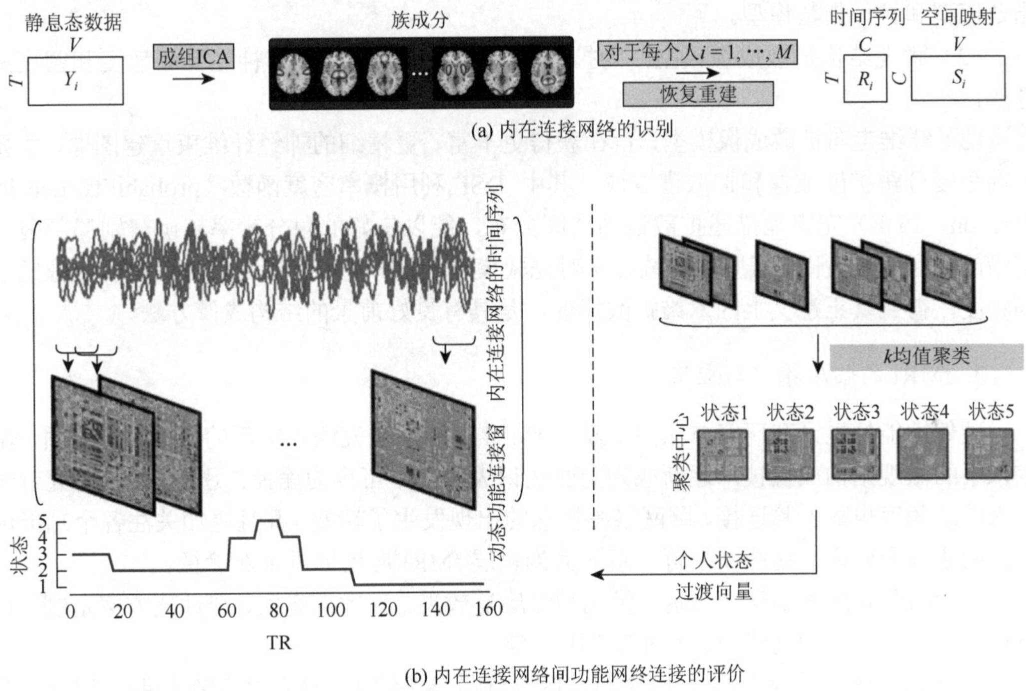

图 20-4　动态功能网络连接（functional network connectivity，FNC）：一种利用 fMRI 数据评估大脑功能网络连接随时间变化模型的方法

（动态 FNC 方法对 fMRI 数据经独立成分分析（independent component analysis，ICA）所得分量组群进行时间动力学初始态评估并构建内在连接网络；组群 ICA 方法提供分量时间过程的测量（左）和每位被试者的空间状态图；动态 FNC 由估算各分量时间窗过程的互相关（特定协方差）得到；最后采用 k 均值聚类识别并确定被试者在给定时间所处状态。图片来源：Calhoun V D，Miller R，Pearlson G，et al. 2014. The chronnectome：Time-varying connectivity networks as the next frontier in fMRI data discovery. Neuron，84（2）：262-274）

在结构成像方面，已相继提出了多种扩散模型，其中，采用高斯扩散模型的有扩散张量成像；采用非高斯扩散模型的有扩散峭度成像、体素内无相干运动成像（intra-voxel incoherent motion，IVIM）、神经突方向色散与密度成像（neurite orientation dispersion and density imaging，NODDI）、扩散谱成像、高角度分辨扩散成像（high angular resolution diffusion imaging，HARDI）等。

下面重点介绍 DKI 和 DSI 两种较为前沿方法的研究进展。

fMRI 信号主要反映的是血氧水平，而扩散模型则更依赖于细胞中水分子之间的相互作用。目前应用较为普遍的是扩散张量成像所采用的高斯扩散模型，它通过计算部分空间各向异性系数来反映脑白质结构的完整性程度。相比于传统高斯扩散模型，采用非高斯扩散模型的扩散峭度成像能够更显著、更丰富地呈现脑组织微观结构信息，特别是在检测脑组织的异质性扩散及刻画灰白质微结构方面，表现出更强的敏感性和特异性。

在算法方面，针对 DKI 的研究也在不断推陈出新，根据扩散模型的原理与研究侧重点，新型扩散模型主要分为三大类：扩散速率成像模型、微观结构扩散成像模型和纤维走向扩散成像模型。

（1）扩散速率成像模型，根据不同组织微结构中不同成分水分子的扩散特点，分为双指数模型和拉伸指数模型。

（2）微观结构扩散成像模型，为扩散峭度成像所采用，还有神经突离散度和密度成像等。

（3）纤维走向扩散成像模型，旨在获得更丰富、更精细的神经纤维束重建图像，主要有高角度分辨扩散成像和扩散谱成像。其中 DSI 利用概率密度函数（probability density function，PDF）完整地描述扩散运动空间分布，能以良好的角分辨率精确辨别局部复杂交错的神经纤维走向，摆脱了传统方法对先验模型的依赖，可达到目前对脑白质成像的最高精度，得到真正意义上的六维扩散影像，是具有良好前景的结构成像方法。

3. fMRI 的临床推广与应用

硬件性能的提升和研究方法的革新为 fMRI 的应用研究注入了新的活力。一方面，全脑水平的微观结构成像技术逐渐成为全面认识大脑必不可少的途径；另一方面，研究者认识大脑的角度也随着脑连接、脑网络等概念的出现发生了转变，并且更加关注各个功能区之间的联系和协调。这些新视野、新活力为拓展 fMRI 应用提供了新途径。

下面将从预防大脑认知衰退、优化神经康复效果、大数据建模、个性化方案定制、视觉信息解码等五方面阐述 fMRI 的新应用前景。

“防患于未然”是预防医学诊疗的宗旨，日臻成熟的 fMRI 技术正在帮助人们逐步实现这一梦想，并已在脑认知退化疾病的早诊中初见成效。2012 年，Haller 等采用动脉自旋标记（arterial spin labeling，ASL）示踪技术（能够检测脑血流渗入组织即灌注的情况），对 148 名健康老年志愿者和 65 名轻度认知障碍（mild cognitive impairment，MCI）患者进行了历时 18 个月的临床筛查，并记录了他们的心理学评估报告与相关的 fMRI 数据。实验初期，MCI 患者以及 73 名健康受试者在 ASL-fMRI 测试中均出现了灌注量降低的现象，并且在大脑中部、与默认模式神经网络相连接的后扣带回皮质等处表现得尤为明显。而在实验后期，这些实验初期灌注量降低的健康受试者逐渐开始出现认知退化现象。上述结果证明了利用 ASL-fMRI 测试进行脑认知功能退化疾病早期预诊的可行性，并在诸多后续研究中得到了进一步的证实和完善。此外，有研究证明，ASL 方法可以作为正电子发射断层扫描（positron emission tomography，PET）技术的辅助诊治手段，ASL 方法在轻度认知障碍、阿尔茨海默病（早老性痴呆）等脑神经疾病的早期阶段，能够做到有效的诊断与治疗。因此，利用 fMRI 等成像技术实现疾病的预防性检测将逐渐成为研究热点。

用于脑认知研究与神经疾病诊断的 fMRI 生物反馈法受到越来越多研究人员的关注。该方法通过监测受试者脑部 BOLD 信号，并将其转换为受试者易于接收的视听等感官反馈信号，指导受试者采取诸如情景诱导或运动想象等适当的方式来提高或降低反馈信号的强度，达到自主调控情绪、精神状态的目的（图 20-5）。

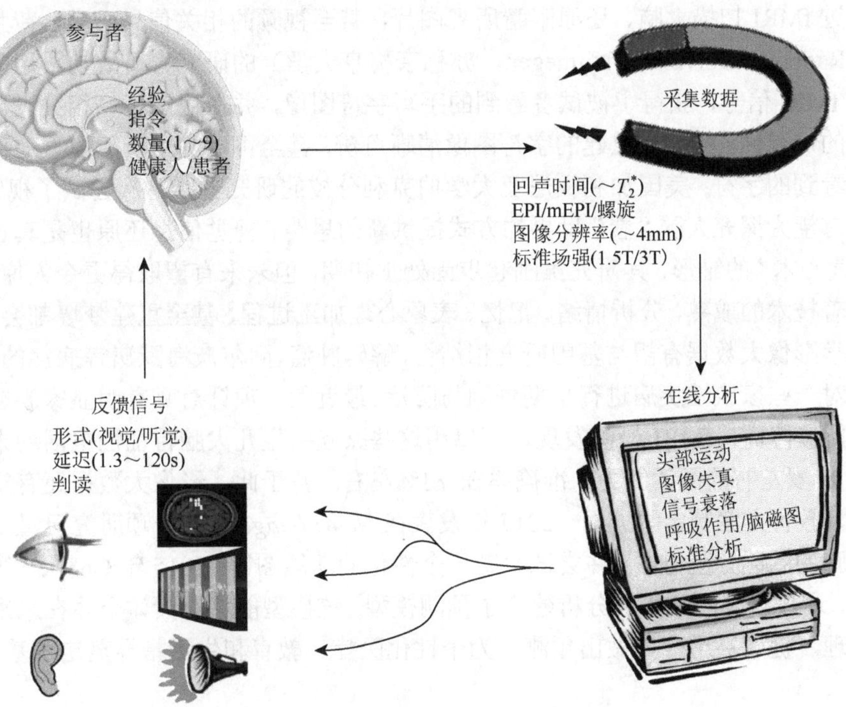

图 20-5 生物反馈治疗示意

（图片来源：Sulzer J，Haller S，Scharnowski F，et al. 2013. Real-time fMRI neurofeedback：Progress and challenges. NeuroImage，76（1）：386-399）

fMRI 生物反馈技术的核心在于能够对准确反映局部脑功能活动的 BOLD 信号进行实时获取，并在此基础上予以受试者适当的反馈调控。随着磁共振设备成像速度的加快，上述方法在抑郁症、帕金森病、耳鸣等疾病的研究中均取得了一定的进展。由于该方法充分发挥了患者的主观能动性，其在干预或治疗中枢神经活动过度（如幻听、幻视、癫痫、焦虑症等）或不足（如脑卒中患者的运动障碍）导致的神经/精神疾病方面具有广阔的发展前景。

除了上述已经逐渐推广于临床的新应用，磁共振成像还在诸多方面表现出了广阔的潜在应用价值。随着各国相继开展了与脑成像技术密切相关的大型脑科学项目，海量的数据资源、超级计算机和大数据算法的发展，都使得基于磁共振的影像学研究逐渐步入大数据时代。复杂网络分析、动态功能连接组、独立成分分析、机器学习等均可发挥重要的作用，为解码高级认知功能、探索人脑发育规律、解释神经系统重大疾病的病理及生理学机制提供了支持。

这样的进步在简化成像流程方面同样意义非凡，发表在《自然》期刊上有关 MRF（magnetic resonance fingerprinting）的研究正体现了这一点。MRF 技术期望通过海量的数据分析建立一个词典式的成像分析体系。届时若想进行全脑成像，无须再如现在这样要分别做 T1、T2、加强等多种形式脑成像，而只需经某项单次扫描，即可通过词典式复杂重建算法，得到以往其他所有检测的图像特征，实现成像所需的时间及资源成本的大大降低。

近年来，神经解码的研究随着多变量分析方法的应用而流行起来。典型研究成果是近几年通过 fMRI 扫描大脑、还原眼睛所视图片，甚至视频的相关信息研究。荷兰拉德堡德大学（Radboud University Nijmegen，亦称奈梅亨大学）的研究人员成功采用简单线性高斯解码 fMRI 信号，获得了被试者看到的手写字符图像，并在快速事件相关设计中检验了该方法的可靠性，解码后重建的字符图像清晰可辨，甚至可以利用所建模型还原出建模阶段没有看到的字符；美国加利福尼亚大学伯克利分校的研究者则首次尝试了视频还原。这些研究有望为探究人脑“看”世界的方式提供新的思路。视觉信息还原也是真正科学意义上的“读心术”的雏形，其研究虽刚起步尚处于初期，但未来有望取得更令人惊喜的成就。相信随着技术的成熟，分析情绪、记忆、表象心理加工过程，甚至重建梦境都会逐步实现。

医学影像大数据有望与基因研究相结合，解码肿瘤、阿尔茨海默病等病症的致病基因，也可以对一些家族性疾病进行早期预测与防治。最近的一项针对具有明显家族遗传特征的发育性阅读障碍，fMRI 检测发现，可以用这些家族新生儿大脑特征性电活动来预测这类孩子在 8 岁左右的阅读能力，准确率在 81%左右。基于此，影像大数据还有望用于个性化医疗、教育方案制定等方面。2017 年发表在 *NeuroImage* 上的一项研究已经阐述了针对个体大脑的脑区分割方法，并尝试绘制了个性化的功能图谱；2015 年 Gabrieli 等利用影像大数据，通过科学的采集和分析建立了预测模型。该模型能够对具体个体在未来一段时间内的心理、健康甚至行为做出预测，为个性化医疗、教育和生活指导奠定了基础。

20.1.2 脑功能成像新技术

随着脑皮层神经元集群电磁活动信息检测技术的发展与创新，结合脑神经网络与认知模式研究的深入开展，目前已涌现出多种基于脑电或脑磁信息检测，旨在探索大脑认知模式与内在神经机制的脑功能成像新技术。所用脑神经电磁活动信息包括：脑电图（electroencephalogram，EEG）、脑磁图（magnetoencephalogram，MEG）、诱发电位（evoked potential，EP）、皮层脑电（electrocorticography，ECoG）等。

基于大脑神经电磁活动信息的脑功能成像方法主要通过神经电磁活动的节律性振荡特征来反映大脑的认知活动、脑功能变化等。由于头皮 EEG 信号可灵敏反映脑神经元集群的电活动，时间分辨率高且能无创拾取，成本低廉，仪器设备较轻便，故易于推广应用。

因此，本节着重介绍基于头皮 EEG 信号（含自发 EEG 与诱发 EP）的脑功能成像技术新应用。然后简要介绍基于 EEG 的神经反馈新技术，在调控大脑功能状态以改善人的精神状态、治疗神经疾病方面的新应用。

1. 基于自发脑电的脑功能成像新技术应用

在头皮不同导联位置所拾取的 EEG 信号，可反映出周围相应大脑皮层认知功能区的神经元集群电活动信息。其信号振荡幅值、节律特征和频段能量波动及其深层次产生的机制，皆与大脑的认知活动、脑功能变化或神经损伤及疾病的进程有关，甚至与人的思维意识或情感体验、情绪变化有关。利用基于 EEG 的脑功能成像，可以监测到各导联 EEG 所携带脑神经活动信息的变化，还可以通过多导联 EEG 所构成的脑功能活动网络分析评估神经损伤程度，并溯寻产生疾病的根源。

人的思维意识的形成非常复杂，探究人的主观思维意念尤为重要。相比于诱发电位信号，自发 EEG 更适合于研究人的主观意念、思维规律。但是自发 EEG 信号常带有不平稳性和随机性，对其处理分析依旧是一项艰巨的任务。

本节论及的自发脑电既含人在静息或睡梦状态下表现出的特殊神经振荡波形，也有在执行特定认知任务时，受到大脑主观意念（top-down 因素）调制所产生的特征电生理反应。

EEG 自发振荡与同步在解读情绪、检测行为活动、反映认知功能变迁方面发挥着重要作用。美国麻省理工学院 2014 年的一项研究表明，随着大脑学习能力的提高，来自不同脑区的 EEG 同步性增强。他们研究了灵长类动物猴子在学习不同圆点图案分类时的 EEG 反应，发现了靠近大脑前额皮层和纹状体的头皮 EEG 信号最终会朝着互相同步的方向变化，从而加强两个脑区间的相互作用，形成新的节奏型功能性神经回路。

前额皮层是大脑发出控制指令的重要功能区，纹状体则是控制习惯形成的功能区。通过分析这两个区域 EEG 的信息交互模式表明，大脑学习分类时，纹状体的神经元最先活跃，之后前额皮层中的神经元被慢慢激活；纹状体学习简单任务的速度很快，而前额皮层在基于纹状体学习成果之上学习更为复杂的任务。

在该组试验中，研究人员先给猴子看能分类识别圆点图案的两个例子（标本），每一轮试验结束后标本的数量加倍。试验最初，猴子可轻松地进行圆点图案分类，但随着标本数量的增大，其难以记住所有标本分类模式；实验中期，研究人员诱导猴子学习总结分类的特点，最终使其能正确按类区分 256 个不同标本。当猴子从最初强行记忆个例特征进行分类识别转变为能研究学习类别特征并用以分类识别时，在其 EEG 数据特征上可以发现明显的信息转移。表现为前额皮层和纹状体所对应 EEG 的 β 波段分量开始相互同步，说明两个脑区间已形成信息交流回路。这种 EEG 共振现象犹如脑区间的一唱一和，其同步共鸣可能为大脑训练学习之后的长期适应性改变打下了基础。另外，在此研究基础上，Miller 及其同事进一步揭示了：特定脑电的同步方式与其特定思考方式有关。这些成果可在一定程度上解释人类怎样在不断扩充的知识中拥有开放性思维。随着研究的深入，相信可以从 EEG 水平上调控人的学习和记忆，更好地发掘人类自身的潜能。

自发 EEG 在人的梦境中也发挥着很重要的作用。随着 EEG 研究的深入，像《盗梦空间》那样看到或者调控梦境将不再是天方夜谭。目前关于睡眠的研究已证实，人的睡眠包括几个阶段，其中一个阶段称为快速眼动（rapid eye movement，REM）睡眠，亦称异相睡眠。人在 REM 睡眠阶段常会做梦并伴随眼球快速运动，并且 REM 阶段通常出现在快醒来时。已有研究者尝试在被试者进入睡梦后，记录下睡梦中脑电图数据并进行分析，希望能够破解人在 REM 睡梦状态下脑电图中可能潜藏的梦境密码，触发一个清晰梦境引导源。通过对脑电信号更加深入的分析，研究人员不仅期待可以了解到被试者此刻的意图和想法，还希望能够像电影描写的那样看到自己或他人的梦境。而随着神经工程技术的进步，这个想法越来越接近现实。

更神奇的是，脑电信号不仅可以体现人在清醒或是睡梦中的想法，它还可能体现人的自由意识。所谓自由意识，是指在人还未做出具体行动指令之前的意识。通过解析 EEG 信号可以提前（约 1s）预知被试者的想法和动作意图（即使被试者自己都没意识到）。2014 年，美国加利福尼亚大学研究员杰西 • 柏格森（Jesse Bergson）在《认知神经科学》期刊上发表了如下观点：人的意识可能来源于脑电背景噪声的随机波动。他认为，人类之所以能从所有物种中脱颖而出，具有独立的受各种规律制约的行事方式，是因为脑中有一种随意的状态，能显著影响人们的意愿决策，即大脑有一个正常的“背景噪声”水平，是全脑波动的一种脑电活动模式。在柏格森的试验中，他让被试者坐在屏幕前，紧盯着计算机屏幕，同时记录他们的脑电信号，让被试者在看到屏幕上出现的提示时，自己决定向左看或向右看，并向实验员报告，屏幕上出现的方向提示是随机的，所以被试者不能提前做选择。研究发现，这种脑电模式能够在信号出现之前 1s 左右，被试者尚未意识到自己做了决策之前，就预测出他们所做决策的大致结果。

该研究建立了一个模型，说明了大脑可以先于意识一步提前做出决策。这种提前决策可以经脑电信号检测出来并进行相应的分析。而在基于想象动作电位的脑-机接口研究中已发现，人们在想象动作思维时（仅想象欲进行的动作但未做），脑电会提前出现运动准备皮层电位。检测与分析该预动作电位信号特征，就能够预测大脑所想象的动作意图。

2. 基于诱发脑电的脑功能成像技术新应用

基于诱发脑电的脑功能成像技术新应用突出体现在认知状态解码与脑纹识别两方面。认知状态解码是依据人在不同认知状态下会对相同刺激产生不同的诱发脑电反应，通过特异性脑电反应解码有可能识别人的特定认知状态。例如，人在执行某项任务时是否分配了注意资源、是否受到某种情绪的调制等特定认知状态，会在任务操作时的脑电信号特征中反映出来，为解码人的具体思维内容提供了可能性。目前，对皮层脑电的研究已经证明了这种可能性。在相关研究中，通过描记受试者主要负责数字处理的顶内沟（intraparietal sulcus，IPS）区的脑电活动，研究者发现，经分析相关诱发脑电特征能够观察到受试者是否在进行与数学有关的思考。实验中检测受试者利用计算机来回答特殊数学问题时的脑电活动，若受试者正在思考与数字有关的问题，顶内沟区的诱发脑电非常活跃且呈现特定反应，而其他区域脑电则相对欠活跃。尽管现有研究结果只能确定受试者是否在思考数字，尚不能详细解读其具体数字内容，但这项研究仍为帮助读懂大脑、绘制准确大脑思维详图带来了希望。若能最终实现把大脑思维直接翻译成行动指南，那将会极大地促进大脑高级思维活动的研究和脑-机接口技术的开发。

基于诱发脑电的脑纹识别技术也是功能成像技术的一项潜在新应用。人脑对特定外界刺激（包括视、听、体等各种感官刺激和情感体念、思维任务等相关事件联想诱发）产生的特异性脑电信号，常包含着与刺激事件密切相关的特征信息，可用以识别刺激类型或事件身份，故将所诱发产生的特征脑电信息称为“脑纹”(brain fingerprinting)。例如，常用来测谎的 P300 诱发电位成分就是典型的“脑纹”。目前脑纹尚为一项有争议的技术，P300 虽在侦破犯罪案件方面屡建功勋，但仍止步于法庭判案。然而，脑纹识别依旧是一种全新的生物特征识别技术，可定义为：通过计算机利用人体所固有的脑电特征来进行个人身份识别的一种技术，或形象地称为“执大脑之钥，启生命之锁”。

相比于其他生物特征（如指纹、声音、虹膜等），脑纹在身份识别等方面的独特优势体现在：普遍性强，特异性好，规避性强，稳定性高，只能用于活体识别且难以复制和伪造。所以，利用脑纹识别技术进行身份认定具有安全、可靠、准确等优点。同时，它在很大程度上依赖于计算机技术，所以，多需集成为计算机系统，故可很方便地实现计算机管理，可以大大节省人力资源。

目前，在互联网上已不乏见到“十年后的手机或用脑纹做密码”等相关信息。尽管基于脑电的身份识别技术有很多潜在优势，但由于脑电自身的复杂性，目前其国内外研究均处于起步阶段。2003 年，有人尝试采用任务相关诱发脑电进行身份识别，其效果较静息态脑电有明显改善。美国纽约 Jefferies 投资银行工程师 Ravi 使用无监督学习的慢特征分析（slow feature analysis，SFA）模型（仿真人类大脑视觉皮层感受野缓慢变化规律的一种计算原则，已广泛用于深度学习开发人工智能），对 20 名被试者，61 导联电神经网络的视觉诱发电位（visual evoked potential，VEP）功率谱特征进行了分类，平均识别率达到了 94.18%；2007 年，法国科学家 Marcel 和 Millan 以多任务诱发脑电（包括运动想象和思维活动）作为个性化的身份特征对 9 位被试者的脑电进行了分类，得到了 93.4%的识别率；2014 年，美国华盛顿大学科学家斯托克和拉奥研究团队实现了“脑-脑交流”，即从一人大脑中提取信息可以传输到另一人大脑中，使两个人仅在脑-脑直接信息交流的情况下合作完成工作任务。这项技术如果得以正确应用，将开启一个脑电感应、心灵交流的全新时代。

目前，针对脑纹的研究主要集中在建立特异性信号数据库、研究分类识别特征的鲁棒性、实现跨时间跨个体的特征识别等方面。当然，数据库的建立、数据存储及传输安全性能的保障等问题都需要进一步规划和研究。

3. 基于神经振荡实时反馈调控技术新应用

神经反馈（neural feedback）最初用来监测药物治疗质量及指导药物选择，后又用于治疗情绪障碍疾病，目前临床应用已扩展到改善反应性依附精神障碍、强迫症、慢性神经疼痛与抑郁症等疾病。通常，神经反馈对于改善或提高人的情绪、认知、艺术水平或手术后能力康复等方面均有一定疗效。脑电是神经反馈常用的信号，其良好的时间分辨率为实时进行反馈信息交互提供了便利。基于 EEG 的神经反馈多使用某些特殊神经电振荡频段进行对症调节训练。

大脑神经电活动的节律性振荡体现着诸多与人的思维、意识、精神状态密切相关的信息。通过增强或减弱某些特定频段的脑电振荡活动，能够达到调整大脑功能状态、强化相关调控作用及其治疗效果的目的。目前，脑电生物反馈法已证明能够帮助人有意识地控制生理、心理活动，对广泛焦虑障碍（generalized anxiety disorder，GAD）、脑卒中后焦虑（post-stroke anxiety，PSA）、脑卒中后抑郁（post-stroke depression，PSD）、小儿注意缺陷多动障碍（attention deficit hyperactivity disorder，ADHD）、精神抑郁症（depression）等常见多发疾病均有良好的改善效果。例如，若脑电中的感觉运动节律（sensorimotor rhythm，SMR，一般为12～15Hz）成分增强，人就更容易心情愉悦、注意力集中；而当过多的θ波（4～7Hz）出现时，人则会感到困倦、注意力不集中等。

针对儿童注意力难以集中的常见问题而设计的脑电生物反馈训练即根据上述原理，将富有个性、吸引力、符合儿童心理的动画作为反馈目标，增强儿童与画面的互动。例如，一项研究检测了儿童在进行赛车游戏时的脑电反应，如果SMR波占优势，则呈现在孩子面前的画面就会比较清晰并且赛车跑得很快，赛车手会得到高分奖励；而当儿童注意力不集中时，画面即刻变得模糊，赛车会减速并停止，因此，运用生动的脑电反馈实验训练儿童学会调控自己的心理状态，使脑电中SMR处于优势，对儿童集中注意力是非常有效的。

上述实时的脑电反馈、适当的视觉或听觉刺激、配合有效的训练引导，能够让儿童逐渐找到高效学习的状态；而需要放松的时候，通过α波（8～12Hz）的调制，则更容易让大脑快速进入放松休息状态。同理，当人在工作的间隙过于兴奋，而回到工作状态时，不能快速调整心理情绪使脑思维活动处于良好状态（神经电振荡调至适宜的特定频段），就会产生多动、冲动、急躁等心理反应，难以取得最佳的工作效果。随着神经反馈调控研究的深入，已发现，除了实时反馈或节律刺激等外界因素能够改变大脑神经电振荡特征之外，诸如性格情绪、精神负荷等心理状态对人的行为表现、精神状态同样可以产生调制作用。而其具体的神经机制和应用场景有待进一步研究。

此外，神经反馈调控训练还可以用于改善人机关系，尤其当操作人面对具有人工智能的机器人之时。实际上，通过解码人在认知学习过程中对错误的感知和改正机制，可以增强人与机器人之间的互动。美国麻省理工学院的科技人员与波士顿大学合作研究出一套脑控系统，能够通过接收人类大脑信号来实时判断机器人在执行任务过程中行为正确与否，并识别操作人的思维意识，即下一步操作意念；通过检测操作者在意识到错误时，自动产生的误差相关电位（error relate potential，Errp）实时地与机器人进行信息交换，使机器人意识到自己的行为正确与否，并通过意念纠正机器人的错误行为。这样的实时神经反馈调控不仅可增强人与机器之间的互动联系，还能赋予智能机器人更多的“人情味儿”。

20.1.3　神经成像技术革新

新型成像技术的发展进一步促进了神经工程及其相关领域的进步。本节将简要介绍显微光学切片断层成像系统、光场显微镜、透明大脑成像技术（clear lipid-exchanged acrylamide-hybridized rigid imaging/immunostaining/insitu hybridization-compatible tissue-hydrogel，CLARITY）、由美国国防高级研究计划局组织研发的新的光学成像和分析技术以及PET成像技术革新。

在神经结构成像方面，近年来比较具有代表性的进展是我国华中科技大学骆清铭教授团队研发的显微光学切片断层成像系统（micro-optical sectioning tomography，MOST），其相关研究成果发表于2010年《科学》期刊（图20-6）。显微光学切片断层成像系统实现了小鼠全脑高分辨率成像和三维重建，首次绘制出了神经元水平的小鼠全脑神经元三维连接图，实现了大脑微结构成像的新突破。此成像系统为实现全脑微结构网络可视化提供了必要的技术支持，同时可为脑结构、脑功能、脑疾病和药物作用等研究提供全新的、更精细的实验手段。

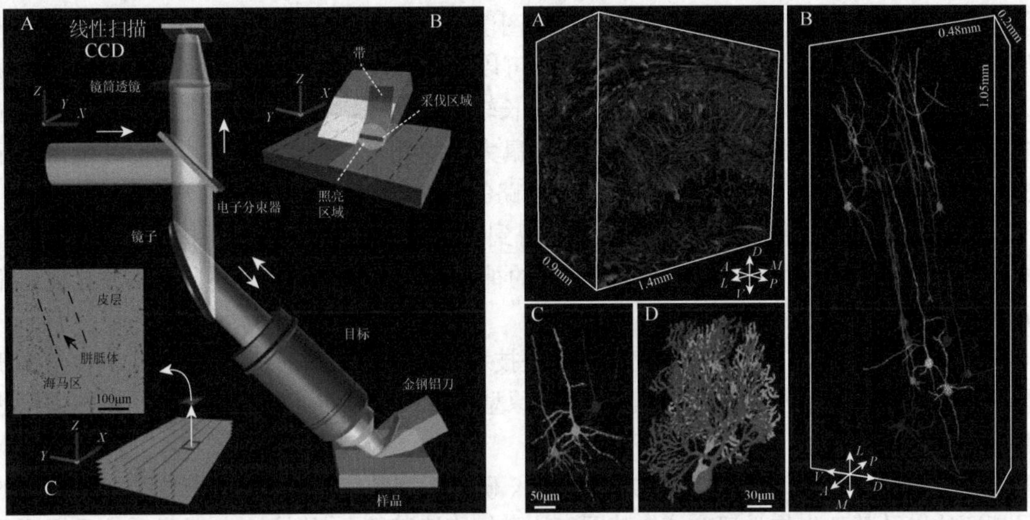

图 20-6　MOST 系统略图（左）和小鼠海马体重建图像（右）

（图片来源：Li A，Gong H，Zhang B，et al. 2010. Micro-optical sectioning tomography to obtain a high-resolution atlas of the mouse brain. Science，330（6009）：1404-1408）

借助光场显微镜等新技术的全脑神经成像正在不断突破各种传统成像方式的瓶颈。光场显微镜采用阵列显微镜头收集光场中的每一束光，并通过算法显示这些光束的 3D 位置。这种技术的分辨率可以清楚地呈现单个神经元，同时具有毫秒级成像速度。这种全脑成像技术可以用于研究某些深部脑疾病，研究人员希望将这项技术与光遗传学结合，达到只需要光照就能实现既能观察又能控制神经的效果。但是，对于虫子和斑马鱼来说，光线更容易穿透进行成像，而人脑的不透光性对此项技术的应用产生了极大的阻碍。

说到光透过性，必须提到另外一项美国发明的脑透明成像——CLARITY 技术。该方法采用透明凝胶代替大脑中的脂类，让大脑变得透明且可渗透，保留大脑的三维结构、神经回路及其他生物机制的完整性，能够展现大脑中复杂的神经元连接。在此基础上，研究者可以在细胞或分子水平上对完整大脑进行高分辨率成像，从而能够在保持神经结构连续性的同时研究亚细胞的蛋白和分子，分析远程回路、局部回路和细胞空间联系。

在活体神经成像方面，美国麻省理工学院和奥地利维也纳大学的科学家发明了一种可以拍摄活体动物整个大脑活动的 3D 动画成像技术。该技术采用具有阵列显微镜头的光场显微镜，已实现同时对秀丽隐杆线虫的 302 个神经元活动以及斑马鱼幼虫的整个大脑进行成像，可以观察到每一个神经元的活动。虽然该技术目前尚不能应用于人类大脑，但为神经科学研究提供了新的思路，科学家正在研究该技术应用于人类大脑的可能方案。

斯坦福大学的研究人员开发了新的光学成像和分析技术，能够观测正在执行适应性决策任务的小鼠神经活动。

实验人员通过特定的刺激让小鼠完成特定的任务：当小鼠闻到某种气味时，执行舔水的指令；当小鼠闻到另一种气味时，则执行停止舔水指令，小鼠执行指令的正确率会受到小鼠饥渴程度的影响。研究人员将全皮质广角钙成像技术与双光子显微技术相结合来探测小鼠大脑中的神经活动。其中，全皮质广角钙成像技术利用荧光分子能对钙离子做出响应，以探测细胞中的钙离子，从而得到大脑皮层图像；而双光子显微技术则区别于传统的荧光显微技术，在高光子密度情况下，荧光分子可以同时吸收两个波长的光子，在经过一个所谓激发态寿命的很短时间后，发射出一个波长较短的光子，能提供更详细的、特定区域脑皮质成像。这使得研究人员不仅能够记录小鼠大脑的几乎整个大脑皮层活动，还能得到足够高的分辨率以揭示单个神经细胞和神经回路的时空动态。

通过高分辨率成像观测，研究人员也得到了小鼠在决定舔水过程中大脑神经元的图样。他们发现，在整个大脑皮层中，灰质中的神经纤维网在小鼠执行不同任务时显现出不同的图样。

在 PET 成像方面，中国科学院深圳先进技术研究院杨永峰研究员与 UC Davis 合作研制的高分辨率正电子发射断层扫描（PET）原型成像系统取得了极大进展，小鼠脑成像达到国际领先的 0.55mm 平均分辨率。

PET 成像系统广泛应用于动物模型研究、研发新型药物、新治疗方法的研究和疗效的早期评估以及基础生物学研究（如基因表达和细胞追踪等）。传统 PET 成像系统受探测器性能、作用深度不确定效应的影响，不能达到全部视野范围内的高分辨率成像。高分辨率系统由 16 个高分辨率双端读出相互作用深度测量探测器组成，探测器采用高分辨率晶体阵列，并达到 1.7mm 的高相互作用深度分辨率，使用三维最大似然期望最大化（maximum likelihood expectation maximization，MLEM）图像重建算法，对小鼠脑成像取得了 0.55mm 的平均分辨率，几乎达到了小动物 PET 成像系统分辨率的物理极限，是到目前为止国际上小动物 PET 活体成像的最高分辨率。

20.2 神经接口新技术应用

20.2.1 神经接口促进疾病康复

神经接口承担着传递神经反应与实现信息控制的重任，在康复工程等领域发挥着重要作用，也具有很高的研究价值。近年来神经接口获得了广泛关注和迅速发展，出现了多种形式的新应用。按照接口检测信号电极的安置方式不同，神经接口系统分为侵入式和非侵入式两种。

1. 侵入式神经接口与康复

侵入式神经接口是通过外科手术使电极直接触及大脑皮层外表或将其置于皮层内的一类接口系统。侵入式神经接口的优势在于，检测到的信号具有极高的信噪比与较小的波形失真，但是植入电极需要专业手术人员实施且有一定风险，所以更多地用于动物试验。尽管如此，近年来侵入式神经接口仍获得了迅速发展，并有一些突破性应用新进展。

用于动物试验的侵入式神经接口已经基本实现了通过解码动物的简单思维来控制机械装置的操作，目前这项技术的研究对象已经发展到了人。

2016 年《新英格兰医学期刊》（*The New England Journal of Medicine*）报告了一项将脑-机接口应用于晚期肌萎缩性侧索硬化症（amyotrophic lateral sclerosis，ALS）患者的研究。该患者仅存留部分眼球运动和眨眼能力，ALS 功能评估量表仅 2 分。该研究采用如图 20-7 所示的全植入式脑-机接口装置，侵入式电极置于左侧大脑皮层感觉运动区，患者面前屏幕上显示一个虚拟键盘，并有光标可在不同字母间移动。当光标移动到位于想要拼写的字母时，患者想象右手单击字母按键即可输出该字母。通过一系列运动想象训练，患者能够控制运动想象产生的信号强度和时间长度，使用中，通过识别运动想象产生的脑电信号就能够解码患者想要拼写的字符。

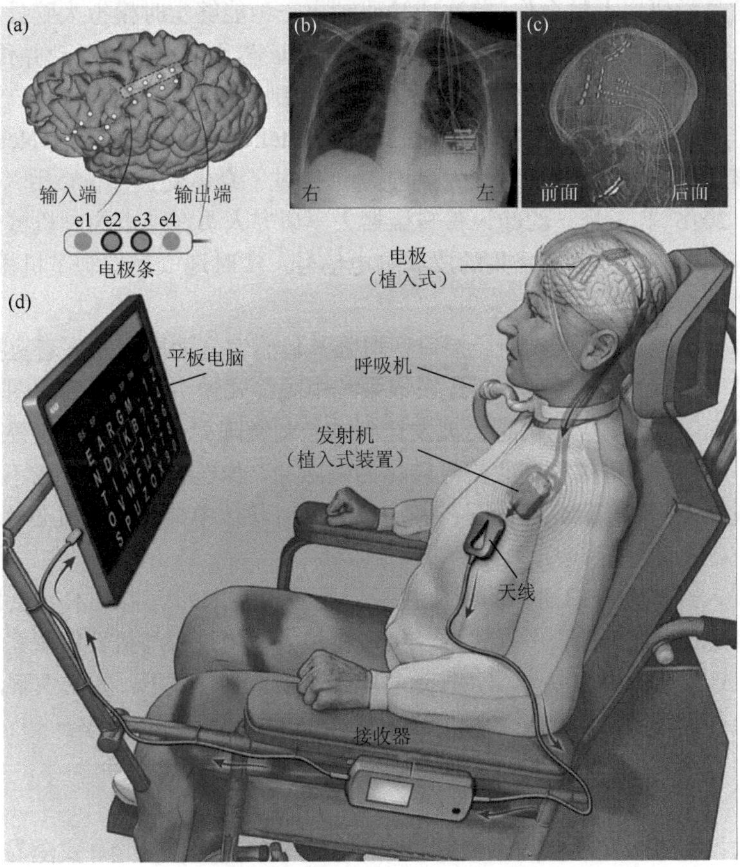

图 20-7　全植入式脑-机接口系统装置

（图片来源：Vansteensel M J，Egm P，Bleichner M G，et al. 2016. Fully implanted brain-computer interface in a locked-in patient with ALS. The New England Journal of Medicine，375（21）：2060-2066）

上述 ALS 患者在家中进行了长达 94 天的使用训练后，拼写字符的平均正确率达到了 89%，此外，随着使用熟悉程度的增加，患者拼写字符所需要的运动想象努力程度也降低了近一半，最快可实现平均 33s 输出一个字母，各项使用满意度评分都获得了满意或非常满意的评价。这是目前在 ALS 患者中非常成功的脑-机接口应用案例，有力地证明了脑-机接口技术的神经康复应用价值。

中国科学家在意念控制机械手臂方面也取得了成功突破。2014 年 8 月，浙江大学郑筱祥教授团队首次向患者颅内植入电极实现了意念控制机械手，并成功完成高难度手指运动的“石头、剪刀、布”等猜拳动作。研究人员将一块长 4cm、宽 8cm 的电极植入癫痫患者大脑表面的运动感觉区，并持续监测其脑电活动。建模阶段，研究者提取了患者做“石头、剪刀、布”游戏的动作时的脑电特征并进行模型建立，进而在模型测试阶段基于模板匹配法，实现从脑电特征到机械手运动的转化，吻合准确率达 80%。上述研究再次充分证实，侵入式神经接口技术可以重建人体运动功能，从而改善患者的生活质量。

此外，神经接口在疾病康复方面还有很多意义重大的新应用。2013 年 8 月，瑞士和美国的神经信息学研究人员合作，首次成功研制出一种能够实时模拟大脑处理信息过程的神奇微芯片。将该芯片植入患者大脑中，即可通过该芯片采集脑电活动并传输给计算机，转换成动作指令，由电子装置去执行，实现意念控制动作。2014 年 6 月，俄亥俄州立大学 Wexner 医学中心与应用科学发展非营利机构 Battelle 合作开发出名为 Neurobridge 的新设备。通过该设备，一名四肢瘫痪的患者成功地绕过了身体受损部位，用“意念”抬起了自己的手臂。2016 年 6 月，约翰·霍普金斯大学研究人员在脑电控制机械假肢的精度上实现了突破，通过高密度电极采集的皮质脑电信号，实时地成功控制了机械假肢的运动，精度达到单个手指程度。

除了增强运动能力，植入式神经接口在增强其他感官方面同样发挥着重要作用。例如，视网膜植入技术可以为盲人带来光明，在该系统中眼镜式镜头将捕捉到的图像传输至微型计算机进行处理，之后响应的信息会被发送到神经刺激阵列上，来增强或替代失效的光感受器；同理，人工耳蜗将接收到的信号转化为电脉冲，传送到听觉神经的不同区域，以帮助听力提升或恢复；更有研究者试图在癫痫患者的海马体中植入计算机芯片，以帮助其恢复记忆等。

目前，侵入式神经接口面临的最大挑战仍是侵入手术的危险及术后生物体的排斥反应。如果能够克服上述问题，侵入式神经接口将极大地增进人与机器的联系，从硬件上将人脑和计算机连接起来并直接通信，在这种“半机器人”模式下，人的大脑活动可以转换成数据进行上传和下载，实现更大程度、更广范围的资源整合和共享。

2. 非侵入式神经接口与康复

非侵入式指将电极置于头皮采集脑电信号的方式，其操作简便、安全易行，但采集到的信号噪声干扰较大。尽管如此，在各国科研人员的努力下，非侵入式神经接口也不断出现突破性进展，在疾病康复方面发挥了巨大作用，为广大残障患者带来了生活的新希望。目前，较为前沿的非侵入式神经接口研究主要集中在意图解析、行为感知和反馈调控等方面。

在意图解析方面，为了解决人机之间交互带宽窄、神经信号利用不充分等问题，研究人员在范式设计、特征融合、分类算法上均进行了更深层次的探索，实现了从神经机制探讨到新型特征提取，从单一信号编码到多元信号复合编解码的转变，神经接口能感知的特征更多，能实现的控制更为精细。

随着虚拟现实（virtual reality，VR）、增强现实（augmented reality，AR）技术的发展，使用者的代入感与用户体验大大提升，神经接口的信号来源也更多地扩展到了脑肌协同采集的程度；越来越多的神经反馈研究发现，神经接口能够促进部分功能的恢复，能够充分利用大脑的可塑性。

上述技术和理念的进展丰富了神经接口的应用。2013 年 8 月，华盛顿大学的研究人员首次实现了无创脑-脑接口的实验。实验中，一名被试者基于电子游戏进行动作想象并通过电极帽同步读取该被试者的脑电，当该被试者想象手部运动以发射炮弹时，算法捕捉到了被试者的运动想象，并通过网络将相应信息发送到放置在另一名被试者大脑运动区的 TMS 设备中，第二名被试者几乎在第一名被试者想象运动的同时无意识地用右手食指按下键盘（图 20-8）。

图 20-8　华盛顿大学非侵入式脑-脑接口实验

（图片来源：Rao R P，Stocco A，Bryan M，et al. 2014. A direct brain-to-brain interface in humans. PLOS ONE，9（11）：e111332）

该实验看似只是传统 BCI 脑-机接口方法和 TMS 研究的结合，且可实现的交互很简单，却开启了大脑之间直接信息交流的全新研究领域。未来，随着脑-机接口技术和脑刺激技术的不断发展，脑-脑直接交互将是未来的重要研究方向。

日本 Cyberdyne 公司研制的名为“混合辅助肢体”（hybrid assistive limb，HAL）的人体外骨骼产品则更体现了脑-肌-机协同工作提升性能的理念。它利用外骨骼上一系列传感器，持续监测人体神经和肌肉系统在大脑打算移动肢体时所发出的微弱电信号，并快速响应做出随意愿改变的相应动作，从而实现意念控制。该产品可以让残障患者和老年人的日常行动更加安全便捷（图 20-9）。

非侵入式神经接口用于肢体康复极具吸引力的一点是，患者经过科学系统的训练能够有效地利用自身大脑的可塑性，使部分受损肌体的功能得到有效替代或恢复。在巴西神经科学家 Nicolelis 所主持的“再次行走神经康复”项目中，8 位脊髓损伤患者通过长期系统

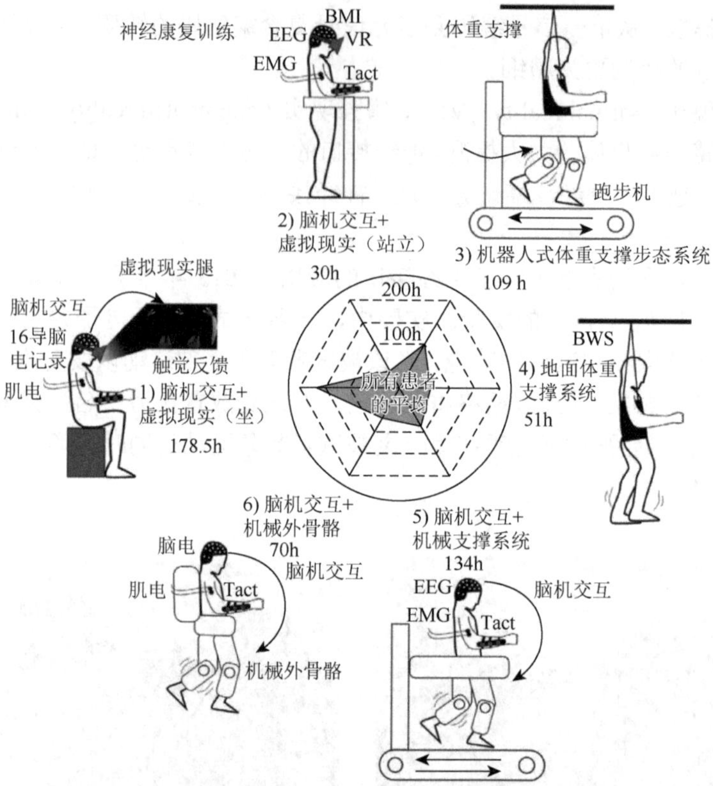

图 20-9　长期脑-机接口系统训练恢复自主行走能力过程

（图片来源：Donati A R C，Solaiman S，Edgard M，et al. 2016. Long-term training with a brain-machine interface-based gait protocol induces partial neurological recovery in paraplegic patients. Scientific Reports，6：30383）

的训练，不仅利用大脑控制的外骨骼一定程度上恢复了自主行走的能力，还在不同程度上恢复了躯体感觉功能，其中一些人甚至可以利用自主运动能力完成损伤节段以下的皮肤定位检查。

上述结果说明人的神经系统具有非常强大的修复和改造能力，为肢体损伤患者的康复带来了曙光。

20.2.2　神经接口改善人类生活

神经接口不仅可以用于疾病的康复与治疗，还能够通过精巧的设计提高人们的生活品质，增加人机交互乐趣，促进经济、军事、法制等多方面的发展。

1. 神经接口产品用于提高用户体验

澳大利亚悉尼 4 家优衣库专卖店推出了这样一项技术：通过检测脑电识别顾客的心情，并匹配出最合适的 T 恤样式，帮助他们解决难以选择的烦扰。这个例子说明，便携式神经接口已经逐渐渗透到了人们的穿衣、配饰当中，使人们的随身之物更懂“主人”的喜怒哀乐。

说到这类便携式产品，人们最先想到的可能就是能够用尾巴晃动表达自己情绪变化的 Tailly 尾巴，以及不断变换耳朵角度体现人情绪状态的 Neocomimi 猫耳朵。实际上，这类配饰的功能和形式已经十分丰富。例如，Sensoree 公司发明的利用颜色感应心情的毛衣，它通过采集并分析手上的汗腺分泌情况进行简单的情绪识别，并通过变换嵌在衣领内 LED 的颜色来体现不同的心情；芬兰 Moodmetric 公司发布了一款心情追踪手环，该手环通过测量佩戴者的皮肤电导率判断情绪，通过蓝牙传输信息，以“情绪花瓣”的形式绘制佩戴者各时段的不同情绪状态。在监测的基础上，便携式情绪调控产品也出现在人们的日常生活之中。Thync 公司的脑调节可穿戴设备利用“神经元信号”技术，通过经颅直流电刺激改变人脑状态，让人感到充满能量、精神放松或保持专注力；体积很小的 Spire 饰品通过监测佩戴者呼吸顺畅与连续程度、吸入和呼出的空气量比率来分析人体的压力和注意力情况，进而在某些时刻提醒人深呼吸以释放压力；由 Graham 和 Boulton 开发的大脑训练设备 iFocusBand 则以帽子为载体，利用可视图形显示大脑状态，并基于国际通用的脑电生物反馈训练方法，使用户逐步达到最佳精神状态。

日新月异的电子产品更是融入了诸多神经接口元素。NeuroSky 公司研发的脑立方耳机（Mindwave）通过解码脑电数据，能够将诸如“专注度”、“放松度”等反映心理状态变化的参数显示出来；伦敦初创公司 Realeyes 开发了能够通过网络摄像头或智能手机识别面部情绪的技术，有望实现自闭症儿童或者抑郁症患者的辅助治疗；Neurowear 公司于 2013 年推出了一款新型耳机，能通过脑电检测识别佩戴者的情绪，并播放与之匹配的音乐，以适应用户的心情；日本 Mitsukura 教授设计了一款基于苹果手机配置的头载智能相机，通过分析用户的脑电信号自动拍摄用户感兴趣的事物，记录生活的美好瞬间。上述听起来不可思议的神经接口新产品正在一步步走进人们的日常生活。

在改善住宿环境方面，神经接口在增强人机交互方面同样大有裨益。2015 年，海尔集团携手天津大学神经工程研究团队成功研制了 Move Eye 智慧眼感知系统。该系统作为核心控制模块，应用于海尔在全球市场推出的主流产品 SmartFlow 360°环绕嵌入式中央空调。Move Eye 智慧眼感知系统采用了天津大学神经工程研究团队专利设计的人感仿生神经系统技术，可实现风随人动、风避人动、人来风至、人走风息等多种创新功能，无须遥控器即可自动开关，实现更加智能化、节能化的操控体验。

神经接口技术不仅在提升人们步行、驱车的便携性和安全性上发挥了新的创意作用。在助残方面也带来了新的设计灵感，如美国芝加哥康复中心推出的意念控制智能仿生义肢，通过优化算法提高了控制的灵敏度和精确度，使残障患者也可以仅凭思维意念随心自主地行动，极大地方便了生活；阿根廷科研人员将自动化控制与神经接口相结合，研制出一种新型轮椅，能根据用户脑电信号的变化驾驶轮椅、自由移动。使用者需佩戴一个安装有脑电检测装置的头盔，凭“想象”控制轮椅移动，轮椅上的专用电脑芯片可识别用户驾驶意念产生的特定脑电信号，并分析其“注意力集中度”指数，进而给出相应轮椅控制指令，由红外线发射器操控轮椅移动，其操控性能不亚于正常人手动轮椅驾驶。这种轮椅专为那些肌肉瘫痪患者设计，使他们拥有与健康人同等独立行动的能力。

在提升健康人行车的安全性方面，德国研究人员通过监测司机的脑电信号来协助其驾车时的制动操作，使之反应时间更短，并且新的脑-机交互刹车方式要比正常人脚制动提前 130ms 生效，可显著降低人为错误造成的车祸风险，且大大减轻了驾车心理负担。该研究主要关注刹车时人类大脑最活跃的脑电成分，将大脑思维心理反应转换成模拟驾驶控制信号，并结合腿部动作的肌电信息，经综合分析、优选考虑应用于现实驾车防撞测试系统，并成为一个具有商业化价值的设计项目。

2. 神经接口在提高用户体验方面的潜在应用

购买和支付是商业经济社会生活中的重要环节。支付宝提出的“意念支付”设想就与脑-机交互一拍即合，很好地利用了相关的神经接口新技术。

支付宝设想首先实现声波支付，用户可以通过手机购买售货机里的商品，使用时手机播放一段超声波，听起来像是“咻咻咻”，然后售货机听到这段声波之后就会心领神会，用户在手机中输入密码，售货机就会自动处理、吐出商品。

意念支付则会通过支付宝钱包微型手指穿戴设备来实现，交易双方在进行收付款操作时，只要指尖碰指尖，穿戴设备就会读取人的脑电并将其转化为交易信息，从而完成支付，交易过程中，双方身体会有 1～2s 的酥麻感。

另一种可能的实现方案则是利用人集中注意力时产生的高频脑电实现支付。大脑集中意念思维时的高频脑电成分会有如电磁波一样的微弱穿透力，附近高灵敏度电子设备能感应接收相关信息并进行识别解码。如此，用户在意念支付时，盯着液晶显示屏中央，并集中意念默念需要转账的相关信息，在短暂的信息接收和处理后，点击屏幕上相应信息就能完成转账付款手续。尽管目前尚难完整、安全顺畅地实现意念支付全部交易，但仍对这项技术充满期待。一旦意念支付成为现实，必然会引起商业经济社会生活的巨大变革。

随着人因工程、人体工效学的兴起，提高宇航员等特殊人群的“用户体验”成了越来越多研究者关注的问题。如果只需要宇航员“意念一动”，机器就能心领神会地完成相应的操作，则会极大地节省人力、物力，脑-机接口可以成为人类的第三只臂膀。

对于这样的美好设想，研究人员也一直在进行探索，英国埃塞克斯大学研究人员使用基于视觉诱发的脑-机接口系统模拟太空飞船操控。具体实验过程如下：在屏幕上飞行的“宇宙飞船”（圆圈）逐渐接近“太阳”（白色球体）时，白色球体“太阳”亦随之变大。在圆圈周围的 8 个灰色圆点表征飞船移动光标，代表不同方向，这些圆点将以绿色或者红色随机点亮。受试者可以集中精力盯着某彩色圆点，以操控飞船沿特定方向飞行，对圆点的视觉专注将诱发大脑产生特征脑电信号。当测试者专注于飞船沿着正确轨道移动时，计算机将协同工作，读取操控飞船时的视觉诱发脑电信号，并进行分析以实时呈现飞船的模拟飞行状况。此外，最近微软在其官网上发布了一张由 NASA 宇航员斯科特 · 凯利（Scott Kelly）在国际空间站佩戴微软 HoloLens（能实时监测头皮脑电）的照片。据 NASA 称，使用该设备将降低宇航员的培训要求，并有助于提高其太空工作效率。尽管这种探索还处于起步阶段，但其研究前景广阔。相信随着增强现实、虚拟现实技术与神经接口的结合，将不仅进一步提升相关产品的用户体验，而且会极大地拓展神经工程领域的应用。

总之，神经接口技术的新应用极大地改善了人们的生活，也有望更好地满足人类对美好生活的愿景。

3. 脑-脑接口实现心灵感应

利用神经信号探测大脑意愿已经切实可行，而实现人与人之间的真实心灵沟通更加令人期待。随着神经科学与工程技术研究开发的不断深入，人与人之间无须用言语或其他现有的信息交流手段，而仅凭大脑意念感应，即可实现思想沟通的所谓“心灵感应”，这种超常能力将不再是神话，神经工程的脑-脑接口即能将其变成现实。这种不可思议的信息交流全新手段将改变传统的人类相互联系方式，并开拓思想直接沟通变革的新时代。

杜克大学医学中心的米古尔-尼克勒利斯研究小组在巴西的一个实验室进行了相关实验研究，他们首先利用电子传感器“捕获”了一只老鼠的行动“想法”，而后通过互联网传输将“思想”传递给美国的另一只老鼠，接收到该“想法”的老鼠会模拟前一只老鼠的行为，从而实现了两只老鼠之间的“脑-脑通信”；继此成功之后，哈佛大学的研究人员又成功地实现了用大脑“意念”驱动老鼠的尾巴活动；随后，美国华盛顿大学的两名科学家斯托克和拉奥进行了一项“入侵大脑”的实验，研发出了世界上首个人-人大脑通信界面。两人均头戴脑电监测设备，分别静坐在校园内的两个不同房间中，将监测设备与计算机网络相连，首先拉奥用脑思维意志玩电脑游戏，另一房间中的斯托克则头戴感应刺激线圈与游戏人试图实现“意志”沟通。实验结果表明：当游戏者（拉奥）试图“开火”时，远处的旁观者（斯托克）则“心有灵犀一点通”，右手食指也会不由自主地按向“开火”键。虽然只是动了一根手指，但这是人类首次借助各自的“脑-机互动”实现了互相的“脑-脑互动”，即创造了人类首个“心灵感应”的神话。

如图 20-8 所示，科学家拉奥头戴脑电极帽，利用相关设备获取与行动有关的脑电信号。在科学家斯托克大脑的左侧运动皮层（负责手部运动的区域）放置了一个磁脉冲刺激线圈（可以刺激中枢神经）。从拉奥大脑中采集到试图“开火”的脑电信号经过处理后传输到计算机，经过互联网传到另一台计算机，通过磁脉冲刺激斯托克的大脑，使得他的手指下意识地按下“开火”键。进一步的细致研究将会是更深入互动式的，即尝试是否有可能使双方同时发出脑电信号，实现同时“入侵”对方大脑。

随着研究的深入，这项“入侵大脑”技术越发成熟。该团队 2014 年 11 月的研究结果表明，从一个人的大脑中提取的思维信息可以传输到另一个人的大脑中，最终可使两个人几乎在脑-脑直接信息交流的情况下合作完成一项任务。该技术可以实现玩家无须直接操作计算机，而是通过操控他人大脑来玩游戏。同时，该项技术能够实现人们之间的信息传输，或是让外科专家为数英里之外的复杂手术提供指导帮助，甚至让飞行教练在紧急情况下在地面操控天上的飞机。可以预见，这项技术最终会为脑卒中和脑损伤患者的康复带来新的希望。

如果这项技术得以正确应用，一个脑-脑交互的全新时代即将到来。届时，可通过大脑“意念”帮助智障残障患者完成喝水、吃饭等日常操作，免去语言沟通，而直接读取其大脑想法；人们将会掌握全新的读脑学习方法，大脑之间信息交流将不再局限于言语、文字方式；艺术家可直接通过心灵沟通在一次次心灵碰撞中擦出新的思想火花，不断产生灵感，创建新的灿烂文化与杰出艺术。总之，未来可以分享个人思想和体验的无形力量，将打破行业界限、冲散社会分工，使个人世界无缝对接整个人类社会。

另外，也应预见到“脑-脑交互”、“心灵感应”可能给人类社会带来的负面影响，人类也将面对由此产生的复杂社会伦理问题。随着这项技术的发展，伦理学家担心神经科学研究在某种程度上冲击了人类自我意识的独立性，对自由意志的存在提出了挑战。而最为担心的是这项技术的滥用，如果脑-脑接口技术被不法分子利用，通过控制他人思维进行犯罪活动，甚至应用于军事战争，将会给人类带来无法挽救的沉重灾难。众所周知，科学技术本身就是关乎利害的双刃剑。如果现有“脑-机交互”，继而将来“脑-脑交互”技术给人类社会伦理带来了颠覆性困境，那不应是科学技术本身的过错，而是因为人类自身没有做好有效的甄别和取舍。人类需更好地利用科学技术，也要适度把握“抑恶扬善”，让科技更好地造福人类，而这些都需依靠制定相关法律、法规或道德准则约束来实现。

20.2.3　构建“大脑网络”实现群体协同脑-机交互

我们常说“三个臭皮匠，抵过诸葛亮”，试想若在脑-机接口中连接多名个体大脑构建成网络，是否能够提高脑-机接口的整体性能呢？

2015 年 7 月，*Scientific Report* 发表了杜克大学 Nicolelis 团队的研究成果。该研究首次联络了多个动物大脑，构建了脑网络 Brainet，并进行了实验观察。在第一项实验研究中，多只恒河猴分别被安置在不同的房间里，通过植入电极采集它们大脑的神经电活动并传输至计算机。恒河猴通过观察和实际操作训练，掌握了经想象动作来控制虚拟手臂移动的方法。该实验共安排有三个子任务：共享控制任务、分解控制任务和三维控制任务。

在共享控制任务中，两只猴子各分配一半的手臂控制权重；分解控制任务中，一只猴子可以控制手臂 X 方向的运动，而另一只可以控制 Y 方向的运动；三维控制任务中，将前两种控制方式结合，每只猴子可以控制手臂两个维度 50%的运动，三只猴子共同完成手臂在三维空间的运动。若它们完成任务则可获得果汁奖励。

随着猴子的训练和经验越来越多，研究者发现，它们可以更好地完成手臂移动的任务。这表明，猴子作为统一大脑网络，合作时比各自独立完成任务的工作绩效更优。

在第二项实验中，研究人员将四只成年老鼠的大脑连接在一起，组成一个 Brainet 来解决基本计算问题。实验前，先将微型电极线阵列植入老鼠大脑中与触觉相联系的区域，然后，对该片大脑区域进行温和的电刺激，以产生某种形式的触觉。

近年来，也有研究团队尝试进行基于脑电的人体协同脑-机接口实验，以探讨协同脑-机接口能否比传统单用户脑-机接口提高整体性能。研究结果表明，协同脑-机接口在提高判断决策和运动控制绩效方面具有较为明显的优势。

首先，协同脑-机接口可显著提高受试者判断决策的正确率并缩短反应时间。2013 年，袁鹏等通过设计多人在线快速识别人脸实验，证明了协同脑-机接口能够加速决策。在这项研究中，根据 Go/NoGo 实验范式，将图片分为人脸（Go）和汽车（NoGo），并利用相位相干性参数，将图片设置为 3 种不同的清晰度与 6 种随机出现的情况（图 20-10）。要求受试者对呈现的人脸图片立即做出按键反应，每组在线实验共有 6 名受试者。

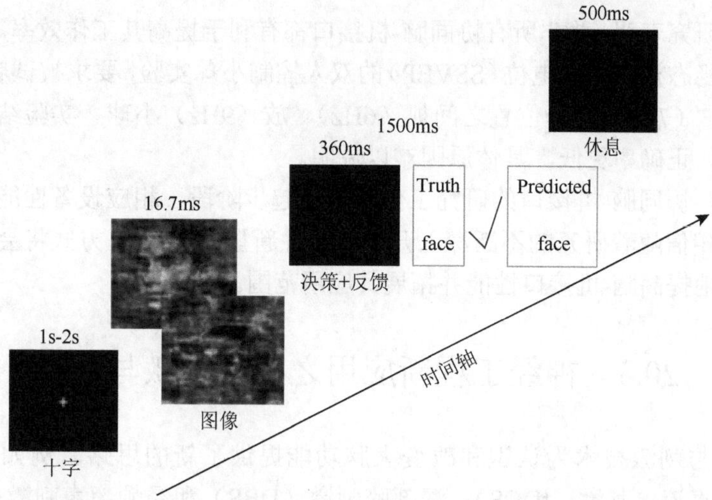

图 20-10　Go/NoGo 实验

（图片来源：Yuan P，Wang Y，Gao X，et al. 2013. A collaborative brain-computer interface for accelerating human decision making//International Conference on Universal Access in Human-Computer Interaction，Berlin，8009（5）：672-681）

结果表明，协同脑-机接口平均正确率为 78%，比单用户脑-机接口平均正确率高出 12.9%，且平均反应时间减少 50ms。2014 年，Kapeller 等通过 8 人在线 P300 字符拼写实验证明，8 名受试者同时拼写字符时，1 个试次后正确率就能达到 100%。而单人进行字符拼写时表现最优的受试者平均 2 个试次以上才能达到 100%的正确率。

其次，协同脑-机接口能够用于改善运动控制的效率。2013 年，Bonnet 等设计了基于运动想象的协同脑控游戏，实验要求受试者根据提示想象左右手运动控制显示界面的小球运动，每组两名参与者（图 20-11）。实验结果表明，协同控制下正确率（75.9%）显然高于单用户的正确率（70.1%）。

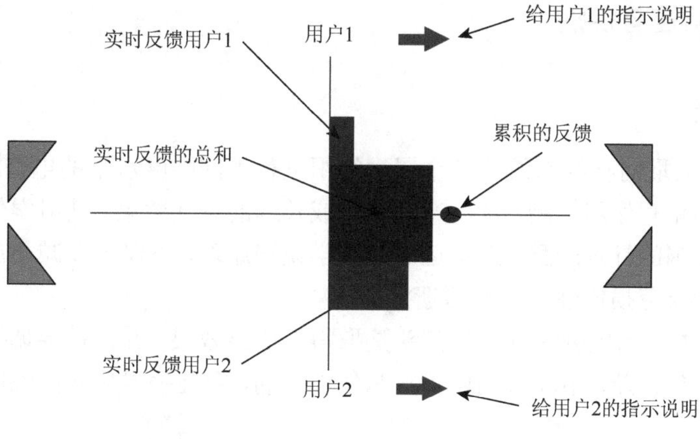

图 20-11　基于运动想象的协同脑控实验

（图片来源：Bonnet L，Lotte F，Lécuyer A. 2013. Two brains，one game：Design and evaluation of a multiuser BCI video game based on motor imagery. IEEE Transactions on Computational Intelligence & AI in Games，5（2）：185-198）

不过也有研究表明，并非所有协同脑-机接口都有利于提高其工作效率。2013 年，Nam 等设计了基于稳态视觉诱发电位（SSVEP）的双人控制小球实验，要求被试者在 S1（8Hz）、S2（11Hz）、S3（7Hz）三个位置之间抓（6Hz）、放（9Hz）小球。实验结果表明，协同作业下更耗时，正确率更低，具体原因难以说明。

总而言之，协同脑-机接口的研究工作还处于起步阶段，相应设备性能与技术创新仍有待完善，但相信随着研究的不断深入开展，这种新型脑-机交互方式将会充分发挥其技术优势，极大地提高脑-机接口性能并拓展其应用范围。

20.3 神经工程新应用之神经刺激与调控

神经调控与刺激技术为认识和改变大脑功能提供了新的思路。例如，经颅磁刺激（TMS）、经颅直流电刺激（tDCS）、深部脑刺激（DBS）和经颅超声刺激（TUS），可以通过磁场、电流或聚焦超声，暂时性地抑制或增强局部脑区活动，从而用于评价或验证现有脑功能成像性能和进行脑功能研究或脑神经疾病治疗。

此外，无创脑刺激技术也首次为人类直接干预大脑的工作过程提供了技术方法，尽管这些技术最初用于解决诸如帕金森病、严重抑郁、精神分裂、脑卒中、痴呆、慢性疼痛等神经疾病，但近年来，TMS 和 tDCS 能够增强正常健康人特定认知能力的研究文献正在迅速增加。低强度 TUS 以其对颅内脑组织良好的穿透性、较高的空间分辨率、良好的电磁兼容性和无损伤性，有望在中枢神经调控、神经系统疾病治疗、认知的脑神经机制等方面发挥重要作用。近些年新出现的光遗传学、磁遗传学等新理论、新技术还能够操控单个神经元放电，将人类无创干预大脑的技术推进到神经元层面。

神经刺激与调控等方面的研究新成果正逐步革新对大脑和人类思维意识的概念，将为人类认识大脑、改造大脑提供强有力的科学理论与技术手段。

20.3.1 刺激调控与疾病

1. *疼痛治疗*

治疗疼痛，采取对神经系统的各个层次组织进行不同强度水平的电刺激，通过内源性神经调控系统的相互作用机制，从而产生及时或长远的镇痛效果。其科学依据是疼痛的闸门控制学说和我国的针刺麻醉原理。运用这些学说和原理，不仅可以减小患者对麻醉药物的依赖性，还能避免损伤性手术的后遗症。

在研究实验中，用电刺激神经治疗头痛取得了明显效果，并在神经调控技术治疗顽固性疼痛方面有了新创新，下面分别以治疗丛集性头痛、脊柱手术后顽固性腰腿痛为例来进行说明。

丛集性头痛是一类严重的原发性疼痛，多表现为在某一时间段内密集频繁发作，属于严重的原发性头痛。曾有研究报道，对两例丛集性头痛患者植入迷走神经刺激器，同时进行抑郁或癫痫治疗，结果显示，该刺激方案对丛集性头痛有一定疗效。基于此，伦敦大学国王学院与爱尔兰都柏林博蒙特医院联合开展了一项研究，旨在进一步探索经皮迷走神经刺激器 gammaCore 治疗和预防丛集性头痛的效果。研究共纳入 19 例丛集性头痛患者，均使用 gammaCore 治疗或预防丛集性头痛发作，并通过对患者进行系统性咨询收集疗效数据。结果发现，15 例患者整体状况均有改善，剩余 4 例没有变化，平均整体估计改善 48%。所有治疗者中，47%的患者头痛发作在平均刺激治疗 11min 后消失；10 例患者的急性氧疗使用频率降低 55%，9 例患者曲坦类药物使用率降低 48%。与治疗前相比，预防性使用该设备可大幅降低头痛发作频率（从 4.5/24h 降至 2.6/24h）。

上述结果证明，非创伤性经皮迷走神经刺激（noninvasive vagus nerve stimulator，nVNS）可急性终止丛集性头痛发作并减少发作频率，有利于急性治疗与预防。

多年来，脊柱手术后顽固性腰腿痛一直是困扰骨科和神经外科临床的棘手难题。其发生率高（10%～40%），手术成功率低，二次翻修手术成功率仅有 34%，且多伴随更严重的并发症风险，而保守治疗（如镇痛药物、理疗、射频、神经阻滞、手法推拿等）大多效果不佳。2015 年 6 月 6 日，空军总医院神经外科采用脊髓电刺激（spinal cord stimulation，SCS）神经调控手术治愈了来自河南的 42 岁男性患者。该案例的成功为神经调控技术治疗顽固性疼痛掀开了新篇章。

脊髓电刺激和神经调控治疗是当今功能神经外科疼痛治疗领域最先进的一项技术。目前全球每年有 5 万以上脊髓电刺激治疗的病例，总有效率约 70%。它能够阻断病理性功能异常，重建正常生理机能，并减少解剖侵袭，在微创治疗的同时达到更优的功能目标，为顽固性疼痛患者带来健康生活的新希望。

2. 脑卒中康复

脑卒中后存活患者中，60%～80%有不同程度的残疾，严重影响其正常生活。目前尚无治疗脑卒中后肌肉萎缩、吞咽障碍的有效药物，神经肌肉电刺激疗法（neuromuscular electrical stimulation，NMES）是最有效的康复方法之一。

2011 年，英国牛津大学等机构研究人员进行了基于电流刺激治疗的脑卒中康复实验研究。他们选取了一些脑卒中患者（男女均有，年龄分布在 30～80 岁，类型多样）接受电流刺激康复试验，结果是：在接受电流刺激后，这些患者行动能力均得到改善。该项研究表明，电流刺激治疗脑卒中后遗症有一定疗效，可以帮助患者改善其行动能力。

偏瘫是脑卒中患者最常见的运动功能障碍，美国芝加哥康复中心 Harvey 博士等选取脑卒中至少四个月的患者作为受试者，并采取 2∶1 随机分配方式，将其分为实验组（104 例）和对照组（60 例），应用硬膜外电刺激（epidural electrical stimulation）进行了康复治疗研究。各组受试者均完成了为期 6 周的康复治疗，其中 94 例被试者在康复治疗的同时，还接受了以主要运动皮层作为刺激靶位的硬膜外电刺激治疗。康复治疗实验结果显示：硬膜外电刺激对慢性期脑卒中患者而言，疗效可能持续较长时间，证明了这一康复疗法的安全、有效性，为脑卒中患者的未来康复实验设计提供了有益经验。

吞咽困难也是脑卒中患者较常见的后遗症，若不及时治疗，会延误患者的功能恢复并影响其生活质量。美国的 Li 博士等就此进行了实验研究，并对比了传统疗法和经皮神经电刺激治疗效果。经对受试者接受治疗前和治疗后 4 周的表面肌电图、荧光视频吞咽测试、标准吞咽测试和视觉模拟量表评估分析，结果表明，神经肌肉电刺激治疗联合传统吞咽功能训练能显著改善脑卒中患者的吞咽功能，为其带来良好的治疗效果。

3. 其他疾病

电流刺激疗法因其独特的优势也被广泛应用于其他许多疾病治疗领域。

抑郁症是一种常见的神经/精神病，患者精神萎靡不振并且极端痛苦，缺乏工作、生活热情，病情严重时丧失劳动力。美国埃默里大学 Mayberg 实验室对抑郁症患者开展了深部脑刺激手术，并治疗了超过 200 名抑郁症患者，其中 40%～60%患者的病情有了明显好转。纽约西奈山医院神经学家 Russo 指出，DBS 的主要作用是：精确地改变大脑关键神经回路活动并保持其他未受损伤的神经回路完整状态，用以治疗抑郁症是完全可行的。同时过去几年，诸如光遗传学等神经功能成像新技术也为科研工作者研究抑郁症神经病理学模型、跟踪和控制大脑神经网络病变搭建好了平台。

此外，相关研究表明深部脑刺激亦可治疗肌张力障碍、帕金森病等。英国医学博士帕特尔通过实验证实，当脑深部电刺激器植入脑室皮层灰质区内施治时，高血压患者的血压逐渐下降，可治疗难以控制的高血压病。

植物人是因为神经系统损伤造成大脑中枢与身体某些部位联系中断或者局部损毁，丧失部分生命活动能力，大多数是难以治愈的。2012 年一起车祸导致李某左侧颅脑严重损伤，经过两次手术后患者虽保住了生命，但仍始终处于植物人状态。2013 年李某在华西医院接受了高位脊髓电刺激疗法的植物人唤醒手术。医生在其后脑处开了一个 4cm 的切口，并将刺激电极片安装在脊髓外面，另将一个脉冲发生器置于患者右胸，并用一根导线将电极片与患者右胸的脉冲发生器连接起来。脉冲发生器的高频电脉冲可以刺激上行神经网状系统使之激活重新工作，唤醒思维。经过 10 个月的唤醒治疗，李某逐渐恢复了意识，受损的语言中枢也开始部分重建，能够听懂医生的话，并能根据指令做出相应的动作。

另外，伤口愈合，尤其是慢性伤口的治疗一直以来都是伤科临床的难点。2015 年 4 月，发表于 *PLOS ONE* 的一篇研究论文报道了来自英国曼彻斯特大学的研究人员使用电刺激疗法对 40 位志愿者进行的伤口愈合研究实验。结果显示，电脉冲刺激能促进产生新的血管来加速伤口愈合，为开发新的伤口愈合疗法或设备提供帮助。

20.3.2 刺激调控与记忆

记忆是人类心智活动的一种，属于心理学或脑科学的范畴，表征人对过去活动、感受、经验的印象累积。记忆力是智力中最重要的组成部分，也是学习过程中最为关键的一种能力。美国芝加哥西北大学医学院的一项新研究表明，重复经颅磁刺激（repeat transcranial magnetic stimulation，rTMS）可以活跃大脑皮层神经网络，进而改善记忆，增强记忆力。

海马体（hippocampus）是与记忆、学习相关的重要脑区组织，精神疾病患者由于脑区与海马体之间不能协同作用，造成记忆和认知功能受到影响。海马体在脑部很深的位置，磁场难以穿透，所以研究人员事先通过评估静息状态下的功能磁共振图像，确定距离颅骨表面仅 1cm 且与海马体紧密相连的浅脑区，发现直接刺激浅脑区能影响海马体的记忆认知功能。

该研究的实验对象是 16 名年龄在 21～40 岁的健康成年人，每位参与者都要先学习并记住一些没有固定联系的面孔和单词，然后接受记忆力测试。在连续五天的实验中，参与者每天接受 20min 的大脑刺激，并借助磁共振扫描观察被试者在接受刺激之后记忆力的变化情况。一周之后参与者均分为两组又进行了新的实验，一组使用真正刺激，另一组使用安慰剂，参与者对于刺激还是安慰剂毫不知情，参与者仍接受记忆力测试和磁共振扫描。

研究发现，参与者在接受真刺激之后能比之前记忆更多面孔-单词组合，这意味着他们的学习能力提高了。而在使用安慰剂的参与者中没有出现这种改变。此外，磁共振扫描结果表明：刺激会使大脑各区域之间及其与海马体之间的神经活动更加同步；脑区间同步性和连接性改善越多，参与者在记忆力测试中的表现就越好。可见，经颅磁刺激能使人脑记忆功能在不依赖手术和药物的情况下产生特异性变化。而且，目前没有任何一种药物能像经颅磁刺激这样准确作用于记忆神经网络中的某个具体部位。

除经颅磁刺激外，新兴的光遗传学技术也能够对记忆加以影响，美国麻省理工学院的一项研究便是利用光遗传学技术重新激活了小鼠失去的记忆。该研究小组通过向小鼠神经元里添加蛋白质并利用光遗传学工具进行激活等一系列实验，首次证实了海马体区域存在一种叫作记忆痕迹细胞（memory engram cells）的神经元，记忆就存储在多组痕迹细胞组成的回路及其细胞之间的连接里。在小鼠形成一段记忆后向其注射抑制神经元内蛋白质合成的茴香霉素，之后研究人员用情绪触发器激活细胞时并未发现任何记忆痕迹，说明记忆已丢失；然而用光遗传学工具进行细胞重新激活后，这群神经元会发生长时程增强作用（long-term potentiation，LTP），恢复蛋白质的合成，连接神经元的突触就被增强，进而允许神经元群体彼此发送信号，就可以恢复记忆。

这两项实验把海马体记忆研究与神经刺激调控新方法相结合，为记忆研究、记忆改善和恢复开辟了新途径。

20.3.3 刺激调控与社会生活

刺激调控也可以应用到人们日常的社会生活中，从而打造更优质的生活，推动社会的发展。

2015 年 3 月，一套智能衣服 Antelope 成功抓住了大众眼球。该产品由德国一家创业公司 Wearable Life Science 推出，其宗旨是利用电刺激方式激励肌肉，以增加运动效果。该产品依据穿戴者的锻炼类型和即时运动强度两项指标来进行自动调整，从而对刺激不同部位的肌肉进行选择。

Antelope 外观小巧轻质，看不到任何外接线，基本不会对穿戴者的运动过程造成干扰；而且拥有超强的可移植性，能够被完全隐藏在衣服内部而不露一丝痕迹。衣服内置的防水模块 Antelope Booster 通过蓝牙与 iOS 系统或 Android 系统手机端 App 相连接，便于控制电刺激的脉冲，时刻调整运动强度。

公司官方公布数据显示，穿着 Antelope 运动 20min 的效果是正常情况下连续运动 3h 才能达到的，这将在更大程度上促进人体健康。

英国 *Nature* 期刊 2013 年报道了研究人员通过对具有可卡因依赖性的培养老鼠大脑研究发现，这些实验鼠大脑前额叶皮质的某一区域神经元活动明显偏弱。此前的研究发现，人的行为控制能力受大脑某一皮质区域控制，若患者该区域受损或有缺陷，则会缺少控制能力，容易对可卡因上瘾，戒除毒瘾也更困难。

实验中，研究人员用光遗传学技术对实验鼠中脑部该区域进行刺激，发现这些实验鼠寻求可卡因的行为有所减少。相反，如果抑制该区域神经元的活动，实验鼠则表现出毒瘾增强的迹象。

这一结果表明，大脑前额叶皮质特定区域的神经元活性与可卡因成瘾有密切关系，通过刺激该区域的神经元可有效提高对毒瘾的控制能力。这一成果为开发戒毒新方法提供了新的思路，可帮助吸食毒品者逐步戒除毒瘾。

同年 *Science* 的一篇研究报告指出，人们的行为准则和道德标准可以通过电刺激来进行调节。此前一项相关研究通过功能磁共振成像技术发现，当人们坚持道德准则不受惩罚时，右侧前额叶就被激活。

在此次研究中，苏黎世大学教授 Ruff 和他的同事招聘了一些女大学生并展开实验。他们对参与者进行配对分组，每组中的一位学生被给予一些钱，她（叫作捐赠者）能够选择如何与另一位学生分配；如果接收者觉得分配不公，就可以拿走一些钱并且花掉作为惩罚。研究人员对部分实验参与者大脑的右侧前额叶进行了经颅直流电刺激，通过改变电流的方向增强或者减弱这一区域的大脑活动，另一部分参与者作为实验对照组并未进行大脑刺激。

实验发现，当存在惩罚威胁时，增强大脑活动的刺激会导致学生分配更多的钱，而减少大脑活动的刺激会使她们分配较少的钱；相反，当取消惩罚措施而是自愿进行钱财分配时，增强和减弱大脑刺激会产生相反的效果。这些发现表明，右侧前额叶不仅是人们遵守社会规范的开关，也会通过社会环境来确定是否遵守社会规范。

操控大脑，增强人类更加遵从于社会规范的想法，对于法律制度有着深远的影响。利用这种原理，我们可以找到方法来帮助那些无法遵守社会规范的人们做出改变，这对提升公民道德、维护社会秩序无疑有着重大意义。

20.3.4　刺激调控与军事

刺激调控与成像技术、神经接口技术紧密结合，有望成为未来军事战争的核心竞争点。通过神经科学可以从多角度强化战斗力：利用脑控无人机等武器攻击对方；借助药物或神经传导手段向士兵传达特定指令；还可以通过大脑造影判断士兵的警戒能力、记忆力、注意力水平进而安排不同任务。

美国就一直致力于研发“体能增效”（performance-enhancer）技术，通过神经工程方面的监测与调控打造“超级战士”。很多经历过战争的人都有这样的回忆，战场上紧张的气氛使得他们无法理解长官发出的命令。相应地，如果军官能够通过脑电特征发现士兵信息过量的情况，进而避免让这样的人在战斗中执行重要的任务，这是一件很有意义的事。在监测的基础上，可以利用大脑刺激技术提高士兵的作战能力，如利用经颅直流电刺激系统让士兵变得更聪明，在注意力和学习能力方面有部分提升；又如，电子处方（ElectRx）项目，它通过直接刺激特定神经元，可快速治愈士兵的疾病和损伤。

在战场通信方面，脑-脑通信技术在未来有望实现军事装备的远程操作，还可发展为士兵之间的静默通信（silent communication）。此外，俄罗斯科学家研制出一种可以攻击敌人中枢神经系统的精神电子武器，被称为“僵尸枪”，又称“脑控武器”。它是通过技术手段影响敌军士兵的神经系统，让其在外界信号的指引下做出如放下武器、投降等违背己方利益的行动。

此外，以神经技术为核心的生物机器人的兴起，也将让人从物理空间上“隐退”，使未来的战争向着高端化、贵族化的方向发展。未来，士兵的大脑可能直接与武器系统相连，武器装备智能化和操控意识化程度将迅速提升。这对武器装备发展、使用和整个军事能力建设必将产生难以预见的深刻影响。

美国国防部提出了未来重点关注的六大颠覆性基础研究领域（disruptive basic research areas）。其中就专门提到了认知神经科学，它的颠覆性应用前景包括生物神经战（思维干扰与控制），具有完全自主学习能力的高智慧机器人，“人机合一”控制系统（意识操控机器）与“超级士兵”（人脑功能增强）等。从军事发展的视角来看，未来若将脑科技的研究、高效远程脑-机交互、生物机器人系统等高端技术应用于战争，将会使战场从有形变为无形。做好神经工程学前瞻性的研究与开发，将使战争的胜利权牢牢掌握在自己的手中。

20.4 类脑研究与人工智能

20.4.1 大数据时代下的神经工程学

随着大数据概念的深入，研究者开始应用大数据思想在两方面踏上研究征程：人类脑计划和美国的人脑主动性研究，它们的任务是构建一个人脑内部工作的超级计算机模型。该计划不仅希望绘制出 1000 亿个神经元来阐释阿尔茨海默病和帕金森病的致病机理，而且有望用于研究和解决从气候学到地球物理学，再到纳米技术等多个科学研究领域的问题。大数据时代已经悄然而至，并且已逐步渗透到政治、经济、文化、健康等多领域。

大脑记忆为大数据系统的发展提供了良好契机。大数据发展的基本条件是拥有充足的数据供人们分析，这些数据来源于多种形式的存储和记忆，而记忆是大脑最为基本的能力，大脑的这种能力也是计算机等各种存储设备始终希望效仿的。随着科技的进步，通过大脑记忆可以提取人的照片，了解人的兴趣，记录人的情绪，知道一个人的网络浏览轨迹和他所去过的每一个地方，甚至可以强行修正已经被人们大脑重新解构了的过去。正如大数据时代预言家维克托·迈尔-舍恩伯格描绘的那个世界，没有遗忘，没有隐私，没有未来，这不是科幻，而是一个正在被不断创造并被不断实现的现实。

人脑结构与大数据存在着巧妙的对应关系，而这种对应关系已经逐渐成为现实：

2015 年，由美、日科学家共同研发的能够模拟大脑自然计算的硬件平台已经问世，并有望在人造大脑以及自然或认知计算研究中发挥重要作用，可看作人工智能现实的第一步。自然计算是一种全新的计算形式，具有自适应、自组织、自学习的能力，能够解决传统计算方法难以解决的各种复杂问题。就像人脑一样，它基于一个具备自发行为的复杂系统，能从环境中学习，将与众多单元交互的结果通过宏观行为呈现出来。而由于整体架构和体系不同，通过传统方式制造出来的计算机完全无法用于复杂系统和自然计算。此外，基于忆阻器的神经网络芯片、可以注入大脑的微型电路的发展，都促进了神经工程原理在大数据中的应用。

总之，在神经工程学领域人脑是研究的核心内容。大脑可视化、无敌记忆力、数字化永生等这些高端技术，随着研究与发展也许将是下一波经济发展的动力，从长远的意义来看，神经工程学与大数据的应用可能会推动人类在非传统生物学意义上的高度进化。

20.4.2 神经工程学与类脑研究

可以说，人脑是目前最高效的计算及情感整合机器。卡内基·梅隆大学的一位博士生曾对比了AlphaGo和棋手同下一盘棋的能量消耗，发现AlphaGo的能量消耗在棋手的1000倍数量级以上；就计算能力而言，目前“天河二号”跟人脑的计算能力是相当的，但人脑的功率大概是 20W，而“天河二号”的功率消耗在百万瓦到千万瓦的规模。因此，借鉴人脑高效率、低能耗的运作机制是研究者关注的问题。

2016 年初，谭铁牛、刘成林、曾毅三位专家在《计算机学报》上发表了关于类脑智能研究的综述，文中指出：类脑智能是以计算建模为手段，受脑神经机制和认知行为机制启发并通过软硬件协同实现的机器智能。类脑智能系统在信息处理机制上类脑，认知行为和智能水平上类人，目标是使机器实现各种人类具有的多种认知能力及其协同机制，最终达到或超越人类智能水平。并指出类脑智能在认知脑计算模型的构建、类脑信息处理、类脑芯片与类脑计算体系结构等方面具有广阔的研究前景。

著名的未来学家与思想家、美国奇点大学校长、谷歌工程总监库兹韦尔更是在 *How to Create a Mind*（中文译名《人工智能的未来揭示人类思维的奥秘》）一书中预言：2029 年，机器人智能将能够与人类匹敌；2030 年，人类将与人工智能结合变身“混血儿”；2045 年，人类将超越自己的生物存在，与机器深度融合，带来生存方式的巨大变革。他在书中阐释了具有高级认知功能的大脑新皮质模型、思维模式识别理论、模拟人脑过程中计算机不可或缺的思维等诸多内容。呼吁人类不仅要将作为人类智能基础的算法扩展到机器上，更要为从容应对科技的快速发展及潜在的挑战做好准备。

尽管现在还无法预知人工智能的未来，但这必将是具有划时代意义的重大科技变革。

20.5 本章小结

本章从神经成像、神经接口、神经刺激调控以及多领域外延等角度介绍了神经工程在众多领域的新应用与新前景。希望读者能够从这些介绍中汲取灵感，在学习和研究中开拓思路，让神经工程学在未来发出研究与开发的最强音。

1）神经成像新应用

成像是神经工程学的重要研究领域，具有广阔的发展空间。随着技术的发展和改进，神经成像的手段、应用领域也在向着更多的方向发展。无论以磁共振为代表的多维成像技术，还是以脑电图为主要突破口的一维成像技术，都在辅助治疗、康复等诸多方面有着广泛应用，同时 3D 技术的兴起也使神经成像技术更为完善和发达。

2）神经接口新应用

神经接口是近年来神经工程发展最为迅猛的研究方向之一。神经接口在康复工程等领域具有非常重要的研究价值，获得了广泛关注和迅速发展，出现了多种形式的新应用。

首先，神经接口在疾病康复与治疗方面发挥了极大的作用，为残障患者重新带来了生活的希望。其次，神经接口还可以应用于人类日常生活的方方面面，为人类带来生活上的便利和生活质量的改善。伴随着神经科学研究的深入，还出现了脑-脑接口、多脑协同等新研究，使神经接口的应用范围更加广阔。

3）调控与刺激新应用

近年来，随着神经工程的快速发展，刺激调控方面的研究逐步深入。将其应用于各种脑疾病的诊断和治疗，可以从神经工程学的视角解释很多疾病的致病机理及改善措施，进而更深入地研究并更好地治疗顽固性疼痛、抑郁症、脑卒中后瘫痪等疾病，为广大患者带来福音。与此同时，刺激调控在记忆改善与恢复方面的研究取得了令人瞩目的成效，而工程学与社会生活的结合也有着良好的效果。相信随着研究的深入，它将在神经系统治疗方面乃至整个生命医学领域发挥其巨大的价值，改善人类生活的方方面面，为社会生活带来革命性变化。

4）类脑研究与人工智能

模拟大脑的工作机制，使机器更高效、低能耗地运行，并能像人一样拥有高级认知功能，这一直是类脑研究与人工智能所追求的。当然，随着技术的发展，相关的社会学、伦理学问题也会一并出现，怎样最大限度地利用神经工程学为人类造福，带动更多综合性、边缘性研究发展，是值得我们思考的。

“梦想”二字一直伴随着人类的发展和进步，“想”是人类的神经生理活动反映，“梦”则是我们为之奋斗前进的驱动力量。作为《神经工程学》全书的最后一章，希望本章的介绍能够起到抛砖引玉的作用，将读者带进神经工程这一神奇的世界，追“梦”之精髓，探“想”之渊源，更深入地认识最为高级而又神秘的大脑。21 世纪是脑的世纪，是神经工程蓬勃发展的世纪，你，准备好了吗？

思考题

1. 请谈一谈现有神经成像新技术的优缺点。
2. 你认为神经工程在疾病康复方面还可以产生哪些新应用？
3. 华盛顿大学脑-脑接口实验应用了哪些神经工程技术？
4. 请列举至少三种疾病治疗与康复中常用的刺激调控技术并概括其应用。

5. 请归纳光遗传学的主要应用。
6. 你如何看待神经工程技术发展带来的伦理问题？
7. 你认为神经工程学未来还可以有哪些方面的应用？

参考文献

雷・库兹韦尔. 2016. 人工智能的未来. 盛杨燕, 译. 杭州: 浙江人民出版社.

曾毅, 刘成林, 谭铁牛. 2016. 类脑智能研究的回顾与展望. 计算机学报, 39(1): 212-222.

Barth M, Breuer F, Koopmans P J, et al. 2016. Simultaneous multislice imaging techniques. Magnetic Resonance in Medicine, 75(1): 63-81.

Bonnet L, Lotte F, Lécuyer A. 2013. Two brains, one game: Design and evaluation of a multiuser BCI video game based on motor imagery. IEEE Transactions on Computational Intelligence & AI in Games, 5(2): 185-198.

Chong M, Bhushan C, Joshi A A, et al. 2017. Individual parcellation of resting fMRI with a group functional connectivity prior. NeuroImage, 156: 87-100.

Cohen O, Rosen M S. 2017. Algorithm comparison for schedule optimization in MR fingerprinting. Magnetic Resonance Imaging, 41: 15-21.

Damaraju E, Allen E A, Belger A, et al. 2014. Dynamic functional connectivity analysis reveals transient states of dysconnectivity in schizophrenia. Neuroimage Clinical, 5(C): 298-308.

Donati A R C, Solaiman S, Edgard M, et al. 2016. Long-term training with a brain-machine interface-based gait protocol induces partial neurological recovery in paraplegic patients. Scientific Reports, 6: 30383.

Gabrieli J E, Ghosh S, Whitfield-Gabrieli S. 2015. Prediction as a humanitarian and pragmatic contribution from human cognitive neuroscience. Neuron, 85(1): 11-26.

Hargrove L J, Simon A M, Young A J, et al. 2013. Robotic leg control with EMG decoding in an amputee with nerve transfers. New England Journal of Medicine, 369(13): 1237-1242.

Hochberg L R, Bacher D, Jarosiewicz B, et al. 2012. Reach and grasp by people with tetraplegia using a neurally controlled robotic arm. Nature, 485(7398): 372-375.

Jin C, Jia H, Lanka P, et al. 2017. Dynamic brain connectivity is a better predictor of PTSD than static connectivity. Human Brain Mapping, 38(9): 4479.

Kraff O, Quick H H. 2017. 7T: Physics, safety and potential clinical applications. Journal of Magnetic Resonance Imaging, 46(6): 1573-1589.

Levy R M, Harvey R L, Kissela B M, et al. 2016. Epidural electrical stimulation for stroke rehabilitation: Results of the prospective, multicenter, randomized, single-blinded everest trial. Neurorehabil Neural Repair, 30(2): 107-119.

Li A, Gong H, Zhang B, et al. 2010. Micro-optical sectioning tomography to obtain a high-resolution atlas of the mouse brain. Science, 330(6009): 1404-1408.

Li L, Li Y, Huang R, et al. 2015. The value of adding transcutaneous neuromuscular electrical stimulation (VitalStim) to traditional therapy for post-stroke dysphagia: A randomized controlled trial. European Journal of Physical & Rehabilitation Medicine, 51(1): 71-78.

Liégeois R, Ziegler E, Phillips C, et al. 2016. Cerebral functional connectivity periodically (de)synchronizes with anatomical constraints. Brain Structure & Function, 221(6): 2985-2997.

Mccudden C. 2017. The future of artificial intelligence and interpretative specialization in clinical biochemistry. Clinical Biochemistry, 50(6): 253-254.

Paisvieira M, Chiuffa G, Lebedev M, et al. 2015. Building an organic computing device with multiple interconnected brains. Science Reports, 5: 11869.

Paquette M, Gilbert G, Descoteaux M. 2016. Optimal DSI reconstruction parameter recommendations: Better ODFs and better connectivity. NeuroImage, 142: 1-13.

Poser B A, Setsompop K. 2017. Pulse sequences and parallel imaging for high spatiotemporal resolution MRI at ultra-high field. NeuroImage, 168: 101-118.

Ruff C C, Fehr E. 2013. Changing social norm compliance with noninvasive brain stimulation. Science, 342(6157): 482-484.

Ryan T J, Roy D S, Pignatelli M, et al. 2015. Engram cells retain memory under retrograde amnesia. Science, 348(6238): 1007.

Sulzer J, Haller S, Scharnowski F, et al. 2013. Real-time fMRI neurofeedback: Progress and challenges. NeuroImage, 76(1): 386-399.

Uğurbil K, Xu J, Auerbach E J, et al. 2013. Pushing spatial and temporal resolution for functional and diffusion MRI in the human connectome project. NeuroImage, 80: 80-104.

Vansteensel M J, Egm P, Bleichner M G, et al. 2016. Fully implanted brain-computer interface in a locked-in patient with ALS. New England Journal of Medicine, 375(21): 2060-2066.

Wang J X, Rogers L M, Gross E Z, et al. 2014. Targeted enhancement of cortical-hippocampal brain networks and associative memory. Science, 345(6200): 1054-1057.

